6G 新技术丛书

6G

从通信到多能力融合的变革

刘光毅　秦　飞　张建华

孙程君　吴建军　段向阳　编著

蔡立羽　孙韶辉　杨　宁

电子工业出版社

Publishing House of Electronics Industry

北京·BEIJING

内 容 简 介

面向 2030 年商用的 6G 将是支撑"数字孪生、智慧泛在"社会发展愿景的基础设施，6G 除了对传统的通信能力进行进一步增强，更需要构建新的能力维度，实现通信与感知、计算、人工智能（AI）、大数据、安全等能力的一体融合设计，通过按需服务的方式，实现多能力服务质量（QoS）的端到端保障，更好地满足 6G 差异化和碎片化业务场景的需求。本书首先回顾移动通信技术的发展历史，从 5G 发展的经验和面临的挑战出发，概述 6G 发展和演进的驱动力，归纳和汇总了全球从事 6G 研究的主要机构、组织、项目和企业的相关研究进展和成果，并且从愿景、需求、频率、网络架构等角度展望了如何定义 6G；然后围绕传统通信网络的容量、效率、覆盖等的优化，介绍了 6G 无线领域最有代表性的几个技术方向，包括分布式多输入多输出（MIMO）、智能超表面（RIS）、AI 使能的空口、先进的全双工、正交时频空间调制，以及通信和感知的融合、零功耗通信等；最后从整个网络架构的角度，着重介绍了空天地融合，以及 6G 多能力融合移动网络架构的设计。

本书可作为 5G 从业人员和 6G 研发人员的参考书，也可作为高校本科生和研究生的参考书，还可作为企业布局未来与移动信息应用相关业务的参考书。

图书在版编目（CIP）数据

6G：从通信到多能力融合的变革 / 刘光毅等编著. —北京：电子工业出版社，2024.1

（6G 新技术丛书）

ISBN 978-7-121-46626-7

Ⅰ. ①6… Ⅱ. ①刘… Ⅲ. ①第六代移动通信系统－研究 Ⅳ. ①TN929.59

中国国家版本馆 CIP 数据核字（2023）第 214175 号

责任编辑：李树林　　文字编辑：底　波

印　　刷：三河市良远印务有限公司

装　　订：三河市良远印务有限公司

出版发行：电子工业出版社

　　　　　北京市海淀区万寿路 173 信箱　邮编：100036

开　　本：787×1092　1/16　印张：31.75　字数：812.8 千字

版　　次：2024 年 1 月第 1 版

印　　次：2024 年 1 月第 1 次印刷

定　　价：188.00 元

凡所购买电子工业出版社图书有缺损问题，请向购买书店调换。若书店售缺，请与本社发行部联系，联系及邮购电话：(010) 88254888，88258888。

质量投诉请发邮件至 zlts@phei.com.cn，盗版侵权举报请发邮件至 dbqq@phei.com.cn。

本书咨询和投稿联系方式：(010) 88254463，lisl@phei.com.cn。

人类社会正在经历第四次工业革命，其推动力主要源于万物数字化、信息通信技术（ICT）以及人工智能（AI）技术等的融合创新。其中，信息通信技术在人类社会迈向数字智能新阶段的演进中发挥着至关重要的作用。第五代移动通信系统（5G）通过有机融合泛在的通信、计算和控制（UC³）能力，为人、机、物的互联开辟了全新范式。第六代移动通信系统（6G）将通信的领域边界从物理世界进一步拓展至数字世界，通过在物理世界和数字世界之间提供即时、高效和智能的"超连接"来重塑世界，这一趋势将开启移动通信的新篇章。

从业界的研究来看，6G 既是对过去移动通信网络成熟技术的继承和发展，又要对过去移动通信网络系统进行变革。一方面，为了满足未来社会对移动通信网络的容量增长需求，6G 既会继承 5G 中的成熟技术，如正交频分复用（OFDM）、大规模天线、低密度奇偶校验码（LDPC）/Polar 编码等，又会对这些技术进行相应的优化和完善，以进一步提升网络的通信传输效率并适应 6G 全新应用场景的需求；另一方面，5G 在垂直行业中的应用实践已经证明，仅仅传统的通信连接能力已不能完全满足客户的需求，客户需要通信与大数据、云计算、人工智能等融合的交钥匙式解决方案，所以 6G 将是超越传统移动通信范畴的新一代移动信息系统，通过通信与大数据、云计算、人工智能、感知、安全等的一体融合，进一步拓展网络能力的边界，更好地赋能更加差异化和碎片化的应用场景，实现"个性化和定制化"的业务服务。因此，云化和平台化的端到端网络将是 6G 网络发展的重要趋势。

作为新一代数字信息基础设施和未来全球移动通信产业发展的主航道，6G 已经成为大国博弈、科技竞争的新战略制高点，全球多个国家和地区、国际组织正在推动制定6G 愿景和需求标准。美国通过"下一代通信联盟"（Next G Alliance）全力备战 6G，欧盟、韩国、日本也陆续发布 6G 行动计划，提出各自的技术演进路线图。在政府部门的统筹部署下，我国与欧、美、日、韩等处于同一起跑线，前沿技术研究、专利布局、生态构建等方面取得较大进展。

随着国际电信联盟 6G 愿景、技术趋势研究的推进，6G 的研究进入了关键窗口期，能否在 2025 年前后启动的全球 6G 技术标准制定当中拔得头筹，继续保持在标准和产业方面的领先地位，是我国移动通信行业面临的一大挑战。从过去移动通信产业的发展经验来看，6G 的发展还面临诸多挑战，如缺少引领性基础理论、必要支撑环节基础薄弱、"撒手锏"应用平台尚缺、开源生态还不完备等，所以从理论、技术到应用生态，6G 都还需要进一步探索，亟须产学研各方共同携手，抢抓机遇、迎难而上，开展 6G 潜在关键技术协同攻关、样机验证和外场试验、产业和应用生态培育等。

　　本书由国内移动通信领域众多的顶尖技术专家编写，他们深度参与了我国移动通信领域的 3G、4G 和 5G 的研究、标准化、产业化和应用工作，拥有丰富的实战经验，并在 6G 研究中开展了卓有成效的工作，此次将研究成果编著成书，必将开阔业界的研究思路，给业界的 6G 研究提供有益的参考和新的思路，共同促进 6G 产业共识和全球共识的形成，共同促进全球统一标准和统一生态，为 6G 和整个移动通信产业的健康和可持续发展做出积极贡献。

张　平

中国工程院院士

随着 5G 大规模商用的开展，全球高校和研究机构纷纷将注意力转向了新一代移动通信技术的研究，业内各大公司也纷纷发布了自己的 6G 白皮书，阐述对未来 6G 的不同理解，各个移动通信市场和产业发达的国家纷纷出台了 6G 发展规划，希望能在未来的 6G 发展中占得先机，助力本国的产业、经济和社会的发展，其中最为激进的是韩国政府，其宣称将于 2028 年在全球率先实现 6G 商用，而日本则计划在 2030 年实现 6G 商用。从目前的形势来看，我国的 6G 总体布局基本和全球保持同步。2019 年 6 月，在工业和信息化部的指导下，中国信息通信研究院牵头成立了 IMT-2030 研究组，组织国内大学和企业开展 6G 技术研究；2019 年 11 月，科学技术部正式成立 6G 推进组和总体专家组，指导科学技术部后续 6G 研发的规划，科学技术部随后也启动了一批 6G 专项研究课题。

从众多的 6G 白皮书中可以看到，业界早期对 6G 的认识存在较大的差异，比如，有一种观点认为 6G 就是"5G+卫星通信"，认为 4G 和 5G 已经足够用，只要解决好覆盖率即可；还有一种观点认为 6G 就是太赫兹（THz），因为 6G 需要提供比 5G 高 10~100 倍的峰值速率，需要连续的更大的带宽，而更大的带宽的来源只能是比毫米波频段更高的太赫兹频段。所以，如何定义 6G 是业界颇有争议的问题。随着研究的深入，工业界的一些观点也逐步走向收敛：在 6G 愿景方面，主流观点收敛在"数字孪生、智慧泛在"，尽管大家的用语和表述不同；在 6G 技术需求方面，6G 除了对传统的通信能力进行进一步的增强，更需要构建新的能力维度，实现一切皆服务（XaaS）；在无线接入技术方面，6G 将充分继承和发展已有的 5G 技术，并进行场景化的优化设计；在网络架构方面，无线接入网（RAN）和核心网的边界将更加模糊，轻量化、分布式的核心网是趋势，通信与感知、计算、人工智能（AI）、大数据、安全等能力的一体融合设计既是 6G 的机遇，也是 6G 面临的最大挑战；在网络服务方式方面，6G 将从传统的"有什么用什么"的模式向"按需服务"的模式转变；在网络的运营管理方面，6G 将从现有的"自动化"向"数字孪生和内生 AI 使能的高度自治"转变。

随着国际电信联盟 6G 愿景和需求指标的定义，以及 6G 技术趋势研究的开展，6G 研究进入核心技术突破的关键窗口期，必要的技术收敛和共识的形成有利于业界形成合力，加速技术的突破和后期在标准化中的落地。本书作者均系长期从事 3G、4G 和 5G 移动通信技术研究、标准化和产业化的资深专家，也是各大公司 6G 研究的负责人，希望通过本书从产业的视角和读者分享对 6G 的定义，以及在关键技术研究和网络架构设计方面的深入思考和认识，促进技术共识的形成和技术方向的收敛，加速 6G 在相关技术方向的突破，为后续的标准化提供关键技术支撑，推动 6G 愿景的全面实现。

本书首先回顾移动通信系统的发展历史，从 5G 发展的经验和面临的挑战出发，概述 6G 发展和演进的驱动力，归纳和汇总了全球从事 6G 研究的主要机构、组织、项目和企业的相关研究进展和成果，并且从愿景、需求、频率、网络架构等角度展望了如何定义 6G；然后围绕传统通信网络的容量、效率、覆盖等的优化，介绍了 6G 无线领域最有代表性的几个技术方向，包括分布式多输入多输出（MIMO）、智能超表面（RIS）、AI 使能的空口、先进的全双工、正交时频空间调制，以及通信和感知的融合、零功耗通信等；最后从整个网络架构的角度，着重介绍了空天地融合，以及 6G 多能力融合移动网络架构的设计。

本书中的观点仅代表作者的个人观点，不代表任何公司的观点。全书由刘光毅统稿，第 1 章~第 3 章由刘光毅和张建华编写，第 4 章由张建华、刘光毅、李娜和邓娟编写，第 5 章由刘光毅、张建华、邓娟和李娜编写，第 6 章由宋暖、刘皓、赵岩、张东旭、杨涛和蔡立羽编写，第 7 章由段向阳、赵亚军、窦建武、彭琳、陈艺戬和菅梦楠编写，第 8 章由王蒿、周礼颖、王雷、孙程君、杨宁、田文强、沈嘉、许阳、陈景然和郭伯仁编写，第 9 章由喻斌、池衡柱、苏笛、钱辰、林鹏、邵士海和孙程君编写，第 10 章由袁璞、孙布勒、秦飞、田文强、沈嘉和杨宁编写，第 11 章由姚健、李健之、丁圣利、袁雁南、姜大洁和秦飞编写，第 12 章由黄伟、简荣灵、李欢、谭俊杰、姜大洁、秦飞、杨宁、徐伟杰、崔胜江、贺传峰、左志松、胡荣贻和甘露编写，第 13 章由孙韶辉、康绍莉和韩波编写，第 14 章由吴建军、彭程晖、严学强、武绍芸、梁文亮、赵明宇、王君、刘哲、邢玮俊、刘斐和王东晖编写。同时，感谢电子工业出版社的编辑李树林对本书的策划和全文的细致编审。

本书的编写得到了科学技术部重点研发计划"多模态网络与通信"的 6G 专项项目"6G 网络架构及关键技术（2020YFB1806800）"，以及北京市科学技术委员会和中关村科技园区管理委员会新一代信息通信技术创新（卡脖子）项目"6G 新型空口技术试验验证平台研制"的支持。

本书可作为 5G 从业人员和 6G 研发人员的参考书，也可作为高校本科生和研究生的参考书，还可作为企业布局未来与移动信息应用相关业务的参考书。

Contents | **目 录**

第 1 章　移动通信系统的发展规律

民用移动通信系统诞生于 20 世纪 70 年代，真正大规模普及则是 20 世纪 90 年代的全球移动通信系统（GSM），而 GSM 至今仍然被人们广泛使用。移动通信是一个高度复杂和众多高技术集成的产业，经历了从地区标准到全球标准的发展历程，移动通信的大规模普及得益于全球标准的制定。通过制定统一的标准，可以实现不同厂商的设备、不同的网元、不同的终端、不同运营商和使用者之间的互联互通；通过共享，全球规模性地降低了研发成本和设备成本，使得原本的奢侈品走入了寻常百姓家。从移动通信发展的历史来看，移动通信技术的更新大概"十年一代"，从关键技术研究、标准制定、产品研发、大规模网络建设，再到网络商用的业务变现，每一步都是一个艰辛的过程。移动通信技术的发展通常都是"用一代、做一代、看一代"，就好比我们现在尽管大量使用的是 4G，但同时我们已经在大规模建设和推广 5G，另外，我们也已经开始了 6G 的研发。本章简要回顾移动通信系统的发展历程，以及我国对全球移动通信发展所做的贡献。

1.1　移动通信系统的发展历程

移动通信系统的发展，经历了几个主要的阶段，移动通信行业一般习惯于用"代"来进行区分，每一代移动通信系统之间都有明显的技术和特征差异，定位于不同的业务和应用场景，基本延续了十年一代的发展规律。移动通信系统的发展历程如图 1-1 所示。

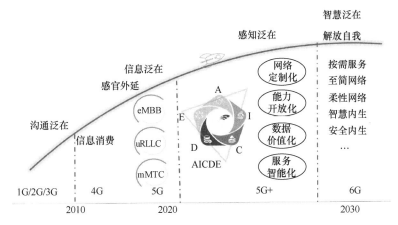

图 1-1　移动通信系统的发展历程

迄今出现的移动通信系统主要有第一代移动通信系统（1G）、第二代移动通信系统（2G）、第三代移动通信系统（3G）、第四代移动通信系统（4G）及第五代移动通信系统（5G）。从通信内容和形式的变化来看，移动通信系统的发展又可以划分为 4 个阶段：沟通泛在、信息泛在、感知泛在和智慧泛在。

1G 主要实现了在移动中进行语音通信，将传统的固定电话拓展到了移动电话；2G 解决的是语音通信的质量和容量问题，使得移动通信在全球大规模应用，同时也开启了短信这种非实时沟通模式，且随时随地都可以打电话，真正实现了沟通的泛在。

3G 进一步提升了通信的容量，同时促进了宽带通信的萌芽，特别是在 3G 的后期，随着智能手机的出现，高速移动数据通信成为迫切的需求；4G 解决了高速移动数据通信的问题，在通信的质量、容量和效率上取得巨大的进步，同时在后期也触发了物联网的应用需求，带来了信息消费的空前繁荣，实现了信息泛在，智能手机成为人们日常生活中重要的入口和平台，基本实现"一机在手，天下我有"。

5G 则是将移动通信的范畴进行了前所未有的拓展，希望实现万物的互联，并且第一次将移动通信的范畴正式地向人以外的应用场景进行拓展，意图涵盖增强型移动宽带（eMBB）、超可靠低时延通信（uRLLC）和海量机器类型通信（mMTC）等典型应用场景，努力将人类的感知能力延伸到万事万物，实现感知泛在，带来"信息随心至、万物触手及"的全新体验。自 2019 年以来，5G 已开始在全球大规模部署，5G 必将加速其与云计算、大数据、人工智能、边缘计算等的结合，通过网络定制化、能力开放化、数据价值化和服务智能化，带来信息泛在和感知泛在，加速整个社会的数字化。

随着 5G 的大规模商业应用，移动通信行业开始将注意力转向下一代的移动通信系统，也就是第六代移动通信系统（6G）。6G 的发展愿景是"数字孪生、智慧泛在"，推动整个社会全面走向数字孪生，通过数字世界与物理世界之间的映射和互动，实现预测未来和改变未来，同时通过无处不在的智慧，全面赋能整个社会的智能化升级，极大提升整个社会运行和治理的效率，提升人的生活、工作和生产的效率和质量，推动人类社会的发展进入新的阶段，进一步实现人类解放自我，促进人对自我价值的追求和实现。为适应"数字孪生、智慧泛在"的发展需求，服务更多的碎片化和差异化的全新应用场景，6G 需要具备按需服务、至简网络、柔性网络、智慧内生、安全内生和数字孪生的特征，实现连接的无处不在，计算的无处不在，感知的无处不在，AI 的无所不及，以及安全的无所不及。

1.2 我国对全球移动通信产业的贡献

蜂窝移动通信技术经历了从 1G 到 5G 的演进过程，如图 1-2 所示。在我国移动通信产业发展的初期，整个行业缺资金、缺人才、缺现代化管理制度，信息通信服务仅仅是少数人享有的稀缺资源。回望我国移动通信产业的发展历程，我们先后经历了"1G 空白、2G 跟随、3G 突破、4G 并跑和 5G 领先"的发展历程，我国移动通信产业为全球移动通信产业的发展做出了巨大的贡献。经过几十年的不懈努力，我国移动通信产业通过消化吸收、技术创新、标准突破、服务和应用创新，无论是通信能力、用户规模，还是技术水平都实现了跨越式发展。我国成为全球最大的移动通信市场，尽管存在这样那样的不足，但也拥有了全球最完整的移动通信产业链条，在移动通信网络建设上也步入全球领先水平。

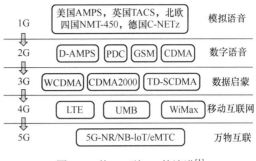

图 1-2　从 1G 到 5G 的演进[1]

1.2.1　1G 空白

在 1987 年 11 月的广州六运会前，我国开通了第一个规模的蜂窝移动通信系统，由此拉开了我国移动通信技术应用的大幕。在当时的情况下，我国移动通信产业完全处于空白期，没有技术、没有人才，整个移动通信网络和终端设备、网络的建设与维护完全依赖于国外的设备商，昂贵的费用导致移动通信业务仅能作为奢侈品服务于极少数人群。这一时期，在经济发展远远落后于发达国家的大背景下，我们对移动通信产业的市场需求还未被唤醒，对技术的掌握、理解、应用与发达国家相比存在着巨大的差距。从移动通信的设备、技术到移动通信的运营方式，都是从西方引进的。我国用未开垦的广阔市场，换来了西方先进的移动通信技术，不断消化吸收。而后来在世界范围内掀起波浪的华为、中兴等企业，也开始在深圳众多的小公司中慢慢成长。

1.2.2　2G 跟随

1G 的应用和发展实现了移动通信从 0 到 1 的突破，但也暴露出一系列的问题，如通话质量差、容量低、设备昂贵等，以及"七国八制"的标准不统一和制式不兼容等，影响了移动通信的规模普及和全球漫游。因此，欧洲各国围绕新一代的移动通信系统，联合制定了 GSM 技术规范，从技术上较好地解决了 1G 所面临的一系列问题，并在全球成功推广。GSM 技术规范从 1996 年开始在我国得到了大规模的部署并成为主流，掀起了移动通信发展的热潮。另外，美国高通公司基于军事应用中的扩频技术，开发出了基于 CDMA 的 IS-95 技术标准，率先在美、日、韩等国成功商用，并借世贸谈判的契机，于 2000 年正式进入我国，由中国联通进行大规模的建设和运营。良好的时机、正确的技术选择以及巨大的潜在市场，让此后几年的我国移动通信产业以令人吃惊的速度发展，用户数连年翻番，网络扩容速度快得惊人，一举成为世界上移动通信用户数最多的国家。在这一时期，虽然也以技术引进为主，但在移动通信设备高额的市场利润的驱动下，通过消化、吸收和学习，我国移动通信产业也开始诞生出一批移动通信本土企业，如巨龙、大唐、金鹏、中兴和华为等网络设备制造商，以及波导、海尔等手机制造商，开始在低端设备市场积累实力，但是由于技术标准的垄断，我国本土企业的发展举步维艰。

1.2.3　3G 突破

在第三代移动通信系统起步阶段，欧美移动通信产业基于自身的技术积累和优势分别提出宽带码分多址（WCDMA）和 CDMA2000 两个独立的候选技术标准。我国移动通信产业在经过了 1G 和 2G 的引进和消化吸收之后，积累了一定的技术和实力，渴望提出自己的 3G 标准以打破技术和产品的垄断，所以在无线本地接入的同步码分多址（Synchronous Code Division Multiple Access，SCDMA）技术的基础上，大唐电信形成了以智能天线、同步码分多址、接力切换、时分双工为主要技术特点的时分同步码分多址（Time Division-Synchronous Code Division Multiple Access，TD-SCDMA）系统方案。经过国内的激烈争论，最终邮电部科技司同意将 TD-SCDMA 作为 3G 候选技术提交给国际电信联盟无线电通信组（ITU-R）。因此，1998 年，在国际电信联盟（ITU，简称国际电联）向全球征集 3G 标准方案的过程中，大唐电信代表中国第一次向国际电联提交了 3G 候选技术提案——TD-SCDMA，被国际电联接受为 15 个候选技术之一；经过中国政府和企业的艰苦努力，中国最初的 TD-SCDMA 技术方案和德国提出的 TD-CDMA 实现了融合，并在与 WCDMA 进行一定的参数融合之后形成了最终的 TD-SCDMA 技术方案，最终与 WCDMA、CDMA2000 一起被确定为国际电联认定的 3 大 3G 技术标准，并随后在 3GPP 进行详细的标准协议制定，从而实现了我国移动通信产业历史上首次国际标准的突破。由于各方面的原因，我国的 TD-SCDMA 并没有得到其他国家的支持，而支持 TD-SCDMA 技术的国外企业也屈指可数，仅仅德国的西门子积极投入和参与了 TD-SCDMA 的产品研发。在开发 TD-SCDMA 技术的过程中，为了能整合各方力量、实现产业整体发展，我国成立了 TD-SCDMA 产业联盟和 TD-SCDMA 技术论坛。为了实现 TD-SCDMA 的产业落地和大规模商用，在我国政府的积极鼓励、引导之下，我国移动通信产业开始尝试端到端产业生态的构建和端到端产品的研发，越来越多的产业链环节参与了进来，逐步建立起从天线、接入网设备、核心网设备到芯片、仪表和终端的移动通信产业链。2003 年 12 月，在大唐移动，打通了 TD-SCDMA/LCR 全系统的一个里程碑意义的首次移动主叫。2006 年 1 月，信息产业部正式确立并颁布 TD-SCDMA 为中国通信行业标准，最终在 2008 年的北京奥运会期间，中国移动通信有限公司（简称中国移动）实现了我国自主知识产权 3G 标准 TD-SCDMA 的正式商用。这些成绩都标志着我国移动通信产业实现了由跟踪到创新、突破的重大转变。

关于 TD-SCDMA 是否成功，在业界存在很大的争议。客观上，TD-SCDMA 在全球仅中国移动一家使用，无论是在产业规模还是在应用效果上，TD-SCDMA 都不如 WCDMA 和 CDMA2000。但值得注意的是，TD-SCDMA 起步较晚，发展难度较大，但是经过业界艰苦卓绝的努力，其在技术上的许多独特优势显露无遗——频谱的利用率更高，更适合支持移动互联网业务，许多技术代表着移动通信技术的发展方向，特别是 TDD 和智能天线技术逐渐成为后续 4G 和 5G 发展的主流方向。TD-SCDMA 使得中国公司开始全面参与国际标准的制定，学习国际标准组织的规则，积累了丰富的经验，培养了大量优秀的标准代表和人才。TD-SCDMA 的产业化推进也使得我国移动通信产业开始全面布局端到端的产业生态，国外企业的不支持正好给国内企业提供了一个成长的绝佳时间窗。通过 TD-SCDMA 的实践，国内企业培养了大量的工程技术人才，摸索和积累了产业生态构建和培育的丰富经验，初步构建起端到端的产业生态。另外，TD-SCDMA 的发展也让全球产业看到了中国政府对移动通信产业的坚定支持，为中国在后续的 4G 和 5G 发展中发挥更大的作用奠定了基础。

1.2.4　4G 并跑

尽管 3G 时代我国提出了自己的 TD-SCDMA 标准，实现了标准的突破，并在中国移动的全力推动下实现了大规模的商用，但从全球来看，仅中国移动一家运营商部署了 TD-SCDMA 网络，TD-SCDMA 的产业链的成熟度和健壮性与具有全球规模效应的 WCDMA 和 CDMA2000 难以媲美，终端的种类和质量都远不如 WCDMA 和 CDMA2000，中国移动为了增加用户黏性和提高移动宽带数据服务能力，在全国建设了超过 500 万个 Wi-Fi 无线访问接入点（Access Point，AP），但由于用户体验较差，没能阻挡住大量用户的流失。TD-SCDMA 在争议中走向商用的同时，全球微波接入互操作性（World Interoperability for Microwave Access，WiMax）也开始在我国崭露头角，在很多宽带接入场景中得到初步应用，大有星火燎原之势。因此，3G 时代，移动通信产业的发展明显出现了两个分支，频分双工（Frequency Division Duplex，FDD）和时分双工（Time-Division Duplex，TDD），FDD（包括 WCDMA 和 CDMA2000）处于绝对的垄断地位，而 TDD（仅 TD-SCDMA）则刚刚起步，还处于非常弱小的地位。纵观当时的产业形势，WCDMA 全球独大，CDMA2000 次之，WiMax 正在不断壮大，而 TD-SCDMA 最为弱小。

3GPP 在 2005 年就开始了长期演进（Long Term Evolution，LTE）的标准研究与制定，并且在初期的标准中包含了一个 FDD 制式和两个 TDD 制式，其中一个 TDD 完全和 WCDMA TDD Type 1[3GPP 中称为高码率（High Code Rate，HCR）]兼容，3GPP LTE Type 1 TDD 帧结构如图 1-3 所示；而另一个 TDD 则完全和 TD-SCDMA[3GPP 中称为低码片速率（Low Chip Rate，LCR）]兼容，3GPP LTE Type 2 TDD 帧结构如图 1-4 所示。同时高通主导的 3GPP2 也推出了 CDMA2000 后续演进的技术标准——超移动宽带（Ultra Mobile Broadband，UMB）系统，并且包含 FDD 和 TDD 制式。因此，到了 4G 时代，本身就弱小的 TDD 又面临 4 个技术路线的选择，导致产业的进一步分化和分裂，这就使得 TDD 产业的发展更加雪上加霜，让运营商和制造商对 TDD 的发展更加没有信心。TD-SCDMA 如何发展演进成为我国移动通信产业关注的焦点，业界也争论不一。

路线 1：应该向 WiMax 发展，因为有众多公司支持，也因为 "WiMax 是美国主导的技术标准，当时美国的技术最先进"。

路线 2：我国应该坚持自己的标准，3G 有自己的标准，4G 也应该有自己的标准，所以应该选 Type 2 TDD。

路线 3：应该重回国际主流标准，选 Type 1 TDD 共享全球产业规模，为用户提供优质和优价的终端和服务。

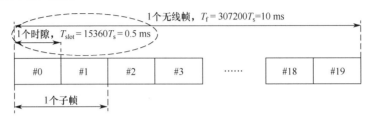

图 1-3　3GPP LTE Type 1 TDD 帧结构

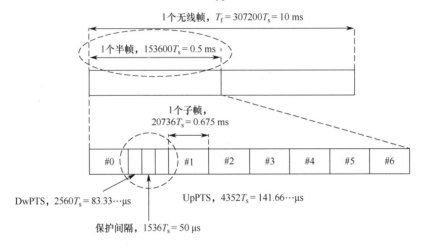

图 1-4　3GPP LTE Type 2 TDD 帧结构

从做大做强 TDD 的角度出发，我国移动通信产业闯出了一条自己的路。2007 年，在 LTE 标准的第一个版本即将冻结的前夕，中国移动在 3GPP 发起 TDD 帧结构融合和优化的讨论，希望减少 TDD 的制式选项，优化 TDD 性能的同时可与 TD-SCDMA 共存。中国移动首先在国内发起相关的技术讨论，最终在华为和中兴的支持下，国内主要公司之间达成共识，在工业和信息化部科技司的支持下，开始在 3GPP 开展 TDD 和 FDD 融合的研究。最后，在中国移动、沃达丰（Vodafone）和威瑞森（Verizon）的推动下，通过政府的协调、国内外企业的艰苦努力，该项工作在 3GPP 得到了爱立信、诺基亚（Nokia）、高通、阿尔卡特朗讯、北电等国内外 30 多家主流公司的支持，并且最终在 2007 年 11 月的韩国济州岛会议上，各方就新的帧结构达成一致，如图 1-5 所示。它既兼顾了 TD-SCDMA 的基本特征，保持了对 TD-SCDMA 的后向兼容，

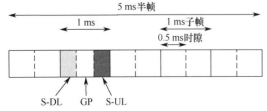

图 1-5　LTE FDD/TDD 融合后的新帧结构

又对性能进行了进一步优化，同时也使得 LTE 的 FDD 和 TDD 基础参数保持一致，为后续实现 FDD 和 TDD 产业融合发展奠定基础。

至此，3GPP 在 LTE 标准第一个版本即将冻结之际最终实现了 3GPP LTE 的 FDD 和 TDD 的融合，奠定了分时长期演进（Time Division Long Term Evolution，TD-LTE）[1] 的技术框架基础，工业和信息化部科技司由此将 TD-LTE 确定为 TD-SCDMA 的后续演进技术，基本明确了我国移动通信产业后续 4G 发展的技术路径就是 LTE。在随后的 LTE 标准制定中，中国移动作为 TD-LTE 最大的潜在应用者，联合国内外企业加速了 TD-LTE 标准的制定和完善，实现了 TDD 和 FDD 标准发展的同步。在全球运营商联盟 NGMN（Next Generation Mobile Networks）的下一代移动网络技术的选择过程中，中国移动、Vodafone 和 Verizon 等联合产业合作伙伴成功地将 TD-LTE 推动成为唯一的 TDD 选择，从而一举奠定了 TD-LTE 国际主流标准的地位。

在随后的产业化推进中，中国移动充分总结 TD-SCDMA 产业发展中的经验教训，以商用需求为导向，市场规模为牵引，吸引和联合全球产业合作伙伴，共同构建 TD-LTE 全球产业链，以巴塞展、世博会等一系列的展示和宣传为推动，不断加快 TD-LTE 的产业化进度，通过构建 TD-LTE 全球产业推广平台——TD-LTE 全球发展倡议（Global TD-LTE Initiative，GTI），不断提升 TD-LTE 的国际影响力，并逐步追赶上了 FDD LTE 产业发展的节奏，实现了产业同步。此外，中国政府主管部门积极地为 TDD 规划了整个 2.6 GHz 的优质频谱，加上 3G 时代的 TDD 频谱，构造了明显的频谱优势，为其他国家的 TDD 频谱规划提供了成功的范例，为牵引全球 TDD 产业的发展做出了重要贡献。最终，通过技术试验、规模试验和扩大规模试验，继日本软银的 TD-LTE 商用之后，中国于 2013 年年底开始 TD-LTE 的大规模商用。尽管中国联通和中国电信对 TD-LTE 的发展并不积极，但中国移动在短短数年之内建设的数百万基站，网络的覆盖和质量都稳居世界先进水平，这使得 TD-LTE 的应用得到快速普及，也为中国 TDD 产业的发展壮大注入了巨大的推动力，其中华为、中兴、大唐在中国移动的 TD-LTE 网络中的基站比例超过了 70%，而在国际的 TD-LTE 网络市场的基站份额也超过了 60%，使得华为、中兴的移动通信产品的市场份额迅速上升到全球前四；国内 4G 市场的蓬勃发展也造就了一批领先的智能手机厂商，华为、OPPO、vivo、小米、中兴、联想等手机品牌稳居世界出货量前十，高端、中端、低端的智能手机品类前所未有的丰富，带来了移动互联网应用的空前繁荣，淘宝、微信、抖音、微博、支付宝等应用在全球形成巨大影响，中国迅速跻身全球电子商务最发达的国家之一。在 4G 运营发展中，截至 2019 年 10 月底，4G 用户规模达到 12.69 亿户，4G 基站数量占全球一半以上。

因此，无论是从技术、标准、产业，还是网络应用规模，我国移动通信产业都达到了世界先进水平，实现了和发达国家的同步发展。

1.2.5　5G 领先

4G 的发展给我国充分展示了信息消费对经济发展的带动和促进作用，为社会的发展带来了天翻地覆的变化，4G 为我国移动通信产业的发展带来了一个黄金期。我国移动通信产业在 TD-LTE 的发展中，在技术、标准和产业化方面积聚了实力、积累了经验，具备了为全球移动通信产业的发展做出更大贡献的能力。所以，面向 2020 年商用的 5G，我国移动通信产业积极投入到新一轮的产业竞争当中。

通过对现有网络发展趋势、垂直行业和新兴应用的系统分析及行业应用需求的深入挖掘，2014 年 5 月，IMT-2020（5G）推进组面向业界发布《5G 愿景与需求白皮书》[2]，我国企业提出了"信息随心至、万物触手及"[3]的 5G 愿景并设计出著名的 5G 需求之花，全面定义了 5G 的各项主客观技术指标，其中 8 项被 ITU-R 采纳，很好地指导了后续 5G 的技术研究和标准制定。

在关键技术方面，围绕 IMT-2020 推进组，我国企业在大规模天线（国内也叫 3D-MIMO）、非正交多址、新型调制与编码、全双工、新型网络架构等方向开展了深入的研究与验证，特别是率先在 2015 年实现了全球最先进的 128 天线和 64 通道 3D-MIMO[4]商用产品在 TD-LTE 网络中的大规模商用部署，充分利用 TDD 的信道互异性特性，在不改动现有标准和终端的情况下，通过基站的软硬件更新，就可以实现 16 个数据流的空间复用传输，相对于商用的 8 天线 TD-LTE 基站带来 2 倍的频谱效率提升，很好地解决了大规模天线阵列在蜂窝网络中应用所面临的功耗、成本、重量、尺寸等挑战，为后续的 5G 基站产业化建立起坚实的领先优势。

在标准化方面，我国企业积极参与 5G 标准[5]的讨论和制定，中国移动的徐晓东担任了 5G 第一个正式研究项目"5G 愿景与需求"的报告人，中国移动研究院的孙滔担任了 3GPP SA2 5G 核心网架构的报告人等，我国企业在整个 Release 15（Rel-15）的标准化中担任了大量的报告人职务，为整个 5G 标准的按时和高质量完成做出了巨大的贡献。5G NR Rel-15 国内外主要企业牵头的立项统计如图 1-6 所示。

图 1-6　5G NR Rel-15 国内外主要企业牵头的立项统计

在 2018 年 6 月，3GPP 宣布正式发布 Rel-15 标准，中国移动更是联合全球数十家企业发布联合新闻稿，表达对 5G SA（独立组网）的支持，这也充分证明了我国企业对

5G 标准的贡献得到了 3GPP 所有企业的认可。

从 2014 年开始，各国相继投入开展 5G 技术研究。此时，以华为、中兴为代表的我国企业实力壮大，依托国内广大客户市场，兼具制造高质量产品的能力，同时，我国政府也充分认识到 5G 的战略价值，积极支持 5G 研发和业务培育，在研发方面逐步走在世界的最前沿。从 2019 年 8 月的数据看，我国在 5G 领域取得的成就全球领先，5G 技术专利数量超过了五位数，占据全球 5G 技术专利总量的 34%，排名第二、第三的分别为韩国、美国，占比为 25%、15%。全球第一批推出 5G 手机的企业主要是国内的华为、中兴、联想、OPPO、vivo、小米等。

在"以建促用"5G 发展战略的指导下，工业和信息化部联合四大运营商于 2019 年 11 月正式宣布 5G 商用。截至 2022 年 6 月，全球 78 个国家和地区的 200 家运营商已经商用了 5G，我国运营商率先实现了 5G SA 的商用。目前，我国已建设的 5G 基站超过 220 万个，占全球规模的 70%，5G 终端连接数超过 5 亿，占全球的 70% 以上，5G 连接用户平均每户每月使用数据流量（Dataflow Of Usage，DOU）是运营商用户平均 DOU 的 1.74 倍，在 5G 发展的规模和质量上取得了全球领先。

1.2.6 6G 启航

随着我国 5G 发展的全面领先，我国在 5G 网络发展和业务的拓展中都积累了丰富的经验，也充分认识到了 5G 网络的能力优势和局限，这些都为我国企业和高校开展面向下一代移动通信系统的前瞻性研究提供了重要的动力和创新的源泉。

在 2018 年两会期间的政府采访中，工业和信息化部部长苗圩首次提到中国已经开始启动 6G 的研发布局。2019 年 4 月，中国通信标准化协会（CCSA）无线通信技术工作委员会（TC5）前沿无线技术工作组（WG6）针对"后 5G 系统愿景与需求研究"立项，由大唐移动和中国移动联合牵头。2019 年 6 月，工业和信息化部成立了 IMT-2030（6G）研究组，包括需求工作组、无线技术工作组、网络技术工作组、频谱工作组、标准与国际合作工作组，随后又成立了经济与社会工作组和试验任务组，正式启动中国 6G 研究进程。

2019 年 9 月，中国移动研究院召开"畅想未来"6G 系列研讨会第一次会议，为业界寻找 6G 研究方向提供了重要的参考。在 2019 年 11 月的中国移动全球合作伙伴大会期间，中国移动研究院发布了《2030+愿景与需求报告》[6]，这是我国第一份完整的 6G 愿景和需求报告，提出了"数字孪生、智慧泛在"的社会发展愿景，希望通过 6G 重塑一个全新的世界[7]。随后，我国企业纷纷发布 6G 白皮书。

2019 年 11 月，科学技术部会同国家发展和改革委员会、教育部、工业和信息化部、中国科学院、国家自然科学基金委员会在北京组织召开 6G 技术研发工作启动会，宣布成立中国 6G 技术研发推进工作组和总体专家组，其中，推进工作组由相关政府部门组成，职责是推动 6G 技术研发工作实施；总体专家组由来自高校、科研院所和企业的 37 位专家组成，主要负责提出 6G 技术研究布局建议与技术论证，为重大决策提供咨询与建议。此前，科学技术部组织的下一代宽带通信网络重点研发计划项目已经开始支持 6G 相关的技术研究工作，主要包括无线通信物理层基础理论与技术、太赫兹无线通信技术与系统、超大规模天线与射频技术、兼容 C 波段的毫米波一体化射频前端系统关键技术、基于第三代化合物半导体的射频前端系统技术等。

2020 年 1 月，工业和信息化部信息通信发展司司长闻库表示，2020 年要扎实推进 6G 前瞻性愿景需求及潜在关键技术预研，形成 6G 总体发展思路。2020 年 8 月，未来移动通信论坛召开全球 6G 大会，2021 年 6 月，IMT-2030 推进组举办 6G 研讨会，并正式发布《6G 总体愿景与潜在关键技术》[8]白皮书，也揭示着我国的 6G 研发已全面展开。

从整个 6G 的前期布局来看，我国基本和全球保持同步，并且在无线 AI、可见光、太赫兹、超大规模天线、感知通信一体化、智能超表面等方向有系统性的布局，已在全球的产业界和学术界崭露头角，期待科学技术部和工业和信息化部等相关部门能够启动系统化的研发布局，支持国内企业和高校开展更全面和深入的技术研发，争取 6G 取得更大的技术突破和对全球产业做出更大的贡献。

1.3 本章小结

移动通信技术在持续满足人类不断发展的沟通需求的同时，也在深刻地改变着人类生活和生产方式，激发出新的通信需求，推动着移动通信系统十年一代的技术更替。我国移动通信产业的发展经历了"1G 空白、2G 跟随、3G 突破、4G 并跑和 5G 领先"的过程，自身实力不断增强，对全球产业发展的贡献也越来越大。面向 6G，我国的布局基本和全球保持同步，期待着我国移动通信产业为 6G 的发展做出更大的贡献。

本章参考文献

[1] 李正茂，王晓云，黄宇红，等. TD-LTE 技术与标准[M]. 北京：人民邮电出版社，2013.
[2] IMT-2020 推进组. 5G 愿景与需求白皮书[R]. 2014.
[3] 刘光毅，方敏，关皓，等. 5G 移动通信：面向全连接的世界[M]. 北京：人民邮电出版社，2019.
[4] LIU G Y, HOU X Y, JIN J, et al. 3-D-MIMO with Massive Antennas Paves the Way to 5G Enhanced Mobile Broadband: From System Design to Field Trials[J]. IEEE Journal on Selected Areas in Communications, 2017, 35 (6)
[5] 王晓云，刘光毅，丁海煜，等. 5G 技术与标准[M]. 北京：电子工业出版社，2019.
[6] 中国移动研究院. 2030+愿景与需求报告[R]. 2019.
[7] 刘光毅，黄宇红，崔春风，等. 6G 重塑世界[M]. 北京：人民邮电出版社，2021.
[8] IMT-2030 推进组. 6G 总体愿景与潜在关键技术[R]. 2021.

第 2 章　5G 发展现状与挑战

5G 正在向新的应用拓展，人们提出了"信息随心至、万物触手及"的发展愿景，并提出了增强型移动宽带（Enhanced Mobile Broadband，eMBB）、超可靠低时延通信（ultra-Reliable Low-Latency Communication，uRLLC）和海量机器类型通信（massive Machine Type of Communication，mMTC）三大典型应用场景，并围绕其所需的能力，先后制定了 Release 15（Rel-15）、Release 16（Rel-16）、Release 17（Rel-17）等版本的标准，不断增强和完善 5G 的能力。韩国在 2019 年率先实现 5G 非独立组网（Non-Standalone，NSA）的大规模商用，中国也在 2019 年 11 月正式宣布了 5G 的大规模商用，并迅速实现了全球领先规模的网络部署，由此掀起 5G 赋能千行百业的发展热潮。本章首先从 5G 的基本能力、标准演进、使用的频率对 5G 进行介绍，然后从全球商业部署和网络发展的现状出发，分析 5G 发展的未来和面临的挑战。

2.1　5G 概述

随着移动互联网业务的飞速发展，为了应对未来爆炸性的移动数据流量增长、海量的设备连接的挑战，以及适配不断涌现的各类新业务的技术需求，第五代移动通信系统（5G）应运而生。面向 5G，移动通信产业希望能够将 4G 带给移动互联网的繁荣复制到社会的各行各业，所以提出了万物互联的发展目标，不仅考虑人与人之间的连接，同时也考虑人与物、物与物之间的连接。所以，5G 将渗透到未来社会的各个领域，构建"以用户为中心"的全方位信息生态系统，为用户带来身临其境的信息盛宴，便捷地实现人与万物的智能互联，最终实现"信息随心至，万物触手及"的愿景[1]，如图 2-1 所示。

为此，国际电联（ITU）为 5G 定义了增强型移动宽带、超可靠低时延和低功耗大连接三大典型应用场景。为了满足这三大应用场景的需求，5G 网络将具备比 4G 更高的性能，如图 2-2 所示，包括支持 100 Mbps 的用户体验速率（4G 的 10 倍），每平方千米 100 万的连接数密度（4G 的 10 倍），毫秒级的空口时延（4G 的 1/10），每平方千米 10 Tbps 的流量密度，每小时 500 km 以上的移动速度和下行 20 Gbps、上行 10 Gbps 的峰值速率。其中，用户体验速率、连接数密度和时延为 5G 最基本的三个性能指标。同时，5G 比 4G 还将大幅提高网络部署和运营的效率，网络频谱效率显著提高，能效和成本效率提升百倍以上[2]。

围绕 ITU 定义的上述 5G 技术需求，3GPP 自 2015 年年底开始了 5G 标准——新空口（New Radio，NR）的制定，并在 2018 年 6 月正式发布了 5G 标准的第一个完整的版本 Rel-15。由于 Rel-15 的研究时间有限，5G NR 的所有功能并没有在一个版本中完成标准制定，而是重点针对 eMBB 和部分 uRLLC 的功能完成了基本功能的标准制定。

图 2-1 5G 总体愿景[1]

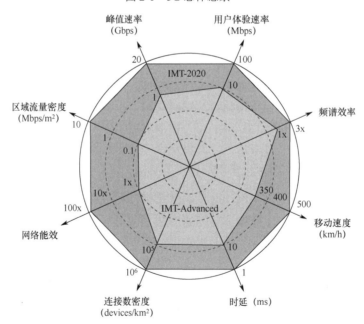

图 2-2 IMT-2020（5G）与 IMT-Advanced（4G）关键能力比较[3]

　　由于 3GPP 的工作惯性以及有限的时间，3GPP 采用了保守的"LTE baseline（基线）"的设计原则，即将 LTE 系统的设计作为基本假设，仅在必要的时候再引入修改和新的设计。所以，5G NR 的设计可以说基本继承了 LTE 的成熟技术和框架，同时引入了一些必要的设计来进一步扩展和优化 5G NR 的能力。

2.1.1 无线接入网（RAN）架构

根据 5G 新空口基站能否独立工作及信令面锚点的不同，3GPP 定义了 NR 两种组网技术方案，即非独立组网（NSA）和独立组网（SA）。两种组网技术方案的主要区别在于 5G 网络（5GC）是否能够独立为 5G 用户提供通信服务：独立组网技术方案无须借助 4G 网络，5G 网络可独立提供用户接入、驻留等核心网能力，如图 2-3 所示[4]；而非独立组网中 LTE 基站作为信令面锚点连接至核心网，用户设备（User Equipment，UE）需要通过 LTE 基站接入核心网（如注册、鉴权和移动性管理等），新空口基站不能独立工作，仅作为 LTE 的数据管道的增强，如图 2-4 所示。

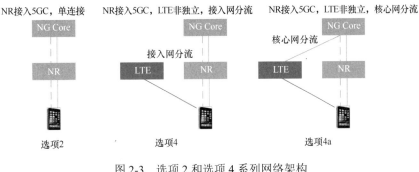

图 2-3 选项 2 和选项 4 系列网络架构

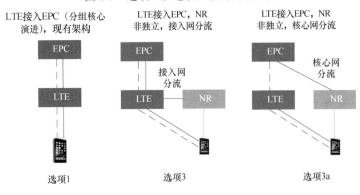

图 2-4 选项 1 和选项 3 系列网络架构

接入网与核心网节点功能划分如图 2-5 所示，图中指出了每个网络节点包含的主要功能。

其中接入网节点下一代基站（the next generation NodeB，gNB；通常指 5G 基站）和 ng-eNB 主要包含的功能包括：

（1）无线资源管理，包括承载控制、无线接入控制、连接条件下的移动性管理、动态资源分配等；

（2）用户数据的 IP 头压缩、加密及完整性保护；

（3）接入和移动性管理功能（Access and Mobility management Function，AMF）选择；

（4）用户面数据路由到用户面功能（User Plane Function，UPF）；

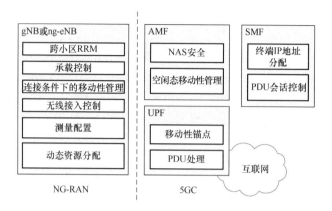

图 2-5 接入网与核心网节点功能划分[3]

（5）控制面信息路由到 AMF；

（6）连接建立和释放；

（7）调度和传输寻呼消息；

（8）调度和传输广播信息；

（9）测量配置和测量报告配制；

（10）上行传输层数据包标识；

（11）会话管理；

（12）支持网络切片；

（13）服务质量（Quality of Service，QoS）流管理及映射；

（14）支持终端非激活态；

（15）非接入层（Non-Access Stratum，NAS）消息分发功能；

（16）无线接入网共享；

（17）双连接；

（18）NR 与演进的 UMTS（Evolved UMTS Terrestrial Radio Access，E-UTRA）的互操作。

而核心网功能主要分配在三个节点中，包括移动性管理功能（AMF）、用户面功能（UPF）与会话管理功能（Session Management Function，SMF）。其中，AMF 主要包括：

（1）NAS 信令处理；

（2）NAS 安全；

（3）接入层（Access Stratum，AS）安全控制；

（4）3GPP 接入网间的跨核心网移动性管理；

（5）空闲状态下终端可达能力；

（6）注册区管理；

（7）系统内与系统间切换；

（8）接入鉴权；

（9）接入授权；

（10）空闲态移动性管理；

（11）支持网络切片；

（12）SMF 选择。

UPF 主要包括：

（1）无线接入技术（Radio Access Technology，RAT）内和 RAT 间移动性锚点；

（2）与数据网络相连的外部协议数据单元（Protocol Data Unit，PDU）会话节点；

（3）包路由与分发；

（4）包检测与用户面策略实施；

（5）流量使用情况上报；

（6）业务流到数据网络路由的上行分类器；

（7）支持多宿主 PDU 会话的分支点；

（8）用户面 QoS 处理；

（9）上行业务验证 （SDF 到 QoS 流映射）；

（10）下行包缓存与下行数据通知触发。

SMF 主要包括：

（1）会话管理；

（2）终端 IP 地址分配；

（3）用户面功能选择与控制；

（4）业务转向配置；

（5）策略实施与 QoS 的控制部分；

（6）下行数据通知。

2.1.2　空口设计

在整个 3GPP 的标准制定中，5G 参数的设计和选择基本上以 4G 的设计为基础，为了满足新的需求或者解决 4G 标准中存在的问题，才引入必要的修改。所以，5G 对很多 4G 的成熟设计都予以继承，而只引入了必要的修正和变化。4G 和 5G 的主要参数对比如表 2-1 所示。

表 2-1   4G 和 5G 的主要参数对比

项　　　目	4G	5G
波形	下行：OFDM 上行：SC-FDMA	下行：OFDM 上行：SC-FDMA 或 OFDM
调制	下行：256 QAM 上行：64 QAM	上行/下行：256 QAM 为基准 上行还有新的 $\pi/2$ BPSK
信道编码	数据信道：Turbo 码 控制信道：咬尾卷积码	数据信道：LDPC 码 控制信道：Polar 码
子载波间隔和 TTI 长度	15 kHz 子载波间隔 1 ms TTI	15/30/60/120 kHz 子载波间隔 更短 TTI，如对于 30 kHz、0.5 ms TTI
帧结构	固定	准静态和动态
载波带宽/MHz	1.4/5/10/15/20	1.4/5/10/15/20/40/50/80/100
参考信号	CRS	取消 CRS，基于 DMRS
DMRS 资源	固定	和 PDSCH 共享
PBCH/SS	广播波束（宽波束）	基于波束扫描的窄波束
PDCCH（物理下行控制信道）	基于 CRS 的特定权重	基于 UE 特定权重的 DMRS
PDCCH 资源	符号级	符号级和频率级
ACK/NACK 时延	最小 $N+4$	最小 $N+0$
UE 最大功率	最大 23 dBm	最大 26 dBm
UE 能力	1Tx/2Rx 为基准，最大 20 MHz/载波	2Tx/4Rx 为基准，最大 100 MHz/载波（sub-6 GHz）

表 2-1 中缩略语说明如下：

OFDM，英文全称为 Orthogonal Frequency Division Multiplexing，即正交频分复用；

SC-FDMA，英文全称为 Single-Carrier Frequency-Division Multiple Access，即单载波频分多址；

QAM，英文全称为 Quadrature Amplitude Modulation，即正交振幅调制；

BPSK，英文全称为 Binary Phase Shift Keying，即二进制相移键控；

LDPC，英文全称为 Low Density Parity Check，即低密度奇偶校验；

TTI，英文全称为 Transmission Time Interval，即传输时间间隔；

CRS，英文全称为 Cell Reference Signal，即小区参考信号；

DMRS，英文全称为 Demodulation Reference Signal，即解调参考信号；

PDSCH，英文全称为 Physical Downlink Shared CHannel，即物理下行共享信道；

ACK，英文全称为 Acknowledgement，即确认或应答；

NACK，英文全称为 Negative Acknowledgement，即否定确认或者否定应答；

Tx，英文全称为 Transmit，即发送；

Rx，英文全称为 Receive，即接收。

1. 5G NR 相对于 LTE 空口的变化

与 LTE 空口系统相比，5G NR 空口设计的变化主要体现在如下方面[3]。

1）更高速率

5G 面临高速率、高容量等要求，频谱效率需提升至 4G 的 3～5 倍，以满足用户需求。Rel-15 通过大带宽（FR1100 MHz，FR2400 MHz）、大规模天线和多用户多输入多输出（Multi-User Multiple-Input Multiple-Output，MU-MIMO）增强、取消 CRS 参考信号、信道信息反馈设计、Polar/LDPC 编码等技术提升 5G 峰值速率和容量，sub-6 GHz 的 100 MHz 带宽可达到峰值速率 1.7 Gbps，而毫米波频段的单用户峰值速率可达 10 Gbps。

2）更大带宽

LTE 系统仅支持 20 MHz 系统带宽，在需要满足更高数据率和系统容量的场景下，需通过载波聚合技术才能实现更大带宽。5G NR 标准在设计之初就考虑了更大带宽的需求，在 6 GHz 以下频段数据信道最大可支持 100 MHz 单载波带宽。为此，5G NR 引入灵活的系统参数设置来支持大带宽操作，如在 6 GHz 以下频段，5G NR 可支持 15 kHz、30 kHz 和 60 kHz 的子载波间隔，网络侧和终端侧带宽可以不对等，即基站配置大带宽但是终端配置小带宽，网络侧可根据需求灵活配置终端工作在于小带宽模式。

3）更大的频率适用范围

5G NR 引入灵活的系统参数设置以支持灵活的可用频率范围。例如，在 6 GHz 以下频段，5G NR 可支持 15 kHz、30 kHz 和 60 kHz 的子载波间隔，可以支持 5G 的 400 MHz～6 GHz 的可用频率的使用；而在 6 GHz 以上频段，则可以支持 120 kHz、240 kHz 等子载波间隔，从而可以支持 26～28 GHz、39 GHz 甚至 60 GHz 的频率范围。目前，3GPP 也已经开始研究对 60 GHz 以上频段的支持。

4）低时延

与 LTE 相比，5G NR 提出了更低的时延需求。3GPP 定义的 5G NR 控制面时延降至 10 ms；用户面时延（单向空口时延）更是降至 0.5 ms，以满足 uRLLC 等低时延、高可靠场景的业务需求。Rel-15 标准通过引入灵活帧结构、短时域调度单元、免调度传输、移动边缘计算（端到端时延可降至 10 ms）等技术满足低时延需求。针对用户面，5G 在帧结构设计上，除了通过更大的子载波间隔降低时隙和 OFDM 符号长度，还支持时域上符号级的数据调度，并通过半静态和动态指示两级设计，引入更多上下行转换点，降低用户面时延；在调度流程方面，5G NR 设计了上行免调度的传输方式，灵活可配置的传输可进一步降低用户面时延。针对控制面，在空闲态和连接态的基础上引入第三种非激活（Inactive）态。非激活态是位于空闲态和连接态之间的一种中间状态，既节省了终端功耗，又能快速进行控制面状态的转换。此外，还可以通过移动边缘计算（Mobile Edge Computing，MEC；又称 Multi-Access Edge computing）方法，实现本地业务分流、本地内容缓存，可以进一步降低业务的端到端时延。

5）高频谱效率

5G NR 频谱效率要求为下行峰值频谱效率 30 bps/Hz，上行频谱效率 15 bps/Hz。为此，5G NR 需要采用更大规模天线、新波形、新编码、降低开销等多种技术手段，提高系统频谱效率。在大规模天线方面，5G NR 可支持到 32 端口信道状态信息参考信号（Channel State Information-Reference Signal，CSI-RS）设计，支持最大 12 流正交多用户传输等，提高多用户复用能力和平均频谱效率；在新波形方面，可降低子载波间干扰，将 NR 系统的带宽利用率提高到 90% 以上，甚至达到 98% 的带宽利用率；在新编码方面，数据信道采用 LDPC 编码，控制信道采用 Polar 码，有效提升编译码性能；在降低开销方面，5G NR 不再支持全带宽、每子帧周期发送 CRS，转而支持参考信号的按需传输，减少了干扰和开销，进一步提升了频谱效率。

6）高可靠性

面向 5G uRLLC 场景（如车联网应用），对高可靠性的需求日渐增大。5G 通过提高编码冗余度、提高调度优先级、降低编码阶数、多次传输等，已可以支持数据包大小小于 32 B 的 99.999% 的高可靠应用。

7）高移动性

针对高铁等特定场景，抑制 500 km/h 高速场景下信道时变快、频率偏移大、切换频繁的影响。Rel-15 通过参考信号设计、随机接入流程设计、系统参数优化等技术保证高速移动的性能。

8）更广覆盖

考虑到 5G 部署的新频段大都比 4G 频率高，基于现网 4G 站址进行建设实现连续覆盖存在一定困难。Rel-15 通过大规模天线设计、广播信道波束扫描、控制信道覆盖增强、高功率终端等技术扩展了 5G 网络覆盖能力。

2. 5G NR 对 LTE 的优化

5G NR 也对 LTE 原有的问题进行了进一步的优化[3]，下面进行具体介绍。

1）更灵活的资源利用

LTE 时分双工（Time-Division Duplex，TDD）系统有 7 种上下行时隙配置，且每种上下行时隙对应的特殊子帧配置方式也比较受限。在现网部署中，针对 LTE TDD 远端基站的干扰问题，仅能通过特殊子帧配置来调整保护间隔（Guard Period，GP）的长度，且 GP 可调整的范围也有限，无法灵活有效地解决远端基站干扰问题。此外，LTE 仅能通过多播/组播单频网络（Multicast Broadcast Single Frequency Network，MBSFN）子帧配置实现部分资源的预留，无法针对前向兼容灵活预留更多资源。

5G 的帧结构设计必须着眼于满足未来不同应用场景和业务需求，面向多场景支持灵活的系统参数以及帧结构配置，具有灵活的前向兼容资源配置能力，以克服上述 LTE 系统帧结构的不足。

2）更低的网络干扰

LTE 系统中的小区参考信号（CRS）是始终在每个子帧发送（Always on）的，并占用全带宽，相邻小区之间的 CRS 资源位置根据小区 ID 号进行模 6 频率偏移。因此，在 LTE 全网连续覆盖的场景下，由于 CRS 的发送会导致小区间的干扰，尤其是对小区边缘用户的干扰较为严重。同时，CRS 占用了 LTE 系统将近 14%的开销，可能会造成传输资源的浪费。

因此，在 5G NR 系统中取消了 CRS 的传输，将 CRS 的功能用 CSI-RS、DMRS、定时参考信号（Timing Reference Signal，TRS）等带宽和时间可灵活配置的参考信号代替，规避了参考信号的每个子帧都发送的传输机制，实现参考信号的按需传输，可有效降低小区间干扰，提升频谱效率。

3）更好的业务信道和控制信道的覆盖匹配

我国的 4G TD-LTE 建设飞速发展，截止到 2018 年年底，中国移动的 4G TD-LTE 基站数已经达到 241 万个。4G 网络已有部署站点已达相当大的规模，且新增站址难度增大；而 5G 商用部署初期主力频段为中频段（如 2.6 GHz、3.5 GHz、4.9 GHz 等），普遍比 LTE 所使用的频段高，信号的传播损耗和穿透损耗也更加严重。为了保证 5G 商用部署在尽可能利用现有 4G 站址的情况下达到与 4G 网络基本相同的覆盖能力，针对 5G NR 控制信道和业务信道的覆盖增强技术是 5G NR 设计的重要内容。

3. 5G NR 的设计增强

在 5G NR 的设计中，从以下几个方面对系统的覆盖进行了增强[3]。

1）广播信道和公共控制信道的波束扫描

5G NR 在大规模天线系统的设计方面，针对广播信道和公共控制信道传输引入了波束扫描机制，利用波束赋型增益对抗频段高带来的传播损耗，从而弥补了 LTE 中仅有用户专属业务信道可以获取波束赋型增益而导致的控制和业务信道覆盖不匹配的问题。

2）更高聚合等级的控制信道

与 LTE 相比，5G NR 在公共控制信道搜索空间的配置上提供更高聚合等级的选项，如 16 个控制信道元素（Control Channel Element，CCE）聚合等级，进一步保证公共控制信道覆盖范围。

3）更长的随机接入信道和上行控制信道

为了增强上行覆盖，5G NR 在随机接入信道和上行控制信道设计上，支持多次重复的随机接入序列格式以及上行控制信道长格式，通过时间能量累积达到覆盖增强效果。

4）网络功能部署更灵活

随着未来增强现实（Augmented Reality，AR）/虚拟现实（Virtual Reality，VR）、高清视频、自动驾驶、智能工厂等新业务的孕育兴起，电信网络正在面临实时计算能力、超低时延、超大带宽等新的挑战，基于现有的 4G 网络结构已无法满足这些新业务的技术需求。5G 引入的 MEC 是应对这些挑战的最为关键的技术之一，MEC 是一种基于移动通信网络的全新分布式计算方式，构建在无线接入网（Radio Access Network，RAN）侧的云服务环境，通过使部分网络服务和网络功能脱离核心网络，实现节省成本、降低时延和往返时间（Round Trip Time，RTT）、优化流量、增强物理安全和缓存效率等目标。5G MEC 不仅是一项新的网络结构和部署方式，更重要的价值体现在支持电信网络的底层开放，从而推动移动通信网络、互联网和物联网的深度融合，是运营商转型诉求下的技术实践和商业实践手段。

4．5G NR 高层协议改进

在高层协议方面，尽管 5G NR 以 4G LTE 为基础，但在以下几个方面有较大改进。

1）系统消息

引入了按需发送系统消息的方式，必需的系统信息总是周期广播，而对于其他不是所有终端都必需的系统信息，网络可能只在终端有请求的时候才发送。此外，从终端接收角度提出了基于地理区域的系统信息接收方式，某个系统信息在一个特定区域内广播的内容相同，终端在该特定区域内移动或再次进入该区域时，如果相应的系统信息对应的值标签未发生改变，那么终端可以认为之前存储的系统信息依然有效，无须再读取该系统信息。

2）随机接入

由于波束管理技术的引入，随机接入资源（如随机接入前导码和随机接入时频资源）可以与不同的波束相绑定，以便基站选择下行波束发送后续 Msg2 和 Msg4。此外，由于引入辅组上行（Supplementary Uplink，SUL），终端可根据对 5G 下行载波的测量结果，在两个上行发送载波中选择其中一个作为随机接入，基站在回复随机接入响应时也需要考虑对两组终端进行分别回应。

3）移动性管理

引入了波束相关的增强机制，在测量配置、小区质量计算、测量上报、切换请求、切换命令等消息中都增加了与波束相关的内容。

4）终端状态转换

由于 LTE 状态转换时延较长，无法满足 5G 的 10 ms 控制面时延需求，5G 提出一种新的终端状态——非激活态。终端处于非激活态时断开无线侧连接，但保持核心网连接，从而保证终端节电同时实现低时延、低信令开销的快速状态转换。由于非激活态的引入，终端下行数据发送到基站，通过基站触发寻呼机制，在 RAN 侧寻呼区寻呼终端。

5）双连接

5G 支持与 LTE 之间的不同制式的双连接，且新增了不同的信令面、用户面承载，这既能有效利用已有 4G 网络的广覆盖，提高信令的可靠性，同时也可以有效利用 5G 网络的高速率、低时延等特点，满足 5G 不同的技术场景下的特定需求。

6）业务 QoS 保障

与 LTE 基于业务数据流（Service Data Flow，SDF）的 QoS 管理不同，5G 提供基于 QoS 流（QoS flow）的 QoS 管理机制，包含两层映射机制。非接入层（Non-Access Stratum，NAS）负责 SDF 到 QoS 流的映射，接入层（Access Stratum，AS）负责 QoS 流到 DRB 的映射，两层映射相互独立。NG-RAN 可以根据 5G 网络的 NAS 层所提供的 QoS 配置文件灵活地决定对 QoS 流的空口处理方式。

详细的 5G NR 的协议和标准规范，可参考文献[5]、[6]。Rel-15 的 5G NR 定义了 5G eMBB 场景和 uRLLC 场景所需的基本功能，而面向低功耗、大连接的物联网场景的网络功能则由基于 LTE 的窄带物联网（Narrow Band Internet of Things，NB-IoT）来提供，所以 3GPP 将 5G NR 和 LTE 的演进及 NB-IoT 共同作为一组 5G 技术提交给 ITU-R，作为代表 3GPP 的 5G 技术。

2.1.3　核心网服务化和网络切片[4]

传统的 4G 网络是一张结构固化的网络，各个功能一应俱全。但是对于差异化的企业级和垂直行业的应用，对网络功能的要求千差万别，采用这种传统的大而全的网络建设方式，必将导致资源的巨大浪费，且由于固化的网络结构而不能对时延和路由拓扑等进行必要的优化，难以满足个性化的业务拓展需求。

基于软件定义网络（Software Defined Network，SDN）和网络功能虚拟化（Network Function Virtualization，NFV）的平台[7-8]，5G 的新核心网基于服务化架构（Service Based Architecture，SBA），可以将网络功能划分为可重用的若干个"服务"，"服务"之间使用轻量化接口通信。服务化架构的目标是实现 5G 系统的高效化、软件化、开放化，核心网可承载在电信云基础设施上，实现 IT 化运维，带来网络的弹性和敏捷，缩短业务上线时间和新功能迭代的周期。所以，核心网设备通常分区域地部署在运营商的电信云机房中。

不同于传统 4G 网络"一条管道，尽力而为"的工作形式，5G 网络引入了切片的概念，旨在基于统一的网络基础设施提供不同的、定制化的端到端"逻辑专用网络"，最优地适配不同行业用户的不同业务需求。结合网络切片独有的"同一网络基础设施、多个逻辑专用网络"技术特点，5G 能够很好地匹配行业客户对于通信网络业务可用、安全可靠、可管可控的核心诉求，从而在行业建网成本和业务体验保障上取得有效平衡。"无切片，不 2B"，网络切片已经成为 5G 区别于 4G 的标志性技术之一。

5G 网络通过功能解耦的模块化设计、控制与承载分离、功能间以服务的方式进行调用、底层云化等颠覆性的设计来支持端到端切片能力、能力按需部署等，实现网络的定制化、开放化、服务化。服务化的架构使得业务和功能的部署非常灵活，基于 SDN/NFV 平台的核心网使得网络功能可以按需灵活部署，其容量可以弹性变化。

网络切片示意图如图 2-6 所示，对于 5G 网络来说，可以根据不同场景下的部署需求和业务需求，有选择性地部署相关的网络功能，并灵活地选择网络功能的部署位置，最佳地适应业务和客户的需求，同时做到网络投资的性价比最高；或者基于已经部署的网络，选择部分功能和网络设施形成一个逻辑上的虚拟子网络，为目标客户服务，满足个性化和差异化的数据隐私和安全隔离等需求。从图 2-6 不同场景的功能选择中可以看出，不同场景所需要部署和配置的功能因需求的不同而不同，在优化性能的同时并不需要对整个网络的功能全集进行部署，从而可以实现差异化的服务保证，也节约了网络投资。同时，在同一个物理区域的多个不同的应用场景重叠的情况下，网络基础设施还可以实现动态共享，通过切片的动态生成和按需编排、部署，满足不同业务的需求，避免硬件资源的浪费。

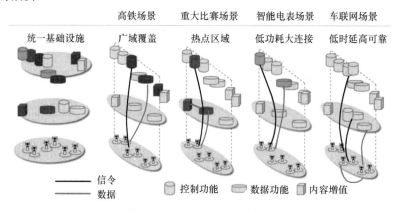

图 2-6 网络切片示意图[3,5]

所以，网络切片是 5G 拓展差异化和碎片化的垂直行业应用市场的有效工具，可以提供敏捷的个性化和差异化的服务保障。

2.1.4 移动边缘计算

随着人工智能和大数据技术的不断发展，计算能力成为垂直行业应用中非常重要的一种能力，所以传统的单一的通信连接能力已经不能满足很多垂直行业应用的需求，移动边缘计算（MEC）[9]应运而生。MEC 将计算、存储和转发等功能引入移动网络的边缘（可以是单独的网元，也可以和无线基站合设），实现智能的用户面功能。MEC 原理如图 2-7 所示。

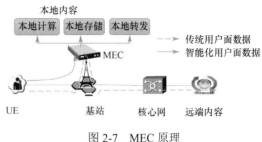

图 2-7　MEC 原理

MEC 可以为网络带来如下好处。

（1）将业务和内容部署在尽可能靠近用户的位置上，使业务访问的时延最小化。

（2）将路由功能下放到距离用户尽可能近的位置，实现用户数据的快速路由和本地交换，缩短数据交互时延，同时避免敏感数据上大网，尽可能地保护数据安全和隐私。

（3）将计算能力部署在靠近用户的位置上，从而将用户端的计算转移到云端，在数据和处理结果的快速交互的同时简化终端实现，减小其尺寸、重量，降低其功耗和成本。例如，对于 AR/VR 类应用，如果将内容处理和渲染的功能上移到 MEC，则可以大大降低 AR/VR 设备开发的门槛，同时也大大减小成本和重量等，使得设备更轻便和易于普及。

（4）将核心网的 UPF 下放到 MEC，支持必要的计费、安全等功能，可以提供用户数据的高度隔离，实现用户数据的隐私性保护。

（5）通过标准的应用程序接口（Application Programming Interface，API），可以实现无线网络的能力开放，如位置定位等，将网络能力开放给第三方，进而培育新的业务和新的商业模式。

边缘计算可结合应用的需求来实现边缘计算功能的下沉，部署位置灵活，如可以部署到园区（甚至基站）、地市和省级机房，形成多级部署。边缘计算设备部署位置越高，覆盖用户面越广，同时单用户成本也会大幅下降。边缘计算设备部署到园区（或基站），可满足园区的生产制造所需的极低时延要求和数据不出园区的安全性要求，提供园区生产制造工业云服务，为柔性生产提供基础条件；边缘计算设备部署到地市，可满足 AR/VR 业务、园区工业制造生产平台（多厂区互联需求）以及物联网（Internet of Things，IoT）数据边缘预处理等需求；边缘计算设备部署到省级重要汇聚机房，可满足内容分发网络（Content Delivery Network，CDN）、云存储、智慧城市大脑等广域应用场景需求。

2.2　标准演进

5G Release 15（Rel-15）标准发布之后，3GPP 并没有停止脚步，5G 标准在不断地演进和增强，如图 2-8 所示。

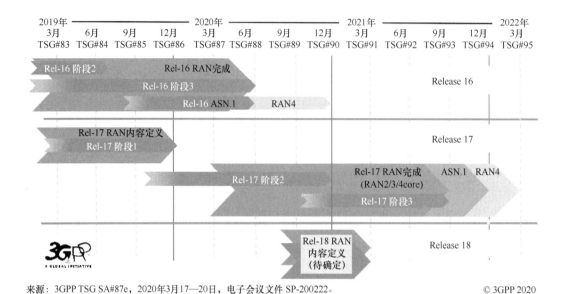

来源：3GPP TSG SA#87e，2020年3月17—20日，电子会议文件 SP-200222。

© 3GPP 2020

图 2-8　5G 标准演进[10]

　　Rel-15 在制定过程中，力求以最快速度产出"能用"的标准，满足 2020 年大规模商用部署的需求。北京时间 2020 年 7 月 3 日晚，3GPP 宣布 Release 16（Rel-16）[11]标准冻结，标志着 5G 第一个演进版本标准的完成。Rel-15 是 5G 标准的基础版本，主要聚焦于 5G 应用初期对 eMBB、uRLLC 最基本功能的定义；Rel-16 则对其进行了增强和补充，实现 5G NR 从"能用"到"好用"，围绕"新能力拓展""已有能力挖潜"和"运维降本增效"三个方面，对 5G 系统进行了进一步的完善和增强，更好地服务于行业应用。

　　Rel-16 不仅是在 Rel-15 基础上的性能增强，更是侧重于通过满足多个行业领域的功能要求，简化和优化 5G 网络的部署，扩大 5G 的生态系统。Rel-16 在此方面的功能主要包括 uRLLC 增强、对垂直行业和局域网（Local Area Network，LAN）服务的支持、增强车联网（Vehicle to Everything，V2X）技术的支持、5G 定位和定位服务、5G 卫星接入、增强网络切片、未授权频段接入等。面向工业互联网应用，Rel-16 对 uRLLC、mMTC 能力进行补充，聚焦功能扩展和效率提升，进一步增强了 5G 服务行业应用的能力。在 Rel-15 中，5G 网络的基本 KPI 已经得到明确，如传输速率、时延特性要求等，Rel-16 引入新技术支持 1 μs 同步精度、0.5～1 ms 空口时延、99.9999%的可靠性和灵活的终端组管理，最快可实现 5 ms 以内的端到端时延和更高的可靠性，支持工业级时间敏感业务。此外，Rel-16 引入了多种 5G 空口定位技术，定位精度提高 10 倍以上，达到米级。面向车联网应用，支持了车与车（V2V）和车与路边单元（V2I）直连通信，通过引入组播和广播等多种通信方式，以及优化感知、调度、重传和车车间连接质量控制等技术，实现 V2X 支持车辆编队、半自动驾驶、外延传感器、远程驾驶等更丰富的车联网应用场景。

总体而言，Rel-16 的技术演进有助于进一步提升 5G 网络服务质量，提升用户体验，扩大 5G 产业规模，更好地赋能各行各业的转型和升级。Rel-16 所带来的与垂直行业赋能相关的能力增强包括如下几种。

（1）实现米级定位（室外水平定位精度为 10 m，室内水平定位精度为 3 m），并与卫星、蓝牙、传感器等技术结合，进一步实现亚米级定位。

（2）通过终端节能，延长电池工作时间，可以在中等业务负载下节约空口能耗 35%左右，节约整机能耗 11%左右。

（3）移动性增强方面，"0 ms"方案能避免切换中的用户面数据中断，保证 UE 在切换过程中一致性的速率体验，而基于条件切换的健壮性增强方案能提升控制面的健壮性，提升切换的成功率。

（4）uRLLC 增强，在满足空口低时延需求（如 0.5～1 ms）的同时，增加对更大数据速率的支持，将端到端可靠性从 99.999%提高到 99.9999%。

（5）5G 车联网 V2X，满足业务 3～10 ms 端到端时延、99.999%的可靠性、10～1000 Mbps 高速率等需求，实现 5G V2X 与 LTE V2X 车联网的互补共存。

3GPP 于 2020 年 3 月启动 5G Release 17（Rel-17）[12]标准化工作，于 2022 年 6 月完成 Rel-17 版本冻结。Rel-17 在已有版本的基础上进一步聚焦场景需求扩展和网络能力增强。针对场景需求扩展，引入了轻量级终端技术（RedCap），面向工业无线传感器、视频监控、可穿戴设备等中高端 mMTC，进一步优化 NR 设计；基于 Rel-16 非地面网络（NTN）研究，继续完成 NR 支持卫星通信所需的标准化工作；引入多播与广播业务，支持用户在任何无线资源控制（Radio Resource Control，RRC）状态下的多播/广播业务的数据接收。针对网络能力增强，包括 NR 覆盖增强，针对瓶颈信道研究覆盖增强方法；多 SIM（Subscriber Identity Module，用户识别模块）卡增强，研究在 UE 硬件受限下采用多 SIM 卡时的增强方案；小数据包传输增强，针对小数据包和非激活态数据包传输优化设计；52.6 GHz 以上 NR，针对更高频段支持 NR 的新的参数设计。

此外，Rel-17 还包括对 Rel-16 技术的进一步增强，如多输入多输出（Multiple-Input Multiple-Output，MIMO）增强、工业物联网（Industrial Internet of Things，IIoT）和 uRLLC 增强、接入与回传一体化（Integrated Access and Backhaul，IAB）增强、自组织网络（Self-Organized Network，SON）/最小化路测（Minimization of Drive Test，MDT）增强、非公共网络（Non-Public Network，NPN）增强和超级上行增强等。

经过三个版本的演进，5G NR 标准已经日益成熟。面向未来，6G 将在 2030 年左右具备商用能力，为了推动形成新的一波网络发展，3GPP 从市场发展的角度，将 Release 18（Rel-18）以后的 5G 演进标准定义为 5G-Advanced[13]，5G 标准演进也即将进入崭新的时代。Rel-18 于 2021 年年底立项，预计 2023 年年底冻结。

在网络架构方面[14]，5G-Advanced 网络将沿着云原生、边缘网络以及网络即服务的理念发展，满足网络功能快速部署、按需迭代的诉求。在网络技术方面，5G-Advanced 网络能力将沿着"智慧、融合和使能"三个方面持续增强。其中，"智慧"将聚焦于提高网络智能化水平，降低运维成本，进一步促进智能化技术在电信网络中的应用和融合，开展分布式智能架构，以及终端与网络协同智能的研究。"融合"将促进 5G 网络与行业网络、家庭网络和天地一体网络融合组网，协同发展。"使能"将继续助力 5G 网络服务垂直行业，在完善基础的网络切片、边缘计算标志性能力的同时，将支持交互式通信、广播通信等让网络服务"更多元"；在端到端质量的测量和保障、方案简化方面让网络质量"更确定"；在时间同步、位置服务等方面让网络能力"更开放"。

展望 Rel-18，相信不论是基于传统技术的进一步增强，还是新领域、新方向的研究与探索，都将为 5G-Advanced 演进注入新鲜的活力，也将为未来的 6G 时代奠定坚实的基础。

2.3 5G 的频率

频率是移动通信系统设计和部署的基础，频率对 5G 的发展起着至关重要的作用。从整个移动通信发展的历史经验来看，全球统一划分和规划的移动通信频率有助于移动通信产业在共享全球产业规模、降低设备成本的同时，简化终端的实现，使用户在全球运营商之间的漫游便捷化。

根据 ITU 的预测，5G 不同场景的频谱需求估算结果如表 2-2 所示。6 GHz 以下低中频段主要用于满足 5G 宏小区连续覆盖的需求，其频谱需求为 802～1090 MHz。高频段主要用于满足 5G 室内和室外的热点容量需求。

表 2-2 频谱需求估算结果

部 署 场 景	宏 小 区	室外热点区域	室内热点区域
6 GHz 以下	802～1090 MHz	—	—
24.25～43.5 GHz	—	5.3～7.58 GHz	5.3～7.58 GHz
43.5～86 GHz	—	—	9.7～12.42 GHz

低、中、高频段联合组网是未来 5G 广覆盖、高容量的基本频谱策略，其中低频段由于其良好的空间传播特性，可以用于解决覆盖问题。目前，我国 1 GHz 以下低频段较少，无法满足 5G 对大带宽、高容量的需求；但低频段覆盖能力较好，可有效保证传输可靠性的要求。6 GHz 以下中频段具有较好的空间传播特性以及较大带宽，若结合低频段，则可有效兼顾覆盖与容量需求。相比于低、中频段，5G 高频段（>24.25 GHz）的毫米波更易获得连续超大带宽，是实现高传输速率的重要基础。

通过低、中、高频段协同和立体覆盖，5G 系统能够保障各种场景下的优质用户体验。在 5G 发展初期，采用低、中频段（城区）连续覆盖，保证深度覆盖及高移动性；采用中频段作为广泛的容量扩充层，保证全网较高速率体验；采用高频段作为热点区域及室内超高速率、超高容量的解决手段，确保单点区域极致性能。5G 频率的分布与使用规划如图 2-9 所示。

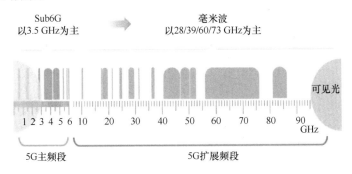

图 2-9　5G 频率的分布与使用规划

在 5G 发展中后期，采用低频段优化连续覆盖，保证广度覆盖、深度覆盖；采用中频段提升基础覆盖，提升全网平均性能；采用高频段提升热点区域及室内的容量和速率，确保密集组网下的极致性能。

根据 IMT-2020 推进组 2014 年发布的《5G 愿景和需求白皮书》[1]，预计我国 2010—2020 年移动数据流量将增长 300 倍以上，2010—2030 年将增长超 4 万倍。发达城市及热点地区的移动数据流量增速更快，2010—2020 年上海的增长率可达 600 倍，北京热点区域的增长率可达 1000 倍，这对我国未来频谱资源的需求提出了更大的挑战。2018 年年底，工业和信息化部出台 5G 频率分配方案：中国电信和中国联通分别获得 3.4～3.5 GHz 和 3.5～3.6 GHz 的 100 MHz 频率，中国移动获得 2.515～2.575 GHz 和 2.635～2.675 GHz 的非连续 100 MHz 频率，以及 4.8～4.9 GHz 频率；中国广电、中国电信和中国联通分别获得 3.4～3.6 GHz 的各 100 MHz 连续频率；中国广电获得移动牌照，其 700 MHz 的 30 MHz×2 FDD 频率（上行 703～733 MHz，下行 758～788 MHz）可用于 5G，同时获得 4900～4960 MHz 的 TDD 频谱。我国的频率分配方案充分保证了每个运营商 100 MHz（中国移动通过 4G 网络的频谱搬移）的连续带宽，为建设一张优质和领先的 5G 网络奠定基础，在结合中国电信和中国联通的共建共享以及中国移动和中国广电的共建共享，较好地取得了 5G 部署成本和发展速度之间的折中，为后续中国 5G 网络发展的全球领先奠定了很好的基础。中国的 5G 新频率分配方案如图 2-10 所示。

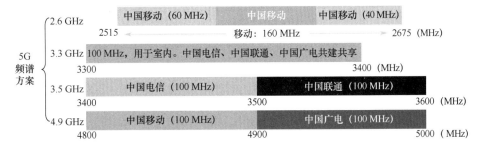

图 2-10　中国的 5G 新频率分配方案

3GPP 标准将 5G 可用频率分为频率范围 1（Frequency Range 1，FR1）和频率范围 2（Frequency Range 2，FR2），其中 FR1 包括 450～7125 MHz；FR2 包括 24.25～52.6 GHz 的毫米波频段。3GPP 标准对频段进行了区分，其中对于 LTE 重耕频段，NR 频段号是在 LTE 频段号之前加前缀 n，如国内 TD-LTE 使用的频段 41，在 NR 中变更为 n41，但具体工作频段范围不变。3GPP 中 FR1 频段定义如表 2-3 所示，FR2 频段定义如表 2-4 所示。

表 2-3　3GPP 中 FR1 频段定义[15]

NR 工作频段	上行工作频段/MHz $F_{UL\_low} \sim F_{UL\_high}$	下行工作频段/MHz $F_{DL\_low} \sim F_{DL\_high}$	双工模式
n1	1920～1980	2110～2170	FDD
n2	1850～1910	1930～1990	FDD
n3	1710～1785	1805～1880	FDD
n5	824～849	869～894	FDD
n7	2500～2570	2620～2690	FDD
n8	880～915	925～960	FDD
n12	699～716	729～746	FDD
n20	832～862	791～821	FDD
n25	1850～1915	1930～1995	FDD
n28	703～748	758～803	FDD
n34	2010～2025	2010～2025	TDD
n38	2570～2620	2570～2620	TDD
n39	1880～1920	1880～1920	TDD
n40	2300～2400	2300～2400	TDD
n41	2496～2690	2496～2690	TDD
n51	1427～1432	1427～1432	TDD
n66	1710～1780	2110～2200	FDD
n70	1695～1710	1995～2020	FDD
n71	663～698	617～652	FDD
n75	N/A	1432～1517	SDL
n76	N/A	1427～1432	SDL
n77	3300～4200	3300～4200	TDD
n78	3300～3800	3300～3800	TDD
n79	4400～5000	4400～5000	TDD
n80	1710～1785	N/A	SUL
n81	880～915	N/A	SUL
n82	832～862	N/A	SUL
n83	703～748	N/A	SUL
n84	1920～1980	N/A	SUL
n86	1710～1780	N/A	SUL

表 2-4　3GPP 中 FR2 频段定义[16]

工作频段	上行频段/MHz $F_{UL\_low}\sim F_{UL\_high}$	下行频段/MHz $F_{DL\_low}\sim F_{DL\_high}$	双工模式
n257	26500～29500	26500～29500	TDD
n258	24250～27500	24250～27500	TDD
n260	37000～40000	37000～40000	TDD
n261	27500～28350	27500～28350	TDD

2.4　5G 的商用网络部署

"信息随心至，万物触手及"为我们描绘了 2020 年以后的美好愿景，也预示着 5G 将给未来社会带来巨大的变化。围绕网络强国建设、"互联网+"、制造强国建设等一系列国家战略，我国也对 5G 的发展设计了宏伟的蓝图。4G 带来了移动互联网应用的空前繁荣，拉开了数字经济发展的序幕，我们更希望 5G 能够把类似的繁荣带给社会的各行各业，实现赋能千行百业，促进整个社会的数字化转型升级。不仅仅中国，全球其他主要经济体都对 5G 的发展寄予了厚望，都希望借助 5G 抢占新一轮经济发展的先机。HIS Markit 预测了 2035 年 5G 对驱动各行业产出增长的贡献，如图 2-11 所示，其中关键业务型服务指的是 5G 将支持高可靠性、超低时延连接以及高安全性和可用性的应用。可以看出，5G 的出现将对各行各业带来巨大影响。据 HIS Markit 预测，到 2035 年，5G 在全球驱动各行业产出增长将达 12.3 万亿美元，约占 2035 年全球实际总产出的 4.6%。

根据 HIS Markit 和中国信息通信研究院《5G 经济社会影响白皮书》数据，2020—2035 年，5G 对全球 GDP 总体贡献预计为年均 2.1 万亿美元，相当于全球第七大经济体印度的 GDP。2030 年，5G 对 GDP 直接贡献和间接贡献分别为 3 万亿美元和 3.6 万亿美元，带动的直接和间接就业机会分别达到 800 万个和 1150 万个，对社会的影响巨大。通过上述数据可以看出 5G 的巨大潜力和影响力，所以全球各大经济体纷纷对 5G 的发展给予非常高的期望和关注。

4G 网络的大规模建设，全球运营商投入了大量的资金，虽然 4G 带来了运营商客户 ARPU 值在一定程度的上升，但还不足以在短期内快速收回成本。从全球运营商发展的情况来看，大多数运营商的财务状况还难以支持 5G 网络的大规模建设。同时，欧美频率资源的分配采用拍卖的方式，使 5G 频率的成本很高，这也成为欧美运营商 5G 发展的沉重负担。所以，可以预期，5G 的发展很难有 4G 发展的速度。大多数运营商的 5G 建设将采用渐进式的部署方式，根据业务需要从城市热点逐步开始，逐渐扩展到其他区域。当然，也不排除管制机构在牌照发放时强制规定网络部署的规模和发展的速度。

全球最早宣称 5G 商用的是美国威瑞森通信公司（Verizon）和韩国电信公司（KT）。

Verizon 等美国运营商宣称要在 2018 年实现 5G 商用，采用的频率是 28 GHz，应用的典型场景则类似中国的家庭宽带，通过毫米波基站和屋顶的客户前置设备（Customer Premise Equipment，CPE）天线相连接实现无线覆盖，室内再转成 Wi-Fi 的连接。而 KT 则宣称要在 2018 年的冬奥会实现 5G 商用，采用的频率也是 28 GHz。2019 年 4 月，韩国正式宣布 5G 商用，初期采用的频率则变成 3.5 GHz，每个运营商 80～100 MHz 的频率带宽，而 28 GHz 则成为部署的第二优先级。中国则在 2019 年 11 月的北京通信展期间，由工业和信息化部副部长陈肇雄携手四大运营商，正式宣布 5G 的商用。

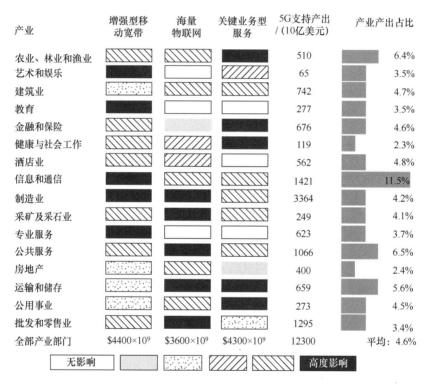

产业	增强型移动宽带	海量物联网	关键业务型服务	5G支持产出/(10亿美元)	产业产出占比
农业、林业和渔业				510	6.4%
艺术和娱乐				65	3.5%
建筑业				742	4.7%
教育				277	3.5%
金融和保险				676	4.6%
健康与社会工作				119	2.3%
酒店业				562	4.8%
信息和通信				1421	11.5%
制造业				3364	4.2%
采矿及采石业				249	4.1%
专业服务				623	3.7%
公共服务				1066	6.5%
房地产				400	2.4%
运输和储存				659	5.6%
公用事业				273	4.5%
批发和零售业				1295	3.4%
全部产业部门	$4400×10⁹	$3600×10⁹	$4300×10⁹	12300	平均：4.6%

无影响 　　　　　 高度影响

图 2-11　2035 年 5G 对驱动各行业产出增长贡献的预测（来自 HIS Markit 的咨询报告）

日本则在 2020 年实现了 5G 的商用，采用的频率也是 3.6～4.6 GHz 和 28 GHz，其中中频段为优先部署频段。

（1）NTT DoCoMo：3600～3700 MHz、4500～4600 MHz 和 27.4～27.8 GHz 频段。

（2）KDDI：3700～3800 MHz、4000～4100 MHz 和 27.8～28.2 GHz 频段。

（3）软银：3900～4000 MHz 和 29.1～29.5 GHz 频段。

（4）乐天移动：3800～3900 MHz 和 27.0～27.4 GHz 频段。

迄今为止，全球 5G 网络部署情况如表 2-5 所示。

表 2-5　全球 5G 网络部署情况

地　区	4G 网络数量/个	5G 网络数量/个	地　区	4G 网络数量/个	5G 网络数量/个
非洲	159	8	中东	47	22
亚洲	140	45	大洋洲	39	8
欧洲	171	101	北美	19	13
拉美	127	24	全球总数	702	221

在整个全球的 5G 发展中，可以说亚洲走在了前列，无论是 5G 商用的时间还是规模，特别是中国，在整个 5G 的发展方面更是全球领先。中国的 5G 发展基本遵循"以建促用"的发展策略，即先建设网络，快速带动终端和芯片的成熟，拉动个人业务和应用的成熟，再通过成熟的芯片和模组加速垂直行业的应用。尽管受到新冠疫情的影响，但在全行业的共同努力下，在各级政府政策的大力支持下，我国运营商在商用伊始就取得了部署规模和用户规模的全面领先，中国联通和中国电信通过 3.5 GHz 频段的 5G 网络共建共享，以及中国移动和中国广电 700 MHz 的共建共享，迅速实现了全国性的 5G 覆盖，并且在建设速度和建设成本方面取得了较好的折中。截至 2023 年 2 月底，我国三家运营商 5G SA 网络已全面商用，累计建设 5G 基站 220 万余座，占全球的 70%，5G 终端连接数超过 5 亿个，占全球的 70%以上，5G 连接用户平均每户每月使用数据流量（Dataflow Of Usage，DOU）是所有用户平均 DOU 的 1.74 倍，成为当之无愧的领头羊。

目前，5G 商用网络处于成长期，全球以 NSA 架构为主，仅有 10%的运营商已开通 SA，部署频段以中频段为主，目前商用的主要是 Rel-15 能力，后续将逐步支持 Rel-16，增强和完善网络能力。

2.5　5G 的业务发展

在业务培育和推广方面，全球运营商自 2016 年开始，纷纷围绕新业务、新应用和新商业模式的培育和探索，成立了 5G 联合创新中心，联合产业合作伙伴和垂直行业的合作伙伴广泛开展 5G 新业务和应用的培育与示范演示。2016 年 2 月，中国移动在全球率先成立 5G 联合创新中心，旨在联合 ICT 企业以及各行各业合作伙伴，共同推动 5G 端到端产业与能力的成熟，孵化创新应用及产品，构建合作共赢的跨行业融合生态，围绕国家发展改革委的共享经济示范平台，先后推出了全球首场 5G+4K 体育赛事直播、春晚首次 5G 网络 4K 超高清直播、国内首个 5G 火车站建设、全国首例 5G 远程人体手术、8K 局域网云办公视频会议等一系列的 5G 业务演示。工业和信息化部也持续组织"绽放杯" 5G 应用大赛，促进 5G 与应用的结合。5G 特色业务的能力需求如图 2-12 所示。

借鉴 4G 发展的成功经验，5G 的业务发展着眼于两个方面：一是继续深挖个人业务的市场潜力，使能信息消费，延展人们的想象空间，让 VR/AR、云端服务机器人、高清视频、裸眼 3D 等成为可能，走进人们的生活；二是培育和孵化企业级和垂直行业市场，通过 5G 的赋能构建智慧社会，助推行业升级转型，带来车联网、网联无人机、智慧能源、智慧医疗、智能制造、智慧教育等行业的发展和突破，打造行业新契机，达到助推行业升级转型、构建智慧社会的美好愿景。

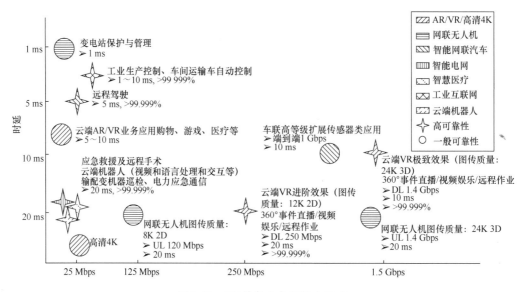

图 2-12　5G 特色业务的能力需求

在个人业务方面，业界积极投入和培育特色业务，5G 2C 应用的发展呈现出"新终端、新看法、新玩法、新拍法、新视角"等特征。

（1）新终端——折叠超大屏手机：超大屏超高清视频体验，随时随地移动办公，多窗口、多任务、双屏操作。

（2）新看法——从看视频到玩视频：超高清、沉浸式，全平台汇聚，大小屏融合，体育+演艺特色。

（3）新玩法——超高清互动云游戏：无时延、云端运行、即点即玩；从购买装备向租用时长转变；海量游戏内容；异地实时互动。

（4）新拍法——虚拟社交趣拍：明星合拍，虚拟偶像直播。

（5）新视角——360°自由视角：任意视点+360°，视场+全自由交互，图片、视频、3D 模型等业务内容丰富多样。

从目前的应用来看，5G 明显缓解 2C 业务流量增长压力，以中国移动 5G 网络为例，5G 已明显取得分流效果，占比接近 30%，4G 承载流量已开始下降，5G 用户的DOU 接近 4G 用户的 2 倍，5G 网络承载流量的优势已初步显现。韩国运营商发力VR/AR 业务，5G 流量增长迅猛。韩国科学技术信息通信部在 2020 年 1 月公布的数据如图 2-13 和图 2-14 所示。

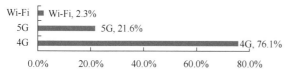

图 2-13　韩国 4G、5G 网络流量对比

图 2-14　韩国 4G、5G 用户人均月流量

在 5G 2B（toB）业务发展方面，我国 5G 融入行业的广度和深度领跑全球，运营商携手行业打造创新应用，加速 5G 融入千行百业，成为带动 ICDT[①]增长的重要引擎，其应用领域如图 2-15 所示。根据全球移动通信系统协会（Global System for Mobile communications Association，GSMA）的研究报告和对全球企业的调研，5G 2B 业务市场广阔，到 2030 年，5G 赋能的全球垂直行业市场规模将达 7000 亿美元，2/3 中国企业渴望使用 5G。另外，不同垂直行业企业的需求碎片化程度极高，带宽、上行速度、下行速度、最大连接数、数据传输频率等存在较大差异，需进行

图 2-15　5G 2B 的应用领域

定制化服务。为此，国内三大运营商积极布局 5G 2B 应用，聚焦重点垂直行业，开展广泛的业务试点。试点结果表明，5G 与企业生产的结合带来显著的降本增效效果，如中国移动与某工厂合作进行基于 5G 边缘计算的智能柔性生产试点，使其生产效率提升了 30%，人工成本降低了 40%。所以，5G 与垂直行业的结合大有可为。

5G 专网是目前 5G 服务垂直行业的重要应用形式，成为构建数智基础设施的重要组成部分，助力 5G 融入企业生产。通过 5G 专网，运营商基于授权频谱为行业客户提供服务范围、网络能力、隔离度可定制的 5G 通信服务，比传统的垂直行业解决方案具有明显优势。运营商 5G 专网与传统的行业专网的优缺点对比如表 2-6 所示。

表 2-6　运营商 5G 专网与传统的行业专网的优缺点对比

对比维度	对 比 项	运营商 5G 专网	行业频率专网	Wi-Fi	LTE-U
频谱	带宽	大	小	中	中
	干扰	低	低	高	高
	覆盖能力	强	强	弱	弱
制式	安全性	高	高	低	高
	时延	低	中	中	中
	可靠性	高	高	低	中
	移动性	高	高	低	高
	业务并发能力	高	中	低	中

---

① ICDT 是指在大数据时代，信息技术（Information Technology，IT）、通信技术（Communication Technology，CT）和数据技术（Data Technology，DT）的深度融合。

（续表）

对比维度	对比项	运营商 5G 专网	行业频率专网	Wi-Fi	LTE-U
产业	网络成本	中	高	低	高
	芯片成本	低	高	低	高
	行业终端丰富度	低	低	高	低
运维	运维持久性	强	中	弱	中
	优化能力	高	中	低	中

所以，综合来看，5G 公网相对于传统专网具有非常明显的优势：产业链更成熟、更健壮，市场需求的响应时间更短，和个人业务共享网络，应用规模更大，终端设备成本更低，采用运营商专有频率，有专业的网络运维团队，网络可靠性和覆盖有保障；网络发展有规划，新功能引入更快速。所以，作者相信，在 5G 未来的发展中，运营商公网和垂直行业客户、企业级客户的结合必将产生双赢的局面，赋能垂直行业发展的同时，降低其支出的成本，助力其实现转型升级和智慧化发展。

5G SA 具备端到端的 5G 全新能力，可以基于网络切片和边缘计算，通过虚拟化和软件定制，把网络能力按需聚合在逻辑或者物理的网元上，如聚合在基站或者服务器上，满足不同行业的特定业务需求，这样可以很好地适应垂直行业应用的需求差异化和碎片化，以及部署灵活快速的需求。所以 5G SA 可以提供不同的专网建设模式，实现优享、专享和尊享等不同的专网服务，5G 专网提供的不同服务模式对比如图 2-16 所示。

优享模式：普通道路与高速公路

专享模式：普通道路与公交专用道

尊享模式：普通道路与高铁线路

图 2-16 5G 专网提供的不同服务模式对比

1. 虚拟专网（优享模式）[3]

5G 虚拟专网是指专网用户与公网用户共用频谱、共用无线基站设备，通过 QoS、网络切片技术等功能性技术与手段做到业务优先保障、业务逻辑隔离，满足网络速率、时延、可靠性优先保障的需求，达到业务逻辑隔离、按需灵活配置的效果。这种模式主要面向大部分广域业务和部分局域业务，且对网络能力和隔离保障有一定的要求，网络部署成本较低。5G 虚拟专网如图 2-17 所示。

以传统的专网方式去满足垂直行业的个性化需求，存在用户规模过小、成本过高的问题。5G 时代，这种模式需要改变，这是 5G 和 4G 不同的地方之一。差异化的服务必须有灵活的网络支持，能力也要灵活地部署，只有通过和庞大的个人用户群去分摊建网和维护成本，才能降低运营商的网络部署成本，构建运营商解决方案的竞争力。所以，利用网络切片和边缘计算等技术来实现公网的"专网化"应该是运营商服务垂直行业的首选解决方案，在必要的场景下，可以以物理专网为补充，满足差异化和碎片化的市场需求，这样整个业务的发展才会成本可控，快速实现从量变到质变的跨越。

2. 准物理专网（专享模式）[3]

专享频谱、共用无线基站设备，通过边缘计算等影响网络架构的技术手段，结合网络切片等功能，共同做到网络专用，满足数据不出场、超低时延、专属网络的需求，达到数据流量卸载、本地业务处理的效果。这种模式主要面向局域业务，且对网络时延和隔离保障有较高的要求，网络部署成本更高。5G 准物理专网如图 2-18 所示。

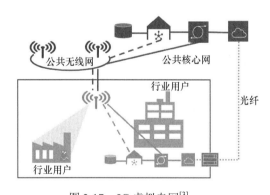

图 2-17 5G 虚拟专网[3]

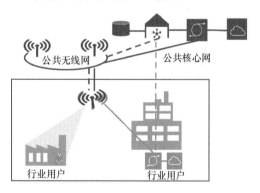

图 2-18 5G 准物理专网[3]

3. 物理专网（尊享模式）[3]

通过基站、频率、核心网设备的专建专享，进一步满足超高安全性、超高隔离度、定制化网络的需求，达到专用 5G 网络、贵宾（Very Important Person，VIP）驻场服务的效果。

对于一些对应用数据和能力要求很高的行业应用，结合客户的需求，也可以采用专网的形式为客户提供服务，实现数据、资源、网络管理与公网的完全隔离，满足极致的

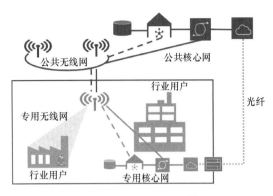

图 2-19　5G 物理专网[3]

性能和安全性的要求。但这种网络部署方式由于客户完全独享整个端到端的网络和资源，部署成本较高，通常资源利用效率导致业务服务成本很高。5G 物理专网如图 2-19 所示。

运营商通过"5G 专网+AI"，多行业实现 5G 应用规模拓展，实现从个性到复制的发展，如智慧矿山、智慧钢铁、智慧工厂、智慧电力、智慧港口、智慧医院等。

2.6　5G 发展的机遇与挑战

从全球 4G 发展的历史来看，从 2010 年开始，全球累计建设的 4G 基站超过 500 万个，其累计投资总量更是一个天文数字。4G 给运营商的发展带来了增长，但是这种增长随着激烈的市场竞争和管制机构的干预而日趋饱和。

早在十多年前，咨询机构就已经成功地预测到了今天移动通信网络运营商发展所面临的困境，如图 2-20 所示。4G 的快速发展终结了移动通信市场以语音业务为主的时代，真正进入了以数据为主的时代。由于移动通信市场的渗透率已经超过 100%，运营商原有的靠市场规模来增加收入的方式已难以为继，所以在 4G 发展的后期，移动运营商的发展进入了瓶颈期。移动通信行业开始积极布局物联网的应用，试图通过 NB-IoT 和 eMTC 积极探索新的垂直行业市场，但并未取得预期的效果；在 5G 时代更是把面向垂直行业的物联网作为发展的重点。

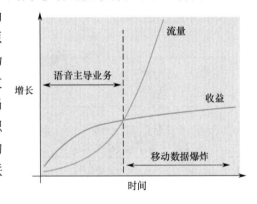

图 2-20　移动通信市场发展趋势预测

5G 作为移动通信基础设施，可实现人与人、人与物、物与物的强连接，连接社会运行的方方面面；同时 5G 与人工智能（AI）、物联网（IoT）、云计算（Cloud Computing）、大数据（Big Data）、边缘计算（Edge Computing）融合交织（AICDE），共同构成新一代泛在智能信息基础设施；5G+AICDE 与机器人、高清视频、无人机、AR/VR 等技术相结合，将为社会各行业的应用提供通用能力，包括生活涉及的教育、医疗、文娱、交通等，生产涉及的工业、农业、能源、金融等，以及社会治理涉及的政务、安防、环保等，形成 5G+X 应用延展，不断推出新产品、新服务、新模式、新业态，加速各行业质量变革、效率变革、动力变革。所以，业界期待 5G 能够将 4G 带给移动互联网的空前繁荣复制到社会的各行各业，由此为移动通信行业带来新的飞跃。

从目前的 5G 商用发展来看，5G 的发展依然处于成长期，我国虽然在网络规模和用户数量上都取得了全球领先，但面向 2C（toC）的杀手级应用还没有出现，个人用户还很难体验到 5G 特有的业务和体验。2B 业务虽然在一些矿山、钢铁、煤矿等行业有了一些成功的应用，全国也开展了成千上万的 5G 2B 的业务示范，但难以规模复制。5G 的发展出现了一些争议和质疑，5G 的高能耗、高成本、网络运维难等成为业界热议的话题，用户对业务体验和运营商资费也多有诟病。设备商希望 5G 能够持续大规模建设，而运营商却面对成本高和变现难的挑战，5G 发展路在何方？

2.6.1　"开源"

结合 4G 的业务发展来看，全球运营商主要聚焦在个人业务的提供，以更高的速率来满足客户不断增长的数据流量需求。在整个移动互联网业务的利益链条中，运营商仅仅分得了卖流量的价值，而绝大部分连接和内容的价值则被互联网厂商所瓜分，所以运营商仅仅靠提高用户消费的流量来提升每用户平均收入（Average Revenue Per User，ARPU）。但是，随着运营商间的市场竞争加剧，以及管制机构强制性的提速降费，不限量套餐已经日益成为运营商个人业务普及的商业模式。在这样的大环境下，运营商难以继续过去的流量经营模式，而必须拓展新的商业模式。所以，在 4G 发展后期，全球领先市场的运营商纷纷开始探索物联网应用市场，但目前全球运营商在以 eMTC 和 NB-IoT 等为代表的物联网应用的拓展中，运营商并没有找到快速增长的秘诀，仍然是靠卖连接和卖流量来赢利，投入产出比不容乐观。

5G 如何赢利和变现？5G 的商业模式究竟应该是什么？业界众说纷纭。有人说卖流量，5G 峰值速率可以超过 1 Gbps，是 4G 的 10 倍以上，而单基站的吞吐量则是 4G 的几十倍，流量供给能力有挖掘的潜力；有人说卖能力，因为 5G 可以提供更低的时延和更高的可靠性，如对于玩游戏的年轻人，特别是对于玩对战游戏，时延体验就非常重要，甚至对结果产生决定性的影响，可以通过加速套餐包的形式提供差异化的服务，从而带来新的商业模式；有人说卖连接，面向未来的社会，物联网终端的数量将是个人用户数的成百上千倍，市场空间巨大。

尽管 5G 能够满足 eMBB、uRLLC 和 mMTC 等应用场景的需求，很多领先的运营商都在探索 5G 新的商业模式，但是大多数运营商对未来 5G 在物联网和垂直行业的商业模式并不乐观。所以，大多数运营商将 5G 的初期发展定位于 eMBB 业务，首先考虑满足 4G 业务量发展带来的扩容需求。

综合考虑整个 5G 的能力和新的场景，5G 未来业务发展主要在以下方向[3-4,17-18]。

（1）深耕个人业务市场，构造差异化用户体验，通过不同等级的体验来使资费等级差异化，通过消费等级的提升来提高 ARPU 值。

在作者日常的工作接触中，听到很多高端手机客户在抱怨："我是你们的忠实用户，使用你们的号几十年，每个月几百上千块钱的话费，但是我和那些每个月交 20 块钱的人比，没有体验到任何差异？网络好的时候，大家都好，网络不好的时候，大家也一样不好。"

在这方面，移动运营商应该向互联网企业学习，提供差异化的业务体验，通过不同的服务等级来进行差异化计费，则可以在原有不限量套餐的基础上开发出更多、更灵活的资费体系，进而提高个人业务带来的收入。例如，考虑到视频业务已经成为消耗流量的主要应用，对于基本的资费套餐，可以考虑保证标清的视频传输能力；而对于愿意支付更高资费的用户，则可以保证高清的视频传输能力。

（2）培育和引入业务能力要求较高的个人业务，带动个人业务体验升级，如 AR/VR，可采取按次或者按时长等单独的计费方式。

（3）以开放灵活的产品形态，拓展垂直行业和企业级市场，拓展新的业务空间。

对于 5G 网络，运营商可以利用其高速率、低时延、高可靠性和大连接能力，借助网络切片和 MEC，布局差异化的企业级和垂直行业的应用市场，逐步扩大 5G 应用的市场规模，进而摊低整个 5G 网络的建设和运维成本，通过新的商业模式，提升 5G 赢利能力。

尽管 5G 的应用示范项目多达数千个，也在实际的商业应用中有诸多的突破，如钢铁、煤矿、港口和码头等行业，但 5G 面向行业的应用需充分保证"网络可靠稳定、数据安全隔离、开通流程简化、运维模式升级"，"5G+行业"仍然面临诸多的挑战，5G 与垂直行业的结合还有很长的路要走。

① 各行业的发展都呈烟囱式，行业壁垒森严，5G 融入其他行业需要打破壁垒。

② 一些行业的监管政策还不完善、不完备，影响 5G 的应用，如车联网、无人机等。

③ 5G 网络从服务行业到融入生产，要满足极高的端到端可靠性，网络性能、运维水平需进一步提升。

④ 5G 早期宣称的网络切片等能力还不完善，还不具备成熟商用的能力。

⑤ 5G 2B 应用呈现多样化、定制化、长流程特点，阻碍其进一步规模化发展。

⑥ 5G 端到端成本仍然不够友好，设置了较高的使用门槛，尤其影响中小型客户使用意愿。

⑦ 5G 2B 的发展仍然沿用了传统的 2C 产品形态，能力单一、结构固化，无法适应差异化和碎片化的 2B 市场需求。

所以，尽管垂直行业和企业级市场是 5G 未来发展的主要方向，但从其过去的发展历史来看，其开放性存在很大的不确定性，需要政府通过统筹规划加以引导，也需要通信产业尽早将垂直行业引入到 5G 发展的推进当中，沟通需求，孵化业务和应用，探索和培育共赢的商业模式。

（4）通过网络能力开放，培育 5G 应用开发生态[17-18]。

传统垂直领域的发展模式都是"烟囱式"的，各行各业都有自己的生态系统和行业壁垒，很多领域是运营商之前没有尝试过的。在 5G 时代，由于垂直行业市场的碎片化和业务需求的差异化，传统的 2C 模式很难复制到垂直行业。如何核算成本？如何定价？如何满足差异化的业务和部署需求？如何拓展用户？运营商现有的运营和管理体系如何适应 2B 市场的变化？由于机制和体制的限制，传统运营商在新业务和新应用方面的创新能力远不如互联网公司、中小微企业，尤其是在个性化和差异化的垂直行业应用方面，难以在成本和速度上取得优势。这些都是运营商正在面临的发展挑战。

面对上述挑战，除布局相关业务的开发、拓展、运营和管理上的转变之外，运营商还需要着重在几个方面布局：一是尽快构建端到端 5G 网络能力，通过将 5G 网络的全新能力和网络切片、边缘计算相结合，实现对差异化和碎片化的垂直行业需求的支持；二是构建 5G 网络能力开放平台，将运营商网络的各种能力开放给第三方使用，鼓励更多的应用开发者基于 5G 能力去开发和创造创新的业务，通过和第三方合作者的收入分成和网络能力租赁找到新的收入增长点，也能大幅提升 5G 业务和应用的创新活力，加速 5G 的发展和普及；三是构建面向垂直行业应用的应用程序商店（App Store），并以此为支撑，构建网络运营商、应用开发商和应用使用者的生态系统，实现网络能力、应用工具和被服务对象的多方对接，创造多赢的商业模式。面向 5G，运营商网络可以开放的能力有很多，包括高速率、低时延、高可靠性、人工智能、云计算和存储、用户信息、位置定位等能力，需要运营商结合 5G 网络的部署和发展，去拓展和培育这个更加广阔的新兴市场。

2.6.2　"节流"

迄今为止，我国 5G 网络的规模已经达到 160 万站，超过全球规模的 70%，整个移动通信基站的规模已经超过 1000 万站。如此庞大的基站规模，带来了巨大的建设和运营成本，特别是 5G 网络的建设，由于采用了大规模天线技术、100 MHz 带宽等，尽管性能和效率得到了极大的提升，但单基站的成本是 4G 的 2～3 倍，基站能耗也是 4G 的 3 倍。5G 网络的大规模建设给运营商带来了巨大的成本压力，除建设投资外，电费、天面与机房的租金、网络的运维成本也成为日常的重要开支，所以"成本高、能耗高、运维难"成为运营商在 5G 发展中亟须解决的问题。

5G 为了提升性能和效率，初期的基站采用了 192 天线/64 通道的有源天线单元（Active Antenna Unit，AAU）架构，为了满足商用的条件，对基站的架构和芯片设计与工艺提出了更高的要求，5G 大规模天线基站对集成电路的要求如图 2-21 所示。

重量体积大
40 kg+80 L+
近铁塔上限
20%天面建
设困难

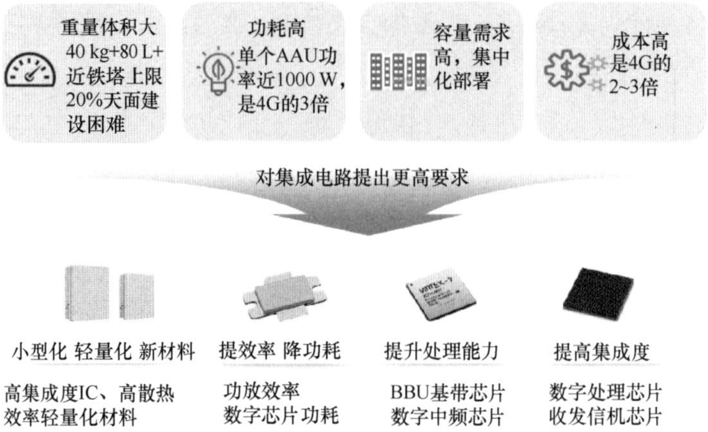

功耗高
单个AAU功
率近1000 W，
是4G的3倍

容量需求
高，集中
化部署

成本高
是4G的
2~3倍

对集成电路提出更高要求

小型化 轻量化 新材料

提效率 降功耗

提升处理能力

提高集成度

高集成度IC、高散热
效率轻量化材料

功放效率
数字芯片功耗

BBU基带芯片
数字中频芯片

数字处理芯片
收发信机芯片

图 2-21　5G 大规模天线基站对集成电路的要求

　　为了满足商用的要求，5G 基站已经在小型化和轻量化方面进行了全新的设计和优化，包括采用高集成度的集成电路（Integrated Circuit，IC）、高散热效率的轻量化材料等，同时也针对基带的高复杂度处理进行了全面的优化；但其成本仍然达到了 4G 基站的 2～3 倍，能耗则是 4G 基站的 3 倍。

　　如图 2-22 所示，从 5G 大规模天线基站的能耗分布实测数据来看，基站的功耗主要包含基带（Baseband，BB）、数字中频和增强型通用公共无线电接口（enhanced Common Public Radio Interface，eCPRI）（IF+eCPRI）、射频（Radio Frequency，RF）和功率放大器（Power Amplifier，PA），BB、IF+eCPRI、RF 部分的功耗和基站的负载并不是线性关系，随着基站业务负载的增加而变化不大，仅 PA 的功耗与基站的业务负载呈线性关系。在满负载的情况下，一个基站（3 扇区）的功耗高达 3168 W，考虑 160 万个基站，20%的基站满负载，60%的基站中度负载，而 20%的基站轻负载，则一年的用电量高达 392.448 亿度（kW·h），按每度电 0.725 元计算，电费将高达 284.5248 亿元。如果再考虑机房的空调等的电费、店面的租金等，新增 5G 网络的维护成本开支给运营商带来了巨大的成本压力。

　　所以，运营商和设备商都在积极推进 5G 网络的节能工作，分别从硬件设计和优化、软件功能的引入两个方面对 5G 设备和网络的能耗进行优化。硬件方面，着重从以下三方面对基站的能耗进行优化。

　　（1）功率放大器（功放）效率的提升：相比于第一代产品，功放效率提升 5%；使用氮化镓（GaN）功放，相比横向扩散金属氧化物半导体（Lateral Diffused Metal Oxide Semiconductor，LDMOS）会带来 8%的末级功放效率提升。

　　（2）收发信机集成度提升：相比于第一代产品，集成度提升一倍；工艺提升 1～2 代（40 nm→28 nm→16 nm）。

　　（3）数字芯片专用集成电路（Application Specific Integrated Circuit，ASIC）化：除

部分厂家外，基本实现 ASIC 化；工艺提升 1 代（16 nm→7 nm）。

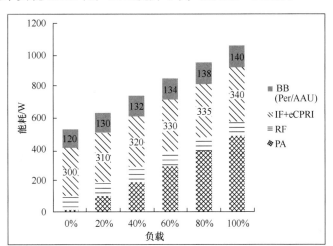

图 2-22　5G 大规模天线基站单扇区的负载与能耗的关系

基站软件方面，在传统的基站和网络节能功能的基础上，进一步引入亚帧关断、通道关断、深度休眠等功能，可带来明显的能耗降低。

（1）亚帧关断（见图 2-23）：基站应能根据业务量的变化，适时休眠部分器件（至少包含功放），休眠的时间长度可达到时隙（Time Slot）级。

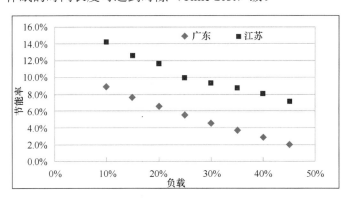

图 2-23　亚帧关断（节能率与负载）

（2）通道关断（见图 2-24）：基站应能根据业务量的变化，适时休眠部分射频通道内相关器件（可休眠的器件不限于功放），以达到减少能耗的目的。

（3）深度休眠：该功能指基站在低功耗模式下，仅保留必要的功能模块工作，并能快速恢复至正常状态。

从现网的应用测试效果来看，新引入的软件功能可以取得较为明显的节能效果。

（1）亚帧关断：中低负载下节能达 10%。

（2）通道关断：中低负载下节能 10%～20%。

（3）能耗自动采集：能耗精度误差在 5% 以内。

此外，为了进一步降低机房的租金和机房能耗，运营商的 5G 建设逐渐开始采用云化无线接入网（Cloud Radio Access Network，C-RAN）的部署方式，如图 2-25 所示。通过多基站的中央单元（Central Unit，CU）+分布式单元（Distributed Unit，DU）的集中式部署，既可以大量减少机房的需求，同时也可以带来可观的节能效果。预计到 2025 年，运营商 90% 以上的 5G 基站将采用 C-RAN 的方式部署。

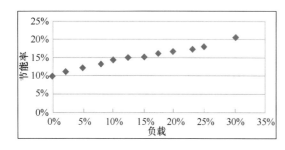

图 2-24　通道关断（节能率与负载）

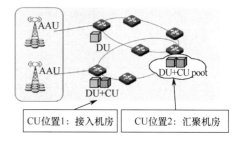

图 2-25　C-RAN 部署方式

5G 网络的建设除了增加了大量的基站，同时也带来了更加复杂的网络优化与运维问题。5G 网络设计比 4G 更加灵活，引入了更多的网络参数，随着新功能的不断引入，网络参数也不断增加。此外，由于 5G 很难在短时间内提供无缝的覆盖，而现有的 2G、3G 和 4G 网络由于已有用户和业务的需求，很难在短期内全部升级换代到 5G，所以运营商普遍存在多网、多代共存的问题。为了实现 5G 与 4G 等已有网络的共存与协同互补，网间参数的配置和优化也极为复杂，这给运营商整个网络的运维带来了巨大的困难和挑战，成本也大幅增加。

为此，运营商纷纷开始借助大数据和 AI 来实现网络的运维从人工和手动向无人化和自动化转变，提出了网络自动驾驶的发展目标[19]，面向流程定义场景化分级标准，分步迭代提升网络运维自治水平。全球运营商在欧洲电信标准化学会（European Telecommunications Standards Institute，ETSI）发起成立了全球电信管理论坛（TM Forum）并发起自动驾驶网络（Autonomous Driving Network，ADN）[20]的研究，旨在面向消费者和垂直行业客户提供全自动、零等待、零接触、零故障的创新网络服务与信息和通信技术（Information and Communication Technology，ICT）业务，打造自服务、自修复、自优化的通信网络，为通信网络运维的数智化转型明晰了目标架构和实现路径[21]。

自动驾驶网络分级框架将网络自治化能力划分为"L0 人工运营维护、L1 辅助运营维护、L2 部分自动驾驶网络、L3 有条件自动驾驶网络、L4 高级自动驾驶网络、L5 完全自动驾驶网络"六个级别。中国移动参考自动驾驶网络理念，规划网络运维数智化转型，加大自动化、智能化能力建设，设定 2025 年网络运维自治水平达到 L4 的整体目标。针对生产网络的复杂性和自动化能力的多样性，中国移动采取"分而治之"的方法，实现网络自治能力的"螺旋上升"，并参考 TM Forum 自动驾驶网络层次化架构[20]，结合生产实践，提出"四层三闭环"的内部实践目标框架，如图 2-26 所示。

其中，4 个层次如下。

（1）网元管理：提供网元内置的自动化运维能力。

（2）网络管理：提供面向网络的单专业自动化运维能力。

（3）业务管理：提供面向网络和业务的跨专业自动化运维能力。

（4）商务管理：提供面向客户的自动化服务管理能力，统一提供客户触点。

3 个闭环如下。

（1）资源闭环：单专业资源管理，实现单域自治。

（2）业务闭环：面向业务的、跨专业的端到端管理，实现跨域协同。

（3）用户闭环：用户与商务管理，包括用户信息、营业、计费、客服等。

以此为参照，中国移动以提质、增效、降本为目标，分层次构建体系化能力，实现全场景网络自治。通过网络自动驾驶研究的推进，预期 AI 和网络大数据的应用将能够在很大程度上解决运营商 5G 网络运维难的问题。

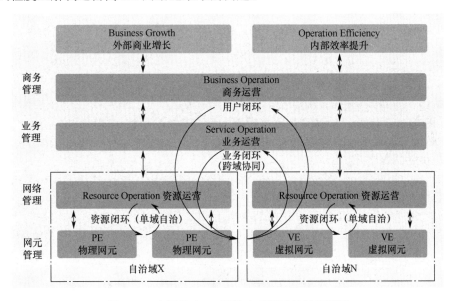

图 2-26　中国移动 5G 网络自动驾驶的目标框架

2.7　本章小结

5G 通过大带宽、大规模 MIMO（massive MIMO）等技术革新，可以带来超高速率、超低时延和超高可靠性等全新能力，全面支撑 eMBB、uRLLC 和 mMTC 等应用场景的应用，结合 MEC 和网络切片，全面赋能社会各行各业的转型升级。5G 将在未来的各种应用中，和云计算、大数据、人工智能等技术深度结合，加速整个社会的数字化转型。

本章参考文献

[1] IMT-2020（5G）推进组. 5G 愿景与需求白皮书[S]. 2014.

[2] ITU-R. Report ITU-R M.2410-0：Minimum requirements related to technical performance for IMT-2020 radio interface(s)[S]. 2017.

[3] 刘光毅，方敏，关皓，等. 5G 移动通信系统：面向全连接的世界[M]. 北京：人民邮电出版社，2019.

[4] 3GPP. Study on architecture for next generation system: TSG SA meeting#70，SP-150853[S]. 2019.

[5] 王晓云，刘光毅，黄宇红，等. 5G 技术与标准[M]. 北京：人民邮电出版社，2020.

[6] 沈嘉，杜仲达，张治，等. 5G 技术核心与增强：从 R5 到 R16[M]. 北京：清华大学出版社，2021.

[7] ETSI. Network function virtualization (NFV) management and orchestration: GS NFV-MAN 001 V0.3.14[S]. 2014.

[8] ONF. Software-defined networking: the new norm for networks [R/EB]. 2012.

[9] MACH P, BECVAR Z. Mobile Edge computing: a survey on architecture and computation offloading[J]. IEEE Communications on Surveys & Tutorials, 2017, 19(3).

[10] 3GPP. Release 16 Description, Summary of Rel-16 Work Items: TR 21.916 V16.1.0[S]. 2020.

[11] 陈琴. 5G 更大机会在垂直行业——专访中国移动研究院无线与终端技术研究所首席专家刘光毅[EB]. 中国投资，2020.

[12] 3GPP. e-meeting document SP-200222: TSG SA#87e[S]. 2020.

[13] 3GPP. Release 17 Description, Summary of Rel-17 Work Items: TR 21.917 V0.5.0[S]. 2022.

[14] 中国移动，中国电信，中国联通，等. 5G-Advanced 网络技术演进白皮书[S]. 2021.

[15] 3GPP. User Equipment (UE) radio transmission and reception; Part 1: Range 1 Standalone: TS 38.101-1, V15.2.0[S]. 2018.

[16] 3GPP. User Equipment (UE) radio transmission and reception; Part 2: Range 2 Standalone: TS 38.101-2, V15.2.0[S]. 2018.

[17] 刘光毅. 5G 为深度赋能垂直行业提供更强动力[J]. 电信工程技术与标准化，2020(6).

[18] 吕萌. 中国移动刘光毅：推动 5G 应用发展，打造 5G 的 App Store [EB]. 通信世界全媒体，2019-1-22.

[19] 中国移动. 中国移动网络自动驾驶白皮书[R]. 2021.

[20] TM Forum. Autonomous Networks: Empowering Digital Transformation For The Telecoms Industry [R/EB]. 2019.

[21] TM Forum. Cross-Industry Autonomous Networks – Vision and Roadmap V1.0.1, IG1193[R/EB]. 2019.

第3章　为什么要研究6G

随着 5G 的大规模商用，6G 研究也成为移动通信行业新的热点，全球通信发达的国家和地区纷纷出台 6G 研发规划。人们不禁会问，5G 正处于成长阶段，还没有给我们带来明显的体验升级，5G 最初描绘的愿景还远远没有实现，为什么要这么早开始 6G 研究？本章从社会发展、移动通信行业的可持续发展、面向 2030 年的新场景和新需求、现网发展面临的问题和挑战、ICDT 深度融合的发展趋势等角度来解析为什么要尽早研究 6G。

3.1　社会发展的驱动力

3.1.1　全球可持续发展的需求驱动

联合国发布的《2030 年可持续发展议程》中确定了 17 项可持续发展目标和 169 项具体目标，展现了新全球议程的规模和雄心，包含可持续发展的三个方面——社会、经济和环境，涉及减贫、健康、教育、平等、环保等领域。该议程致力于通过协同行动来消除贫困，保护地球并确保人类享有和平与繁荣。大规模的能源消耗将推动我国对相关技术的投入，而强调节能减排的缓解措施和调整能源结构的适应措施是目前针对能源需求的两个应对举措。

为兼顾经济建设和环境保护，各国都将积极建立有效的环境管理制度，以发展既能满足人类基本生存需求，又不破坏环境的可持续的经济结构。

3.1.2　中国社会发展的需求驱动

人口老龄化的加剧将带来人力资本的流失和社会成本的增高，社会期待更好的健康关爱和情感沟通交流方式。城市化的加速将会给城市的教育医疗资源、道路交通、就业、居住等带来极大挑战，社会期待更好的城市和社会资源管理方案。中国已经发展成为世界第二大经济体，坚持技术创新、制度激励，提高经济增长质量和科技水平，是中国经济发展的必然需要。中国经济将从强调速度走向强调质量的均衡发展。

可持续发展和社会问题的解决是社会经济发展的长期目标。以平衡方式实现社会公平、经济发展和环境保护，是一项伟大、复杂的工程。中国秉持"创新、协调、绿色、开放、共享"发展理念，为社会发展开出了良方。在信息通信领域，"五大发展理念"为移动通信网络可持续发展指明了方向，成为 5G 向 6G 演进与发展的思路和着力点[1]。其中："创新"要求未来网络注重基础理论突破和源头技术创新，突破或扩展传统通信理论，构建通信计算一体化架构，引入全息、类脑计算、强 AI 等变革性技术；"协调"要求未来网络在通信、信息、材料、能源和垂直产业等领域跨界融合协同突破，要求创新链与产业链的协同推进，要求技术标准的国际协同制定，产业发展的全球协调推进；"绿色"要求未来网络低能耗、低排放、与环境相容、能源供给可再生、器件材料可重构、设备可 4D 打印；"开放"要求未来网络能力接口开放、软硬件开源、市场开放、生态开放，实现网络的"融合""融通""融智"新局面；"共享"要求未来网络通用化、与交通、电力、城建等其他社会基础设施融合共享，实现基础设施集约化，提升基础设施效率。

6G 将在 5G 基础上为社会经济发展添加新动能，更深层次地促进"五大发展理念"落地。在"创新"方面，6G 为国家、企业和个人在科技创新、管理创新、商业创新和文化创新等多方面提供基础平台能力、信息服务能力、计算能力和 AI 能力；在"协调"方面，6G 打通国家和行业间信息孤岛，保障"一带一路"全球经济一体化协调发展，以新业态方式协调垂直产业发展，完善国家治理体系；在"绿色"方面，6G 基于全球立体覆盖能力提供强大的环境感知能力，形成全球合作环保方案，并推动传统产业转型升级，降低碳排放，实现绿色发展；在"开放"方面，6G 自含生态开放基因，促进全球经济开放、市场开放、文化开放、制度开放；在"共享"方面，6G 将构建共享的 AI 基础设施，实现大数据与人工智能的平民化，保障数字红利和数字权益的公平性，进一步促进"共享经济"升级，助力"共享制造"和国际间、产业间"共享基础设施"，形成共享新生态，实现成果共享。

为坚持"五大发展理念"，6G 将重构网络空间，为全球经济发展提供一体化空间，助力形成全球发展共同体、安全共同体和利益共同体。

3.2 移动通信行业可持续发展的驱动力

移动通信系统是迄今为止最为成功的大规模民用系统，其成功的秘诀在于通过全球大规模共享和高渗透率、高普及率实现网络基础设施和终端成本的不断降低，从而更好地服务于全社会，成为整个国家最为重要的基础设施。回顾移动通信的整个发展历史，移动通信系统的更新换代从来都不是由某个人、某个公司、某个国家所决定的，而是一个以市场化为导向的群体性自发行为，是由整个移动通信产业发展的趋势和客观规律所决定的。所以，一代移动系统成功与否取，决于其是否能够帮助整个行业成功实现商业变现，而商业变现的前提是是否可以给用户（包括个人和企业）带来更好的业务体验，使得用户愿意付出更多的资费，而不仅仅在于建设了多少基站。

如第 1 章所述，移动通信系统的更新换代基本保持了"十年一代"的节奏以及"用一代、做一代、看一代"的发展特征。"十年一代"的更新节奏涵盖了从关键技术研究、标准化、产业化到商业应用推广的所有环节，每一代移动通信技术都试图去解决当时行业发展和应用面临的问题，在把通信技术的发展推向新高度的同时，更好地为用户提供体验升级。最初的 1G 提供了移动语音通信的解决方案，实现了打电话从固定到移动的突破，但制式众多，成本高、体验差；后面的 2G 很好地解决了这些问题，地区标准开始走向统一，实现了移动语音应用的全球普及，还成功推出了广受欢迎的短消息业务；3G 开始尝试数据通信，虽然不是很成功，但培育了应用生态，为 4G 实现移动互联网的快速繁荣奠定了很好的基础；4G 真正实现了移动宽带通信，其和智能手机的结合带来了移动互联网应用的空前繁荣，加速了整个社会的信息化发展，4G 开始探索物联网的应用，但是由于多标准的分裂以及商业模式未能取得突破，物联网业务的发展远低于预期；5G 的目标是希望把 4G 带给移动互联网的繁荣复制到各行各业，实现万物的互联，赋能社会各行各业的数字化转型升级。随着 5G 应用的快速渗透、科学技术的不断突破、ICDT 的深度融合，6G 将在 5G 基础上全面支持世界的数字化，即基于物理世界生成一个数字化的孪生虚拟世界，物理世界的人和人、人和物、物和物之间将可以通过数字化世界来传递信息[1]。孪生的数字世界是物理世界的映像能够帮助人类更进一步地提升生活质量，提高生产效率，实现"6G 重塑世界"的美好愿景[2]。

在新一代移动通信系统的整个发展过程中，关键技术研究、标准化和产业化都需要全产业的巨大投入，而产业仅在商业应用推广的阶段才能取得回报，运营商的商业变现越成功，其网络建设规模越大，供应商则收入越高。所以，在整个新一代移动通信系统的研发投入期，产业的发展需要过去一代甚至多代移动通信系统的持续收入来支撑，才能保证新一代移动通信技术研发的可持续性。移动通信系统的研发周期解析如图 3-1 所示。

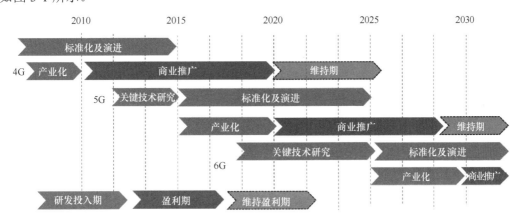

图 3-1　移动通信系统的研发周期解析

从 3G、4G、5G 的发展来看，移动通信行业存在着"用一代、做一代、看一代"的特征，6G 也不例外，目前主要用的是 4G，但业界也已经在大规模地建设和推进 5G 应用，同时也开始关注 6G 的研发。可以说每一代移动通信系统的设计都有其"时间局限性"，即每一代移动通信系统的设计都是在特定的时间点，基于过去一代移动通信系统设计和应用的经验和教训，同时面向新的发展需求和产业进展，在继承过去一代移动通信系统的成熟技术和设计的同时，结合当时的芯片和器件的水平，也引入在当时看来已经成熟到可以大规模应用和实现的技术，形成一个新的系统设计。因此，每一代移动通信系统的设计，并不是完全追逐最新的技术，而是尽可能采用当时看来可以低成本、大规模实现的成熟技术，确保可以低成本、小型化地实现网络基础设施和终端，确保其可以大规模应用和普及。

所以，从某种意义上说，每一代移动通信系统的设计，所采用的都是"旧"技术。例如，3G 采用的码分多址（Code Division Multiple Access，CDMA）是 20 世纪四五十年代军事领域就已经应用的技术；4G 采用的 OFDM 技术是早已在 Wi-Fi 里大规模应用的技术，MIMO 和智能天线技术也是在当时看来 20 年前甚至更早就已经出现的技术；5G 采用的 LDPC 和 Polar 码等是很多年前就出现的技术。在特定的时间点，可能有些最新的技术和理念还没有具备大规模应用的条件，如实现的复杂度太高、代价太大等，不会被标准采用；但是随着时间的推进，芯片和器件的水平和工艺不断进步，特别是摩尔定律推动着计算能力不断提升，原本一些无法实现的复杂技术和理念在若干年后就变得可以实现了，这些技术或者理念也就成为当前移动通信系统演进或者新一代移动通信系统设计重点考虑的对象。例如，大规模天线（massive MIMO，国内也称其为 3D-MIMO），在 4G 初期的时候，由于芯片工艺和水平的限制，基于当时的工艺和设计水平做出来的样机重达 200 多千克，耗电更是当时 4G 基站的 8 倍，成本也是 4G 基站的 8 倍甚至更高，但是经过产业链上下游的共同努力，经过几年时间的迭代推进，器件工艺水平、系统整机优化都进步了，massive MIMO 在 4G 的后期就变得可行了。中国移动首先将其应用在 4G 的演进当中，在不改变终端的情况下，通过基站的实现性修改，在现网中可以带来 2 倍的频谱效率提升；所以到了 5G 时代，massive MIMO 就成了 5G 的一个核心技术和标配，只是支持的带宽从 4G 演进的 60 MHz 变成了 5G 的 160 MHz，而单个小区的基站成本和能耗则分别下降到了 4G 基站的 2～3 倍和 3 倍。

正是这样的持续发展和迭代，才支撑着移动通信产业不断地进行技术创新和突破，持续提升移动通信网络的能力和服务范围，实现了移动通信行业发展的良性循环。

3.3 新应用场景和新业务的需求

"马斯洛需求模型"将人的需求分成五个层次，受其启发，中国移动将其演化到通信需求的层面，提出一种层次化的通信需求模型，分为五个等级：必要通信、普遍通信、信息消费、感官外延、解放自我[2]，如图 3-2 所示。在该模型中，通信需求和通信系统构成了螺旋上升的循环关系：需求的出现刺激了通信技术和通信系统的发展，而通信系统的完善将通信需求推向更高的层次，最终帮助人类解放自我，实现人类智能化的终极追求[2]。

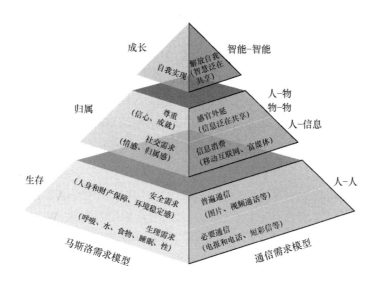

图 3-2　新通信马斯洛需求模型

依据新通信马斯洛需求模型，低级需求被满足后，高级需求将自然出现。4G 带来移动互联网应用的空前繁荣，5G 将会推动万物的互联，把我们的感官外延推广到新的高度。当然，无论是从当前的社会发展形态，还是从人自身的心理和生理需求来看，都还有很多自身的渴望和需求远没有得到满足，如我们今天所面临的交通拥堵、就医难等，还不足以使得我们能够真正地解放自我，去追求自身价值的终极实现。结合马斯洛需求模型，通信的需求提升会经历 4 个泛在的阶段：沟通泛在、信息泛在、感知泛在、智慧泛在。智慧泛在是希望通过智慧的应用帮我们去更好地解放自我，让我们从日常烦琐的沟通等事务中解放出来，有更多的时间和精力去追求和实现自我价值。所以，5G 将帮助我们实现感知泛在，6G 的目标之一就是如何实现智慧泛在。

"4G 改变生活，5G 改变社会"印证了人们从未停止对更高性能的移动通信能力和更美好生活的追求。4G 时代是数据业务爆发性增长的时代，随着智能手机的普及和消费互联网的发展，从衣食住行到医、教、娱乐，人类的日常生活实现了极大的便利。5G 将开启一个万物互联的新时代，它将实现人与人、人与物、物与物的全面互联，5G 将渗透各行各业，让整个社会焕发前所未有的活力。未来，随着 5G 应用的快速渗透、科学技术的新突破、新技术与通信技术的深度融合，必将衍生出更高层次的新需求，5G 和 AI、大数据、云计算等技术结合，加速着整个社会的数字化转型，那么数字化的下一个阶段是什么？我们认为是数字孪生。

数字孪生最早用在飞机发动机的预测性维护上，如果飞机的发动机在飞行的过程中出了故障，那么产生的结果将是灾难性的，这是乘客和航空公司都难以承受的。所以，飞机发动机制造企业通过数字孪生技术来预测整个飞机发动机的运行状况，预测它可能发生的故障，提前进行维护，保证飞机自由飞翔而不会出现故障。我们相信这一理念将会逐步渗透到社会的各行各业、各个角落，形成一个数字孪生的世界，让整个物理世界的运行都更加高效和安全。所以，我们相信，在 21 世纪 30 年代，整个社会不仅有一个现实的物理世界，还会形成一个虚拟化的数字孪生世界。数字孪生世界由物理世界的数字化镜像所组成，它不仅能够呈现和模拟物理世界的当前运行状态，还可以去预测物理世界的未来发展趋势。基于这种预测，可以形成一些预防性干预措施，并在数字世界中进行预验证和迭代优化，确保其能达到预期的效果之后，再去提前干预物理世界的运行，保证物理世界的运行处在一个健康和安全的状态，由此实现"预测未来和改变未来"。

"数字孪生、智慧泛在"正在成为 21 世纪 30 年代的美好社会发展愿景，如图 3-3 所示。"数字孪生"和"智慧泛在"将极大地提升整个社会生产和治理的效率，帮助人类更进一步地解放自我，提升生命和生活的质量。6G 移动通信网络需要肩负起自己的历史使命，赋能"数字孪生、智慧泛在"的社会发展愿景，实现"6G 重塑世界"的宏伟目标。

图 3-3　数字孪生世界[3]

在面向 2030 年的"数字孪生、智慧泛在"的社会发展愿景中，可以提炼和预测出很多全新的业务和应用场景[2]，如全息交互、通感互联、数字孪生人、智能交互、超能交通、沉浸式下一代互联网（如元宇宙）等；而这些应用和场景将对移动通信基础设施的能力提出更高的要求[3]，包括更高的用户体验速率、更低的业务时延、更高的可靠性、更多的用户连接密度，以及空天地海一体化覆盖带来的更广的覆盖。在这些新的需求当中，有的可以通过 5G 及其增强得到一定程度的满足，但会在成本和效率上面临巨大的挑战，而大多数需求将超越现有的网络和基础设施的能力范畴，这就需要重新设计新一代移动通信系统。从业务场景推导出的能力需求来看，相对于 5G，6G 除了具备传统的通信能力，还需要计算、AI、安全、感知等方面的能力。所以，从业务发展趋势来看，通信、计算、AI、安全的一体融合将会是 6G 发展的重要方向。

下面，我们结合几个典型的例子来进一步阐述。面向 2030 年，全息交互将会成为一种有潜力的应用，但其对网络传输速率和时延都提出了非常高的要求，如峰值速率达到 1 Tbps 以上、体验速率达 50 Gbps、端到端用户面时延低至 1～10 ms、强大的终端计算能力等，这些能力都远超现有的 5G 网络能力范围。5G 已经开始考虑触觉互联网的应用，面向 2030 年，更多感官的互联（通感互联）将成为可能，这将给我们带来更加沉浸式的交互体验，更加精准的人–机、机器–机器之间的协作，甚至学习方式的革命。多感官的互联，要求网络具备小于 1 ms 的端到端用户面时延、厘米级的定位精度、99.999% 的可靠性等。可见，端到端时延和定位精度的要求都已经超越了现有的 5G 网络能力范畴。

从整个移动通信系统的历史演进中可以看到，新一代移动通信系统在满足预定场景的能力需求的同时，也必将会培育出更多的业务和应用，产生新的网络能力需求，由此催生新一代的移动通信系统。如此循环往复，驱动着移动通信网络一代又一代更替和发展。

3.4 新技术发展趋势的推动

从技术创新来看，通信、计算、存储、传输技术的不断进步，新材料、新工艺、新器件等的快速发展，云计算、大数据、区块链、人工智能等新技术与通信技术的不断融合，将解锁新的能力与架构，推动移动通信网络的代际更替。

3.4.1 ICDT 深度融合

信息技术（Information Technology，IT）的快速发展加快了互联网的普及以及各种应用的不断涌现。云计算的出现和快速发展，加速了这一过程。大型云计算公司可以使用廉价的商用硬件，快速、大规模地部署计算和存储等 IT 服务能力。企业或个人可以根据业务需求租用云计算公司的 IT 服务能力，将自己的数据存储在云数据中心，并按需调用。这些计算能力保证了互联网业务的快速部署和应用[4]。

通信技术也在以惊人的速度发展和迭代。4G 网络和智能手机的普及，给移动互联网服务带来了空前的繁荣，改变了人们的日常生活。智能手机已经成为人们日常生活的重要平台，可以满足人们出行、购物、娱乐等各种需求，这些需求产生了海量数据，包括位置、轨迹、个人偏好、娱乐、购物习惯等行为数据。通过对这些用户行为数据的收集和分析，互联网服务提供商可以获得用户数据，实现个性化服务提供，包括精准的内容推送和便捷的服务获取，从而推动大数据处理技术和应用的快速发展。随着全球移动通信系统、窄带物联网（Narrow Band Internet of Things，NB-IoT）[5]、增强型机器类通信（enhanced Machine Type of Communication，eMTC）[6]等物联网技术的快速崛起，通信对象已经从人延伸到物，物联网用户的数量已经超过人的数量，例如，中国移动约有 9.5 亿人类用户，而物联网用户数量约为 20 亿。随着 5G 网络的部署和应用，无线传输速率可以达到吉比特每秒（Gbps）级甚至 10 Gbps，无线传输时延可以缩短到毫秒级，数据传输可靠性也提高到 99.999%～99.99999%，这些都将把移动通信技术的应用推广到社会的每一个角落，实现万物互联。

大数据已成为企业和社会的重要战略资源，是研究人员和业界关注的新热点。随着 4G 和 5G 系统的普及和应用，整个移动通信网络及其应用每时每刻都在产生海量数据。这些数据包含整个社会的、大量的、丰富的信息，而智能购物、智能交通、智能医疗、智慧校园、智慧城市等数据技术（Data Technology，DT）的快速发展将使这些数据被应用到人类生活和社会治理中，推动整个社会的信息化和数字化发展。数字化转型将为各行各业带来新的繁荣和发展动力，加速整个社会的数字化进程，实现"5G 改变社会"的目标。

随着数字化的加速，每个社会元素都将产生大量的数据，这些数据来自个人、公司、基础设施等。由于这些数据的所有权完全不同，数据存储、数据管理、数据共享、数据安全和隐私以及数据交易等问题变得难以处理。因此，未来必然会出现相关的大数据立法，明确数据的所有权和相关利益分配。与此同时，大数据存储和管理平台将出现，以帮助大家进行数据存储、管理和交易。

大数据可能是继计算机和互联网之后的新一轮技术革命。随之而来的数据挖掘、机器学习（Machine Learning，ML）、人工智能（Artificial Intelligence，AI）等新兴技术，可能会改变数据世界的许多算法和基础理论，实现科学技术的新突破。大数据离不开云计算，云计算是生成大数据的平台[7-8]。大数据与云计算自 2013 年开始紧密融合，预计未来它们的关系会更加紧密。

大数据的大规模部署，推动了 AI 应用的发展。AI 是计算机科学的一个分支，它试图理解智能的本质，并制造一种能够以类似人类智能的方式做出反应的新智能机器。自 AI 诞生以来，相关理论和技术日趋成熟，应用领域不断拓展。AI 可以模拟人类意识和思维的信息过程。目前，AI 的研究领域主要包括知识表示、自动推理和搜索方法、ML、知识获取、知识处理系统、自然语言理解、计算机视觉、智能机器人、自动编程等。AI 的应用主要包括机器翻译、智能控制、专家系统、机器人、语言、图像识别（如人脸识别和车牌识别）、基于遗传算法的机器人工厂、自动编程和航空航天应用。这些应用深刻地影响着我们的日常生活和工作。

在 5G 网络设计中，ICDT 融合的趋势已经出现。5G 服务化的核心网设计充分引入了先进的 IT 理念，通过软件定义网络（Software Defined Network，SDN）、网络功能虚拟化（Network Function Virtualization，NFV）和服务化架构实现了网络切片，可以提供灵活的差异化业务 QoS 保证，为 5G 网络赋能垂直行业提供了重要支撑。5G 移动通信网络通常由数百万个基站、路由器、核心网网元和其他基础设施设备以及数十亿用户组成，可以产生大量的数据，包括各网元的运行数据、通信过程中产生的信令数据、事件报告以及用户在网络中移动的相关信息。如果在这些数据中添加时间、位置等标签，将为网络运维的自动化和智能化带来不可估量的价值。因此，基于用户在网络中的位置信息，运营商开始研究基于大数据和人工智能的网络自动化，如大规模多输入多输出（Multiple Input and Multiple Output，MIMO）权值优化、网络异常分析、用户体验分析与优化[9]等。与此同时，3GPP 已经开始研究无线网络中的大数据采集[10]、网络运维中的自动化与智能化[11]以及 AI 在无线资源调度中的应用[12]。我们可以看出，在 5G 标准制定的后期，大数据的应用将进一步与通信技术融合。所以，ICDT 融合正在成为一种新的发展趋势，不仅为 5G 带来了全新的能力和特性，提升网络业务能力和用户体验，也将进一步赋能网络的自动化和智能化运维，降低 5G 网络的运维成本。

但是，现有 5G 系统无法与 ICDT 的深度融合完美匹配，网络数据分析功能（Network Data Analytic Function，NWDAF）就是一个例子。NWDAF 是一个基于网络数据自动感知和分析网络的数据分析网元，参与网络规划、建设、运维、优化和运行的全生命周期，使网络易于维护和控制，提高网络资源利用率，并提升用户体验。虽然

NWDAF 可以有效地提升网络性能，但这种基于补丁式的 AI 暴露了一些 5G 系统设计的问题：一个是数据安全问题和大量测量数据上报导致的传输开销问题；另一个是低时延的挑战，因为所有数据都必须上传到集中分析单元（如 NWDAF）并在其上进行处理，而该分析单元可能部署在远离数据源的地方。这些问题都会限制其使用的有效性和效率，只有将现有架构进行演进和变革，才能从根本上解决问题。

因此，我们认为 ICDT 的深度融合必将成为 6G 网络设计的重要驱动力，云原生、大数据、AI 将在未来的网络架构设计中发挥重要作用。

3.4.2　新的硬件及其解决方案

1. 摩尔定律带来了芯片集成度和计算能力的不断增长[13]

1965 年，戈登·摩尔在准备一个关于计算机存储器发展趋势的报告中，发现了一个惊人的趋势：每个新的芯片大体上包含其前任两倍的容量，每个芯片产生的时间都是在前一个芯片产生后的 18～24 个月内，如果这个趋势继续，则计算能力相对于时间周期将呈指数式上升。摩尔的这一观察资料，就是现在所谓的摩尔定律，其阐述的趋势一直延续至今，且仍准确。人们还发现这不仅适用于对存储器芯片的描述，也精确地体现了处理机能力和磁盘驱动器存储容量的发展。该定律成为许多工业进行性能预测的基础[13]。

归纳起来，"摩尔定律"主要有以下 3 种"版本"：

（1）集成电路芯片上所集成电路的数目，每隔 18 个月翻一番；

（2）微处理器的性能每隔 18 个月提高一倍，而价格下降一半；

（3）用一美元所能买到的计算机性能，每隔 18 个月翻两番[14]。

在以上几种说法中，第一种说法最为普遍，后两种说法涉及价格因素，其实质是一样的。三种说法虽然各有千秋，但有一点是共同的，即"翻番"的周期都是 18 个月，至于"翻一番"（或两番）的是"集成电路芯片上所集成电路的数目"，是整个"微处理器的性能"，还是"用一美元所能买到的计算机性能"就仁者见仁智者见智[14]。

虽然理论上晶体管尺寸极限是一个硅原子直径，但热力学极限和量子力学极限设定的阈值都比这个直径要人，研究表明，硅晶体管的极限尺寸为 1 nm（纳米）左右，这就是单个晶体管器件的理论极限，真正量产的话还会有很多的工程技术难题。现在量产的最先进工艺是台积电的 5 nm 晶体管，两三年后很有希望实现 3 nm 的量产。但之后能不能量产 2 nm 甚至 1 nm 的晶体管，现在还不敢推断。

在过去将近 60 年的时间里，摩尔定律在集成电路工艺的不断进步中被一再验证，并推动着信息和通信行业的快速发展，我们可以不断地通过复杂度的提升来支持更先进的技术和理念的实现，进而获得更佳的性能，所以这一趋势在摩尔定律终结之前还会继续保持。特别是近些年来，随着计算能力的不断提升和成本的不断下降，云计算和人工智能（AI）开始在众多的场景中发展和应用起来，特别是英伟达推出的图形处理器（Graphics Processing Unit，GPU），更是将 AI 的研究和应用推向了高潮，通过高复杂度的暴力计算，可以换来性能和应用效果的极大提升，由此也刺激业界纷纷针对特定的应用场景开发出各自专用的计算芯片，各种"XPU[①]"可以说琳琅满目，大大促进了信息、通信技术的进步。摩尔定律如图 3-4 所示。

微处理器的晶体管数1971—2011年&摩尔定律

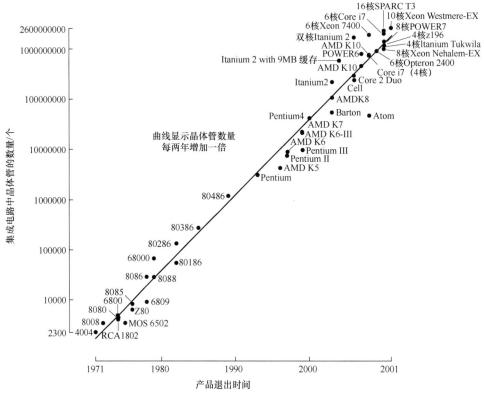

图 3-4　摩尔定律[13]

特别是随着台积电等集成电路制造商的工艺制程从 7 nm 向 5 nm 和 3 nm 挺进，同等条件下，移动通信系统和终端可以支持更加复杂的计算和处理，原本看似复杂和不能实现的技术都将变得可行，由此激发着移动通信研究人员和标准组织开始考虑更先进技术的研究和突破，这必将推动新一代移动通信系统的诞生。

2. 异构计算

异构计算是将 CPU、协处理器、片上系统（System on Chip，SoC）、GPU、专用集成电路（Application Specific Integrated Circuit，ASIC）、现场可编程门阵列（Field Programmable Gate Array，FPGA）等各种使用不同类型指令集、不同体系架构的计算

---

① 随着人工智能等概念的发展，将由此产生的各类芯片名词 GPU、TPU、NPU 和 DPU 等统称为 XPU。

单元组成一个混合的计算系统。异构计算以"CPU+"的形式出现，具有较好的可行性及通用性，并能大幅提升系统性能和功耗效率。不同异构硬件的特点如图 3-5 所示。

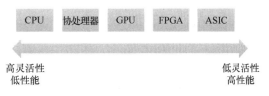

图 3-5　不同异构硬件的特点

业务异构的加速需要基于加速平台的软硬件整体解决方案，以实现更强的性能并覆盖更多场景，其包括基于 GPU、FPGA 即服务（FPGA as a Service，FaaS）及领域专用架构（Domain Specific Architecture，DSA）/ ASIC 的加速方案。例如，NVIDIA 的 GPU 加速主要通过统一计算设备架构（Compute Unified Device Architecture，CUDA）的编程开发框架实现，FaaS 依赖于 FPGA 提供的硬件可编程性，需要用户或第三方开发者针对特定应用场景完成加速硬件和软件镜像的开发；DSA 面向特定应用场景的加速，在 ASIC 的基础上提供了更高的灵活性，效率要高于 GPU 和 FPGA[15]。

随着移动通信应用的发展，ICDT 的融合成为大势所趋，移动通信网络需要进一步拓展其自身的能力体系，以更好地支持各种差异化和碎片化的应用场景需求，异构计算硬件的发展可以很好地满足这种发展需求，灵活高效地支持通信连接、计算、AI 和大数据等融合服务的实现，推动着网络架构和技术的进一步变革和演进。

3. 云原生

云计算通过网络把多个成本相对较低的计算实体整合成一个具有强大计算能力的系统，并借助软件即服务（Software as a Service，SaaS）、平台即服务（Platform as a Service，PaaS）、基础设施即服务（Infrastructure as a Service，IaaS）、管理服务提供商（Management Service Provider，MSP）等先进的商业模式把强大的计算能力提供到终端用户手中。云计算的一个核心理念就是通过不断提高"云"的处理能力，进而减少用户终端的处理负担，最终使用户终端简化成一个单纯的输入输出设备，并能按需享受"云"的强大计算处理能力。云计算以其规模大、虚拟化、可靠性高、通用性强、高可扩展性和廉价的优点，迅速在个人和企业中得到广泛应用，云原生的设计已经成为 IT 系统和信息网络设计的流行趋势，带来了云原生下的业务部署、上线和迭代敏捷、运营简化和成本降低。

云原生是一系列技术、设计模式和管理方法的思想集合，包括 DevOps（Development 和 Operations 的组合词）、持续交付、微服务、敏捷基础设施、康威定律，以及公司组织架构的重组。Gartner 在对 2022 年的技术趋势预测报告[16]中提到，"到 2025 年，将有 95%的数字化项目采用云原生基础设施，而在 2021 年这个比例只有不到 40%"。在电信运营商网络中，基于云原生技术的核心网网元和边缘计算节点已经得到广泛应用，在无线接入网领域，基于云原生技术的基站单元也开始试点并小范围商用。

云原生的代表技术包括容器、微服务、服务网格、不可变基础设施和声明式应用程序接口（Application Programming Interface，API）等[17]。容器技术基于操作系统的虚拟化技术，让不同应用可以运行在独立沙箱环境中以避免相互影响。Docker 容器引擎则大大降低了容器技术的复杂性，Docker 镜像解耦了应用与运行环境，使应用可以在不同计算环境间一致可靠地运行，加速了容器技术普及。容器技术如今已经发展出全容器、边缘容器、无服务器（Serverless）容器、裸金属容器等多种形态。微服务通过服务化架构把不同生命周期的模块分离出来，分别进行业务迭代，从而加快整体的进度和稳定性。微服务以容器部署，每个微服务可以部署不同数量的实例，实现单独扩缩容、单独升级，使得整体部署更经济，并提升了迭代效率。服务化架构使用面向接口编程，服务内部的功能高度内聚，通过公共功能模块提取增加软件的复用程度。服务网格（Service Mesh）实现业务面和控制面的分离，将服务代理、发现和治理等控制从业务中分离到专用 Mesh 基础架构层，并实现对业务透明。分离后业务进程中只保留轻量级的服务代理（Sidecar），服务代理负责与 Mesh 控制面通信。实施 Mesh 化架构后，大量分布式架构模式（熔断、限流、降级、重试、反压、隔仓）都由服务网格控制面完成，统一的控制面也能保障实现更好的安全性。

Serverless 是一种架构理念，其核心思想是将提供服务资源的基础设施抽象成各种服务，以 API 的方式供给用户按需调用，真正做到按需伸缩、按使用收费。这种架构消除了对传统海量持续在线服务器组件的需求，降低了开发和运维的复杂性，同时降低了运营成本并缩短了业务系统的交付周期，让用户能够专注于价值密度更高的业务逻辑的开发。

在电信领域的云原生标准方面，ETSI NFV ISG 在 2019 年 10 月发布了面向云原生容器和平台即服务（PaaS）的增强 NFV 架构研究报告，之后制定了容器层北向接口及管理和网络编排（Management and Network Orchestration，MANO）管理容器的系列技术规范，计划后续开展容器集群管理技术规范（IFA036）、容器网络研究报告（IFA038）和容器安全规范（SEC023）等标准研究或制定工作，并进一步扩展现有的 NFV MANO 接口功能以支持容器化虚拟网络功能的生命周期管理和编排。在开源领域，CNCF 成立了电信用户组（Telecom User Group，TUG），将电信行业需求导入上游开源项目设计，已经完成《电信行业的云原生思维》（*Cloud Native Thinking for Telecommunications*）白皮书。Linux 基金会成立了 CNTT 工作组研究云原生/容器技术在电信行业的应用方案，主要基于开源 Kubernetes 定义云原生网络的基础设施架构，分析和电信业务需求的差距以及提供相应基础设施的参考实现和测试验证框架[18]。

在 5G 核心网的设计中，已经引入了云原生的设计，它带来了敏捷、弹性等优势，但还未引入到无线接入网领域，所以端到端的云原生设计将是网络后续发展的方向和新一代网络设计的基本原则。

4．虚拟化

虚拟化是将物理资源在逻辑上进行再分配的技术，将"大块的资源"逻辑分割成"具有独立功能的小块资源"，既能实现资源的最大化利用，又能实现在共享资源基础上的用户隔离。虚拟化技术是云计算的基石，在云上无处不在。

在计算机领域，虚拟化的层次如下。

（1）基于硬件抽象层面的虚拟化：提供硬件抽象层，包括处理器、内存、I/O 设备、中断等硬件资源的抽象。

（2）基于操作系统层面的虚拟化：提供多个相互隔离的用户态实例，即容器。容器拥有独立的文件系统、网络、系统设置和库函数等。

（3）基于编程语言的虚拟化，如 Java 虚拟机（Java Virtual Machine，JVM），是进程级虚拟化。

从虚拟平台角度，虚拟化可以划分为以下类别。

（1）完全软件虚拟化：不需要修改客户机操作系统，所有的操作都由软件模拟，但性能消耗高，为 50%～90%。

（2）类虚拟化：客户机操作系统通过修改内核和驱动程序，调用由虚拟机监视器（Hypervisor）提供的超级调用（Hypercall），性能消耗为 10%～50%。

（3）完全硬件虚拟化：硬件支持虚拟化，性能消耗只有 0.1%～1.5%。

除此之外，虚拟化技术还包括 CPU 虚拟化、内存虚拟化、I/O 设备虚拟化、存储虚拟化、网络虚拟化、容器虚拟化、网络功能虚拟化，也包括 5G 的网络切片等。

面向 ICDT 的深度融合，不同的硬件需要支持不同的应用，如 GPU 支持 AI 应用，CPU 支持普通的云计算，结构化专用集成电路支持实时性要求高的计算，FPGA 支持硬件加速等。所以，基于异构硬件的虚拟化来灵活支持多种应用的融合是大势所趋，也将成为移动通信网络发展和演进的新动能。

3.5　现有网络的问题和挑战

自 2019 年以来，5G 网络已在全球大规模部署。5G 网络与云计算、大数据、AI 融合，必将催生更多新的业务和应用，从而推动整个社会的数字化。随着 5G 网络的发展和新业务、新应用的不断涌现，5G 网络将不可避免地面临一些新的问题和挑战。其中一些问题可能会在 5G 网络的发展中得到解决，但由于 5G 网络本身的局限性，有些问题可能难以解决，从而成为推动网络演进和变革的重要动力和源泉。

3.5.1　分层协议栈成为新的瓶颈

在 5G 网络中，空口协议采用分层模型，包括物理层、介质访问控制（Medium Access Control，MAC）层、无线链路控制（Radio Link Control，RLC）层、分组数据汇聚协议（Packet Data Convergence Protocol，PDCP）层和业务数据适配层（Service Data Adaptation Protocol，SDAP）层。所有服务数据都必须经过这些层进行处理，每一层的处理都会引入特定的时延，从而导致时延成为瓶颈。例如，eMBB 数据包在空口的典型时延为 3 ms。在 5G 网络研究过程中，引入一些可以降低处理时延的方案。

（1）允许在 PDCP 层进行重排序前先执行数据包解密，以减小包处理量和时延。

（2）去除 RLC 层的包级联功能，通过解耦自动重传请求和级联/分段功能，实现更多线下包头计算。

（3）在 MAC 层，允许 MAC 子头放在 MAC 有效负载旁边，解决从上行链路授予到上行传输之间大约一个符号时间的潜在需求[19-22]。

所有这些修改都是为了通过优化处理顺序来减小时延的，尽管其中一些修改是有益的，并已在 5G 标准中得到认可，但这些修改仍局限于现有分层体系。如果需要进一步降低空口时延，最直接的方法是突破传统的分层体系，在数据处理通道中创造捷径。

借助 IT 技术中的服务化思想，我们可以将原有的协议打散，拆分成若干个服务，根据业务的需求，可以动态对这些服务进行个性化的编排和集成，以支撑所需要的能力，满足个性化的用户业务需求，这样不仅可以带来进一步的性能优化空间，还可以进一步提升端到端网络的敏捷和弹性。

3.5.2　持续演进的网络切片

面向垂直行业，5G 网络需要具备多样化的网络能力和部署灵活性。为了满足这些需求，5G 核心网（Core Network，CN）引入了服务化架构（Service Based Architecture，SBA）和基于 SDN/NFV 的网络切片。5G 系统预期将支持端到端网络切片，然而，在标准设计之初，网络切片的设计和优化主要在 CN 和传输网（Transport Network，TN）中进行。在 5G 标准早期版本中，RAN 并没有针对网络切片进行特殊设计，而是在 Rel-17 版本中才开始相关研究。网络切片的标准化涉及六个主要行业组织，它们有各自的工作分工[23]，组织间协调进展缓慢，限制了端到端网络切片技术的商业化。

支持网络切片的商用 CN 设备比较成熟，但是由于 RAN 切片的技术难度较大，不同设备厂家在 RAN 切片的实现上存在差异。总体而言，端到端网络切片的实现还存在一些技术挑战，需要多域协调和连接，复杂性较高。

为了更好地挖掘网络切片的价值，有必要在切片管理域对网络切片进行合理的编排和管理。图 3-6 所示为网络切片管理域示意图，给出了切片管理域与切片网络域的关系。在商业网络中，这些网络切片管理功能（Network Slice Management Function，NSMF）不是独立存在的，而是嵌入到运营商的运营支撑系统（Operation Support System，OSS）和业务支持系统（Business Support System，BSS）中。不同运营商有不同的网络切片管理方案，需要运营商的运维部门、IT 部门、政企部门、网络部门一起参与到切片管理域与 BSS/OSS 系统的集成工作中来。这对运营商来说是一个挑战，在未来的网络设计中应充分考虑这一点。

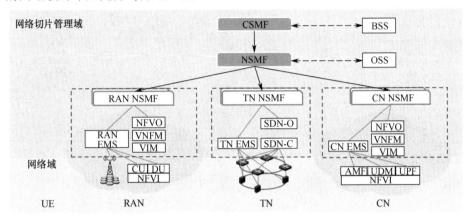

图 3-6　网络切片管理域示意图

3.5.3　固化的网络架构

对移动网络而言，由于用户的移动性，基站间的负载存在显著差异。一般来说，在中国，20%的基站是重载的，而 80%的基站是轻载的。但是，每个基站通常配置满容量，造成硬件处理能力和功耗的浪费。由于 5G 基站具有更大的带宽和大规模 MIMO 配置，5G 基站的成本和功耗约为 4G 基站的 3 倍，进一步增加了网络成本和功耗。降低网络部署成本的一个简单方法是，在不同的站点之间动态配置和共享硬件及处理能力，根据每个小区的业务和负载需求，动态调度和配置相应的软硬件资源和功能。

5G 系统也尝试共享硬件和处理能力。为支持 5G 网络的灵活部署，5G NR 引入了基站 CU 和 DU 分离架构，并讨论了多种可能的 CU 和 DU 功能分割选项[24]，CU 和 DU 之间的功能分割如图 3-7 所示。针对不同的功能分割选项，经过多维对比分析，最终标准只支持了一种高层分割选项，即选项 2 （PDCP/RLC 分割）。

采用 CU 和 DU 分离架构，CU 可以集中部署，不同站点间共享处理能力。但从网络性能的角度来看，集中式 CU 的好处并不明显，在实际网络中，CU 仍然与 DU 部署在一起。

相反，从节省 CU 和 DU 的机房租金的角度出发，移动运营商将多个站点的 CU 和 DU 部署在一起，为不同站点间共享容量和硬件处理能力奠定了基础。但是，由于现有 5G 基站的 CU 和 DU 的硬件和软件都是专用的，池中不同站点依然不能共享容量和硬件处理能力。实现共享的一种简单可行的方法是使用基于 SDN 和 NFV 的云原生方法来设计 CU 和 DU，CU 部署位置示意图如图 3-8 所示，该方法可以实现物理硬件资源的动态共享，按需提供容量和处理能力。当池的负载较轻时，池中的大部分硬件可以关闭以节省功耗；当负载变重时，可以启动必要硬件来支撑站点需求。

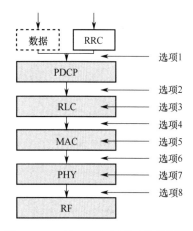

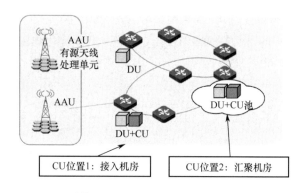

图 3-7 CU 和 DU 之间的功能分割[24]　　　　图 3-8 CU 部署位置示意图

3.5.4 5G 网络的高功耗

如第 2 章所述,高功耗是 5G 基站的棘手问题,也是移动运营商最重的负担。除了 CAPEX,以能耗为主的运营成本(Operating Expense,OPEX)是影响 5G 发展的重要因素。2017—2020 年期间,在业界共同努力下,基站功耗得以显著降低。但尽管如此,5G 基站的功耗仍约为 4G 基站的 3 倍。

目前,5G 基站满载时的功耗高达 3800 W,而 4G 基站的平均功耗约为 1000 W。在正常负载下,射频单元消耗 5G 基站的大部分功率。由于大带宽和高数据速率对基带处理能力的要求较高,基带处理消耗了剩余部分功率。

同时,由于目前运营商 2G、3G、4G 和 5G 共存,多频段网络部署,加之规模庞大,基站的功耗成了运营商 OPEX 的最大开支。为此,业界提出了多种基站节能解决方案。目前的解决方案是基于基站设备类型、覆盖场景、节能目标、关机时间等因素,通过 AI 算法自动生成包括小区关断、载波关断、射频通道关断和符号关断的节能策略。每种策略都有其特定的应用场景和对网络质量不同程度的影响。随着双碳目标的提出,运营商网络节能成为未来网络发展的重要方向,同时绿色能源的使用也是未来网络需要重点考虑的问题。这些目标的实现,除采用已有的技术外,还需要网络在架构设计、多频段协同等基本框架上进行变革和演进。

3.5.5 高度复杂的运维管理

由于网络管理和维护的方法比较传统,目前移动通信网络的运维效率仍然较低,并未随着网络的多次代际更替而产生革命性的变革。据报道,中国、日本和欧洲都曾发生 4G 网络级关闭事故,大大降低了移动运营商的声誉。对 5G 网络而言,运维复杂性源于基站的大规模部署、5G 与 4G/3G 系统的互操作、5G 与 4G 网络的动态频谱共享、成百上千个参数的配置、基于 SDN/NFV 的核心网形态、网络切片、垂直行业多样化业务需求等多个方面[25]。

正如本书第 2 章中所述,运营商已经开始研究使用 AI 和大数据来支持智能化的网络运营,以提升网络运营的效率,降低网络的运维成本。5G 网络智能化主要是将 AI 等智能化技术与 5G 通信网络的硬件、软件、系统、流程等进行融合,利用 AI 等技术助力通信网络运营流程智能化,提质、增效、降本;5G 网络智能化也需要促进网络自身的技术和体系变革,使能业务敏捷创新,推动构建智慧网络,包括云网自身智能化、网络运维智能化、网络服务智能化。

5G 网络智能化主要面向通信连接进行优化,虽然引入了服务云,但由于 5G 架构、协议功能和流程已经定型,只能在现有架构方案上做增量迭代,通过打补丁的方式按场景和用例来引入必要的网络改动以获得所需的数据和算力。所以,5G 网络智能化大多使用外挂 AI 的模式,基于外挂设计的 AI 应用特征,它将面临如下挑战[25]。

(1)缺乏统一的标准框架,导致 AI 应用缺乏有效的验证和保障手段,AI 应用效果的验证是在事后进行的,这样端到端的整体流程长且很复杂,中间过程一般需要大量的人力介入,对现网的影响也比较大,这导致了目前 AI 很难真正应用到现网中。

(2)外挂模式难以实现预验证、在线评估和全自动闭环优化。在外挂模式下,AI 模型训练通常需要预先准备大量的数据,而现网集中采集数据困难,传输开销也大,导致 AI 模型迭代周期较长、训练开销较大、收敛慢、模型泛化性差等问题。

(3)外挂模式下,算力、数据、模型和通信连接属于不同技术体系,对于跨技术域的协同,只能通过管理面拉通进行,通常导致秒级甚至分级的时延,服务质量也难以得到有效保障。

因此,尽管运维自动化和智能化是实现 5G 网络低成本、高效率运营的重要方向,但是由于在 5G 网络设计之初没有充分考虑大数据和 AI 在网络运营中的应用,AI 的应用在当前的 5G 网络架构下难以得到有效支持,也难以达到我们期望的效果。由此,AI 的应用也推动着网络架构设计的变革和演进。

3.6　本章小结

随着移动通信技术的迭代升级,移动通信网络能力的不断提升,其应用领域也从传统的为人服务开始拓展到万物的互联,移动通信网络已经成为整个社会和经济发展最重要的基础设施。随着 5G 的大规模应用,5G 加速云计算、大数据和人工智能的应用,在培育出超越现有网络能力的新业务和新应用的同时,也带来 ICDT 的深度融合,芯片、器件工艺水平的未来能力提升,为移动通信网络的架构变革、效率提升、能力拓展提供了巨大的空间,从而推动着移动通信系统向着下一代方向发展。

本章参考文献

[1] LIU G Y, HUANG Y, LI N, et al. Vision, requirements and network architecture of 6G mobile network beyond 2030[J]. China Communications, 2020, 17(9): 92-104.

[2] 刘光毅，黄宇红，崔春风，等. 6G 重塑世界[M]. 北京：人民邮电出版社，2021.

[3] 中国移动. 2030+愿景与需求研究报告[R]. 2019.

[4] LIU G Y, LI N, DENG J, et al. The SOLIDS 6G Mobile Network Architecture: Driving Forces, Features, and Functional Topology[J].Engineering, 2022, 8(1): 42-59 .

[5] XIE Y Z. The evolution of NB-IoT standard system and development of Internet of things industry[J]. Chinese Journal on Internet of Things, 2018, 2(1): 76-87.

[6] ZHANG L F, LI F C, HU Z Y, et al. Study on key technology and deployment scheme of LTE-eMTC. Des Tech Posts Telecommun 2018, 7: 1-5.

[7] MAYER-SCHöNBERGER V, CUKIER K. Big data: a revolution that will transform how we live, work, and think[M]. New York: Houghton Mifflin Harcourt, 2013.

[8] ZHOU T, PAN Z Y, CHENG X Q. Developing tendency prediction of big data in 2019 from CCF TFBD[J]. Big data research, 2019, 5(1): 109-115.

[9] ITU-T . Y.3173: Framework for evaluating intelligence levels of future networks including IMT-2020 （Study Group 13）[S]. ITU-T standard. Geneva: ITU, 2020.

[10] 3GPP. TR 37.816: Study on RAN-centric data collection and utilization for LTE and NR[S]. France: 3GPP, 2019.

[11] 3GPP. TR 23.791: Study of enablers for network automation for 5G. 3GPP standard[S]. France: 3GPP, 2019.

[12] LIN M T, ZHAO Y P. Artificial intelligence-empowered resource management for future wireless communications: A survey[J]. China Communications, 2020, 17 (3).

[13] 摩尔定律[ED/OL].[2022-10-18]. 百度百科.

[14] 周苏，王硕苹. 大数据时代管理信息系统[M]. 北京：中国铁道出版社，2017.

[15] 黄朝波. 软硬件融合：超大规模云计算架构创新之路[M]. 北京：电子工业出版社，2021.

[16] Gartner. Top Strategic Technology Trends for 2022[EB]. Gartner 网站. 2021.

[17] CNCF. Cloud Native Computing Foundation (CNCF) Cloud native definition[EB]. CNCF 网站. 2021.

[18] 中国移动，中国电信，中国联通，等. 2020 电信行业云原生白皮书[R]. 2020.

[19] 3GPP . Way forward on U-plane modifications to LTE baseline [R]. 2016.

[20] 3GPP. TS 38.321: 5G new radio-medium access control (MAC) protocol specification[S]. France: 3GPP, 2021.

[21] 3GPP. TS 38.322: 5G new radio-radio link control (RLC) protocol specification[S]. France: 3GPP, 2021.

[22] 3GPP. TS 38.323: 5G new radio-packet data convergence protocol (PDCP) specification[S]. France: 3GPP, 2021.

[23] 王卫斌，陆光辉，陈新宇. 5G 核心网商用关键技术与挑战[J]. 中兴通讯技术，2020, 26(3):9-16.

[24] 3GPP. TR 38.801: Study on new radio access technology-radio access architecture and interfaces[S]. France: 3GPP, 2017.

[25] 中国移动研究院. 6G 内生智慧架构与技术白皮书[R]. 2021.

第 4 章　6G 研究的国内外现状

自 2019 年以来，随着 5G 大规模商用的启动，全球移动通信行业开始将注意力转向了 6G，全球主要经济体纷纷出台 6G 的研究和发展规划。我国 6G 的研究布局基本和国际保持同步，科学技术部和工业和信息化部先后成立了 6G 推进组和 IMT-2030 推进组，组织国内企业和高校开展 6G 的相关研究。从业界的讨论来看，6G 预计将在 2025 年前后开始标准的研究和制定，2030 年左右具备大规模商用能力。本章将详细介绍 6G 研究的国内外现状。

4.1　6G 研究的形势综述

6G 的研究率先在学术界展开[1]，影响力较大的是芬兰奥卢大学（University of Oulu），它受芬兰政府资助，启动了其 6G 旗舰项目 6Genesis，并在 2019 年 3 月率先组织了第一次全球 6G 无线峰会，随后联合国际上主要的大学、研究机构和企业发布了面向 6G 的一系列技术白皮书，具有较大的影响力。紧接着，全球通信技术发达的国家和地区，如美国、欧盟、中国、日本和韩国等也都出台了相应的 6G 研发规划，其中韩国最为激进，提出 2028 年要在全球率先商用 6G，同时希望韩国能在 6G 核心标准专利的份额方面成为全球第一、智能手机市场份额全球第一、通信设备市场份额全球第二。日本则提出要在 2030 年实现 6G 的商用，希望通过 6G 构建起在集成电路和材料等方面的国际竞争力，实现 6G 专利份额达到 10%以上，6G 基础设施的全球市场份额达到 30%。欧盟延续其 5G 研发思路，正在逐步出台 6G 研究规划，由诺基亚和爱立信牵头的 6G 旗舰项目 Hexa-X 也已经在 2020 年正式启动，并发布了 6G 愿景、需求和网络架构等一系列研究报告。由于受 5G 部署频率的制约，美国的 5G 商用进展较为缓慢，远落后于亚洲三国，有的政府官员和学者甚至提出直接跳过 5G 去发展 6G，所以美国政府积极寻求重新建立对 6G 产业发展的主导权，FCC 早在 2018 年就开放了太赫兹（Tera Hertz，THz）频率用于 6G 研究和试验，美国国防部也资助了通信和感知融合的研究项目，电信工业解决方案联盟（The Alliance for Telecommunications Industry Solutions，ATIS）更是在 2020 年年底成立了 Next G 产业联盟，希望重塑美国在移动通信技术标准和产业中的主导地位。

我国 6G 的研发规划基本和全球保持同步，同时也希望继续保持在 5G 发展中的领先优势。科学技术部自 2018 年开始启动面向 6G 的重点研发计划项目，并于 2019 年 11 月成立了 6G 推进组和 6G 总体组，开始全面布局和推进 6G 的研究工作。2019 年 6 月，工业和信息化部成立了 6G 研究组，并在 2021 年 6 月发布了第一版《6G 总体愿景与潜在关键技术》白皮书。2019 年 11 月，中国移动通信集团有限公司（简称中国移动）在其全球合作伙伴大会上率先正式发布了《2030+愿景和需求报告》白皮书，随后中国联通、大唐移动和 vivo 等也都陆续发布了 6G 的白皮书。

借鉴整个 4G 和 5G 的研发历程，可以初步研判，整个 6G 研发大概将分为两个阶段（见图 4-1）：第一个阶段（2018—2025 年），愿景、需求定义和潜在关键技术的研究验证、系统概念设计与原型验证；第二个阶段（2026—2030 年），6G 标准的研究和制定，端到端产业化推进，业务和应用培育以及商用部署。目前，6G 的研究已经进入核心技术突破的关键窗口期，正处于百花齐放、百家争鸣的阶段，愿景、需求定义、关键技术的研究和验证是目前的重点。

图 4-1　6G 研发时间表研判

从目前的全球态势来看，6G 研发还存在如下挑战。

一是基础理论创新尚需突破。现有通信技术已逼近香农定理和摩尔定律极限，6G 呼唤更多源头技术创新。另外，对我国而言，基础产业能力的构建更加关键，如何提前做好从顶层到底层的协同布局、协同创新十分关键。

二是技术标准面临分化风险。各个国家都在加速研发 6G 移动通信技术，提出不同的技术发展路径，6G 技术点多面广，国际形势更加复杂，特别是中美关系走向的不确定性，能否形成类似 5G 的全球统一标准，依然存在不确定性。

三是产业模式存在不确定性。面向 ICDT 深度融合的发展趋势，基于"开源软件+白盒硬件"的"水平整合"产业模式发展迅速，其与传统的基于"专用软件+黑盒硬件"的"垂直整合"产业模式相比，孰优孰劣还有待验证，并有可能形成竞争性的产业路径。

四是生态构建复杂度加大。与 5G 相比，6G 将拓展更多场景、融合更多技术、创造更多新领域，对商业模式、产业生态的要求更高，同时"双碳""安全"成为刚需，要确保能够以自身的低碳，支撑好经济社会的低碳高效发展。

为应对上述挑战，全产业链需要加强合作与协同，系统推进 6G 研发工作，努力贯通从理论、技术、标准、产品到应用的 6G 全产业链创新环节，共同推动形成全球统一标准和统一生态，营造合作共赢的产业氛围，实现 6G 的健康可持续发展。

4.2 6G 国内研究进展

在国内，各高校和企业结合 4G 和 5G 研发的经验，较早开始了 6G 的布局，我国的研发进展基本和全球保持同步，并取得了阶段性的进展，为整个 6G 的领先发展奠定了较好的基础。我国"十四五"规划明确提出要前瞻布局 6G 网络技术储备，在相关部委的指导部署下，正在制定相关发展规划，将持续加大 6G 前瞻技术研究的投入，系统布局 6G 的研发工作。虽然科学技术部成立了 6G 推进组，工业和信息化部成立了 IMT-2030 推进组并组织国内开展 6G 研究，但由于缺乏必要的资金牵引和支持，我国 6G 研究还未形成系统性的布局，基本处于企业和高校自发状态，缺乏整体性和系统性，亟须相关部委启动 03 专项的接续工作，体系化组织开展 6G 的关键技术攻关。

4.2.1 中国移动

作为全球规模最大的运营商，中国移动通信集团有限公司（简称中国移动）自 2018 年开始 5G 演进技术的研究，并在 2019 年正式启动 6G 项目，2021 年 5 月成立未来研究院，面向新一代信息通信技术和泛信息科学的融合，持续加大投入，广泛联合各方，围绕 6G 技术布局已经取得初步成效。

1. 中国移动对 6G 愿景和需求的探索

2019 年 9 月，在北京邮电大学举办的 6G 研讨会上，中国移动首次提出"数字孪生、智慧泛在"的 6G 社会发展愿景[2-4]，如图 4-2 所示，全面梳理了 2030 年后 6G 的全新应用场景，如图 4-3 所示，包括孪生体域网、超能交通、通感互联网、智能交互等，总结出"业务需求的多样化、覆盖的立体化、交互形式和内容的多样化、业务的开放化和定制化、通信/计算/AI/安全的融合化等业务发展新趋势，并提出按需服务、至简网络、柔性网络、智慧内生和安全内生的 6G 网络特征构想，如图 4-4 所示。

1）《2030+愿景与需求白皮书》

2019 年 11 月，在中国移动合作伙伴大会期间，中国移动通信有限公司研究院（简称中国移动研究院）正式发布《2030+愿景与需求白皮书》[5]，系统性地总结了"数字孪生、智慧泛在"的社会发展愿景，围绕智享生活、智赋生产和智焕社会，全面提炼面向 2030 年的全新业务和应用场景，并推导出不同业务和应用场景的技术需求指标体系及其使能技术，如图 4-5 所示。《2030+愿景与需求白皮书》提出，6G 网络将具有按需服务、至简网络、柔性网络、智慧内生、安全内生等多个特征。

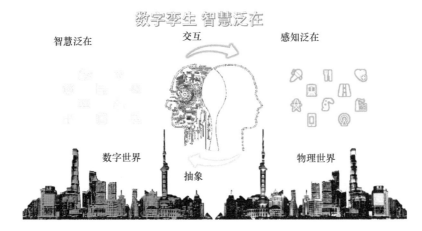

图 4-2　6G 社会发展愿景

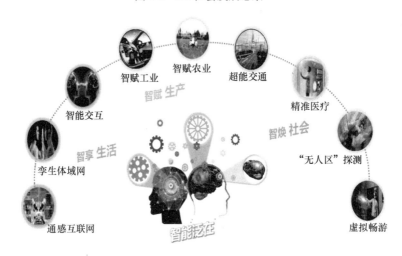

图 4-3　2030 年后 6G 的全新应用场景

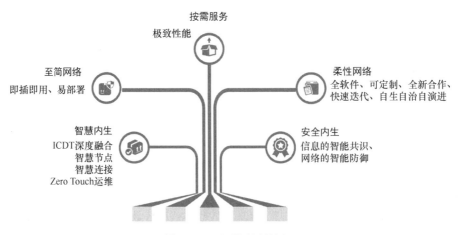

图 4-4　6G 网络特征构想

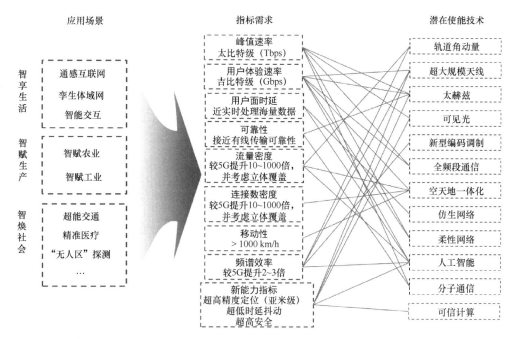

图 4-5　不同业务和应用场景的技术需求指标体系及其使能技术

（1）按需服务：网络动态预测和感知用户的业务需求与所处的网络环境，个性化地按需配置网络的底层资源、参数、功能和能力，最佳地满足用户个性化需求，为用户提供极致性能服务。基于按需服务的网络将提供动态的、极细粒度的服务能力供给，用户可根据自身需求获得相应的服务种类、服务等级以及不同服务的自由组合等。此外，当用户需求发生改变时，按需服务网络可无缝切换服务方式和内容，实现网络服务能力与用户需求的实时精准匹配，为用户带来极致无差异化的性能体验，如图 4-6 所示。

图 4-6　按需服务

（2）至简网络：随着网络规模的不断扩展和复杂度的与日俱增，须对蜂窝网络架构进行革新和极简化，实现"架构至简、管理至简和传输至简"。自然界中蚂蚁窝的体积相对单只蚂蚁的比例极大，它们却能够在不断构建扩展蚂蚁窝规模时保障蚁群的高效分工和蚂蚁窝的连通，由此启发我们从仿生学角度去思考未来 6G 网络的结构设计。移动通信在网络覆盖上启发自蜂窝，在未来架构演进上或许可以从蚂蚁窝等获得灵感，进一步实现网络的四通八达，信息的快速传递，还可以按照用户需要自然生长、自动演进，如图 4-7 所示。

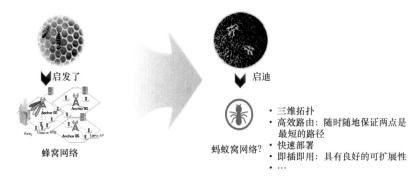

图 4-7 至简网络

（3）柔性网络：使能网络按需扩展并实现网络功能的自我演进，实现"按需伸缩，自主进化"。传统网络是按照所支持的最大容量进行设计和规划的，而用户需求和网络负载则由于用户移动带来的潮汐效应而动态变化。因此，传统网络的性能无法适应业务需求和负载的变化。面向 2030 年的网络需要考虑全新的设计手段：全软件定义的端到端网络、网络协议的前向兼容性设计、去小区的网络结构，以用户为中心实现网络自治与自演进。

（4）智慧内生：智慧内生将实现 AI 能力的全网渗透，实现"网络无所不达，算力无处不在，智能无处不及"。通过网络与计算深度融合形成的基础设施，为 AI 提供无处不在的算力，从而实现无所不及的泛在智能[6]。基于智慧内生的网络，基于 AI 及大数据能力，支持网络的高度自治，实现零接触（Zero Touch）运维。智慧内生还可以通过自聚焦的方式，有效满足不断出现的新需求，使能资源管理的智慧决策，降低成本并提高效率，实现数字化转型[7]，如图 4-8 所示。

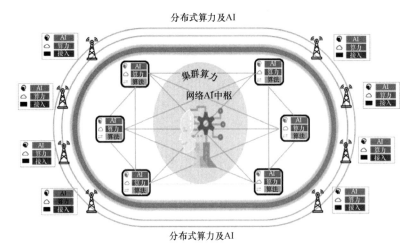

图 4-8 智慧内生

（5）安全内生：基于安全内生的网络实时监控安全状态并预判潜在风险，抵御攻击与预测危险相结合，从而实现智能化的内生安全，即"风险预判，主动免疫"。智能共识，通过网络连接的智能主体间的交互和协同形成共识，并基于共识来排除干扰，为信息和数据提供高安全等级的支持。智能防御，基于 AI 和大数据技术，精准部署安全功能并优化安全策略，实现主动的纵深安全防御。可信增强，使用可信计算技术，为网络基础设施、软件等提供主动免疫功能，增强基础平台的安全水平。泛在协同，通过端、边、管、云的泛在协同，准确感知整个系统安全态势、敏捷处置安全风险。该网络将实现由互联网安全向网络空间安全的全面升级，如图 4-9 所示。

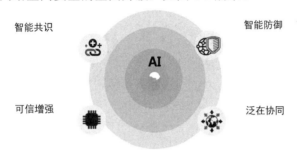

智能共识　　　　　　　　智能防御

AI

可信增强　　　　　　　　泛在协同

图 4-9　安全内生

此外，白皮书还提出以"创新、协调、绿色、开放、共享"为内涵的 6G 发展理念，并且根据 4G 和 5G 发展的经验，对整个 6G 发展的时间表做出研判，如图 4-1 所示，整个 6G 研发大概将分为两个阶段，具体内容见 4.1 节。

2）《2030+愿景与需求白皮书 2.0》

2020 年 11 月，在中国移动合作伙伴大会上，中国移动研究院发布《2030+愿景与需求白皮书 2.0》[8]、《2030+技术趋势白皮书》[9] 和 《2030+网络架构展望白皮书》[10]。《2030+愿景与需求白皮书 2.0》在上一个版本的基础上，进一步详细推导出各个典型应用场景的技术指标需求，首次系统地提出 6G 移动通信网络需要提供除通信连接之外的计算、AI、感知和安全能力，并形成 6G 的技术指标和能力体系雷达图，如图 4-10 所示。

《2030+技术趋势白皮书》概述了移动通信网络的未来技术发展趋势，具体内容如下。

（1）全频谱通信：从整个 6G 移动通信网络的部署来看，需要综合考虑成本、需求和业务体验，分场景有效地使用所有可用的频率资源，6 GHz 以下、毫米波、太赫兹、可见光等，实现各个频段的动态互补，以优化全网整体服务质量、降低网络能耗。例如，6 GHz 以下的频段提供无缝的网络覆盖，毫米波、太赫兹和可见光频段将会在局域和短距离场景按需部署和动态开关，在提供更大容量和更高速率的同时，尽可能降低网络能耗和部署成本。

（2）空天地一体：为满足无人机、飞机、轮船等的互联网连接需求，以及即时抢险救灾、无人区探测、远洋集装箱信息追踪等社会治理领域的无线连接需求，需要构建空天地一体化网络来拓展地面网络的覆盖范围，形成全球全域"泛在覆盖"的通信网络，包括不同轨道卫星构成的天基、各种空中飞行器构成的空基以及卫星地面站和传统地面网络构成的地基三部分；面向 6G 的空天地一体化技术将卫星通信与地面网络深度融合，显著提高空口接入能力和立体覆盖能力，如支持星上再生模式以减少地面协作站的部署，构建高低轨卫星共存的多维度异构网络，实现多元平台功能柔性分割和网络智能可重构设计，通过多星多维、星间协作或星地协作实现资源协作调度和星地无缝漫游，为用户提供无感知的一致性服务，确保网络韧性健壮以及资源绿色节约。

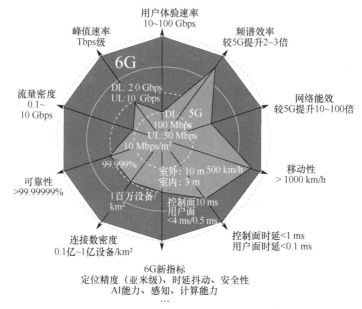

图 4-10　6G 的技术指标和能力体系雷达图

（3）DOICT 融合：6G 是通信技术（Communication Technology，CT）、信息技术（Information Technology，IT）、数据技术（Data Technology，DT）、控制技术（Operation Technology，OT）深度融合的新一代移动信息系统，呈现出极强的跨学科、跨领域发展特征。DOICT 融合将是 6G 端到端信息处理和服务架构的核心特征，将在大数据流动的基础上实现云、网、边、端、业深度融合，提升各方资源利用效率，协同升级云边计算能力、网络能力、终端能力和业务能力。

（4）通信-感知-计算一体化：在信息传递过程中，同步执行信息采集与信息计算的端到端信息处理技术框架，将打破终端进行信息采集、网络进行信息传递和云边进行计算的烟囱式信息服务框架，是提供无人化、沉浸式和数字孪生等感知通信计算高度耦合业务的必要手段。通信-感知-计算一体化具体分为功能协同和功能融合两个层次：在功能协同框架中，感知信息可以增强通信能力，通信可以扩展感知维度和深度，计算可以进行多维数据融合和大数据分析，感知可以增强计算模型与算法性能，通信可以带来泛在计算，计算可以实现超大规模通信；在功能融合框架中，感知信号和通信信号可以一体化波形设计与检测，共享一套硬件设备。感知与计算融合成算力感知网络，计算与网络融合实现网络端到端可定义和微服务架构。通信–感知–计算一体化的应用场景包括无人化业务、沉浸式业务和数字孪生业务等。

《2030+技术趋势白皮书》还从基础传输技术、协议与架构设计以及自治网络技术三个方面，对未来无线接入网潜在关键技术进行分析，包括变换域波形、分布式大规模 MIMO、超奈奎斯特传输技术、RIS、物理层 AI、服务化 RAN、即插即用的链路接入、自适应空口的 QoS 控制、网络架构轻量化、基于数字孪生的网络自治、三层四面的网络架构等。

《2030+网络架构展望白皮书》指出，6G 网络将在如下几个方面产生变革：

（1）面向全场景的泛在连接、向分布式范式演进；

（2）面向统一接入架构的至简网络；

（3）与实体网络同步构建数字孪生网络；

（4）具备自优化、自生长和自演进能力的自治网络；

（5）解决确定性时延核心问题；

（6）通信和计算融合的算网一体网络；

（7）资源按需、服务随选。

同时，《2030+网络架构展望白皮书》提出了面向 2030+网络架构需思考的五个命题，希望能启发业界关于 6G 网络架构研究的思考。

（1）什么是 6G 网络的体系结构？

（2）如何支持无源通信的全新万物互联？

（3）认知智能时代，网络如何实现"智能内生"？

（4）开源技术会对 6G 网络架构产生何种影响？

（5）分布式与中心化如何协同统一？

2. 中国移动与高校的 6G 联合研究

2020 年 5 月 30 日，中国移动研究院联合北京邮电大学成立由中国工程院院士张平领衔指导的北京邮电大学–中国移动研究院联合创新中心，围绕 6G 的无线接入关键技术、无线信道测量与建模、网络架构、新业务、新天线和 6G 试验验证平台样机开发等开展联合研究。2021 年 12 月 10 日，联合创新中心召开首次 6G 研发成果发布会，发布《面向 6G 的可见光通信系统白皮书》[11]和《基于 AI 的联合信源信道编码白皮书》[12]，并展示了联合创新中心的 6G 原型系统，包括太赫兹信道测量平台、可见光通信平台、算力网络平台、联合信源信道编码平台、6G 通用系统级与链路级基础仿真平台和可见光原型样机平台。其中，联合信源信道编码平台是进一步获取系统数据速率和效率提升的探索平台；算力网络平台可赋能网络的计算新特性；太赫兹信道测量平台可进一步探索 6G 潜在可用带宽、更高频点下的频谱特性；6G 通用系统级与链路级基础仿真平台可高效支撑各项 6G 候选技术的性能和可行性评估。《面向 6G 的可见光通信系统白皮书》介绍了创新中心研发的可见光通信技术和试验系统，实现了 1 Gbps 的通信速率。《基于 AI 的联合信源信道编码白皮书》介绍了创新中心研究团队提出的基于 AI 的联合信源信道编译码设计方案，并对其中的关键技术进行了分析和讨论。

2020 年 11 月 13 日，中国移动研究院联合清华大学成立由中国科学院院士陆建华领衔的清华大学–中国移动联合研究院，下设 6G 研究中心，围绕空天地一体化、语义通信、可重构计算架构、自治网络架构、无线光融合组网等技术开展联合研究。

2021 年 6 月 22 日，中国移动研究院联合东南大学成立东南大学–中国移动研究院联合创新中心，下设由中国科学院院士崔铁军领衔指导的电磁超材料中心，以及由东南大学教授尤肖虎和洪伟领衔指导的宽带移动通信中心，分别围绕电磁超材料[13]在无线通信中的应用、超大规模 MIMO、高性能毫米波收发机架构、可见光通信和 THz 样机系统开展联合研究。

中国移动和崔铁军院士团队在信息超材料领域深度合作，共同探究信息超材料的电磁传播特性，在 IMT-2030（6G）推进组和未来移动通信论坛联合牵头相关研究项目，探索智能超表面的两大应用方向，包括智能反射面和超材料基站。针对技术及产业成熟度相对较高的智能反射面，中国移动结合网络运营经验提出了三阶段发展思路：第一阶段实现无源静态反射面，可快速部署并满足弱覆盖场景中扩展网络覆盖和补盲的需求；第二阶段实现半静态可控反射面，通过器件单元调控实现波束选择，扩展超表面波束覆盖范围、提升小区容量和速率；第三阶段实现动态智能反射面，通过编码算法动态跟踪用户位置、匹配信道环境，从而实现 6G 的电磁波传播智能调控。其中，前两个阶段产品经技术验证成熟后有望在 5G 网络部分场景中率先部署。

2021 年 7 月，东南大学–中国移动研究院联合创新中心联合杭州钱塘信息有限公司在南京移动的 5G 现网完成业界首次电磁单元器件可调、波束方向可灵活控制的智能超表面（Reconfigurable Intelligence Surface，RIS）外场技术验证。

RIS 是信息超材料在移动通信领域的重要应用，其基本原理是通过数字编程的方式控制超材料的电磁特性，改变空间电磁波的漫反射，实现对空间电磁波的智能调控与波束赋形，并且具有低功耗、低成本等特点，有望成为未来移动通信网络的重要基础设施。RIS 的技术原理如图 4-11 所示，RIS 的部署场景如图 4-12 所示，RIS 在 5G 现网测试中使用的设备和测试现场如图 4-13 所示。

初步测试结果表明，RIS 可根据用户分布，灵活地调整反射信号的波束方向，显著改善现网弱覆盖区域的信号强度、网络容量和用户速率。在室外测试场景下，小区边缘覆盖平均提升 3～4 dB，边缘用户吞吐量提升 10 倍以上；在室外覆盖室内测试场景下，室内覆盖提升约 10 dB，用户吞吐量提升至 2 倍左右。

　　前期试验测试结果初步验证了 RIS 的可行性，但距离标准化和实际工程应用仍面临四个方面的挑战。

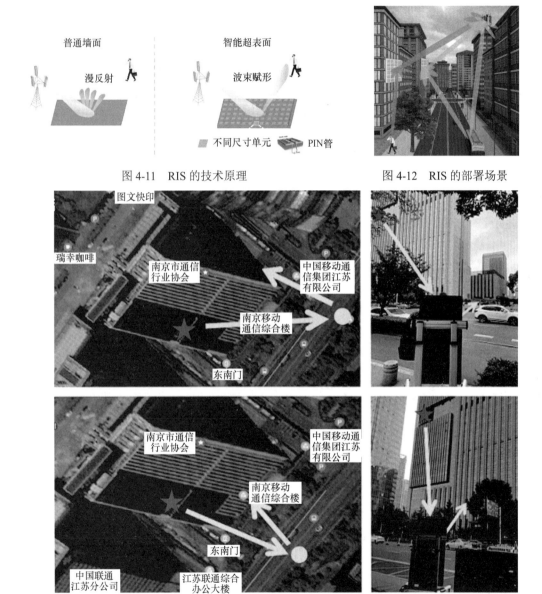

图 4-11　RIS 的技术原理　　　　　　　图 4-12　RIS 的部署场景

图 4-13　RIS 在 5G 现网测试中使用的设备和测试现场

　　一是基础理论不完善，RIS 的反射和透射特性有待明确，信道传输模型不完善，缺少在实际传输环境下的建模。

二是关键技术亟须突破，同频和邻频干扰特性、运营商之间干扰协调、波束赋形和信道估计算法等有待研究和完善。

三是器件成熟度和可靠性较低，目前业界的 RIS 为原型样机，可调角度受限、器件调控速率不高，单元结构数量庞大且难以快速定位和识别单元故障。

四是应用部署受限，RIS 尺寸和面积较大，有源及有线控制都会限制其应用场景，需进一步优化工程设计，提升部署灵活度。

针对上述挑战，中国移动自 2019 年开始着力 RIS 的基础理论和关键技术研究，针对 RIS 的电磁调控特性与信道模型、基站与智能反射面的联合波束赋形与信道估计算法、智能反射面无线控制等提出了系列解决方案，并积极开展 RIS 的硬件架构攻关。后续，依托东南大学–中国移动研究院联合创新中心继续完善 RIS 的系统方案设计，面向更丰富的部署场景以及更高频段开展更全面的技术试验，推动 RIS 技术尽早在移动通信网络中得到应用。

3. 中国移动 6G 联合创新成果

2022 年 2 月 15 日，中国移动举办"遇见未来"6G 联合创新成果发布会（后称发布会）。在发布会上，中国移动全面展示了和业界合作伙伴近期的联合研发成果，包括一系列的 6G 原型样机。

（1）2.6 GHz/26 GHz RIS 样机。中国移动联合东南大学崔铁军院士和陈强教授开发了 2.6 GHz 和 26 GHz 频段的 RIS 样机，图 4-14 所示为 2.6 GHz RIS 样机（1 m × 2 m），它包含 16 列、32 行共 512 个单元。单元采用 PIN 管作为可调元件，可以通过 PIN 管的通和断来控制单元的水平极化电磁波反射相位，通和断状态下单元的反射相位差约为 180°。该 RIS 样机的 16 列单元可以分别独立控制，可以在水平方向调控波束。图 4-15 所示为实测中的 26 GHz RIS 样机（35 cm × 35 cm），为便于隐蔽部署，其表面用了一幅画进行装饰，它由 16×16 共 256 个单元构成，由于毫米波波长更短，其整体尺寸比 2.6 GHz 小，这款样机的单元是固定相位的，后续将继续研制相位可调的毫米波 RIS 样机。

图 4-14　2.6 GHz RIS 样机　　　　图 4-15　实测中的 26 GHz RIS 样机

（2）光生太赫兹通信系统样机。中国移动联合东南大学教授朱敏开发的光生太赫兹通信系统样机，载波频率为 101 GHz，带宽为 5 GHz，实时速率为 3 Gbps，最大的通信距离可达 20 m，如图 4-16 所示；目前，该团队已开发完成下一代载频为 370 GHz 的光生太赫兹实时通信系统，带宽为 30 GHz，实时速率目前已实现 120 Gbps，下一步将支持 500 Gbps 的实时传输速率，最终目标是实现 1 Tbps 的实时传输速率。日前，太赫兹通信系统分为电学和光学两种不同的技术路线，电学技术受器件限制系统带宽相对较窄，且随着载波频率的提升，系统复杂性增加。光学技术的优势在于通过更简单的系统架构实现更高的带宽和速率。

（3）26 GHz 高性能毫米波收发机。中国移动联合东南大学教授洪伟和周建义开发的高效多通道毫米波收发机组件，如图 4-17 所示。它是 64 通道和 16 通道的组件，可有效支撑更多通道的高效毫米波收发机的实现。

图 4-16　光生太赫兹通信系统样机　　　　图 4-17　高效多通道毫米波收发机组件

（4）1 Gbps 可见光实时通信系统样机。中国移动联合复旦大学迟楠和沈超老师成功研制了单器件数据速率 4.57 Gbps 的超辐射发光二极管光源以及支持 1.75 Gbps 传输速率的宽带可见光收发机芯片，研发的可见光样机系统具备 Gbps 级实时传输速率，有望实现业界领先的 5 Gbps 的实时传输速率，如图 4-18 所示；下一阶段，该团队将挑战几十 Gbps 速率的器件攻关与原型基站研制。

与传统频段相比，可见光通信低碳节能、无电磁污染、频谱丰富且无须授权即可使用、部署成本低。但可见光通信走向应用还面临三个方面的挑战：首先是器件方面，可见光器件的调制带宽较小，所能达到的峰值速率

图 4-18　可见光实时通信系统样机

非常有限，中国移动与复旦大学联合研发的芯片带宽达到了 1 GHz 以上，但要满足 6G 更严苛的指标需求，还需进一步提升；其次是组网方面，可见光存在易被阻挡、上行难的问题，为了提升用户的上网体验，提供零中断服务，需要将可见光与其他频段融合组网；最后是与基础设施融合方面，可见光通信网络需要与成熟的照明产业共生，实现低成本、低功耗、高能效，还要与运营商网络融合，支持移动服务，进一步拓展产业规模。

（5）sub-6 GHz、可见光、太赫兹信道测量平台。信道测量与建模是无线通信系统设计、评估和产品研发的基础和前提，它的主要目的是研究电磁信号传播特性，利用数学模型来刻画它。我们之所以一定要了解信道，是因为信号在传输过程中，会受到信号传

播环境的影响，如多径、衰落的影响，从而导致接收端信号发生畸变。通过建立信道模型，我们即可基于信道模型的先验信息来优化系统设计、提升性能评估的准确性、加速产品研发。由于我国的地理地貌、人口密度和建筑风格等特点，实际网络部署的典型环境和国外差异较大。为了建立适合我国国情的信道模型，中国移动从 2008 年便开始了信道测量与建模研究工作，选取具有中国特点的密集城市、高铁等场景，与北京邮电大学张建华教授团队一起搭建信道测量平台，并经过广泛的外场测量获得大量信道数据，通过复杂的数据处理、参数提取和建模，形成了相应的模型，主导制定了 ITU 的 IMT-Advanced 和 IMT-2020 信道模型、3GPP 的 3D-MIMO 信道模型，很好

地支持了全球 4G 和 5G 的研发和标准制定。面向 6G，项目团队已经开展了针对感知通信一体化、智能表面、太赫兹、可见光的信道测量与建模研究，目的在于支撑 6G 系统设计与技术的突破。所研发的业界领先水平的 sub-6 GHz/毫米波/太赫兹的信道测量平台如图 4-19 所示。

图 4-19　sub-6 GHz/毫米波/太赫兹的信道测量平台

（6）26 GHz 感知通信一体化样机。基于现有 4G、5G 系统所使用的 OFDM 波形，中国移动研究院团队进行了通感一体化信号处理算法的设计，通过提取传输信道的时延和多普勒信息，得到目标物体的距离与速度。仿真结果表明，基于 OFDM 的通信感知一体化信号处理算法可以实现多目标的测距、测速功能。基于 OFDM 通感一体化算法，中国移动联合华为研发了一套通信感知一体化原型，该样机主要面向车辆状态监控场景，工作频段为 26 GHz，工作带宽为 100 MHz，覆盖距离为 500 m。原型样机包含有源无线单元（AAU）、基带单元（Base Band Unit，BBU）、核心网和交互界面。AAU 被部署在道路上方的横杆上，用来完成通信感知一体化信号的发送和接收。接收到的信号通过 BBU 和核心网分别进行前端信号处理和后端信号处理，得到目标车辆的距离、速度信息，并展示在交互界面上。项目组在北京市海淀区北清路开展了外场试验，初步测试数据表明，原型样机的测距精度达到了 0.5 m，当道路上有车辆经过时，多个车辆的位置、速度等信息可以实时地显示在计算机的交互界面中，很好地完成了交通状态监控的目标。外场测试环境和测试界面如图 4-20 所示。

（7）液态金属天线样机。中国移动联合北京邮电大学教授苏明及团队开发的液体金属天线，通过天线构型的调整，可实现动态可调的天线方向图和频点，如图 4-21 所示。

（8）数字孪生人演示系统。数字孪生人是指通过实时采集的人体数据进行人体的数字化建模，实现人的数字孪生，以及物理人和数字人之间的映射与交互。通过人的孪生体不仅可以模拟人的外表、器官和组织，也可以提前预测人体健康、行为和情感，甚至还能够模拟人的思维，在某种意义上实现精神的永生。数字孪生人的未来业务场景分为三个不同层级：第一层级为体征孪生，通过可穿戴、可植入传感器等采集人体信息，结合生理和

先验的知识，对人体的局部和全身进行数字化建模，实现对人体体征和健康的全方位远程监测和精准预测，实现疾病的预测性治疗；第二层级为通感孪生，实现人体情感和五官感受的建模；第三层级为控制移植，实现意念控制、思维移植、脑-机通信，甚至脑-脑交互。中国移动研究院开发的数字孪生人演示系统如图 4-22 所示，可以动态捕捉人的肢体动作、心电图和脉搏、脑电波、血压等生物特征，并进行人体状态的综合判断。

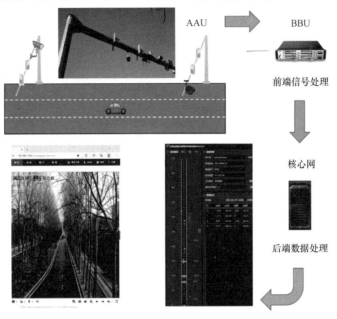

图 4-20　外场测试环境和测试界面

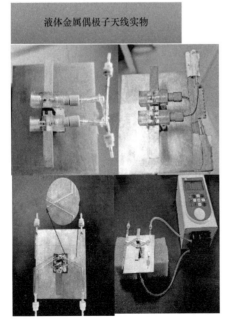

图 4-21　液体金属天线样机

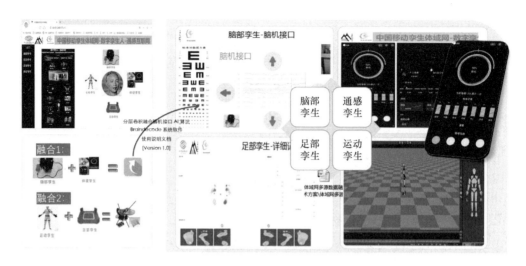

图 4-22　数字孪生人演示系统

（9）语义通信系统原型样机。中国移动联合北京邮电大学教授许晓东开发的语义通信样机，可实现传输速率 10 倍的压缩；联合清华大学教授陶晓明开发的语义通信样机，可实现 90% 的视频传输速率的压缩。

同时，中国移动研究院提出 6G 将具备六个主要特征：

一是场景虚实交互，将支持通感互联（可传递听觉、视觉、触觉、嗅觉、味觉等）、交互式全息（全息物体之间可以直接进行类似实体之间的直接交互）等全新应用场景；

二是能力多维协同，将建立集通信、计算、感知、AI 和大数据等一体的全新多维能力体系；

三是绿色智能安全，将从器件、设备、网络及基础设施等层面全方位发力节能降碳，并将 AI 与安全融入网络架构的整体设计；

四是网络立体覆盖，将以地面移动通信系统为主体，卫星系统作为延伸，打造空天地海一体化的网络环境；

五是学科交叉融合，生物与仿生学等跨领域、跨学科的技术将在 6G 中加速融合，石墨烯等新材料将在 6G 发展中发挥催化剂的作用；

六是生态跨界开放，基于"开源软件（源码可以被公开使用、修改）+白盒硬件（不专属于某一厂商，更加通用化）"的模式可能成为 6G 的产业趋势。同时，中国移动研究院也提出如图 4-23 所示的 6G 移动信息网络架构的构想。

此外，中国移动研究院还发布了 8 本 6G 关键技术白皮书，包括《6G 全息通信业务发展趋势白皮书（2022）》[14]、《6G 至简无线接入网白皮书（2022）》[15]、《6G 服务化 RAN 白皮书（2022）》[16]、《基于数字孪生网络的 6G 无线网络自治白皮书（2022）》[17]、《6G 无线内生 AI 架构与技术白皮书（2022）》[18]、《6G 物理层 AI 关键技术白皮书

（2022）》[19]、《6G 信息超材料技术白皮书（2022）》[20]、《6G 可见光通信技术白皮书（2022）》[21]；同时还发布了《影响未来信息通信发展的十大跨界创新方向（2022）》[22] 研究报告，面向泛信息通信领域 2035 年愿景，遴选出影响未来信息通信发展的十大跨界创新方向，涉及端、管、云、算力、安全、低碳、范式等方面，并呼吁产学研各界协力解决面临的挑战。

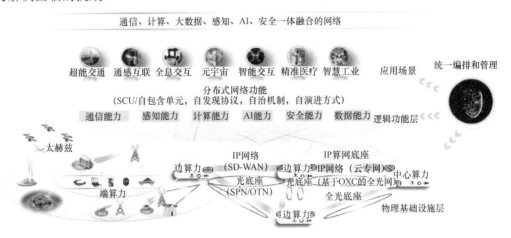

图 4-23　6G 移动信息网络架构的构想

另外，在"遇见未来"6G 联合创新成果发布会上，中国移动正式披露将建设"10+1+N+1"的 6G 协同创新基地，其建设构想如图 4-24 所示，构建 10 大基础创新实验室，1 个端到端系统实验室、N 类新型业务与应用，以及 1 张全球领先的 6G 试验网。6G 协同创新基地将面向全产业链开放，为产业伙伴提供开放的、场景化的联合研发、测试验证所需的软硬件工具和平台环境，以及协同创新空间，打通从基础理论、关键技术到标准、产业和落地应用的端到端创新环节，降低 6G 研发的门槛，加速 6G 研发的突破，为我国打牢 6G 基础、构筑 6G 优势，培育自主可控的 6G 产业和应用生态，推动全球开放合作，形成全球统一标准和生态。

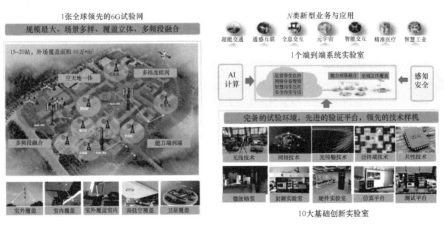

图 4-24　中国移动 6G 协同创新基地建设构想

4.2.2 华为

2021 年，华为技术有限公司（简称华为）发布《6G：无线通信新征程》[23]白皮书，将 6G 发展的驱动力概括为新应用和新业务、普惠智能、可持续发展与社会责任，并指出 6G 将跨越人联和物联，迈向万物智联，在关键性能指标上取得重大飞跃，推动各垂直行业的全面数字化转型。6G 将如同一个巨大的分布式神经网络，集通信、感知、计算等能力于一身，物理世界、生物世界以及数字世界将无缝融合，开启万物互联、万物智联、万物感知的新时代。

在该白皮书中，华为提出了 6G 的 6 大支柱，包括原生 AI、空天地一体化、通感一体化、极致连接、原生可信和可持续发展，如图 4-25 所示。

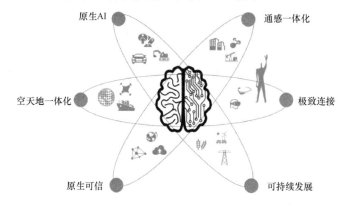

图 4-25　6G 的 6 大支柱[23]

《6G：无线通信新征程》白皮书将 6G 的场景概况分为 5 大类，如图 4-26 所示。

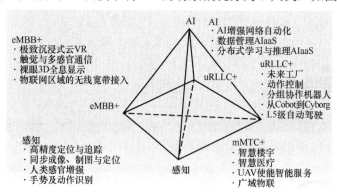

图 4-26　6G 的场景概况[23]

（1）eMBB+：极致沉浸式云 VR、触觉与多感官通信、裸眼 3D 全息显示、物联网区域的无线宽带接入。

（2）uRLLC+：未来工厂、动作控制、分组协作机器人、从人机协作机器人（Cobot）到人机共生的赛博格（Cyborg）、L5 级自动驾驶。

（3）mMTC+：智慧楼宇、智慧医疗、无人机（Unmanned Aerial Vehicle/Drones，

UAV）使能智能服务、广域物联。

（4）感知：高精度定位与追踪，同步成像、制图与定位，人类感官增强，手势及动作识别。

（5）AI：AI 增强网络自动化、数据管理人工智能即服务（Artificial Intelligence as a Service，AIaaS）、分布式学习与推理 AIaaS。

基于上述场景的定义，《6G：无线通信新征程》白皮书提出了 6G 无线网络的性能指标需求，如图 4-27 所示。

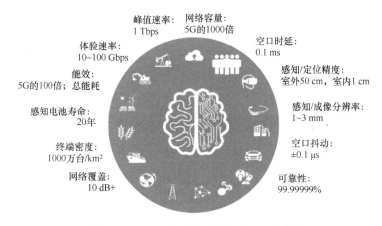

图 4-27　6G 无线网络的性能指标需求[23]

面向未来的智能普惠，《6G：无线通信新征程》白皮书提出了人工智能网络（Network for AI）的概念，希望把 AI 打造成 6G 的一种原生能力，为 AI 相关业务和应用提供端到端的支持，实现无处不在的 AI，如图 4-28 所示。

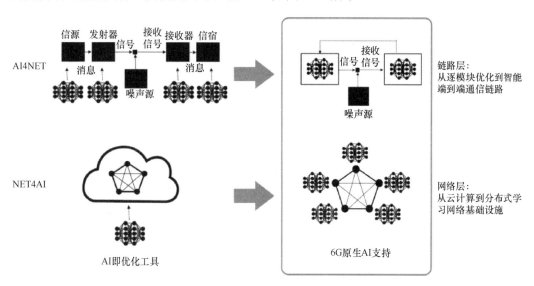

图 4-28　AI4NET 和 NET4AI[23]

面向未来的 6G 空口设计和架构的设计，《6G：无线通信新征程》白皮书也探讨了其范式转变，如图 4-29 和图 4-30 所示。

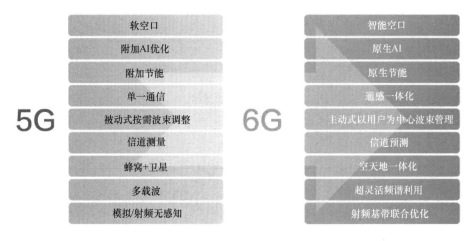

5G | **6G**
软空口 | 智能空口
附加AI优化 | 原生AI
附加节能 | 原生节能
单一通信 | 通感一体化
被动式按需波束调整 | 主动式以用户为中心波束管理
信道测量 | 信道预测
蜂窝+卫星 | 空天地一体化
多载波 | 超灵活频谱利用
模拟/射频无感知 | 射频基带联合优化

图 4-29　6G 空口设计的范式转变[23]

云AI → 网络原生AI　　面向信息 → 面向任务　　以安全为中心 → 多模信任

通用比特管道 → 以用户为中心定制服务　　运营商视角 → 产消者视角

图 4-30　网络架构设计的范式转变[23]

最后，《6G：无线通信新征程》白皮书对未来各个标准组织的 6G 时间表进行了预测，如图 4-31 所示，预计 3GPP 在 2030 年推出第一个 6G 标准的版本。

华为 6G 研究团队搭建了适用于 100～300 GHz 频段范围内的 THz 通感一体（Integrated Sensing And Communication at THz band，ISAC-THz）通用原型平台[24]，并分别针对终端侧高精度感知成像，以及室外中距离超高速传输这两大挑战场景的技术可行性进行了探索与样机验证，让通感一体化逐步从概念走向实现。华为太赫兹感知通信一体化样机如图 4-32 所示，待测物体被放在封闭的纸盒中，机械手臂则模拟人手持握太赫兹终端，对纸盒内的物体进行扫描和成像。原型样机采用 140 GHz 载波频率，8 GHz 带宽，4 发 16 收 MIMO 阵列。太赫兹波由终端天线发射后，穿透纸盒，经待测物体反射后被终端天线接收，经采样和实时算法处理后，形成图像并显示出来。

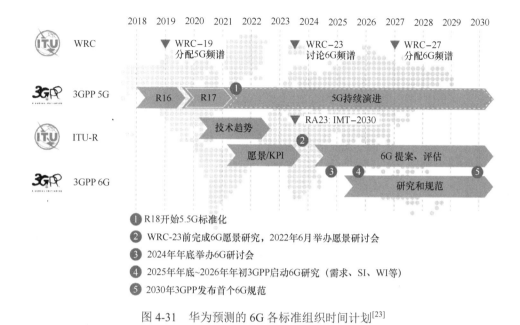

① R18开始5.5G标准化

② WRC-23前完成6G愿景研究，2022年6月举办愿景研讨会

③ 2024年年底举办6G研讨会

④ 2025年年底~2026年年初3GPP启动6G研究（需求、SI、WI等）

⑤ 2030年3GPP发布首个6G规范

图 4-31　华为预测的 6G 各标准组织时间计划[23]

为了得到毫米级成像分辨率，研究团队提出虚拟孔径 MIMO 阵列技术[25]，利用终端上有限个实体天线阵元形成的小规模阵列，通过手持移动扫描方式形成一个具有更大自由度的虚拟孔径大规模天线阵列，在不增加终端体积的情况下，逼近数千个天线阵元的实孔径天线成像效果。由于用户对目标物体进行手持扫描的轨迹通常是稀疏且不完全规则的，样机采用了压缩感知、层

图 4-32　华为太赫兹感知通信一体化样机[24]

析、稀疏孔径等算法对稀疏采样后的信号波形进行处理，得到毫米级高分辨率图像。

如图 4-33 所示，太赫兹通信样机室外实测验证选取在城市场景，发射机模拟典型基站架设在楼宇顶层，接收机设置在城市街道地面处，楼顶至地面之间的距离约为 500 m，存在视距链路。样机工作在 220 GHz 中心频点，带宽 13.5 GHz，系统采用 2×2 极化 MIMO 架构，以及超宽带和低比特量化数字基带处理技术，对基带信号进行信道估计及均衡、非线性补偿、解调和解码，首次实现室外中远距离 240 Gbps 高速视距空口传输，论证了太赫兹频段用于室外超高速率通信的技术可行性。

图 4-33　华为 ISAC-THz 室外通信样机，实现 500 m、240 Gbps 通信速率[24]

华为 6G 研究团队在毫米波 70 GHz 频段，成功展示了超低功耗、超高吞吐、超低时延的短距通信原型样机[26]，实现了超过 10 Gbps 的吞吐率和亚毫秒级的时延，并实时演示了 4K VR 业务。华为 70 GHz 毫米波样机如图 4-34 所示，此样机展示的极致体验短距传输，其速率数倍于通用串行总线（Universal Serial Bus，USB）等有线通信方式，且整机功耗低于 560 mW。

图 4-34 华为 70 GHz 毫米波样机[26]

该样机采用了多种先进技术，下面分别介绍。

（1）面向 Tbps 级高吞吐率的超低功耗 Polar 编解码技术：结合极简代数译码方法，替换中等码率外码，大幅简化连续消除译码（Successive Cancellation decoder，SC）流程的同时显著提升译码吞吐率，相对传统短距编码方案降低 80%芯片面积。

（2）低功耗单比特 ADC（模数转换器）技术：利用有限数量的 ADC 比特，可以大幅削减射频链路的功耗；接收侧利用过采样的过零调制，可以进一步提升整机的频谱效率。

（3）高速短距相控阵天线与智能波束扫描技术：全新设计的双极化子阵相控阵天线，实现双流数据的高速传输，结合基于快速树搜索的智能波束扫描算法，使得在高移动性场景下精准调整波束方向成为可能。

（4）高效硅锗（SiGe）大天线阵列的封装天线（Antenna In Package，AIP）技术：大规模高增益不规则阵列天线可封装在手机规格的 LTCC（低温共烧陶瓷）模块中，使微型的 AIP 也可以应用在可穿戴设备中。

华为 6G 研究团队实现了光无线通感系统的关键技术研究突破和一体化原型验证[27]，能够实现通信、定位、感知一体化的架构和能力。该光无线通感一体化（Integrated Sensing And Communication with Optical Wireless，ISAC-OW）样机，希望模拟在医疗环境中，通过光无线链路（可见光及红外光谱）精确感知和定位移动机器人，从而远程控制移动机器人拾取和搬运各种物体。样机中的光链路还同时承载着移动机器人与控制器间实时高清视频的无线高速传输，实现通感一体化。此外，这套 ISAC-OW 样机还可以通过对人体面部颜色的变化，或者是腹部起伏的感知，实时且无接触地监测心率和呼吸状态，检测准确性与商用智能手表相当。

在该原型研制过程中，团队相继突破了分布式光无线联合检测与传输、一体化通信感知架构设计、高精度飞行时间（Time of Flight，ToF）建模分析等核心技术。

（1）针对通信和定位一体化，通过通感一体化波形、硬件架构以及信号处理算法设计，在实现高速无线光通信的同时，也实现了厘米级的室内定位精度。在定位过程中，终端采用增强反光面，独立地反射各个基站的来光，避免反射光干扰其他基站，使多个基站可在非同步的情况下测量相位差，达到高精度的定位效果。

（2）针对无接触健康监测，采用了 ToF 建模分析与深度学习技术的结合，利用心跳对人体脸部血液的影响，通过精确测量人脸反射光强的细微变化来测量心跳和呼吸频率（后者也可利用呼吸时人腹部的起伏来测量），均获得了与接触式健康检测仪器（如智能手表）等同的检测性能。

4.2.3　中信科移动

中信科移动通信技术股份有限公司（简称中信科移动）自 2018 年开始筹划 6G 研究工作，启动 6G 愿景、需求、能力与关键技术的系列研究工作。2020 年年底，中信科移动、大唐移动发布了《全域覆盖·场景智联——6G 愿景与技术趋势白皮书（V.2020）》，提出全域覆盖、场景智联的总体愿景，即 6G 将会在 5G 发展的基础上得到进一步的升级和拓展，实现全域深度覆盖，服务场景智慧互联，全面支撑智慧生活、智慧行业的社会发展。

2021 年 12 月，中信科移动进一步发布了《全域覆盖 场景智联——6G 场景、能力与技术引擎白皮书（V.2021）》[28]，对 6G 的应用场景、关键能力、技术引擎做了进一步的分析和探讨。在 5G 所支持的增强移动宽带、超高可靠低时延通信以及海量机器类型通信的三大场景基础上，6G 将进一步扩展为支持六类应用场景，包括广域覆盖、移动宽带覆盖、热点覆盖三类强调覆盖能力的场景，以及极致低时延高可靠、泛在海量连接、感知与定位三类强调连接特性的场景。其中，通过广域覆盖、移动宽带覆盖以及热点覆盖体现全网覆盖能力，代表移动宽带在空间、地面的服务能力，以及在热点区域提供的超高容量；同时通过极致低时延高可靠、泛在海量连接以及感知与定位，体现对 2B 业务、垂直行业与物联网连接特性等服务能力的拓展。

6G 的无线接入网性能指标不仅包含 5G 愿景中已经涉及的八大关键性能指标（峰值速率、谱效、用户体验速率、区域流量密度、网络能效、移动性、连接密度及时延）的进一步提升，预计也将包含未来网络新的重要指标，如覆盖、可靠性、时延抖动和定位精度等，以支持更为宽广的场景和业务需求。除了无线接入网性能指标的扩展与提升外，6G 系统和网络的新型能力也尤为重要，这些能力支撑未来的通信系统变得更强大、智能和可信，包括网络智能能力、可信安全能力、可编程能力、算网协同能力、立体组网能力，以及网络感知能力。

6G 关键技术的创新主要包括传统技术增强、融合技术创新、网络架构演进三个方面。传统技术增强方面主要包括大规模天线技术、高精度定位技术、非地面网络（NTN）技术的增强演进。其中，大规模天线技术将继续在 6G 网络中发挥提升系统容量和覆盖范围的作用，并从天线维度扩展、全息维度挖掘、功能维度增强形成超维度天线技术。中信科移动正在开展利用可重构智能超表面（RIS）技术构建更为密集的天线阵列形态的研究和试验工作。高精度定位技术将成为 6G 赋能垂直行业的重要技术之一，随着 6G 的研究进一步深入，基于以蜂窝网络的载波相位定位为特色的多源融合定位方案、AI 定位、定位和通信融合技术预期将会成为 6G 定位的重要技术方案，带来定位精度的显著提升和资源利用率的提高。以弹性可重构网络架构、统一空口体制为典型特征的空天地融合技术将使能 6G 网络成为扩展网络服务广度和深度、改变用户之间时空连接方式的重要技术，将全面提升 6G 网络支撑公共安全、应急通信、社会治理、产业升级等方面的服务能力。中信科移动正在开展星地融合样机研发和测试验证工作，这将为 6G 空天地融合技术研究和验证打下坚实的基础。

在融合技术创新方面，主要沿着 IT、DT 和 OT 深度融合发展的路线进行布局，包括人工智能、通信感知一体化、可编程网络、算力网络、网络安全可信等关键技术。人工智能将与通信技术进行深度融合，形成以智能内生为特征的 6G 网络人工智能技术，实现网络的自优化、自演进，提高网络的安全性和可靠性，大幅降低网络运维成本，降低网络能耗，增强用户体验，实现网络自动化。通信感知一体化技术即在蜂窝网络架构下，利用雷达、成像等无线感知技术实现针对非目标终端等物体的位置、姿态及环境信息的感知，获取多维度、多层次感知数据，将移动通信系统的连接范围从目标终端扩展到物与环境，从真正意义上实现场景智联，并达到通信与感知两者相互促进、协调共生的效果。可编程网络是实现 6G 网络的坚实技术底座，通过在 6G 网络中应用可编程网络，可以极大地提升网络的灵活性和弹性，实现网络的按需定制和灵活部署，实现运维自动化、智能化。算力网络可实现 6G 网络分布式泛在计算、存储资源的灵活动态调度与高效协同，为 6G 网络功能的灵活部署、快速协同提供基础资源保障。6G 网络将具备内生的安全能力，并基于分布式技术手段，利用密码学原理构建了 6G 网络安全可信架构，解决了 6G 去中心化网络架构面临的安全可信问题。

在网络架构演进方面，为了实现 6G 的总体愿景、6G 网络与服务的升级扩展，满足 6G 网络为人、物、环境以及虚拟空间提供智能极致连接的丰富服务的需求，5G 网络架构需要进行演进与变革。其中，以用户为中心的基于动态簇的无线网络架构将有效提升覆盖范围内的业务体验一致性，降低超大规模天线系统集中式部署的成本和能耗，并且可以根据部署区域/服务的差异化需求，提供不同规格/能力的天线单元进行部署。以"一超多体智能化"为特征的智能内生网络架构，支持采用分层分域的分布式方式进行 AI 能力部署，可更好地发挥人工智能技术在网络中的作用。另外，6G 网络的服务能力将不再局限于由核心网提供，轻量化核心网以及服务化能力下沉到 RAN 将是未来发展的一个趋势，形成服务化 RAN 架构，从而便于根据 RAN 系统的覆盖范围提供即时、可定制的以用户为中心的个性化、差异化服务。

除了开展 6G 关键技术的布局与研究外，中信科移动正在积极开展 6G 关键技术的原型验证工作，以通过平台验证对 6G 潜在关键技术进行识别，加速 6G 关键技术的成熟与落地，支撑后续 6G 标准化和产业化工作。

4.2.4　中兴

中兴通讯股份有限公司（简称中兴）在 2019 年提出了"万务智联"的 6G 愿景，

提出 6G 智能化连接内涵的同时，也强调 6G 希望打通各类业务边界、驱动移动网络成为业务使能的核心要素。未来 5G 到 6G 是一个增强演进和技术变革结合的过程，6G 成为下一代移动通信基础网络的因素主要包括两个方面：一是 5G 演进驱动因素，包括数字经济、能效与成本效率、不断发展的行业用例、无线传感与网络智能化，需要 6G 网络增强，解决 5G 不能支持的能力和场景；二是 6G 代际驱动因素，包括数字与人工智能经济、可持续社会、发达的行业用例、感知互联网、AI 互联网、机器人互联网等。

6G 引入 AI 互联网、感知互联网、机器人互联网等万务智联的应用场景，其典型服务用例包括沉浸式云 XR、全息通信、感官互联、智慧交互、通信感知、普惠智能、数字孪生、全域覆盖[29]等。6G 网络不仅将支持 Tbps 吞吐量与无处不在的 Gbps 用户数据率，同时也将支持通信、智能、传感、计算、能量、空地、信任、安全等各种服务与技术融为一体。相对 5G 网络以三大场景聚焦连接能力为主，6G 网络将增加智能、感知、可持续发展等多个维度的网络能力要求。

中兴认为 6G 网络能力需求包括：峰值数据率（50 倍），用户数据率（200 倍），连接密度（>10 倍），2D 业务容量（>100 倍），3D 业务容量，移动速度（57 倍），空口时延（>8 倍），全球覆盖（2 倍），能量效率（>10 倍、零载零耗），确定性同步精度（>5 倍），可靠性（>100 倍），定位精度（室内/外，10～100 倍），电池/供电寿命（2 倍、零耗终端）等。注意，括号内倍数表示 6G 相对于 5G 能力倍数，如图 4-35 所示。

图 4-35　中兴提出的 6G 愿景、场景和能力需求展望

6G 网络相对于 5G 网络，可能引入的新网络能力包括 AI 效率（如时间效率、保真度、性能增益等）、E2E 网络可依赖性（如可用性、可靠性、安全性、完整性、可维护性或可恢复性）、网络能量使用（如能量消耗、零载零耗、零能耗终端、能量效率等）、传感分辨率（如目标位置、速度、移动方向、动作、图像或视频行为等可辨识度）、语义准确性（如语义相似度、保真度、完整性、可信任度）等。

基于 6G 的愿景、场景和能力需求，中兴提出 6G 使能技术包括网络演进技术、范

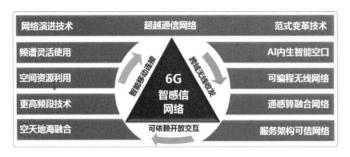

6G 从通信到多能力融合的变革

式变革技术，如图 4-36 所示。其中，网络演进技术基于 5G 基础的持续增强，包括频谱
灵活使用、空间资源利用、更高频段技术、空天地海融合。范式变革技术包括 AI 内生
智能空口、可编程无线网络、通感算融合网络与服务架构可信网络。面向 6G 及其后续
演进的无线代际技术创新可能包括服务架构可信网络、多模态网络融合、智能空口、可
编程无线信道、基于端到端深度学习的语义通信等，并且认为在 2025 年前，6G 处于定
义和早期技术研究阶段，之后将逐步开始 6G 网络的标准化工作。

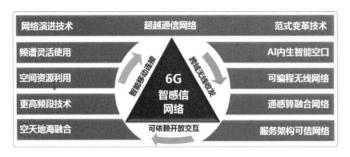

图 4-36　中兴提出的 6G 使能技术

面向 6G 网络云原生、智能化、服务化、知识化、可持续技术发展趋势，中兴 6G
研究团队坚持"消费者与行业增强应用场景驱动并重、E2E 水平与垂直技术创新并重、
Pre-6G 中低频与高频技术创新并重"的技术创新策略，已经完成了 6G 六大标签技术应
用场景与技术方案设计，即服务化架构无线接入网、增强 LDPC 编码设计、可编程无线
信道[30]、增强多用户共享接入、AI-MIMO-CSI 压缩/反馈/恢复、统一波形设计 GFB-
OFDMA，其技术特征与性能改进如图 4-37 所示。

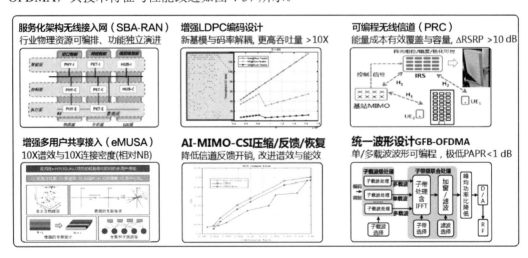

图 4-37　中兴提出的 6G 六大标签技术特点与性能改进

针对未来移动通信需要更多的基础创新突破，中兴在 6G 方面积极推进产学研合
作，与清华大学、东南大学等多家高校建立 6G 联合实验室，开展 6G 相关使能技术的
联合创新研究，在大规模天线技术持续发展、网络智能化技术、太赫兹信道和器件、通

感算融合设计、未来移动通信大算力新型体系架构等方面都有不少丰硕的成果。

中兴与中国电信、中国联通、中国移动在 5G 外场合作开展了一些 6G 使能技术的早期研制，如 6G 可编程无线信道联合的基于蜂窝通信的即时语音（Push to talk over Cellular，PoC）测试，包括业内首创的高频非视距室外覆盖扩展、中频弱区多径信道增秩、低频室外到室内级联深度覆盖测试用例，初步验证高中低频超表面人造多径可以重构 5G 网络深度覆盖传播环境，测试结果见表 4-1。

表 4-1　基于电磁表面的可编程无线信道技术验证测试结果

频　　段	测 试 用 例	接收信号强度改进/dB	吞吐量改进
高频	非视距室外覆盖扩展	12.5	3 倍
中频	多径信道增秩	10	下行 40%，上行 2～3 倍
低频	室外到室内级联深度覆盖	14	下行 48%，上行 170%

4.2.5　vivo

维沃移动通信有限公司（简称 vivo）通信研究院于 2019 年启动 6G 预研工作，提出"构建自由连接的物理与数字融合世界"的 6G 愿景，围绕 6G 场景需求、6G 系统和网络架构、6G 网络与空口智能化、6G 新业务与服务体系、6G 新空口，以及通感一体化、RIS、极低功耗通信、新波形等方面开展研究工作。

6G 场景需求方面，vivo 在 2020 年发布了《数字生活 2030+》[31] 和《6G 愿景、需求与挑战》[32] 两本白皮书。在《数字生活 2030+》白皮书中，vivo 通信研究院对 2030 年及以后与人们生活息息相关的 11 个方面的发展趋势进行了提炼分析，并呈现了 29 个鲜活的场景案例，这些案例中包含 60 个创意产品和服务构想，以期让广大消费者和行业技术人员对 2030 年及以后的数字生活树立形象认知，以支撑 6G 愿景和需求分析。《6G 愿景、需求与挑战》白皮书基于 2030 年及以后人们数字生活的场景，结合未来技术发展趋势，给出 6G 愿景、需求的初步观点，并分析 6G 对网络和终端的挑战，为达成 6G 愿景、需求的行业共识添砖加瓦。vivo 认为，面向 2030 年及以后，6G 将构建泛在数字世界，并自由连接物理世界和数字世界，实现二者相互作用和高度融合，从而提供丰富的业务应用，促进社会高效可持续发展，提升人类幸福度。6G 不仅提供物理世界和数字世界的自由连接，还将构建泛在的数字世界，并实现二者相关作用和高度融合。

6G 系统与网络架构方面，vivo 提出 6G 将成为未来物理与数字化融合世界的基础信息底座。在比 5G 提供更强的通信能力的基础上，6G 将内生提供计算以及 AI 服务，并融合无线感知和定位、网络数据信息提供重要的基础数据信息服务，通信计算与信息的融合服务将成为 6G 的主要特征，也是 6G 系统设计的基本目标。基于 6G 的 3 大基础服务，vivo 开展了移动算网融合技术、网络智能化架构、通感融合网络架构、数据服务与数据平面、移动网络隐私计算等技术研究。

6G 网络与空口智能化方面，vivo 认为 AI 与无线的结合，将基于单模块至端到端逐步演进的路线。vivo 初期重点开展无线通信单模块的研究，重点开展了基于 AI 的信道状态信息（Channel State Information，CSI）反馈、基于 AI 的解调参考信号（Demodulation Reference Signal，DMRS）解调、基于 AI 的定位、基于 AI 的波束管理、基于 AI 的 CSI 预测、基于 AI 的功率放大器非线性优化、基于 AI 的移动性管理、基于 AI 的信源信道联合编码等方面研究并开发了基于 AI 的 DMRS 解调的硬件验证平台，初步验证了 AI 带来的增益。

通感一体化方面，vivo 重点关注通感一体化的场景与需求，并在通感一体化波形设计、信号联合检测与干扰消除、MIMO-通感一体化技术、通感一体化与反向散射和 RIS 技术的结合、通感一体化的移动性管理、通感一体化的链路自适应技术、信道建模与仿真方法、硬件非理想因素的影响、隐私与计费等方面面临的挑战进行研究。为了开展基于空口的感知通信一体化性能验证，vivo 开发了基于 NR 的呼吸监测感知验证平台，在实现 Gbps 通信速率的同时，可以利用信道测量完成实验室环境下呼吸的准确监测。

RIS 方面，vivo 联合高校开发了 RIS 样机，对 RIS 设备的工作带宽和邻频特性进行分析和评估，采用优化 RIS 单元结构的方式实现 RIS 工作带宽与通信系统带宽相匹配，并且在 RIS 的波束赋形机制、基于 RIS 的波束测量方法、RIS 的信道建模与系统级仿真方法开展研究。

极低功耗通信方面，vivo 主要关注低功耗唤醒技术、反向散射技术和能量采集技术，其中，vivo 在 3GPP Rel-18 牵头低功耗唤醒技术的研究项目；反向散射技术方面，重点研究多址接入、干扰删除、空时分组码与波束赋形，以及基于反向散射的感知和定位等方向；vivo 开发了反向散射样机，初步实现了 3 m 通信距离下，2 Mbps 的数据速率传输，设备通信功耗 100 μW 级别。

新波形方面，vivo 重点关注正交时频空间（Orthogonal Time Frequency Space，OTFS）技术研究，在 OTFS 的导频设计、OTFS 与 MIMO 结合、OTFS 与 OFDM 共存方式等方向开展研究。

4.2.6 OPPO

广东欧珀移动通信有限公司（简称 OPPO）于 2019 年启动了面向未来的无线通信技术研究，主要从 6G 新终端形态和新业务需求入手，包括人工智能与无线通信相结合、零功耗终端技术、通感一体化、空天地、太赫兹等各个领域。一方面，考虑到 5G 系统已经较全面地覆盖了人联网和物联网的业务需求，6G 的一个核心发展方向是将网络的能力扩展到覆盖"智联网"领域；另一方面，考虑到 5G 物联网终端的功耗、成本相对大量极简应用还是偏高，OPPO 认为 6G 的另一个核心发展方向是构建零功耗物联网，以支持真正"无所不在"的 6G 万物互融。

在最核心的 6G 智联网方面，OPPO 在 2019 年 5 月的 IEEE 国际通信大会（IEEE International Conference on Communications，IEEE ICC）期间的主题演讲"B5G&6G：智慧连接（Connecting Intelligence）"，提出了"6G 是所有智能体共享的通信网络"的愿景和"使能人工智能、使用人工智能、属于人工智能（For the AI，By the AI，Of the AI）"三步走实现 6G 智联网的规划。

2021 年，OPPO 发布《AI-Cube 赋能的 6G 网络架构》白皮书[33]，系统阐述了 6G 与 AI 融合网络的概念，即在考虑 6G 时代通信技术时，把智能域作为继传统的数据域与控制域之外新的维度考虑进去。智能的应用与演进需要更为广泛的数据，因此需要更快、更广、更泛在的 6G 连接。同时，未来业务应用与终端类型都将发生很大变化，人工智能也能促使无线连接的效率进一步提升。最后，随着融合维度的进一步提升，用于思考和记忆的算力和存储资源也将进一步与传统通信连接和业务服务融为一体，共同为智能的应用与演进服务。5G 实现了"生产工作的移动化"，6G 将实现"思考学习的移动化"。

基于 B5G/6G 的 AI 强调的是在蜂窝网络中的内生 AI，即 AI 的能力集成在网络中，它可以用于优化网络的各种功能，也可以对外提供 AI 能力。云 AI 强调的是一种应用层的 AI，主要用于应用业务，更多的是一种业务类型。网络 AI 的优势主要体现在 3 个方面：效率、融合、数据隐私。效率优势即网络 AI 的资源利用可以更高效地实现网络功能的优化以及第三方业务；各模型训练和推理功能可以按需进行灵活的路径、节点选择和处理，而不像云 AI 那样仅能在终端和应用服务器之间交互。融合优势即网络 AI 更利于通信资源与 AI 计算资源之间的融合，网络对无线通信条件有更好的感知，在一定程度上能够更好地折中无线资源与计算资源之间的平衡。数据隐私优势即当网络进行 AI 处理时，可以让参与任务的各节点使用各自的数据在本地执行训练或推理，能够更好地保护终端和各网络节点的数据隐私。

2022 年，OPPO 举办了第一届 6G AI 大赛，聚焦基于 AI 的数据集扩展问题，得到学术界和产业界的热烈响应。首先，为推动 AI 技术在 6G 领域的研究和发展，OPPO 建立了开放的 AI 数据集与模型分享网站——Wireless-Intelligence，迄今已免费公开了 60 套 AI 数据集与 8 个 AI 参考模型，在业内得到广泛应用。对于 6G AI 的研究，OPPO 首先开展了较多共性基础问题的研究与分析[34-35]，从多模块融合、系统化 AI 的角度出发，自下而上的多模块智能级联和自上而下的一体化 AI 处理形成了系统化 AI 研究的两个基本方向。其次，针对小样本限制下的场景智能自适应等问题，逐步形成了数据驱动、知识驱动并行的无线 AI 解决方案基本路线。最后，考虑到数据是 AI 研究的基础，综合考虑了如何实现面向 AI 需求的信道建模与虚拟信道重构。

2022 年 1 月，OPPO 发布了《零功耗通信》白皮书[36]，系统阐述了零功耗物联网的技术愿景、技术定位、应用场景、系统原理、技术挑战与关键技术以及与其他 6G 技术的结合等方面。零功耗物联网具备免电池、小尺寸、极低成本、免维护等优良特性，有望构建下一代物联网通信网络。在基于环境能量的零功耗物联网中，终端设备从各种环境能量源（如无线电波、太阳能、热能、动能等）中采集能量以驱动终端工作和进行通信，从而可以使得终端设备摆脱对传统电池的依赖，实现免电池通信，这也使得零功耗物联网具备很高的环保价值。进一步讲，结合超低功耗通信技术以及极低复杂度通信技术的使用，可以实现更小的终端设备尺寸、极低的终端成本。与传感技术结合，可以实现低成本、免维护的传感网络。鉴于零功耗物联网免电池、小尺寸、极低成本、免维护等优良特性，零功耗物联网将在各种垂直行业以及个人消费领域得到广泛应用，如物流、工业物联网、智能交通、智慧能源、智能家居、可穿戴等领域。因此，零功耗物联网具有很大的应用潜力，将成为面向 6G 的下一代物联网技术。

OPPO 研发了零功耗通信的演示验证系统，系统验证了射频能量采集与反向散射通信技术。

4.2.7 IMT-2030 推进组

2019 年 6 月，工业和信息化部正式成立 6G 研究组，并于 2021 年更名为 IMT-2030 推进组，组织国内企业和高校围绕 6G 的愿景和需求、候选频率、太赫兹通信、可见光通信、操作维护管理（Operation Administration and Maintenance，OAM）、无线 AI、新型调制与编码等 6G 潜在关键技术开展研究，并在 2021 年 6 月正式发布《6G 总体愿景与潜在关键技术》白皮书[37]。该白皮书作为推进组的阶段性成果，内容涵盖总体愿景、八大业务应用场景、十大潜在关键技术等，并阐述了对 6G 发展的一些思考。该白皮书指出，未来 6G 业务将呈现出沉浸化、智慧化、全域化等新发展趋势，形成沉浸式云扩展现实（Extended Reality，XR）、全息通信、感官互联、智慧交互、通信感知、普惠智能、数字孪生、全域覆盖等八大业务应用。该白皮书提出了当前业界广泛关注的 6G 十大潜在关键技术方向，包括内生智能的新空口和新型网络架构，以及增强型无线空口技术、新物理维度无线传输技术、新型频谱使用技术、通信感知一体化技术等新型无线技术，分布式网络架构、算力感知网络、确定性网络、星地一体融合组网、网络内生安全等新型网络技术。上述及其他潜在关键技术在 6G 中的应用，将极大提升网络性能，满足未来社会发展新业务、新场景需求，服务智能化社会与生活，助力"万物智联、数字孪生"6G 愿景实现。

另外，该白皮书提出了 6G 发展中的四个关键问题。

（1）关于 5G 与 6G 发展关系问题，提出 6G 将在 5G 基础上由万物互联向万物智联跃迁，5G 的成功商用，尤其是在垂直行业领域的广泛应用，将为 6G 发展奠定良好的基础。

（2）关于 6G 频谱资源问题，提出 6G 将向更高频段扩展，并高效利用低中高全频谱资源。其中，低频段频谱仍将是 6G 发展的战略性资源，毫米波将在 6G 时代发挥更重要的作用，而太赫兹等更高频段将重点满足特定场景的短距离大容量需求。

（3）关于 6G 智能化演进问题，提出智赋万物、智慧内生将成为 6G 的重要特征，人工智能与通信技术的深度融合将引发网络信息技术的全方位创新。

（4）关于卫星等非地面通信与蜂窝网络的关系问题，提出未来的 6G 网络仍将以地面蜂窝网络为基础，卫星、无人机、空中平台等多种非地面通信在实现空天地一体化无缝覆盖方面发挥重要作用。

2021 年 9 月，IMT-2030 推进组组织了 6G 研讨会，正式发布系列阶段性研究成果，包括《6G 网络架构愿景与关键技术展望》[38]白皮书、《通信感知一体化技术报告》[39]、《超大规模天线技术研究报告》[40]、《太赫兹通信技术研究报告》[41]、《无线 AI 技术研究报告》[42]、《智能超表面技术研究报告》[43]、《6G 网络安全愿景技术研究报告》[44]等。

《6G 网络架构愿景与关键技术展望》[38]白皮书从业务驱动、DOICT 融合驱动、IP 新技术驱动三个方面阐述了 6G 网络架构演进的驱动力，提出了"坚持网络兼容、坚持至简设计"和"集中向分布转变、增量向一体转变、外挂向内生转变、地面向泛在转变"的 6G 网络架构设计原则，阐述了分布式自治的 6G 网络架构愿景；介绍了 6G 网络的十二大潜在关键技术，包括分布式网络、空天地一体化组网、智慧内生、安全内生、数字孪生网络、算力网络等潜在架构类技术，可编程网络、通信和信息感知融合网络、确定性网络、数据服务、沉浸多感网络、语义通信等潜在能力类技术。

《通信感知一体化技术报告》[39]：指出通信与感知将在未来 6G 无线网络中融合共生，赋予 6G 无时无刻、无处不在的感知物理世界的能力，赋能全新的业务场景。

《超大规模天线技术研究报告》[40]：指出超大规模天线是大规模天线技术的演进升级，能够为 6G 网络提供更高的频谱效率、更高的能量效率、更高的空间分辨能力。

《太赫兹通信技术研究报告》[41]：指出太赫兹频段可作为现有频段的有益补充，可部署于全息通信、微小尺寸通信、超大容量数据回传、短距超高速传输、高精度定位和高分辨率感知等 6G 潜在业务场景。

《无线 AI 技术研究报告》[42]：指出 AI 在复杂未知环境建模、信道预测、智能信号生成与处理、网络状态跟踪与智能调度、网络优化部署等许多方面具有重要的应用潜力，有望促进未来通信范式的演变和网络架构的变革。

《智能超表面技术研究报告》[43]：指出智能超表面具有低成本、低能耗、可编程、易部署等特点，通过构建智能可控无线环境，有望给 6G 带来一种全新的通信网络范式。

《6G 网络安全愿景技术研究报告》[44]：提出了"主动免疫、弹性自治、虚拟共生、泛在协同"的 6G 安全愿景，概括性介绍了 AI 安全、区块链安全、轻量级接入认证、无线物理层安全、软件定义安全、数据安全、密码算法增强等关键安全技术，为 6G 网络安全研究提供了参考。

4.2.8　科学技术部 6G 推进组

2019 年 11 月，科学技术部会同国家发展改革委、教育部、工业和信息化部、中国科学院、国家自然科学基金委员会在北京组织召开了 6G 技术研发工作启动会，宣布成立中国 6G 技术研发推进工作组和总体专家组。其中，推进工作组由相关政府部门组成，职责是推动 6G 技术研发工作实施；总体专家组由来自高校、科研院所和企业共 37 位专家组成，主要负责提出 6G 技术研究布局建议与技术论证，为重大决策提供咨询与建议。

随后，以科学技术部宽带移动重点研发计划为依托，组织实施 6G 研究工作布局，先后资助了一系列 6G 相关的研究项目。

4.2.9　未来移动通信论坛

未来移动通信论坛[45]一直活跃在移动通信技术的学术研究第一线，积极组织国内外 6G 学术交流与合作，并在 2019 年成立了 6G 特别兴趣小组，开展 6G 的关键技术研究。在 2020 年 9 月的全球 6G 大会期间，未来移动通信论坛的 6G 特别兴趣小组发布了系列白皮书，包括《多视角点绘 6G 蓝图》[46]、《6G：差距分析和潜在使能技术》（*6G：Gap Analysis and Candidate Enabling Technologies*）[47]、《6G 前沿技术初探》（*Preliminary Study of Advanced Technologies towards 6G*）[48]、《可见光通信：一个更光明的未来》（*Visible Light Communications：A Brighter Future*）[49]和《ICDT 融合的 6G 网络》[50]。

《多视角点绘 6G 蓝图》[46]：ICDT 融合将全面重定义 6G 技术体系，网络结构与功能全维可定义，支持内生智能和内生安全，实现需求与虚拟化资源的精确匹配。6G 将具备强通信、强计算和强 AI 三大能力，提供"流量""算力""智能"服务，实现从信息传递服务到信息处理服务的全面升级。6G 设计要坚持计算通信一体化、技术情境化和网络内生智能化。同时关注跨领域新机遇，从新材料、新能源、生物信息、空间信息和先进计算等新途径寻求突破，解决通信性能和成本瓶颈等问题，扩展通信边界。此外，还要从经济学、法律、伦理和心理学等交叉领域，评估 6G 可能面对的经济学问题，以及虚拟空间权益、智能体道德伦理等非技术难题，从技术角度提出可能的解决预案。

《6G：差距分析和潜在使能技术》[47]：通过分析现有无线通信系统的缺陷和性能不足，揭示了无线通信的发展趋势和未来的潜在需求；通过概括无线通信的最新研究进展，归纳和梳理了近年来得到蓬勃发展的新型无线传输技术；概述了与 6G 通信系统设计相关的关键技术挑战和潜在解决方案，包括物理层传输技术、网络设计、安全方法和部分关键技术的试验台开发。

《6G 前沿技术初探》[48]：从发掘带宽和信息处理能力的角度，重新审视两个具有前景的 6G 技术驱动——太赫兹和量子信息。该书概述了现有的太赫兹技术，包括用例和场景、频谱与信道模型、元件/电路/天线、通信系统、示范项目等。利用量子信息技术的强大信息处理能力，有望满足未来通信系统所要面临的通信和计算的巨大需求。该书讨论了量子通信的研究内容和系统结构。

《可见光通信：一个更光明的未来》[49]：指出可见光通信具有大带宽、低能耗、低成本等诸多优势，既是对传统无线通信的有效补充，也是 6G 时代的重要备选技术之一。该书对可见光通信进行了系统梳理和分析，以期能细化应用场景，明确主要瓶颈，并探索对应解决途径，推动该技术进一步实用化，特别是系统讨论了可见光通信的应用场景，并根据不同应用特点，分析了每个场景的独有特征和典型案例，确定了未来实用化方向，明确了不同器件与设备的优劣和发展现状，并进一步探讨了器件与平台的主要技术瓶颈。

《ICDT 融合的 6G 网络》[50]：ICDT 融合的 6G 将是一个端到端的信息处理与服务系统，其核心功能将从信息传递扩展到信息采集、信息计算与信息应用，提供更强的通信、计算、感知、智能和安全等多维内生能力，为面向 2030 年的社会经济发展带来"数字孪生、智慧泛在"的美好愿景。该书重点关注 ICDT 融合的网络架构与协议栈、感知通信计算一体化、空天地一体化架构、内生智能架构、意图网络、确定性网络、孪生体域网、内生安全架构、开放网络架构、AI 使能空口、多功能空口、天地一体化空口、新空口、智能泛终端等几个关键技术与问题，并尝试给出解决方案。

2022 年 3 月的第二届全球 6G 大会期间，未来移动通信论坛又发布了《6G 总体白皮书》[51]、《6G 智能轨道交通白皮书》[52]、《终端友好 6G 技术》[53]、《面向 6G 的数字孪生技术》[54]、《零功耗通信》[55]等。

《6G 总体白皮书》[51]：指出 6G 发展的驱动力主要来自三个方面：一是解决 5G 网络投资高、功耗高、运维难等挑战的需求；二是"元宇宙"等未来新应用和新场景带来信息处理新需求；三是移动通信技术、计算机技术、人工智能与大数据技术融合发展带来的创新机遇。该书通过定义网络大脑、感知控制、计算控制、通信控制、用户控制与业务控制等关键功能实体，构建了一体化网络控制框架，并分析了分布式计算、分布式感知、分布式智能、内生安全和意图管理等关键技术。

《6G 智能轨道交通白皮书》[52]：指出未来智能交通网络的潜在应用包括自动列车驾驶、协同列车网络、列车互联、超高清（4K/8K）列车视频、列车自组织网络和超精确（厘米级）列车定位。为了满足 6G 智能交通应用的要求，需要全新的技术突破，包括但不局限于去蜂窝大规模 MIMO 网络架构、通信感知一体化技术、人工智能与安全技术、新的超可靠低时延技术、数字孪生网络等。

《终端友好 6G 技术》[53]：终端友好包括降低终端的功耗、成本和复杂度，支持终端多样性，扩展接入场景，提升上行效率（能效、谱效），提升用户体验，甚至是终端放松某一点的体验，从而带来其他点更好的体验。从网络侧看，终端友好旨在提升网络能力，以简化终端的相关流程和技术复杂度。该书详细介绍了终端友好的 6G 关键技术，包括卫星与地面融合技术、多频段融合技术、支持终端的广域泛在接入、终端原生组网支持终端灵活的接入、通–感–算融合扩展终端的服务能力、无蜂窝（Cell-Free）技术支持终端零感知的移动性体验、反向散射（Backscatter）和近零功耗接收机支持终端零功率通信、新型多址接入支持终端的免调度传输和上行异步传输、AI 与通信结合提升终端用户体验等。

《面向 6G 的数字孪生技术》[54]：指出数字孪生将与 6G 技术紧密结合并相互促进。一方面，6G 技术对数字孪生而言，主要是为数字孪生的交互层提供超大容量、超低时延的数据与反馈信息的传输，促使数字孪生技术得到更好的应用；另一方面，数字孪生技术也为 6G 关键技术的研究提供了新的思路与解决方案。该书阐述了数字孪生的应用场景，讨论了数字孪生的关键技术、数字孪生赋能的 6G 网络以及部分垂直行业的解决方案，并对数字孪生未来发展进行了展望。

《零功耗通信》[55]：零功耗通信通过采集空间中的无线电波获得能量以驱动终端工作，可不使用常规电池，实现超低功耗、极小尺寸和极低成本的物联网通信终端，我们称之为零功耗终端，对应的通信过程称之为零功耗通信。进一步讲，可采用反向散射和低功耗计算技术使得零功耗终端实现极其简单的射频和基带电路结构，从而极大降低终端的成本、尺寸和电路功耗。零功耗技术将广泛应用于面向垂直行业的工业传感器网络、智能交通、智慧物流、智能仓储、智慧农业、智慧城市、能源领域等应用以及面向个人消费者的智能穿戴、智能家居和医疗护理等方面的应用。零功耗物联网终端形态为简单标签或者与传感器集成。

4.2.10　6GANA

6G 网络将成为使能千行万业基础设施的基础设施，实现"数字孪生、智慧泛在"的发展愿景，这就要求 6G 构建开放融合的新型网络架构，实现通信、计算、AI、感知和安全的深度融合，打造通信即服务（Communication as a Service）、计算即服务（Computing as a Service）、AI 即服务（AI as a Service）、数据即服务（Data as a Service）、感知即服务（Sensing as a Service）和安全即服务（Security as a Service）。所以，如何打造智慧内生的 6G 网络，实现 AI 即服务成为业界研究的重要方向。

2020 年 12 月 4—6 日，在四川成都召开的"2020（第三届）中国信息通信大会"期间，中国移动、华为与科学技术部 6G 重点研发项目群紧密协同，联合举办"从 Cloud AI 到 Network AI：打造 6G 网络架构"研讨会，针对未来 6G 网络架构及其关键技术的颠覆性演变，展开深入研讨、思想碰撞，并进一步相互协作、共同推进 AI 与未来 6G 网络技术的发展与创新。在本次研讨会上，中国移动和华为等 18 家产学研单位联合发起倡议，成立 6G 网络 AI 联盟（6G Alliance of Network AI，6GANA）[56]，共同致力于推进 Network AI 成为全球共识，并全面推进 6G Network AI 的研究与验证。6GANA 成立大会如图 4-38 所示。

图 4-38　6GANA 成立大会

2021 年 4 月 7 日，6GANA 在广东东莞华为松山湖基地正式成立并召开研讨会。与会专家和特邀顾问一致认为，未来 10 年，ICDT 深度融合将给产业生态和应用创新带来极大的改变，6GANA 是全球业界第一个聚焦于此的产学研交流平台，将促进这一趋势成为 6G 网络的基础能力，这在 6G 研究初期本身就是一个创新。本次成立大会讨论确定了 6GANA 的使命、定位、组织结构、运作机制等。

6GANA 的使命和目标是聚焦 6G 网络智能（Network AI），从技术和生态角度，积极推动 AI 成为 6G 网络的内生能力和服务（AIaaS），而不仅仅是一种工具。6GANA 的定位是公开、开放、民间的产学研交流平台，组织和开展广泛的国内、国际学术和产业交流，引导形成 6G 网络人工智能的行业共识，牵引未来标准化、产业化方向；同时，6GANA 将积极支持和参与国内外其他 6G 行业组织的工作，共同推进整个 6G 网络架构的研究。6GANA 将重点开展针对 6G Network AI 的需求、场景、架构、数据、理论/算法、验证、运营/管理的研究，相应地设置 7 个工作组（Technical Group，TG）。6GANA 的日常工作由技术委员会（Technical Steering Committee）来组织开展。6GANA 聚焦的 Network AI 是通信技术、信息技术、大数据技术、AI 技术等在通信网络内深度融合的内生智慧架构技术，将重新定义端–管–云生态，支撑 6G 网络新商业模式的构建，使能智慧泛在时代的真正到来。作为产学研自发交流平台，目前已有成员：中国移动研究院、中国电信股份有限公司研究院（简称中国电信研究院）、中国联合网络通信有限公司研究院（简称中国联通研究院）、华为技术有限公司（简称华为）、深圳市腾讯计算机系统有限公司（简称腾讯）、阿里巴巴（中国）网络技术有限公司（简称阿里巴巴）、中国信息通信科技集团有限公司（简称中国信科）、紫光展锐（上海）科技有限公司（简称紫光展锐）、深圳网络空间科学与技术省实验室（又名鹏城实验室）、之江实验室、网络通信与安全紫金山实验室（简称紫金山实验室）、清华大学、浙江大学、中国科学技术大学、电子科技大学、北京邮电大学、哈尔滨工业大学、香港中文大学（深圳）、西安电子科技大学、北京航空航天大学、中兴、爱立信（中国）有限公司（简称爱立信）、诺基亚公司（简称诺基亚或 Nokia）、小米科技有限责任公司（简称小米）、英特尔公司（简称英特尔或 Intel）、浪潮集团有限公司（简称浪潮）等。

2022 年 5 月，6GANA 正式发布系列白皮书，全面呈现 6GANA 自成立以来的研究成果，包括《网络 AI 概念术语白皮书》[57]、《6G 网络原生 AI 技术需求白皮书》[58]、《6G 网络内生 AI 网络架构十问》[59]、《6G 数据服务概念与需求白皮书》[60]、《B5G/6G 网络智能数据采析》[61]、《知识定义的编排与管控白皮书》[62]。

《网络 AI 概念术语白皮书》[57]：高屋建瓴地阐述了网络 AI 相关概念、术语、定义，定义了网络 AI 基础概念术语，以及 6G 网络与算力、数据、AI 融合的不同选项。白皮书首先澄清了 AI4NET、NET4AI、AIaaS、Cloud AI 和网络 AI 五种 AI 与网络融合的相关概念，并阐明了它们之间的关系。其中，"网络 AI"以其广泛的概括性，成为白皮书对 AI 与网络融合的总体概述。基于"网络 AI"概念的确立，白皮书继续对相关的细粒度概念进行了定义，包括评估指标、多种 AI 技术，以及网络智能化和内生 AI 的区别。

首先，传统网络通常从带宽、时延、时延抖动等方面衡量网络的性能，而网络 AI 概念的确立会引出后续应用、架构、算法的革新，现有的评估指标并不能全面准确地描述网络 AI 的性能，白皮书提出了 AI 服务质量（Quality of AI Service，QoAIS）概念，从连接、算力、算法、数据方面对网络性能和 AI 应用的业务体验进行衡量，并整理归纳了具体的指标细节，对评估创新型网络 AI 技术价值具有极高的参考价值。

其次，网络 AI 的实现采用了大量的 AI 相关技术，AI 作为计算机科学的一个分支，在理论和实践上都已自成一个系统，白皮书也只能有限地介绍 AI 的部分概念，以便网络研究人员了解网络 AI 中常用的实现方法。

再次，内生 AI 作为当前的研究热点引发了业界的广泛关注，但是其与网络智能化的本质区别尚未得到明确的澄清。白皮书指出，网络智能化是利用 AI 等技术助力通信网络运营流程的智能化，达到提质、增效、降本的效果。但是传统的智能化大多采用外挂 AI 的模式对现有的架构、协议和流程进行增补，缺乏统一的标准流程，应用周期长，服务质量也难以得到有效的保障。针对上述挑战，中国移动提出了内生 AI 的概念。与传统的网络智能化不同，内生 AI 摒弃了外挂 AI 的模式，将算力、数据和模型进行端到端编排和控制，在架构层面支持连接、计算、数据和 AI 算法/模型等元素的深度融合，支持将 AI 能力按需编排到无线、传输、承载、核心等方面，为高水平网络自治和多样化业务需求提供智能化所需的基础能力，使得网络智能化更高效、性能更优。

最后，白皮书从网络 AI 技术演进的角度，以层层递进的方式介绍了 AI 与网络融合的 5 个阶段，按照 S0-AI4NET、S1-连接 4AI、S2-（连接+算力）4AI、S3-（连接+算力+数据）4AI、S4-（连接+算力+数据+算法）4AI 到 S5-AIaaS 的方向逐步加深，网络 AI 也从外挂 AI 模式的网络智能化开始逐步发展，最终实现 6G 网络的内生 AI。针对每个阶段，白皮书深度分析了不同的连接、融合、服务类别，提出了潜在的业务场景、服务描述和研究方向。

《6G 网络原生 AI 技术需求白皮书》[58]：由 6GANA TG1 完成，详细介绍了网络智能化在 5G 中的发展现状和挑战，并且基于未来 6G 新业态、新行业场景用例、新技术等方面的需求和趋势，系统地分析提炼内生 AI 设计的技术需求和影响，从而有力地支撑 6G 新网络内生 AI 相关技术方案的设计实现和最终落地。5G 系统中已有多种 AI 技术被用于通信问题的应用与改善，5G 系统也针对业务应用进行了网络层面的适配，然而 5G 系统在设计之初并没有充分地考虑 AI 业务应用及其相关能力服务，所以在后续的发展中通过增补和外挂的模式，利用多种 AI 技术进行自我增强和支持 AI 业务应用。在自我增强方面，针对已识别且特定的通信类问题（如移动性预测、故障定位等），使用各种 AI 算法模型进行线下训练，提升业务性能和降低运维成本。

在支持 AI 业务应用方面，3GPP Rel-16 在 5G 网络架构中，增加了一个逻辑功能实体 NWDAF，在网络内部实现一些智能化应用以及对内、对外的 AI 赋能。但是特定问题的 AI 训练方式不具有可扩展性和泛化应用能力等，上层应用和下层网络管道之间缺乏配合也使得 NWDAF 无法充分利用资源和数据。这些系统设计的缺陷带来了诸多问题，包括数据源有限、传输带宽消耗、缺少数据隐私保护、不支持对外 AI 服务、基础设施利用不充分和数据治理/服务缺失等。因此，在 6G 新系统设计初始，就全面充分地考虑如何和 AI 深度融合，以为用户提供泛在智能化能力的按需供应和实现高水平自治及安全可信为目标，内生 AI 设计可更好地适配未来 6G 新场景、新用例，带来新的业态和价值增益。白皮书最后提出了 AI 和 6G 新系统内生融合的技术需求，从能力需求、服务需求和架构需求三个方面进行了深入的阐述。

内生 AI 的能力需求包括算力、算法和数据。首先，内生 AI 要求网络具备算力感知、度量、调度和交易的能力，来应对数据的爆炸式增长和 AI 算法的复杂程度的提高。其次，内生 AI 要求 AI 算法具备性能可量化、高效训练、可交互、可演进的能力，实现网络的内生智能并提供 AI 服务。最后，内生 AI 要求网络具备数据收集、分析、隐私保护、存储和开放的能力，为 AI 技术更好地运行奠定基础。

内生 AI 的服务需求依旧从算力，算法和数据三个方面展开：一是 6G 内生 AI 新系统需要通过多层算网融合，提供时延、能耗、隐私和服务体验敏感型业务；二是内生 AI 需要为 AI 算法提供规范化描述、服务接口、训练、测试和推理等支撑，实现对内和对外的内生 AI 服务；三是 6G 新网络需要支持独立的数据面功能，建立起支撑内生 AI 的知识图谱，以满足全网中数据采集、机器学习、智能服务和应用赋能的全网全域内生 AI 需求。

此外，6G 新系统需要提供完备的智能服务质量，即 QoAIS，来精准地评判、度量和保障 6G 内生 AI 系统。

《6G 网络内生 AI 网络架构十问》[59]：针对 6G 网络架构存在潜在影响的十大核心技术问题，从特征内涵、必要性、可行性、对网络架构的影响四个方面展开分析，研究该问题所示技术特征是否是 6G 网络内生 AI 架构所需，并给出了 TG2 的观点和建议。承接 TG1 对需求和应用场景的研究，面向不同行业和场景对 6G 网络内生 AI 千差万别的需求，TG2 提出的第一个问题是：如何去表达和导入用户对 6G 网络 AI 服务的需求？另外，AI 用例（需求表达形式）的自生成（一种导入方式）为什么会成为 6G 网络支持的技术特征？进一步讲，在服务需求的基础上，如何去分析和映射到网络可以理解的 AI 服务的质量需求？针对这些问题，TG2 提出 QoAIS 的概念，并给出一种供参考的指标体系设计。作为 AI 服务的提供者，网络如何评估和持续地满足用户的上述需求，实施 QoAIS 保障，则需要从网络 AI 的管理、控制、业务流等多个层面展开思考。问题三从网络 AI 的管理角度提出如何通过对 AI 生命周期的管理来自动化地实现 AI 应用的开发、部署和相关的模型管理，来实现 QoAIS 的保障。问题四则是从多维资源融合的角度，提出是否以任务为中心，协同控制网络 AI 所需四种资源要素（算法、算力、数据、连接），以实时、持续地满足用户对 QoAIS 服务质量要求。由于算法、算力和数据将同传统连接一样，成为网络中可管控的新资源维度，资源的异质性及挑战和需求的差异性使得它们在网络架构的设计中呈现出不同的技术特征，需进一步展开研究。问题五从算力维度，提出如何深度融合算力和连接资源以实现更高效能的 AI 任务。问题六从数据维度，提出为什么需要通过内生 AI 改善当前数据价值密度低、存取效率低等问题，实现按需动态的数据编排和配置，反哺于内生 AI 的数据服务。问题七从 AI 算法维度，针对当前 AI 领域面临的两大挑战：AI 算法对大数据的过度依赖和 AI 算法的可信度；提出为什么可通过基于模型的计算实现 AI 算法的自我进化，以及如何提供可信的 AI 算法。在上述资源的部署架构方面，6G 将呈现集中式和分布式相结合的特点。集中式资源下的 AI 能力供应在 5G 网络中已有较多的实践，因此问题八和问题九提出 6G 如何理解分布式 AI 架构，体现在哪些方面，以及不同节点间如何协同的问题。最后，从资源对外开放的角度，问题十提出 6G 网络中上述资源可包装成哪些特定的能力向第三方开放。

《6G 数据服务概念与需求白皮书》[60]：6G 网络数据服务愿景是为 6G 网络 AI 等智能服务提供可信数据。内生感知和智能将是 6G 网络的两大主要新增能力，前者产生海量数据，后者基于数据进行。随着通信和感知的融合，感知作为 6G 内生能力通过感知网络自身状态、周围环境，以及用户/设备行为等为人工智能算法提供大量数据。以往作为信息传递的网络，逐渐转变为数据的承载平台。从数据价值挖掘的角度，网络一方面是数据的生产者和提供者，为各类智能应用提供可信数据服务，同时又是网络数据的消费者，借助数据驱动的智能应用提升网络性能和运营效率。6G 网络内生 AI 需要区域、跨域、整网范围大量的数据协作、共享和处理。6G 网络前所未有的组网规模和复杂度，导致数据驱动智能应对 6G 网络随需而变的需求面临挑战，需要从数据驱动向数据与知识双驱动的智能模式转变。数据的开放共享是实现数据流动并体现价值的重要机制；数据的拥有者或提供者把数据必须以一种服务的形式提供给数据消费者使用才能实现价值变现。数据变现不是一次性买卖，需要保证数据在隐私保护下交换，实现数据的重复变现。对网络 AI 而言，基于大量训练数据训练好的 AI 模型，其本身也是需要保护的一种重要的知识产权。数据服务的总体需求包括数据主体的权属需求、网络和业务提供者的数据变现需求、数据使用者对数据的可信度和可用性需求、法律和监管的需求等。数据服务的技术需求与挑战包括多维异构数据的预处理、泛在数据的可靠存储、分布式协同、可信数据溯源、数据流通和共享、数据保护技术和隐私增强计算、数据知识双驱动等。6G 网络承载的数据包括 6G 网络的用户和终端、网络设备和功能、基础设施如云平台、算法、应用等产生和消费的数据。数据服务是基于数据分发、发布的框架，将数据作为一种服务产品提供，满足客户跨系统的实时数据需求，能复用并符合企业和工业标准，兼顾数据共享和安全。6G 数据服务旨在高效支持端到端的数据采集、传输、存储和共享，解决如何将数据方便、高效、安全地提供给网络内部功能或网络外部功能，在遵从隐私安全法律法规的前提下降低数据获取难度，提升数据服务效率和数据消费体验。

《B5G/6G 网络智能数据采析》[61]：如何嵌入数据与智能形成智慧内生、通算一体的网络智能新技术体系，面临架构、数据和 AI 算法等重大挑战，而其中数据是重要的基础，它基本决定了网络智能的性能上限，而架构和算法只是逼近该上限。只有解决了移动通信大数据如何采集、如何分析、如何利用这些基础的问题，并形成完备的数据采析体系，才能加速促进 B5G/6G 网络智能新技术体系的发展。白皮书主要介绍了一种 B5G/6G 网络智能数据采析体系，通过移动通信网络数据的采集与存储、移动通信原理与协议的翻译、网络数据知识图谱的构建与解析、网络智能特征数据集的构建与评估，实现了数据层面的信息整合、信息层面的知识抽取与表示、智能层面的知识计算与推理，以及应用层面的特征定制等功能。其目的是开创一条网络智能数据采析可落地的路径，为业界提供一种网络智能数据技术新思路和新范式。

《知识定义的编排与管控白皮书》[62]：6GANA TG5 致力于推动"自智网络"演进发展，构建一个高度智能的自动化网络，着眼于"网络的编排与管理"问题。现有的"数据驱动"的人工智能难以解决 6G 内生智能的痛点问题，智能是一种由人、机、环境系统相互作用而产生的组织形式。现在的自主系统还处在"伪自由"阶段，究其原因是其底层的技术架构——机器学习和大数据处理机制局限所致。无论行为主义的强化学习、联结主义的深度学习都不能如实、准确地反映人类的认知和推理激励。工作组提出"网络知识"的概念，实现客观数据与主观信息、知识的弹性输入，并借鉴软件定义网络的方式引入"知识驱动"的思想，形成"知识定义的编排与管控"的概念。白皮书首次系统阐述了知识定义的编排与管控的总体架构，阐述了与知识定义息息相关的网络遥测、知识表征、策略生产、资源调度及策略验证的关键技术，明确知识定义在推进"自智网络"演进发展，以及解决当前网络编排与管理问题中的重要作用，并从技术需求的角度，描述了知识定义的编排与管控在几个典型场景中的应用与实践。

后续 6GANA 将继续深入开展 6G AI 即服务和网络人工智能的研究和原型验证，并开展广泛的国内外合作，推动 AI 即服务和网络人工智能成为行业的共识，赋能 6G 时代智慧泛在的发展愿景。

4.3　6G 研究的国外进展

随着 5G 大规模商用的开始，全球学术研究机构都开始把精力转向了 6G 的研究，在这方面，欧洲和美国的大学尤为积极，如芬兰的奥卢大学和美国的纽约大学，学术界顿时掀起了 6G 研究的热潮。业界的领军企业、各国政府也竞相出台 6G 的研发规划，美国政府在这方面比较积极，宣称希望夺回 6G 移动通信产业的主导权，美国 FCC 更是率先在 2018 年就开放了太赫兹频率用于试验和测试，而韩国政府则宣称要在 2028 年全球率先商用 6G。因此，6G 迅速成为学术界和工业界研究的热点，各种期刊、学术会议更是瞄准了 6G。本节概要介绍 6G 的国外重要进展和有影响力的研究项目。

4.3.1 欧洲研究团体和机构

在欧洲，奥卢大学、诺基亚、爱立信和 Hexa-X 等研究团体和机构已经开始 6G 的研究。

1. 奥卢大学

在欧洲，最早举起 6G 研究大旗的是芬兰的奥卢大学。2018 年，芬兰宣布了 6Genesis 旗舰项目（6G Flagship）[63]（由芬兰科学院资助并由奥卢大学主导的国家 6G 计划），该项目为期 8 年，总投资 2.9 亿美元，旨在开发一个完整的 6G 生态系统，研究内容面向 2030 年的 6G 愿景、挑战、应用和技术方案，并邀请来自澳大利亚、中国、欧洲、美国等的高校、企业和科研机构参与相关研究和白皮书的撰写。2019 年 3 月，在 IEEE 的支持下，全球第一届 6G 无线峰会[64]在芬兰召开，邀请了工业界和学术界发表对 6G 的最新见解和创新，探讨实现 6G 愿景需要应对的理论和实践挑战。基于第一届 6G 无线峰会内容，奥卢大学于 9 月发布全球首份 6G 白皮书[65]，从 6G 的社会和商业驱动力、6G 用例和设备形态、6G 频谱和 KPI 目标、无线硬件的进展和挑战、物理层和无线系统、6G 网络、新服务的推动者等七个方面全方位分析 6G 的驱动因素、研究需求、挑战和问题等，对 6G 技术趋势进行了系统性介绍，提出了建设"泛在无线智能"的愿景，给业界的 6G 研究以极大的启发。

第二届 6G 无线峰会[66]也已于 2020 年 3 月 17—20 日举行。2020 年 6 月，奥卢大学发布了 12 份白皮书，包括 6G 驱动力与联合国可持续发展目标、6G 业务、面向 2030 年的 6G 垂直行业验证和试验、6G 偏远地区连接、6G 网络、6G 无线通信网络中的机器学习、6G 边缘智能、6G 信任安全和隐私的研究挑战、6G 宽带连接、面向 6G 的关键和大规模机器通信、6G 定位和传感，以及射频助力 6G 等内容[67-78]，该系列白皮书凸显了 6G 解决方案需要覆盖多领域、涉及多学科的趋势特征。感兴趣的读者可参考详细的白皮书。

2. 诺基亚

作为全球顶尖的通信企业之一，诺基亚积极开展 6G 的研究，参与诸多的欧洲 6G 研究计划，如 6Genesis、欧洲地平线智能网络与服务①、欧盟 6G 旗舰项目 Hexa-X。诺基亚在北美的 6G 研究中也发挥着主导作用，如 2020 年发起的 Next G 联盟倡议旨在推进北美 6G 研究，诺基亚是创始成员，并在 Next G 联盟指导小组和路线图工作组中担任领导职务推动 6G 的愿景和路线图，并作为关键贡献者定义 6G 的研究领域、频谱需

---

① 欧洲地平线智能网络与服务，即 Horizon Europe Smart Networks and Services，其旨在确保欧洲能够引领下一代网络技术和服务的开发与部署，同时加快欧洲工业数字化转型。

求、用例和应用需求。

自 2020 年以来，诺基亚发布了一系列 6G 技术白皮书，全方位预测和构建下一代无线网络的全景视图。

白皮书《6G 时代通信》（*Communications in 6G Era*）[79] 全面阐述了未来技术发展的新趋势和 6G 通信网络的新需求。该白皮书认为，真实呈现物理与生物世界的"数字孪生"将会成为未来新数字业务的基础平台。对物理世界的每一个时空瞬间实现真实、完整的重现，要求网络具备超大的容量和极低的时延。与此同时，数字化将为创造新的虚拟世界提供有效的途径。虚拟对象的数字表达可以和数字孪生世界相互结合，形成多层面的混合现实，从而塑造一个超物理的崭新世界。传统的智能终端将变得更加精巧智能，皮下植入、可摄入式和体内嵌入式的传感器、外骨骼和大脑活动检测仪等设备将不断涌现。随着智能终端设备的突破性发展，人类的生物特征将被精确、实时地映射并集成于数字与虚拟世界，由此产生全新的超人类能力。随着增强现实持续进步、人机接口的友好性不断改善，人类对物理世界、虚拟世界以及生物世界的高效、直观控制将指日可待。因此，未来的连接就是要实现对这些不同世界的无缝交互，为人类创造统一的体验。这种连接兼具安全性和私密性，可用于预防性医疗保健服务，甚至可以用来创建一个具有第六感的 6G 网络，靠直觉理解人的意图，准确预测需求，让人与物理世界的互动更高效，进而提高生产力。

可以想象，在 6G 时代，人类利用"数字孪生"，记录和再现我们所处的物理世界和生物世界的每个时空瞬间。为此，6G 网络将被赋予新的需求和特征：（1）支持设备集群间协同的新型人机接口；（2）本地与云端融合的泛在通用计算；（3）基于多传感器数据融合的全新混合现实体验；（4）能对物理世界实施精密感测和反馈控制。基于对未来 6G 网络需求的分析，该白皮书提出了诺基亚贝尔实验室所专注的五大关键技术方向：

- AI 内生的空口；

- 全新的频谱技术；

- 通感一体的智能网络感知；

- 超低时延和超高可靠性的极致连接；

- 具有认知能力、更加自动化、专业化的网络架构内生安全和隐私策略。

在白皮书《迈向 6G 内生 AI 空口》（*Toward a 6G AI-Native Air Interface*）[80]中，诺基亚贝尔实验室提出由 AI/ML 动态定义的空口将是未来 6G 系统的关键组成部分，AI/ML 在 6G 的空口设计中将发挥更加基础性、颠覆性的作用。通过在收发系统两端部署深度学习引擎，根据具体的业务特性、不同的数据属性，可以通过端到端的自主学习来自适应地确定与当前信道、硬件环境最为匹配的传输体制、参数及协议，如最优的发送波形、星座分布、最优的接收算法、最佳的 MAC 接入协议。通过这样一个空口设计范式的变革，6G 系统的智能和性能都将达到新的高度。此外，AI/ML 内生的空口设计还将使 6G 网络更加绿色环保，诺基亚贝尔实验室的研究表明，与 5G 相比，在同样的带宽和速率下，AI/ML 内生的 6G 空口方案能将发射功率降低 50%，系统能效得到极大提升。

6G 网络将不仅提供新的业务、极致连接和安全性、无线感知能力，未来的无线网络还应以更低的每比特成本提供更高的容量，并显著降低能耗。在白皮书《5G 演进和 6G 中用于宏小区容量提升的超大规模 MIMO》（*Extreme massive MIMO for macro cell capacity boost in 5G-Advanced and 6G*）[81]中，诺基亚贝尔实验室介绍了在现有基站网格上提供更多容量的大规模 MIMO 和新型频谱技术。该白皮书认为，未来蜂窝无线的优先频谱预计将选择 6～20 GHz 的中频段频谱用于城市室外小区，460～694 MHz 低频段频谱用于极端覆盖，sub THz 频段用于提供超过 100 Gbps 的峰值数据速率。与部署在 3.5 GHz 的 5G 系统相比，通过使用中频段频谱资源，同时在基站上配备多达 1024 个天线阵元的超大规模 MIMO 天线，在终端上配置大规模天线阵列，可以提供大约 20 倍的系统容量提升，每个小区的频谱资源增加 4 倍以上，频谱效率提升 5 倍以上。这样，不需要更密集的站址，即可满足未来 10 年内每年 35%的移动流量增长。为了满足极致的容量需求，诺基亚贝尔实验室提出以下技术创新研究方向。

- 射频前端技术。

- 灵活的 MIMO 处理架构。

- 基于更窄波束的无线系统设计。

- SoC 处理能力的快速演进。

- 低功耗设计。

诺基亚贝尔实验室预见 6G 无线系统在带宽和天线阵列尺寸上将具有高度可扩展性。极大带宽的频谱资源不会随处可用，也不可能在所有地方都部署超大规模 MIMO，因此，无线架构应该是高度可扩展和模块化的，这样采用相同的基本组件，可用来经济高效地满足 64～512 TRX、100～400 MHz 带宽等各种不同的部署需求。

诺基亚与 AT&T 合作开展了分布式大规模 MIMO 技术的验证，在 AT&T 实验室测试了概念验证技术。诺基亚贝尔实验室的研究和测试结果表明，与具有类似配置的单面板系统相比，能够将 5G 上行链路容量提升 60%～90%。分布式大规模 MIMO 技术可在不牺牲性能的情况下大幅增加上行链路容量。

创建真实物理世界的数字孪生的 6G 愿景需要采用全新的感知技术来构建人类周边环境的多层次地图，使用移动通信网络作为传感器的无线感知技术有可能成为这个解决方案中的重要组成部分。随着蜂窝系统发展到 5G 中的毫米波频段和 6G 中潜在的亚太赫兹频段，小型蜂窝部署将开始占据主导地位。部署在小型蜂窝中的大带宽系统为使用移动网络进行感知提供了前所未有的机会。诺基亚贝尔实验室的白皮书《5G 演进和

6G 系统的通信和感知联合设计》（*Joint design of communication and sensing for Beyond 5G and 6G systems*）[82]深入介绍了这类面向蜂窝系统的通信与感知一体化设计的主要方面，包括对波形的选择进行了分析，要求同时能够满足最优通信以及雷达感知的需求；讨论了几种将感知能力有效集成到 JCAS（通信和感知联合设计系统）的方案，其中部分方案可以适用于基于 NR 空中接口的 5G 演进，如通过适当的感知信号设计来减少感知开销的方法、为通信和感知功能分别配置单独的传输参数等。研究表明，在道路交通监控的场景下，通过对感知信号探测所得信息的使用，可以将信令开销大幅减少。该白皮书还展望了基于分布式大规模 MIMO 的未来高级 JCAS 场景，并讨论了 JCAS 需要解决的各种其他研究挑战，以实现 JCAS 内生的 6G 系统设计目标。

1）分布式感知

分布式 MIMO 雷达系统为非视距（Non Line Of Sight，NLOS）情况进行感知提供了可能，面临的技术挑战包括同步和杂波消除等。由于通信系统已经嵌入了用于信道估计的导频，这些功能可以潜在地用于增强感知性能。通过额外使用移动设备作为传感器，可以进一步扩展分布式系统的感知能力。在考虑多小区干扰时，需要更适合的资源分配用于感知。

2）多频段感知

在具有多频段能力的 JCAS 硬件情况下，将低频段和高频段结合起来可以获得超精细的测量分辨率，因此如何确定最佳的 JCAS 多波段系统工作方式以及相应的高分辨率感知算法具有重要的研究价值。

3）AI/ML 处理

在感知接收处理中，应进一步研究将人工智能/机器学习（Artificial Intelligence/Machine Learning，AI/ML）技术用于同时检测和分类多个不同类型的对象。通过使用细粒度信道状态估计，AI/ML 提供了检测距离和多普勒之外的其他特征信息的可能性，端到端神经网络模型的学习可以用于 JCAS 的波形和调制设计。

4）传感器融合

如何将无线感知的信息与其他可用的传感设备所获得的信息，如终端和接入点上的各类传感器，进行信息融合是另一个重要的研究领域。例如，安装在街道灯杆接入点上的摄像头可以提供额外的有价值信息，以帮助无线感知的推理。多种传感模式的结合将在构建强大数字孪生所需的高分辨率地图方面发挥独特作用。

5）JCAS 的信道建模

对于 JCAS 的仿真，目前广泛使用的通信系统空间信道模型并不适合模拟雷达感知，如反射和目标对象都不包括在这类信道模型中。射线追踪模型与统计模型的结合将可能是同时评估数据传输和感知性能更合理的建模方法。新的深度学习模型，如生成式对抗网络（GAN）也可能是为 JCAS 进行信道建模的新方法。

6）感知辅助的通信增强

感知和定位可以直接应用于增强通信本身，例如，预测高可靠性通信场景中的设备阻挡，又如，利用地理位置信息进行波束赋形。

7）波形候选方案

该白皮书对 JCAS 的候选波形进行了详细评估，除了调频连续波（Frequency Modulated Continuous Wave，FMCW）、正交频分复用（Orthogonal Frequency Division Multiplexing，OFDM）、单载波（Single Carrier，SC）、FMCW+SC、FMCW+OFDM、离散傅里叶变换正交频分复用（Discrete Fourier Transform-Spread-OFDM 外，DFT-S-OFDM）和正交时频空间（Orthogonal Time Frequency Space，OTFS）在某些场景下也具有一定的潜力。

在白皮书《6G 中的极致通信："in-X"子网的愿景和挑战》（*Extreme communications in 6G: Vision and challenges for 'in-x' subnetworks*）[83]中，诺基亚贝尔实验室介绍了短距离、低功耗 6G "in-X" 子网技术，用于提供在吞吐量、时延和可靠性方面具有极致要求的无线覆盖。此类子网将安装在机器人、生产模块、车辆或人体中，它们可以是更大的网络基础设施的一部分，也能够在应急情况下自主运行。授权频谱可用于静态或游牧子网，而移动子网可以依赖未授权频谱，包括将 in-X 子网以 underlay 的方式工作在分配给其他系统的频段上。然而，为支持时间敏感的业务，可能需要新的法规监管。由于 in-X 子网可能会导致非常密集的部署，为确保极致性能要求，必须进行有效的干扰协调。当 in-X 子网超出广域覆盖范围时，隐式协调方案必须作为集中式干扰协调方案的补充。极端 in-X 子网的可靠性要求也需要能够对抗干扰攻击、脉冲噪声等来自非蜂窝系统的无线干扰。此外，在极端干扰的情况下，通信性能的要求最终可能需要适当放宽，前提是底层控制系统所支持的操作也同时可以相应放松。这些挑战推动着更先进的 6G 动态无线资源管理技术的研究。

在白皮书《6G 系统架构的技术创新》（*Technology innovations for 6G system architecture*）[84]中，诺基亚贝尔实验室全面介绍了在 6G 架构方面的愿景思考和研究进展，将 6G 系统和相关的架构分解为功能重点领域，嵌入到更广泛的架构转型主题中。6G 系统包括 UE、接入和核心网功能，涵盖了 6G 无线接入的新功能、允许新频谱和新的用例。它还将嵌入包括前几代（4G 和 5G）的功能以及非 3GPP 接入技术。分布式异构云（Het-Cloud）为网络功能提供了开放、解耦和分布式的执行环境。最基本的网络结构是安全、无缝、跨域的，它可以确保人类、机器、工业应用和解耦计算所需的连接。从整体上看，6G 架构形成了一个从技术和商业模式角度来看是异构的"网络中的网络"，它涵盖了关键的 6G 子网、无处不在的无线接入网即服务（RAN as a Service，RANaaS），以及通过不同层次的全新多连接方式实现"360°连接"。它的服务可以无缝使用，并且可以以高效且高度自动化的方式运行。6G 架构的设计原则将支持 AI/ML、面向服务的闭环编排自动化和基于意图的管理，以及采用基于服务的设计、解耦和开放、平台不可知以及持续集成和交付等云内生原则。

在该白皮书中，诺基亚贝尔实验室提出从六个关键领域考虑 6G 网络架构的演进。

（1）灵活性：6G 架构有望在各个维度上更加灵活。首先，6G 架构必须适用于大规模广域网部署以及极端本地化的本地和个人区域网络。其次，在功能部署上，6G 架构预计将动态地满足各种时延目标以及其他方面要求。例如，要支持 XR 服务，需要为特定用户实现超低时延。最后，6G 架构要具有动态扩展的能力，如要满足动态的网络负载。

（2）专业化：鉴于业务用例和部署的多样性，6G 架构也需要能够提供量身定制的特性和功能。例如，一个特定的 6G 子网，一个轻量级的传感器网络，或者一些极端的网络用例，各自可能需要一组特定的网络功能，而其他特性可以省略，因为在这种类型的网络中并不需要它们。

（3）健壮性和安全性：垂直行业的用户期望网络服务以一种安全、健壮、有弹性和真正无处不在的方式在使用和需要的情况下提供多种连接。此外，我们必须利用来自不同领域的最佳优势，如实现具有完全移动性和漫游支持的宏网络架构与用于短距离、无蜂窝太赫兹网络和非地面网络（NTN）架构的共存。安全的另一个核心目标是满足用户对信任和隐私的强烈期望。

（4）云平台：在云平台中，托管网络功能的转变将继续并变得更为广泛。网络功能的部署将在很大程度上从专门的电信云平台转移到通用的、位于本地、边缘或中央的公有云、私有云或混合云中。6G 将为分布式云中的服务管理提供统一的编排接口，并辅以针对 6G RAN 的特定抽象，这样可以使用云节点中的特定功能，如硬件加速。

（5）可编程性：网络实现也将达到新的可编程性水平，如采用 P4 等独立于硬件的编程语言，并且能够在任何云平台上运行。通过开放、基于服务的接口和更加模块化的系统设计，可以更容易地把来自多个供应商的无服务器服务和功能集成起来，这将允许网络的部署或网络切片的实例化只使用那些必需的功能和服务。

（6）简化和可持续性：虽然强大的零接触自动化功能提供了应对系统复杂性的方法，但 6G 的引入为重新考虑架构设计，删除、重新设计或合并一些网络功能，为无线接入网和核心网络之间的控制平面引入基于服务的方法以及分布式非接入层（NAS）接口、简化信令流程等提供了很好的机会。作为另一个例子，可以通过定制的协议栈来实现简化，允许高效集成定制化的 6G 子网。简化并为功能部署提供更大的灵活性和动态性，有助于通过减少信令和能源消耗来达到可持续性的目标，"为可持续性而设计"的明确承诺对 6G 来说非常重要。

人工智能和机器学习技术有望成为 6G 架构中不可或缺的组成部分，它能帮助其打造一个具有真正认知能力的网络去适应各种场景和网络部署。人工智能和机器学习还将在网络的自动化和优化，以及提高系统的安全性方面发挥关键作用。人工智能和机器学习的广泛使用要求网络架构包含功能和接口用于大规模的数据收集、处理和分发，以及模型细化训练和更新推理模型。

诺基亚贝尔实验室关于 6G 架构的创新构想可以进一步归纳如下。

从平台的角度来看，6G 网络可能分布在不同位置的多个云中，并且可能涉及多个利益相关者，即一个异构和分布式的云环境。云功能，包括硬件加速，将是必不可少的组成部分，用于支持深度学习处理和较低层的 RAN 功能的云原生实现。

在功能层面，需要在 RAN 内部、RAN 和核心网络之间设计新的功能划分，旨在实现优化的用户–接入网–核心网（User Equipment-Radio Access Network-Core，UE-RAN-Core）架构设计。这将简化相关流程并整合类似的功能。可能的解决方案包括简单地增强现有的接口来完全消除域之间的分离。动态的、自适应的功能部署需要在网络性能、复杂性、能源消耗，以及业务和消费者需求之间寻求最佳的折中。在同一层面上，海量数据和信息的收集、存储和公开的方式将会发生变化，包括移动网络所有层中人工智能和机器学习驱动的分析功能。数据是在网络的不同区域和协议层中创建和收集的，并且可以提供到需要的地方。因此，需要一个共同的开放、注册、发现和交付框架用于各种不同类型的数据，如近实时流数据、各种注册服务的状态数据以及用于训练机器学习模型的累积数据。此外，网络和计算的融合正在不断演进。在这种情况下，确保隐私和提供值得信赖的解决方案至关重要。

由于 6G 网络将支持非常多样化和专业化的用途和部署，如本地与全球范围内的服务可用性、企业与 CSP 部署、尽力而为与任务关键型业务等。这种多样性伴随着特定的要求，并将利用网络特定的能力。其中一项功能是网络切片，它是在 5G 中引入的，但必须使用专用软件协议栈和专用硬件进行扩展，以满足 6G 要求，如对敏感流量进行完全隔离。此外，在特定的 6G 网络环境（如体域网络或机器人网络）中，需要实现极端性能要求，如之前提到的 6G 子网或 in-X 子网技术。整体的愿景是开发一个模块化架构，它可以根据目标部署、用例及其特定需求轻松组合。

6G 将为系统中的所有域提供统一的编排以及并发的抽象。需要编排多个网络域来构建和支持可能跨越多个利益相关者和管理域（如 CSP、企业和家庭域）的端到端通信服务。此外，服务编排需要支持各种与 6G 相关的业务，包括与货币化模型相对应的利益相关者的能力开放，以及远端资源和 6G 子网的端到端编排。为了实现 6G 编排的性能目标，需要自动化。因此，在架构设计上将持续使用基于意图的管理、闭环自动化和人工智能和机器学习等重要技术。

在白皮书《6G 时代的安全与可信》（*Security and Trust in the 6G era*）[85] 中，诺基亚贝尔实验室深入分析了 6G 面临的安全威胁因素，包括 6G 分解架构、开放的接口、具有大量利益相关者的环境，以及必须确保在设备、子网络、混合云和应用程序之间建立的可靠信任。该白皮书全面阐述了诺基亚在 6G 安全使能技术的观点和进展，包括自动化软件创建、自动化闭环安全运营、隐私保护技术、硬件和云嵌入式锚点信任、量子安全、干扰保护、物理层安全以及分布式账本技术。该白皮书认为，AI/ML 将在整个 6G 安全技术体系和架构中发挥广泛而关键的作用。

3．爱立信

爱立信作为全球领先的设备商，在 6G 方面的研究启动较早，也是欧洲 6G 旗舰项目 Hexa-X 的技术协调人，在 6G 研究方面具有很强的影响力，其诸多观点值得参考和借鉴。

2021 年，爱立信发布《认知网络》（*Cognitive Networks*）[86]研究报告，首先，提出未来的认知网络发展愿景，人工操作员将使用意图形式的高级需求与网络进行交互。然后，网络需要智能（"大脑"）来理解这些意图并将其转化为行动计划和设置，以满足人工操作员给出的所有要求。要根据现有知识做出决策、改进决策过程并获取新知识，需要来自运营的数据。最后，所有动作和配置都应用在基础设施中，它正在演变为部署在分布式云原生平台中的基于软件的系统。

认知网络主要有两个方面的内容。

（1）零接触部署和运营。在未来网络的愿景中，有许多不同的服务，这些服务是动态部署和调整的；零接触意味着一旦定义了服务，其生命周期的所有阶段都将被自动管理。

（2）持续的实时性能改进。某些服务具有极高的性能要求，需要仔细调整才能满足这些要求。我们还需要确保根据性能测量优化和改进整体网络性能。

有了这些要求，就不再可能手动配置服务和基础设施，手动进行所有详细配置和微调了。相反，网络需要认知能力：从数据中学习，做出明智的选择，并将这些选择应用到基础设施中。这适用于系统的所有部分，从天线站点和空口配置到端到端服务参数。

2021 年，爱立信 CTO ERIK EKUDDEN 发布了面向 6G 时代的网络五大趋势报告[87]。

趋势一，网络现实的数字表示

未来的网络将为来自传感器的数十亿个不同数据流提供预处理，并为应用做好准备。准备工作将处理数据流的聚合、过滤和融合。流程受到实时监控，执行器将实现自主操作。为了进一步提高可观测性，网络将生成身份、定位、时间戳和空间映射信息等感知数据。虽然 5G 支持基本功能，但 6G 将在这些领域提供增强功能。以下功能和能力是未来网络平台发展中最关键的：网络感知渲染和同步、协作的上下文意识和可观察性、机器和设备之间的互操作性、实时定位、空间映射、动态对象处理、嵌入式数据处理和丰富。

除了上述网络功能和能力，大规模实现网络现实的数字表示还需要跨设备、边缘、网络和云的数字基础设施的端到端解决方案。由于数字表示可以包含敏感信息，因此协作空间地图的标准化、可互操作和安全使用是建立信任的先决条件，使其成为从生态系统协作和创新中受益的领域一个很好的例子。全球生态系统内的开放和紧密协作将有利于形成未来的创新商业平台。四个关键领域的技术进步对未来网络支持物理世界和数字世界的融合至关重要，即无限连接、可信系统、认知网络和网络计算结构。

面向趋势一的三个关键用例是：数字化和可编程的物理世界、感官互联网（The Internet of Senses，IoS）和联网的智能机器。

（1）数字化和可编程的物理世界。未来，每个物理对象——包括智能机器、人类及其环境——都将具有数字表示，物理世界将完全可编程和自动化。数字表示将单独和集体管理、处理数据，以进行与物理世界相关的预测和规划。产生的洞察力将通过编排、驱动和重新编程来影响物理世界。

（2）感官互联网。IoS 可以将多感官数字体验与当地环境相结合，并与人、设备和机器人进行远程交互，就好像它们就在附近一样。实现接近物理世界体验的数字感官体验的基本组件是视觉、听觉、触觉、嗅觉和味觉传感与驱动技术。

（3）智能机器。连接网络的智能机器是在数字与物理领域中操作和执行任务的物理对象及软件代理。它们以协作和聚合结构连接到应用程序、用户及彼此。随着协作能力的提升，对通信能力和功能的需求呈指数级增长，将产生新的数字化和多样化交互模式。此外，连接网络的智能机器将越来越依赖于对其行为的物理和数字环境的认识。

趋势二，自适应无限连接

6G 接入的目标之一是提供适应性强的无限连接，以确保开发敏捷、稳健和有弹性的网络。用户和应用程序应该随时随地专注于手头的任务，而网络应该能够适应和支持他们的需求。多供应商接口将确保网络和整个生态系统的开放性，同时最大限度地降低系统复杂性。其主要功能和特征包括网络适应性、设备和网络可编程性、端到端的可用性及弹性。

趋势三，可信赖系统的完整性

6G 网络将支持数以万亿计的嵌入式设备，并通过端到端保证提供可信赖、始终可用的连接，以缓解扩大的威胁空间。该网络的一个基本特征将是通过管理和验证对安全性、弹性和隐私要求的合规性来提供安全的服务。利用人工智能技术的自动化将用于整个产品生命周期，包括开发、部署和运营。人工智能技术还将用于自动原因分析、威胁检测和应对攻击以及无意干扰。这些技术还将提高服务的可用性。其关键技术和特征包括隐私计算、安全身份和协议、零信任架构和服务可用性保证。

趋势四，联合认知网络

继续沿着 5G 网络自动化路径，未来的网络将通过观察和自主行动来优化其性能，从而实现自治。自治 6G 网络将实现网络管理和配置任务的完全自动化，允许运维人员监督网络。一组分布式意图管理器将嵌入网络中。每个意图管理器都由指定期望（包括要求、目标和约束）的意图控制。意图管理器包括观察受控环境并从获取的数据中得出结论的认知功能。这意味着一个推理过程，其目的是采取行动来满足意图的期望。人类将表达控制网络的意图。

认知功能使用人工智能从原始数据中得出结论。此类功能的示例包括可以产生洞察力和机器推理能力以执行意图的机器学习模型。进一步的机器推理和多智能体强化学习技术是实现协作闭环功能的候选者。

值得信赖的人工智能确保网络中建立透明度，以便人类可以理解为什么要采取某些行动或为什么不能满足某些条件。实现可信赖人工智能的一项技术是可解释人工智能，这种技术旨在提供一个易于理解的人工智能结果解释及其背后的原理。认知功能的实现是由底层数据驱动架构实现的，该架构包括高效和安全的数据摄取。意图管理器的一个重要部分是知识库，这是认知功能知识所在的地方。

趋势五，统一的网络计算结构

互联网、电信、媒体和信息技术的融合将导致创建一个由互连组件组成的统一的全球系统。网络计算结构有助于跨生态系统的统一、应用程序管理、执行环境以及网络和计算能力的开放。6G 将充当网络的控制器，涵盖从简单设备到高级网络物理系统的各种应用。同时，6G 将整合存储、计算和通信，打造分布式统一网络计算架构。这种结构将使服务提供商能够访问工具和服务，而不仅仅是可以提供给开放市场的连接。

未来的用例（如 IoS 和连接的智能机器）将高度分布，并要求保证低确定性时延、高吞吐量和高可靠性。该网络将通过托管和管理这些类型用例的嵌入式统一执行环境来补充连接产品。硬件和软件加速、时间敏感的通信技术（如时间敏感的网络和超可靠低时延通信）以及时间感知功能将确保端到端的时间和可靠性。

考虑到数十亿的传感器和执行器数据流，网络内流处理将由可互操作的应用程序编程接口提供的确定性计算能力提供。结合数据来源、元数据提取和注释等信息的准备，将提供轻量级的普遍数据管道和计算结构。此外，该网络将以无服务器方式提供应用程序部署、扩展和资源分配，以支持未来所有可能的传感器和执行器功能的执行。

这种计算结构将围绕一个联合生态系统发展，涉及空中接口、互联网、云服务和设备的参与者和用户。生态系统的规模需要广泛使用生态系统参与者之间的双边协议。计算结构将为虚拟服务提供分散且无代理的交换，包括身份和关系处理。分布式账本等智能合约技术将使各方之间的合同谈判自动化，支持自动化销售、交付和收费等服务交付模式。

2022 年 2 月，爱立信发布《6G——连接数字–物理世界》（*6G – Connecting a cyber-physical world*）白皮书[88]。白皮书认为，6G 发展的四个主要驱动因素是：社会核心系统的可信赖性；通过移动技术的效率实现可持续性；加速自动化和数字化以简化和改善人们的生活；满足需求日益增长的无限连接，随时随地、为任何事情进行通信。

为了应对这些未来的挑战，6G 需要继续突破 5G 的技术限制，向紧急服务、沉浸式通信和无所不在的物联网迈进。此外，6G 应该探索全新的能力维度，集成计算服务并提供超越通信的功能，如空间和时间数据。

面向 2030 年，应对未来的挑战也意味着一些基本的网络范式必须发生转变：

（1）从安全通信到值得信赖的平台——将范围从保护数据扩展到确保相关场景中的端到端服务交付；

（2）从数据管理到数据所有权——确保对第三方的个人和关键数字资产的控制和隐私；

（3）从能源效率到可持续转型——影响社会并通过有效数字化减少环境足迹的资源节约型网络；

（4）从陆地 2D 到全球 3D 连接——旨在实现完全的数字包容性，在包括农村陆地、海洋甚至空中区域在内的任何地方实现无限连接；

（5）从手动控制到学习网络——使用整个网络的智能通信和数据，将重点从指导系统如何实现目标转移到为系统提供要实现的目标；

（6）从预定义的服务到灵活的以用户为中心——不是预定义的服务和接口，一个灵活的网络应该适应用户的需求并允许被应用程序影响；

（7）从物理和数字世界到网络-物理连续体——网络平台不仅应该连接人类和机器，还应该能够完全融合现实以实现无缝交互和沉浸式体验；

（8）从数据链路到通信以外的服务——扩大网络的作用，作为多功能信息平台为广泛的目的提供服务。

越来越高的期望为 6G 设定了一个明确的目标——应该通过始终存在的智能通信为高效、人性化、可持续发展的社会做出贡献。所以 6G 的愿景是通过技术改造社会，如图 4-39 所示，6G 使得在连接感官、行动和体验的物理世界与其可编程数字表示之间的网络物理连续体中移动成为可能。6G 网络提供智能、无限连接以及物理和数字世界的完全同步。嵌入在物理世界中的大量传感器发送数据以实时更新数字表示。现实世界中的执行器执行来自数字世界中智能代理的命令。可以追溯和分析事件，实时观察和行动，以及模拟、预测和规划未来的行动。与虚拟世界（虚拟现实/虚拟现实世界中的化身互动）相比，网络物理连续体提供了与现实的紧密

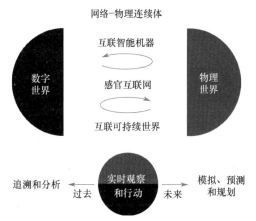

图 4-39　技术改造社会的 6G 愿景[88]

联系，其中数字对象被投影到以数字方式表示的物理对象上，使它们能够作为融合现实无缝共存并增强真实世界。

　　基于这样一个大背景，白皮书将未来的 6G 用例拓展为六大类：沉浸式通信、泛在宽带、空时业务、紧急业务、计算-AI 业务、无所不在的 IoT，如图 4-40 所示，并推导出 6G 系统性能指标，如图 4-41 所示。

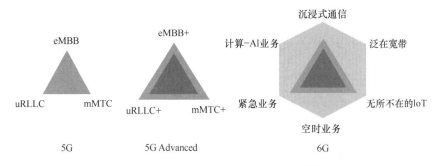

图 4-40　爱立信提出的 6G 典型场景[88]

白皮书认为，与当今的网络相比，未来无线接入网络的能力需要在各个方面得到增强和扩展，除了传统功能，如可实现的数据速率、时延和系统容量，还包括新功能，其中一些在本质上可能更具定性。值得注意的是，未来无线网络的功能不仅应该与当前设想的用例相匹配，还应该支持尚未设想的未来服务。

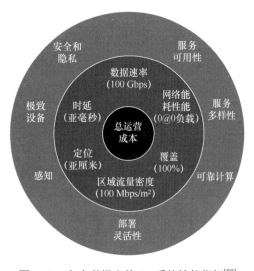

图 4-41　白皮书提出的 6G 系统性能指标[88]

　　在传统功能方面，6G 应在所有相关场景中实现更高的可实现数据速率和更低的时延，包括在特定场景中提供每秒数百 Gbps 和端到端亚毫秒级时延的可能性，提供具有可预测的低时延和低抖动率的高速连接。

　　在成本方面，未来的无线接入网络应该能够以具有成本效益的方式满足指数级增长的流量需求，更高频谱效率是很重要的一个方面，而新增频谱自然是另一个很重要的方面，还有就是能够真正经济、高效地部署非常密集的网络。

　　在覆盖方面，6G 有必要继续向全球覆盖扩展——缩小偏远地区的数字鸿沟，确保用户和服务提供商的总体成本处于可持续水平。

　　在能耗方面，业务量大幅增加不会导致能耗的相应增加，当节点内没有流量时，能耗应接近于零。随着无线网络日益成为社会的重要组成部分，弹性和安全能力至关重要。

在可信方面，网络应该能够利用新的隐私计算技术，提高服务可用性，并提供增强的安全身份和具有端到端保证的协议。

此外，6G 还需要可靠的计算和人工智能集成能力、能够快速开发和部署分布式应用程序与网络功能的基础设施，以及数据和计算加速服务，并在整个网络中提供性能保证。最后，为了推动社会的全面数字化和自动化，网络需要高精度定位和来自周围环境的详细感知能力。

白皮书认为，面向 2030 年的 6G 网络应广泛考虑有前景的技术，众多的 6G 元素将形成一个无缝系统，拥有所有必要的能力来实现连接网络物理世界永远存在的智能通信的愿景。凭借可信赖系统的基础和具有内置认知能力的高效计算结构，未来的网络将为全新的应用程序和服务提供无限连接，使 6G 成为创新的广阔平台和社会的信息支柱。

白皮书列举的 6G 网络的基础如图 4-42 所示。白皮书列举了 6G 相关的技术要素，如表 4-2 所示。

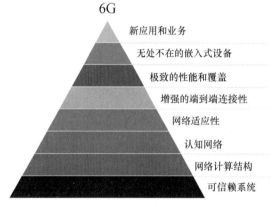

图 4-42　白皮书列举的 6G 网络的基础[88]

表 4-2　6G 相关的技术要素

技 术 要 素	详 细 特 征
网络适应性	动态网络部署
	网络简化和跨 RAN/CN 优化
	设备和网络可编程性
增强的端到端连接性	网络协作
	弹性
	演进的协议
	可预测的时延
极致的性能和覆盖	频率
	非地面接入
	多连接和分布式 MIMO
无处不在的嵌入式设备	零功耗设备
	沉浸式交互设备
认知网络	意图驱动的管理
	自治系统
	可解释且值得信赖的人工智能
	数据驱动架构

（续表）

技 术 要 素	详 细 特 征
网络计算结构	可靠的计算
	生态系统的使能者
	统一的流体计算
可信赖系统	隐私计算
	服务可用性
	安全保障

面向 2030 年，对通信和前沿技术的强烈需求即将到来，社会期望不断提高，使能技术的进步不断加速，6G 的关键要素是无线接入的极致性能、网络适应性以及全球覆盖，6G 应成为智能、计算和空间数据的可信平台，鼓励创新并充当社会的信息支柱。

4．Hexa-X

2020 年，欧盟推出"欧洲地平线计划（2021－2027 年）"，开展包括下一代网络在内的六大关键技术研究，并于 2020 年 12 月正式启动 6G 旗舰项目 Hexa-X[89]，由诺基亚担任项目负责工作，爱立信担任技术协调工作，团队汇集了 25 家企业和科研机构，包括法国电信运营商奥朗捷（Orange）公司、源讯公司（Atos）、B-COM 技术研究所、法国原子能和替代能源委员会（CEA）、德国西门子股份公司（简称西门子）、意大利电信集团（简称意大利电信）、比萨大学、西班牙电信、诺基亚、奥卢大学、爱立信及英特尔等。同时，项目还邀请全球领先运营商中国移动、NTT DoCoMo、沃达丰（Vodafone）等的行业领袖担任项目顾问。Hexa-X 是将欧盟关键的行业利益相关者聚集到一起、共同推进 6G 的重要一步。项目目标包括创建独特的 6G 用例和场景、研发 6G 基础技术并定义新的智能网络架构，项目愿景是通过 6G 技术搭建的网络来连接人、物理世界和数字世界。

Hexa-X 定义的 6G 愿景[89]如图 4-43 所示，6G 将通过 7 个使能技术服务于 3 个交织在一起的世界：（1）一个充满智慧和价值观的人类世界；（2）信息的数字世界；（3）物理世界。实时交互对于让世界融合并迎接未来的挑战至关重要。未来的 6G 网络系统应该可以让这些世界紧密同步和融合，甚至在它们之间无缝移动，并由此带来许多新的场景、应用和服务，从而使各个层面的人们受益，包括消费者、企业或社会。

物理世界和数字世界之间的交互将实现

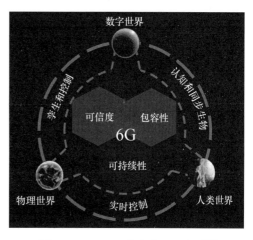

图 4-43　Hexa-X 定义的 6G 愿景[89]

世界的数字孪生，其中丰富的传感器信息可用于数据深度挖掘和分析。智能代理可以作用于数字孪生并通过执行器触发物理世界中的动作。此类动作将通过更好的规划和控制以及预防措施（如在问题出现之前进行维护）来提高物理世界中运营的效率和弹性。这可能会带来数字孪生的大规模使用，从而导致大量的通信需求。

人类世界与物理世界之间的交互将实现世界之间的有效控制和反馈，如基于高效的人机界面。人类世界与数字世界之间的互动使人工智能能够帮助改善我们的生活，并增强人们之间完全沉浸式的交流。通过电子健康应用程序获取人体知识，收集有关人体状态的信息并将其从人类世界同步到数字世界，从而实现预防性医疗保健等。

该愿景以 3 个核心价值观为中心，3 个世界围绕着这 3 个核心价值观展开（见图 4-43），它们是：6G 作为社会支柱的可信度；6G 的包容性，让每个人、任何地方都可以使用；6G 在环境、社会和经济方面对全球发展发挥最大作用的可持续性。这 3 个核心价值影响 6G 的目标能力和要求，并与 3 个世界互动一起指导项目。总而言之，为实现该愿景，Hexa-X 要解决一系列研究挑战才能为 6G 时代的无线系统奠定技术基础。

（1）连接智能：6G 将在更广泛的社会中大规模部署智能，承担关键角色和责任。6G 应提供一个框架来支持（如通过高级资源管理）、增强（如通过补充数据、功能、洞察力等），并最终实现实时可信控制——将 AI/ML 技术转化为重要且可信的工具，可显著提高效率和服务体验，并集成人为因素（"人机回圈"）。

（2）网络之网络：6G 将聚合多种类型的资源，包括通信、数据和人工智能处理，这些资源在不同的尺度上进行最佳连接，范围从体内、机器内、室内、数据中心到广域网。它们的整合形成了一个巨大的数字生态系统，该生态系统变得越来越有能力、智能、复杂和异构，并最终创建了一个统一的网络之网络，它将服务于各种需求，支持不同的节点和连接方式，并以最大的（成本）效率和灵活性处理满足各种需求的大规模部署和运营，促进商业和经济增长并应对重大社会挑战，如可持续发展、健康、安全和数字鸿沟。

（3）可持续性：6G 将网络转变为高能效的数字基础设施，并将深度修改无线网络的完整资源链，以减少全球 ICT 对资源的消耗。其数字结构还将创造实时感知理解物理世界状态的能力，从而从环境、经济和社会角度促进可持续性——为全球工业、社会和政策提供有效和可持续的数字化工具制造商，将联合国可持续发展目标变为现实，并协助欧盟绿色协议的实施/运作，特别是在新型冠状病毒疫情之后，实现经济和世界发展的可持续性。

（4）全球服务覆盖：6G 应将数字包容性作为首要任务，包括高效且能够负担全球服务覆盖的解决方案，连接偏远地区，如农村地区、海洋或大片土地上的交通，支持新的服务和业务将促进经济增长，缩小数字鸿沟，提高当前未覆盖区域的安全性和运营效率。

（5）极致体验：6G 将提供极高的数据速率（数百 Gbps 到几 Tbps 的访问量级）、极低（难以察觉）的时延、近乎无限的容量以及精确的定位和感知，推动网络性能飞跃成为可能——在 GHz 至 THz 范围内释放新技术的商业价值，支持极致的服务体验，如完全沉浸式通信或大规模远程控制，并加快数字化步伐。

（6）可信度：6G 应确保端到端通信的隐私性和完整性，并保证数据隐私、操作弹性和安全性，在消费者和企业之间建立无线网络及其使能应用的信任——支持和促进欧洲的安全价值观、信任和隐私保护以及欧盟主权目标，以在数字时代培育一个开放、值得信赖和更深层次的民主欧洲。

为实现上述愿景，需要将基本网络设计范式从性能导向扩展到以性能和价值为导向。价值需要无形但重要，如可持续性、可信度和包容性，由此产生一类新的评估标准，即关键价值指标（KVI），必须在面向 6G 的网络设计中理解和使用。Hexa-X 认为向 6G 发展需要广泛的支持和全球的努力，它将通过组织公共研讨会、编写联合白皮书和积极参与重大活动等方式，争取欧洲和全球研究界、标准化机构和政策制定者之间的开放与合作。它将开发一个开放、模块化和灵活的框架——使能多种场景（X-enabler）结构——作为基础，将解决上述 6 项研究挑战的全球技术创新集成在一起。

为此，Hexa-X 设立 5 大技术目标[90]：6G 端到端系统架构的基础、面向 6G 的无线性能、将智能连接到 6G、网络向 6G 演进和扩展、面向 6G 的影响力创造。项目通过 7 大任务包来开展相关的研究，Hexa-X 的 5 大目标及关系如图 4-44 所示。目标 2 至目标 4 的实现示意图如图 4-45 至图 4-47 所示。

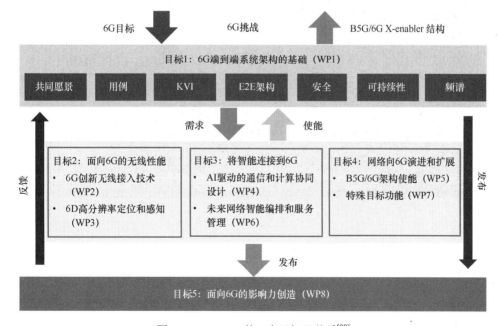

图 4-44　Hexa-X 的 5 大目标及关系[90]

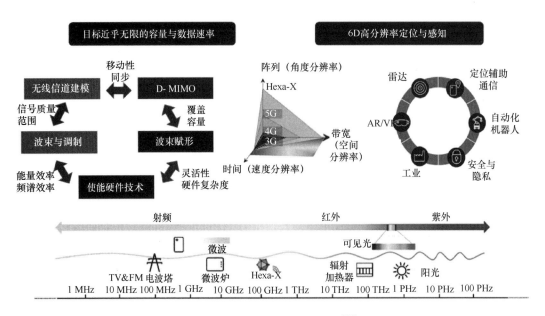

图 4-45 目标 2 的实现示意图[90]

图 4-46 目标 3 的实现示意图[90]

注：SMO，业务管理编排；CI/CD，持续集成/持续开发；VxFS，虚拟化功能集。

任务包 1：开发 6G X-enabler 结构和 KVI，以实现连接智能、可持续性、可信赖、包容性和极致体验的愿景。任务包 1 包含 7 项子任务。

- 任务 1.1 "共同愿景" ——分析当前社会和技术趋势，创建和调整基本愿景以指导项目并确定影响商业模式的相关原则。

- 任务 1.2 "用例"——定义 Hexa-X 用例，基于现有的用例并对其进行增强，指导整个项目的技术研究，并联合任务 1.3 一起确定与用例相关的关键绩效/价值指标和要求。

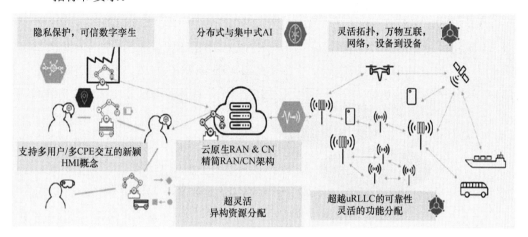

图 4-47   目标 4 的实现示意图[90]

- 任务 1.3 "KVI"——从任务 1.2 的用例和场景中得出有意义的 KPI，并得出可持续性、包容性和灵活性（KVI）等"软"目标的衡量标准。

- 任务 1.4 "E2E 架构"——根据愿景、服务和用例提供的架构要求定义初始 E2E 架构愿景，调整和集成 E2E 安全架构概念（与任务 1.7 相关）和相关架构促成因素（尤其是任务包 5），致力于跨域管理编排自动化（与任务包 6 相关）、灵活的功能部署（如 AI/ML 组件）和灵活的网络架构（设备到设备/基础设施）。

- 任务 1.5 "频谱"——概述和评估欧洲和世界范围内正在考虑的频率范围及频谱分配的监管环境，并监测全球可能的监管演变（如试验和实验许可），并研究增强灵活频谱使用和管理的概念及推动因素。

- 任务 1.6 "可持续性"——确定可持续性目标，以联合国定义的 17 个可持续发展目标为基础，以及其他资源（如 GSMA 气候行动路线图），同步项目内的技术工作提供解决方案以实现这些可持续性目标，同时监测电磁监管的进展和对其潜在健康影响的研究，并致力于研究项目对可持续性的全球影响。

- 任务 1.7 "安全"——分析当今网络的剩余网络安全风险以及采用新架构和技术（如普遍的软件化或人工智能密集型应用）所引发的风险，分析"网络攻击生态系统"的演进，包括不法分子可能采用支持网络演进的相同技术，并为其他技术工作组提供与安全相关的支持，整合与项目中调查的技术相关的所有安全考虑。

任务包 2：开发创新的关键无线使能技术，在考虑硬件和信道条件限制的情况下，实现超高数据速率传输和容量。能效将是设计的主要关注点之一。任务包 2 包含 6 项子任务。

- 任务 2.1 "无线使能技术和技术路线图"——根据 6G 中从 Gbps 级到 Tbps 级通信的设想用例和要求，识别和评估使能关键技术；预测相关的未来发展并将研究成果综合为长期技术路线图。

- 任务 2.2 "无线电和天线、硬件组件模型和架构"——评估硬件支持技术的当前状态并设想/预测未来趋势，包括用于 100 GHz 以上运行并支持数据速率超过 100 Gbps 的系统的天线、射频（Radio Frequency，RF）和数字信号处理器（Digital Signal Processing，DSP），为空中接口研究提供硬件非理想特性模型。

- 任务 2.3 "感知波形和调制设计"——评估传统波形的适用性并开发更适合的波形，例如，从能效的角度来看，考虑到硬件特性，研究用于 100 GHz 以上的无线通信。

- 任务 2.4 "感知波束赋形设计"——考虑硬件限制、复杂性和能效，以及 100 GHz 以上天线阵列设计带来的相关挑战，研究支持 6G 用例的波束赋形设计。

- 任务 2.5 "用于 5G/6G 的分布式大型 MIMO 系统"——研究使 5G/6G 系统中具有融合接入–回传–前传的可扩展分布式大型天线系统的使能技术，以实现在 100 GHz 以下和以上的近乎无限的网络容量。

- 任务 2.6 "超过 100 GHz 的信道测量和建模"——进行射频测量，并为 100 GHz 以上的空中接口研究构建基于测量数据集的信道模型。

任务包 3：通过先进的定位和传感方法连接物理世界和数字世界。它将在 6D（3D 位置和 3D 方向）中实现极其准确和快速的态势感知，通过单、双和多静态设置映射环境中的被动对象，实现 Hexa-X 所描绘的场景和用例。任务包 3 包含 3 项子任务。

- 任务 3.1："高分辨率定位和传感的差距分析"——根据 6G 向厘米级精度演进的设想用例和要求，识别和评估使能关键技术。

- 任务 3.2："用于定位和映射的方法、信号和协议"——在任务包 2 中的研究完成后，开发用于定位和传感以及干扰管理及覆盖优化的新方法、信号和设计。

- 任务 3.3："位置和地图增强的服务操作"——利用高度准确的位置和地图信息来改善通信的时延、开销和能耗。同时，探索支持和丰富在增强现实与混合现实、安全性与人机协同工作场景下的应用。

任务包 4：（1）通过引入低复杂度的基于 AI 的解决方案来提高 B5G/6G 空中接口的性能；（2）结合时延、可靠性、可扩展性、能源效率、安全性、可管理性、可解释性和知识共享要求，提出 B5G/6G 学习平台的设计理念，能够优化支持和解决分布式边缘工作负载和学习/推理机制。任务包 4 包含 3 项子任务。

- 任务 4.1："AI 驱动的通信和计算协同设计的差距分析"——确定将 AI/ML 引入 6G 系统网络的挑战。

- 任务 4.2："AI 驱动的空中接口设计"——探索新的数据驱动的收发器设计方法，允许收发器快速重新配置和适应特定的操作环境，并研究在降低复杂性和评估模型准确性方面的性能增益。

- 任务 4.3："可持续和安全的分布式 AI 与算法"——探索如何将数据及其分析视为可货币化的实用程序，在网元之间进行交换。它还将产生需要新架构组件（"AI 功能"）以利用网络基于 AI 功能的实施要求，以及为联合分配和管理网络的通信和计算资源设计分布式 AI/ML 技术，满足严格的 6G 性能要求。

任务包 5：将开发支持新的灵活网络设计、全面 AI 集成和网络可编程的架构组件，同时简化和重新设计网络之网络的架构。任务包 5 包含 4 项子任务。

- 任务 5.1："架构转换"——执行差距分析，以确定现有架构的局限性。

- 任务 5.2："智能网络"——设计和评估动态功能布局。硬件加速、集成和分布式人工智能，支持协议、网络和设备可编程以及卸载处理。

- 任务 5.3："灵活网络"——为灵活网络拓扑开发新架构，构建包括传统网络在内的"网络之网络"。

- 任务 5.4："高效网络"——简化和重新设计网络，并利用基于云原生服务的 RAN 和核心网（Core Network，CN）降低总拥有成本（Total Cost of Ownership，TCO）和复杂性，配置更少的参数和更少的外部接口。

任务包 6：解决预测编排和服务管理、无过度配置的切片、根据流量条件的切片弹性，以及实时和零接触的自动化等方面的问题。这项工作将涵盖编排过程的规划和运行阶段，以及如何将 AI 机制应用于多个操作以实现智能的端到端编排。任务包 6 包含 4 项子任务。

- 任务 6.1："服务管理和编排的差距分析"——对服务管理和编排的最新技术进行全面分析，并确定潜在的技术特征和解决方案。

- 任务 6.2："自动化、网络和服务可编程性"——探索不断发展的网络能力并开发网络和服务管理机制，包括考虑到网络性能和社会方面、基于意图的高级应用需求和服务描述模型，以及分析和开发智能能力，以将网络能力和外部非网络因素与预期的服务层质量进行最佳匹配。

- 任务 6.3："端到端无缝集成管理"——开发设备-边缘-云连续体的管理和编排方法，并解决非公共网络在基础设施共享、能力公开、发现及跨域方面的普遍性管理自动化。

- 任务 6.4："数据驱动的管理和编排"——处理来自所有网段的数据，以实现零感知时延，如通过主动网络切片管理和网络切片的动态自我优化，以及混合应用和基于基础设施认知的跨层预测来触发自适应和自我优化决策。

任务包 7：提升 B5G/6G 网络在数字、物理和人类世界因特殊目标功能而融合的极端环境中的性能（如模块化灵活生产、传感器零功耗通信以及偏远和农村地区的按需连接）。任务包 7 包含 4 项子任务。

- 任务 7.1 "特殊目标功能的差距分析"——针对极端环境明确要求并制定第一个解决方案，为其他任务编制技术工作计划，并作为对用例和需求的端到端视图输入到任务包 1 中。

- 任务 7.2 "超灵活的异构资源分配"——通过在具有挑战性的环境（如可靠性、能源效率、安全性、电磁等特殊要求）中的超灵活资源分配，以及重新利用和共享现有基础设施的管理和方法，来解决可持续覆盖问题。

- 任务 7.3 "超越 uRLLC 的可靠性"——开发垂直场景中高可靠性的机制和使能技术，从端到端的角度为复杂和动态变化的可用性需求提供有效的资源支持，包括定义端到端的可靠性措施和经济、可行的通信–控制–协同设计跨层方法。

- 任务 7.4 "人机界面（Human Machine Interface，HMI）和数字孪生"——通过新颖的 HMI 概念和保护隐私的高可用性数字孪生的执行环境，支持生物、数字和物理世界与人类交互的融合。

目前，Hexa-X 已经输出了一系列的研究报告，涵盖愿景、使用场景和需求、关键技术和网络架构等，具体内容可参考文献[91]～[98]。Hexa-X 发布的最新 6G 用例如图 4-48 所示。

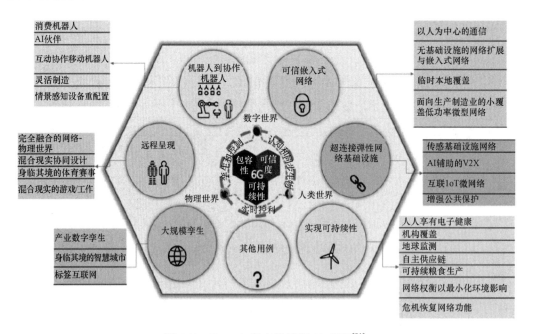

图 4-48　Hexa-X 发布的最新 6G 用例[91]

Hexa-X 最新的需求指标定义如表 4-3 所示。

表 4-3　Hexa-X 最新的需求指标定义[91]

通信	依赖性属性	可用性/%	运行期间满足 QoS 目标和提供服务的时间百分比。应包括有关应用程序弹性的其他信息，如作为可接受的服务停机时间的生存时间（ms）
		可靠性/%	在 QoS 约束内传送的已发送数据包数量的百分比
		安全	参考该领域的适用标准和法规；功能要求（如果有）
		公正性	参考该领域的适用标准和法规；功能要求（如果有）
		可维护性	功能要求和法规（如恢复时间、可审计性）
	QoS属性	服务时延/ms	从用例的角度来看，两个应用程序端点之间的通信服务的 E2E 时延，具有允许的可变性/抖动和/或预期的上限。应该区分上行链路（UL）和下行链路（DL），并在部署特性中详细说明预期的数据包大小和流量特性（如果有）
		数据速率（期望的最小值、期望值、最大值）/Mbps	指单个 UE。最小预期数据速率可确保用例正确运行［降低体验质量（Quality of Experience，QoE）或限制功能］。所需的数据速率可确保所需的 QoE 和用例的完整功能。如果可以指定上限，则这是用例中可能出现的最大数据速率
		资源限制	请参阅部署说明（如频率、能耗）
		可扩展性	请参阅部署说明（如用户数量、移动性等）
AI 和计算	依赖性属性	代理可用性/%	AI 代理可以接收和响应推理请求（即代理可以用于决策）满足商定的 QoS 目标的时间百分比
		代理可靠性/%	在商定的 QoS 目标内完成的请求百分比
		安全	在应用领域中使用人工智能相关的要求或法规
		公正性	与保证 AI 计算按预期运行相关的要求或法规
		可维护性	关于系统如何对缺陷/错误操作做出反应的功能要求或规定（如 AI 代理从攻击中恢复的能力和速度）
	QoS属性	人工智能服务 RTT/ms	从应用程序发出请求到 AI 服务对应用程序可用的响应之间的最大可容忍时延
		推理准确率/%	用于 AI 估计准确性的特定领域度量（如果可用）（即质量函数）
		可解释性级别	基于 AI 的模型和决策的可解释性的定性指标，特定于用例
		训练/模型传输时延/ms	训练与用例相关的演进模型或将模型从一个 AI 代理转移到另一个 AI 代理的可容忍时间
		资源限制	请参阅部署说明（如频率、能耗）
		可扩展性	请参阅部署说明（如用户数量、移动性等）
感知与定位	依赖性属性	服务可用性/%	响应位置或传感服务请求并满足给定 QoS 目标的时间百分比
		服务可靠性/%	在商定的 QoS 目标内完成的请求的百分比
		安全	在各个用例中有关安全的木地化或传感要求或规定
		公正性	定位或传感完整性的要求或规定，如对潜在干扰或攻击的健壮性
		可维护性	当涉及服务的使用时，用例域中的功能要求或规定
	QoS属性	定位精度/m	估计位置的准确性，以水平和垂直位置精度报告
		定位/传感服务 RTT/ms	从消费者（应用程序、服务）发出请求到提供位置/感应响应的最大可容忍服务时延。不要与作为测量用户和基站之间距离的一种方法的 RTT 测量相混淆
		定位精度/°	UE 估计方向的准确度：翻滚角、俯仰角和偏航角
		刷新率/（1/s）	应用程序需要获取新位置估计的速率
		最小和最大可分辨范围/m	应用程序/用例所需的两个对象之间的最小和最大可区分距离

（续表）

		角分辨率/°	两个对象之间所需的最小可区分角度（方向）
感知与定位	QoS属性	最小和最大速度/（m/s）	服务需要测量的对象的速度范围（最小和最大速度）
		速度分辨率/（m/s）	物体速度的最小可测量变化
		资源限制	请参阅部署说明（如频率、能耗）
		可扩展性	请参阅部署说明（如用户数量、移动性等）

具体的各个用例的详细技术指标值，请参考文献[91]。

面向端到端的架构设计，Hexa-X 提出了下列 8 大设计原则。

原则 1：能力开放。该架构解决方案应向 E2E 应用程序和管理（如预测编排）公开新的和现有的网络功能。

原则 2：专为（闭环）自动化而设计。该架构应支持完全自动化，无须人工干预即可管理和优化网络。

原则 3：不同拓扑的灵活性。网络在不损失性能的情况下能够适应各种场景，同时仍然能够轻松部署。

原则 4：可扩展性。该架构需要在支持极小到极大规模的部署方面具有可扩展性，根据需要扩展和缩减网络资源。

原则 5：弹性和可用性。该架构在服务和基础设施供应方面应具有弹性，使用诸如控制平面（CP）和用户平面（UP）的多连接和分离等方法，消除单点故障。

原则 6：能力开放的接口是基于服务的。网络接口应设计为云原生，以连贯一致的方式利用最先进的云平台和 IT 工具。

原则 7：网络功能的关注点分离。网络功能具有有界上下文，服务之间的所有依赖关系都是通过其应用程序接口（Application Programming Interface，API）实现的，与其他网络功能的依赖性最小，因此网络功能可以相互独立地开发、部署和替换。

原则 8：与前几代相比网络架构更简化。简化网络架构，利用云原生上层 RAN 和 CN 功能降低复杂性，配置更少（动机良好）的参数和更少的外部接口。

基于这些原则，Hexa-X 初步设计的端到端 6G 网络架构如图 4-49 所示。

详细的端到端的架构内容，请参考文献[91]。

目前，Hexa-X 还在继续相关的研究工作，还会更新和发布其最新的研究成果。可以说，Hexa-X 的研究从全球范围来看都是最体系化的，同时在研究的过程中，项目也在不断地吸取外部研究的最新突破和进展，其项目的相关设计也在不断迭代，所以 Hexa-X 的研究成果很好地代表了业界的最新进展，将会对全球的 6G 研究和后续的标准化产生深远影响。

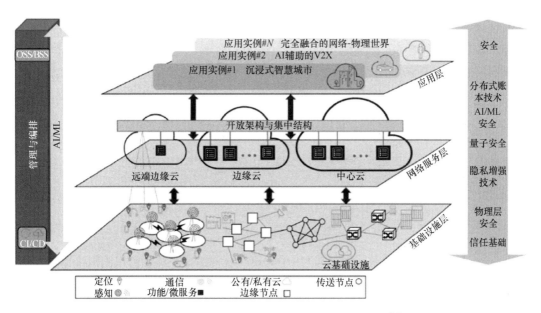

图 4-49　Hexa-X 初步设计的端到端 6G 网络架构[91]

4.3.2　韩国

韩国政府在 2021 年 6 月 23 日公布了一项"6G 研发实行计划"，将在未来 5 年投入 2200 亿韩元（约合人民币 12.5 亿元）开发 6G 核心技术，并通过与中美等国合作，力争在 2028 年成为全球首个实现 6G 商业化的国家。这一计划由韩国科学技术信息通信部在当日的 6G 战略会议上提出，具体包括确保下一代核心原创技术、抢先拿下国际标准和专利、构建研究产业基础等。在下一代核心原创技术方面，韩国政府将着力推动低轨道通信卫星、超精密网络技术等六大重点领域的十项战略，以确保抢占 6G 通信核心技术制高点。而在国际标准方面，该计划称韩国政府将主导制定 6G 发展愿景，携手专利厅为 6G 核心技术的研发和专利提供全方位支持。此外，韩国政府争取年内在三所高校运营 6G 研发中心，通过产学研合作培养高级人才，为相关技术研发和产业发展奠定基础。

韩国科学技术信息通信部部长林惠淑曾在一份声明中表示："下一代移动网络是数字创新的基础，我们应该发挥创造力并依据我们在网络领域的经验和技术，引领 6G 时代国际市场。"

早在 2020 年 7 月，三星就对外发布了《下一代万物超级连接体验》（*The Next Hyper - Connected Experience for All*）白皮书[99]，提出了给人类生活的每一个角落带来下一代超级连接体验的 6G 愿景，以及真正身临其境的 XR、高保真移动全息、数字孪生等 6G 能够提供的新服务，还阐述了 6G 的关键性能指标、整体架构及可靠性等新的要求。此外，该白皮书还指出了一些可能的 6G 使能技术，如太赫兹技术、新型的天线技术、双工演进技术、频谱共享技术、内生人工智能技术、分布式计算技术及高精度网络技术等。最后，该白皮书还给出了三星对于 6G 研究、标准化及部署的时间表的观点，即在 2028 年 6G 标准化完成，并有初期的部署，然后在 2030 年实现 6G 的大规模商用。

2022 年 5 月，三星又发布了关于 6G 频谱的白皮书《6G 频谱——拓展边界》（*6G Spectrum – Expanding the Frontier*）[100]，对 6G 的频谱进行了定义，如图 4-50 所示。

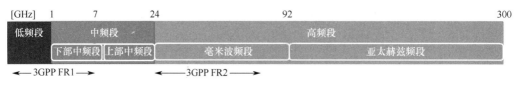

图 4-50　6G 的频谱定义

- 低频段：小于 1 GHz 的频谱，用于实现广域覆盖或者深度的室内网络覆盖。

- 中频段：1～24 GHz 的频段。传统来讲，中频段指的是 1～7 GHz，在 6G 时代需要考虑将其扩展到 24 GHz，目前 ITU-R 正在研究可能用于蜂窝移动通信的候选频段。

- 高频段：相对于 5G，高频段的上界需要进一步扩展，因此将高频段定义成 24～300 GHz。其中，24～92 GHz 是毫米波频段，这个频段不仅会在 5G 中使用，也会在 6G 中使用，而亚太赫兹频段（92～300 GHz）将会成为 6G 中考虑的新频段。

该白皮书阐述了开辟新频段、频谱清退以及频谱重耕等来确保 6G 频谱的方法，此外还指出亚太赫兹频段以及中频段上部（7～24 GHz）将会成为 6G 移动通信研究的先导频段。

在 2022 年 5 月举办的 IEEE ICC 2022 会议的大会主题演讲中，三星进一步更新了关于 6G 的主要技术观点，如表 4-4 所示。

表 4-4　三星关于 6G 的主要技术观点

频　　谱	
• 太赫兹/毫米波	• 低频段
• 上部中频	• 频谱共享
• 下部中频	• 非授权频段
无线接入技术	
• 超级 MIMO (X-MIMO)	• 视线 MIMO　（如轨道角动量）
• 太赫兹通信	• 通感一体化
• 二代毫米波技术	• 近零能量通信
• 先进双工技术	• 波形、编码、调制
• 智能超表面技术	• 基站/终端节能

（续表）

网 络 架 构	可信的系统
• 通信和计算融合	• 可信认证和协议
• 分布式云系统	• 可还原能力
• 接入网-核心网架构	• 可靠性
	• 量子安全
原生 AI 系统	其　　他
• 内生 AI 空口	• 绿色网络
• 分布式智能	• 低成本高效
• 分割/联邦学习	• 5G 到 6G 的演进技术

同时，三星还发布了一系列的关键技术的原型样机，下面进行简要介绍。

（1）太赫兹高速传输原型样机：如图 4-51 所示，室内 30 m 的传输距离实现 12 Gbps 的传输速率；室外 120 m 的传输距离实现 2.3 Gbps 的传输速率。

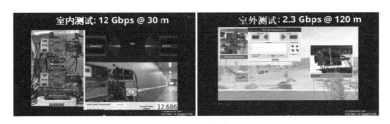

图 4-51　太赫兹高速传输原型样机及室内外测试结果

（2）智能超表面（RIS）透镜原型样机：如图 4-52 所示，可改善波束增益以及操控波束范围。

图 4-52　智能超表面透镜原型样机

（3）交叉双工（XDD）原型样机：如图 4-53 所示，验证了相邻上下行传输方向不同频段之间的干扰消除的可行性。

（4）毫米波同时同频全双工原型样机：如图 4-54 所示，相对于传统的 TDD 系统，吞吐量实现了 2 倍的传输。

（5）基于 AI 的非线性均衡技术原型样机：如图 4-55 所示，验证了该技术可以将覆盖距离提升近 2 倍。

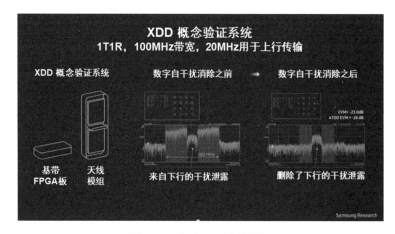

图 4-53　交叉双工原型样机

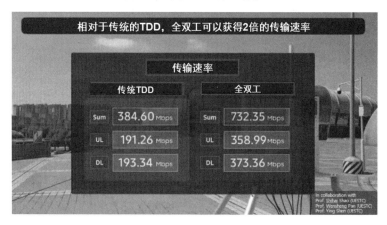

图 4-54　毫米波同时同频全双工原型样机及室外测试结果

图 4-55　基于 AI 的非线性均衡技术原型样机及室内测试结果

4.3.3　日本

2020 年 4 月，日本总务省及通信部发布 2025 年日本 "6G 综合策略" 及关键技术战略目标，将编制一套综合战略，旨在通过财政支持和税收优惠，促进在 2025 年建立关键技术，确保国际竞争力。其目标是将 6G 在全球基础设施市场占有率从目前的 2% 提高到 30%，日本企业在 6G 相关领域专利全球占有率从 5.5% 提高至 10% 以上。

2020 年 6 月，日本总务省推出了"Beyond 5G 推进战略"，启动了对企业的支持。在 2020 年内，日本总务省设置的中心将向企业补贴参加标准化相关国际会议的差旅费用，还将建立拥有国际会议场合谈判经验的人才的储备库，通过国家的人才库，希望获得能在实际谈判中取得成果的人才。同时，将通过企业、政府和高校携手讨论日本在标准化方面研发关键技术领域的方向性。

日本内务和通信部与信息通信研究机构（NICT）在 2020 年年底展开合作，开设"Beyond 5G 新经营战略中心"，旨在尽早启动和开展 6G 相关研究工作。Beyond 5G 新经营战略中心将协同产、学、官各方力量，共同致力于知识产权的获取和标准化工作。未来的主要活动包括：根据最新全球动向研究具体的行动方针；为 Beyond 5G 的参与者提供建立合作伙伴关系的场所；建立与标准化和知识产权相关的专家数据库，派遣顾问；举办人力资源开发研讨会等。

在日本，开展 6G 研究最积极的是日本运营商 NTT DoCoMo，其在 2020 年 1 月发布白皮书《5G 演进和 6G》（5G Evolution and 6G）[101]报告，内容包括 5G 演进的思考、6G 时代的世界观、6G 需求和用例、6G 技术研究领域。

如图 4-56 所示，NTT DoCoMo 提出了类似于数字孪生的愿景，并将在未来的社会发展中非常关注老龄化问题、人与物之间的通信、通信环境的拓展、信息物理世界融合的复杂性，并在 5G 定义的场景的基础上，进行了进一步拓展，形成了对 6G 的需求，如图 4-57 所示。

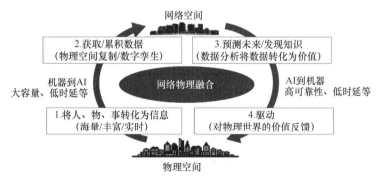

图 4-56　数字孪生的愿景[101]

6G 的典型场景及其性能指标如下。

（1）超高速率/容量通信，利用新频段实现段峰值大于 100 Gbps 的数据速率。

（2）极致覆盖范围扩展，无处不在的 Gbps 覆盖，新的覆盖范围，如天空（10000 m）、海洋（200 n mile，1n mile=1.852 km）、太空等。

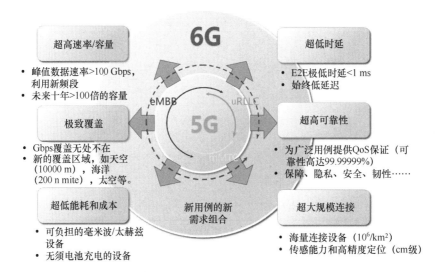

图 4-57　NTT DoCoMo 提出的 6G 场景及需求[101]

（3）超低能耗和成本，价格合理的毫米波/太赫兹设备，无须电池充电的设备。

（4）超低时延，端到端（End to End，E2E）极低时延小于 1 ms，始终保持低时延。

（5）超高可靠性，为广泛用例提供 QoS 保证（可靠性高达 99.99999%），保障、隐私、安全、韧性等。

（6）超大规模连接，每平方千米 10^6 个连接设备，传感能力和高精度定位（cm 级）。

在技术研究上，NTT DoCoMo 关注如下几个方面。

（1）新的网络拓扑。

（2）覆盖范围扩展，包括非地面网络。

（3）频率扩展和频谱利用率提高。

（4）无线传输技术的进一步发展，如超奈奎斯特（Faster-Than-Nyquist signaling，FTN）和虚拟化大规模 MIMO。

（5）增强 uRLLC 和工业物联网网络。

（6）扩展各种无线技术的集成。

（7）移动网络中无处不在的多功能化和人工智能。

2021 年，NTT DoCoMo 发布白皮书《5G 演进和 6G V4.0》（5G Evdutiom and 6G V4.0）[102]，更新了对 6G 技术的理解。

- 在新的无线拓扑结构方面，进一步考虑分部式天线部署、RIS、终端间的协作传输与接收、包含感知和低功耗通信的分布式天线部署。

- 覆盖扩展考虑非地面通信系统。

- 进一步扩展频率范围和提升频谱使用效率的技术。

- massive MIMO 无线传输。

- uRLLC 和工业互联网的拓展。

- 多功能无线通信系统。

- 多无线接入技术的集成。

网络架构方面，6G 应该具备如下特征。

- 扁平的网络拓扑。

- 灵活的网络功能部署。

- 简单的网络。

- 先进的操作维护。

- 多接入技术的集成操作技术。

- 支持极低时延的核心网和交换控制技术。

- 广域时间同步和广义确定性通信支持的数字孪生。

- 面向超大覆盖的基于位置的移动性控制。

- 先进的安全。

- 分布式计算资源。

2020 年 12 月，日本成立 Beyond 5G 推进联盟[103]，其目标是为 2030 年左右实现 6G 做准备，实现电信应用的健康发展。该联盟通过参与以下活动来实现其目标。

（1）从事 6G 相关研究开发及其标准化研究。

（2）收集 6G 信息并与其他组织交流。

（3）为 6G 相关组织提供联络、协调工作。

（4）加强对 6G 的教育和认识。

（5）为实现本联合体的目标所必需的其他活动。

Beyond 5G 推进联盟的组织架构如图 4-58 所示。

Beyond 5G 推进联盟认为，Beyond 5G 是下一代移动通信系统，即 5G 之后的下一代，具有有助于创造可持续和新价值的特性，如超低功耗、超安全和可靠性、自主性和可扩展性，在除了进一步提升 5G 的高速大容量、低时延、多连接等特征外，它是继 5G 之后的下一代移动通信系统。Beyond 5G 推进联盟对 Beyond 5G 的定位以及日本的优势如图 4-59 所示。

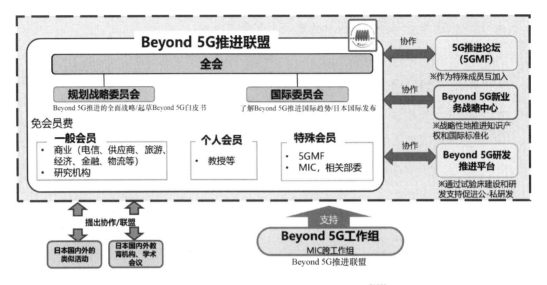

图 4-58　Beyond 5G 推进联盟的组织架构[103]

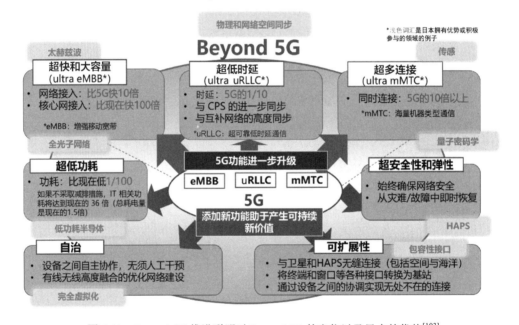

图 4-59　Beyond 5G 推进联盟对 Beyond 5G 的定位以及日本的优势[103]

2022 年 3 月，Beyond 5G 推进联盟发布白皮书《后 5G 白皮书～写给 2030》（*Beyond 5G White Paper～Message to the 2030s*），讨论了业务趋势、电信行业的市场趋势和其他行业的趋势，识别出各个行业的独特用例并总结出 Beyond 5G 要求的能力和关键性能指标（Key Performance Indicator，KPI），如表 4-5 所示，并分析了面向 Beyond 5G（B5G）的技术趋势，分析了这些技术将要发挥的价值和扮演的角色。

特别值得注意的是，白皮书还对所列的需求指标的适用范围进行了定义，如图 4-60 所示。

表 4-5　面向 B5G 的能力需求[103]

分　类	需　求	各行业性能需求
定量需求	超高速率及超大容量	10～100 Gbps［全息通信无压缩传输（媒体）］ 50 Gbps［远程监控和远程控制（汽车）］ 10～100 Gbps［智能物流（零售和批发配送）］ 数十 Gbps［远程手术（医疗）］ 48～200 Gbps（体积视频） 数十 Gbps［低中轨道通信（太空）］ 10 Mbps［自然灾害预警（社会）］
	超低时延	ms 级*［局域网内全自动物流操作（仓储和物流）］ 数 ms*［超高速列车紧急停车（铁路）］ 100 ms*［沉浸式远程控制系统（能源）］ 1 ms［远程监控和远程控制（汽车）］ 100 μs*［局域通信（运动控制机械）］ 1 ms*［机器人远程控制（半导体）］ MTP（Motion-To-Photon）时延 10 ms*，TTP（Time-To-Present）时延 70 ms*（体积视频） *包括应用层处理时延
	时间同步精度	与高精度时间同步协议（PTP）兼容的时间同步，以保证内部时钟的准确性，包括无线电段（μs 级）［物流设施全自动运行（仓储和物流）］
	超高安全及韧性	10^{-6}［远程监控和远程控制（汽车）］ 10^{-7}［远程手术（医疗）］ （单位：误块率）
	定位及感知	定位精度为 1～2 cm［土木工程（建筑和房地产）］ cm 级的传感精度［在农村地区单独行驶或夜间行驶的车辆（汽车）］
	超大规模连接	每平方千米 10^5～10^7 设备数［体内设备（医疗）］
	覆盖	超声速客机，飞行高度高于现有客机约 10 km，覆盖外太空 100 km 以上区域（飞机）100%陆地覆盖（电信和 IT） 外太空和月球覆盖（太空） 一架高空平台飞机（HAPS）覆盖半径数十至数百 km、距离地面数 km 的空域（HAPS）

用户体验KPI(端到端): 数据速率、时延/抖动、可靠性、覆盖、移动性、定位精度

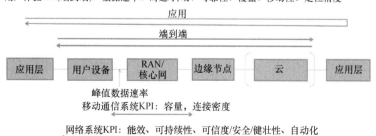

目标KPI的适用范围

图 4-60　需求指标的适用范围的定义[103]

白皮书从系统平台和应用、可信任（安全、隐私和可获得）、网络能效提升、基于非地面网络（Non-Terrestrial Networks，NTN）覆盖扩展、网络架构、无线和光等方面全面阐释了未来技术发展趋势。特别是针对无线和光通信，进一步讨论了新的无线网络拓扑、支持更宽的带宽和更高频谱效率的技术、空口的增强、支持极度超低时延和超高可靠性的技术、高能效和低功耗技术、感知通信一体化、网络管理、基于内生 AI 的通信、光通信技术、光载无线（Radio-over-Fiber，RoF）、光无线和混沌通信。

此外，白皮书还建议了如图 4-61 所示的未来网络架构，它具备如下几个特征。

- 网络架构：虚拟化 RAN 和核心网络、使用虚拟化 RAN（vRAN）进行计算资源分配、服务实体之间的 IP 连接、网络 AI 架构。

- 以用户/应用为中心的通信架构：以用户为中心的架构，应用感知网络优化。

- 自主网络运营。

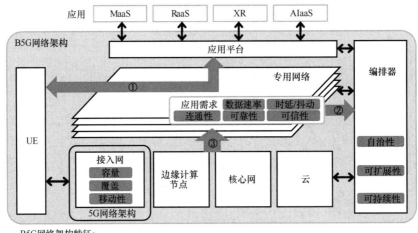

图 4-61　未来网络架构[103]

4.3.4　美国 Next G

2020 年 10 月，美国电信行业解决方案联盟（ATIS）成立 Next G 联盟（Next G Alliance），其目标是在未来十年内建立北美在 6G 及未来移动通信技术领域的领导地位[104]。Next G 联盟将聚焦于研发、标准化和商用化等方面，积极制定 6G 国家路线图，确立 6G 技术核心，影响政府政策和投资，促进 Next G 技术商用化。目前 Next G 联盟已有 42 家成员，以北美企业为主，还包括欧日韩等国家/地区的知名科技和电信企业。

Next G 联盟的组织架构如图 4-62 所示，其目标是确保北美在关键消费者和工业领域的 6G 技术领先，促进和加强北美地区在本地和全球的经济利益。为了取得成功，Next G 联盟认为需要反思现有的北美模式，在产业将引领北美 6G 的研究、开发和商业化的同时，政府应通过政策和伙伴关系，在推动和支持相关努力方面发挥重要作用。为了提升北美在 6G 领域的领导地位，政府应至少支持 3 个关键领域。

（1）政府决策者和产业需要携手共建北美 6G 领导力愿景，构建政策框架支持产业创新，包括与其他具有类似目标的伙伴国家进行协调，并取得政策优先级的一致。

（2）为了确保这些北美政策优先事项被设计到 6G 框架中，政府必须积极支持国内研究和开发，包括大量资金、政府指导和税收优惠政策。

（3）政府需要开始实施过程激励，促进在 6G 商业化和部署方面的公众和私人投资。虽然 6G 可能要等到十年之后，但为确保北美在该方面处于领先地位，政府需要现在就采取行动，如规划充足和适当的频谱。

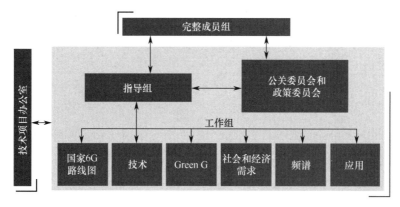

图 4-62　Next G 联盟的组织架构[104]

Next G 联盟在其报告《6G 之路》（*Road to 6G*）[105]中提出了其未来愿景，如图 4-63 所示，包括 6 个方面。

（1）提高网络的信任、安全性和弹性，使未来的网络在任何情况下都能得到个人、企业和政府的充分信任。

（2）增强的数字世界体验，包括实现人类协作形式变革的多感官体验、人机协作，以及机器与机器的交互，这些将改变工作、教育和娱乐，提高生活质量并创造伟大的经济价值。

（3）经济高效的解决方案应该涵盖网络架构的各个方面，包括终端设备、无线接入、蜂窝站点回传、能源消耗。这些方案必须进行改进并能在各种环境中提供服务，包

图 4-63　Next G 联盟的 6G 愿景[105]

括城市、农村、郊区，同时也支持未来网络预期的更高数据速率和服务。

（4）构建在虚拟化基础之上的分布式云和通信系统将增加灵活性，关键性能和弹性，特别是一些特定的场景和用例，如混合现实、uRLLC、交互式游戏和多感官应用。

（5）需要一个人工智能原生（AI-Native）无线网络来增加无线和云技术的稳健性、性能和效率，以应对更加多样化的业务类型、超密集部署拓扑，以及更具挑战性的频谱条件。

（6）与能源效率和环境相关的可持续性在整个 6G 生命周期中必须优先考虑，以使移动通信行业在 2040 年实现碳中和。

此外，该报告还给出了针对不同目标的使能技术，如表 4-6～表 4-11 所示。

表 4-6　信任、安全和弹性的技术考虑

技 术 挑 战	具 体 描 述	技 术 考 虑
服务可用性	端到端可观察性是建立 KPI 的关键，这些 KPI 可以形成可信度的综合衡量标准	用于增强 RAN、云、核心和服务指标可观察性的数据管道
	资源分配是一个端到端的问题，涉及无线、计算、存储和传输功能	为关键服务提供高效、稳健的资源配置
	通过服务跟踪、控制数据和服务公开界面	服务质量提升
弹性	使用数据驱动技术来评估网络对每项服务的能力、限制和运行状态；预测和修改网络行为以满足体验质量的自动化和动态方法	网络性能优化
	将机器学习技术用于数据驱动的风险识别和缓解方法，以克服漏洞、故障和干扰	威胁检测和响应
	危机期间的救灾和容错	本地生存能力
	使用 AI/ML 进行可预测和可验证的全球供应链、自动化安全操作、自动化软件生成和验证	6G 中的自动化
值得信赖的人工智能/机器学习（AI/ML）	来自网络托管 AI 模型的可解释和符合道德的行为，以及对 AI 功能的服务公开审计；隐私保护，以及对将机器学习用于合法和道德目标的强有力的制衡	可解释的人工智能
	第三方功能的数据保护，包括机器学习的数据集和模型参数的机密处理	AI/ML 的安全性和机密性
安全和隐私	所有硬件和软件组件的信任链；盲签名、零知识证明和群签名等技术	基于信任根的身份
	保护传输、静态和使用中的数据。同态加密、多方计算、联邦学习	隐私保护技术和协议栈
	干扰检测和缓解	物理层安全
	关键任务网络切片的机密计算	隐私计算
	使用受信任的执行环境降低可能使用量子计算机破坏传统密码方法的风险	后量子密码技术
可观察性和资源优化	持续监控可观察和可衡量的指标，这些指标可以根据关键性能和安全指标的合规性进行分析	机器学习和数据分析
	资源的实时优先级，以在对等设备到网络通信中实现高水平的性能和弹性	覆盖所有信息和电信服务的解决方案

表 4-7　数字世界体验（Digital World Experience，DWE）的技术考虑

技术挑战	具体描述	技术考虑
网络物理技术的创新	涉及通过超越视觉和声音的创新传感和反馈方法来混合虚拟/数字和物理世界	点技术创新（如全息通信、触觉接口）。以跨技术融合链接定位/传感和 XR/触觉为例的方法
知识系统技术的发展	其目的是基于新的 AI/ML 技术加速智能数据处理和任务自动化，这些技术吸收和综合来自网络物理子系统的数据	设计具有内生 AI/ML 支持器（如语义）和工具（如预测模型）的 6G 系统，以管理交付 DWE 所涉及的资源
启用极端自动化技术	极端自动化适用于技术堆栈和服务交付链中的处理活动，旨在提供直观和无缝的数字体验。例如，分布式计算和通信技术使网络运营商能够自动化网络资源的动态编排。其他示例适用于订阅和服务激活任务、隐藏最终用户的复杂性，以及执行更细粒度的隐私和安全管理策略	促进对通信、计算、设备、接口、服务的使能技术和频谱资源
提供支持工具和流程	API 和 SDK 使开发人员能够利用新的 6G 功能创建创新服务。消费者可以依靠消费者保护控制和工具来信任和管理他们的数字世界体验	提高针对不同用户类别（如 6G 系统运营商、开发人员、最终消费者用户）的工具的可用性和可访问性
计算和通信平台能力的演进	多个用例场景共同拥有的横向推动因素，它们可以应用于多用户和多服务提供商的操作环境	个性化技术的开发和部署（如身份、个人数据的处理）
基于展示增强应用的市场创造和 6G 功能	向更广泛的市场展示 DWE 价值的应用，结合了 6G 创新系列的各个方面	面向服务的机器人，结合了超高速数据通信、同步定位和地图绘制，以及高度自动化。 实时个性化。 融合现实远程呈现。 使用 XR 和可穿戴设备进行沉浸式通信

表 4-8　经济高效的解决方案的技术考虑

技术挑战	具体描述	技术考虑
容量	不断增长的交通需求将影响城市和郊区，消耗容量。必须通过提高每单位面积的频谱效率来不断降低每比特成本。小区分裂和技术改进都有助于提高效率	小区致密化（详见覆盖部分）。 无线技术： • 先进的大规模 MIMO； • 新的波形、编码、调制、多址方案； • 空中接口中的 AI； • 超低分辨率数据转换器。 频谱效率： • 频谱共享：许可、未许可、本地，与 5G 或非协作系统的共存； • 载波聚合，超宽带载波； • 更高的频谱
覆盖	频谱效率需要通过增加大量新环境中的覆盖可靠性技术来提高，以此来缓解对频率资源的压力	小区致密化： • 低时延/成本回程； • 开放和虚拟化 RAN； • 接入与回传一体化（IAB）； • 智能中继器； • 可重构智能表面（RIS）； • 改进的基于人工智能的规划和自我优化

（续表）

技 术 挑 战	具 体 描 述	技 术 考 虑
缺乏供给侧竞争	通过创新的网络架构和标准接口降低部署成本并增加竞争力	商业模式创新网络架构： • 楼宇自有网络的更紧密集成； • 非地面网络，包括地面和非地面网络之间的协作
缺乏供给侧竞争	通过创新的网络架构和标准接口降低部署成本并增加竞争力	• 分布式云平台； • 网络分解； • RAN-核心网拆分； • 无线网格网络（Mesh）和直连技术（Sidelink）； • 协作通信； • 轻量级协议栈； • 嵌入式子网连接
低用户密度经济学	开发部署架构，以最大限度地覆盖未连接的人口稀少的农村地区	商业模式创新
分销成本结构	为广域区域提供容量将需要具有成本效益的远程回程，以支持人口稀少地区的小区。农村社区应利用交钥匙工程允许部署很少定制小区规划的解决方案	• 工程参考设计有助于轻松部署一组典型的农村部署场景； • 为农村社区和主要交通干线提供当地配送点的"洲际"信息
室外到室内覆盖的穿透损失	容量必须从室外空间连接到室内空间。一旦进入室内，就必须进行有效分配以适应人们生活和工作的室内环境结构	授权和非授权频谱的协同使用
共享空间中的物理和组织分区	由场地所有者、工业合作伙伴或管理公司以合作伙伴关系部署的提供商业级服务的室内空间分配系统	楼宇自有网络的更紧密集成（互操作性，商业模式）

表 4-9   分布式云和通信系统的技术考虑

技 术 挑 战	具 体 描 述	技 术 考 虑
大规模网络计算结构的部署	实现分布式和互连的移动网络和云系统的大规模合并，并实现无处不在的访问	• 联合与协调； • 同构计算环境； • 自治和自治网络； • 用于网络计算结构优化的 ML； • 无缝计算分配和卸载
边缘设备的创新、集成和/或互操作性	统一跨设备、网络计算资源和数据中心的计算扩展	支持设备到边缘、到云的连续统一体
使用自主决策技术	在各级网络中应用大量数据，以提高决策速度、隐私和安全性及可靠性	分布式学习、联邦学习和拆分 AI/ML
提供信任根	支持零信任、云原生架构	• 数据信任结构； • 安全和签名遥测； • 分布式账本和区块链

（续表）

技 术 挑 战	具 体 描 述	技 术 考 虑
启用实体之间的安全通信	支持对云原生架构的零信任、云和物理网络元素之间的通信	• 基于应用程序和会话的端点安全； • 用于服务和客户隔离的网络切片
提供具有相应监控能力的策略控制	支持编排功能和监控合规性，以及安全性能所需的能力	• 具有集成 AI/ML、分析的闭环控制回路； • 自适应策略和上下文软件策略； • 网络和平台资源的统一遥测

表 4-10　AI-Native 无线网络的技术考虑

技 术 挑 战	具 体 描 述	技 术 考 虑
兼容性和互操作性	当端到端链路通过学习动态调整时，一个关键挑战是在确保广泛和全球互操作性的同时能够利用频谱效率增益	• 多样化的数据收集； • 分布式和有监督的端到端学习； • 迁移和联合学习； • 内生 AI 界面； • 合作推理和学习； • 基于 AI 的隐私和安全
最低性能保证	就其本质而言，AI/ML 算法不能以与传统算法相同的方式进行严格定义。这就需要进行更全面的绩效评估。在不利条件下的复原力应该是一个关键的考虑因素。可能需要故障安全备份机制	• 部署的 AI/ML 算法的性能监控； • 故障安全备份机制； • 动态模型适配
数据集和 AI/ML 验证	由于数据在 AI/ML 中的关键作用，数据集的创建、数据的覆盖深度和广度，以及用于 AI 驱动方法的互操作性、验证和测试用例的方法都需要在数据和模拟器的上下文仔细考虑	• 多样化的数据收集 • 概念证明 • 广泛的验证框架
计算复杂度	ML 推理引擎可以具有非常高的计算要求，但需要根据预计的 ML 硬件加速器的能力快速增长，与现有方法的复杂性进行评估	• 专用硬件加速器 • 分布式和有监督的端到端学习 • 计算复杂性评估 • 时延减少
间接费用管理	在启用 AI 系统的某些方面，可能会增加开销，如传感器数据，并且也可能会减少开销如空中下载（Over-The-Air，OTA）的参考通道。在刺激响应时延、开销和性能增益等因素之间存在的权衡问题，必须进行研究	• 内生 AI 空中接口 • 分布式和有监督的端到端学习 • 数据驱动的建模 • 迁移和联合学习
提供具有相应监控能力的策略控制	支持编排功能和监控合规性和安全性所需的能力	• 具有集成 AI/ML、分析的闭环控制回路； • 自适应策略和上下文软件策略； • 网络和平台资源的统一遥测

表 4-11　可持续性的技术考虑

技 术 挑 战	具 体 描 述	技 术 考 虑
节能	为提高能效而设计的无线技术和组件，包括数据转换器、系统芯片（SOC）和功率放大器	新的波形、编码、调制和多址方案、预失真、超低分辨率数据转换器、具有更高集成度的 SOC 和更高维的大规模 MIMO
	具有优化计算、网络、存储和数据中心设施的节能基础设施	基础设施组件的动态优化，以满足 6G 网络的需求，但没有闲置资源

（续表）

技 术 挑 战	具 体 描 述	技 术 考 虑
节能	使用 AI/ML 动态优化网络，从而降低基站、设备和核心网络的能耗	6G 网络动态优化，保证服务最优可用性，无闲置资源
	调整连接协议以允许空闲连接并显著降低设备和无线电功耗，节省电池和减小射频功率	射频协议和频谱功率优化
	具有真正超低功耗接口的设备能量收集可减少电池消耗或在其使用寿命期间最大限度地减少更换电池的次数	再生/零功量设备
	端到端的可观察性，以建立可以形成组件能耗和效率的综合衡量标准的 KPI	用于增强 RAN、云、核心和服务指标可观察性的数据管道
减少环境影响	改善液体冷却等用水量或监控用水量。绿色网格（Green Grid）引入的用水效率等指标可用于跟踪节水进度	基于 KPI 报告的产品和服务的生命周期评估的"生态评级（Eco Rating）"分类
	减少对土地的直接和间接影响。改进制造电子产品所需稀有材料的开采过程。跟踪并减少材料和稀有材料提取对环境的影响。发展为生物塑料和可持续的材料。提高可回收性，减少废物，并尽量减少废物对环境的影响	
	消费者应该对环境更加负责，保护他们的健康并减少能源消耗。为消费者提供工具来监控他们的消费并采取行动，以减少他们对环境的影响	包括应用程序使用的网络切片符合特定的绿色证书，为消费者提供绿色通信渠道的选择
技术赋能	使用支持通信基础设施的绿色证书和指标来衡量和选择最有效的资源	实时供应链管理和 KPI 报告

此外，Next G 联盟认同 IMT-2030 在 2030 年完成 ITU-R 标准的目标，并向 ITU-R WP5D 提交了 6G 的时间计划建议[104]，如图 4-64 所示。

图 4-64　Next G 联盟建议的 ITU-R IMT-2030 时间表[104]

在技术研究方面，Next G 联盟将关注现有 5G 的演进技术和革命性的技术，包括新的空中接口、网络架构、频谱接入、X-haul、信任/隐私/安全平台、分布式通信和云以及传感技术。因为有许多与 6G 系统相关的技术领域，所以可以将关键技术元素分为 5 类：

- 器件技术；

- 无线技术；

- 系统和网络架构（SNA）；

- 运营、管理、维护（OAM）和服务支持（SE）；

- 可信。

在具体的无线技术方面，Next G 联盟重点关注如下方向：

- 用于频谱扩展和效率提升的无线技术，如 THz/sub THz、毫米波增强、频谱共享、高级 MIMO 技术、高级双工方案、波形、编码、调制和多址；

- 人工智能和分布式云的无线技术，如 AI-Native 的空口、跨设备和网络的分布式计算和智能的空中接口使能；

- 绿色通信无线技术，如绿色网络、设备节能、零功耗通信、超低分辨率通信系统；

- 用于高级拓扑和网络的无线技术；

- 通信–感知一体化（JCS）。

在系统和网络架构方面，Next G 联盟重点关注网络拓扑、网络适应性、分布式云与计算、网络与设备中的人工智能（包括基于 AI 的 PHY/MAC、AI 辅助的移动性管理、AI 优化的资源调度、基于 AI 的编排、基于 AI 的安全）。

网络运营、管理和服务支持网络也是重要的研究内容，具体包括：

- 用于自动化的服务管理/编排、数据管理和基于 AI/ML 的智能网络控制器；

- 紧急情况和灾难情景中的公共安全；

- 商业服务融合的技术推动者；

- 绿色节能网络。

在网络可信方面，关注的重点在于通信安全（专门设计的波束赋形和 MIMO 预编码方法、基于无线信道的内在随机性生成加密密钥和验证用户的程序、基于指纹的对称密钥生成、量子密钥分发和量子加密）、系统可靠性、保护数据和隐私。

在频率方面，Next G 联盟将研究和评估频谱对 6G 需求的适用性，并评估最大化北美 6G 机会所需的频谱管理和接入机制，制定监管政策路线图，其具体工作思路如

图 4-65 所示。

图 4-65　Next G 联盟的频谱工作思路[104]

此外，在《6G 之路》[105]中，Next G 联盟介绍了面向未来的 4 大类应用场景。

- 联网机器人和自主系统：群组服务机器人的在线协同操作、适用于危险环境的现场机器人。

- 多感官扩展现实：超逼真的互动运动——无人机竞速、沉浸式游戏/娱乐、混合现实协同设计、混合现实远程呈现、6G 沉浸式教育、用于娱乐服务的飞行器中的高速无线连接。

- 分布式传感和通信：远程数据采集、无线可穿戴设备和植入物、消除北美数字鸿沟、公共安全应用、同步数据通道、医疗保健——体内网络。

- 个性化的用户体验：个性化的酒店体验、个性化的购物体验。

基于上述应用场景，《6G 之路》[105]还推导出 6G 应具备的性能需求指标种类及其范围，如表 4-12 所示。

表 4-12　Next G 联盟建议的 6G 性能需求指标种类及其范围

种类	指 标 名 称	需求指标的范围建议
性能	下行链接（DL）用户体验数据速率	• 非常低：< 100 kbps • 低：< 10 Mbps • 中：10～50 Mbps • 高：51～100 Mbps • 非常高：101～1000 Mbps • 超高：>1000 Mbps
	上行链接（UL）用户体验数据速率	• 非常低：< 100 kbps • 低：< 10 Mbps • 中：10～50 Mbps • 高：51～100 Mbps • 非常高：101～1000 Mbps • 超高：>1000 Mbps

种类	指 标 名 称	需求指标的范围建议
性能	同步精度	• 低：>1 ms • 中等：>100 μs • 高：>10 μs • 非常高：>1 μs • 超高：< 1 μs • N/A：不适用
	服务连续性	• 不需要 • 需要
	移动性（类型/速度）	• 固定（包括游牧） • 行人：0～10 km/h • 车辆：10～120 km/h • 高速车辆：120～350 km/h • 超高速：350～500 km/h • 极高速：>500 km/h
	DL 端到端数据包 时延	• 非常低：< 1 ms • 低：< 10 ms • 中等：< 50 ms • 高：< 100 ms • 非常高：< 500 ms • 尽力而为
	UL 端到端数据包 时延	• 非常低：< 1 ms • 低：< 10 ms • 中等：10～100 ms • 高：100～500 ms • 尽力而为
	端到端数据包抖动	• 高：非常敏感（μs） • 中等：敏感（ms） • 不敏感
	可用性	• 低：< 90% • 中：90%～95% • 中高　95%～99.9% • 高：>99.9% • 非常高：>99.999% • 极高：>99.99999% • 尽力而为
	DL 端到端数据包 可靠性	• 非常低：< 10% • 低：< 1% • 中等：< 10^{-3} • 高：< 10^{-6} • 非常高：< 10^{-8} • 尽力而为

种类	指 标 名 称	需求指标的范围建议
性能	UL 端到端数据包可靠性	• 非常低：＜10% • 低：＜1% • 中等：＜10^{-3} • 高：＜10^{-6} • 非常高：＜10^{-8} • 尽力而为
定位和感知	定位精度	• 固定：无须定位 • 宽松：3～30 m • 中等：1～3 m • 严格：0.1～1 m • 非常严格：1 mm～10 cm
	范围分辨率	宽松：50～200 m 中等：10～50 m 严格：0.1～10 m 非常严格：1 mm～10 cm
	物体感应精度	宽松：＜10% 严格：＜1%
连接性	生存时间	非常低：＜0.1 ms 低：0.1～1 ms 中等：1～50 ms 高：50～100 ms 非常高：＞100 ms
	连接类型	BAN、PAN、LAN、WAN、多个
	侧链连接	必需的、可能有益、不适用
	关键性	非关键、安全关键、任务关键
	优先服务（NS/EP）	是/否
	连接密度/（个/m²）	低：＜1000 中：1000～10000 高：≥ 10000 非常高：≥ 1×10^{6} 超高：≥ 10×10^{6} 可变
通信	通信方向	单向、双向
	常用通信方式	单播、组播、广播
	数据上报方式	时间驱动、查询驱动、事件驱动、混合驱动
服务	边缘计算服务	必需的、不适用
	人工智能/机器学习服务	必需的、不适用
	适应性	基于网络、基于设备、两者、不需要 API
终端/设备	设备寿命	短：2～4 年 中：4～8 年 长：8 年以上

（续表）

种类	指 标 名 称	需求指标的范围建议
终端/设备	设备功率限制	无限制 受限：＜2 W 受限：＜500 mW 非常受限：＜50 mW
	设备支持的订阅数量	1 或>1
	设备配置和定制	不需要、需要部署前、需要部署后

Next G 联盟联合北美、欧美和日韩等国的大多数企业参与了相关的 6G 工作，具有很强的实力，预计对未来的 6G 研究、标准化和产业化产生重要影响。

4.4　本章小结

本章全面总结了国内外企业、重要组织和标志性项目的 6G 研究进展。在整个 6G 的布局上，我国基本和国际保持同步，但各国都在全面布局并提出发展目标，特别是日韩，预期 6G 将面临更加激烈的国际竞争环境。6G 的研究还处于研发的初期，还在定义 6G 的愿景和需求，尽管描述不同，愿景的定义基本都围绕"数字孪生、智慧泛在"展开，关键技术的研究还处于百家争鸣、百花齐放的阶段。从目前的关键技术研究布局来看，空口物理层的技术还没有看到突破性的技术出现，更多的是针对特定应用场景的优化和完善，而网络架构方面则出现了大量的新理念和新范式，预期 6G 网络架构将会出现较大的变革。

本章参考文献

[1]　刘光毅，王莹莹，王爱玲. 6G 进展与未来展望[J]. 无线电通信技术，2021，47(6): 665-678.

[2]　刘光毅. 6G 愿景与需求畅想[R]. 2019 .

[3]　IU G Y, HUANG Y H, LI N, et al. Vision, requirements and network architecture of 6G mobile network beyond 2030[J]. China Communications, 2020, 17(9): 92-104.

[4]　刘光毅，黄宇红，崔春风，等. 6G 重塑世界[M]. 北京：人民邮电出版社，2021.

[5]　中国移动研究院. 2030+的愿景与需求白皮书[R]. 2019.

[6]　ELSAYED M, EROLKANTARCI M. AI-Enabled Future Wireless Networks: Challenges, Opportunities, and Open Issues[J]. IEEE Vehicular Technology Magazine, 2019, 14(3): 70-77.

[7]　ZHANG Z, XIAO Y, MA Z, et al. 6G Wireless Networks: Vision, Requirements, Architecture, and Key Technologies[J]. IEEE Vehicular Technology Magazine, 2019, 14: 28-41.

[8]　中国移动研究院. 2030+愿景与需求白皮书 2.0[R]. 2020 .

[9]　中国移动研究院. 2030+技术趋势白皮书[R]. 2020 .

[10]　中国移动研究院. 2030+网络架构展望白皮书[R]. 2020.

[11] 北京邮电大学-中国移动研究院联合创新中心. 面向 6G 的可见光通信系统白皮书[R]. 2021 .

[12] 北京邮电大学-中国移动研究院联合创新中心. 基于 AI 的联合信源信道编码白皮书[R]. 2021.

[13] BASHARAT S, HASSAN S A, PERVAIZ H, et al. Reconfigurable Intelligent Surfaces: Potentials, Applications, and Challenges for 6G Wireless Networks[J].IEEE Wireless Communications, 2021, 28 (6): 184 - 191.

[14] 中国移动研究院. 6G 全息通信业务发展趋势白皮书（2022）[R]. 2022 .

[15] 中国移动研究院. 6G 至简无线接入网白皮书（2022）[R]. 2022 .

[16] 中国移动研究院. 6G 服务化 RAN 白皮书（2022）[R]. 2022.

[17] 中国移动研究院. 基于数字孪生网络的 6G 无线网络自治白皮书（2022）[R]. 2022.

[18] 中国移动研究院. 6G 无线内生 AI 架构与技术白皮书（2022）[R]. 2022 .

[19] 中国移动研究院. 6G 物理层 AI 关键技术白皮书（2022）[R]. 2022 .

[20] 中国移动研究院. 6G 信息超材料技术白皮书（2022）[R]. 2022 .

[21] 中国移动研究院. 6G 可见光通信技术白皮书（2022）[R]. 2022.

[22] 中国移动研究院. 影响未来信息通信发展的十大跨界创新方向（2022）[R]. 2022.

[23] 华为技术有限公司. 6G: 无线通信新征程[R]. 2022.

[24] 华为技术有限公司. 6G 太赫兹通信感知一体化，开启无线新可能[EB/OL]. (2022-03) .https://www.huawei.com/cn/technology-insights/future-technologies/6g-isac-thz.

[25] LI O, HE J, ZENG K, et al. Integrated Sensing and Communication in 6G A Prototype of High Resolution THz Sensing on Portable Device[C]// 2021 Joint European Conference on Networks and Communications & 6G Summit (EuCNC/6G Summit). 2021: 544-549.

[26] 华为技术有限公司. 超低功耗高速短距无线，使能 6G 沉浸式体验[EB/OL]. (2022-03) .https://www.huawei.com/cn/technology-insights/future-technologies/6g-short-range-communications.

[27] 华为技术有限公司. 6G 光无线通信感知一体化，拓展无线通信频谱新边界[EB/OL]. (2022-03). https://www.huawei.com/cn/technology-insights/future-technologies/6g-isac-ow.

[28] 中信科移动. 全域覆盖 场景智联—6G 场景、能力与技术引擎白皮书(V.2021) [R]. 2021.

[29] 方敏，段向阳，胡留军. 6G 技术挑战、创新与展望[J]. 中兴通讯技术，2020，26(3): 61-70.

[30] 徐俊，彭佛才，许进. 5G NR 信道编码研究[J]. 邮电设计技术，2019，3: 16-21.

[31] VIVO. 数字生活 2030+[R]. 2020.

[32] VIVO. 6G 愿景需求与挑战[R]. 2020.

[33] OPPO. AI-Cube 赋能的 6G 网络架构[R]. 2021.

[34] XIAO H, WANG Z, TIAN W, et al. AI enlightens wireless communication: Analyses, solutions and opportunities on CSI feedback[J]. China Communications, 2021, 18(11): 104-116.

[35] LIU W, TIAN W, XIAO H, et al. EVCsiNet: Eigenvector-Based CSI Feedback Under 3GPP Link-Level Channels[J]. IEEE Wireless Communications Letters, 2021, 10(12): 2688-2692.

[36] OPPO. 零功耗通信[R]. 2022.

[37] IMT-2030 推进组. 6G 总体愿景与潜在关键技术[R]. 2021.

[38] IMT-2030 推进组. 6G 网络架构愿景与关键技术展望[R]. 2021.

[39] IMT-2030 推进组. 通信感知一体化技术报告[R]. 2021.

[40] IMT-2030 推进组. 超大规模天线技术研究报告[R]. 2021.

[41] IMT-2030 推进组. 太赫兹通信技术研究报告[R]. 2021.

[42] IMT-2030 推进组. 无线 AI 技术研究报告[R]. 2021.

[43] IMT-2030 推进组. 智能超表面技术研究报告[R]. 2021.

[44] IMT-2030 推进组. 6G 网络安全愿景技术研究报告[R]. 2021.

[45] 未来移动通信论坛. 网站首页[EB/OL]. [2023-1-30]. 未来移动通信论坛官网（future-forum）.

[46] 未来移动通信论坛. 多视角点绘 6G 蓝图[R]. 2019.

[47] 未来移动通信论坛. 6G：Gap Analysis and Candidate Enabling Technologies[R]. 2019.

[48] 未来移动通信论坛. Preliminary Study of Advanced Technologies towards 6G[R]. 2019.

[49] 未来移动通信论坛. Visible Light Communications A Brighter Future[R]. 2019.

[50] 未来移动通信论坛. ICDT 融合的 6G 网络[R]. 2019.

[51] 未来移动通信论坛. 6G 总体白皮书[R]. 2019.

[52] 未来移动通信论坛. 6G 智能轨道交通白皮书[R]. 2019.

[53] 未来移动通信论坛. 终端友好 6G 技术[R]. 2019.

[54] 未来移动通信论坛. 面向 6G 的数字孪生技术[R]. 2019.

[55] 未来移动通信论坛. 零功耗通信[R]. 2019.

[56] 6GANA. Home[EB/OL].[2023-1-30].https://www.6g-ana.com.

[57] 6GANA. 网络 AI 概念术语白皮书[R]. 2022.

[58] 6GANA. 6G 网络原生 AI 技术需求白皮书[R]. 2022.

[59] 6GANA. 6G 网络内生 AI 网络架构十问[R]. 2022.

[60] 6GANA. 6G 数据服务概念与需求白皮书[R]. 2022.

[61] 6GANA. B5G/6G 网络智能数据采析[R]. 2022.

[62] 6GANA. 知识定义的编排与管控白皮书[R]. 2022.

[63] University of Oulu. 6Genesis Flagship Program[EB/OL].(2019-1-17).[2023-1-30]. 6G Flagship 官网.

[64] 6G Mobile Communications Event. A first for Finland and the World[EB/OL].(2019-3-24).[2023-1-30]. 6G Summit 官网.

[65] 6G Flagship. Key drivers and research challenges for 6G ubiquitous wireless intelligence[R]. 2019.

[66] 6G Mobile Communications Event. Home[EB/OL].(2020-3-17).[2023-1-30]. 6G Summit 官网.

[67] 6G Flagship. White Paper on 6G Drivers and the UN SDGs[R]. 2020.

[68] 6G Flagship. White paper on business of 6G[R]. 2020.

[69] 6G Flagship. 6G white paper on validation and trials for verticals towards 2030's[R]. 2020.

[70] 6G Flagship. 6G white paper on connectivity for remote areas[R]. 2020.

[71] 6G Flagship. White paper on 6G networking[R]. 2020.

[72] 6G Flagship. White paper on machine learning in 6G wireless communication networks[R]. 2020.

[73] 6G Flagship. 6G white paper on edge intelligence[R]. 2020.

[74] 6G Flagship. 6G white paper: research challenges for trust，security and privacy[R]. 2020.

[75] 6G Flagship. White paper on broadband connectivity in 6G[R]. 2020.

[76] 6G Flagship. White paper on critical and massive machine type communication towards 6G[R]. 2020.

[77] 6G Flagship. 6G white paper on localization and sensing[R]. 2020.

[78] 6G Flagship. White paper on RF enabling 6G: opportunities and challenges from technology to spectrum[R]. 2021.

[79] NOKIA Bell Labs. Communications in 6G Era[R]. 2020.

[80] NOKIA Bell Labs. Toward a 6G AI-Native Air Interface[R]. 2021.

[81] NOKIA Bell Labs. Extreme massive MIMO for macro cell capacity boost in 5G-Advanced and 6G[R]. 2021.

[82] NOKIA Bell Labs. Joint design of communication and sensing for Beyond 5G and 6G systems[R]. 2021.

[83] NOKIA Bell Labs. Extreme communications in 6G: Vision and challenges for 'in-X' subnetworks[R]. 2021.

[84] NOKIA Bell Labs. Technology innovations for 6G system architecture[R]. 2022.

[85] NOKIA Bell Labs. Security and Trust in the 6G era[R]. 2021.

[86] Ericsson. Cognitive Networks[R]. 2021.

[87] Ericsson. 5 network trends towards the 6G era[R]. 2021.

[88] Ericsson. 6G-Connecting a cyber-physical world[R]. 2022.

[89] Hexa-X. Vision[EB/OL]. [2023-1-30]. Hexa-X 官网.

[90] Hexa-X. Objectives[EB/OL]. [2023-1-30]. Hexa-X 官网.

[91] Hexa-X. Targets and requirements for 6G - initial E2E architecture[R]. 2022.

[92] Hexa-X. AI-driven communication & computation co-design: Gap analysis and blueprint[R]. 2021.

[93] Hexa-X. Special-purpose functionalities: intermediate solutions[R]. 2022.

[94] Hexa-X. Design of service management and orchestration functionalities[R]. 2022.

[95] Hexa-X. Gaps，features and enablers for B5G/6G service management and orchestration[R]. 2021.

[96] Hexa-X. Towards Tbps Communications in 6G: Use cases and Gap Analysis[R]. 2021.

[97] Hexa-X. Expanded 6G vision，use cases and societal values – including aspects of sustainability，security and spectrum[R]. 2022.

[98] Hexa-X. 6G Vision，use cases and key societal values[R]. 2021.

[99] Samsung Research. The Next Hyper – Connected Experience for All[R]. 2020.

[100] Samsung Research. 6G Spectrum – Expanding the Frontier[R]. 2022.

[101] NTT DOCOMO. 5G Evolution and 6G[R]. 2020.

[102] NTT DOCOMO. 5G Evolution and 6G V4.0[R]. 2022.

[103] B5GPC. Beyond 5G White Paper～Message to the 2030s [R]. 2022.

[104] Next G Alliance. 6G applications and use cases[R]. 2022.

[105] Next G Alliance. Road to 6G[R]. 2022.

第 5 章　如何定义 6G

随着 6G 研究逐渐成为热点，业界关于 6G 的看法也百花齐放，如有人认为 6G 就是太赫兹、6G 就是卫星通信、6G 就是 AI、6G 就是语义通信等。本章围绕如何定义 6G，从愿景、需求、频率、空口关键技术、网络架构等角度来介绍 6G，希望给读者一个系统和全面的认识。

5.1　业界关于 6G 观点的概述

移动通信经历了从 1G 到 5G 的演进发展，在不同的时代中，移动通信技术和系统设计取得了不同的突破，从最早的移动语音通信发展到了 5G 时代的万物互联。那么，面向 6G，移动通信又该有什么标志性的特征呢？学术界和工业界涌现出了许多鲜明的观点，这些观点在不同的角度都有其合理性，但又都具有极强的片面性，给业界带来了很大的困扰，甚至出现了误导。下面我们就来看看这些典型的观点。

5.1.1　第一个代表性观点——6G 就是太赫兹

第一个代表性观点是"6G 就是太赫兹"，持有这个观点的代表多为学术界的专家和教授。从移动通信系统的发展历史来看，传输速率是一个非常具有标志性的指标，每一代移动通信系统都把传输速率的提升作为一个很重要的指标，4G 的标志性峰值速率是 100 Mbps，而 5G 则是 10 Gbps（毫米波频段），提升了 2 个量级，所以 6G 的峰值速率当然要比 5G 提升 2 个量级达到 Tbps 级。那么如何实现 Tbps 级的传输速率呢？从 5G 的系统设计和配置来看，峰值速率的提升主要来自更大的带宽、更多的天线和更高的调制阶数。5G 已经在基站和终端侧采用了更多的天线，如 sub-6 GHz 基站的 192 个天线和 64 个通道、终端的 2 发 4 收；而毫米波虽然采用了更大的天线规模，如毫米波基站侧的上千个天线单元和终端侧的数十个天线单元，但单个用户能支持的并行传输数据流数却非常有限，通常为 1～2 个。从带宽来看，5G 在 sub-6 GHz 可以支持的最大单载波带宽是 100 MHz，而在毫米波则支持最大 400 MHz 的单载波带宽。从调制阶数来看，4G 支持 64 QAM（正交振幅调制），而 5G 则上升到 1024 QAM。那么 6G 如何进一步提升峰值速率呢？从上述分析的几个方面来看，由于蜂窝通信系统在基站天面和终端尺寸、成本、功耗等方面的限制，特别是终端实现条件的限制，很难在天线数和通道数上有太大的突破，调制阶数也受限于通信环境的干扰和器件对误差矢量幅度（Error Vector Magnitude，EVM）的影响，所以最大的期望是更大的带宽。5G 在标准中正在逐步将可支持的频率范围从几百兆赫兹拓展到 100 GHz，而更大连续带宽的频率只能到更高的频段去寻找，100 GHz 以上频段就成为寻找更大连续带宽的方向，于是太赫兹频段成为目标频段。狭义的太赫兹频段一般认为是 300 GHz 以上到 10 THz，但广义的太赫兹频段则放宽到了 100 GHz 以上。太赫兹频段存在大量未开发利用的频谱，可带来潜在的超大容量和超高速率，所以以太赫兹技术成为被学术界给予厚望的 6G 技术方向。

但是，如图 5-1 所示，太赫兹频段远高于现有的移动通信频段，由于电磁传播距离和雨雾导致的衰减更大，其传播的距离较为受限，类似于 5G 的毫米波，需要采用特定的设计来弥补覆盖的短板，如更大的天线阵列规模。另外，太赫兹频段的频率较高，其信号发生器件的工艺和材料介于电子学和光学之间，其器件的工艺和水平还很不成熟，特别是从目前的水平来看，其有效发射功率、器件的噪声水平等都比毫米波差，而且功率效率更低。尽管从现有的太赫兹技术的演示系统来看，有研究人员在考虑将太赫兹频段用于广域的传输，但综合考虑系统的成本、功耗等，太赫兹频段最适用于短距离的视距传输场景，提供超高容量和超高速率。此外，由于太赫兹频段具有频段高、波长短、带宽宽等特点，其应用于感知和探测可以带来较高的精度，是实现感知和通信一体化的优质候选频段。综上所述，太赫兹频段主要适用于短距离的高容量和高速率的视距传输场景，而很难用于广域系统的连续覆盖。

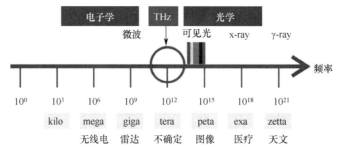

图 5-1 太赫兹频段分布

5.1.2 第二个代表性观点——6G 就是卫星通信

有很多学者认为，5G 和 4G 已经提供了非常好的地面网络覆盖，需要更高传输速率的业务也还没有出现，所以 4G 和 5G 的传输速率已经够用，6G 只需要在现有 5G 基础之上，用卫星通信解决更大范围的覆盖，实现真正的无缝覆盖就可以了。这一观点在学术界具有非常大的影响力，特别是在马斯克的星链计划实施之后，低轨卫星通信走向成熟，其卫星设计和制造、发射的成本都逐年下降，高通量卫星技术也已出现，因此卫星通信和组网再次成为各国政府和学者们关注的焦点，特别是从我国的政治和军事的角度考虑。从目前星链计划的应用来看，其还需要地面站来将卫星信号转接成 Wi-Fi 信号，无法直接服务手机类终端，相比现有的地面移动通信方式，其应用成本仍然很高，地面覆盖和部署条件还不够灵活。另外，卫星通信网络的覆盖方式仍然存在很大的挑战，如上行链路预算有限导致无法直接手机信号上星，无法直接提供室内信号覆盖，而必须将天线置于建筑物外能够直接接收卫星信号的位置，所以卫星通信系统必须和地面蜂窝系统协同才能真正保证用户的无缝覆盖体验。此外，卫星产业链相对封闭、产业化周期长、制式混乱、轨位有限且申请周期长等也是导致我国卫星通信产业发展缓慢的主要原因。综上所述，面向大规模的民用通信场景，卫星通信的典型特点决定了卫星通信仅能作为地面系统的重要补充，而不能成为主角。

5.1.3　第三个代表性观点——6G 就是 AI

近年来，摩尔定律的发展带来算力的快速增长，高复杂度计算在图形处理器（Graphics Processing Unit，GPU）等专用计算芯片的支持下得以实现，使得 AI 开始走向规模应用，各种研究 AI 算法和应用的公司如雨后春笋，仅北京就有上千家 AI 公司，AI 得到很多企业的追捧。另一方面，由于传统移动通信技术的研究和发展遭遇瓶颈，短期内很难有大的突破，跨界融合成为转型的方向，全球很多原本研究移动通信技术的学者纷纷转向 AI 和大数据研究，力图在通信和 AI 技术融合方面另辟蹊径，希望将已有 AI 算法和模型应用到通信系统中来解决通信网络面临的一些问题。通信圈也迅速掀起 AI 研究的热潮，AI 用于无线资源管理、信道预测与反馈、网络规划和优化、网络的管理维护等领域成为业界研究的热点。面向 AI 与通信的结合，有学者甚至提出一个理想的目标：基于收发端的传播环境特征，可以训练出一个神经网络来代替现有的所有通信处理流程，来实现最佳的调制、编码和 MIMO 等处理流程的组合，以及最高效的通信传输。但在实际的通信系统中，真正能够成熟应用的 AI 算法和模型还很少，绝大多数应用案例属于非实时复杂问题的推理和预测，如网络运维自动化中的故障原因分析、业务量预测等，AI 广泛应用于通信系统中还有待进一步结合场景的特点、数据的规模、功耗和复杂度的敏感性、处理时延等开展研究和验证。

面向 6G，AI 的潜在价值已经得到了业界的重视。面向 6G 网络的架构设计和能力拓展，AI 即服务（AI as a Service）已基本成为业界的共识，那就是通过"Native AI"的设计，把 AI 打造成 6G 网络的基础能力和服务，不仅服务于网络内部的应用场景（AI for Network，AI4Net），也可以作为能力开放给第三方或者直接服务于第三方客户（Network for AI，Net4AI）。预计 AI 能力将会和大数据、计算、感知和安全等能力一起进一步拓展 6G 网络的边界，更好地服务于更加丰富多彩的全新应用场景，支撑实现"数字孪生、智慧泛在"的社会发展愿景。综上所述，AI 将会是 6G 的一个重要的能力和特征，它的引入必将给整个 6G 系统的设计带来新的思考和灵感，会解决很多问题，但也可能会引出新的问题，这些都需要学术界和工业界进一步研究。

5.1.4　第四个代表性观点——6G 就是语义通信

过去的通信系统都忠实地服务于数据比特的传输，随着 AI 和大数据技术的进步，有可能对待传输数据的语义进行提取和压缩，仅仅需要对少量的语义进行传输，接收端根据同样的背景和上下文信息，基于同样的模型，就可以恢复接收到的语义信息，达到同样的信息传递效果。这种传输方式可以大幅度地压缩需要传输的数据量，带来传输效率的数倍提升。所以，语义通信成为当前学术界研究的热点之一，其基本原理图如图 5-2 所示。

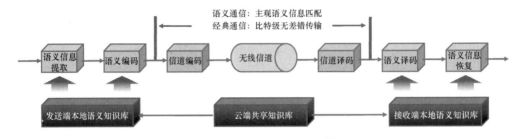

图 5-2　语义通信的原理图[1]

在发送端，信源产生的数据首先送到语义信息提取器，进行语义编码，即产生语义表征序列，接着送入语义编码器，对语义特征进行编码压缩，然后送入信道编码器，产生信道编码序列，送入传输信道。在接收端则进行相反的操作，信道输出信号首先送入信道译码器，输出的译码序列再送入语义译码器，得到的语义表征序列再送入语义信息恢复器，最终得到信源数据。目前，语义通信在视频传输方面取得了较好的进展，特别是针对视频会议场景，考虑到会议环境基本静止，只需要对人脸的一些动态变化进行识别和编码就可以较好地保证视频的效果，所以语义通信可以取得较好的数据速率压缩的效果。从目前报道的一些仿真和演示样机结果来看，可以降低数据传输速率 90%。

所以，语义通信是一种全新的通信架构，它通过将用户对信息的需求及语义融入通信过程，有望大幅度提高通信效率、改进用户的体验质量（Quality of Experience，QoE）。尽管语义通信具有较大的潜力，但是其发展仍然面临如下挑战：知识难共享、语境难感知且难识别、资源需求难满足、模型协同和隐私安全间存在矛盾[2]。目前语义信息论的研究还不完善，语义通信的应用场景还有待进一步挖掘，其在移动通信系统中的大规模应用预计还有较长的路要走。

以上观点都触及了 6G 的某个方面，但还无法描绘出 6G 的全貌，下面系统性地介绍 6G 的基本特征。

5.2　6G 愿景与需求

随着 5G 网络的大规模部署，5G 正在加快 AI、大数据、云计算等的应用与发展，共同推动着社会的数字化转型升级。可以预见，随着 5G 应用的深入发展，2030 年以后的世界必将是一个数字化的世界。那么，数字化的下一个阶段是什么？作者认为是数字孪生，数字孪生世界的愿景如图 5-3 所示。

数字孪生不仅可以在工业领域发挥作用，也将在通信、智慧城市运营、家居生活、人体机能和器官的活动监控与管理等方面大有可为，进而实现整个世界的数字孪生。通过移动通信网络的泛在感知能力，可以获得每个物理实体的实时数据，通过大数据建模可以形成每个物理实体的数字化镜像，所有这些数字镜像就构成了一个虚拟的数字世界，在数字世界和物理世界之间建立必要的交互机制和手段后，即可形成数字孪生的世界[3-5]。基于来自物理世界中每个物体的实时和历史信息、相关背景知识等，数字世界不仅能够感知物理世界的实时变化，还可以预测物理世界的未来发展趋势和走向，提前生成对某些事件和趋势的干预措施与机制，并且在数字世界中提前进行可行性验证和调优，确保其能够达到预期效果后，再施加到物理世界中，即可让物理世界的走势符合预期，避免事故和故障的发生，保持整个物理世界的健康可持续发展和运行，由此实现"预测未来，改变未来"。

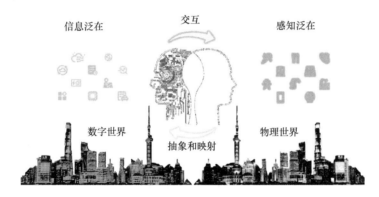

图 5-3　数字孪生世界的愿景

在数字孪生世界的大背景下，数据无处不在，AI 的应用将变得更加便利和无处不在，所以 2030 年之后社会的另一个特征就是"智慧泛在"。

综上所述，面向 2030 年，整个社会发展的愿景就是"数字孪生、智慧泛在"，由此也将催生众多全新的应用场景，如全息交互、通感互联、数字孪生人、智能交互、超能交通、沉浸式互联网（元宇宙）、智慧工业、智慧农业等，如图 5-4 所示，AI 的应用将全面赋能智享生活、智赋生产和智焕社会。6G 网络的设计需要充分考虑这些全新应用场景的需求，提供必要的能力以支持它们的实现。下面详细介绍这些应用场景。

第一个全新的应用场景——全息交互

全息将会彻底改变我们的沟通和交互的形式，实现沉浸式体验的升级，带来生活、娱乐和工作方式的革命。全息的应用在很多科技展示、科幻电影中都可以见到。也许未来的会议，演讲者就是一个全息的投影，听众可能也是以全息投影的形式出现。面向2030 年，全息显示技术将融入许多应用场景，如通信、会议、远程医疗、办公设计、军事和娱乐游戏等，彻底改变人们的生活习惯，带来高质量的生活体验和工作环境。另外，全息交互还能实现投影内容与用户之间的互动。就像电影《钢铁侠》里面描绘的场景一样，只需要用手在空中划动，就能够实现显示内容的切换，还能设计、组装数字机械器件，并测试其性能。全息交互使得信息传播方式不再是固定的模式，它极大地拉近了传播信息与用户之间的距离，建立了以满足人的体验为核心的信息传播方式。达到理想效果的全息交互对 6G 网络的需求非常苛刻，其需求指标（见图 5-5）：峰值速率达到 Tbps 级，用户体验速率大于 50 Gbps，用户面时延小于 10 ms，此外，还需要强大的算力以支持实时的场景渲染和处理。

图 5-4   6G 典型应用场景[3]

图 5-5   全息交互及其需求指标

第二个应用场景——通感互联

面向个人消费者，现有通信系统的设计目标是实现视觉和听觉的传递和交互，以及数据比特的交互。随着科技的进步，更多感觉的传递成为可能，如触觉、嗅觉、味觉，甚至情感和意识，实现五感的互联互通，我们称之为通感互联。有了通感互联，人和机器、机器和机器之间的协同，以及虚拟社交等都不再是一个梦想，我们可以传递一个拥抱，我们可以通过教练和运动员之间的通感互联，提升技能学习的效率和效果，甚至带来学习的革命。通感互联对 6G 网络的具体需求指标（见图 5-6）：用户面时延小于 1 ms，可靠性大于 99.99999%，定位精度达到 cm 级。

图 5-6 通感互联对 6G 网络的具体需求指标

第三个全新的应用场景——数字孪生人

中国是一个人口大国，人均医疗资源不足、医疗资源分布不均造成了就医难的社会痛点问题。特别是近年来，由于社会压力大、生活节奏快等因素，亚健康状态人群的数量不断攀升，心脑血管疾病（如脑梗、心梗等）的突发更是日益年轻化，该病一旦发生，就将对个人生命质量、家庭幸福指数、个人社会价值的发挥等产生巨大影响，也会给企业、团体和社会带来巨大的损失。所以心脑血管疾病的预防和治疗对人类社会具有重要意义。通过穿戴式或植入式传感设备，可以全面采集人体的各种信息，基于已有的医学知识和经验，就可以对人体的局部器官甚至整个人体的机能和运行进行数字化建模，构造一个数字化的人体，可以称之为数字人。通过数字孪生技术，数字人可以对人体的局部器官、身体的循环系统等进行模拟和仿真，预测人体可能发生的病变，通过数字人进行病因定位，形成提前干预的手段（治疗措施），并基于数字人对干预手段进行验证和调优，确保其能达到预期效果后，再将其施加到物理的身体上，进而避免疾病（如脑梗、心梗等）的发生，实现"治未病"的效果。这种应用我们称之为数字孪生人。当然，数字孪生人还有很多应用场景，如器官研究、数字生体、病毒机理和外科辅助等，它将会对人类生命质量的提升起到非常重要的辅助作用，有效解决当今社会所面临的就医难问题。数字孪生人对 6G 网络的具体需求指标（见图 5-7）：用户面时延小于 0.1 ms，可靠性高于 99.99999%，定位精度达到 cm 级，连接数密度大于 10 个/m²。

第四个应用场景——智能交互

智能交互技术如图 5-8 所示。一方面，交互的形式将会变得智能，特别是人机交互将会更加情景化、个性化，带来更深层次的人文关怀体验，尤其是在残障、智障、病患、小孩和老人的情感陪护等方面；另一方面，智能作为技艺和经验的凝练，可以直接在人和人、人和机器、机器与机器之间交互，极大地提升学习的效率和协同的效率，甚

155

至带来学习的革命。对 6G 网络的具体需求指标：连接密度大于 10 个/m²，用户面时延小于 0.1 ms，可靠性高于 99.99999%，定位精度小于 1 m。

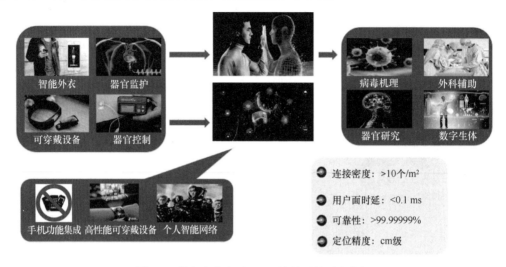

图 5-7　数字孪生人对 6G 网络的具体需求指标

图 5-8　智能交互技术

第五个应用场景——超能交通

中国是一个人口大国，随着城市化的进程不断推进，交通拥堵成为大城市的一个通病和社会难题，人们每天在交通上花费的时间平均在 2～3 小时，极大地降低了工作效率和生活质量。交通拥堵的一个重要原因就是单一的交通方式。未来的交通可以是空–天–地一体式交通，除传统的地上和地下的交通工具外，还有自动驾驶的汽车、会飞的汽车、送货无人机、智慧平衡车、智慧单车、水面和水里的交通工具等，人们可以根据出行的位置、交通状况、目的地等个性化地定制出行的方式，最大化地满足出行的个性化和高效率需求。为此，移动通信网络必须持续升级其自身能力以支撑该场景的实现，包括立体覆盖、精准定位、高可靠性和安全性、高业务连接密度等。超能交通对 6G 网络的具体需求指标（见图 5-9）：移动性大于 1000 km/h，可靠性高于 99.99999%，定位精度小于 1 m，容量密度大于 1 Gbps/m²。

第六个全新的应用场景——沉浸式互联网，也有人称其为元宇宙

5G 的发展必将加速沉浸式业务的发展，带来用户娱乐体验的升级，这种体验逐渐会成为我们日常生活、工作和娱乐的基本形式，由此加速传统互联网向沉浸式互联网的演变。自 2021 年以来，随着 Facebook 发布其元宇宙发展愿景，元宇宙迅速成为业内热点话

题，受到资本和研究机构的热炒和追捧，也得到各级政府部门的广泛关注。但是，由于元宇宙没有确切的定义，想象空间巨大，每个人心中都有一个自己的元宇宙，有的是面向娱乐和游戏，有的是面向工作和生活，但其共同特点都是具有沉浸式的业务体验，所以我们可以将其统称为沉浸式互联网。沉浸式互联网对 6G 网络的具体需求指标（见图 5-10）：流量密度大于 10 Gbps/m^2，强大的算力，可信网络，以及精准的定位等，视具体的场景而不同。

图 5-9　超能交通对 6G 网络的需求指标

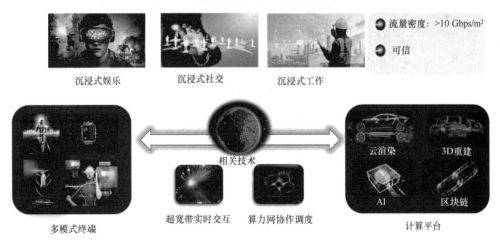

图 5-10　沉浸式互联网对 6G 网络的具体需求指标

从上述全新应用场景来看，未来的业务和应用将会发生非常大的变化，呈现出许多新的特征：一是需求将会变得更加多元化和碎片化，对网络能力需求的动态范围会更大，包括速率、时延、可靠性等；二是覆盖的立体化，网络不再仅仅考虑地面的覆盖，还需要考虑三维立体空间的覆盖，需要考虑卫星作为补充的覆盖手段；三是交互的形式和交互的内容将会更加多样化，不再是简单人机界面或者简单的沟通内容；四是业务的开放化和定制化，追求个性化将是人类实现自我解放和自我价值实现的一种重要表现形式，个性化的业务定制将会为行业带来更多的商业模式，开放化的业务可以使得人人都能成为业务的提供者，而不仅仅是被动地接受运营商和互联网业务提供商的服务；五是通信、感知、计算、AI、大数据和安全等的深度融合，未来网络提供的将不仅仅是通信连接能力，还会包括计算能力、AI 能力、大数据能力、安全能力和感知能力等，从而构建更加综合的能力体系，由此来拓展更广阔的 6G 应用空间。

基于上述应用场景的详细分析，可以推导出其对网络能力的需求，形成 6G 网络的整体 KPI 需求，如图 5-11 所示。当然，和 5G 的场景和需求指标定义类似，最终的 6G 网络关键技术指标需求需要针对几个典型的场景去分别定义。尽管目前业界还未就此达成共识，但更高的技术指标需求是必然的，业界需要通过频谱、无线传输技术、网络架构、网络功能、安全、技术平台等方面的突破，实现 6G 网络技术体系质的飞越，真正赋能 "数字孪生、智慧泛在" 的社会发展愿景。

从图 5-11 中可以看出，为了进一步提升通信能力和效率，传统的通信指标比 5G 需要进一步提升，如由于 6G 愿景要求网络感知能力达到人类触觉感知的水平，对移动通信网络的可靠性和空口时延提出了更高的要求。为了支持移动通信网络的可持续发展和社会的可持续发展，频谱效率、能量效率、成本效率也是 6G 需要重点关注的指标。

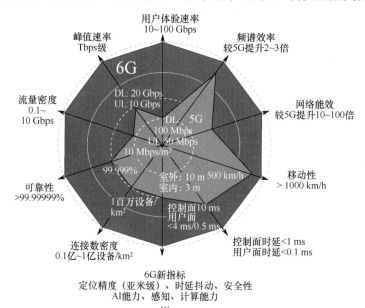

图 5-11　6G 网络的整体 KPI 需求[4]

另外，6G 场景化的 KPI 定义将是需求指标定义的重要特征，但每个 6G 场景下的网络技术指标体系的数值，业界还没有达成共识，还需要结合应用和技术的发展进一步丰富和完善。

此外，面向"数字孪生、智慧泛在"的发展愿景，许多全新的应用场景都对网络能力提出了更高和更多的要求，如图 5-11 所示，除传统的通信功能外，还需要更精准的定位、姿态感知、计算能力、AI 能力、安全能力等，而如何定义这些全新的能力也是业界亟须解决的问题。

目前，中国移动已经在 NGMN 牵头完成了 6G 愿景和驱动力的研究报告[6]和 6G 用例的研究报告[7]。ITU-R WP5D 也已经开始了 6G 愿景报告的研究，同时还将在 2024 年开始 6G 技术需求报告的研究制定，预计在 2026 年完成。

5.3　6G 频率

频率是移动通信的基础资源，也是新一代移动通信系统设计首先需要考虑的因素。随着 5G 的大规模应用和普及，带来个人业务体验进一步升级的同时，也必将培育出新的业务和应用，推动移动通信业务量不断增长；另外，随着整个社会的数字化转型升级，物联网的连接数量和种类都将持续攀升，物联网通信的需求也将持续升级，不断扩展连接的内涵。所以，面向 2030 年，移动通信的业务量持续攀升的趋势非常明显，尽管由于 5G 的发展还处于成长期，特色业务还未成熟应用，确切的数字还比较难以预测，但结合过去移动通信系统的发展经验，上百倍的业务量提升是显而易见的。此外，从未来业务和应用场景的需求来看，6G 需要提供更加高质量的覆盖、更高的安全性和可靠性，以及更高的能效比和更低的比特成本，优质的频谱资源尤为重要，尤其是低频段。所以 6G 网络的发展需要优质频率的支持，包括新增频率的数量和质量。

在频率质量方面，考虑到 6G 对网络的速率、覆盖、成本和节能等可持续发展的指标都有更高的要求，所以高、中、低的频段都需要，以满足差异化场景的需求和业务体验的升级需求。低频段提供基础的广域无缝覆盖和室内深度覆盖，包括提供基本业务，中频段则是重点在城区提供连续覆盖，而高频段是场景化的按需部署。另外，考虑到中低频率的分配相对零散和碎片化，给运营商的网络部署带来了极大的挑战，包括天面和射频单元的成本效率、产业规模和产业健壮性、终端的复杂度和成本等。多频段部署也导致网络的互操作参数设置复杂，给网络的综合运营和维护增大了难度和复杂度，也影响了用户体验。因此，6G 的中低频率应尽可能是全球统一规划的连续大带宽频谱，以保证 6G 部署的全球规模效应和低成本。同时，管制机构也需要研究如何减少碎片化的频率分配，以及到期频率的重新整合和大带宽分配，提升频率使用的成本效率及价值、铁塔和机房的使用效率，降低运营商开支，帮助整个产业以更简单高效的方式实现用户的体验升级。6G 考虑的频段示意如图 5-12 所示。

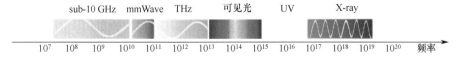

图 5-12　6G 考虑的频段示意

在数量上，考虑到频谱效率的提升在 6G 时代变得越来越困难，站址的增加也将导致网络成本和功耗的线性增长，所以百倍业务量增长将主要依靠频率数量的增加来满足。根据 ITU-R 对 5G 频率需求的预测[8]，在 6 GHz 以下需要 802～1090 MHz，在毫米波频段需要 15～20 GHz 的频率，但从目前各国规划的 5G 频率来看，还有很大的差距。同时，根据 GSMA 与业界频谱领域权威分析机构 Coleago Consulting 的联合研究报告[9]，为了满足 2025－2030 年期间的未来各种业务需求，每个国家需要新增 2 GHz 中频段频谱，其中 3.5 GHz、4.9 GHz、6 GHz 是最为关键的频段，如表 5-1 所示。如果缺少了上述中频段，将会消耗 2～3 倍的能源，建网成本也会有 4 倍左右的增加。

表 5-1　2025－2030 年各区域/国家中低频段资源储备（有底色的代表潜在未发放）

区域/国家	总计（宏网）	已发（宏网）	sub-2 GHz	2.3 GHz	2.6 GHz	3.1～3.4 GHz	3.4～3.8 GHz	3.8～4.2 GHz	4.5～5.0 GHz	U6 GHz
中国	1685	985	465	90（室内）	160	100（室内）	200	0	160	700
欧洲	1840	1140	550	0	190	0	400	400（局域）	0	700
日本	1740	1450	490	100	160	待定	400	300	490（局域300）	100
韩国	1620	1000	450	80	190	300	300（20）	300	100（局域100）	0
美国	1770	1250	500	30	190	300	400（局域50）	180+220	0	0

从表 5-1 中可以看出，美国、日本、韩国未来主要将聚焦在 C-band 的 3.1～4.2 GHz 频段，意图打通整个 C-band 的高低两段，获取 1100 MHz 连续的频谱。但对于中国、欧洲，由于卫星占用、已局部发放等原因，C-band 频段的频谱可获取的总量远低于美、日、韩，因此需要依靠 6 GHz 频段（6425～7125 MHz）所提供的 700 MHz。

所以，面向 2030－2040 年，各国管制机构还需要为 6G 的发展提前规划好足够的中低频段资源，特别是 500 MHz 以上的连续大带宽，以实现用户体验相比于 5G 系统的量级提升，同时兼顾初期网络部署的成本。此外，为了实现 Tbps 级的传输速率，数十 GHz 的中频段以上连续大带宽也将是必不可少的，所以毫米波、太赫兹和可见光等频段也是重要的候选频段。

基于以上分析，基本可以预计未来 6G 的频率部署策略如下：作为 6G 的初期部署，每个 6G 网络需要 10 GHz 以下至少连续 500 MHz 的大带宽频谱，通过带宽的增加和天线数的增加实现基本通信能力相对于 5G 网络能有一个量级的提升，可以实现城区的连续部署；而毫米波、太赫兹和可见光频率，则是根据业务的发展实现按需部署和动态开关，提供高容量和超高业务速率，同时兼顾网络的低能耗需求。特别是在中国，考虑到 6 GHz（5925～7125 MHz）频段有潜在的 1.2 GHz 的频率可用于移动通信业务，可以将其假设为 6G 网络部署的首发频率，考虑到运营商的共建共享，每个网络可以保证 500 MHz 左右的连续大带宽，这将非常有利于实现 6G 的用户体验升级和快速部署。

5.4　6G 网络架构展望

结合本书第 3 章中的 6G 网络演进的驱动力可以看出，未来 6G 网络架构设计的需求来自三个方面：一是解决现有 5G 网络面临的问题和挑战，如高能耗、高成本和运维难、网络结构和设备形态单一、端到端网络功能更新、上线周期长等；二是进一步拓展网络的综合能力，支持更加多样的能力维度，如实现通信和感知、计算、AI、大数据、安全的一体融合，满足更加丰富多样的 6G 应用场景的需求；三是进一步提升网络端到端的业务适应能力，满足更加碎片化和差异化的全新应用场景的部署需求。

所以，结合 4G、5G 发展的经验和教训，以及未来发展的需求，6G 网络应具备如下几个典型特征：按需服务、至简、柔性、智慧内生、安全内生和数字孪生，如图 5-13 所示。

下面着重介绍 6G 网络的典型特征。

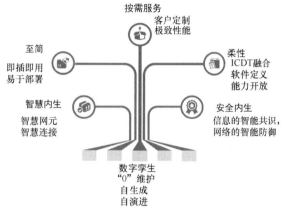

图 5-13　6G 网络的典型特征

5.4.1　按需服务

2030 年的数字孪生世界将催生大量新的业务和场景，这些业务和场景的需求将会千变万化。因此，6G 网络必须具备更好的用户行为、用户意图的感知能力，同时能够根据用户的需求进行功能部署、参数配置和资源配置，如图 5-14 所示。图中的 RRM 的英文全称为 Radio Resource Management，即无线资源管理。此外，6G 网络应该提供粒度更小的功能服务，用户可以根据自己的需求自由组合服务类型和服务等级。

实现按需服务的第一个先决条件是实时感知应用和业务需求。可以通过应用与服务层、数据采集面、AI 面之间的协作，提前预测未来业务和应用的需求。当用户需求发生变化时，网络按需为用户实现业务模式和业务内容的无缝切换。第二个先决条件是资源的按需配置。分布式资源层将作为 6G 网络统一的基础设施平台，提供无线、计算、存储等物理资源。将应用和业务需求与采集的网络和资源状态相结合，实现按需资源分配。第三个先决条件是网络功能的按需编排，实现多维能力的按需供给和端到端 QoS 保证。未来，这些服务对 RAN、传输网（Transport Network，TN）和核心网（Core Network，CN）各子域网络的要求会更加多样化和个性化。网络需要结合感知的数据，将用户需求分解到 RAN、TN、CN 三个域中，每个域根据自己的能力匹配最合适的功能组合。

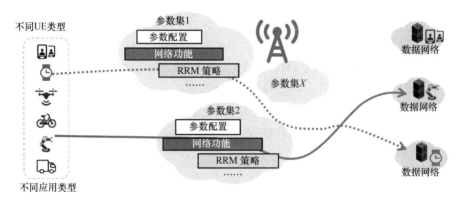

图 5-14　按需服务网络示例[10]

为支持按需服务，6G 网络需要提供极致的网络能力，除传统的通信能力外，还需要更加综合的网络能力体系，网络架构的设计需要支持通信和感知、计算、AI、大数据、安全等的一体化融合，满足未来更加差异化和碎片化的能力需求。本节后续内容将重点介绍通信和感知、计算、大数据的融合，而通信和 AI、安全的融合将在后续章节中详细展开。

1. 通信和感知的融合

从 6G 典型应用场景可以看出，感知能力成为很多应用场景的重要需求，如机器人协同、车辆定位、无人机的导航和监管、人体的手势和姿态的识别等，都需要较高精度的定位感知能力。此外，对于很多人体域的应用，也需要各类感知能力，如血压、心跳、脉搏等。

对于传统的应用，位置和目标等的感知大多通过外部的系统或者部件来实现，如现有的手机导航就是通过集成 GPS 或北斗的接收模块来实现的。车辆防碰撞或者自动驾驶则采用毫米波雷达、激光雷达甚至视频识别等方式感知，这些方式大多需要独立的感知模块，并且对设备的尺寸、功耗、成本等都有较高要求，大大限制了感知能力在很多场景中的应用。

为此，现有的移动通信系统已经开始考虑通信和感知的融合（Sensing as a Service），如 5G 系统开始设计基于基站的参考信息［如定位参考信号（Positioning Reference Signal，PRS）］等进行精确定位的机制，已经可以实现米级的定位精度（室内室外区分精度）。但对于 6G 应用场景中对更加复杂的感知能力的要求，如形状的感知，以及成像、障碍物等的感知，目前的通信系统还不具备，主要依靠专用的毫米波和可见光雷达来支持，可以实现短距离的精确定位和态势感知。

所以，如果能够直接借助通信系统的硬件和信号进行更丰富的感知能力的提供，实现通信系统对专用雷达的取代，则必将会赋能更多的工业和民用领域的位置和感知能力相关的应用，进而拓展移动通信产业的价值和市场空间。对此，学术界自 2011 年[11]就开始了通信和感知融合的研究，希望能够借助基站或者终端的发射信号的回波来实现雷达的感知能力，并称之为通信感知一体化。所以，未来的基站或者终端将不再是简单的基站或者终端，而可以是一个雷达。

通信感知一体化旨在通过一体化设计（频谱资源共享、一体化空口、一体化硬件架构等）、多点协作和信息智能交互，实现感知与通信功能的协同，有效提升系统频谱效率和硬件资源利用率，具有巨大的应用价值和实现意义[12-13]。早期通信和雷达系统由于业务需求不同，一直被独立研究。在各类新型应用需求与技术发展的推动下，无线通信频谱向支持更大带宽的毫米波、太赫兹甚至可见光等更高频段演进，二者之间的界限逐渐淡化，更多系统层面的相似性逐渐显现。在工作频段方面，高频段和大带宽可支持更高分辨率、更高速度下的感知能力，通信和雷达的工作频段均不断扩展，逐渐有所重合，在相同频谱实现通信与感知功能，提升频谱利用率，是技术与产业发展的优选路径。在系统架构方面，通信和雷达系统在基带信号设计和射频部分具有相似性，有望实现共用基带信号和共用射频的一体化设计。关于通信感知一体化设计的研究将在后续章节中详细介绍。

面向 6G 的通信感知一体化将是一种全域的协同感知[14]。基于移动通信网络构建广域高精度感知能力，可为现有生活、生产、社会发展深度赋能，进而促进数字经济的迅猛发展，具有巨大的社会价值和商业价值。通信感知一体化具有丰富的应用场景，如图 5-15 所示。

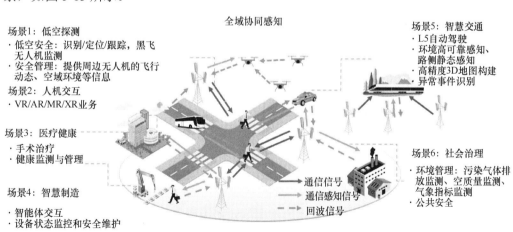

图 5-15　通信感知一体化应用场景

2. 通信和计算的一体化

通信和计算之间存在着复杂的关系。一方面，通信和计算是两门独立的学科，各自关注的内容完全不同。通信关注的是如何高效地对数据和信息进行传输，而计算关注的是如何进行快速而高效的信息处理。另一方面，通信的过程也极大地依赖于计算，因为通信的过程本身就是信号和信息的处理，特别是随着计算能力的不断提升，推动着更先进的通信技术的应用和普及，反过来也推动着计算的快速发展。

随着 Internet 的出现，计算不仅局限于传统的科学研究，而开始走入寻常百姓家，通过计算机的软件，也可以完成很多复杂的计算；而此时的有线通信网络扮演的角色则是把不同的计算机连接起来，并作为透明的管道进行彼此间的信息传递。随着智能手机和移动互联网的发展，众多的互联网应用产生了海量的数据，带动了云计算和 AI 的发展，人们开始通过云进行复杂的大数据处理，通过 AI 的应用来挖掘数据的价值并服务于自己的商业运营和客户服务等，并取得显著的成效。例如，阿里和京东电子商务平台中的客户大数据挖掘，为商户和平台提供了精准营销的强有力工具。所以一时间，云计算成为炙手可热的前沿技术，亚马逊、Google、阿里、腾讯和华为等纷纷推出自己的云计算平台，租赁给政府机构、中小企业使用。出于数据安全和隐私等的考虑，大型企业的 IT 人员纷纷建设自己的私有云平台，进行私有的数据存储和处理，支撑内部的应用。

在轰轰烈烈的云计算和大数据发展面前，传统的电信运营商也从中看到了商机，希望能够从中分一杯羹，并希望借助自己的网络连接优势，带来更贴近用户的云计算和云存储服务。所以，从 4G 时代开始，ETSI 就开始制定边缘计算（Mobile Edge Computing，MEC，后来改名为 Multi-access Edge Computing）的技术标准，希望能为运营商打造一个增加业务收入的利器。如图 5-16 所示，通过把移动通信网络之外的云计算搬到移动通信网络之内，使之更加靠近用户，就存在为用户提供更好服务的可能性。

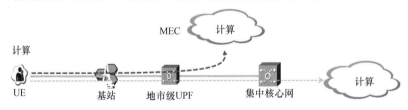

图 5-16 从网外计算到 5G 的外挂式移动边缘计算

（1）将业务和内容部署在尽可能靠近用户的位置，最小化业务访问的时延。

（2）将路由功能下放到距离用户尽可能近的位置，实现用户数据的快速路由和本地交换，缩短数据交互时延，同时避免敏感数据上大网，尽可能地保护数据的安全和用户的隐私。

（3）将计算能力部署在靠近用户的位置，从而将用户端的计算转移到云端，实现数据和处理结果的快速交互并同时简化终端的实现，降低其尺寸、质量、功耗和成本。例如，对于 AR/VR 类应用，如果将内容处理和渲染的功能上移到移动边缘计算，则可以大大降低 AR/VR 设备开发的门槛，同时也大大降低成本和质量等，使得设备更轻便和易于普及。

（4）将核心网的用户面功能（User Plane Function，UPF）下放到 MEC，支持必要的计费、安全等功能，可以提供用户数据的高度隔离，实现用户数据的隐私性保护。

（5）通过标准的 API，可以实现无线网络的能力开放，如位置定位等，将网络能力开放给第三方，进而培育新的业务和新的商业模式。

无论是从传统的云计算部署形式，还是 MEC，计算都仅仅是外挂在通信网络之上的，通信和计算仍然是独立设计和优化的，通信仍然扮演的是管道的角色。从实践来看，MEC 从 4G 时代就开始做业务演示和示范，但由于缺乏有效的商业模式，以及运营商的云和公有云相比并没有带来明显的优势，所以没有得到大规模的应用。大企业都用自己的云，小企业都用公有云，运营商的 MEC 难有人问津。

随着 5G 的大规模建设，运营商开始大规模采用 C-RAN 的模式来部署 5G 基站以节省成本，大规模的基站集中到一起就为进一步的基站云化打下基础，通过基站云化，不同基站的通信计算就可以共享统一的云化虚拟资源，实现软硬件资源的动态调度，较好地应对用户移动带来的业务潮汐效应，帮助运营商进一步降低网络的部署和运维成本。同时，有了云计算资源，基站就可以顺带提供计算的服务，将计算打造成网络的另一个基本的服务和能力，即计算即服务（Computing as a Service），实现通信和计算的融合。如图 5-17 所示，针对不同的计算应用，所选择的硬件种类可能不同，所以未来的基站接入云将会是多种异构硬件虚拟化的云，如 CPU、GPU、结构化专用集成电路、现场可编程门阵列（Field Programmable Gate Array，FPGA）等，可以根据不同的业务和应用动态编排和调度。

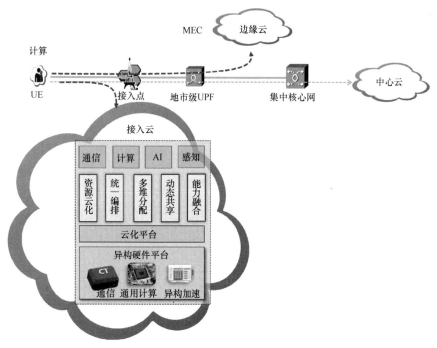

图 5-17　从边缘云到接入云，通信和计算的进一步融合

当然，仅仅是物理处理资源共享在一起还不能完全称其为一体化，还需要面向服务，对传统的通信协议和 QoS 进行维度的扩展设计，打造端到端的类似于通信协议的计算服务协议体系，如图 5-18 所示，实现计算服务的端到端 QoS 像通信业务的 QoS 一样得到有效保障。

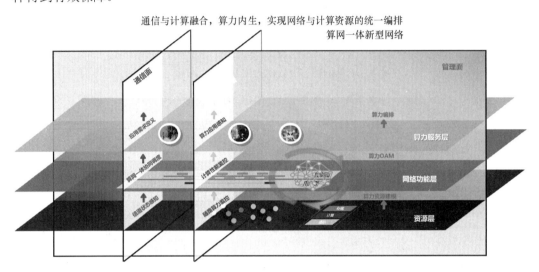

图 5-18　通信计算一体化的协议设计

3. 通信和大数据的一体化

5G 正在加速实现万物互联，推动着整个社会的数字化转型升级，大数据和 AI 结合的应用已经开始在互联网的各种应用、生产管理和社会治理中发挥出越来越重要的作用。面向 2030 年，人类社会将进入一个虚拟数字世界和物理世界相结合的数字孪生世界，数据将无处不在，数据将会成为人们在虚拟数字世界中的一种新的资产和财富，人们可以对数据进行交易，也可以通过服务来使用别人提供的数据；数据生成、管理和使用，呈现出"数据泛在化，数据协作化，数据知识化，数据资产化"等趋势[15]。数据被认为是数字化社会的"新石油"，是驱动社会进步的新动力。但如何"开采"和"提炼"并挖掘和实现其价值，是 6G 网络面临的挑战。特别是在数据安全和隐私保护意识增强的当下，法律法规也日趋完善，如何在可管可控的前提下，实现可信的数据管理，需要结合数据自身的发展趋势做出相应架构设计。一个直接的问题就是，是否可以把数据作为一种服务［简称数据即服务（Data as a Service，DaaS）］在网络架构中进行设计和支持呢？答案是肯定的。

此外，移动通信网络一方面是数据的生产者和提供者，为各类智能应用提供可信数据服务，同时又是网络数据的消费者，借助数据驱动的智能应用提升网络性能和运营效率。在移动通信网络内部，数以百万计的基站等网络设备和数亿用户在日常的运行和业务使用中也会产生海量的数据。相比以通信网络运营数据和用户签约数据为主的 5G 网络数据，6G 数据的范围和类型将随着 6G 服务从通信扩展至感知、计算和 AI 服务等，因而更加丰富，特别是随着 6G 通信和感知的进一步融合，网络自身状态、周围环境，以及用户/设备行为等数据将增加更精准的位置等信息，不仅可以更好地服务于基于 AI 的体验提升、网络管理维护和优化，也可以服务于更加广泛的社会治理等应用。所以，6G 数据比 5G 数据呈现出更加海量、多态、时序、关联的特点。

结合上述两方面的分析，面向 6G 网络架构设计，我们将打破以往网络作为信息传递管道的限制，使得 6G 也逐渐转变为数据的承载平台，将数据打造成网络的一种能力和服务，提供给网络内部和网络外部的用户使用。

数据服务是数据提供者和数据消费者之间的抽象功能，解耦数据消费者和物理数据提供者。特别是多数据提供者或多数据消费者，数据服务有助于维持数据的完整性，通过重用性提高数据服务效率。数据服务是基于数据分发、发布的框架，将数据作为一种服务产品提供，满足客户跨系统的实时数据需求，能复用并符合企业和工业标准，兼顾数据共享和安全。6G 数据服务旨在高效支持端到端的数据采集、传输、存储和共享，解决如何将数据方便、高效、安全地提供给网络内部功能或网络外部功能，在遵从隐私安全法律法规的前提下降低数据获取难度，提升数据服务效率和数据消费体验。

通过数据服务化实现数据的共享应用，保障"数出一孔"，提升数据的一致性；通过平台能力的建设，提供不同的数据服务形式（数据消费者不用关注技术细节），满足灵活多样的服务需求；通过数据服务中心实现数据服务的自动化开发与测试、实时部署能力，提升数据服务的敏捷响应能力。

基于数据逻辑管理与操作统一化、物理部署分离的"数据面"架构，以数据的分层分域为基础，以数据质量的提升为手段，通过云边端的分布式数据协同、灵活、高效地为云边端 AI 模型训练提供数据，通过 AI 算法等提升数据的认知能力并创造新价值，同时借助隐私计算等关键技术对外提供安全可控的数据能力，以保障自下而上的数据服务自生长。6G 数据服务会以"自生长"为特征，通过分布式协同、可信开放等技术，形成高效且安全的数据能力。

为满足 6G 网络架构和业务场景的新需求，力求通过以下设计原则，改变当前网络架构中只有单点技术，缺乏系统性数据服务的现状，创新性地设计归一化的 6G 数据服务框架，以顺应 6G 数据管理和利用的趋势，以及全面满足数据服务的合规和数据价值变现的诉求。6G 数据服务框架设计应遵循如下原则。

1）从单点技术向归一化系统架构转化

现有通信网络作为数据传输的"管道"，通过单点技术实现数据处理、服务及安全隐私保护，而在 6G 时代，为系统性地解决数据服务挑战，满足新业务，以及法律法规等的要求，将需要引入独立的数据面，构建架构级的统一可信的数据服务框架，解决数据孤岛问题，在满足数据法规的监管要求的同时，提供可信的数据服务，实现跨域跨厂家的数据共享，为运营商提高运营效率，并通过各类智能应用实现数据的价值变现。

2）从集中式信任向去中心化信任转化

移动通信系统的网络架构从传统的分层结构走向扁平化，控制方式从集中式演进到分布式，同时适应数据天然的分布式属性，算力的分布式部署，去中心化的信任模式成为必然。区块链技术的发展为构建可信的认证、授权及数据访问控制提供了技术支撑。去中心化信任体系将信任的锚点从传统的权威机构或第三方背书转化为多边共识，并依赖底层的密码学技术，为分布式数据处理、存储、访问控制、溯源等提供安全的可信服务。

3）从数据驱动向数据和知识双驱动转化

6G 数据服务框架需要适配终端的多样性，支持异构多源的数据接入、收集、处理及存储海量数据。数据的高价值备受企业期望，人工智能和知识图谱等技术的发展为从海量数据中进行知识抽取提供了支撑，通过知识图谱结合人工智能等手段创新性地挖掘数据之间的关联，从多样化和内在关联的数据中发现新机会、创造新的价值，将数据转化为知识以实现基于认知的智能，使能应用的智能化及多样性。一方面，通过知识图谱、网络 AI 等将业务场景与数据关联，对数据的标准提要求，提高数据质量；另一方面，通过将所形成的业务关联知识逐步沉淀到知识图谱、网络 AI 中，进一步释放新的价值。

基于上述考虑，在 6G 网络架构的协议设计层面，我们系统性地提出在传统的通信协议面的基础上，增加一个数据面，如图 5-19 所示。通过数据面对网络内外的数据进行系统化的管理和存储的同时，提供端到端数据服务的 QoS 保证，支撑数据即服务（DaaS）的实现。

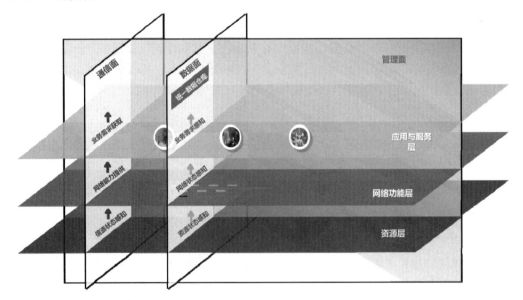

图 5-19　6G 网络架构协议增加数据面

在数据面上[10]，涉及的功能模块如图 5-20 所示。它既需要全局的数据采集、存储和处理，也需要进行本地数据的收集和处理。因为在很多应用场景下，出于数据隐私的考虑，客户并不希望自己的数据被上传到公共网络中，需要网络在本地提供处理和存储这些数据的能力，因此，需要一种分布式和集中式相结合的数据管理架构。训练数据管理提供模型训练所需的训练样本，根据模型性能要求对训练数据进行定制和预处理。

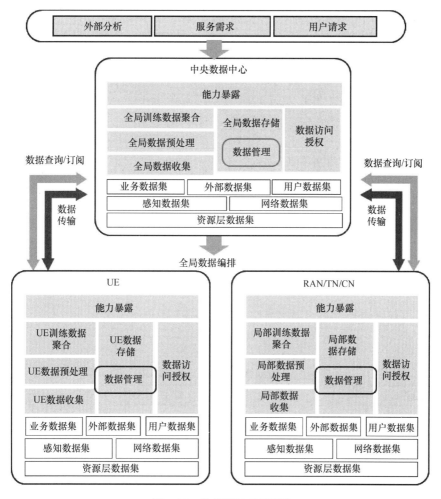

图 5-20　数据面的功能模块

5.4.2　至简

从 5G 大规模部署的经验来看，过于复杂的核心网、庞大的基站数目、单一的基站形态导致的高成本、复杂的运维和管理等，都是新一代移动通信网络需要解决的问题。所以，从网络部署和运营的角度看，运营商希望 6G 网络能够极致简单，能够做到部署至简、架构至简和管理至简。

第一，6G 网络将是以云化的方式进行部署的，实现轻量化的核心网。从 5G 的部署发展趋势来看，C-RAN 的部署方式正在成为主流，所以 6G 网络也将以这种方式进行部署，同时考虑集中的基带资源进一步地进行云原生的设计，以支持整个无线网络的敏捷性和弹性，实现资源的动态共享、功能的按需配置和开启、通信和计算能力等的融合、前向兼容、快速迭代和演进、按需的接口数据采集等新特征；通过轻量化的核心网设计，可以实现控制面和用户名的进一步解耦和分离，使得功能和服务更靠近用户，更好地适应差异化和碎片化的应用场景和业务需求，如图 5-21 所示。

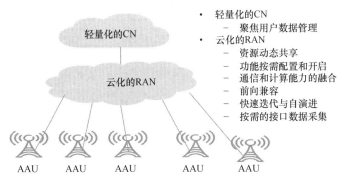

图 5-21　云原生的无线网络

第二，基站的部署将支持即插即用和按需部署[16]。随着新兴业务的蓬勃发展，网络的需求持续增加，在一些业务突发的区域，通过即插即用的方式，提供按需扩展的网络覆盖。即插即用可以实现网络边建边用、以需促建，从网络架构设计角度减少网络的成本。

为了支持以上特性，无线网络功能可以按照空口技术的依赖度进行划分，如表 5-2 所示。

表 5-2　无线网络功能与空口技术的依赖度

空口技术依赖度	网 络 功 能
与空口技术紧密相关	物理层处理，介质访问控制（Medium Access Control，MAC）中的调度与资源分配
与空口技术有关	无线资源控制
与空口技术相对独立	高层数据包处理，如加密、完整性保护、排序等

结合不同网络功能的特点，网络功能划分为无线资源控制、高层数据包处理、空口适配和物理层处理四部分。至简无线接入网架构采用云-边-端协同形式，通过编排管理，按需动态分配无线、计算、存储等资源，生成网络功能。高层数据包处理和无线资源控制可以部署在云端，充分利用 DOICT 的优势，结合智能化手段，对网络状态和业务模型进行分析，具备业务包类型感知能力，实现网络控制自优化。基于数据包类型分析结果，结合业务的需求，选择合适的数据传输链路。通过空口适配，网络根据高层数据包处理的要求，选择合适的物理层处理，实现网业适配和多种空口接入的融合统一。空口适配也包括网络对边端设备功能的管理，通过云端对边端设备的自配置，实现边端设备的即插即用。通过网络资源使用情况、网络状态以及用户和业务的情况进行检测，结合人工智能等技术，网络编排管理针对网络状态和可能发生的性能恶化进行预测，提前进行网络编排管理策略更新。

第三，6G 支持空天地海的融合一体核心网设计和统一接入机制设计[17]。面向 6G 网络需要考虑空天地海立体覆盖，在传统方法中，需要设计不同网络来支持不同场景，如卫星、蜂窝、电缆和水下等。为了保证业务连续性，不同网络之间引入了互操作，但这些互操作是非常受限的。由于不同网络在协议设计和访问机制上的差异，传统网络无法支持有 QoS 保证的业务连续性。当用户离开目标网络时，其服务可能会被丢弃或降级。在未来的 6G 网络中[17]，同构或异构网络需要被统一管理，以为用户提供一致的用户体验。如图 5-22 所示的统一接入的核心网是未来网络架构的一个示例，其中设计了一个统一的 CN 以简化网络架构。通过融合无线接入技术（Radio Access Technology，RAT）和统一接入机制，不同的 RAT 可以连接到同一个 CN，实现用户在不同 RAT 之间的无缝切换。

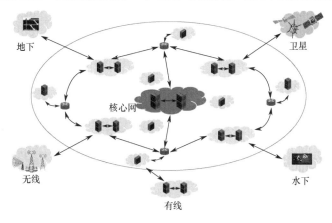

图 5-22　统一接入的核心网

第四，支持控制和数据的进一步解耦，实现控制基站的广域覆盖和数据基站的动态按需接入[16]。如图 5-23 所示，未来网络将分为两层：一层是广域控制层，控制基站可工作在 700 MHz 等低频段，实现控制信令的广域覆盖；另一层是数据接入层，实现数据基站的按需动态接入。数据接入层可工作在大带宽的高频段，如 3.5 GHz、毫米波、太赫兹和可见光。数据基站的按需开启可以显著降低并发服务基站的数量，从而大大降低网络的成本和功耗。通过统一的信令和动态数据接入，可以保证可靠的移动性管理和快速业务接入、一致的用户业务体验、低接入时延、低小区间干扰。

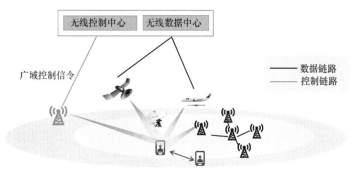

图 5-23　广域控制和动态数据接入

5.4.3 柔性

面对未来不确定的新业务和新场景需求[4-5]，我们更应该着眼于提升网络的全场景适应能力。所以，未来的网络将是端到端软件可定义和云原生的网络，这将有助于实现快速业务部署、功能软件版本的快速迭代、资源（如无线频谱、计算和存储）的动态共享，以及网络自动化和智能化，极大提升 6G 网络对更加差异化和碎片化的全新业务和场景的适应能力。

6G 网络的柔性体现在如下三个方面：第一，在网络功能层面，按需灵活组合必要的网络功能，提供定制化网络服务能力；第二，在基础设施及资源层面，按需调配合适的网络资源（包括计算、存储、频谱、功率、部署位置等各类资源），最大限度地提升网络效率；第三，在应用与服务层面，一方面要精确感知业务需求，另一方面要实现网络功能与网络资源的多维度智能编排与管理，以全面适配各类场景。我们认为，基于云原生技术的端到端服务化架构是打造网络全场景适应能力的必要技术手段。为了最大限度提升网络的适应能力，服务化 RAN 的研究是未来网络架构设计的重中之重[18-19]。

目前，服务化架构的研究主要聚焦在核心网控制面。服务化 RAN 的研究目前尚处于初期阶段。长期以来，基站一直以集成单体的方式进行开发，以保证"最后一公里"的极致性能。多出于性能担忧，学术界和产业界对服务化 RAN 持保守态度。但我们认为，性能担忧不应该成为我们探索服务化 RAN 路上的绊脚石。一方面，当前 3GPP/ITU 定义的性能指标都是针对空口的，但在某些场景下空口高可靠、低时延等指标并不是最重要的，端到端性能指标才是我们更需要关心的；另一方面，系统性能指标之间存在"博弈"关系，虽然目前看来服务化 RAN 可能会降低某些性能，但其性能损失可以通过提升系统稳定性、可用性等能力来补偿，正如误块率和速率之间存在的折中关系一样；此外，云原生技术、芯片能力的进一步发展也将缩小这些性能损失。

为了敏捷响应未来更加多样化的业务功能需求、服务质量（Quality of Service，QoS）需求、管理策略需求、部署需求、开放需求，使网络具备更强的前向兼容性，下一代无线接入网需要从服务能力角度着手发力，将无线网络重构为功能更细粒度的服务化 RAN[18]，更好地发挥 C-RAN 的平台优势，服务化的 6G 网络如图 5-24 所示。

（1）通过 RAN 功能服务的重新定义，将更快实现基站功能版本的升级，及时满足业务功能需求。

（2）通过 RAN 服务与 CN 服务之间的服务化接口定义，将为端到端网络流程带来新的交互方式，同时降低跨域新功能引入对已有服务的影响。

（3）通过 RAN 服务与第三方服务之间的服务化接口定义，将实现更及时、更多维的无线网络能力开放。

（4）通过云原生基础设施平台，将实现硬件资源池化共享，降低网络建设成本与整网功耗，敏捷响应业务部署需求。

（5）通过 RAN 服务与 CN 服务一体化编排管理，降低全网运维管理复杂度，提升网络对新业务的适应能力。

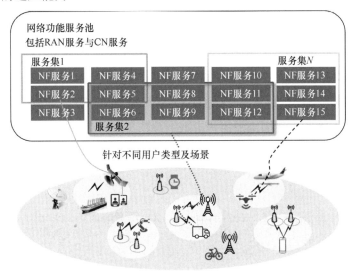

图 5-24　服务化的 6G 网络

在通过微服务方式重构下一代无线网络架构之前，有必要先确定服务化 RAN 设计的基本原则，以避免服务划分不合理导致的"分布式单体"棘手问题。服务化 RAN 设计原则主要包括如下 5 个方面[18]。

（1）RAN 所提供的服务需要针对外界需求来定义。网络是用来处理业务需求的，因此定义服务化 RAN 设计的第一步就是将外界需求提炼为关键请求。对于接入网，需求可以来自核心网网络功能，也可以来自接入网节点，还可以来自第三方应用或者用户设备（User Equipment，UE）。

（2）RAN 服务的定义需要满足"松耦合"和"高内聚"特点[5-6]。Robert Martin 有一个对单一职责原则的论述："把因相同原因而变化的东西聚合到一起，把因不同原因而变化的东西分离开来。"也就是说，改变一个服务应该只有一个理由，服务所承载的每一个职责都是对它进行修改的潜在原因。微服务应该设计得尽可能小、内聚、仅含有单一职责，这会缩小服务的"大小"并提升它的稳定性，但是"小"并不是微服务的主要目标。

"松耦合"是微服务架构核心的特性。一个微服务就是一个独立实体，可以独立进行修改，并且某一个服务的部署不应该引起该服务消费方的变动。对于一个服务，需要考虑什么应该暴露、什么应该隐藏。如果暴露过多，那么消费方会与该服务内部实现产生耦合，这会使服务和消费方之间产生额外的协调工作，从而降低服务的自治性。

（3）RAN 服务要尽量保持自身数据的独立。保证数据的私有属性是实现松耦合的前提之一。如果服务之间需要维护数据同步，那么服务提供方的修改将在很大程度上影响服务消费方。

（4）服务化 RAN 的目标是定义 RAN 服务及服务之间的访问关系。目前，即便是在微服务已经非常成熟的信息技术（Information Technology，IT）领域，也尚无可以辅助完成服务拆分或服务定义的具体算法。基于前期研究，我们认为服务化 RAN 架构的设计可以考虑通过如下三个步骤来实现：一是将外界需求提炼为各种关键请求，即系统操作，5GC 中有两种系统操作模式，即 request-response（请求–响应）和 subscribe-notify（订阅–通知）；二是确定分解 RAN 服务；三是将系统操作恰当地分配给分解出来的 RAN 服务。因此，RAN 服务以及每个 RAN 服务 API 的定义是服务化 RAN 的核心。

（5）控制面功能与用户面功能深度解耦，以满足用户面轻量化、低成本和灵活的部署需求。

5.4.4　智慧内生

近年来，随着算力的快速提升，各种面向 AI 的专用计算芯片层出不穷，推动着 AI 的研究和应用不断取得巨大的进步，特别是在机器翻译、智能控制、专家系统、机器人学、语言和图像理解、遗传编程、机器人工厂、自动程序设计、航天应用、庞大的信息处理、储存与管理、执行化合生命体无法执行的或复杂或规模庞大的任务等方面取得了很好的应用效果，在全球掀起了新的一波人工智能热潮。面向 2030 年，随着整个物理世界的数字化进程不断加快，大数据将无处不在，可以更好地支持 AI 的广泛应用，推动整个社会实现"智慧泛在"的美好发展愿景。所以未来的 6G 网络架构设计需要充分考虑对 AI 应用的支持，即将 AI 打造成网络的一个基础能力和服务，随时随需提供给客户，即 AI 即服务（AI as a Service），实现"Network for AI"。

另外，作为一种工具，AI 也有潜力应用于移动通信的各个领域。AI 可以很好地帮助运营商提高网络的运维效率，以及服务的效率和能力。移动通信网络通常由上百万个基站、路由器、核心网元等基础设施设备，以及数亿用户组成。海量数据在网络中产生，包括各网元的运行数据、通信过程中产生的信令数据、事件报告，以及用户在网络中移动的相关信息。如果在这些数据上加上标签信息，则将为网络运维的自动化、智能化带来不可估量的价值。从 5G 时代开始，运营商开始研究基于大数据和人工智能的5G 网络智能化，这些研究可被划分为应用和需求研究（包括 5G+AI 场景和需求、5G 业务场景和需求、应用和网络资源的智能映射）、无线接入技术智能化（如基于 AI 的 massive MIMO 设计、无线资源调度、定位技术、移动性管理、信号检测、信道估计等）、网络智能化（如基于联邦学习的 MEC 架构、智能网络切片、多 RAT 协作、智能网络规划、智能节能、网络异常分析、用户体验分析与优化等[20]）。

3GPP 从 2017 年开始研究无线网络中的大数据采集[21]、网络运维的自动化和智能化[22]，以及人工智能在无线资源调度中的应用[23]。3GPP 中对于 AI 功能架构的研究主要集中在网络功能层面引入的 NWDAF 和管理层面引入的 MDAF（Management Data

Analytics Function）上。NWDAF 是数据分析网元，根据网络数据自动感知和分析网络，参与网络规划、建设、运维、网络优化和运营的全生命周期，使网络易于维护和运行。3GPP 在 Release 16 阶段定义了 NWDAF 的基本框架，Release 17 定义了 NWDAF 功能的拆解、数据采集优化、多实例部署时 NWDAF 实例间的协调，并未对 AI 数据集或训练模型进行标准化。虽然通过 NWDAF 有效提升了网络性能，但这种 AI 功能打补丁的集成方式暴露了一些问题：一个是海量测量上报导致的数据安全问题和过高的信令开销；另一个是低时延的挑战，这是因为所有数据都必须上传到中央分析处理单元进行处理，即 NWDAF，而它可能部署在远离数据源的地方。在管理层面 MDAF 的设计上，也存在类似的问题，MDAF 对管理域数据进行分析，支持 RAN 或 CN 域内的数据分析或跨域的数据分析，并支持与 NWDAF 的接口和交互，但其本质还是一个中央分析处理单元。

欧洲电信标准化协会 ETSI 于 2017 年定义了 ENI（Experiential Network Intelligence）系统，作为一个独立的人工智能引擎为网络运维、网络保障、设备管理、业务编排与管理等应用提供智能化的服务[24]。ENI 系统是一个将数据分析功能集成到闭环管理和编排过程的系统，重点定义了和网络自治相关的功能、ENI 引擎内部的接口及面向其他网络功能的对外接口。如通过数据处理和正则化对原始数据进行清洗和特征分类，将 ENI 系统产生的策略或指令进行翻译，输出服务对象能够理解的语言。

电信管理论坛 TM Forum（Telecom Management Forum）也开始了与人工智能相关的研究工作。2019 年 6 月，国际电信联盟电信标准分局第 13 研究组 ITU-T SG13 启动了机器学习用例的研究[25]。同月，全球移动通信系统协会（GSMA）开始了智能自治网络案例的白皮书制定工作[26]。

综上可知，目前移动通信系统与人工智能融合的研究主要集中在利用人工智能技术使能网络自动化，提升现有通信系统的性能，改善通信服务的用户体验，我们可以统称为 "AI for Network"。标准组织中的大部分工作集中在讨论智能化应用场景案例、所需采集的数据、功能实体间的接口和数据分析输出内容上。对于 AI 全生命周期工作流在网络中的功能架构及与网络功能的融合编排方面讨论较少。

目前，移动通信网络的智能化工作尚处于初始阶段，大量的工作集中在需求的发掘和对解决方案的探索上，而成熟的网络智能化应用相对较少。同时，由于 5G 网络架构在设计时并没有考虑对 AI 的支持，现有场景驱动的网络智能化正面临着诸多挑战。

第一，数据的获取非常困难，数据质量难以保证。因为在先前的网络架构和协议设计中没有预定义数据收集的接口，所以当前基于实现的数据收集服务器/设备，如深度包检测或数据探测无法及时提供足够的数据。基于网管的数据收集也存在数据种类较少，采集周期较长（15 min），异厂商数据格式、命名及计算方式不统一，南向网管数据难以开放的问题。同时，由于数据在设备内部采集的不稳定性、传输链路有损、网管设备存储空间有限，标签难以获得，获取的数据常存在缺失、串行、无标签或标签错误等质量问题，在 AI 模型训练之前，需要花费大量的时间和人力成本对数据进行预处理。

第二，AI 模型的应用效果缺乏有效的验证和保障手段。当前智能模型的训练和迭代优化均在线下完成，智能模型上线后的效果缺乏直接的验证手段，大多通过智能化应用相关的网络性能评估指标进行间接判断，实时性差且缺乏直接关联性；当模型上线后，网络性能指标低于预期时，仅能通过"回退"机制来避免 AI 模型的负面影响，存在滞后性。

第三，AI 在 5G 网络中的应用是逐案处理的，其中数据采集、算法优化和处理被打补丁到相应的网元或外挂处理单元作为新的网元添加到网络中。对于不同的 AI 用例，可能需要对网络进行不同的修改，这给网络的管理和运营带来了困难。最后，针对移动通信网络特征的 AI 算法研发和创新尚处于起步阶段，AI 技术与通信技术是以叠加方式融合的松耦合模式。所有这些因素决定了 AI 的性能和效率远远低于预期。

因此，结合对"Network for AI"和"AI for Network"的综合考虑，在 6G 网络架构的设计中，需要考虑如何使 AI 能力在网络中无处不在、无所不达，并像人体的大脑和神经网络一样，以分布式或集中的方式按需提供 AI 能力，服务于网络的管理和优化；通过智能平台，6G 网络可以将外部 AI 能力引入网络，提供新服务、新能力，将外部数据引入网络，进一步提高数据处理效率；网络内的分析数据和 AI 能力也可以通过智能瓶体开放给第三方，为其提供所需的各类智能服务。而实现上述目标的途径就是内生 AI 的架构设计，通过对用户 AI 应用需求的解析，形成所需要的算法/模型、算力和数据等要素，并通过统一的编排和调度获得上述资源，通过全生命周期的 AI QoS 管理和评估，保证用户的 AI 应用需求得到满足，包括网络内部的需求和网络外部客户的需求。

文献[4]提出一种 6G 网络内生 AI 的功能部署架构，如图 5-25 所示，智能终端和智能网元提供端侧智能和边缘智能，满足用户 AI 服务需求的超低时延，智能平台除进行全网的 AI 服务自动编排外，还将网络的 AI 能力开放给第三方，同时也可以将外部的 AI 算法、模型、算力等众筹到网络内部使用或者用于第三方服务，云网超脑提供大规模、复杂 AI 模型的训练和大规模数据的处理和存储，与边侧的智能网元和终端协同，提供按需的 AI 服务。

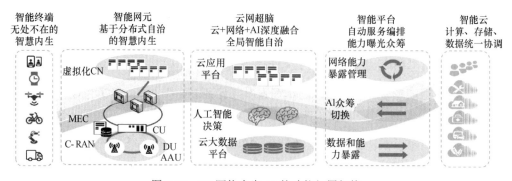

图 5-25　6G 网络内生 AI 的功能部署架构

在协议设计上，为了将 AI 打造成 6G 网络的基础能力和服务，我们也需要引入相应的协议面设计，实现对 AI 服务 QoS 的端到端管理和资源编排，保障 AI 服务的全生命周期的 QoS。6G 网络内生 AI 的协议架构如图 5-26 所示，在通信面、计算面和数据面的基础上，进一步引入智能面，详细的设计还有待进一步研究和完善。

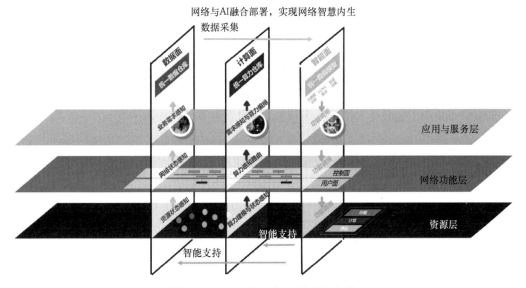

图 5-26　6G 网络内生 AI 的协议架构

内生智慧系统包括 AI 模型管理、训练数据管理、AI 模型评估、AI 模型优化、数据分析和知识库管理等功能实体。AI 模型管理包括模型的选择、生成、存储、更新、传输和删除。其管理的模型包括资源层、网络功能层、应用与服务层的各种模型，它们用于优化这些层上的相关实体。训练数据管理提供模型训练所需的训练样本，并根据模型性能要求对训练数据进行定制和预处理。AI 模型评估用于评估 AI 模型的性能。利用 AI 模型的推理结果对各实体进行优化后，收集生成的性能指标，计算评估结果，接着将其传递给 AI 引擎。然后对 AI 模型进行相应的优化（如更改模型结构、更改算法、再训练等）。数据分析是主要功能，包括 AI 模型训练和基于实时数据的推理。通过数据采集面获得所需数据。知识库管理对 AI 模型的应用结果进行总结和提取，提取规则或关系模式，并从外部导入专家经验。AI 模型、训练数据和知识可以被第三方重用和共享。同时，内生智慧系统的六大功能/服务也可以在网络功能层与其他各方共享，提供所需的应用和服务。

RAN 域、TN 域、CN 域、UE 域等各个域也需要集中式 AI 与分布式 AI 能力相结合。全局集中的 AI 平台可以对外部和内部数据模型进行全局处理，并根据特定用例的要求编排智能能力，然后将结果分发到特定子域的 AI 平台执行。对于本地的 AI 能力，需要尽可能靠近用户部署，提供实时的 AI 能力支持，包括模型和算法等。

作为人工智能的三大支柱之一，计算能力至关重要。随着通信、计算、存储的融合，计算能力也是我们需要进行管理的。从网络部署的角度，必须考虑其经济性，综合考虑如何利用这种分布式、集中的计算能力。我们还需要考虑终端和网络之间计算能力负载分担的方法。

智能面功能模块如图 5-27 所示。

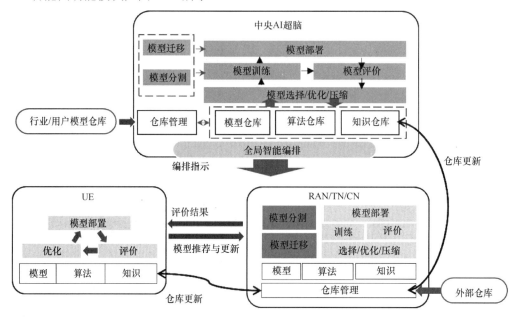

图 5-27   智能面功能模块

综合上述功能设计，完整的内生 AI 架构如图 5-28 所示。该架构提出如下创新理念。首先，为支持 6G 网络的自优化和自演进，AI 用例将不再由网络管理或优化团队提出，而由网络通过中央 AI 用例生成器或外部通过 API 导入。网络提供对 AI 服务的性能评估和保障，这是通过 QoAIS（Quality of AI Services）解释器和评估器完成的。AI 用例的性能需求由解释器导出，转化为人工智能工作流程中对模型、算法、算力、数据和工作模块的具体需求。然后，由编排器聚合网络能力，并由硬件资源支持，以满足 AI 用例的上述要求。当然，中央 AI 超脑也可以将一些需要全局协调的编排结果交付给各个子域执行，从而保证 AI 应用得到全局支持。该架构为本地用例提供了类似的框架，以支持实时用例。由于是端到端的架构，因此编排时也考虑了终端的 AI 能力，支持终端的智能应用。最后，AI 模型、数据和知识可以重复使用并共享给第三方。同时，内生 AI 架构中的各项功能和服务也可开放给第三方，提供所需的智能。

除上述功能架构的设计外，我们总结提炼出 6G 网络内生 AI 的三项技术特征，以应对 AI 全生命周期工作流和云网络 AIaaS 带来的技术挑战。

第一项技术特征是基于 QoAIS 的 AI 全生命周期服务编排。这项特征在功能架构中已有所体现。为了满足网络本身和各行业对智能化服务质量的不同需求，6G 网络需构建一套 AI 服务的质量评估和保障体系，并基于 AI 服务的目标性能，对其生命周期内的功能服务、相关数据和模型，以及所需资源进行编排。为支持该技术特征，需进一步研究 AI 用例的自生成技术、QoAIS 的解析和评估技术、数据/模型/资源的 API 设计、自动模型搜索和构建技术（如 AutoML）、在线学习的数据处理、模型训练推理和自更新的流程编排等。

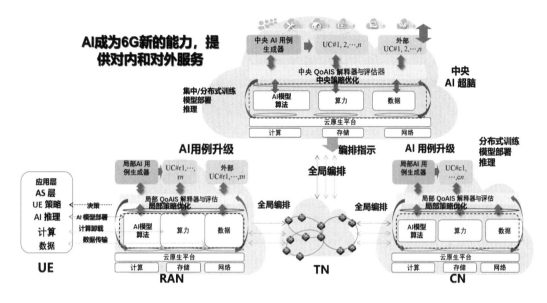

图 5-28　完整的内生 AI 架构

第二项技术特征是内生 AI 与通信的深度融合。这一特征是运营商区别于云服务提供商和其他任何 AI 服务供应商的关键所在。这种融合的应用既包括将 AI 用在提升网络运维智能化和网络性能的"AI for Network"场景，也包括为保障 AI 服务的性能，网络架构、协议和功能所做出的改变，即"Network for AI"场景，同时还包括为提升整网资源效率、降低成本，而对 AI 功能和网络功能做出的联合优化。在这一方向上，当前已有较多关键技术在研究中，如基于数据分割或模型分割的分布式模型训练[25-26]、分布式实时协作推理[27]、基于联邦学习的空口传输和资源调度优化[28]、AI 模型信源与信道联合编码、二阶模型训练算法降低空口训练开销[29]等。

第三项技术特征是内生 AI 与数字孪生的融合。6G 网络架构的特征之一是数字孪生网络[30]。2030 年以后的社会将是数字孪生的社会，数字孪生技术也可以应用于 6G 网络，实现全数字化。通过数字孪生，每个网络实体和用户的服务都可以通过实时信息采集实现数字化。实时状态监测、轨迹预测和对可能出现的故障和服务掉线的预测性干预将成为可能，从而提高整个网络的运行效率，以及服务效率；还可以提前验证网络新特性部署的效果，加快新特性的改进和优化，实现新功能的快速自动引入，从而实现网络的自我进化[31]。内生 AI 架构可利用数字孪生网络提供的仿真功能生成模型训练所需的样本数据，提高输入样本空间的完整性，也可在数字孪生网络中对 AI 工作流或 AI 模型的效果进行预验证和优化，避免 AI 功能的启用对真实网络带来性能的损伤。反过来，数字孪生网络也可利用内生 AI 架构解决其自身的构建问题，如通过收集网络功能的相关数据训练出可模拟该功能的 AI 模型，作为其孪生体，通过 GAN 生成的数据构建孪生体，从而降低数据传输对网络资源的消耗。

所以，6G 网络架构的内生 AI 设计将彻底改变外挂式和嫁接式的 AI 应用模式，提供泛在 AI 能力，并按需提供 AI 所需的算法/模型、算力和数据等资源，高效快捷地满足各种 AI 用例的需求。这种 AI 能力可以是分布式的，也可以是集中式的，通过端边云地协同，实现最佳的 AI 服务。同时，6G 通过 AI 平台将外部 AI 功能引入网络，提供新的业务和新的容量，并且也将外部数据引入网络，进一步提高数据处理效率。此外，网络中的分析数据和 AI 能力也可以开放给第三方，以向其提供服务和所需的支持。

5.4.5 安全内生

面向 2030 年以后的"数字孪生、智慧泛在"的社会发展愿景[5]，世界的数字孪生是未来社会发展的必然趋势。物理世界的每个对象都将数字化，具备数字副本，运营商网络、人、工厂、企业、政府基础设施等的数字孪生将存在于数字空间，通过数字孪生实现物理世界和数字世界之间的交互，达到预测未来和改变未来的效果。因此，整个社会在生产、生活、社会治理等诸多方面将发生重大变化。虚拟空间中数字孪生体的变化和操作将直接影响到物理实体，因此也会带来更多的安全风险。如果虚拟空间的安全受到威胁，则将直接影响物理世界的安全。有人预测，未来的战争将不是对物理世界的攻击，而是对数字孪生世界的攻击，这可能直接导致物理世界的毁灭。因此，安全对未来社会将会更加重要。

全新的业务、场景和技术发展趋势对 6G 网络的安全架构设计提出全新的挑战。工业智能控制、无人驾驶、虚拟现实等高新技术相关的各行各业将越来越依赖 6G 网络，在数据爆炸性增长的同时，数据的机密性和身份隐私应得到充分的保护和可靠可信的传输。与此同时，为不断提升用户体验，6G 网络将更趋于分布式，并以用户为中心提供独具特色的服务，网络架构的变化将促使 6G 安全架构做出相应改变。从万物互联到智慧互联，6G 网络未来承载的业务应用价值也将得到极大提升，这对利益驱动的攻击者无疑具有很大的吸引力。6G 需要针对新业务应用场景、新技术提供更强的安全防护能力；同时，根据网络柔性、动态扩展的特点，要求安全能力细粒度按需、弹性部署，动态适配网络、终端环境和业务场景，保障网络与业务安全。6G 时代，应在支持传统安全能力的同时扩展支持可信性，囊括安全（Security）、物理安全（Safety）、隐私、韧性和可靠性，实现广义 6G 网络安全可信[32]。

隐私泄露、中间人攻击、分布式拒绝服务攻击等一直是移动通信网络面临的安全挑战。为了解决这些问题，业界多采用补丁、外挂安全服务等方式，这些被动的防护方式不能及时避免安全损伤，而且难以随着网络发展进行适应性调整[32]，在安全和效率方面仍存在改进的空间。

为了解决现有的安全架构问题和应对未来的全新挑战，我们应该重新思考安全机制的设计。云计算、大数据、AI 技术的快速发展和进步，为 6G 网络的安全设计提供了新的手段和支撑。借鉴人体免疫系统的原理，我们应该将安全机制和通信系统进行一体化设计，将 6G 的安全体系打造成网络内生的免疫系统，使得安全无所不及、无处不在，既能提供被动的防御，也能提供主动的防御，还可以从发生的攻击事件中获得免疫。随着 AI、区块链、量子通信等技术的发展，安全流程内嵌在通信网络中成为可能。通过网元内置基础安全能力，提供采集、管控、隔离等能力支持，基于分布式技术手段对 6G 网络安全架构进行重新设计，构建 6G 网络内生的安全可信机制，从根源上解决当前中心化网络架构面临的安全可信问题。人工智能将全方位赋能 6G 网络安全，通过 AI 技术有助于增强安全分析和决策能力，进而提升 6G 网络整体的安全能力。基于 AI 的安全内生机制使得 6G 网络具备智能共识、智能防御、自免疫与自进化、泛在协同的能力，实现从"网络安全"到"安全网络"的转变。内生安全的特征如图 5-29 所示。

图 5-29 内生安全的特征

文献[32]提出 6G 网络安全内生应具备以下特征：一是主动免疫，基于可信任技术，为网络基础设施、软件等提供主动防御功能；二是弹性自治，根据用户和行业应用的安全需求，实现安全能力的动态编排和弹性部署，提升网络韧性；三是虚拟共生，利用数字孪生技术实现物理网络与虚拟数字孪生网络安全的统一与进化；四是泛在协同，通过端、边、网、云的智能协同，准确感知整个网络的安全态势，敏捷处置安全风险。

同时，考虑到未来数据和应用的本地化、局域化发展趋势，每个人、每个智能体、每个终端、每个网络节点都有可能成为数据、业务和能力的供给者，所以我们也需要将安全打造成网络的一个基础能力和服务，按需提供给需要安全保护的对象。为此，我们需要在设计网络整体协议架构时，考虑引入一个新的安全面，实现对整个安全业务的端到端的编排、管理和 QoS 保证，如图 5-30 所示。

安全面的功能设计如图 5-31 所示[10]，网络将实时监控其安全状态，预测潜在风险。将攻击防御与风险预测相结合，实现风险预测、主动免疫等智能安全。通过网络智能实体间的交互与协作，形成智能共识，消除干扰，为信息和数据提供高水平的安全保障。基于 AI 和大数据技术，精准部署安全功能，优化安全策略，实现主动、纵深安全防御。对网络基础设施、软件等提供主动免疫，利用可信计算技术提升基础平台的安全水平。通过端、边、网、云的泛在协同，准确感知整个系统的安全状态，妥善处置安全风险，使 6G 网络的安全最大化，实现网络安全向网络空间安全的全面升级。

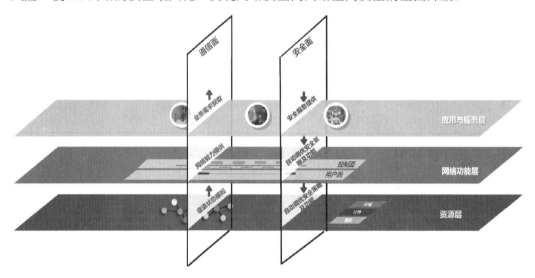

图 5-30   通信安全一体化，打造安全即服务

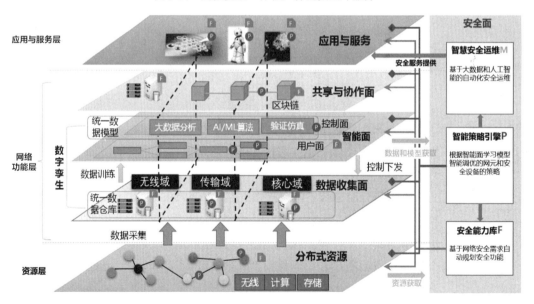

图 5-31   安全面的功能设计

5.4.6 数字孪生

随着 5G 的大规模部署，运营商移动通信网络的规模越来越大，以国内运营商为例，动辄数百万的基站，并且同时存在 2G、3G、4G 和 5G，甚至 Wi-Fi 和其他物联网

制式，每个网络都存在多个频点，网络间的互操作参数复杂，其规划、建设、运维、优化的流程完全割裂，5G 网络初期的运维体系如图 5-32 所示，这给网络的运营和优化带来了巨大的挑战，成为运营商日常开支中的重要组成部分。

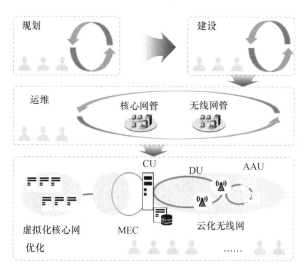

图 5-32　5G 网络初期的运维体系

　　为此，业界开始实践网络的智能化，希望通过大数据和 AI 的运用，逐步将原有的人工操作实现自动化。为此，ITU 还定义了网络智能化的 5 个等级[33]，如表 5-3 所示。

表 5-3　网络智能化的 5 个等级

等级/名称		分级评估维度				
		执行	数据采集	分析	决策	需求映射
L0	人工运营网络	人工	人工	人工	人工	人工
L1	辅助运营网络	人和系统	人和系统	人工	人工	人工
L2	初级智能化网络	系统	人和系统	人和系统	人工	人工
L3	中级智能化网络	系统	系统	人和系统	人和系统	人工
L4	高级智能化网络	系统	系统	系统	系统	人和系统
L5	完全智能化网络	系统	系统	系统	系统	系统
备注： 1．所有等级的决策和执行都支持人工介入，人工审核结论及执行指令具有最高权限。 2．在智能化等级评估实施中，可以对各个维度进行单独评估						

　　运营商虽已进行了多年的网络智能化的探索、研究和应用部署，但仍无法有效解决网络能耗高、多制式互操作繁杂、运维成本高、效率低等问题。同时，随着网络向可编程、软件驱动、服务化架构的方向演进，网络运维的复杂性和操作规模将达到前所未有的高度，新业务、新技术的引入也对网络操作的灵敏性提出了更加苛刻的要求，运营商

亟须一种更全面、更智能、可扩展且性价比可接受的网络自动化运维系统。

网络运维的自动化具有不同颗粒度，可以是任务、功能或过程的自动化，也可以是网络和服务全生命周期管理的自动化。当前 5G 网络运维自动化水平较低，大部分依赖程序固化的专家规则和自动调度流转实现，部分场景下仍依赖于人工操作。基于智能化手段实现的网络运维自动化仍是"补丁式"和"外挂式"。"补丁式"是指通过用例驱动的方式对某些特定的功能实现较高的自动化程度，降低人工干预，如自组织网络（Self-Organizing Network，SON）中基站自启动、邻区关系自优化、PCI 自优化、移动健壮性优化（Mobility Robust Optimization，MRO）等；"外挂式"是指将相关数据采集、汇总到网管或相关平台上进行训练，并将模型下发到对应网元以生成运维所需智能。这种"烟囱式"的自动化系统和研发模式在现有的网络架构下可在一定程度上提升网络管理的自动化水平，但由于现有网络结构的局限性，以及数据的有效性和实时性等难以保证，不同厂商之间的数据难以互通和共享，导致网络自动化的效率较低、效果难以达到预期。

数字孪生技术为实现 6G 网络自治提供了新的思路与解决方案，即通过对网络本身进行数字孪生构建孪生的数字化网络[34]。如图 5-33 所示，数字孪生网络是一个由物理网络实体及其孪生的数字化网络构成的，且物理网络与孪生的数字化网络间能进行实时交互映射的网络系统。物理网元对应的孪生的数字化网元可以通过各种数据采集和仿真模拟手段来构建，进而在数字域形成网元的数字孪生体和网络的数字孪生体。数字域通过丰富的历史和实时数据以及先进的算法模型，产生感知和认知智能，持续地对物理网络的最优状态进行寻优和仿真验证，并提前下发对应的运维操作，自动地对物理网络进行校正，预测性地提前解决网元或者网络可能出现的故障，以达到"治未病"的运维效果；然后通过采集校正后的数据来评估运维效果，形成闭环。通过这种数字域和物理域的闭环交互、认知智能及自动化运维操作，网络可快速地认识并适应复杂多变的动态环境，基于数据和模型对物理网络进行高效的分析、诊断、仿真和控制，实现规划、建设、维护、优化和治愈等网络全生命周期的"自治"。

网络的数字孪生体作为物理网络设施的数字化镜像，与物理网络具有相同的网元、拓扑、数据，可实现网络和设备的全流程精细化"复制"，为网络运维优化操作和策略调整提供接近真实网络的数字化验证环境。因此，与传统仿真平台相比，基于网络的数字孪生体所训练的 AI 模型和预验证结果具备更高的可靠性。另外，数字孪生网络还会记录和管理网络的数字孪生体的行为，支持对其的追溯和回放，因而能在不影响网络运营的情况下完成预验证，极大地降低试错成本。此外，数字孪生网络具备自主构建和扩展的能力，并能与 AI 技术结合，使其可探索出尚未部署到现网的新业务需求并在孪生的数字化网络中验证效果，从而实现网络的自演进。

数字孪生技术也可以应用到 6G 网络中，通过数字孪生，每个网络实体和用户服务都可以通过实时信息采集和建模实现数字化，数字化网络的模拟和仿真使得网络的实时状态监测、轨迹预测、对可能发生的故障和服务恶化进行早期干预将成为可能，实现高水平的网络自动化、"零接触维护"和"预测性维护"[16]，不仅可以提高网络的运行效率和服务效率，还可以通过数字孪生提前验证网络新功能部署的效果，加快对新功能的改进和优化，实现新功能的快速、自动引入，从而实现网络的自我演进。网络的数字孪生将在很大程度上帮助运营商实现网络的高度自治，架构性地解决移动通信网络运维难的问题。

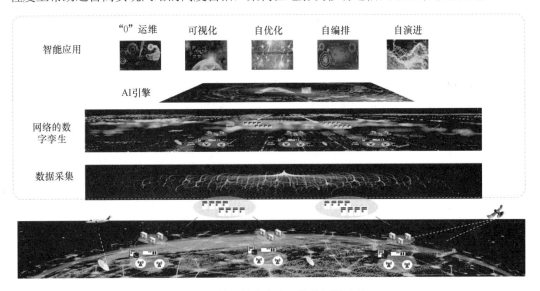

图 5-33　基于数字孪生网络的网络自治

对于网络的数字孪生，从所有网络域获取数据至关重要[10]。基于数字孪生的网络自治如图 5-34 所示，通过对各个网络实体和功能的数据处理和参数化建模，可以得到虚拟空间中整个网络的数字建模。用户的数字孪生可能包括轨迹、速度、业务类型、业务模型、数据速率和信道状态等数据。云原生 RAN 的数据可能包括无线资源模型、硬件资源模型、空口协议模型、无线信道模型、网络服务状态，以及 KPI 和统计指标等。类似的建模过程和数字孪生也可以发生在 TN 和 CN 中。AI 引擎根据获得的数字孪生数据，利用 AI 算法预测网络状态。网络规划实体将不断寻找实体网络的最优状态，并通过仿真进行验证，然后在管理域执行相应的操作将其映射到现实世界中的网络上。

任何网络资源对象都可以在数字域中生成相应的数字孪生体，包括底层的物理资源、网络功能以及上层的各种应用和服务。数字孪生体的产生依赖于各种数据采集、数据处理和存储，以及数字孪生建模技术。为了实现资源对象的优化，数字孪生网络根据采集到的数据和信息，建立其优化模型，生成其未来时间点的数字规划体[16]。然后，通过调用配置函数，可以为每个资源对象实现数据规划。上述数字孪生网络功能以及数字域与物理域之间的连接管理、同步优化等功能都是网络功能。数字孪生网络的数据包括数字孪生体、数字规划体和智能模型。数字孪生网络通过这些功能和数据，向上提供各种应用和服务，向下调用和优化各种资源对象。同时，数字孪生网络可以通过各种共享技术与第三方共享上述功能和数据。此外，它还可以通过各种安全技术防止攻击和篡改。

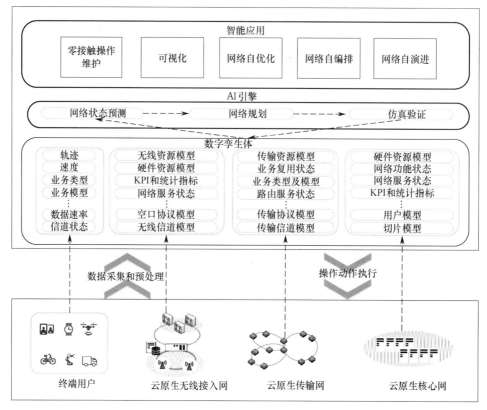

图 5-34　基于数字孪生的网络自治[10]

5.4.7　6G 网络架构概览

综合上述分析和设计，6G 网络将是一个实现通信、计算、大数据、感知、AI、安全一体融合的新一代移动信息网络，如图 5-35 所示，其底层是物理基础设施层，包括不同频段的基站天线和有源天线单元（Active Antenna Unit，AAU）/射频（Radio Frequency，RF）（可能包括 sub-10 GHz、毫米波、太赫兹、可见光和卫星，以及空中和地面的卫星基础设施）、虚拟化和云化的计算与存储设施；物理基础设施层之上是逻辑功能层，通过统一管理编排，调用物理基础设施层的基础资源，形成通信、计算、大数据、感知、AI、安全等能力，服务上层的各个应用场景。三层逻辑结构实现底层硬件和上层功能的解耦，以支持端到端的云原生设计，带来端到端网络的敏捷和弹性，提升端到端网络对新业务和新场景的适应性。

此外，为了进一步拓展 6G 网络的能力维度，将通信、大数据、计算、AI 和安全都打造成网络的基础能力和服务，实现它们的一体设计，以此保障其端到端的多维 QoS 体验。为此，6G 网络的端到端逻辑协议应按图 5-36 的方式来扩展，在传统的通信面

（在具体的标准中又可分解为控制面和用户面）之外，引入新的数据面、计算面、智能面和安全面，并通过管理面对各个协议面进行统一管理和编排。

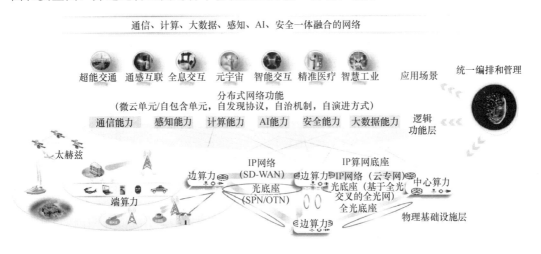

图 5-35　6G 网络

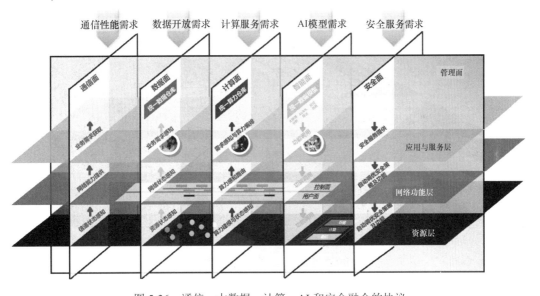

图 5-36　通信、大数据、计算、AI 和安全融合的协议

5.5　空口技术

移动通信网络的空口技术经过几十年的研究，已经相当成熟，特别是物理链路的传输效率已经逼近了香农限，尽管业界面向 6G 探索了很多的研究方向，如 OAM[35]、超奈奎斯特传输[36]、全息无线电[37]、全双工[38]、AI[39]等，但短期内还没有看到能够影响

整个 6G 空口传输设计的重大突破。所以面向 6G，空口研究的重点在于四个方面：一是如何进一步提升空口的各项技术指标，如峰值速率、频谱效率、可靠性、时延等；二是如何适应更加差异化和碎片化的业务与场景的需求；三是与新引入的能力维度，如AI、感知、计算等之间的融合设计，以及如何适应未来的端到端全云化演进；四是解决5G 网络发展中发现的问题，如上下行链路性能差异大、小区边缘和小区中心用户体验差异大等。因此，6G 空口设计的重点是在继承 5G 已经得到充分验证的成熟技术和设计（如大规模天线、Polar/LDPC 编码、OFDM 调制等）的基础上，开展场景化的空口优化设计，以期高效地满足不同业务和应用场景下的关键空口技术指标需求，研究基于云原生的空口协议架构和协议体系等。

在整个 6G 的空口技术中，有几个重点方向值得关注和研究，如分布式 massive MIMO[40]、空口 AI[41]等，它们将在后续章节中详细展开。

空口 AI 的终极梦想是通过收发端的联合优化设计[42-43]，训练出一个神经网络，代替现有的所有调制、编码和天线处理，实现最优的传输差错率，如图 5-37 所示。利用深度学习技术，以最小化消息传输错误概率等为目标，联合优化收发机模块，端到端通信可以打破传统通信系统的模块化壁垒，对发射机和接收机进行联合优化，从而实现通信链路全局最优的误码率性能。

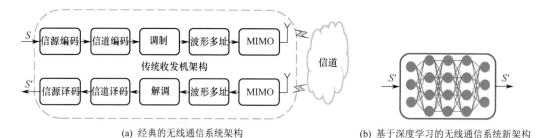

(a) 经典的无线通信系统架构　　　　　　　(b) 基于深度学习的无线通信系统新架构

图 5-37　经典的无线通信系统架构与基于深度学习的无线通信系统新架构对比

但在实际的通信系统中，由于复杂环境导致的信道衰落、干扰、资源调度等的动态变化，以及收发端对所需系统上下文信息获得的时延和代价等，几乎不可能实现上述终极目标。目前，业界关于 AI 在空口中的应用，主要聚焦在对传统的物理层功能模块，如信道编译码、调制解调、波形多址、多天线 MIMO、信道估计、信道信息反馈和预测、接收机算法等进行增强。

目前影响 AI 在空口应用主要面临的问题有对场景的适应性、计算复杂度和能耗、可解释性等，业界在空口 AI 研究的一些关键问题，如数据集建立、泛化性衡量、模型校准、评估准则与评估指标等方面，还没有达成共识。评估准则与评估指标是判断无线AI 算法优劣性的准绳，是无线 AI 算法未来研究与标准化落地的重要依据；良好的数据集是无线 AI 算法研究的基础，不同的数据集直接影响无线 AI 算法设计与性能；基于某种数据集设计的无线 AI 算法往往在跨场景应用中存在泛化性不足的问题，需要大力研究泛化性提升技术。3GPP 在 Rel-18 中已经开始研究空口 AI，但已有的用于评估无线方案性能的方法体系也不能满足系统性评估无线 AI 算法的需求。因此，还需要业界共同努力，推动形成相关共识并加速空口 AI 的研究。

考虑到 5G 网络中大规模天线的部署成本较高，且现有 5G 网络中上行链路和下行链路的能力差异大，小区中心和小区边缘的用户体验差异大，分布式大规模预计将在解决上述问题方面扮演重要的角色。支持无蜂窝（Cell-Free 或者 No Cell）的分布式大规模天线已经成为业界研究的重要方向之一，详细内容请参考文献[44]～[46]。

5.6　本章小结

本章从 6G 是什么的业界代表性观点出发，分析了目前业界关于 6G 的一些初步认识和定义，然后从 6G 的愿景与需求，潜在的频率及其使用和部署策略，空天地海一体化覆盖拓展，通信、计算、大数据、感知、AI、安全的融合一体的能力拓展，基于网络数字孪生的高度自治，网络架构和空口设计等角度对 6G 进行了定义，并提出了 6G 就是通信、计算、大数据、感知、AI、安全等一体融合的新一代移动信息网络，将具备按需服务、至简、柔性、智慧内生、安全内生和数字孪生等全新特征。

本章参考文献

[1]　牛凯，戴金晟，张平，等. 面向 6G 的语义通信[J]. 移动通信，2021，45(4):6.

[2]　石光明，肖泳，李莹玉，等. 面向万物智联的语义通信网络[J]. 物联网学报，2021.

[3]　刘光毅，黄宇红，崔春风，等. 6G 重塑世界[M]. 北京：人民邮电出版社，2021.

[4]　LIU G Y, YUANG Y H, LI N, et al. Vision, requirements and network architecture of 6G mobile network beyond 2030[J]. China Communications, 2020, 17(9).

[5]　中国移动. 2030+愿景与需求白皮书[R]. 2 版. 2020.

[6]　NGMN. 6G vision and drivers white paper[R]. 2021.

[7]　NGMN. 6G use cases white paper[R]. 2022.

[8]　方箭，李景春，黄标，等. 5G 频谱研究现状及展望[J]. 电信科学，2015，31(12):8.

[9]　GSMA. GSMA Calls for 2 GHz of Mid-Band Spectrum to Meet UN Targets[R/OL]. 2021-7.GSMA 官网.

[10]　LIU G Y, LI N, DENG J, et al.　The SOLIDS 6G mobile network architecture: Driving forces, Features and functional topology[J]. Engineering, 2022, 8.

[11]　STURM C, WIESBECK W. Waveform Design and Signal Processing Aspects for Fusion of Wireless Communications and Radar Sensing[J].　Proceedings of the IEEE, 2011, 99: 1236-1259.

[12]　TAN D K P, HE J, LI Y, et al. Integrated Sensing and Communication in 6G: Motivations, Use Cases, Requirements, Challenges and Future Directions [J]. 2021 1st IEEE International Online Symposium on Joint Communications & Sensing (JC&S), 2021: 1-6.

[13]　AHANG J A, RAHMAN M L, WU K, et al.Enabling Joint Communication and Radar Sensing in Mobile

Networks—A Survey[J]. IEEE Communications Surveys & Tutorials, 2022, 24(1): 306-345.

[14] 刘光毅，楼梦婷，王启星，等. 面向 6G 的通信感知一体化架构与关键技术研究[J]. 移动通信，2022（6）.

[15] 6GANA. 数据服务的概念与需求白皮书[R].2022.

[16] 中国移动研究院. 6G 至简无线接入网白皮书[R]. 2022.

[17] 刘超，陆璐，王硕，等. 面向空天地一体多接入的融合 6G 网络架构展望[J]. 移动通信，2020, 6.

[18] 中国移动研究院. 6G 服务化 RAN 白皮书[R]. 2022.

[19] LI N, LIU G Y, ZHANG H M, et al. Micro-service-based radio access network[J]. China Communications, 2022, 19(3).

[20] ITU-T. Framework for evaluating intelligence levels of future networks including IMT-2020 (Study Group 13): Y.3173[S].2020.

[21] 3GPP. Study on RAN-centric data collection and utilization for LTE and NR: TS 37.816 Version 1.0.0 [S]. 2019.

[22] 3GPP. Study of Enablers for Network Automation for 5G: TR 23.791 [R]. 2018.

[23] 3GPP. New WID Self-Organizing Networks (SON) for 5G networks: TSG-SA SP-190785 [S]. 2019.

[24] ETSI. Improved operator experience through Experiential Networked Intelligence(ENI)[S]. ETSI WhitePaper, 2017, 22.

[25] ITU-T. Architectural framework for machine learning in future networks including IMT-2020 (Study Group 13): Y.3172 [S]. 2019.

[26] GSMA. AI in Network use cases in China[R]. 2019.

[27] AMIRI M M, GUNDUZ D. Federated Learning over Wireless Fading Channels[J]. IEEE Transactions on Wireless Communications, 2020, 19(5): 3546-3557.

[28] HUANG Y, CHENG Y, BAPNA A, et al. GPipe: Efficient Training of Giant Neural Networks using Pipeline Parallelism[J]. Google, 2018.

[29] TEERAPITTAYANON S, MCDANEL B, KUNG H T. Distributed Deep Neural Networks Over the Cloud, the Edge and End Devices[C]// 2017 IEEE 37th International Conference on Distributed Computing Systems (ICDCS). IEEE, 2017.

[30] WANG S, TUOR T, SALONIDIS T, et al. Adaptive Federated Learning in Resource Constrained Edge Computing Systems[J]. IEEE Journal on Selected Areas in Communications, 2019:1-1.

[31] DÜNNER C, LUCCHI A, GARGIANI M, et al. A Distributed Second-Order Algorithm You Can Trust[C]// International Conference on Machine Learning. 2018.

[32] IMT-2030 推进组. 6G 网络安全愿景白皮书[R]. 2021.

[33] ITU-T. Grading method for intelligent capability of mobile networks: ML5G-I-151[S]. 2018.

[34] 中国移动研究院. 基于数字孪生网络的无线网络自治白皮书[R]. 2022.

[35] MOHAMMADI S M, DALDORFF L K S, BERGMAN J E S, et al. Orbital Angular Momentum in Radio-A System Study[J]. IEEE Transactions on Antennas and Propagation, 2010, 58 (2): 565-572.

[36] WANG Q, CHANG Y, YANG D. Deliberately Designed Asynchronous Transmission Scheme for MIMO Systems [J]. IEEE Signal Processing Letters, 2007, 14(12), 920-923.

[37] 潘时龙，宗柏青，唐震宙，等. 面向 6G 的智能全息无线电[J]. 无线电通信技术，2022，048(001)：1-15.

[38] 王俊，赵宏志，卿朝进，等. 同时同频全双工场景中的射频域自适应干扰抵消[J]. 电子与信息学报，2014，36(6):6.

[39] IMT-2030 推进组. 无线人工智能（AI）关键技术研究报告[R]. 2021.

[40] JIA X, XIE M, MENG Z, et al. Achievable Uplink Rate Analysis for Distributed Massive MIMO Systems with Interference from Adjacent Cells[J]. 中国通信（英文版）, 2017, 14(5):12.

[41] 中国移动研究院. 6G 物理层 AI 关键技术白皮书[R]. 2022.

[42] SHEA T O', HOYDIS J. An introduction to deep learning for the physical layer[J]. IEEE Trans Cogn Commun Netw, 2017, 3(4): 563-575.

[43] JIANG H, DAI L. End-to-end learning of communication system without known channel[J]. Proc. IEEE Int. Conf. Commun. (ICC), 2021.

[44] SHUAI F, CHEN J, ZHANG Y, et al. Wireless Powered IoE for 6G:Massive Access Meets Scalable Cell-Free Massive MIMO[J]. 中国通信（英文版）, 2020, 17(12):18.

[45] ZHANG Y, ZHOU M, ZHAO H, et al. Spectral Efficiency of Superimposed Pilots in Cell-Free Massive MIMO Systems with Hardware Impairments[J]. 中国通信（英文版）, 2021, 18(6):16.

[46] UNNIKRISHNAN K G, EMIL B, ERIK G L. Clustering-Based Activity Detection Algorithms for Grant-Free Random Access in Cell-Free Massive MIMO[J]. IEEE Transactions on Communications, 2021, 69(11).

第 6 章　分布式超大规模天线系统

本章以 MIMO 的技术背景及演进趋势为出发点，对未来分布式超大规模天线技术和无蜂窝（Cell-Free）MIMO 系统的架构和原理进行详细介绍，涵盖技术特征、系统模型、应用场景、网络部署和关键技术等。

6.1　MIMO 技术的背景

在过去的四十年里，无线技术已经从实现简单的电话呼叫演进为支持高速数据流的传输技术。相比 4G LTE 网络技术，正在全球范围内部署的 5G 网络能够继续支持多种典型服务及其增强，包括增强型移动宽带（eMBB），超可靠低时延通信（uRLLC）和增强型机器类通信（mMTC）等，以便提供更快的数据速率和比当前移动宽带更好的用户体验。为了进一步提升数据传输速率或小区吞吐量，可以通过使用更大带宽、增加小区密度，以及提高小区的频谱效率等策略来实现。通过在基站和用户侧增加发射与接收天线数量提升频谱效率的技术就是众所周知的多输入多输出（Multiple Input Multiple Output，MIMO，简称多入多出）技术[1-3]，单天线与多天线系统的示意图如图 6-1 所示。

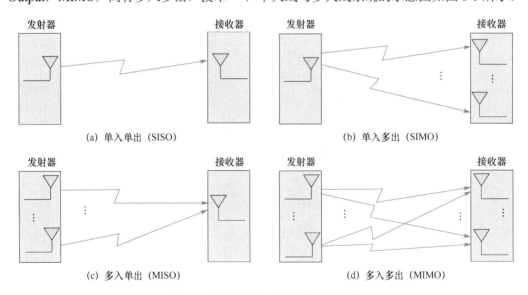

图 6-1　单天线与多天线系统的示意图

6.1.1　MIMO 技术及超大规模天线技术

随着信号处理技术的进一步发展，MIMO 系统可以通过采用更多的发射和接收天线获取更高的波束赋形增益和空间复用增益以提升频谱效率，增强链路的健壮性和可靠性[4]。尽管 MIMO 概念由来已久，但 LTE 是第一个完全实现多用户 MIMO 概念的技术标准。4G LTE 基站最多可配备 8 个天线端口，覆盖 120 度水平扇区。因此，单小区内共设置 24 个天线端口，能够提供显著的 MIMO 性能增益。但是，与 LTE 相比，5G eMBB 业务对系统性能增益提出更高的要求，这就要求基站或终端部署更多的发射和接收天线。超大规模天线（massive MIMO）技术可以在同一时频资源下为更多用户提供服务，显著提升波束赋形增益、空间复用增益和空间分集增益，使得频谱效率得到极大提升。因此，massive MIMO 技术将会是未来无线网络通信的关键技术之一。超大规模天线技术从系统实现形式上可以分为集中式和分布式，本书 6.1.2 节和 6.1.3 节将对这两种系统进行简单的介绍。

6.1.2 集中式超大规模天线系统

在点到点 MIMO 到多用户 MIMO 的逐步演进中，基于蜂窝网的集中式超大规模天线系统（见图 6-2）能更好地解决用户间干扰并具备很好的可扩展性，在低频段（6 GHz 以下）和高频段（如毫米波以上）的应用中均可达到更高的系统吞吐量。集中式超大规模天线系统具有以下几个关键特点。

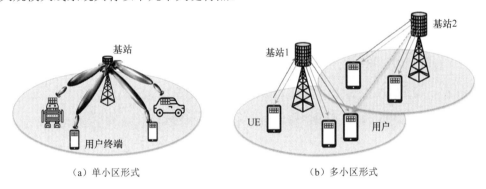

（a）单小区形式　　　　　　　　　　　（b）多小区形式

图 6-2　集中式超大规模天线系统

大量基站天线集中部署的方式能够实现更高的阵列增益、空间复用增益和空间分集增益。除此之外，当基站天线增加到一定规模时，会表现出两个典型特征：一是有利传输（Favorable Propagation）[5 7]特性，即有效消除多用户干扰米提升系统性能，并能通过简单的线性信号处理方案实现接近系统上限容量的数据速率；二是信道硬化（Channel Hardening）[8]，即降低用户等效信道增益的随机波动，提高传输的可靠性。

时分双工（Time-Division Duplex，TDD）模式有利于超大规模 MIMO 技术的实现，主要由于其上下行信道具备互易性特征。基站可以通过测量上行信道获取下行信道特征，并用于下行数据的处理。其信道估计资源仅与用户数目相关而不会随着天线数目改变而发生变化，具有很好的可扩展性。而在频分双工（Frequency-Division Duplex，FDD）模式下，配备大规模天线的基站需要更多参考信号资源以获取下行信道特征，并消耗大量的上行资源支持信道状态信息的反馈。这些资源开销给超大规模天线技术的实现带来很大的挑战。

集中式超大规模天线技术是 5G 新空口（New Radio，NR）标准化的关键推动力之一。爱立信率先于 2017 年发布全球首款基于大规模天线技术的商用 5G NR 基站 AIR 6468，该基站采用 64 根发射和接收天线并在 6 GHz 以下频段运行[9]。随后，其他公司如华为、诺基亚、中兴和 Facebook 分别展示了配备 128 天线的大规模 MIMO 基站，实现频谱效率的巨大提升。

6.1.3 分布式超大规模天线系统

集中式超大规模天线系统可以有效提升网络容量并支持逐步增长的网络需求，由于网络系统容量与基站的密集程度成正比，因此各式各样的小型蜂窝网络（Small Cell）不断涌现。降低蜂窝网络覆盖范围虽然可以获得更高的系统容量，但在一定程度上会增加小区间的干扰进而导致系统性能严重下降。此外，基站天线数目也受到天线面板尺寸和功耗的限制，尤其是工作在低频段的蜂窝系统中，可集中部署的天线数目非常有限，因此基于分布式超大规模天线技术的无蜂窝 MIMO 系统应运而生。在分布式超大规模天线系统中，大量的天线单元或天线面板作为接入点（Access Point，AP）广泛分布在服务区域，这些接入点通过回程网络实现相互协作，联合为用户提供数据传输服务，并利用超大规模天线的优势获得强大的宏分集增益，解决小区间的干扰问题，同时降低信道阴影效应并提升信噪比和覆盖。因此，分布式超大规模天线系统能在一定程度上为所有用户提供统一的高数据速率传输服务。

6.2 分布式 MIMO 系统的演进及技术特征

6.2.1 分布式 MIMO 系统的演进

早在 2000 年左右，学术界就提出了协同多天线收发技术，并开始进行广泛研究[10]。相应的分布式 MIMO 系统根据不同的技术特点主要分为以下几个演进形态[11]。

（1）网络 MIMO（Network MIMO）：早在 2006 年，贝尔实验室就提出了网络 MIMO 技术[12-13]，不同小区通过协作，以小区分簇的形式来服务这些小区联合覆盖范围内的用户。在这种场景下，基站组成不重叠的协作簇（Cluster），每个协作簇都由一个中央处理器（Central Processing Unit，CPU）提供服务。中央处理器实施集中式的信号处理，负责基站间的协作以及通过上下行信令从基站处获取用于收发信号处理的信道信息。网络 MIMO 将干扰信道转化为多点接入信道，因此能有效地抑制小区间的干扰。

（2）协作多小区 MIMO（Cooperative multi-cell MIMO）：由于传统网络 MIMO 依赖于集中式的信号处理并且需要在基站间交换瞬时信道信息，IEEE 802.16m 标准在 2008 年逐步提出协作多小区 MIMO 技术[14-15]。该技术能够支持分布式信号处理，不需要信道信息的交互，能极大降低计算复杂度和对前传链路容量的要求[16]。

（3）云无线接入网（Cloud Radio Access Network，C-RAN）：2010 年左右基于云计算架构 C-RAN 的相关研究如火如荼地展开[17]，C-RAN 的基带处理由连接多个射频拉远单元（Remote Radio Unit，RRU）的 CPU 完成。RRU 可以看作一个信号转发设备，所有的复杂信号处理都集中在中央处理器完成。

（4）协同多点（Coordinated MultiPoint，CoMP）传输技术：这是分布式 MIMO LTE-Advanced 标准于 2013 年左右使用的商业名称。相关标准采纳了不同的协作式 MIMO 技术，然而在相关产品的实际商业部署中并未达到预期的性能。

6.2.2　无蜂窝 MIMO 系统及分布式超大规模天线的技术特征

基于分布式超大规模天线的无蜂窝 MIMO 系统结合了高度密集化、集中式超大规模天线技术和协同多点（CoMP）传输技术的优势。与许多天线集中部署在一个基站不同的是，无蜂窝 MIMO 系统将大量天线在某一区域内分开部署，这些地理位置分开的天线及相关系统组成接入点（AP）。这些接入点通过前传网络连接中央处理器实现同步并联合相干地在同一时频资源下服务用户，如图 6-3 所示。此系统除了具备超大规模天线系统优异的波束赋形增益和空间复用增益，还具有以下几个性能特征。

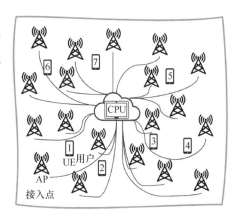

（1）宏分集（Macro Diversity）增益：地理上分开的不同接入点可以获得更高的空间分集增益，网络中每个用户附近都有几个接入点同时服务。此技术可以降低由于信道传输带来的路径损耗和阴影效应，增强链路的可靠性。文献[18]表明，分布式超大规模天线系统可实现比集中式网络高 5～20 dB 的信道增益，如图 6-4 所示。

图 6-3　无蜂窝 MIMO 系统

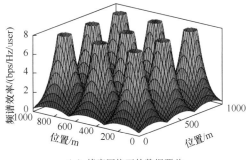

（a）蜂窝网络下的数据覆盖

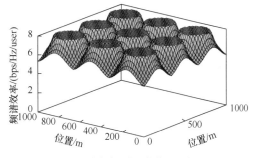

（b）分布式网络下的数据覆盖

图 6-4　用户终端在不同位置的频谱效率分布[18]

注：8 kbps/Hz 作为最大频谱效率，对应未编码的 256 QAM 调制模式。

（2）抗小区间干扰：通过不同接入点间的协同处理，此系统可以等效地将干扰信号转变为有用信号，在分布式系统区域内实现无小区无边界的网络架构。因此，与小型蜂窝网络相比，无蜂窝 MIMO 网络解决了小区间的干扰问题，实现了显著的性能提升[19-20]。

（3）以用户为中心的处理：以网络为中心的架构通过分布式接入点组成不重叠的协作簇并为该簇中的用户提供服务。这种网络部署模式存在的问题是簇边缘的用户会受到不同协作簇间的干扰，导致性能损失。在以用户为中心的网络部署中，用户可通过信号强弱选择其邻近的接入点接入网络。无蜂窝 MIMO 系统通过优化的功率控制策略实现以用户为中心的动态协作簇，保证所有用户公平统一的服务质量。

6.3　无蜂窝 MIMO 系统介绍

本节介绍三种不同模式下基于分布式超大规模天线技术的无蜂窝 MIMO 系统[21]。

6.3.1　TDD 模式

假设无蜂窝 MIMO 系统网络中有 M 个配备多天线的接入点（AP）同时服务 K 个多天线用户。所有接入点通过前传网络与一个中央处理器（CPU）连接。在 TDD 工作模式下，每个接入点通过上行信道估计，如采用最小均方误差（Minimum Mean Square Error，MMSE）的方法，获取其与用户间的信道信息。在上行信号处理中，接入点通过上行合并接收的方式，如最大比合并（Maximum Ratio Combining，MRC）或本地最小均方误差（Localized MMSE），实现数据合并，继而由中央处理器实现集中数据解调。在下行信号处理中，测量的上行信道信息可以用于下行传输的预编码设计，从而对数据进行发送波束赋形和预编码处理，实现用户和数据流的空间复用。

6.3.2　FDD 模式

FDD 模式由于上下行的工作频段不同，不具备 TDD 模式信道的上下行互易特性，测量的上行信道信息不能直接用于下行的信号处理。FDD 模式下的无蜂窝 MIMO 系统需要下行信道信息的反馈。每个接入点都需要所有用户的信道反馈，因此信道获取及反馈开销非常庞大，这也是该模式下网络部署的难点之一。然而，在 FDD 系统中存在上下行信道的部分互易性，如角度、时延等大尺度信息的互易[21-23]。因此，可以利用这些部分互易特性在一定程度上降低信道获取及反馈的开销[24]。

6.3.3　可拓展模式

传统的无蜂窝 MIMO 系统随着用户数目的增加，相关的信号处理，如信道估计、预编码/接收合并以及功率控制等，计算复杂度和所需要的前传开销都会成比例增加。因此，分布式网络的可拓展性非常重要。以用户为中心的动态协作簇（Dynamic Cooperation Clustering）的方式能够实现可拓展的无蜂窝 MIMO 系统[25]。图 6-5 展示了以四个用户为例的基于动态协作簇无蜂窝 MIMO 架构。虚线区域对应的是每一组多个接入点组成的协作簇服务某个用户的区域。动态协作簇的关键在于允许簇的部分重叠，这给上下行可扩展信号处理带来了很大的挑战。

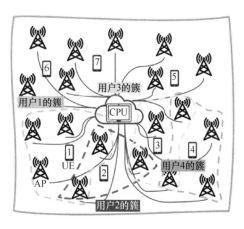

图 6-5　基于动态协作簇无蜂窝 MIMO 架构

6.4　无蜂窝 MIMO 系统及分布式超大规模天线的关键技术

6.4.1　用户接入点关联、导频分配及信道估计

1. 用户接入点关联

在传统的集中式移动通信系统中，用户根据各种准则（如最强接收信号功率、最强信噪比、负载均衡等）对周围服务接入点进行排序并接入其中最好的一个接入点。用户和接入点的连接关系是多对一的，即一个用户仅可接入一个接入点，而一个接入点可连接多个用户。

为了缩短用户和接入点间的通信距离，提升最差用户的服务体验，无蜂窝 MIMO 系统可令多个接入点同时为一个用户提供服务，并且多个用户可连接至同一个接入点，即用户和接入点的连接关系是多对多的。

简单起见，可令每个用户连接到所有接入点[19]。但这种连接方式有很多缺点，例如，由于发射功率受限，距离用户很远的接入点无法为其提供可靠服务。同时，此接入点发送的数据也会对其他用户造成干扰。另外，回传链路开销大、时延大、网络可扩展性差等缺点也令这种连接方式无法应用于实际系统中。因此，基于簇的连接方式更具有研究和实用价值，即用户在所有接入点集合中根据某些准则选择部分接入点进行连接。对于单天线的接入点和用户，文献[26]在每个接入点处收集所有用户的信道估计值，将它们按降序排列并选择最强的 N 个用户进行连接。文献[27]采用与文献[26]类似的方法，但使用 Frobenius 范数作为度量标准。文献[28]对多天线接入点和用户的场景，给出了两种用户与接入点配对的方法。在第一种方法中，每个接入点计算所有用户的平均

Frobenius 范数，即 $\bar{G}_m = \dfrac{1}{K}\sum_{k=1}^{K}\|\hat{G}_{k,m}\|_F$，每个用户仅与大于该平均值的接入点相连。

第二种方法与文献[27]的方法相同。文献[29]给出了两种提高能效的接入点选择策略，在基于接收功率选择的方法中，用户 k 选择服务接入点 m 需要满足：用户 k 接收到接入点 m 的功率占其总接收功率的 $\delta\%$ 以上。由于基于接收功率选择的方法计算复杂度高，文中还提出一种基于大尺度衰落的方法，该方法要求用户 k 的一组服务接入点满足如下准则：该组服务接入点集合与用户 k 的信道的大尺度衰落之和占该用户与所有服务接入点集合的信道大尺度衰落之和的 $\delta\%$ 以上。文献[30]采用了迭代消除的算法来消除每个用户的无效服务接入点，在保证功耗变化在一定范围内的前提下，将信号干扰噪声比低于阈值的接入点移除。文献[31]提出了一种多 CPU 下的服务接入点选择策略。该策略具有良好的网络可扩展性，适合部署在实际网络中。每个 CPU 连接的所有接入点为一个以小区为中心的簇，每个用户选择的所有接入点为一个以用户为中心的簇，以用户为中心的簇可能包括属于不同的以小区为中心的簇的接入点。选择接入点时，首先由每个 CPU 连接的所有接入点估计信道，当存在接入点的信道条件足以支持该用户通信时，该接入点上报 CPU，CPU 告知所有连接的接入点服务该用户并将该用户的数据发送给该接入点，以便在接入点处进行预编码等操作。

2. 导频分配

在无蜂窝 MIMO 系统中，上行信道估计至关重要。为了执行上行信道估计，首先需要为服务区域内所有用户分配导频。由于导频序列长度受限于信道相干时间，并且服务用户数一般多于正交导频数，无法为无蜂窝 MIMO 系统中所有用户全部分配正交导频。因此，必须进行导频复用，这将不可避免地引起导频污染。如何分配导频以抑制导频污染是无蜂窝 MIMO 系统的重要课题之一。现有文献主要采用先进行用户分组再进行导频分配的方法，或者设计合适的导频分频算法进行导频分配。基于用户分组的方法将具有相似信道特征或地理位置距离较近的用户分为一组，通过组内使用正交导频，组间复用导频的方式抑制导频污染；设计算法的导频分配方案主要研究内容包括算法复杂度和性能的折中，以及度量标准的设计。

1）基于用户分组的导频分配方法

首先考虑基于用户分组的导频分配方法。本节假设区域内有 K 个用户、M 个接入点和 τ_p 个正交导频。文献[32]、[35]都基于 K-means 的方法进行用户分组，文献[32]将用户分为若干不相交的子集，每个子集中包含最小距离尽可能大的使用相同导频的用户，不同子集间使用不同正交导频。首先随机选定多个地理位置作为质心，每个质心作为一个类，每个用户被分配到距离其最近的质心。然后更新质心的位置，即利用属于各个类的用户的地理位置计算其算数平均值作为新质心的位置。最后根据更新质心的位置重新分配所有用户所属的类。重复以上迭代过程，得到最终的聚类结果。文献[32]仅考虑了用户的地理位置信息，为了考虑到接入点的影响，文献[33]提出了利用用户与接入点之间距离的分组方法，称为基于干扰的 K-means（Interference-Based K-means，IB-KM）导频分配方案。该方案在区域内随机生成 $\left[\dfrac{K}{\tau_{\mathrm{p}}}\right]$ 个质心，计算每个用户与接入点的距离 d 和质心与接入点的距离 μ，根据 d 和 μ 的值为每个用户选择质心并形成簇，根据簇的结果重新计算更新质心，不断迭代达到阈值。每个用户计算与接入点的距离，并结合与质心的距离形成簇。除了用户分组，文献[33]还提出了一种基于用户分组的导频分配方案，将具有最少相同接入点集合的用户分配到一组，为该组分配同一个导频，具体流程为 CPU 收集每个用户的接入点选择集合并构造接入点–用户选择关系矩阵 $\boldsymbol{S}$，根据矩阵 $\boldsymbol{S}$ 计算每个用户与其他用户具有的相同接入点数形成矩阵 $\boldsymbol{T}$ 作为用户间干扰的衡量标准，根据矩阵 $\boldsymbol{T}$ 决定哪些用户可以被分为一组。文献[34]采用 K-means 的方法将具有相同接入点服务的用户聚类到同一组中，为其分配正交导频，具体流程为选择由不同接入点服务的 $\dfrac{K}{\tau_{\mathrm{p}}}$ 个用户作为初始质心，若不存在具有完全不同的接入点服务的用户，则选择具有最少相同接入点服务的用户作为质心，其他用户根据与质心的欧氏距离进行分组，CPU 进行导频分配并计算上行可达速率和。根据每个组的用户位置更新质心并重新进行用户分组、导频分配和上行可达速率和的计算，将结果与之前可达速率进行对比，当结果收敛时停止更新。如文献[35]中所述，在 CPU 已知大尺度增益的条件下，为每个用户生成一个与每个接入点的 Frobenius 范数组成的向量 $\boldsymbol{\xi}_k = [\xi_{1k} \cdots \xi_{Mk}]$ 作为相似性的度量，计算 $\boldsymbol{\xi}_{\mathrm{C}} = \dfrac{1}{K} \sum_{k=1}^{K} \boldsymbol{\xi}_k$ 作为假想质心，计算每个用户与质心的相似度：

$$f_{\mathrm{D}}(\boldsymbol{\xi}_k, \boldsymbol{\xi}_{\mathrm{C}}) = \frac{\boldsymbol{\xi}_k^{\mathrm{T}} \boldsymbol{\xi}_{\mathrm{C}}}{\| \boldsymbol{\xi}_k \|_2 \| \boldsymbol{\xi}_{\mathrm{C}} \|_2}$$

依据相似度进行降序排列，将排序后间隔为 τ_{p} 的用户分为一组，即分组结果为 $\kappa_t = O(t : \tau_{\mathrm{p}} : K) = \{o_t, o_{t+\tau_{\mathrm{p}}}, o_{t+2\tau_{\mathrm{p}}}, \cdots\}, \forall t \in \{1, \cdots, \tau_{\mathrm{p}}\}$。

2）直接设计算法进行导频分配

除了基于用户分组的导频分配方法，还可以直接设计算法进行导频分配。文献[19]中考虑到随机导频分配方法可能会分配相同导频给地理位置相近的用户，从而引起严重的导频污染，因此提出了一个贪婪的导频分配方法，即先为所有用户随机分配导频序列，每次对具有最低下行链路速率的用户，更新其导频序列，使其导频污染效应最小。在进行一定次数的迭代后，算法将收敛，最终得到每个用户分配的导频序列。考虑到贪婪导频分配方法容易陷入局部最优解，文献[36]提出了基于禁忌搜索的导频分配方法。首先，初始化一种导频分配结果，计算该结果下的吞吐量。其次，得到初始导频分配结果的 K 个邻域，每个邻域与初始结果仅有一个导频分配结果不同。然后，计算所有邻域的吞吐量并按降序排列，将最大吞吐量的结果作为候选解。最后，将当前最优解与候选解比较，当候选解吞吐量更大时，更新结果和当前最优吞吐量，否则，将候选解加入禁忌列表，当迭代次数为 K 时停止搜索。文献[19]和文献[36]并未考虑用户移动性的影响。针对该问题，文献[37]提出了基于效用函数的正交导频分配方案，保证将正交导频分配给高移动性用户，以应对信道状态信息（Channel State Information，CSI）过时的问题。文献[38]使用匈牙利算法解决了导频分配问题，将大尺度衰落信息作为用户间距离的度量，通过最大化系统吞吐量和最大化用户公平性两个角度进行导频分配。与其他许多文献相比，文献[38]所提算法的性能有很大优势。导频分配问题也可以采用图论的方法解决，文献[39]通过接入点的选择结果构建干扰图，表示用户间的干扰关系，利用图着色算法进行导频分配。该方案是一种低复杂度的解决方案，可以很好地实现吞吐量与复杂度之间的平衡。文献[40]使用基于加权图形框架（Weighted Graphic Framework，WGF）的方案，引入了一种新的度量表示导频污染的严重程度。通过构造 WGF，可以将导频污染问题映射为最大 k-Cut 问题进行求解。上述文献均假设信道服从瑞利分布，但在实际部署环境中，信道还可能服从莱斯分布。文献[41]分析了当信道服从莱斯分布时，用户移动性和相位噪声引起的相移。由于相移变化频繁难以估计，当导频长度较小时，性能损失严重。因此，在高移动性或低硬件复杂度的系统中，需要调整导频长度。上述文献均致力于为区域内所有用户分配导频序列。当一个新用户接入网络时，文献[25]提出该用户应先向所有邻近接入点发送周期性广播同步信号，检测出具有最大信道增益的接入点作为主接入点，主接入点计算得到具有最小导频污染效应的导频 τ 分配给该用户。对于邻近接入点，当该接入点没有以导频 τ 服务的用户或该新用户的信道优于之前以导频 τ 服务的用户时，新用户可以由该接入点服务。

3. 信道估计

传统的移动通信系统中经常使用最小二乘法、最小均方误差法等进行信道估计，这些方法需要发送和接收的波束赋形矢量个数多于发送和接收的天线个数。然而在毫米波通信系统中，为了补偿更大的路径损耗以满足覆盖需求，收发端需要部署大规模天线阵列。同时，受限于信道相干时间，信道估计的训练时间也要尽量缩短。因此，传统的信道估计方法不适用于毫米波通信系统。幸运的是，毫米波信道具有稀疏的特点，因此业界正在从一些新的角度研究信道估计的方法。

子空间匹配方法可利用信号子空间和噪声子空间的特征进行信道估计[42-43]。文献[42]利用波束域二维多信号分类（MUltiple SIgnal Classification，MUSIC）方法估计信道中每条多径的离开角和到达角方向，并使用最小二乘法估计每条多径的路径增益。值得注意的是，波束域 MUSIC 方法的估计精度与设计的波束赋形向量相关。不精确的波束赋形向量将导致估计出现模糊性，增大估计误差。文献[43]针对半波长间距的均匀线阵分析了离散傅里叶变换的波束赋形向量，发现其可避免估计的模糊性并获得最多数量的可分辨路径方向。

压缩感知是另一类利用信道稀疏性进行信道估计的方法[44-45]。文献[44]采用正交匹配追踪（Orthogonal Matching Pursuit，OMP）和去栅格化的方法，依靠压缩测量结果进行信道估计。为了最大化每条多径所有参数的联合似然函数，实现去栅格化的精细估计，在每次 OMP 算法的迭代过程中使用了每条多径的残差剩余函数。

6.4.2 上行与下行信号处理技术

1. 分布式超大规模天线上行合并技术

在 MIMO 系统上行传输时，多个用户在同一时频资源下将多个数据流发送给基站。在传统的 MIMO 系统中，基站侧集中部署多根天线，同时收到多个用户的混叠信号，如何从这些混叠的上行信号中恢复出特定用户的数据呢？为了解决这个问题，需要使用上行合并技术。

上行合并的具体处理过程包括，基站根据估计的每个用户的信道状态信息（CSI）设计适当的合并向量，对接收到的信号进行合并处理，实现多用户信号的分离。在传统的 MIMO 系统中，一般使用最大比合并（MRC）[46]、迫零（Zero-Forcing，ZF）合并与最小均方误差（MMSE）[47]合并三种方案。MRC 是通过在接收端将多根天线的信号分别经过相位调整后，按照适当的加权系数相加合并来实现的。各天线信号对应的加权系数与该天线对应的信噪比成正比。信噪比越大，加权系数越大，对合并后信号的贡献也越大。具体来说，加权系数向量为信道矩阵的共轭转置。MRC 方案处理简单，易于实现，但因其在处理混叠多用户信号时直接将其他用户的干扰视为噪声，没有做任何的干扰消除处理，因此分离多用户信号的性能较差。为了消除用户间干扰，提升合并性能，ZF 合并设计合并向量为信道矩阵的伪逆，其乘以信道矩阵后为对角矩阵，等效于形成了多个无干扰的链路，即各用户之间的信号可无干扰地分离出来。与 MRC 相比，ZF 合并有效地消除了用户间干扰，但是处理过程中存在矩阵求逆运算，处理复杂度较大。另外，ZF 合并存在使噪声增强的问题。为了解决 ZF 合并中噪声增强的问题，可采用 MMSE 合并技术，它的设计思想为通过最小化接收合并信号与原信号的均方误差，使得合并后的信号趋近于原信号。这种方案因为同时消除了噪声和干扰，所以性能最优，同时它也需要进行矩阵求逆运算，因此复杂度也较大。

分布式超大规模天线系统具有 AP 和 CPU 的双层网络架构，其中 AP 的处理能力有限，CPU 有着更高的处理能力。但是，不能将所有上行合并处理的任务都交给 CPU 完成，这样一方面不利于系统的拓展，另一方面会给前传链路带来极大负载。因此，在该系统中，除了考虑传统 MIMO 系统的上行合并方法外，还需要考虑 AP 之间的协作程度以及前传链路负载问题。

文献[48]根据协作程度不同，将分布式超大规模天线的上行合并方案划分为多种方案。文献[20]中介绍了四种合并方案，这些方案中 AP 之间具有不同的协作水平，有的方案由 CPU 统一执行上行信道估计和上行合并的功能，有的方案则在每个 AP 处独立完成所有功能。因此对于每个方案，AP 与 CPU 之间交换信息的多少，以及能获得的系统性能也存在很大的差别。下面依据协作程度由高到低的顺序分别进行介绍。

第一种上行合并方案[20]是一种完全集中式的处理方式,是传统 MIMO 的继承。其实现流程包括,每个 AP 将收到的上行导频信号和数据信号通过前传链路转发给 CPU,CPU 依据上行导频获取全网用户的 CSI,然后根据 CSI 对上行数据进行合并接收。因为 CPU 了解全局 CSI,所以这里若使用 ZF 或 MMSE 合并,则可以充分抑制全网用户间的干扰。可以看出,该合并方案除了完美继承了传统 MIMO 的优势,还可以利用分布式超大规模天线的宏分集增益。因此,在理想情况下,它是性能最优的合并方案。但在实际情况下,CPU 的处理能力是有限的。在网络内的用户不断增多的情况下,CPU 会过载,因此这种方案不利于系统的扩展。另外,导频信号、未经处理的数据信号和网络的大尺度衰落信息都需要通过前传链路发送给 CPU。在前传链路容量受限的情况下,系统性能会受到很大影响。

为了解决第一种合并方案中前传负载与 CPU 处理压力过大的问题,第二种上行合并方案[20]使用 AP 本地处理加上 CPU 处理进行大尺度衰落解码(Large Scale Fading Decoding,LSFD)两级处理的方案。LSFD 是一种使用大尺度衰落信息对数据进行加权合并的方法,它可以依据网络内的大尺度衰落信息设计加权系数,使合并后的性能最优。其基本流程是,AP 在本地进行信道估计获取本地用户的 CSI,然后利用本地 CSI 对其所服务的用户数据进行第一级的合并。接下来 AP 将第一级合并的信号发送给 CPU,CPU 根据大尺度衰落信息对数据进行 LSFD。这里使用 LSFD 是因为信道估计在 AP 处进行,所以 AP 处只能根据本地 CSI 对接收到的数据进行合并,但同时一个用户可能由多个 AP 进行服务,所以这些 AP 将各自所服务的用户数据合并后发送给 CPU,CPU 需要利用大尺度衰落信息进行二次合并最终恢复出这个用户的数据。这种上行合并方案将信道估计与部分的信号合并任务交给 AP 执行,显著降低了 CPU 的处理压力。另外,导频信号也不用传输给 CPU,对前传链路的负载有一定程度的降低。但其性能比第一种合并方案差,一方面由于 AP 的处理能力受限,即 AP 处很难进行性能较好但较为复杂的合并运算,即使使用较为复杂的 MMSE 合并,也只能消除本地干扰。另一方面,CPU 解码所需要的大尺度衰落信息数据量比较庞大,并且要通过前传链路传给 CPU,前传负载依然较高。

为了进一步降低前传与 CPU 负载,第三种上行合并方案[20]在第一种上行合并方案的基础上进行了简化,其在 CPU 处仅直接将多个 AP 传来的同一用户的一级合并信号相加,完成二级合并,不需要大尺度衰落信息,因此进一步降低了前传负载。但是这种不利用任何信息的简单集中解码,在第二种上行合并方案的基础上进一步降低了系统性能,并且在有关研究中,其性能可能比后文中的第四种上行合并方案还要差,因此实用性差。

第四种上行合并方案[20]是一种完全分布式处理的方案,每个 AP 独立完成各自的信号处理任务。其基本流程是,AP 通过 UE 发来的导频信号进行本地信道估计,获取本地用户的 CSI,然后利用本地 CSI 对数据进行合并,将数据上传给 CPU,CPU 不做任何第二级处理。由于没有了二级合并,这种方案每个用户只能由一个 AP 进行服务,这在理论上与小型蜂窝网络（Small Cell）相似，唯一的不同是用户可以在接入阶段选择最优的 AP 为自己服务。这个方案 CPU 只进行上行数据的接收，不进行任何处理，随着用户的增多，CPU 不会增加任何处理压力，是一个完全可扩展的系统。

总的来看，第一种上行合并方案将信道估计、信号合并都放在 CPU 处进行，CPU 可以利用全网用户的 CSI 进行全局的干扰消除与合并处理，因此性能最佳，但所有的处理均在 CPU 处进行，CPU 负载与前传负载很大；第二种上行合并方案将信道估计放在 AP 处进行，AP 利用本地用户的 CSI 执行信号的一级合并，CPU 利用大尺度衰落信息进行信号的二级合并（LSFD），性能降低，CPU 负载与前传负载也降低；第三种上行合并方案同样将信道估计放在 AP 处进行，AP 利用本地 CSI 执行信号的一级合并，CPU 直接线性相加进行简单集中解码，CPU 负载与前传负载进一步降低，性能也更差；第四种上行合并方案信道估计和信号合并均在 AP 处执行，CPU 在传输阶段没有任何处理，系统开销不会随着用户数的增多而增大，是一种完全可扩展的方案。这四种合并方案反映了分布式超大规模天线的协作程度，实现了系统性能与系统开销之间的折中。

2. 分布式超大规模天线的下行预编码

在无线系统中，信道具有随机、复杂多变的特性。因此，无线信道在传输信号过程中存在严重的干扰，特别是用户之间的干扰，从而导致系统性能的下降。由于用户端处理能力有限，在用户端较难采取有效手段消除信道干扰和用户间干扰，因此一般在发送端对发送信号进行预编码处理。预编码是指利用 CSI 计算预编码向量，对发送信号进行预处理来提高系统容量，降低误码率的方法。传统 MIMO 的预编码是在基站处利用全局 CSI 计算预编码向量。分布式超大规模天线中大量的 AP 分散部署在网络内，其预编码向量可以在 AP 处仅利用本地 CSI 计算，也可以在 CPU 处计算。根据其计算位置的不同，在分布式超大规模天线中，预编码方案可以分为集中式预编码和分布式预编码，其中集中式预编码是指各个 AP 将获得的 CSI 通过各自的前传链路发送给 CPU，在 CPU 处利用全局 CSI 计算预编码向量，再将预编码向量通过前传链路发送给相应的 AP，这样可以有效降低其他 AP 带来的干扰，但需要较大的前传链路开销且计算复杂度较高，计算速度慢；分布式预编码一般在 AP 处仅利用本地 CSI 进行计算，减少了 AP 与 CPU 之间的信息交换量，降低了计算复杂度，计算速度更快，但无法消除其他 AP 带来的干扰。

与上行合并方案类似，分布式超大规模天线系统中常用的下行预编码方案有共轭波束赋形（Conjugate Beamforming，CB）、ZF 预编码及 MMSE 预编码三种。与上行 MRC 技术类似，CB 预编码将估计的信道系数求共轭作为预编码向量，这样预编码后的数据信号通过无线信道，可以最大化目标用户的信道增益[19]。CB 预编码方案的计算复杂度低，只需要知道 AP 本地 CSI，就可以实现分布式预编码的计算，因此在分布式超大规模天线系统中被广泛使用，但其缺点是没有考虑用户间的干扰。与上行 ZF/MMSE 合并技术类似，下行 ZF/MMSE 预编码技术通过矩阵求逆运算，可消除用户之间的干扰。它既可由每个 AP 完成简单的分布式预编码，又可在 CPU 处实现复杂的集中式预编码，虽然在下行传输性能上优于 CB 预编码，但是下行 ZF/MMSE 预编码中矩阵求逆的运算量会随着用户数的增加而增加，相应地硬件实现难度也会变大。

3. 分布式超大规模天线系统的功率分配

功率分配是无线通信系统中对抗衰落和同频干扰的一项重要技术。功率分配技术是在系统资源有限的前提下，根据一定的准则计算出不同信道条件对应的发射功率，从而提高资源利用率，提升系统的容量和性能。在分布式超大规模天线的下行链路数据传输中，大量分布式 AP 同时为用户服务，各个 AP 与用户间的距离各不相同，信道条件也有很大差异，因此在分布式超大规模天线系统中进行功率分配的意义更加突出，同时功率分配系数的求解也更为复杂。在分布式超大规模天线系统中通过调整 AP 侧的发射功率，可以降低同频干扰，并使系统覆盖范围内的效用函数最大化，使网络发挥出最佳性能，以实现对资源的高效利用。

进行功率分配前，首先要确定效用函数。不同的效用函数设计目标不同，对应不同类型的优化问题，有不同的求解方法。在分布式超大规模天线系统中，为实现区域内用户速率一致的目的，首先应当考虑以用户公平性为优化目标。除此之外，在传统的 MIMO 系统中通常会将频谱效率与能量效率作为优化目标，这在分布式超大规模天线系统中同样适用。基于上述优化目标，在现有分布式超大规模天线系统功率分配的研究中主要有最大化最小用户速率（Maximum Minimum Rate，max-min Rate）、最大化频谱效率（Maximum Spectral Efficiency，max-SE）与最大化能量效率（Maximum Energy Efficiency，max-EE）这三种效用函数。

在分布式超大规模天线系统中，为了向所有用户提供统一的服务质量，现有的大部分研究都采用 max-min Rate 功率分配。max-min Rate 功率分配旨在通过最大化系统中最小的用户速率，实现区域内用户的公平性。该问题为凸优化领域中的拟凸优化问题，可以使用凸优化工具如 CVX 等进行求解，获取最优的功率分配系数。文献[19]详细介绍了该方案并进行了求解。与全功率传输相比，max-min Rate 功率分配下用户频谱效率分布的集中程度显著增加，即 max-min Rate 功率分配下系统公平性得到大幅提升。

然而 max-min Rate 功率分配的缺点在于需要为信道条件差的少量用户分配大量的功率，因此这部分用户会拖累整个系统的性能。基于这个问题，部分研究转而考虑整个网络的频谱效率最大化问题。文献[50]提出 max-SE 的功率分配方案。该问题为非凸优化问题，通过将该问题转换为加权均方误差最小化（Weighted Minimum Mean Square Error，WMMSE）问题，并采用块坐标下降法（Block Coordinate Descent，BCD）可以得到局部最优解。通过采用 max-SE 功率分配，用户的速率明显高于全功率传输速率。与 max-min Rate 功率分配相比，max-SE 功率分配下仅少量较差用户的频谱效率较低，但总频谱效率较高。

上述两种准则的重心在于频谱效率而没有综合考虑系统的能量消耗。到 2026 年，5G 用户数预计达到 35 亿。随着无线连接设备的增加，二氧化碳的排放量与网络运营商的电费消耗急剧增加。在下一代移动系统中，为契合绿色通信的发展理念，数据速率的增加不应以传输功率的大幅增加为代价。因此部分研究从节能的角度考虑了功率分配问题。为了在消耗更少能量的情况下可靠地传输一定量的信息，文献[51]提出以数据速率与总能耗的比值作为效用函数，即 max-EE 的功率分配方案。该问题为非凸优化问题，可通过连续凸逼近（Sequential Convex Approximation，SCA）的方法对问题进行求解。与传统 MIMO 系统相比，通过采用 max-EE 的功率分配，分布式超大规模天线系统的能量效率大幅提升。

除了上述三种效用函数，还可以根据不同的预期效果，考虑采用不同的效用函数。如用户公平性与频谱效率的折中，根据不同用户需求改变优先级的功率分配等。此外，还可以考虑基于前传链路约束、系统硬件损伤等更实际条件下的功率分配方案。

功率分配问题一般通过优化系统覆盖范围内的性能达到预期的效果，然而由此带来的计算开销不可避免地随用户数量或 AP 数量的增加而急剧增长。在实际应用中，这样的方案难以被应用至大型网络，可扩展性差。在大型网络中，可以考虑分布式及启发式的功率分配方案[49]，通过少量的信息交互就可以达到可接受的性能，即可扩展的功率分配方案。除了传统的优化方法或启发式方法，机器学习也是一种可能的解决方法。机器学习的优势之一是可以在不影响性能的前提下，以离线训练为代价，大幅降低在线计算复杂度。在机器学习的应用中，首先通过大量的离线训练，获得一个智能的功率分配模型。在后续的在线计算中，仅仅需要输入相应的参数，该模型即可快速计算功率分配系数。已有部分研究针对 max-min Rate 功率分配问题采用机器学习的方法降低复杂度[52]。此外，机器学习的方法可以跳出局部最优解，进而寻找全局最优解。max-SE 功率分配问题的 WMMSE 求解方法可能会陷入局部最优解，已有研究通过机器学习找到了更优的解[53]。

基于上述现状，分布式超大规模天线系统中的功率分配问题仍有部分尚未解决。例如，如何根据实际需求，考虑其他的效用函数或约束条件进行功率分配；是否可以设计一种联合优化方案，实现复杂度与性能的折中，从而使功率分配在分布式超大规模天线系统中发挥更大的作用。

6.4.3 网络同步与校准

1. 网络同步

网络同步是无线网络性能的关键。虽然在从 4G 向 5G 的转变过程中，基本同步要求没有改变，但 TDD 无线电技术的广泛使用以及对支持 5G 用例的新网络架构日益增长的需求，使得时间同步的需求在 5G 中变得更加显著。工业自动化是需要精确计时的一个例子[54]，在不久的将来可能会产生额外的同步需求。为了进一步推广物联网（IoT）

应用和降低传输时延，未来 6G 网络将采用更高载频和分布式超大规模天线技术。因此，实现 6G 网络的同步和校准至关重要，同时必将面临更多挑战。

简单地说，无线接入网络同步就是防止同类间（UE 对 UE，AP 对 AP）干扰和保证信号完整接收。同步需求可以分成两类：TDD 小区帧同步和基于多个 AP 协作的符号级同步。前者是无线蜂窝网络正常运转的基础，如传统集中式天线系统；后者是在前者的基础上，考虑多 AP 协作的符号级同步，是分布式大规模天线系统固有需求。

1）小区帧同步

在重叠覆盖区域中以相同频率（或相邻频率）运行的 TDD 小区需要时域隔离，以防止基站对基站和 UE 对 UE 射频（RF）干扰，确保蜂窝网络的收发端同步。时域隔离有两个要求：

（1）小区必须使用相同的 TDD 配置；

（2）小区之间的帧开始定时偏差必须低于 3GPP 中指定的小区相位同步精度的最大值。

解决 TDD 小区同步和干扰问题的关键点是设置传输和接收之间切换的间隔时间（称为保护间隔），如图 6-6 所示。保护间隔可以实现上行和下行切换的隔离，其可配置的总保护时间为整数个符号。保护间隔的持续时间需要考虑四种影响：

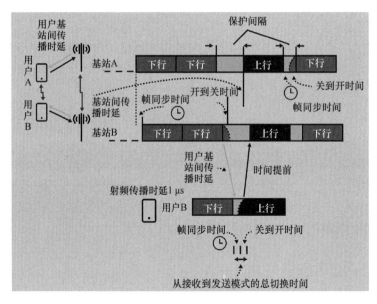

图 6-6　TDD 小区相位同步[55]

（1）空中传播时间（T_{prop}）；

（2）足够的瞬态时间以满足变送器在规定的开/关功率水平（$T_{\text{On}\to\text{Off}}$，$T_{\text{Off}\to\text{On}}$）之间变化；

（3）UE 和基站有足够的时间在发送和接收模式之间切换（$T_{RX \to TX}$，$T_{TX \to RX}$）；

（4）小区帧同步误差（T_{Sync}）。

由于保护间隔并不承载数据通信，它们在时间上降低了频谱资源利用率。减少资源开销的重点是尽量缩短保护间隔，同时仍能达到网络同步。保护间隔是由上述四种影响因素组成的，各部分预算分配是成本（产品和部署）、可用性、TDD 周期和资源开销之间权衡的结果。

在 3GPP NR 中，小区间同步精度被指定为 3 μs[55]，与 LTE 相同。这是因为 NR 中减少的瞬态时间使得以低开销保持与 LTE 相同的同步精度成为可能。

2）基于多个 AP 协作的符号级同步

多年来，从多个 AP 的协调传输或接收中受益的各种功能已经标准化，这些功能都有不同的用途和特点。其中，一些涉及组合频谱资产，从而允许总的更高聚合带宽和吞吐量（载波聚合、双连接等）。而另一些涉及改善小区边缘的链路性能（如协调多点操作的变体）。还有一些涉及特定的服务，如单频网络上的多媒体广播多播服务。NR 和 LTE 之间也可能发生协调。此外，多接入点协作传输可以更好地解决高频 6G 网络的边缘覆盖。

这些功能和相关定时要求适用于单个运营商网络，因此，对使用该功能的不同 AP 之间的相对时间误差进行控制就足够了，重点保证在规范允许的时间窗内接收器（UE 端或者 AP 端）能够完整接收来自不同服务 AP 的数据符号，即不同 AP 实现符号级定时对齐。因此，3GPP 将最大接收定时差（Maximum Receive Timing Difference，MRTD）定义为 UE 必须能够处理的最大相对接收定时差。MRTD 由基站相对时间对准误差（Time Alignment Error，TAE）和射频的传播时延差组成（ΔT_{prop}）。也就是说，MRTD=TAE+ΔT_{prop}。

根据所需 MRTD 的水平，可以确定三个主要类别：

（1）MRTD 作为循环前缀（Cyclic Prefix，CP）的一部分；

（2）无 CP 关系的 MRTD；

（3）无时间要求。

在 MRTD 作为 CP 一部分的情况下，CP 的剩余持续时间允许信道时延扩展。在 3GPP TS 38.104[56]中，TAE 的范围为 65～260 ns，具体取决于功能和 CP 持续时间，但仅适用于在以下情况下的同址/站点内部署：$\Delta T_{prop} \approx 0$。严格的 MRTD，以及由此产生的 TAE，具有使用相同频率（如 MIMO）或相邻频谱（如连续载波聚合）的特征，其中 RF 链中的公共或共享功能可能导致严格的定时依赖性。

虽然这类特征存在于分布式 AP 中（通常情况下$\Delta T_{prop} \neq 0$），也就是说，不局限于同址/不同站点的多 AP 部署场景，但很难指定和授权一个固定的 TAE。相反，所需的 TAE

将取决于实际部署，即 RF 特性和 UE 在协作 AP 之间的相对位置，如图 6-7 所示。

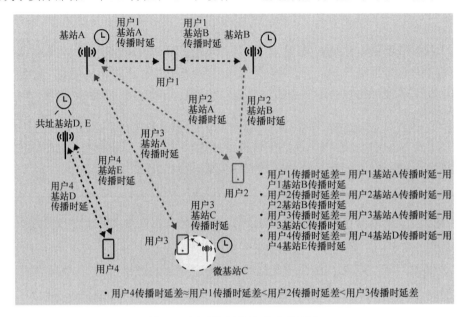

图 6-7　用于协调传输/接收的同步

如图 6-7 底部所示，$\Delta T_{\text{prop\_UE1}}$（用户 1 传播时延差）和$\Delta T_{\text{prop\_UE4}}$（用户 4 传播时延差）小于$\Delta T_{\text{prop\_UE2}}$（用户 2 传播时延差），小于$\Delta T_{\text{prop\_UE3}}$（用户 3 传播时延差）。对于相同的时延扩展，$UE_1$ 和 UE_4 可以容忍比 UE_2 和 UE_3 更大的 TAE。对于同一位置的 D 和 E，D-E 的 TAE 通常小于 A-B 的 TAE。

相比之下，异构网络中无 CP 关系的 MRTD 多 AP 传输，允许相对较大的ΔT_{prop}存在，从而实现更灵活的部署。例如，同步双连接允许最高 33 μs 的 MRTD，其中 30 μs 可分配给ΔT_{prop}，剩余的 3 μs 用于 TAE。

无 TAE 要求和无ΔT_{prop}限制的异步双连接是一个没有时间要求的例子。无时间要求类别还包括多 AP 协作中的协作调度、协作零波束和动态 AP 传输选择。

综上所述，正确的网络同步是优异的无线网络性能的先决条件。5G 中一些最引人注目的用例，包括工业自动化，依赖于更精确的定时，并可能在不久的将来产生额外的同步要求。虽然所需同步精度的水平取决于几个因素，但将最严格的同步要求作为一般 5G 要求将是一个错误，因为这样做将使 5G 的成本和移动技术的未来发展变得不可持续。最严格的要求只能实时实地解决。未来 6G 也会遇到同样的要求。

2. 信道校准

TDD 系统空中物理信道是互易的，但射频（RF）前端发送和接收时采用不同的电路，因此正向和反向通道与信道互别性不匹配。考虑到天线阵的互耦效应，信道的非对称性更加复杂。

减少下行信道用户反馈并利用 TDD 系统空中物理信道互易特征需要对信道进行校准。这种对 TDD MIMO 信道的非互易性进行建模，并提出相应的校准方法最小化失配，即是信道校准。

对于同一天线阵中不同射频链路的校准一般有两类方法：

（1）发送端与接收端通过内部电路进行自校准；

（2）利用空中回路进行空口校准。

为了利用多个 AP 联合传输服务 UE，网络基础设施需要同步。网络可以有绝对时间（相位）参考，但不同 AP 间的相位并不同步。这意味着，实际上每个 AP 的发射机和接收机电路都有自己的时间基准。每个 AP 中发射机和接收机之间的时间基准差表示互易校准误差。它可以通过 AP 内部自校准或空口校准来解决。任何一对 AP 之间的发射机时间基准差以及传输时延差都会导致两个 AP 之间的相位失调，即不同 AP 间相对相位不对齐。相位失调会导致相干联合传输（Coherent Joint Transmission，CJT）性能下降，而非相干联合传输（Non-Coherent Joint Transmission，NCJT）对相位失调的敏感性比较低。为了限制相位偏差，通常利用相关补偿算法定期进行 AP 间的相位对齐（不同 AP 间相对校准），从而保证 UE 接收到尽可能强的 AP 联合信号。

6.4.4　毫米波分布式超大规模天线系统

目前讨论的毫米波超大规模天线系统大多采用大量天线单元组成的集中式阵列，通过其更高的阵列增益和空间复用增益显著增加系统吞吐量[57]。超大规模天线阵列在毫米波频段存在高功耗、高复杂度和高成本等一系列问题，因此更多采用混合阵列天线架构以及混合波束赋形。然而毫米波通信的覆盖问题，如路损大、阴影衰落、路径阻断等，在很大程度上限制了其性能及应用场景。本书 6.1.3 节讨论了分布式超大规模天线系统的一个关键特性——宏分集增益，这一特性在毫米波太赫兹等高频段显得尤为突出。因此，将分布式超大规模天线与高频段相结合具有很大的应用前景。降低超大规模天线的硬件复杂度和功耗可以通过将非常大的集中式阵列拆分成较小阵列并安装在多个分布式接入点的方式实现。与低频段分布式超大规模天线系统不同的是，高频段如毫米波分布式超大规模天线系统需要解决的一个关键问题是波束赋形，尤其是模拟波束赋形或波束对准的实现。在高频段，每个用户也将配备多天线甚至混合阵列架构的天线，这给波束赋形带来了巨大挑战。

文献[57]、[58]提出毫米波分布式超大规模天线系统中接入点与用户联合协作的模拟波束对准技术。如图 6-8 所示，模拟波束赋形和数字预编码仅在每个接入点以分布式处理的方式实现，数据与相关调度控制则由中央处理器完成。接入点与用户联合协作的模拟波束赋形以区域内总的有效波束赋形增益最大化为原则，通过接入点和用户迭代计算的形式，快速有效地实现模拟波束对准。

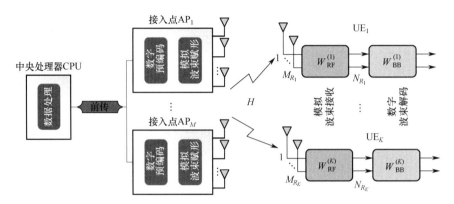

图 6-8　基于混合波束赋形的毫米波分布式超大规模天线系统框图，
其中包含 M 个接入点同时服务 K 个配备混合天线架构的用户

6.5　无蜂窝 MIMO 系统的网络部署

无蜂窝 MIMO 系统有不同的部署选项。这是因为无蜂窝 MIMO 系统的核心在于 AP 之间的高度协同性，而在这种协同的具体实现方式上有很多可选择的空间。例如，根据物理层功能在 CPU 和 AP 间切分方式的不同，或者前传网络架构的不同，系统的部署选项有不同的分类方法，对应不同的性能、成本与复杂度的折中。

如果仅按照物理层处理过程的分布方式粗略地进行分类，无蜂窝 MIMO 系统可分为集中式和分布式两种。下面定性对比了小型蜂窝网络（Small Cell）与这两种类型的无蜂窝 MIMO 系统在容量、前传/回传影响和可扩展性方面的区别。小型蜂窝网络的物理层（L1）处理都在小站靠近天线处完成，小站与中央单元（CU）之间的连接属于"回传"（Backhaul）网络。回传的容量仅与实际负载相当，所以虽然小型蜂窝网络系统吞吐量远不如无蜂窝 MIMO 系统潜力大，但从部署的角度讲，其可扩展性较好。与小型蜂窝网络相对的另一个极端，就是完全集中式计算的无蜂窝 MIMO 系统。这种情形在不考虑成本的情况下理论上可以达到最高的系统容量。因为所有数据处理和控制都在 CPU 处完成，原则上可达到所有 AP 物理层联合处理的最优解。此时 AP 与 CPU 之间的传输网络属于"前传"（Fronthaul），其对带宽、时延的需求都远高于同等负载情况下的回传网络。集中处理的无蜂窝 MIMO 系统，无论是其 CPU 所需的计算能力，还是极高的前传带宽需求，在实际部署时都会成为制约扩展性的因素。

以前传网络容量需求为例，下面展示了在理想的全集中式无蜂窝 MIMO 系统部署中，天线数量增加或射频带宽增加对传输速率需求的增长情况。通用公共无线电接口（Common Public Radio Interface，CPRI）前传接口总速率随天线数/带宽增长的关系如表 6-1 所示，表中数值是按照 CPRI 协议[59]计算得到的。可以看出，当系统中天线数量增加到 256 个时，一个 100 MHz 射频带宽的无蜂窝 MIMO 系统所需的前传网络吞吐量就超过了 1 Tbps。若只支持 20 MHz 射频带宽，则 1024 个天线时也会达到约 1 Tbps 传输总带宽需求。如此高的传输容量，其成本通常被认为是难以接受的。

表 6-1　CPRI 前传接口总速率随天线数/带宽增长的关系

天线数/个	10 MHz	20 MHz	100 MHz
1	0.49 Gbps	0.98 Gbps	4.9 Gbps
4	1.96 Gbps	3.92 Gbps	19.6 Gbps
16	7.84 Gbps	15.68 Gbps	78.4 Gbps
64	31.36 Gbps	62.72 Gbps	313.6 Gbps
256	125.44 Gbps	250.88 Gbps	1.254 Tbps
1024	501.76 Gbps	1.004 Tbps	5.018 Tbps

事实上，小型蜂窝网络和完全集中处理的无蜂窝 MIMO 系统，分别属于两种极端的选择。因此在实际系统中，无蜂窝 MIMO 系统的设计可以适当权衡性能与传输网络成本，如图 6-9 所示。分布式处理的核心在于卸载一部分计算负载到每个 AP 处，而 CPU 处仅保留联合传输所必要的一部分全局处理功能。例如，需要协同传输信息的 AP，可以独立地从移动终端获取信道状态信息（TDD 模式），并进行包括 MIMO 预编码在内的部分物理层处理过程。这在减轻 CPU 处理负载的同时也可起到减少前传负载的效果。但是在下行传输中，所有传输到终端的数据，都必须从 CPU 通过前传网络发送到所有相关的 AP。

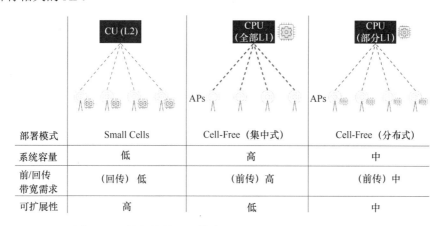

部署模式	Small Cells	Cell-Free（集中式）	Cell-Free（分布式）
系统容量	低	高	中
前/回传带宽需求	（回传）低	（前传）高	（前传）中
可扩展性	高	低	中

图 6-9　网络架构的不同模式及其性能与传输网络需求对比

另外，如何分配 AP 和 CPU 的计算功能，也有一定的可调空间，继而影响最终的传输网络部署成本和总体系统的可扩展性。图 6-10 展示了 3GPP 定义的主要网络的功能切分方式，其中切分点选项的序号（整数位）越高，代表射频端网元的功能越简单。注意，对无蜂窝 MIMO 系统来说，CPU 和 AP 之间的功能切分，原理上只有选项 6 以上的切分点（前传）才有可能用于实现 AP 间的协同传输（传统的小型蜂窝网络小站系统对应的是切分点选项 2，不能支持物理层跨 AP 的协同）。原则上，越高的切分点，越有利于集中式处理以获得最佳的协同传输性能，如选项 8（CPRI），但代价是前传所需容量更大，用于信号传输的能耗也更高。

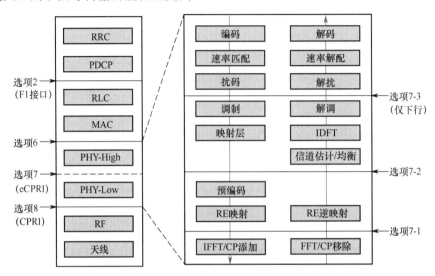

图 6-10　3GPP 定义的主要网络的功能切分方式

图 6-11 展示了 3GPP 主流功能切分选项的前/回传网络带宽需求，在 64 QAM 调制格式和 20 MHz 传输带宽满载情况下，不同的物理层功能切分对应的射频信号所需前/回传带宽（相对值）[60]。对选项 8 和选项 7-1 来说，无论满载与否，前传所需的带宽是固定的。而其他选项所需的前传带宽与用户的负载密切相关，因此代表了其可能的最高峰值。从前传容量需求来看，选项 8 显著高于其他选项的主要原因在于，其传输的内容为 15 bit 量化的时域采样点信息，而其他选项都是频域符号信息。

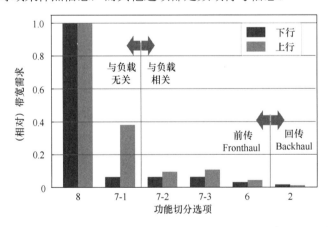

图 6-11　3GPP 主流功能切分选项的前/回传网络带宽需求

需要说明的是，图 6-11 中前传相对带宽值的计算，并未反映无蜂窝 MIMO 系统本身在资源调度机制方面的影响，而是仅仅静态地计算单个射频通道所对应的数据通道上的满载前传带宽需求。分布式 MIMO 处理机制本身还具有更细致的实现选项，如 TDD、FDD 及动态 AP 分组方法等，这些都会对前传网络的实际吞吐量需求带来很大的影响。

此外，不同调度机制和功能切分方式，也会造成控制信息交互上的诸多差异。但一般而言，控制信息消耗的带宽远小于数据通道，因此对总体的传输网络容量需求影响较小。

从宏观的角度理解，通过设计不同的分布式 MIMO 处理机制和使用相应的前传切分点，原理上可以实现从小型蜂窝网络到集中式无蜂窝 MIMO 系统各种模式的"连续可调"。实际系统设计和部署应当综合考虑性能需求、所需 AP 数量、算法处理复杂度、传输网络成本等多方面因素，才能得到最合理的配置（见 6.4.2 节）。然而如何对这些因素进行具体的、定量的分析，涉及巨大的优化空间并需要跨学科的研究和工程验证，目前这也是一个具有挑战性的问题，现在尚属研究探索阶段。

除了上述分析的计算资源分布式或集中式等选项，无蜂窝 MIMO 系统部署时的另一个与成本有关的考虑维度是如何优化前传网络的物理拓扑。逻辑上每个 AP 都与 CPU 之间有直接通信，如果 CPU 上的物理端口数量一一对应 AP 数量，则可能不具有实际可行性。因此，适当的物理端口复用机制，也是增强无蜂窝 MIMO 系统部署可行性的重要因素。下面给出两种比较典型的物理拓扑搭建方式，分别是链式（或环形）拓扑和树形拓扑。

链式（或环形）拓扑将所有 AP 串联到一个简单的光纤链上，此时需要每个 AP 至少具有转发信号至上下路的能力。当 AP 具有计算功能时，也可能负责"在线的"数据汇聚处理，从而进一步降低前传网络总体负载。这种部署形式在一些实际案例中也被称为无线条带（Radio Stripe）模式。

树形拓扑在降低部署成本上具有一定优势，其原理主要在于利用光传输网络本身提供的时域或波长域复用特性。实际网络部署的物理拓扑如图 6-12 所示，CPU 处只需一个光学端口连接到一个或多个级联的复用/解复用器，就能连接到多个 AP。波长复用/解复用器对应波分复用（Wavelength Division Multiplexing，WDM）方案，无源分光器对应时分复用（Time Division Multiplexing，TDM）方案，两者也可以进一步结合。这类方案在实际部署中，一般就是直接利用成熟的低成本无源光网络（Passive Optical Network，PON）设备来承载无线前传流量[61]。

针对无蜂窝 MIMO 系统，在利用光传送网本身的低成本技术方案方面还有一个值得关注的方向，就是模拟光载无线（Analog Radio-over-Fiber，ARoF）技术[62-63]。从原理上看，在 CPU 和 AP 之间的模拟光载无线链路，是把射频链上的信号直接在模拟信号域拉远，是比选项 8 还高一点的切分。这种组网方法逻辑上实现的是纯集中式无蜂窝 MIMO 系统，但是可以有效地避免因为数字量化带来的大量前传带宽需求。由于光域的模拟信号传输会引入额外的噪声，所以此类方案也会在一定程度上影响无线物理层处理的性能。总体来说，基于模拟光载无线的无蜂窝 MIMO 系统，可以降低系统复杂度和前传网络功耗成本，具有很好的实用前景，但还需要进一步开展跨学科的研究和验证。

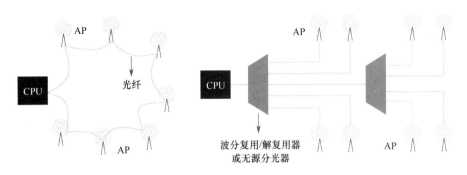

图 6-12　实际网络部署的物理拓扑

6.6　本章小结

无处不在的覆盖、大容量且可靠的高数据速率传输是各类室内外及热点场景的关键需求。基于分布式超大规模天线的无蜂窝 MIMO 系统优异的宏分集增益和抗干扰能力，使其可以有效地应用在如体育场、机场、智能工厂和市中心广场等场景中，如图 6-13 所示。

图 6-13　分布式超大规模天线技术的应用场景示例

分布式超大规模天线技术和无蜂窝网络架构是未来 6G 极具潜力的技术。然而，其相关技术还未成熟落地，有很多开放性难题，如用户接入点关联和导频分配、信道估计、基于波束赋形的上下行信号处理、功率分配、校准与同步、与毫米波结合、前传回传设计及网络架构等，需要进一步研究。我们期望未来 MIMO 技术将会以分布式超大规模天线的无蜂窝 MIMO 系统架构这一新的形式出现在如图 6-14 所示的场景中。

基于蜂窝网的超
大规模天线系统

6 GHz 以下 TDD/FDD
5G 增强系统

高频密集小小
区网络

分布式超大规模
天线系统

图 6-14　未来多样化的 MIMO 系统场景示例

本章参考文献

[1] TELATAR E. Capacity of multi-antenna Gaussian channels[J]. European transactions on telecommunications, 1999, 10(6): 585-595.

[2] TSE D, VISWANATH P. Fundamentals of wireless communication[M]. Cambridge University Press, 2005.

[3] ROBERT W, HEATH JR. Foundations of MIMO communication[M]. Cambridge University Press, 2018.

[4] OESTGES C, CLERCKX B. MIMO wireless communications from real-world propagation to space-time code design[M]. Academic Press, 2010.

[5] MARZETTA T L, LARSSON E G, YANG H, et al. Fundamentals of massive MIMO[M]. Cambridge University Press, 2016.

[6] NGO H Q, LARSSON E G, MARZETTA T L. Aspects of favorable propagation in massive MIMO[J]. 2014 22nd European Signal Processing Conference (EUSIPCO), 2014, 76-80.

[7] WU X, BEAULIEU N C, LIU D. On favorable propagation in massive MIMO systems and different antenna configurations[J]. IEEE Access, 2017, 5: 5578-5593.

[8] GUNNARSSON S, FLORDELIS J, PERRE L V D, et al. Channel hardening in massive MIMO: Model parameters and experimental assessment[J]. IEEE Open Journal of the Communications Society, 2020, 1: 501-512.

[9] ERICSSON. Ericsson first to deliver 5G NR radio[R/OL]. 2016.

[10] SHAMAI S, ZAIDEL B M. Enhancing the cellular downlink capacity via co-processing at the transmitting end[J]. IEEE VTS 53rd Vehicular Technology Conference, 2001, 3: 1745-1749.

[11] GANESAN K, UNNIKRISHNAN. Distributed Massive MIMO: Random Access, Extreme Multiplexing and Synchronization. Diss[M]. Linköping University Electronic Press, 2022.

[12] KARAKAYALI M K, FOSCHINI G J, VALENZUELA R A. Network coordination for spectrally efficient communications in cellular systems[J]. IEEE Wireless Communications, 2006, 13(4): 56-61.

[13] VENKATESAN S, LOZANO A, VALENZUELA R. Network MIMO: Overcoming inter cell interference in indoor wireless systems[G]. Proceedings of the Forty-First Asilomar Conference on Signals, Systems and Computers. 2007, 83-87.

[14] IEEE 802.16M BROADBAND WIRELESS ACCESS WORKING GROUP. Uplink Multi-cell MIMO for Inter-cell interference mitigation: C80216m-Link-08_094[J]. 2008.

[15] IEEE. Downlink Multi-BS MIMO: C802.16m-09/1099 [J]. IEEE 802.16m Broadband Wireless Access Working Group, 2009.

[16] GESBERT D, HANLY S, HUANG H, et al. Multi-cell MIMO cooperative networks: A new look at interference[J]. IEEE journal on selected areas in communications, 2010, 28(9): 1380-1408.

[17] CHINA MOBILE RESEARCH INSTITUTE (2011). C-RAN: The Road Toward Green RAN (PDF)[R]. Archived from the original (PDF) on 2013-12-31, 2013.

[18] INTERDONATO G, BJÖRNSON E, QUOC NGO H, et al. Larsson, Ubiquitous Cell-Free massive MIMO communications[J]. EURASIP Journal on Wireless Communications and Networking, 2019(1): 1-13.

[19] NGO H Q, ASHIKHMIN A, YANG H, et al. Cell-Free massive MIMO versus small cells[J]. IEEE Transactions on Wireless Communications, 2017, 16(3): 1834-1850.

[20] BJÖRNSON E, SANGUINETTI L. Making Cell-Free massive MIMO competitive with MMSE processing and centralized implementation[J]. IEEE Transactions on Wireless Communications, 2020, 19(1): 77-90.

[21] HE H, YU X, ZHANG J, et al. Cell-Free Massive MIMO for 6G Wireless Communication Networks[G]. Journal of Communications and Information Networks, 2010, 6(4): 321-335.

[22] HUGL K, KALLIOLA K, LAURILA J. Spatial reciprocity of uplink and downlink radio channels in FDD systems[R]. Proc. COST, 2002, 273(2).

[23] IMTIAZ S, DAHMAN G S, RUSEK F, et al. On the directional reciprocity of uplink and downlink channels in frequency division duplex systems[J]. 2014 IEEE 25th Annual International Symposium on Personal, Indoor, and Mobile Radio Communication (PIMRC). IEEE, 2014.

[24] 3GPP . Rel-17 work scope on NR MIMO and sub-3GHz FDD enhancements: RP-191762[S]. Huawei, HiSilicon, 3GPP TSG RAN Meeting #85, 2019.

[25] BJÖRNSON E, SANGUINETTI L. Scalable Cell-Free massive MIMO systems[J]. IEEE Trans. Commun., 2020, 68(7): 4247-4261.

[26] BUZZI S, D'ANDREA C. Cell-Free Massive MIMO: User-Centric Approach[J]. IEEE Wireless Communications Letters, 2017,6(6): 706-709.

[27] BUZZI S, D'ANDREA C, D'ELIA C. User-Centric Cell-Free Massive MIMO with Interference Cancellation and Local ZF Downlink Precoding[J]. 2018 15th International Symposium on Wireless Communication Systems (ISWCS), 2018: 1-5.

[28] BUZZI S, D'ANDREA C. User-Centric Communications versus Cell-Free Massive MIMO for 5G Cellular Networks[J].WSA 2017; 21th International ITG Workshop on Smart Antennas, 2017: 1-6.

[29] NGO H Q, TRAN L, DUONG T Q et al.On the Total Energy Efficiency of Cell-Free Massive MIMO[J]. In IEEE Transactions on Green Communications and Networking, 2018, 2(1): 25-39.

[30] NGUYEN T H, NGUYEN T K, HAN H D, et al. Optimal Power Control and Load Balancing for Uplink Cell-Free Multi-User Massive MIMO[J]. IEEE Access, 2018, 6: 14462-14473.

[31] INTERDONATO G, FRENGER AND P, LARSSON E G. Scalability Aspects of Cell-Free Massive

MIMO[J]. ICC 2019 - 2019 IEEE International Conference on Communications (ICC), 2019: 1-6.

[32] ATTARIFAR M, ABBASFAR A, LOZANO A. Random vs Structured Pilot Assignment in Cell-Free Massive MIMO Wireless Networks[J]. 2018 IEEE International Conference on Communications Workshops (ICC Workshops), 2018: 1-6.

[33] CHEN S, ZHANG J, BJÖRNSON E, et al. Structured Massive Access for Scalable Cell-Free Massive MIMO Systems[J]. In IEEE Journal on Selected Areas in Communications, 2021, 39(4): 1086-1100.

[34] HAO Y, XIN J, TAO W, et al. Pilot Allocation Algorithm Based on K-means Clustering in Cell-Free Massive MIMO Systems[J]. 2020 IEEE 6th International Conference on Computer and Communications (ICCC), 2020: 608-611.

[35] FEMENIAS G, RIERA-PALOU F. Cell-Free Millimeter-Wave Massive MIMO Systems With Limited Fronthaul Capacity[J]. In IEEE Access, 2019, 7：44596-44612.

[36] LIU H, ZHANG J, ZHANG X, et al. Tabu-Search-Based Pilot Assignment for Cell-Free Massive MIMO Systems[J]. In IEEE Transactions on Vehicular Technology, 2020, 69(2): 2286-2290.

[37] INTERDONATO G, FRENGER P, LARSSON E G. Utility-based Downlink Pilot Assignment in Cell-Free Massive MIMO[R]. WSA 2018; 22nd International ITG Workshop on Smart Antennas, 2018: 1-8.

[38] BUZZI S, D'ANDREA C, FRESIA M, et al. Pilot Assignment in Cell-Free Massive MIMO Based on the Hungarian Algorithm[J]. In IEEE Wireless Communications Letters, 2021, 10(1): 34-37.

[39] LIU H, ZHANG J, JIN S, et al. Graph Coloring Based Pilot Assignment for Cell-Free Massive MIMO Systems[J]. IEEE Transactions on Vehicular Technology, 2020, 69(8): 9180-9184.

[40] ZENG W, HE Y, LI B, et al. Pilot Assignment for Cell-Free Massive MIMO Systems Using a Weighted Graphic Framework[J]. In IEEE Transactions on Vehicular Technology, 2021.

[41] ÖZDOGAN Ö, BJÖRNSON E, ZHANG J. Performance of Cell-Free Massive MIMO With Rician Fading and Phase Shifts[J]. IEEE Transactions on Wireless Communications, 2019, 18(11): 5299-5315.

[42] GUO Z, WANG X, HENG W. Millimeter-Wave Channel Estimation Based on 2-D Beamspace MUSIC Method[J]. In IEEE Transactions on Wireless Communications, 2017, 16(8): 5384-5394.

[43] ZHANG D, WANG Y, SU Z, et al. Millimeter Wave Channel Estimation Based on Subspace Fitting[J]. In IEEE Access, 2018, 6: 76126-76139.

[44] WEILAND L, STÖCKLE C, WÜRTH M, ,et al. OMP with Grid-Less Refinement Steps for Compressive mmWave MIMO Channel Estimation[J]. 2018 IEEE 10th Sensor Array and Multichannel Signal Processing Workshop (SAM), 2018: 543-547.

[45] ANJINAPPA C K, GÜRBÜZ A. C, YAPICI Y. Off-Grid Aware Channel and Covariance Estimation in mmWave Networks[J]. In IEEE Transactions on Communications, 2020, 68(6): 3908-3921.

[46] MARZETTA T L. Noncooperative Cellular Wireless with Unlimited Numbcrs of Basc Station Antennas[J]. IEEE Transactions on Wireless Communications, 2010, 9(11): 3590-3600.

[47] BJÖRNSON E, HOYDIS J, SANGUINETTI L. Massive MIMO Has Unlimited Capacity[J]. IEEE Transactions on Wireless Communications, 2018, 17(1): 574-590.

[48] DEMIR Ö T, BJÖRNSON E, SANGUINETTI L. Foundations of User-Centric Cell-Free Massive MIMO[M]. Now Foundations and Trends, 2021.

[49] NAYEBI E, ASHIKHMIN A, MARZETTA T L, et al. Precoding and power optimization in cell-free massive MIMO systems [J]. IEEE Transactions on Wireless Communications, 2017, 16(7): 4445-4459.

[50] CHAKRABORTY S, DEMIR Ö T, BJÖRNSON E, et al. Efficient Downlink Power Allocation Algorithms for Cell-Free Massive MIMO Systems[J]. IEEE Open Journal of the Communications

Society, 2020, 2: 168-186.

[51] NGO H Q, TRAN L N, DUONG T Q, et al. On the total energy efficiency of cell-free massive MIMO[J]. IEEE Transactions on Green Communications and Networking, 2017, 2(1): 25-39.

[52] ZHAO Y, NIEMEGEERS I G, GROOT S H D. Power Allocation in Cell-Free Massive MIMO: A Deep Learning Method[J]. In IEEE Access, 2020, 8: 87185-87200.

[53] LIANG F, SHEN C, YU W, et al. Towards Optimal Power Control via Ensembling Deep Neural Networks[J]. IEEE Transactions on Communications, 2020, 68(3): 1760-1776.

[54] ALRIKSSON, F, BOSTRÖM L, SACHS J, et al. Critical IoT connectivity: Ideal for time-critical communications[R]. Ericsson Technology Review, 2020.

[55] 3GPP. NR; Requirements for support of radio resource management: Technical specification TS 38.133 [S].2017.

[56] 3GPP. NR; Base Station (BS) radio transmission and reception: technical specification TS 38.104 [S].2018.

[57] XIAO M, MUMTAZ S, HUANG Y, et al. Millimeter wave communications for future mobile networks[J]. IEEE Journal on Selected Areas in Communications, 2017, 35(9): 1909-1935.

[58] SONG N, YANG T. Distributed Hybrid Beamforming for MmWave Cell-Free Massive MIMO[J]. IEEE International Conference on Acoustics, Speech and Signal Processing (ICASSP), 2022: 5373-5377.

[59] COMMON PUBLIC RADIO INTERFACE (CPRI). Interface Specification 7.0[S]. CPRI 官网, 2022.

[60] AGIWAL M, ROY A, SAXENA N. Next Generation 5G Wireless Networks: A Comprehensive Survey[J]. IEEE Communications Surveys & Tutorials, 2016,18(3).

[61] NAKAYAMA Y, DAISUKE D. Wavelength and bandwidth allocation for mobile fronthaul in TWDM-PON[J]. IEEE Transactions on Communications 2019,67(11) : 7642-7655 .

[62] HABIB U, AIGHOBAHI A E, , QUINLAN Q, et al. Analog Radio-Over-Fiber Supported Increased RAU Spacing for 60 GHz Distributed MIMO Employing Spatial Diversity and Multiplexing[J]. Journal of Lightwave Technology: A Joint IEEE/OSA Publication , 2018,36(19): 4354-4360.

[63] KIM J, SUNG M, CHO S H, et al. MIMO-Supporting Radio-Over-Fiber System and its Application in mmWave-Based Indoor 5G Mobile Network[J]. In Journal of Lightwave Technology, 2020, 38(1): 101-111.

第 7 章　智能超表面

智能超表面（Reconfigurable Intelligent Surface，RIS）因为其能够灵活操控信道环境中的电磁特性，一经出现就吸引了学界和业界广泛的关注。RIS 通常由大量精心设计的电磁单元排列组成，通过给电磁单元上的可调元件施加控制信号，可以动态地控制这些电磁单元的电磁性质，进而以可编程的方式实现对空间电磁波的主动智能调控，形成幅度、相位、极化和频率等特性可控的电磁场。RIS 天然具有低成本、低功耗和易部署的特性，有机会用以解决未来无线网络面临的全新需求与挑战。作为一个极具潜力的方向，RIS 使得无线传播环境有望从被动适应变为主动可控，有机会在 5G 网络中提前落地，更有可能在未来 6G 网络中使能智能无线环境[1]，带来全新的网络范式[2]。本章将从 RIS 基本背景、硬件材料与电磁调控、信道模型、RIS 辅助的无线通信及 RIS 网络部署等方面对 RIS 技术进行较为全面的介绍。

7.1　概述

RIS 是一种具有亚波长尺寸的可编程人工二维材料，由超材料技术发展而来。它通常由金属、电介质和可调元件组成，可以等效为 RLC 电路。RIS 通过控制变容二极管、PIN 二极管、射频微机电系统（Radio Frequency Micro Electro Mechanical Systems，RF-MEMS）、液晶或石墨烯等来产生每个电磁单元所需的电磁行为。作为可重构空间电磁波调节器，它调节三维空间中的信号传播方向，抑制干扰并增强信号，从而智能地重建收发器之间的无线传播环境。RIS 可以突破传统无线信道的不可控性，主动控制无线传播环境，构建智能可编程无线环境的新范式。与传统技术相比，RIS 具有低成本、低功耗和易于部署的特点。它在非视距（Non Line Of Sight，NLOS）传输、边缘用户增强、安全通信、无源物联网、高精度定位等方面具有广阔的应用前景。因此，它有望增强 5G 网络，并成为 6G 网络的潜在关键技术之一[3-4]。

简要来说，RIS 对解决非视距传输问题、扩展覆盖范围、增加传输自由度、减轻电磁污染、超大规模终端接入、环境感知与定位等具有积极意义，对获取有效环境三维数据、支持未来感知通信一体化具有支撑性作用。

作为未来无线网络关键候选技术，RIS 相对现有通信技术有诸多优势，最典型的四个优势为：

（1）准无源，除控制器外，RIS 不需要专用电源来调控电磁波，不会引入噪声，功耗低，满足绿色通信的要求；

（2）低成本，不需要混频器、数模/模数转换器、功率放大器等高成本器件；

（3）简单易部署，可扩展、轻量化的设计使其具有安装、拆卸容易的特点；

（4）异常调控，可以异常调控电磁波的传播特性，如相位、幅度、偏振模式和时延等，尤其可以实现电磁波的负折射和负反射。

此外，RIS 可支持全双工传输，且一般质量较轻，可灵活构成不同形状表面、不需要或仅需要低速率回传链路，方便泛在部署，具有工程化应用的天然优势。

RIS 不同于中继、反向散射通信、大规模 MIMO 等传统技术，是一个全新的技术领域。其中，中继通信属于有源收发，需要大量射频链路，硬件成本和能耗高；反向散射通信属于无源反射，不需要射频链路，但仅作为低速率发射源工作；大规模 MIMO 采用有源阵列结构，需要大量射频链路，硬件成本和能耗高。而 RIS 采用无源阵列结构对电磁波进行调控，不需要额外高成本、高功耗的器件，可以实现低能耗的绿色通信。因此，可以认为 RIS 相对于传统中继、反向散射通信、大规模 MIMO 等技术具有独特优势。

RIS 使得智能可控无线传播环境成为可能，提升了传输可靠性，有助于获得更大的传输容量，实现更高的频谱效率，这些特点保证了 RIS 具有广阔的应用前景。

7.2 硬件材料与电磁调控

从概念上讲，RIS 是一个由可重构新型超材料制成的二维表面，能够以任意方式操纵入射电磁波。它包含大量独立的低成本无源亚波长谐振单元，可以通过改变阵子的单元参数、空间分布等来实现完全控制无线电波的振幅、相位、极化状态以及反射、透射、折射和散射。

7.2.1 RIS 硬件结构

按照 RIS 对电磁波的响应可分为反射式、透射式及透反式，本节以反射式 RIS 为例进行讨论。

反射式 RIS 一般由周期性排列的超薄金属或非金属材质的亚波长单元组成，通过调控每个反射单元的频响特性，输出辐射信号波束形状、方向与聚焦位置可变的电磁波信号，以实现基站与超表面面板联合部署的系统性能优化目标。反射式 RIS 的硬件结构通常包括反射单元、调控开关、金属背板（如铜质背板）、控制电路板、控制器及其控制接口等几个组成部分，如图 7-1 所示。其中，单元结构会集成一些可调元件来获得对电磁波的可重构性，如 PIN 二极管、变容二极管、液晶、RF-MEMS 开关等。根据单元结构对电磁波的具体调控能力，可重构超表面大致可分为：幅度可重构、相位可重构、极化可重构等。通过反射单元频响调控，图 7-1 所示黄色入射波束的反射信号，可以是红色反射波束，也可以是不同于红色反射波束方向的蓝色反射波束。

反射式 RIS 支持符合广义 Snell 反射定律的表面超常反射，反射信号的空间自由度越大，三维波束灵活赋形和聚焦能力越强，即反射信号的波矢方向、形状与强度分布等，均可面向网络部署环境人为可控。传统反射器，属于法线方向入射与法线方向出射的高增益天线；普通金属板对电磁波的反射，则是满足 Snell 反射定律的信号反射，即反射波是入射波的镜像反射，且信号反射与散射方向、形状与强度分布，均不能人为可控。

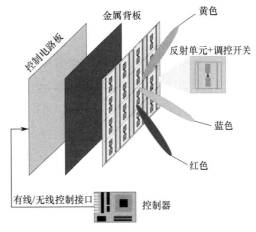

图 7-1　反射式 RIS 的硬件结构

从 RIS 部署角度看，依据是否需要支持实时用户跟踪而将 RIS 分为两类：一类是不需要支持实现用户跟踪的半静态面板，即不需要频繁使用控制器、控制接口，并降低了对供电电源的要求；另一类是所有反射单元频响特性可以通过控制器进行灵活调整的动态面板，需要频繁使用控制器、控制接口，以及相应稳定性要求更高的供电电源。

半静态面板的主要特征要求是节能环保、部署方便、成本低、便于实现大增益，其关键技术是基站与智能反射面板联合优化部署的半静态面板设计与算法实现。动态面板的主要特征是基站可依据部署环境及其随机变化的测量结果，按需调整 RIS 面板频响特性，其关键技术包括动态面板设计与算法实现、低成本低功耗控制电路与接口实现等。

7.2.2　RIS 调控机理

RIS 作为一种数字可编程的电磁超表面，通过自由设计电磁单元结构以及自由排列的方式，可实现对电磁波的灵活调控，带来全新的物理现象和应用。如前所述，RIS 面板由一系列集成可调元件的单元组成，这些可调控单元旨在实现一定的相位响应、幅度响应、极化响应。

根据调控单元机理的不同，RIS 可分为：

（1）电子器件可重构，如使用 RF-MEMS 开关、PIN 二极管、变容二极管和场效应管；

（2）光电子器件可重构，如使用光电导开关；

（3）新型可重构材料，如使用液晶、石墨烯、铁氧体等；

（4）物理结构可重构，如通过电机改变组成单元的方向、形状或摆放方式。

1. 电子器件可重构

电子器件可重构可以利用电子 RF-MEMS 开关或 PIN 二极管等，以离散的方式重新分配单元表面电流，也可以使用变容二极管对单元表面电流进行连续调控。电子器件易于集成到超表面中是该方案的主要优势。

PIN 二极管在射频和微波频率下可充当可变电阻器。它们是电流控制的，这意味着不同的输入电流会产生较低的电阻（对应 ON 或 "接通" 状态）或较高的电阻（对应 OFF 或 "断开" 状态）。PIN 二极管目前商用可获得性最好。

场效应管使用电场去控制导电沟道形状，从而控制半导体材料中某种类型载流子的沟道导电性。场效应管是电压控制器件，在开或关状态下直流电流都很小，这使得它在较低的直流功耗方面优于 PIN 二极管，但是 PIN 二极管比场效应管在射频插入损耗方面表现出更好的性能。场效应管在低频范围内具有出色的隔离特性，但由于漏源电容的存在，隔离特性在高频下会恶化。

RF-MEMS 开关具有良好的直流和射频（Direct Current-Radio Frequency，DC-RF）隔离、低损耗、高线性度、极低的直流功耗和较高功率容量等优点。然而，与响应时间以 ns 为单位的 PIN 二极管和变容二极管相比，RF-MEMS 开关响应较慢，响应时间以 μs 为单位。RF-MEMS 易于使用单片集成技术与天线集成在一起[5-6]。

变容二极管是一种半导体 PN 结器件，它可以通过受控的偏置电压提供可变的结电容。

尽管这些电子器件有很多优点，但它们也有一些缺点，如 RF-MEMS 开关和变容二极管除了高工作电压，还表现出电阻和电容非线性。这些电子器件控制所需的直流偏置线会恶化辐射模式，并可能增加额外的损耗。旁路电容和偏置电感使超表面单元结构更加复杂。除了损耗外，特别是在高入射射频功率下，这些电子器件可能会产生谐波和互调失真。基于变容二极管的重构容易受到非线性效应的影响。

变容二极管、PIN 二极管和 RF-MEMS 开关等电子器件的关键特性对比如表 7-1 所示[7]。

表 7-1 电子器件的关键特性对比

器　　件	供电电压	直流功耗	开关速度	功率容量	射频插损	控制方式
PIN 二极管	⚡	🔋	ns 级	低	●_	数字
场效应管	⚡	🔋	ns 级	低	●+	数字
RF-MEMS 开关	⚡⚡⚡	🔋	μs 级	中	●	数字
变容二极管	⚡⚡	🔋	ns 级	中	●	模拟

2. 光电子器件可重构

基于光电子器件实现超表面可重构如使用光电导开关，光电导开关的工作原理是通过入射激光触发光敏半导体材料，使光敏半导体材料的电导率骤变。虽然这些光电导开关本质上是有损耗的，需要激光才能工作，但它们具有线性、无谐波和互调失真的潜在优势。此外，它们不需要偏置线，因此，消除了超表面单元设计由于偏置线带来的性能退化和复杂度提升。这些开关的主要问题是半导体的激活，即如何用激光照亮这些半导体。尽管光电导开关具有线性优势并避免了偏置线，但这些开关是有损耗的且需要复杂的激活机制。此外，每个开关激活机制都有显著的功耗。它们为了集成在超表面中，必须是低损耗、极其紧凑和高功率效率的。

3．新型可重构材料

新型可重构材料如铁氧体、石墨烯、液晶的电特性能够被改变。铁氧体可以根据施加的静态磁场改变其磁导率，并根据施加的静态电场改变其介电常数。石墨烯可以通过调控化学势能改变其等效电导率。液晶可以通过改变外加电压重新定向其分子来改变其介电常数。

虽然在毫米波低频段已经报道了液晶天线，但是其损耗与电子器件相比还是比较大的[8]。预计它们在毫米波高频段及太赫兹频段应用将会有更大的优势。此外，由于液晶的切换速度较慢（ms 级），与基于 PIN 二极管和 RF-MEMS 的超表面相比，重新配置刷新时间较长。

铁氧体材料因为体积大、损耗大且具有磁控特性，所以目前铁氧体材料多用于单个天线，在大型阵列中并不常见。石墨烯可能是未来有前途的候选材料，但该技术仍处于开发阶段，目前并不成熟。石墨烯的优势已经在太赫兹频段中体现，但是在较低的毫米波频段损耗较大。

4．物理结构可重构

物理结构可重构如电机改变组成单元的方向、形状或摆放方式。在这种方法中，通过机械驱动来改变器件的物理尺寸或方向，实现相位调谐。对于反射阵列，可以利用线性（平移）和旋转运动来实现相位调谐。

文献[9]实现了中心频率为 8.3 GHz 的 756 单元微电机控制的新型相控阵样机，控制电路由微处理器、现场可编程门阵列（Field Programmable Gate Array，FPGA）和微电机驱动器构成。它的工作原理如下：计算机将波束指向信息传递到微处理器；微处理器采用射线追踪法计算出单元旋转角度，将其分配给 30 个 FPGA；每个 FPGA 能够控制对应微电机驱动器，旋转相应的天线单元，得到不同辐射相位，从而实现波束扫描。该控制电路采用并行机制，即所有单元可以同时旋转。需要注意的是，单元旋转仅适用于圆偏振。

总而言之，当谈到选择一种可调器件时，哪一种是最好的，没有单一的答案。最好的是最适合所考虑应用约束的那一个。我们需要考虑技术成熟度、性能、可用性、功耗、开关时间、器件线性度以及对特定频段和工作环境的应用。

7.2.3 相位离散化选择

RIS 对波束的控制能力体现在扫描分辨率和方向图控制等，通常取决于单元的相位控制范围和可用相位状态，即超表面中的相位量化效应。使用连续相位控制或较高数量的相位量化状态的超表面在工程实现上通常是不可行的。由于超表面中有大量元器件，每个单元中的重构设计需要大幅简化，表 7-2 列出了与连续相移相比，不同相位量化下的波束增益损失[10]。

表 7-2 不同相位量化下的波束增益损失

相 位 量 化	方向性损耗（MATLAB 仿真）	方向性损耗（全波仿真）
连续	0 dB	—
3 bit	0.22 dB	—
2 bit	0.99 dB	0.92 dB
1.5 bit	1.66 dB	1.12 dB
1 bit	3.92 dB	2.92 dB

在表 7-2 中，3 bit 相位量化波束增益损失可忽略。采用 2 bit 以上相位量化精度可以得到较小的波束增益损失，2 bit 比 1 bit 有较大增益收益。相位量化精度越低，带宽越宽，这是因为相位量化的容错越大。

7.2.4 RIS 研究硬件原型

目前，文献中的研究工作大多集中在理论推导上，使用 RIS 的硬件原型设计和现场测量工作刚刚起步，但也有一些具有启发性的设计出现，RIS 的原型样机设计如表 7-3 所示。

表 7-3 RIS 的原型样机设计

技　　术	参考文献及贡献
射频开关	文献[11]由 3720 个天线单元组成，排列在 6 m² 的平面上，由于平面本身不发射新的无线电波，所以该结构接近无源的工作模式，但是可以通过低功耗控制电路自适应地配置该结构，以便聚焦入射的无线电波向特定的方向和位置波束赋形
压电陶瓷机械调节	文献[12]设计了一种智能玻璃超表面，人工设计的超表面薄层覆盖在有玻璃基板的二维表面上，周期排列放置大量亚波长单元。透明玻璃衬底叠加在透明的玻璃衬底上，并且层压玻璃衬底间距离可通过压电陶瓷微调。通过轻微移动玻璃基板，可以动态地控制三种模式：透过入射波的模式、部分透过和部分反射入射波的模式，以及反射所有入射波的模式
变容二极管	文献[13]设计了一个工作在 5.8 GHz 由变容二极管调谐的 RIS，采用 55×20 个 1 bit 单元，RIS 尺寸为 80.08 cm×31.30 cm；控制方式为 FPGA+移位寄存器（列单元控制 5 个为一组，控制偏置信号总数为 220）。在室内测试中，发射器和接收器通过 30 cm 厚的混凝土墙隔开，RIS 原型与用铜板代替 RIS 的基线案例相比提供了 26 dB 增益。在短距离室外测量中观察到 27 dB 增益。室外长距离测试成功传输了超过 500 m 的 32 Mbps 数据流
光电二极管+变容二极管	文献[14]设计了一种光学驱动 RIS，采用一个串联光电二极管阵列，可以接收不同的光信号，然后将其转换为相应的电压信号，从而驱动变容二极管完成超表面单元的调谐
PIN 二极管	文献[15]设计并测试了在 2.3 GHz 和 28.5 GHz 2 bit 256 单元的 RIS，在 2.3 GHz 可以获得 21.7 dBi 的天线增益，在 28.5 GHz 可以获得 19.1 dBi 的天线增益

7.3　信道模型

信道建模是后续进行智能电磁表面部署规划、覆盖/容量、网络性能分析及基于模型智能控制的基础[16]。广义的 RIS 包括被动 RIS 和主动 RIS、反射表面和透射或反透射可调表面。本节以被动反射式空域调制 RIS 为目标，假设 RIS 对馈入信号无功率放大且 RIS 码本主要以空域调制为主，讨论 RIS 在复杂无线场景中部署时，相关无线信道建模的方法。

无线信道模型描述了无线信号从基站（终端）到终端（基站）的信号传播统计特性，在 4G/5G 无线通信系统性能评估中，基于几何的统计信道模型（Geometry Based Stochastic Models，GSCM）[16-18]和基于地图的混合信道模型（Map-based Hybrid Channel Model，MHCM）被国际标准化组织第三代伙伴计划（The 3rd Generation Partnership Project，3GPP）和国际电信联盟（International Telecommunication Union，ITU）采纳[16-18]，用于 5G 的方案选择和性能评估，相关模型给出了基站（Base Station，BS）与用户设备（User Equipment，UE）之间的大尺度及小尺度（3 Dimension，3D）信道特性，支持 0.5～100 GHz 频段、大带宽、大规模多输入多输出（Multiple-Input-Multiple-Output，MIMO）及空间一致性、阻挡、氧衰、时变多普勒频移、绝对时延、双移动等特性的建模[18]。其中，MHCM 在信道模型准确性与计算量之间进行了均衡，分为确定性部分和统计部分，即通过射线追踪技术进行确定性计算，反映信道的确定性分量；通过统计部分补充因为地图误差、配置简化和粗糙表面散射带来的影响，反映信道的统计分量。

7.3.1　模型假设及设计原则

RIS 的部署会使得原来的 BS 与 UE 之间的连接关系发生变化，增加了 BS 与 RIS，RIS 与 UE、RIS 之间的传播路径：

（1）BS-RIS 信道；

（2）RIS-UE 信道；

（3）RIS-RIS 信道。

RIS 面板本身是由亚波长单元所组成的周期或非周期性结构。单元的几何结构、尺寸、方向或部署图案决定了材料的电磁特性，可以对电磁波进行吸收、增强或方向改变。由 RIS 面板的结构或配置码本决定其反射波的幅度、相位、频率、极化、波束方向等特性。目前可重构 RIS 的物理实现方案有很多，包括 RF-MEMS 开关、PIN 二极管、变容管、场效应管、液晶、铁电材料和石墨烯等。有的是通过改变基材的电容率，有的是通过改变等效电路阻抗来改变反射和透射系数，还有的是利用微步进电机控制单元的方向以改变辐射相位等。在选型时主要考虑功耗、插损、响应时间、调控精度、工艺成熟度和成本等[16]。

RIS 信道模型需要考虑以下几个因素。

一是 RIS 在网络中的部署。RIS 的部署不是随意的，而是基于覆盖补盲或信道增秩等目标的不同而有不同的部署方式，可以以单次反射为主，也可以通过多面板级联多次反射来达到目标。

二是 RIS 物理模型的抽象。不同的 RIS 物理实现方案具有不同的特性，而信道模型中的 RIS 物理模型抽象则需要体现各物理模型的共性，如 RIS 单元的相位响应、幅度响应、极化响应、各向异性、损耗、色散、互易性等。

三是 BS 到 RIS 再到 UE 级联信道的建模。需要在当前统计信道模型如基于几何的随机信道模型（Geometry Based Stochastic channel Model，GBSM）或确定性信道模型（如 MHCM）的基础上，考虑 RIS 部署对原有信道模型的影响。例如，在满足远场条件馈入 RIS 的多个不同方向或极化的来波在同一 RIS 码本基础上，其反射波的特性是不同的，可以将一个来波方向的极化波的馈入激励分裂为两个具有不同极化反射特性的虚拟 RIS 基站。另外，为了计算的简化，在信道建模过程中"留强去弱"也是必须考虑的。

RIS 面板辐射与下面的因素有关：

（1）远/近场；

（2）单元的辐射特性、RIS 面板的码本；

（3）RIS 单元在面板的位置，位置不同，辐射特性也不同；

（4）RIS 单元的相位响应、插损特性与单元结构、频点、入射波矢方向、极化有关。

另外，基于 BS、RIS 和 UE 的相对位置，并假设 d_1 为 BS 到 RIS 的距离，d_2 为 RIS 到 UE 的距离，相对于 RIS 面板，可以分为如下几种场景。

场景一：d_1 为远场，d_2 为远场。

场景二：d_1 为远场，d_2 为近场。

场景三：d_1 为近场，d_2 为远场。

场景四：d_1 为近场，d_2 为近场。

考虑到信道模型的简化和可用性，在以上场景中，从 RIS 亚波长单元的角度来看，无论 BS-RIS 单元或 RIS-UE 都满足辐射近场或辐射远场假设（RIS 单元与目标场点距离大于 10 个波长）。

由于 RIS 的部署、算法和性能的评估是在一个多小区、多终端复杂场景下进行的，因此，RIS 无线信道的建模需要考虑复杂、精确与可用、简化之间的平衡，一个可行的建模思路是考虑将 RIS 基本模型和扩展模型进行分离。

1. 基本模型假设

基本模型假设：

（1）一致的、与相对位置无关的 RIS 单元的辐射模型；

（2）RIS 单元无极化泄露；

（3）理想导体+简化插损模型（非频率依赖性）；

（4）非频率依赖性理想相位。

2. 扩展模型假设（可选）

扩展模型假设（可选）：

（1）频率依赖性相位模型（色散模型）；

（2）频率依赖性插损模型（色散模型）；

（3）RIS 极化泄露模型；

（4）RIS 极化扭转模型；

（5）其他非理想因素模型。

7.3.2 RIS 物理模型抽象

RIS 物理模型抽象是 RIS 信道建模的关键。基于上述基本模型假设的原则，构建一个与 RIS 实现方案解耦，但又能够体现 RIS 关键特性的简化物理模型是非常必要的。基于惠更斯原理或天线理论进行 RIS 物理模型抽象，将 RIS 单元抽象为表面是学术界的一个研究方向。基于天线理论，可以假设 RIS 单元的辐射方向图是 Exponential-Lambertian[21]或方向性模型[22]。

Exponential-Lambertian 模型：$f(\theta) = (\cos\theta)^\alpha, \theta \in [0, \pi/2]$，其中，$\theta$ 是散射方向与 RIS 单元法线的夹角，α 是可调系数（$\alpha \leqslant 0.57$）。

方向性模型：$f(\theta) = ((1+\cos\theta)/2)^2, \theta \in [0, \pi]$，其中，$\theta$ 是散射方向相对于 RIS 单元表面的夹角。

这种方法的计算量较低，但考虑到偶极子之间的耦合，RIS 单元间距不能过小[19]。

当 RIS 面板较大时，可以基于几何光学、惠更斯原理和物理光学，将 RIS 表面抽象为等效电流或等效磁流，而后通过数值积分的方法得到目标点场强，其物理意义明确，适用于辐射近场或辐射远场的场景，但不适用于感应近场，计算量稍大[19]。

本文将基于电磁散射理论[23]，以 RIS 面板单元的辐射方向图作为 RIS 基本单元模型抽象的基础，基于入射及反弹射线法（Shooting and Bouncing Ray method，SBR）[24-25]，利用几何光学得到反射场强，然后利用物理光学远场积分方法，求解目标点的散射场，其原理是在 Stratton-Chu 方程[26]基础上的一个高频近似。

7.3.3　MHCM RIS 信道模型

由于 RIS 的部署需要结合实际场景的环境特性进行，以使所部署的 RIS 可以有效增强覆盖和容量，并减少不必要的干扰，本文将在基于地图的混合信道模型（MHCM）的基础上开展相关研究，使得 RIS 的部署更具有实际的物理意义，同时，本文的思想对基于 GSCM 的信道建模也是有效的。在 MHCM 基础上，当基站作为发射信号辐射源 Tx，终端作为接收设备 Rx，RIS 作为无源可控反射节点时，Tx 与 Rx 之间的信道模型，除了考虑现有模型 Tx 与 Rx 之间的无线信道链路，还应考虑 Tx-RIS-Rx 之间的链路，其关键在于：（1）Tx-RIS 信道模型；（2）RIS 在码本控制策略基础上对不同来波方向的极化入射信号激励的响应模型；（3）RIS-RIS 信道模型；（4）RIS-Rx 信道模型。

如图 7-2 所示，接收侧（Rx 侧）收到的信号来自以下几个逻辑链路：

$$
\begin{aligned}
&\text{Tx} \rightarrow \text{Rx}; \\
&\text{Tx} \rightarrow \text{RIS}_i \rightarrow \text{Rx}; \\
&\qquad\qquad \vdots \\
&\text{Tx} \rightarrow \text{RIS}_i \rightarrow \cdots \rightarrow \text{RIS}_j \rightarrow \text{Rx}。
\end{aligned} \qquad (7\text{-}1)
$$

其中，$i, j \in \{1, 2, \cdots, N\}$，$N$ 为 RIS 可选面板数量。

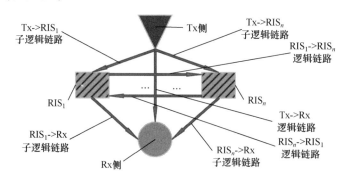

图 7-2　收发信道逻辑链路有向图

考虑到计算量及信道准确性要求，并不需要包含所有可能的逻辑链路组合，可基于 RIS 部署的原则、调控目标来具体确定，这是因为只有 RIS 接收到的信号有足够强度，RIS 对最终信道才有显著影响。例如，当 $n=2$ 时，RIS 的部署调控目标是通过 RIS 一次可控反射来增强 Tx NLOS 域的覆盖，仅需要考虑如下链路：Tx→Rx、Tx→RIS₁→Rx、

Tx→RIS₂→Rx。对 Tx→Rx 而言，可以采用 3GPP 或 ITU 的 MHCM；对 Tx→RIS$_i$→Rx 或 Tx→RIS$_i$→…→RIS$_j$→Rx 而言，其中的第一段子逻辑链路 Tx→RIS$_i$ 可采用 3GPP 或 ITU 的 MHCM，而中间段和最后一段子逻辑链路则需要基于前置子逻辑链路的信道响应（Channel Impulse Response，CIR）、来波方向等并结合 RIS 的配置调控参数来确定。在远场假设下，不同来波方向无线信号的 RIS 反射信号的方向图不同。考虑到计算量与精度的均衡，在相关逻辑链路选择中需要考虑"留强去弱"，图 7-3 给出了 RIS 信道建模流程。

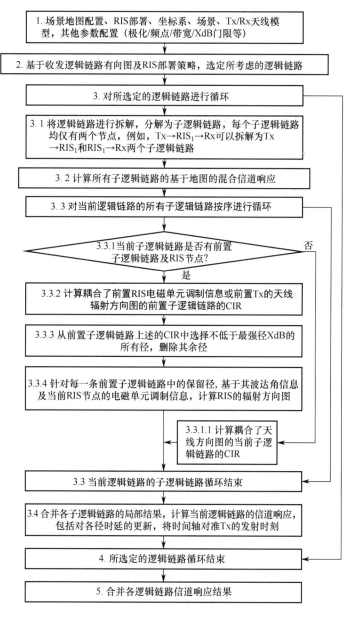

图 7-3　RIS 信道建模流程

RIS 与 Tx 或 Rx 的逻辑附属关系与 RIS 的部署位置及部署目的有关，可以附属于 Tx 或 Rx，且附属关系可以是固定或动态的，这是一个需要专门研究的问题，下述 Tx 与 RX 之间逻辑链路有向图中所涉及的 RIS 均指"与 Tx 或 Rx 有附属关系"的 RIS。

每一对 Tx-Rx 可建立逻辑链路有向图，如图 7-2 所示。基于 RIS 部署的相对位置/部署目标，选定对 Tx-Rx 无线信道有显著影响的逻辑链路。针对 Tx-Rx 间每条选定的逻辑链路进行子逻辑链路拆解，具体如下。

输入（逻辑链路）：Tx→RISs$_1$→⋯→RISs$_N$→Rx

输出（子逻辑链路）：Tx→RISs$_1$；RISs$_1$→RISs$_2$；⋯；RISs$_N$→Rx

其中，s$_j$ 表示有向图第 j 级的 RIS 逻辑编号，j=1～N。

RIS 各控制单元反射相位可以基于控制策略进行独立控制，不同来波方向的平面波所激励的 RIS 控制单元反射方向系数是不同的，可基于 RIS 物理模型进行计算，其归一化方向性系数如下：

$$\begin{bmatrix} f_{\mathrm{hh},k,l}(\vartheta_{\mathrm{i}},\varphi_{\mathrm{i}},\theta_{\mathrm{r}},\phi_{\mathrm{r}}) & f_{\mathrm{vh},k,l}(\vartheta_{\mathrm{i}},\varphi_{\mathrm{i}},\theta_{\mathrm{r}},\phi_{\mathrm{r}}) \\ f_{\mathrm{hv},k,l}(\vartheta_{\mathrm{i}},\varphi_{\mathrm{i}},\theta_{\mathrm{r}},\phi_{\mathrm{r}}) & f_{\mathrm{vv},k,l}(\vartheta_{\mathrm{i}},\varphi_{\mathrm{i}},\theta_{\mathrm{r}},\phi_{\mathrm{r}}) \end{bmatrix} \tag{7-2}$$

式中，k、l 表示第 k 行、第 l 列 RIS 控制单元编号；ϑ_{i}、φ_{i} 分别表示入射波反向矢量相对于全局坐标系 Z 轴和 X 轴的角度；θ_{r}、ϕ_{r} 表示反射波矢量相对于全局坐标系 Z 轴和 X 轴的角度；f 表示 RIS 控制单元反射的方向性幅度系数；hh、hv、vh 和 vv 表示入射波与反射波不同极化的组合，v 表示垂直极化，h 表示水平极化。

RIS 面板由 RIS 控制单元组成，每个 RIS 控制单元的相位等参数可基于 RIS 控制策略独立进行控制，本文主要考虑 RIS 的相位可控，但所述方法的思路也可用于对幅度/极化的控制。

下面介绍 RIS 面板的配置参数。

RIS 面板尺寸（假设为矩形）：$K×L$，K 为长度方向控制单元数目，L 为宽度方向控制单元数目。

RIS 控制单元尺寸：$a·\lambda×b·\lambda$，λ 为载频的波长。

RIS 控制单元相位控制粒度：$\log_2 B$ bit 表示控制单元调整的粒度为 $\dfrac{2\pi}{B}$，B 为控制相位分段数。

RIS 面板的反射方向图由组成面板的所有 RIS 控制单元方向图及控制相位综合而成，各反射单元的控制相位 $\psi_{pq,k,l}$ 由 RIS 控制中心基于控制策略确定，一个可选配置是：

$$\psi_{pq,k,l} \in \left[0, \frac{2\pi}{B}, \frac{2 \cdot 2\pi}{B}, \cdots, \frac{(B-1) \cdot 2\pi}{B}\right], \ \text{且} \ p,q \in \{h,v\} \tag{7-3}$$

实际上，对于每一个 RIS 控制单元的控制相位 $\psi_{pq,k,l}$ 的可选集合并不限于式（7-3），也不要求完全相同，可基于控制策略确定。

RIS 面板的反射方向性系数如下：

$$\begin{bmatrix} \Gamma_{vv}(\vartheta_i, \varphi_i, \theta_r, \phi_r) & \Gamma_{hv}(\vartheta_i, \varphi_i, \theta_r, \phi_r) \\ \Gamma_{vh}(\vartheta_i, \varphi_i, \theta_r, \phi_r) & \Gamma_{hh}(\vartheta_i, \varphi_i, \theta_r, \phi_r) \end{bmatrix} \tag{7-4}$$

具体计算如下：

$$\Gamma_{pq}(\vartheta_i, \varphi_i, \theta_r, \phi_r) = \sqrt{4\pi KLab} \sum_{k,l=1}^{k=K,l=L} f_{pq,k,l}(\vartheta_i, \varphi_i, \theta_r, \phi_r) \cdot \exp(j\psi_{pq,k,l}) \cdot \exp\left(\frac{j2\pi(\hat{r}_{in}^T \cdot \bar{d}_{ices,k,l})}{\lambda}\right) \cdot \sqrt{\eta}$$

$$\tag{7-5}$$

式中，Γ 表示 RIS 面板的方向性系数；η 是 RIS 的反射效率；$\bar{d}_{ices,k,l}$ 是第 k 行、第 l 列 RIS 控制单元中心的位置矢量[17-18]；ϑ_i、φ_i 分别表示入射波反向矢量相对于全局坐标系 Z 轴和 X 轴的角度；θ_r、ϕ_r 表示反射波矢量相对于全局坐标系 Z 轴和 X 轴的角度；f 表示 RIS 控制单元反射的方向性幅度系数；hh、hv、vh 和 vv 表示入射波与反射波不同极化的组合，v 表示垂直极化，h 表示水平极化，且 $p,q \in \{h,v\}$，即

$$\hat{r}_{in} = \begin{bmatrix} \sin\vartheta_i \cos\phi_i \\ \sin\vartheta_i \sin\phi_i \\ \cos\vartheta_i \end{bmatrix} \tag{7-6}$$

MHCM[16-17]中考虑了对超宽带、氧衰及阻挡等的影响，这些模型大部分可直接应用，但对于超宽带场景，考虑到超材料或电磁表面电参数可能的频率依赖性，需要基于频率分段（bin）对式（7-2）～式（7-5）进行更新。

当子逻辑链路根据 MHCM 进行信道系数计算时，需要基于收发节点的类型进行分类。

当 Tx 节点为 RIS 面板时，需基于当前 RIS 的所有前置子逻辑链路来波进行 Tx 节点的拆分，每径对应一个来波方向，同时也对应当前子逻辑链路的两个 Tx 分支节点（分别对应 h 极化来波和 v 极化来波），所有这些 Tx 分支节点的位置相同，但发射天线的方向性系数各自独立，基于来波方向计算的结果见式（7-5）。对于第 x 条逻辑链路的第 y 条子逻辑链路，其第 n 簇、第 m 径所对应的 Tx 分支节点的发射天线的幅度方向性系数如下：

$$\begin{bmatrix} F_{\mathrm{tx},s,\theta}^{x,y,\mathrm{v}}(\theta_{n,m,\mathrm{ZoD}},\varphi_{n,m,\mathrm{AoD}}) \\ F_{\mathrm{tx},s,\varphi}^{x,y,\mathrm{v}}(\theta_{n,m,\mathrm{ZoD}},\varphi_{n,m,\mathrm{AoD}}) \end{bmatrix} = \tag{7-7}$$

$$\begin{bmatrix} \Gamma_{\mathrm{vv}}(\vartheta_{\mathrm{i},x,y},\varphi_{\mathrm{i},x,y},\theta_{n,m,\mathrm{ZoD}},\phi_{n,m,\mathrm{AoD}}) \\ \Gamma_{\mathrm{vh}}(\vartheta_{\mathrm{i},x,y},\varphi_{\mathrm{i},x,y},\theta_{n,m,\mathrm{ZoD}},\phi_{n,m,\mathrm{AoD}}) \end{bmatrix}$$

$$\begin{bmatrix} F_{\mathrm{tx},s,\theta}^{x,y,\mathrm{h}}(\theta_{n,m,\mathrm{ZoD}},\varphi_{n,m,\mathrm{AoD}}) \\ F_{\mathrm{tx},s,\varphi}^{x,y,\mathrm{h}}(\theta_{n,m,\mathrm{ZoD}},\varphi_{n,m,\mathrm{AoD}}) \end{bmatrix} = \tag{7-8}$$

$$\begin{bmatrix} \Gamma_{\mathrm{hv}}(\vartheta_{\mathrm{i},x,y},\varphi_{\mathrm{i},x,y},\theta_{n,m,\mathrm{ZoD}},\phi_{n,m,\mathrm{AoD}}) \\ \Gamma_{\mathrm{hh}}(\vartheta_{\mathrm{i},x,y},\varphi_{\mathrm{i},x,y},\theta_{n,m,\mathrm{ZoD}},\phi_{n,m,\mathrm{AoD}}) \end{bmatrix}$$

式中，$\vartheta_{\mathrm{i},x,y}$，$\varphi_{\mathrm{i},x,y}$ 分别对应于前置子逻辑链路来波的天顶角（Zenith Of Arrival，ZOA）和方位角（Azimuth Of Arrival，AOA），tx 和 rx 是针对子逻辑链路的收发节点。

当 Tx 或 Rx 节点为 BS 或 UE 时，采用 BS 或 UE 的实际发射天线的方向性系数 $F_{\mathrm{tx},s,**}^{x,1,*}$ 或 $F_{\mathrm{rx},u,**}^{x,y_{\mathrm{last}},*}$ [17-19]，其中，*表示 h 或 v，**表示 θ 或 ϕ，y_{last} 表示当前逻辑链路的最后一段子逻辑链路的编号。

当 Rx 节点为 RIS 面板时，接收天线的幅度方向性系数为 $F_{\mathrm{rx},u,\theta}^{x,y,*}=F_{\mathrm{rx},u,\phi}^{x,y,*}=\sqrt{\cos\Theta}$，其中，$\Theta$ 为 RIS 面板法向量与入射波反向矢量 $\hat{\boldsymbol{r}}_{\mathrm{in}}$ 的夹角，$\hat{\boldsymbol{r}}_{\mathrm{in}}$ 见式（7-6）。由于 RIS 为单面反射，当 $\Theta\geqslant\dfrac{\pi}{2}$ 时，$F_{\mathrm{rx},u,\theta}^{x,y,*}=F_{\mathrm{rx},u,\phi}^{x,y,*}=0$。

对于 NLOS 和 LOS（视距）场景下的信道系数和时延可以参考文献[16]。

NLOS 径信道系数为 $H_{u,s,n,m}^{x,y,*}(t)$，$\tau_{u,s,n,m}$；

LOS 径信道系数为 $H_{u,s,n=1}^{x,y,*}(t)$，$\tau_{u,s,n=1}$。

如图 7-4 所示，Tx 为垂直极化（v-pol），基于"留强去弱"的原则，实线表示通过筛选标准的有效径，虚线表示未通过筛选标准的径，接下来基于子逻辑信道的结果进行逻辑信道的信道参数合并和时延合并，信道参数合并是相乘的关系，时延合并是相加的关系[16]，即

$$H_{u,s,\{\{k_0,k_1,\cdots,k_{N+1}\},\{p_0,p_1,\cdots,p_{N+1}\}\},1}^{\Lambda}(t)=\prod_{L=1}^{N+1}H_{u_L,s_L,\{\{k_0,k_1,\cdots,k_L\},\{p_0,p_1,\cdots,p_L\}\},\Lambda}^{\{\{k_0,k_1,\cdots,k_{L-1}\},\{p_0,p_1,\cdots,p_{L-1}\}\},\Lambda}(t) \tag{7-9}$$

$$\tau_{u,s,\{\{k_0,k_1,\cdots,k_{N+1}\},\{p_0,p_1,\cdots,p_{N+1}\}\}}^{\Lambda}=\sum_{L=1}^{N+1}\tau_{u_L,s_L,\{\{k_0,k_1,\cdots,k_L\},\{p_0,p_1,\cdots,p_L\}\}}^{\Lambda} \tag{7-10}$$

对于统计径的绝对时延模型可以参考文献[17]。

Tx 与 Rx 间有效逻辑链路如下：

第 0 号：Tx→Rx

第 1 号：Tx→RIS$_i$→Rx

…

第 $\varLambda$ 号：Tx→RIS$_i$→…→Rx

…

第 K 号：Tx→RIS$_i$→…→RIS$_j$→Rx

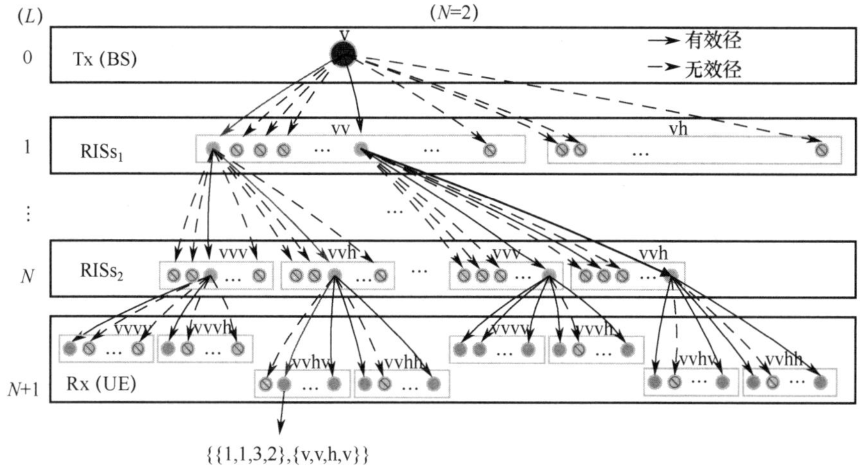

图 7-4　子逻辑链路多径循迹

Tx 与 Rx 间的无线信道为以上所有逻辑链路总有效子径的集合：

$$\{ H^0_{u,s,\{\{k_0\},\{p_0\}\},1}(t)，\quad \tau^0_{u,s,\{\{k_0\},\{p_0\}\}}；$$
$$H^1_{u,s,\{\{k_0,k_1\},\{p_0,p_1\}\},1}(t)，\quad \tau^1_{u,s,\{\{k_0,k_1\},\{p_0,p_1\}\}}；$$
$$…$$
$$H^\varLambda_{u,s,\{\{k_0,k_1,\cdots,k_{N_\varLambda+1}\},\{p_0,p_1,\cdots p_{N_\varLambda+1}\}\},1}(t)，\quad \tau^\varLambda_{u,s,\{\{k_0,k_1,\cdots,k_{N_\varLambda+1}\},\{p_0,p_1,\cdots p_{N_\varLambda+1}\}\}}\}；\qquad (7\text{-}11)$$
$$…$$
$$H^K_{u,s,\{\{k_0,k_1,\cdots,k_{N_K+1}\},\{p_0,p_1,\cdots p_{N_K+1}\}\},1}(t)，\quad \tau^K_{u,s,\{\{k_0,k_1,\cdots,k_{N_K+1}\},\{p_0,p_1,\cdots p_{N_K+1}\}\}} \}$$

以上$\{\{k*,\cdots\},\{p*,\cdots\}\}$组合为各逻辑链路的有效径组合。

7.4　RIS 辅助的无线通信

7.4.1　性能评估分析

不少研究希望揭示 RIS 基本性能限制以及各种系统参数的不完善对其可实现性能的影响。在此背景下，为了量化 RIS 在不同网络场景中的优势和限制，研究者们给出了一些精确的、近似的和渐近的分析框架。RIS 辅助的无线通信系统建议的典型性能指标包括以下方面。

（1）覆盖或中断概率：接收到的 SINR 高于或低于目标阈值的概率。

（2）误码率：解码后的信息位与发送的信息位不同的概率。

（3）遍历容量：根据香农（Shannon）公式衡量的信道容量期望值。

（4）传输容量：可以在整个系统中可靠通信的聚合数据速率。

表 7-4 中列出了一些对 RIS 辅助的无线通信系统性能研究成果，除了 RIS 辅助的无线通信系统本身的性能分析，文献[30]中还给出了 RIS 与全双工中继的比较，分析了随机部署在小区中的多个 RIS 辅助的单小区多用户系统的空间吞吐量，证明了只要 RIS 单元的数量超过一定的值，RIS 辅助系统在空间吞吐量方面可以优于全双工中继。还有一些研究比较了分布/集中式 RIS 的性能，文献[38]推导了封闭形式下的分布式部署场景的容量区域，给出了集中式部署的容量区域的外界。这些研究结果表明，即使考虑了有限精度的相位量化以及一些硬件的不理想因素，RIS 辅助的无线通信系统也具有非常有吸引力的性能提升潜力。

表 7-4 RIS 辅助的无线通信系统性能研究成果

可达容量和数据速率	文献[27]分析了 RIS 辅助下行链路系统的渐近可达速率
	文献[28]基于用户有限反馈 RIS 最佳相移分析了移动用户可达数据速率
	文献[29]给出了 RIS 辅助通信系统可达数据速率的近似表达式，并推导了保证数据速率退化约束所需的最小相移数
	文献[30]研究了由多个随机分布 RIS 辅助的单小区 MU 下行链路系统空间吞吐量。空间吞吐量是根据所有用户和 RIS 随机位置分布得出的平均值
	文献[31]考虑到 RIS 反射单元硬件不理想，根据反射单元之间距离来对相关结构进行建模，并通过使用简单接收器结构来分析可达数据速率的下降
	文献[32]考虑到 RIS 辅助系统中由于潜在的硬件不理想而导致容量退化，给出了一种硬件损伤模型，并以封闭形式推导出了有效噪声密度和容量损失
增秩效果	文献[33]分析了 RIS 在 LOS 场景中应用以增加信道矩阵的秩，从而带来实质性的容量增益。通过优化 RIS 的相位矩阵以提高信道矩阵的秩来实现点对点 MIMO 系统的容量增益，通过优化部署 RIS 的位置及其相位矩阵，容量性能增益可以超过 100%
中断概率	文献[34]研究了单用户多 RIS 链路通信系统 RIS 中断概率，中断概率随 RIS 数目的增加而降低，随每个 RIS 反射单元数目的增加而降低
	文献[35]给出了 RIS 系统上行链路和速率分布渐近表达式，提出了计算中断概率分析框架。在大规模的假设下，渐近分析与数值模拟结果非常吻合
	文献[36]计算了 RIS 辅助系统的中断概率、平均符号错误概率和可实现速率，证明了所得到解析表达式的精度随着 RIS 单元数目的增大而增大。在高信噪比情况下，通过推导单多项式近似来量化可实现的分集阶数
覆盖概率	文献[37]考虑了与随机障碍物和反射器共存的广义毫米波下行链路蜂窝网络，提出了一种随机几何方法来分析下行链路的覆盖概率

7.4.2 预编码与波束赋形

RIS 需要尽可能多地将入射电磁信号反射到目标区域，以实现更高的接收增益和更大的覆盖范围，降低系统能耗和接收误码率。同时，由于 RIS 反射单元具有可重构的能力，可以产生人造多径，从而辅助 MIMO 系统实现更好的空间资源利用率和自由度以提升信道容量。为了实现以上目标，需要在 RIS 辅助的无线通信系统中采用波束赋形技术。RIS 波束赋形原理是通过改变反射单元对入射电磁波的相位响应，使面板上所有的反射单元在特定方向上的反射波同相叠加，从而使得反射能量集中在一个较小的立体角内。波束赋形不仅可以获得更高的方向性增益，也可以降低反射信号对邻区的干扰。通过基站侧与 RIS 侧的预编码波束赋形联合优化，还可以实现更安全的无线通信。

RIS 辅助的无线通信系统可以建模为下面的形式。第 k 个用户的接收信号 y_k 和 K 个用户的联合接收信号 y 分别可以建模为

$$y_k = (h_{2,k}\boldsymbol{\varPhi} H_1 + h_k)x + n_k, \quad x = \sum_{k=1}^{K}\sqrt{p_k}w_k s_k, \quad y = (H_2 \boldsymbol{\varPhi} H_1 + H)Ws + n$$

对于无 LOS 径场景，可以去掉括号内的 LOS 信道分量 h_k 和 H。$\boldsymbol{\varPhi}$ 为 RIS 权值调整矩阵，为对角矩阵形式，根据面板能力可以包括幅度调整和相位调整部分，或者只包含相位调整部分。基站预编码和 RIS 的权值可以分别独立优化，也可以联合优化，但一般来说联合优化可以获得更高的信道容量[50]。RIS 传输系统分析参数见表 7-5。

表 7-5 RIS 传输系统分析参数

参　数	含　义	说　明
h_k	第 k 个 UE 到 BS 的 LOS 径信道	维度为 $[n_r \times n_t]$
$h_{2,k}$	第 k 个 UE 到 RIS 之间的信道	维度为 $[n_r \times N]$
H_1	AP 到 RIS 之间的信道	维度为 $[N \times n_t]$
$\boldsymbol{\varPhi}$	RIS 面板上的相位调节矩阵	$\boldsymbol{\varPhi} = \mathrm{diag}([\mathrm{e}^{\mathrm{j}\theta_1}, \mathrm{e}^{\mathrm{j}\theta_2}, \cdots, \mathrm{e}^{\mathrm{j}\theta_N}])$
n_k	第 k 个 UE 传输时的噪声信号	高斯白噪声
y_k	第 k 个 UE 的接收信号	维度为 $[n_r \times 1]$
y	所有 K 个 UE 的联合接收矢量	$y = [\begin{matrix} y_1 & y_2 & \cdots & y_K \end{matrix}]^{\mathrm{T}}$
H_2	K 个 UE 到 RIS 之间的联合信道	维度为 $[n_r K \times N]$
W	K 个 UE 的联合预编码矩阵	维度为 $[n_t \times r]$
H	K 个用户到 BS 之间的联合信道	维度为 $[n_r K \times n_t]$
r	r 为 K 个 UE 传输的总层数	标量，小于或等于 n_t
p_k	第 k 个 UE 信号的发射功率	K 个 UE 发射功率累加后的总功率
s_k	第 k 个 UE 发送的原始信号	复数符号
w_k	第 k 个 UE 的 BS 处预编码	维度为 $[n_t \times 1]$

注：n_r 为 UE 的天线数；n_t 为 BS 的天线数；K 为 UE 的数目；N 为 RIS 的单元数。

对于 RIS 用于提升覆盖的场景，通常基站和终端之间因存在阻挡而无直射链路，

需要依靠 RIS 产生人工反射径形成虚拟直射链路。如果基站与 RIS 之间、RIS 与终端之间均只有直射径，或者除直射径之外的多径可以忽略，则波束赋形设计相对简单。但实际应用场景一般会更复杂，这增加了基站侧与 RIS 侧的预编码波束赋形联合优化的复杂性。例如，基站与 RIS 之间、RIS 与终端之间可能只有 NLOS 路径或同时存在 LOS 和 NLOS 路径，会使得信道变得复杂。又如，单个 RIS 服务多个 UE、多个 RIS 服务单个 UE、多个 RIS 服务多个 UE，甚至同时存在多个基站多个 RIS 协同服务多个 UE，多个 RIS 协作实现多跳传输的情况。对于这些复杂场景，从干扰抑制、信道容量、能效、谱效等角度考虑，都需要对基站和 RIS 进行联合的波束赋形设计。此时所要解决的问题已不再是单纯的 RIS 反射波束调控问题，而是在一定的约束条件下实现 RIS 辅助的通信系统的性能最优化问题。

1．基于交替优化算法

联合波束赋形设计通常会因为多约束条件而难以得到闭式解，只能通过数值方法求解，而其优化模型的非凸特性又导致常规方法求解困难，通常需要采用交替优化的方式迭代求解。表 7-6 中列出了基于交替优化算法的基站侧与 RIS 侧的预编码波束赋形。虽然都基于交替优化，但其使用的约束、优化目标或研究场景存在差异。

表 7-6　基于交替优化算法的基站侧与 RIS 侧的预编码波束赋形

研　究　场　景	约　　束	优　化　目　标	方　法　思　路	文献
RIS 辅助的多用户下行网络	最大功率约束	谱效和能效最大化	通过交替优化基站波束赋形和 RIS 相位偏移，采用梯度搜索方法和顺序优化	[39] [40]
RIS 辅助的单用户链路	最大功率约束	可达速率	将 RIS 相移与反射系数的振幅联系起来，采用交替迭代优化算法优化基站波束赋形和 RIS 相位偏移	[41]
RIS 辅助的多小区系统	单个基站最大功率约束	用户的最小信噪比最大化	将波束形成子问题表述为二阶锥规划，利用半定松弛和逐次凸逼近来解决 RIS 相移的优化问题	[42]
RIS 辅助的单用户 MISO 系统	非线性比例率约束	谱效率最大化	交替优化基站的发射功率和 RIS 的反射相移，考虑复杂度问题	[43]
RIS 辅助的多组多播系统	基站最大功率约束	和速率最大化	对应的子问题都是二阶锥规划问题，可以用凸优化理论求解。利用序贯优化方法来构造封闭求解的近似问题	[44]
RIS 辅助的宽带 OFDM 系统	基站最大功率约束	子载波平均效率最大化；均方误差最小化	利用和速率最大化和均方误差最小化之间的联系进行建模，并通过交替优化算法来求解	[45]
RIS 辅助的多用户网络下行物理层广播	最小的信噪比约束	基站功耗最小化	用交替优化算法设计了基站发射波束赋形和 RIS 相移，导出了最优解的下界	[46] [47]
RIS 辅助的多用户 MISO 系统	中断概率约束	传输功率最小化	设计了级联信道不完全获知情况下健壮波束赋形方法	[48]
RIS 辅助的多用户 MISO 系统	基站最大功率约束	符号错误概率最小化	用交替优化算法进行优化，保证了非凸符号误差概率最小化问题的平稳解	[49]

（续表）

研 究 场 景	约　　束	优 化 目 标	方 法 思 路	文献
基于 RIS 的无线传能系统	最大功率约束	能效最大化	通过 Dinkelbach 方法将联合优化模型的分式问题变成等价的减式形式再交替迭代求解	[53]
单 RIS 辅助的多用户系统	多基站之间的用户关联约束	和速率最大化	同时考虑了多基站之间的用户关联约束，利用交替优化算法求解，可以实现健壮性更强、和速率更高的多用户通信	[51]

交替优化算法的主要问题是存在处理时延，且复杂度比较高，提升迭代求解的收敛效率和避免陷入局部最优是实际应用中需要特别关注的问题，尤其是超低时延传输或者超高速移动场景。另外，准确的高维度级联信道信息是非常难获取的，而算法性能对此又非常依赖。

2. 基于其他优化算法

在单 RIS 服务多个用户场景中，文献[47]分析了最小化发射功率的联合波束赋形优化，采用半正定松弛方法进行求解。仿真结果显示，多用户情况下通过基站与 RIS 的联合波束赋形优化抑制用户间干扰可以显著提升系统性能。为了应对联合波束赋形优化导致求解复杂度增大的问题，文献[52]采用分数规划方法对联合波束赋形问题进行求解，通过将原问题分解为三个独立的子问题，从而采用低复杂度的求解算法。文献[54]考虑了一种单基站多 RIS 多用户的无线网络，其目标是所有小区边缘用户的加权和速率最大化。该工作利用拉格朗日方法求出了基站的最优波束赋形，利用黎曼流形共轭梯度法求出了 RIS 相移。文献[55]研究了在 RIS 辅助 MIMO 系统中无源波束赋形和信息传输的问题。RIS 用于增强主通信，同时通过调整反射元件的状态来传输第二数据流。通过将 RIS 相移问题描述为两步随机规划，并利用随机平均近似算法求解，优化了 RIS 相移的和容量最大化问题。文献[56]研究了 RIS 辅助的单用户 MISO 无线通信系统的设计，联合优化基站的波束赋形和 RIS 的相移。由此产生的非凸优化问题是通过使用分支定界算法来求解的，该算法能够处理非凸单位模约束，这些约束需要在 RIS 相移上执行，而代价是整个优化算法复杂度呈指数增长。

3. 考虑非理想 CSI 与非连续相移

现有 RIS 波束赋形的研究为了简化问题一般会采用理想的信道信息和理想的硬件条件，但实际无线应用需要面对大量非理想因素的影响，如 RIS 和终端之间的反射链路由于终端的移动性和 RIS 的无源特性使得这段信道的测量富有挑战性。文献[57]考虑了 RIS 反射信道存在误差条件下的主动、被动波束赋形设计，仿真结果显示该模型可以在存在信道测量误差的情况下实现高健壮性传输，而传统波束赋形方案的中断概率会随着信道测量误差的增大而上升。文献[58]针对终端用户为单天线的限制进行了扩展，研究了用户侧为多天线条件下的联合波束赋形，同时还分析了 RIS 单元存在均匀分布的随机相位误差时对接收信噪比的影响。

文献[59]研究了一种基于有限分辨率移相 RIS 的下行多用户多天线系统，假设仅知道大规模衰落增益的实际情况，提出了一种实现和速率最大化的混合波束赋形方案，其中基站采用数字波束赋形，RIS 采用模拟波束赋形。所产生的和速率最大化问题通过交替优化进行处理。文献[60]考虑了通过优化基站的数字波束赋形和 RIS 的离散相移来解决和速率最大化问题。由此产生的资源分配问题由基于交替优化的迭代算法来处理。在文献[61]中，作者研究了一种 RIS 辅助的多用户通信系统，RIS 能够应用离散相移，考虑了系统遍历容量和时滞限制容量的双目标最大化，并刻画了相应的帕累托边界。研究表明，采用动态改变 RIS 相位变化的交替传输策略，可以实现传输容量的遍历性。为了实现时滞限制容量，提出了 RIS 移相矩阵需要固定在一个特定的值。

目前 RIS 波束赋形设计的研究已涵盖了各种应用场景，提出了相应的解决方案，但也存在一些问题。例如，部分研究采用了简化模型或者理想信道信息，适用范围受限；又如，考虑各种约束和非理想因素之后模型变得极其复杂，问题求解的空间和时间复杂度较高。AI 等新技术的引入有望提升波束赋形设计的效率，如文献[62]以非监督方式离线训练一个深度神经网络，然后部署到 RIS 辅助的通信系统中用于 RIS 侧的快速波束赋形，而文献[63]进一步将非监督学习用于基站和 RIS 的联合波束赋形预测以提供准实时的性能，但 AI 模型的冷启动问题和不同环境中的健壮性问题仍有待进一步验证。

7.4.3　级联信道信息获取

在 RIS 辅助的无线通信系统中，除了基站与终端之间的直达信道，还包括经过 RIS 调控的级联信道。该级联信道由两段子信道构成，包括 BS 与 RIS 之间的信道和 RIS 与 UE 信道。级联信道的信道状态信息（Channel State Information，CSI）获取是采用准无源 RIS 系统中需要解决的基本问题之一，要实现 RIS 的性能增强并实现对电磁环境的智能控制，获取精准的 CSI 至关重要。

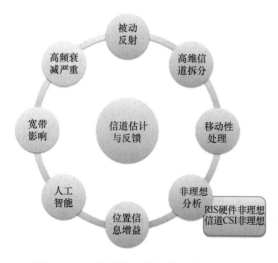

图 7-5　RIS 信道状态信息获取的主要难点

信道状态信息获取包括信道估计、码本反馈、波束训练等多项技术。信道估计主要是基站针对接收到的上行导频信息进行完整信道状态信息的还原；码本反馈是指接收端对导频进行测量并通过码本方式反馈给接收端；波束训练是基于波束的测量和反馈逼近上下行信道的特征矢量。RIS 信道状态信息获取的主要难点如图 7-5 所示。下面，我们将分析 RIS 信道状态信息获取的主要方案。

1. 时序设计和特征利用

RIS 信道状态信息获取的时序设计和

特征利用对减少信道估计开销具有积极作用。文献[64]分析了双时间尺度信道估计，利用 BS-RIS 半静态信道慢变性质，在较长时间内估计一次高维 BS-RIS 信道，在一次 BS-RIS 信道估计下进行多次低维 RIS-UE 信道估计，实现以较低的导频开销实现准确的信道估计。文献[65]分析了混合空间和角度域中的单一结构稀疏性，通过降维的方法反馈用户无关的 CSI 和用户特定的 CSI，通过信道角度信息设计动态码本实现动态 BS-RIS-UE 级联信道准确估计。在此基础上，文献[66]分析了级联信道的角度域的双结构稀疏特性，利用 BS-RIS 信道共用和部分环境散射体共用的特点，揭示了不同用户相关的角度级联通道具有完全相同的非零行和部分相同的非零列的特点，并通过双结构正交匹配追踪（Double Structured Orthogonal Matching Pursuit，DS-OMP）算法来实现信道估计。

2．低开销码本反馈设计

降低反馈开销是 RIS 辅助通信研究的重要问题，对降低系统开销成本、提升通信效率具有重要作用。对于 RIS 辅助的 MIMO 系统，频分双工的下行信道反馈由于级联信道维度的扩大而成为一个巨大的挑战。为解决该问题，部分研究基于有限参数反馈的传输方案进行设计。文献[67]分析了波束空间级联信道的特定三重结构稀疏性，将所有用户共享的公共参数，即基站侧的路径角、偏移值和幅度比通过部分活跃用户传回，而剩余的用户特定信息被压缩和量化以进行有效反馈。文献[68]采用了双阶段信道估计策略并设计超分辨率原子范数算法，首先估计部分信道参数并在随后的训练中利用这些估计来显著降低训练开销。此外，基于码本的设计可以有效降低反馈开销。文献[69]研究了 RIS 辅助上行链路通信的波束训练码本，采用半无源 RIS 来帮助 RIS 控制器提供最小开销的反馈。文献[70]研究了基于分层模拟码本，利用有限反馈消息开销在 RIS 处设计模拟移相器以指示最佳波束指数。文献[71]通过灵活使用不同的反馈位设计码字结构来满足 LOS 和 NLOS 路径增益的不同分布，实现自适应比特分割，设计将反馈比特分成四部分生成子码本的有限信道反馈方案。

3．面向被动反射特性的设计

RIS 具有被动反射特性，不需要配置大量射频链路，单元数目多，这使得其 CSI 的获取存在困难。若 RIS 单元通过全数字或混合模拟/数字架构连接到基带，则过高的硬件复杂度和功率损耗将会严重影响 RIS 的功耗成本优势。为解决该问题，部分研究采用具备少量感知和信号处理功能的主动单元的 RIS 硬件结构设计。文献[72]研究了基于稀疏信道传感器的新型 RIS 架构，在无源 RIS 表面部署少量连接到基带的有源元件，通过压缩感知工具进行导频数明显降低的 RIS 信道估计和重建，并利用深度学习研究反射矩阵设计，实现接近速率上限的性能。文献[73]分析了均匀分布的有源传感器硬件设计下的 CSI 获取，利用 RIS 信道的秩亏结构设计残差神经网络。文献[74]研究了在完全被动 RIS 架构和混合主动传感器 RIS 架构的信道估计性能。对纯被动 RIS，在第一阶段先进行 BS 的出射角（Angle Of Departure，AOD）和 UE 的到达角（Angle Of Arrival，AOA）估计，然后估计其他信道组成；对混合主动传感器 RIS，假设交替上行链路和下行链路训练以估计分段信道，可以在更低的信道路径损耗下实现信道估计。

4．面向高频及太赫兹波段的设计

RIS 在毫米波频段具有广阔的应用前景，而高频场景的一大特点是传输信号面临的衰减更为严峻，多次反射的路径通常被忽略，仅有直射径和少量一次反射径可以到达接收机。一个常用的假设是高频信道通常具有稀疏的特性，该特性对 RIS 信道估计具有明显的简化作用。文献[75]考虑 BS-RIS-UE 路径下的 RIS 辅助毫米波通信，BS-UE 的直接路径可以通过关闭 RIS 来实现。该文献采用双阶段信道估计进行参数解耦，通过基于旋转不变信号参数估计技术（Estimation Signal Parameters via Rotational Invariance Techniques，ESPRIT）或压缩感知（Compressive Sensing，CS）算法实现低开销信道估计。文献[76]采用固有稀疏准静态 BS-RIS 信道假设，利用慢变信道分量长期统计信息，联合进行 BS-RIS 信道校准与 RIS-UE 信道估计，通过贝叶斯后验估计推断级联信道并利用近似信息传递（Approximate Message Passing，AMP）算法进行降复杂度估计近似。文献[77]提出基于联合接收信号原子范数和信道增益–范数目标函数的多目标优化问题，将级联信道估计问题转化为稀疏矩阵恢复问题，通过基于交替方向乘法器的信道估计方法实现高精度信道估计。

5．针对宽带效应的设计

高频传输的一大优点是可用带宽足够大，但在超宽带如毫米波和低频太赫兹频段，可能会出现空间宽带效应，影响信道估计精度并带来波束调控的色散问题。此外，RIS 极大的部署面积会进一步加剧 RIS 单元间的时延，该时延可能导致在接收信号时不同的 RIS 单元接收到不同的信号，与之对应，发送信号时不同子载波指向不同方向导致色散问题。实际上，空间导向矢量和 RIS 反射的级联信道之间的互相关函数在角度域存在两个峰值，分别为频率相关的真实角度和频率无关的误差角度，误差角度的存在会严重影响角度估计性能[77]。为解决该问题，文献[78]设计双阶段正交匹配追踪（Two-Stage Orthogonal Matching Pursuit，TS-OMP）算法。考虑到宽带对传输模型的影响，文献[79]将宽带信道估计转化为角度、时延和增益等参数的恢复问题，通过牛顿正交匹配追踪算法检测信道参数进行低导频开销信道估计。

6．针对超高维信道的降维设计

信道拆分是解决 RIS 高维信道估计的有效手段，将高维信道通过一定方法等价拆分为多个低维信道可以极大降低信道估计的复杂度。文献[80]将经过每一个 RIS 单元的信道建模，利用信道秩的特性简化估计，通过特征值分解理论进行 RIS 辅助通信的分离级联信道估计，在减小估计时间开销上具有明显优势。文献[81]将 BS-RIS-UE 级联信道分解成单个 RIS 单元的锁孔通道的组合，设计基于多轮导频训练的子信道估计方案，在每轮训练中适当配置反射相移，并利用子信道 CSI 设计联合 RIS-发射机预编码模型。文献[82]通过张量建模方法将 RIS 辅助通信的信道估计问题通过平行因子（Parallel Factor，PARAFAC）模型拟合至三阶张量，通过级联信道解耦进行信道估计。

7．针对终端移动性的设计

终端的移动性为信道估计带来挑战，且 RIS 无源单元的信号处理能力有限，研究移动场景下传输信道时变十分必要。实际上，若移动性无法很好处理，则难以避免信道估计偏差，导致无论链路自适应还是波束赋形均会存在信道匹配偏差，实际可达容量与理想信道容量有差距。文献[83]将级联信道建模为移动状态空间模型，利用信道时间相关性和先验信息，设计基于卡尔曼滤波器的方案以追踪时变信道，有效提升时变信道的估计精度。文献[84]考虑 RIS 辅助通信的时变级联信道估计问题，通过深度学习方法设计低导频开销的信道外推方案。文献[85]考虑多普勒效应，针对多径和单径传播环境提出基于多普勒频移调整的宽带信道估计方案。对多径场景，该文献提出准静态信道估计机制，通过联合 RIS 反射矩阵设计和时频域转换调整多普勒失真；而对单径场景，利用 RIS 移项矩阵的对角恒模约束设计移动场景信道估计。

8．基于位置信息的设计

通过利用基站和 RIS 位置固定的特点，可以充分利用位置信息设计低复杂度的信道估计方案来获得信号到达角等关键信息。位置信息的引入也可以作为其他信道估计方案的增强，提供更多的信道估计信息量，进一步提升信道估计精度并降低信道估计复杂度。文献[86]采用外部定位系统的信息，利用粗略位置信息来设计定向训练波束，然后通过原子范数优化方法进行信道角度等参数提取，实现不受限于预定波束码本的估计性能，有效加速波束对准和信道参数估计过程。文献[87]考虑 RIS 辅助单入单出（Single Input Single Output，SISO）多载波系统，利用 RIS 的大尺度、多元素、低成本特性进行联合三维定位。该文献设计低维度参数空间搜索算法，将四维参数估计问题进行降维处理，对时延进行两次一维搜索而对角度进行二维搜索，实现了亚米级定位和同步精度。文献[88]研究用户位置信息不完善条件下的信道估计和波束赋形，利用不完善位置信息估计 LOS 径角度信息并用于基站被动波束赋形和 RIS 反射矩阵设计，同时给出了可实现速率的闭式表达以研究定位精度、RIS 单元数目、信道假设等条件对可达速率的影响。

9．利用人工智能工具的设计

为充分利用采集数据的信息或解决信道模型未知情况下的信道估计问题，一种潜在的解决思路将人工智能新方法用于信道估计。近年来发展迅速的人工智能为传统无线通信提供新的处理范式，为 RIS 无线通信的信道估计带来了新的解决方案。文献[89]研究近似最优 MMSE 信道估计方案，提出基于深度学习的数据驱动非线性解决方案，通过卷积神经网络实现去噪并逼近全局最优 MMSE。文献[90]采用减少活跃用户数的策略减小导频开销，并设计两阶段方案进行整体信道估计，通过相邻用户间的时空相关性设计基于深度卷积神经网络的时空谱框架来估计非活跃用户的信道，实现活跃用户和非活跃用户的信道映射。文献[91]指出人工智能真实数据的内在特征，以数据驱动的方式处理信号，适用于模型不匹配、资源不足、硬件损坏以及动态传输等非理想RIS场景。该文献特别分析了子采样信道的估计误差的处理，即通过添加去噪网络或合理设计原始外推网络以处理误差。

10. 考虑非理想因素的设计

前述对 RIS 信道估计与反馈的分析主要集中于理想 RIS 假设方案设计，但在实际应用中或多或少会存在误差。例如，理想 RIS 假设即每个反射元件都具有恒定的幅度、可变的相移，以及对不同频率的 RIS 单元具有相同的响应。不同的误差类型和量级可能对信道估计方案应用于工程产生不同的影响。文献[92]考虑了离散相移 RIS 模型，分析了实际 RIS 硬件下实际响应的幅度、相移与频率的关系，该非理想性会导致现有的信道估计方案产生误差。文献[93]考虑具有硬件损伤的 RIS 辅助通信，设计通过线性最小均方误差估计并分析信道估计性能与损伤水平、反射元件数量和导频功率之间的关系，证实在高信噪比下收发器的硬件损伤限制了信道估计性能。文献[94]考虑在加入相位噪声随机性的非理想 CSI 下，使用最大比合并接收器接收并给出具有闭式表达式上行链路可实现的频谱效率，仅依赖于大规模统计进行基站预编码和反射波束赋形矩阵设计。实现高精度信道估计需要大量导频资源，一般应用中需要考虑信道估计精度与成本、效率之间的权衡。评估 CSI 误差对波束赋形性能的影响是 RIS 辅助通信系统设计的关键点。文献[95]研究基于非理想级联信道的健壮波束赋形，考虑有界 CSI 误差模型和统计 CSI 误差模型，联合设计基站预编码器矩阵和 RIS 反射波束赋形矩阵，实现最小发射功率、收敛速度和复杂度的更优性能。文献[96]针对 RIS 信道受估计误差，即干扰信道为空间相关莱斯衰落信道影响，以及存在硬件损伤的情况，分析信道硬化效应，推导终端上行遍历速率及 RIS 系统性能界限，并证明了硬件损伤、噪声和 NLOS 干扰在天线数足够多的情况下可以忽略不计。

7.5　RIS 网络部署与性能评估

RIS 以其低成本、低功耗、简单易部署的特点，有机会泛在部署于网络中，智能调控电磁传播环境，带来全新的网络范式。但作为全新引入的网元，RIS 独特的技术特性及应用场景，使其在网络中进行泛在部署时面临着巨大的挑战。不同的应用场景可能需要不同的 RIS 部署策略，需要根据实际需求进行部署设计，如提升覆盖、减小电磁干扰、提升定位精度等。另外，RIS 的组网设计既需要考虑在传统蜂窝网中网络架构的实现方案，也需要考虑研究探索在未来全新网络架构中的实现方案，如基于无蜂窝（Cell-Free）架构的组网实现。在本节中，我们将尝试识别出 RIS 典型部署场景，针对所识别出的典型通信场景，研究其可能存在的问题与挑战，并提出相应的候选部署方案。

7.5.1　RIS 网络部署

1．部署场景

从通信环境复杂度和 RIS 部署及调控复杂度角度来看，可以把部署场景分为小范围可控的受限区域和大范围复杂环境两大类，此两类场景对 RIS 网络部署原则和需求有较大差异[98]。

小范围可控的受限区域，有机会部署足够密度的 RIS 并实现精确电磁环境智能调控，如典型的室内热点覆盖区域。此类区域，无线传播环境相对独立，主要散射体数量有限且方便在相应的表面部署 RIS 面板；一般为业务需求的热点区域，较多的业务需求相对集中稳定地分布在此地理区域。对于此类区域，可以部署足够数量及较大尺寸的 RIS 取代原有自然环境中的主散射体表面，甚至可以根据需要在合适的位置部署更多 RIS 以增加散射表面（即在合适的位置增加部署 RIS，人为引入更多散射路径，并通过灵活 RIS 选择及散射调控，实现传播路径重选及信道重构的目的）。在有限的地理区域中，足够密度的 RIS 可以联合优化调度与调控，按需精准调控无线传播环境，构建一个几乎可以精确描述、精确控制的无线智能环境。此场景的拓扑结构，不仅可以抑制大尺度衰落，还可以通过 RIS 的精确调控，实现对小尺度多径信道的相位/幅度、多普勒频移等动态跟踪调控，从而抑制多径衰落效应。从 RIS 的形态需求角度来看，为实现精确调控，需要动态可调能力的 RIS。因此，此类 RIS 在结构及控制复杂度、成本、功耗等方面也会更高。不过，此类场景一般为热点区域，对成本不敏感，且地理空间范围受限，RIS 部署及优化相对简单。

大范围复杂环境，业务分布相对稀疏，不方便也不必要实现无线传播环境的精确控制。对于此类环境，可以重点对无线传播信道的大尺度特性进行调控，包括阴影衰落、自由空间传播路损等大尺度特性。对于自然传播信道阴影阻挡严重的场景，在合适的位置部署 RIS，对散射角进行调控，构建 BS-RIS-UE 新传播路径，从而克服阴影阻挡问题。如图 7-6（a）所示，BS 与 UE 之间有高楼阻挡，可以在旁边的楼体表面部署 RIS 对信号进行散射调控，构建新的传播路径。另外，通过部署超大规模阵元 RIS 以获得较高的波束赋形增益，可以在一定程度上克服自由空间传播路损。如图 7-6（b）所示，处于小区边缘的 UE 信号强度受限，RIS 可以在靠近小区边缘的位置部署 UE。大尺寸天线孔径的 RIS 提供了较大的天线增益，下行链路可以提高小区边缘 UE 接收信号强度，上行链路可以提升 UE 上行发送信号的波束赋形增益。对于此类信道大尺度特性调控的场景，由于信道特性变化较慢或基本不变，RIS 调控的动态性要求相对较低，可以考虑选择低响应速率甚至固定权值的 RIS。可见，对于大范围复杂环境，RIS 将主要对已有或新引入的主要传播路径/主散射体进行调控，实现半动态或静态地调控无线信道的大尺度特性，所需的 RIS 形态简单易部署，且成本较低。

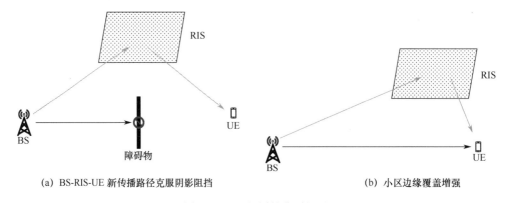

(a) BS-RIS-UE 新传播路径克服阴影阻挡　　　　　　　(b) 小区边缘覆盖增强

图 7-6　RIS 部署的典型场景

不同于上述分类方式，文献[97]从四个方面对 RIS 的典型部署场景进行了分类，即网络部署模式、共存和共享、增秩和覆盖增强、覆盖区域。从网络部署模式来看，RIS 部署场景可以包括独立模式和网络控制模式。这两种模式在控制链路要求、测量/控制信令交互和网络部署复杂性方面有所不同，并有各自的优缺点。从共存和共享的角度来看，RIS 部署场景可以包括多运营商网络共存、单用户接入和多用户接入、多 RIS 部署以及频谱属性（如授权频谱和非授权频谱）。从增秩和覆盖增强的角度来看，RIS 部署场景可以包括部署在基站附近、部署在小区边缘、部署在小区中部，或者无处不在的泛在部署。其中，泛在部署将可能真正带来无线网络架构的变革。从覆盖区域的角度来看，RIS 部署场景可以包括偏远地区、城市室内/室外、非地面网络（Non-Terrestrial Networks，NTN）等。

其中，RIS 部署模式从是否受控于网络的角度进行的分类。RIS 由网络控制的部署模式称为"网络控制模式"，RIS 自我控制的部署模式称为"独立模式"。表 7-7 比较了网络控制模式和独立模式的优势和挑战。

表 7-7　网络控制模式与独立模式的对比

类　型	优　势	挑　战
网络控制模式	① 支持多网络协作； ② 支持多用户接入； ③ 更好地满足部署在授权频谱上的网络共存要求	① 网络部署相对复杂； ② 需要部署网络控制链路； ③ 需要设计控制和测量信令的交互流程
独立模式	① 无须网络控制链路； ② 该网络简单且易于部署； ③ 适用于低共存要求的非授权频谱	① 难以克服多个网络的共存干扰； ② 可能导致严重的小区间干扰； ③ 无法很好地支持多用户接入

通过对上述两个种模式优势的比较分析，并结合授权频谱和非授权频谱的特点，可

以得到：（1）网络控制模式，适用于复杂网络和具有高网络共存要求的授权频谱场景（蜂窝网络）；（2）独立模式，适用于简单网络、局域覆盖的非授权频谱技术场景（如 Wi-Fi）。

2. 支持多频段共存

为满足未来网络更高吞吐量的需求，需要网络具备同时支持从 6 GHz 至太赫兹频段的全频谱能力。传统方案需要部署支持多个频段的多套分布式中的射频单元以同时支持高低频段，成本和复杂度均是很大的挑战。RIS 具有支持跨频段的潜力，有机会部署尽量少的 RIS 实现全频段的支持，甚至仅采用单套 RIS 支持全频段的调控需求。也就是说，需要部署分别支持高低频段的不同基站，而 RIS 则仅需要部署一套，可以大大降低成本及部署复杂度。需要注意的是，支持全频段的 RIS 成本较高，尤其是支持高频段的 RIS。不过一般热点区域才需要高频段覆盖以支持大带宽业务，因此可以仅在这些区域部署支持高频段的 RIS。另外，不同地区及运营商使用的频段不同，可以根据不同地区及运营商各自的频段覆盖需求，部署支持不同频段组合的 RIS，从而平衡 RIS 成本与部署复杂度的关系。

3. 典型通信场景下 RIS 部署与优化的基本原则与过程

传统经典通信场景的网络部署可以包括室内覆盖、室外覆盖、室外覆盖室内等，RIS 可以用于支持这些场景的补盲、补弱和增加信道自由度。其网络部署的基本原则包括：（1）确保覆盖区域内信号强度高于预期门限，从而满足最低传输速率；（2）确保目标覆盖区域信号强度或 SINR 分布稳定，避免非预期的突变。对于后者，可以通过合理的 RIS 部署及调控，使得覆盖区域内始终保持较高的信号强度。或者，调度 RIS 动态波束跟踪，确保有服务需求的 UE 的信号强度，但需要考虑空闲态（Idle State）UE 随时随地的接入需求，即基础的覆盖信号强度需要满足初始开环接入。在 UE 接入后进入闭环控制，RIS 可以动态调控波束跟踪 UE，以更强的信号覆盖连接态（Connected State）UE，实现更高的业务传输速率。需要特别注意的是，对于提升覆盖能力需求，尤其是室外场景，由于可以部署 RIS 位置受限，RIS 很可能距离基站较远，RIS 所在的位置信号强度较弱，因此，即使有 RIS 天线增益，可以扩展覆盖的距离也比较短。此时，不得不通过付出更大复杂度及成本的代价来增大 RIS 增益（如部署更大天线孔径 RIS），从而尽可能提升扩展覆盖的能力。

图 7-7 给出了典型通信场景下 RIS 部署与优化的基本过程。首先，在复杂度和成本约束下，以典型场景下的自然无线信道和业务需求分布作为基础输入，设计初始的 RIS 部署拓扑结构。然后，基于 RIS 的自适应无线传输调控性能，进一步更新优化 RIS 部署拓扑结构，从而构建智能可控无线环境。RIS 部署与优化设计的目标为寻求复杂度、成本及性能的平衡，输出 RIS 的拓扑结构，包括部署位置、密度、RIS 形态、调控/协作关系等参数。

4．一种自适应网络容量及覆盖调整机制

在实际场景中，网络容量/覆盖需求在地理空间上分布不均衡，且分布动态或半动态变化。例如，大型活动、早晚高峰、高铁通信等场景，需求体现为在不同的地理空间规律性的半静态变化（容量需求在不同的地理空间进行半静态迁徙）。此类场景，需要在网络拓扑结构上能够自适应实现在地理空间纬度的网络容量分布迁徙。因此，网络拓扑结构及调控设计需要能够通过半动态调整覆盖和网络容量资源，即最大化能量效率；而最小化成本开销则是以尽量少的基站与小区数量来克服覆盖空洞问题及满足容量需求。针对上述需求特点，在成本约束下，我们这里提供一种基于 RIS 的自适应网络容量及覆盖调整实例。

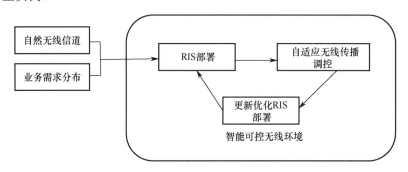

图 7-7　典型通信场景下 RIS 部署与优化的基本过程

第一步，针对覆盖及容量需求在地理区域的不均衡性及半静态变化的特点，对网络覆盖进行半静态的自适应调整。具体实现包括三类可选方式：（1）利用可移动的无人机、高空平台承载 BS，空中平台大物理范围容量/覆盖调整；（2）采用无人/有人车承载 BS/Relay 等地面平台，大地理区域的容量/覆盖调整；（3）更高空平台可以利用卫星承载 BS，做更大地理范围的覆盖调整。其中，前两类方式也可以采用 RIS 取代 BS 放在无人机、高空平台或无人车，通过 RIS 调控信号控制覆盖。具体工程实现时，可以优化选择一些固定的候选位置，即对地理空间进行有限量化，从而降低工程实现复杂度。

第二步，采用 CoMP/Cell-Free 机制实现小范围覆盖及容量调整。CoMP/Cell-Free 可以自适应调整协作的 AP 集合，逻辑蜂窝覆盖区域的自适应调整。一般 CoMP 协作的 AP 集合较小，而 Cell-Free 可以实现更大范围的 AP 集合协作。引入 RIS 的网络，采用类似 CoMP/Cell-Free 的思想，可以对单小区多个 RIS 协作集的调控、多个小区间 RIS 的协作共享等实现覆盖与容量的小范围调控。

第三步，小区覆盖范围的自适应调整。小区通过自适应功率调整或采用 RIS 调控覆盖范围，实现小区覆盖。通过基站自适应开关（Cell ON/OFF）或 RIS 的散射/吸收，控制本小区覆盖及对周边干扰的有或无。

第四步，采用 RIS 进行局部区域无线信道的大尺度和小尺度精细调控。例如，采

用 RIS 半静态调控大尺度特性，实现克服覆盖空洞及补盲。采用 RIS 动态调控多径的相位、幅度等，实现多径效应的抑制。

通过上述基于 RIS 的自适应网络容量及覆盖调整机制，有机会实现所谓自适应/智能柔性无线网络拓扑，构建无线网络拓扑新范式。

为实现上述基于 RIS 的自适应网络容量及覆盖的调整机制，如下几方面的问题需要进行特别研究。

（1）覆盖/容量迁移对频谱分配与共享的影响。

（2）小区迁移，需要网络拓扑结构的自适应调整。

（3）Cell ID 自适应规划。

（4）其他网络资源的自适应调制，如计算资源。

（5）BS/RIS 移动性对回传链路的需求，如可能采用无线回传链路。

（6）BS/RIS 移动性对供电的需求。例如，通过部署合适位置及密度的无人机基站充电站址平台，提供充电支撑能力。或者，提供足够的临时停靠平台（移动平台驿站），作为固定的一些覆盖需求站点。这些平台具有停靠无人机基站的空间，可以提供供电/充电能力，可以提供回传能力等。

5. RIS 网络共存分析

现有的 RIS 研究主要关注自引入 RIS 以来经典通信问题所面临的新挑战，如信道估计和波束赋形，这些研究主要关注单网络系统模型假设下的问题研究。在实际的无线移动通信网络中，多个网络的共存是一个传统的问题，RIS 的引入可能会带来全新的网络共存挑战。文献[98]初步分析了 RIS 网络的共存问题，并提出了可能的解决思路。基于文献[98]，文献[99]进一步对 RIS 网络共存进行了深入分析和建模，并对具备带外滤波器的新型多层 RIS 结构和 RIS 分块机制两种新型 RIS 结构进行了深入分析和评估。在实际网络中，入射在 RIS 面板上的无线信号既包括 RIS 优化调控的"目标信号"，也包括其他"非目标信号"，RIS 将会对这两类信号同时调控。其通过调控电磁波的幅度、相位、极化方式等可以增强"目标信号"，同时也对"非目标信号"进行非预期的异常调控。在非受控情况下，RIS 对来自其他网络的"非目标信号"进行非预期的异常调控，将导致严重的网络共存问题。该文献提出了带有带通滤波层的多层 RIS 结构和 RIS 分块机制两种解决方案，并对这两种新提出的 RIS 结构进行了理论分析和数值模拟评估，证明它们可以有效地解决 RIS 网络共存的问题。另外，此网络共存问题的存在也表明，规模部署的 RIS 需要受控于网络，以约束其对无线环境中"非目标信号"随意的非预期异常调控行为，避免导致严重网络性能恶化。

6. 一个典型用例：RIS 在高铁通信场景中的部署

智能高铁的通信需求可分成四大类场景：铁路正线连续广域覆盖、铁路站场和枢纽等热点区域、铁路沿线地面基础设施监测、智能列车宽带应用。智能高铁的通信需求具有鲜明的特征，主要表现为容量和覆盖需求在地理空间上分布极不均衡，具有鲜明的规律性，即业务需求仅局限于铁路沿线；随着列车高速运行整体迁徙，体现为群切换、容量和覆盖需求整体迁徙；沿铁路线线性规律分布。

对于基于 RIS 的高铁通信的典型部署方式，考虑到高铁的环境与信道特点，并结合 RIS 的技术特性，文献[100]提出了三种部署模式。文献[101]进一步总结为四种典型的网络部署模式：铁路沿线部署 RIS；车厢顶部部署 RIS，用于高铁移动中继或客户前置设备（CPE）的增强天线；车窗玻璃部署透明增强 RIS；车厢内壁部署 RIS。其中，上述第二类是新增类型。

高铁通信业务需求具有随着高铁运动整体迁移的特点，即只有高铁经过的小区需要业务连接。在本次高铁经过后至下一趟列车到达前，该小区不需要支持高铁通信。一个很自然的想法是：铁路沿线的相邻基站可以接力共享两者之间的 RIS。采用共享 RIS 方案，仅需要基站之间切换低带宽控制信令，且 RIS 控制信令的时延要求可以适当降低，以在 RIS 控制的动态性与共享切换的实时性之间取得平衡。而传统高铁网络的相邻两个基站共享射频拉远单元（Remote Radio Unit，RRU）或分布式天线时，需要低时延地切换大带宽的业务数据及控制信令，该过程的实现复杂度较高。

基站控制 RIS 的回传链路，其不同部署方式有不同的设计约束，因此可选的实现方式也有差异。对于 RIS 部署在铁路沿线的模式，基站与 RIS 之间的回传链路可以采用有线或者无线通信方式。无线回传的连接方式部署灵活，但需要占用频谱资源传输 BS-RIS 之间的控制信令，因此会有一定的频谱资源开销。不过，该回传链路控制信令信息速率较低，频谱占用的开销并不高。对于 RIS 部署在列车车窗玻璃及车厢内部的两种模式，RIS 与 BS 之间的回传链路显然只能采用无线通信方式。部署在车顶用以增强移动中继或 CPE 天线的 RIS，其受控于移动中继或 CPE，回传链路是与移动中继或 CPE 连接的，且一般采用有线方式连接。

上述的部署模式，均需要保证基站间、基站与 RIS 间的空口同步关系，从而确保 RIS 幅度相位调控与信道/信号之间的同步关系。尤其是当多个 RIS 波束赋形同时服务一个 UE 时，类似与传统 CoMP 的联合传输，需要精准的时间同步及相位对齐。

隧道覆盖可以采用 RIS 以增强现有分布式天线系统（Distributed Antenna System，DAS）的传统天线形态，体积更小且方便部署在隧道壁侧，不会明显突起。考虑到 RIS 的低成本特性，隧道壁侧可以部署更多无源反射 RIS，通过高密度 RIS 来实现隧道内信号覆盖的调控增强。

7.5.2　性能仿真与测试

1．RIS 物理模型抽象仿真

RIS 物理模型抽象仿真参数如表 7-8 所示。

表 7-8　RIS 物理模型抽象仿真参数

编号	参　　数	取　　值	单　　位
1	基站位置坐标	$[40\times\cos(10°), -40\times\sin(10°), 1]^{\mathrm{T}}$	m
2	RIS 位置	$[0,0,1]^{\mathrm{T}}$	m
3	RIS 法线水平角 AZ	0	°
4	RIS 法线下倾角 EL	0	°
5	RIS 法线旋转角 SL	0	°
6	高增益波束指向 UE 的位置	$[0, 10, 1]^{\mathrm{T}}$	m
7	RIS 波束投影矩形区域四点坐标	$[10, -5, -2]^{\mathrm{T}}$ $[10, -5, 2]^{\mathrm{T}}$ $[10, 5, 2]^{\mathrm{T}}$ $[10, 5, -2]^{\mathrm{T}}$ 网格粒度 0.1 m	m
8	RIS 码本调制比特数	1	——
9	入射波矢极化角度	0	（0–V，90–H）
10	RIS 极化类型	单极化，双极化（45）	——
11	RIS 极化角（相对 RIS 局部坐标 x 轴）	0, 20, 45, 70, 90	——
12	RIS 正交极化相位偏置	0	——
13	BS 等效全向辐射功率（Equivalent Isotropically Radiated Power，EIRP）	36.7515	dBm
14	载波频率	26.9	GHz
15	RIS 单元数目$(N_x\times N_y)$[①]	64×64	——
16	RIS 水平阵子间距	0.45	λ（波长）
17	RIS 垂直阵子间距	0.45	λ（波长）
18	RIS 反射效率	0.6	——

① N_x、N_y 分别表示 x 方向和 y 方向的天线数目。

RIS 物理模型仿真例如表 7-9 所示。

表 7-9　RIS 物理模型仿真例

编　　号	RIS 极化类型	RIS 极化角（相对 RIS 局部坐标 x 轴）
S-0	单极化	0
S-20	单极化	20
S-45	单极化	45

（续表）

编 号	RIS 极化类型	RIS 极化角（相对 RIS 局部坐标 x 轴）
S-70	单极化	70
S-90	单极化	90
D-45	双极化	45

单个 RIS 单元的辐射方向图如图 7-8 所示，RIS 面板在目标区的覆盖结果如图 7-9 所示。

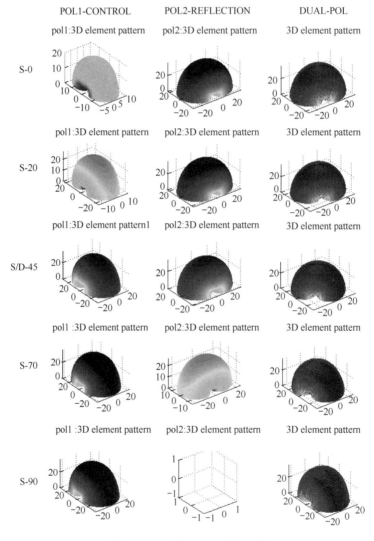

图 7-8　RIS 单元的辐射方向图

2. 复杂场景 RIS 部署仿真

考虑在某城市密集街区部署 BS 并通过一块 RIS 面板来提高 NLOS 区域的覆盖。仿真区域面积为 160000 m^2，基站 BS 部署在高位 43 m 的建筑屋顶，如图 7-10 所示，仿真参数配置如表 7-10 所示。

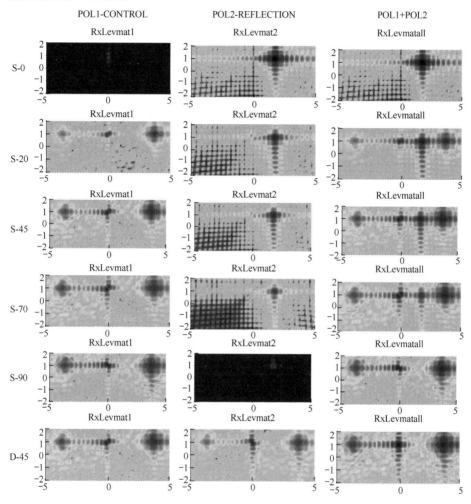

图 7-9　RIS 面板在目标区的覆盖结果

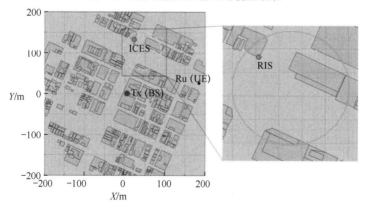

图 7-10　仿真场景三维地图

表 7-10　仿真参数配置

参　数	取　值
BS 坐标/m	[0, 0, 43]
BS 主波瓣机械方位角 AZ/°	120
BS 主波瓣下倾角 DT/°	10
RIS 坐标/m	[21.67, 133.2, 36.2]
RIS 法向量方位角 AZ/°	−60
RIS 法向量下倾角 DT/°	0
载频 f_1/GHz	2.6
BS 发射天线极化	垂直极化 v-pol
BS 等效全向辐射功率（Equivalent Isotropically Radiated Power，EIRP）/ dBm	43
BS 半功率波束宽度 HPBW（Half Power Beam Width）/°	14
BS 波束赋型方向	由 BS 指向 RIS 面板中心
RIS 面板尺寸	14 × 14（RIS 单元个数）
RIS 单元尺寸	$\dfrac{\lambda}{3} \times \dfrac{\lambda}{3}$
RIS 反射效率	0.8
RIS 相位控制粒度	2-bit
RIS 控制单元可调相位	[0, $\pi/2$, π, $3\pi/2$]
RIS 指向目标终端 UE 坐标/m	[184, 26, 1.5]
覆盖仿真区域距地面高度/m	1.5

逻辑链路拆解如图 7-11 所示，由 BS 到 UE 的逻辑链路共有 2 条，其拆解结果如下：

　　L1：BS→UE

　　拆解：

　　　　L1-1：BS→UE

　　　　L2：BS→RIS$_1$→UE

　　拆解：

　　　　L2-1：BS→RIS$_1$

　　　　L2-2：RIS$_1$→UE

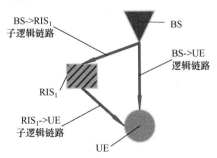

图 7-11　逻辑链路拆解

BS+ RIS 的覆盖结果如图 7-12 所示。

下面介绍相关标识的意义。

Ia：逻辑链路 L2（v-pol+h-pol）功率覆盖。

Iv：逻辑链路 L2（v-pol）功率覆盖。

Ih：逻辑链路 L2（h-pol）功率覆盖。

Ga：逻辑链路 L1（v-pol+h-pol）功率覆盖。

Gv：逻辑链路 L1（v-pol）功率覆盖。

Gh：逻辑链路 L1（h-pol）功率覆盖。

Ca：逻辑链路 L1+L2（v-pol+h-pol）功率覆盖。

Cv：逻辑链路 L1+L2（v-pol）接收覆盖。

Ch：逻辑链路 L1+L2（h-pol）接收覆盖。

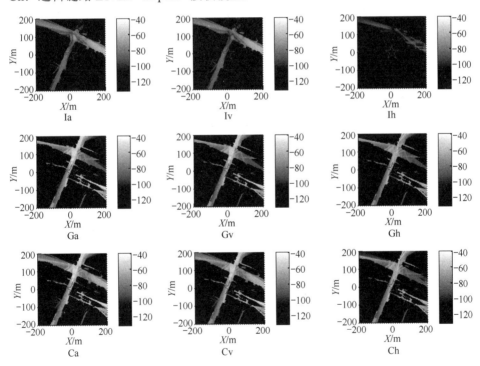

图 7-12　BS+RIS 的覆盖结果

从仿真结果可以看出，当未部署 RIS 时，BS 在目标 UE 所处街道的覆盖非常弱（见图 7-12 的 Ga），当部署 RIS 之后，由于 RIS 的可控波束指向目标 UE 所处街道（见图 7-12 的 Ia），显著增强了相关街道的覆盖（见图 7-12 的 Ca）。

RIS 波束指向终端的功率时延谱如图 7-13 所示，其中最强径为从 BS→RIS→UE 逻辑链路抵达的径。由以上仿真结果来看，RIS 对于提高 NLOS 区域的覆盖非常有效。

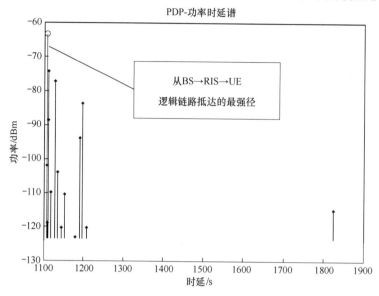

图 7-13　RIS 波束指向终端的功率时延谱

7.6　RIS 发展趋势展望

RIS 作为一种新涌现的动态电磁参数调控技术，在多个领域已经初步展示了其强大的性能。但是，在其规模商用前仍然面临诸多问题与挑战[102-103]。RIS 技术挑战与趋势主要涉及理论模型、应用技术、工程化研究等方面。

关于刻画 RIS 的理论模型，虽然已有一些积累，但距离建立完整的理论体系还有不小的距离。后续还需在 RIS 技术相关的电磁调控物理机理、电磁信息学、信道模型等方面进一步深入探索，以尽快构建完善的理论体系。另外，RIS 是一个涉及材料科学（主要指超材料）、电磁学、信息与电子学、通信工程等多学科交叉融合的技术，需要多学科协同推进。

在应用技术研究方面，已有的成果主要集中在解决传统无线通信中的经典问题，如信道估计、波束赋形和信息调制等。而在基于 RIS 的通感一体化、AI 使能 RIS、基于 RIS 的安全通信和基于 RIS 的空中计算等新颖的应用领域研究投入不足，相关的研究成果报道较少。另外，已有的研究大多基于一些简单的系统模型，提供的机制一般仅适用于较为理想的场景。因此，后续的研究一方面需要在 RIS 的全新应用领域给予更多投入，另一方面也需要进一步考虑更为复杂的模型假设。

对于工程化研究，虽然已有一些 RIS 样机的初步测试，在特定场景也展示出一些性能增益，但距离真正的工程化应用依然有不小的差距，尤其是在硬件设计与调控、

RIS 标准化、基于 RIS 的无线网络新架构设计、RIS 网络部署等方面。

（1）硬件设计与调控。从 RIS 硬件角度看，目前尚存在材料和器件成熟度不高、成本和功耗与理想目标距离较大、规模不易扩展等问题。未来在 RIS 硬件结构及控制算法研究方面，需要探索具备对电磁信号特性实现独立控制的单元器件扩展，如可以在大带宽内实现对电磁波幅度、相位、频谱或极化等电磁参数独立和高速调控；设计具有功能多样性的 RIS 阵列，如优化设计 RIS 单元空间排布方式、异构多类型原子集成阵列和多层、多功能 RIS 集成模组，以及提高 RIS 阵列有效工作带宽、提高能量转换效率；研究和设计 RIS 基础控制算法集合及其功能扩展的控制算法，灵活扩展 RIS 阵列的功能集合和拓展 RIS 新的应用场景。

（2）RIS 标准化。3GPP Rel-18 的 5G-A（5G-Advanced）中已经立项了智能中继器（Smart Repeater，SR），这将为 RIS 在 Rel-19 标准化立项做好先期准备，并为顺利完成其基于 5G 网络的标准化工作打下良好的基础。对于 RIS 在 6G 阶段的标准化，与 5G-A 的标准化不同，6G 标准是全新的标准协议。因此，我们不用考虑与传统系统兼容性，且届时 RIS 技术研究也更加成熟，可以标准化 RIS 更完善的功能特性。RIS 的标准和协议设计主要涉及以下几个方面。

① 终端接入过程。接入过程设计包括测量、发现、随机接入、传输、目标信号识别等。

② 无线资源管理与调度过程。它主要针对 RIS 资源的管理和调度，如 RIS 信道和 BS-UE 直接信道的选择，以及多个 RIS 场景中 RIS 的调度/选择。

③ RIS 的引入对切换过程（移动性管理）的影响。例如，不同 RIS 之间的切换、不同频带之间的切换等。

④ 网络与 RIS 之间调控信息交互设计。例如，波束赋形信息、同步信息、信道状态信息等。

（3）基于 RIS 的无线网络新架构设计。从未来无线网络新架构来看，基于 RIS 的无线网络架构尚不明确。RIS 作为一个新型的无线网络节点，目前缺少对 RIS 接口协议、网元功能及拓扑结构等方面的深入研究。需要探索多种传输场景下 RIS 网元功能的定义，RIS 和无线网络间的控制方式及对应的接口协议；研究在无线同构网络内或在无线异构网络内 RIS 的网络拓扑结构；探索融合 RIS 的无线网络新架构的可扩展性、安全性、健壮性及时延特性等，并推动新型无线接入网络架构相关的标准化进程。

（4）RIS 网络部署。从实际组网方式来看，基于 RIS 支持多带宽、多制式和复杂网络等方面的研究较少。RIS 在实际网络部署中需要考虑多个通信系统之间的同频/异频共存问题[98-99]。目前，大部分 RIS 相关的研究工作主要集中在单一通信系统的性能优化，虽有少量文献对 RIS 在多通信系统中的同频和异频共存问题进行了研究，给出了一些初步的理论分析及解决思路，证明了上述共存问题可以被有效解决，但该问题的相关工程化实现细节研究依然需要进一步深入[98-99]。与 RIS 相关的同频和异频共存问题需要在 RIS 信道模型成熟后进行系统的仿真评估；根据评估结果从 RIS 结构设计、设备指标、频谱规划、组网部署等多个方面设计方案克服 RIS 的同频和异频共存问题。而从 RIS 工程应用落地角度来看，可以采用三阶段的网络部署节奏：阶段一，在 5G 现网少量部署非标准化静态 RIS 面板，用于解决覆盖空洞，尤其是解决高频毫米波的覆盖问题；阶段二，基于 5G-A 标准化机制部署半动态可调的 RIS，用于优化网络的连续覆盖；阶段三，未来无线网络中泛在部署智能灵活的 RIS，构建智能可控无线环境，给未来 6G 带来一种全新的通信网络范式。

7.7 本章小结

　　RIS 作为一种极具潜力的 5G-A 和 6G 关键技术之一，近几年在学术研究方面发展非常迅速。RIS 通过构建智能可控无线环境，将给未来 6G 带来一种全新的通信网络范式，满足未来移动通信需求。而简化版本的 RIS 将有机会在 5G/5G-A 阶段初步商业部署及标准化，尤其可以用于改善 5G 毫米波覆盖问题。RIS 使能未来 6G 网络仍然面临诸多技术问题、部署问题和标准化进程的挑战，需要深入研究和全面评估 RIS 关键技术和方案。限于篇幅及研究深度，本文仅对 RIS 工程技术研究及工程化应用面临的挑战做了初步的分析，给出了解决方案，也主要做了一些定性分析讨论。相关问题还需要后续深入地进行理论分析及仿真评估，进一步验证方案的可行性及性能上限，为 RIS 最终产业落地打下基础。

本章参考文献

[1] RENZO D M, ZAPPONE A, DEBBAH M, et al. Smart Radio Environments Empowered by Reconfigurable Intelligent Surfaces: How It Works, State of Research, and The Road Ahead[J]. IEEE Journal on Selected Areas in Communications, 2020, 38(11): 2450-2525.

[2] 崔铁军，金石，章嘉懿，等，智能超表面技术研究报告[R]. IMT-2030（6G）推进组，2021.

[3] YUAN Y F, ZHAO Y J, ZONG B Q, et al. Potentional key technologies for 6G mobile communications[J]. Science China: Information Sciences, 2020, 63(8):1-19.

[4] ZHAO Y J, JIAN M N. Applications and challenges of Reconfigurable Intelligent Surface for 6G networks[J]. arXiv preprint arXiv:2108.13164, 2021.

[5] KURMENDRA, KURMENDRA R. A review on RF micro-electro-mechanical-systems (MEMS) switch for radio frequency applications[J]. Microsystem Technology, 2020.

[6] CAO T T, Hu TT, ZHAO Y L. Research Status and Development Trend of MEMS Switches: A Review[J]. Micromachines, 2020, 11(7): 694.

[7] HUM SV, PERRUISSEAU-CARRIER J. Reconfigurable Reflectarrays and Array Lenses for Dynamic

Antenna Beam Control: A Review[J]. IEEE Transactions on Antennas and Propagation, 2014, 62(1):183-198.

[8] KARABEY O H, BILDIK S, FRITZSCH C, et al. Liquid crystal based reconfigurable antenna arrays[C]//Proceedings of the 32nd ESA Antenna workshop, 2010.

[9] YANG FAN, XU SHENHENG, LIU XIAO, et al. Novel phased array antennas based on surface electromagnetics [J]. Chinese Journal of Radio Science, 2018, 33(3): 256-265.

[10] AHMAD G, BROWN T W C, UNDERWOOD C I, et al. How coarse is too coarse in electrically large reflectarray smart antennas?[C]//2017 International Workshop on Electromagnetics: Applications and Student Innovation Competition, 2017: 135-137.

[11] ARUN V, BALAKRISHNAN H. RFocus: Beamforming using thousands of passive antenna[C]//17th USENIX symposium on networked systems design and implementation (NSDI 20). 2020: 1047-1061.

[12] NTT DOCOMO. DOCOMO conducts world's first successful trial of transparent dynamic metasurface[R]. 2020.

[13] PEI X, YIN H, TAN L, et al. RIS-Aided Wireless Communications: Prototyping, Adaptive Beamforming, and Indoor/Outdoor Field Trials[J]. IEEE Transactions on Communications, 2021, 69(12): 8627-8640.

[14] ZHANG X G, JIANG W X, JIANG H L, et al. An optically driven digital metasurface for programming electromagnetic functions[J]. Nature Electronics, 2020, 3(3): 165-171.

[15] DAI L, WANG B, WANG M, et al. Reconfigurable Intelligent Surface-Based Wireless Communications: Antenna Design, Prototyping, and Experimental Results[J].IEEE Access, 2020, 8:45913-45923.

[16] DOU J W, CHEN Y J, ZHANG N, et al. On the channel modeling of intelligent controllable electro-magnetic-surface[J]. Chinese Journal of Radio Science, 2021, 36(3): 368-377.

[17] 3GPP. Study on channel model for frequencies from 0.5 to 100 GHz: TR38.901 V16.1.0[S]. 2019.

[18] ITU-R. Guidelines for evaluation of radio interface technologies for IMT-2020: M.2042[S]. 2017.

[19] DEGLI-ESPOSTI V, VITUCCI E M, RENZO M D.Reradiation and Scattering from a Reconfigurable Intelligent Surface: a General Macroscopic Model[J]. IEEE Transactions on Antennas and Propagation, 2022，70(10): 8691-8706.

[20] RENZO M D, DANUFANE F H, XI X, et al. Analytical modeling of the path-loss for reconfigurable intelligent surfaces - Anomalous mirror or scatterer?[J]. IEEE International Workshop on Signal Processing Advances in Wireless Communications (SPAWC), 2020: 1-5.

[21] TANG W, CHEN M Z, CHEN X Y, et al. Wireless communications with reconfigurable intelligent surface: Path loss modeling and experimental measurement [J]. IEEE Transactions on Wireless Communications, 2021, 20(1): 421-439.

[22] KILDAL P S. Foundations of Antenna Engineering: A Unified Approach for Line-of-Sight and Multipath[M]. Gothenburg：Kildal Antenn AB，2015.

[23] 何国瑜，卢才成，洪家才，等. 电磁散射的计算和测量[M]. 北京：北京航空航天大学出版社，2006.

[24] Ling F, Jin J M. Hybridization of SBR and MoM for scattering by large bodies with inhomogeneous protrusions – summary. [J]. Journal of Electromagnetic Waves and Applications, 1997, 11:1249-1255.

[25] 郭立新，张民，吴振森. 随机粗糙面与目标符合电磁散射的基本理论和方法[M]. 北京：科学出版社，2015.

[26] STRATTON J A, CHU L J. Diffraction theory and electromagnetic waves[J]. Physical Review, 1939, 56:99-107.

[27] JUNG M, SAAD W, DEBBAH M, et al. Asymptotic optimality of reconfigurable intelligent surfaces:

Passive beamforming and achievable rate[C]//IEEE International Conference on Communications (ICC), 2020.

[28] HE J，WYMEERSCH H，SANGUANPUAK T, et al. Adaptive beamforming design for mmWave RIS-aided joint localization and communication[C]//IEEE Wireless Communications and Networking Conference (WCNC), 2017.

[29] ZHANG H L, DI B Y, DONG L Y, et al. Reconfigurable intelligent surfaces assisted communications with limited phase shifts: How many phase shifts are enough?[J]. IEEE Transactions on Vehicular Technology, 2020, 69(4): 4498 - 4502.

[30] LYU J, ZHANG R. Spatial throughput characterization for intelligent reflecting surface aided multi-user system[J]. IEEE Wireless Communications Letters, 2020, 9(6): 834-838.

[31] ALEGRÍA J V, RUSEK F. Achievable rate with correlated hardware impairments in large intelligent surfaces[C]. 2019 IEEE 8th International Workshop on Computational Advances in Multi-Sensor Adaptive Processing (CAMSAP) , 2019:559-563.

[32] HU S, RUSEK F, EDFORS O. Capacity degradation with modeling hardware impairment in large intelligent surface[C]. IEEE Conference Global Communications, 2018:1-6.

[33] ÖZDOGAN Ö, BJÖRNSON E, LARSSON E G. Using intelligent reflecting surfaces for rank improvement in MIMO communications[C]. 2020 IEEE International Conference on Acoustics, Speech and Signal Processing (ICASSP) , 2020.

[34] ZHANG Z J, CUI Y, YANG F, et al. Analysis and optimization of outage probability in multi-intelligent reflecting surface-assisted systems[J].arXiv, 2019.

[35] JUNG M, SAAD W, JANG Y, et al. Reliability analysis of large intelligent surfaces (liss): Rate distribution and outage probability[J].IEEE Wireless Communications Letters, 2019, 8(6):1662-1666.

[36] KUDATHANTHIRIGE D, GUNASINGHE D, AMARASURIYA G. Performance analysis of intelligent reflective surfaces for wireless communication[J]. arXiv, 2020.

[37] ZHANG H, DI B, SONG L, et al. Reconfigurable intelligent surfaces assisted communications with limited phase shifts: How many phase shifts are enough?[J]. IEEE Transactions on Vehicular Technology, 2020:1-1.

[38] ZHANG S, ZHANG R. Intelligent reflecting surface aided multiple access: Capacity region and deployment strategy[C]. 2020 IEEE 21st International Workshop on Signal Processing Advances in Wireless Communications (SPAWC), 2020.

[39] HUANG C, ZAPPONE A, DEBBAH M, et al. Achievable rate maximization by passive intelligent mirrors[J]. IEEE International Conference Acoustics, Speech and Signal Processing, 2018: 3714-3718.

[40] HUANG C, ZAPPONE A, ALEXANDROPOULOS G C, et al. Reconfigurable intelligent surfaces for energy efficiency in wireless communication[J]. IEEE Transactions on Wireless Communications, 2019, 18(8):4157–4170.

[41] ABEYWICKRAMA　S, ZHANG R, YUEN C. Intelligent reflecting surface: Practical phase shift model and beamforming optimization[C]. 2020 IEEE International Conference on Communications (ICC) , 2020.

[42] XIE H, XU J, LIU Y F. Max-Min fairness in IRS-aided multi-cell MISO systems via joint transmit and reflective beamforming[C]. 2020 IEEE International Conference on Communications (ICC), 2020.

[43] GAO Y, YONG C, XIONG Z, et al. Reconfigurable intelligent surface for MISO systems with proportional rate constraints[C]. 2020 IEEE International Conference on Communications (ICC) , 2020.

[44] ZHOU G, PAN C, REN H, et al. Intelligent reflecting surface aided multigroup multicast MISO

communication systems[J]. IEEE Transactions on Signal Processing, 2019, 68: 3236-3251.

[45] LI H, LIU R, LI M, et al. IRS-enhanced wideband MU-MISO-OFDM communication systems[C]. 2020 IEEE Wireless Communications and Networking Conference (WCNC), 2019.

[46] HAN H, ZHAO J, NIYATO D, et al. Intelligent reflecting surface aided network: Power control for physical-layer broadcasting[J]. arXiv, 2019.

[47] WU Q, ZHANG R. Intelligent reflecting surface enhanced wireless network via joint active and passive beamforming[J]. IEEE Transactions on Wireless Communications, 2019, 18(11): 5394-5409.

[48] ZHOU G, PAN C, REN H, et al. A framework of robust transmission design for IRS-aided MISO communications with imperfect cascaded channels[J]. IEEE Transactions on Signal Processing, 2020, 68: 5092-5106.

[49] SHAO M, LI Q, MA W K. Minimum symbol-error probability symbol-level precoding with intelligent reflecting surface [J]. arXiv, 2020.

[50] PEROVIĆ N S, RENZO M D, FLANAGAN M F. Channel Capacity Optimization Using Reconfigurable Intelligent Surfaces in Indoor mmWave Environments[C]. 2020 IEEE International Conference on Communications (ICC), 2020: 1-7.

[51] ZHAO D, LU H, WANG Y, et al. Joint Passive Beamforming and User Association Optimization for IRS-assisted mmWave Systems[C]. 2020 IEEE Global Communications Conference, 2020:1-6.

[52] MA X, GUO S, ZHANG H, et al. Joint Beamforming and Reflecting Design in Reconfigurable Intelligent Surface-Aided Multi-User Communication Systems[J] IEEE Transactions on Wireless Communications, 2021, 20(5): 3269-3283.

[53] XU Y, GAO Z, WANG Z, et al. RIS-Enhanced WPCNs: Joint Radio Resource Allocation and Passive Beamforming Optimization[J]. IEEE Transactions on Vehicular Technology, 2021, 70(8): 7980-7991.

[54] LI Z, HUA M, WANG Q, et al. Weighted sum-rate maximization for multi-IRS aided cooperative transmission[J]. arXiv, 2020.

[55] YAN W, HE Z Q, KUAI X. IRS-aided large-scale MIMO systems with passive constant envelope precoding[J]. arXiv, 2019.

[56] YU X, XU D, SCHOBER R. Optimal beamforming for MISO communications via intelligent reflecting surfaces[J] arXiv, 2020.

[57] ZHOU G, PAN C, REN H, et al. Robust Beamforming Design for Intelligent Reflecting Surface Aided MISO Communication Systems[J]. IEEE Wireless Communications Letters, 2020, 9(10): 1658-1662.

[58] QIAN X, RDNZO M. D, LIU J, et al. Beamforming Through Reconfigurable Intelligent Surfaces in Single-User MIMO Systems: SNR Distribution and Scaling Laws in the Presence of Channel Fading and Phase Noise[J]. IEEE Wireless Communications Letters, 2021, 10(1): 77-81.

[59] DI B, ZHANG H, LI L, et al. Practical hybrid beamforming with limited-resolution phase shifters for reconfigurable intelligent surface based multi-user communications[J]. IEEE Access, 2020.

[60] DI B, ZHANG H, SONG L, et al. Hybrid beamforming for reconfigurable intelligent surface based multi-user communications: Achievable rates with limited discrete phase shifts[J]. arXiv, 2019.

[61] MU X, LIU Y, GUO L, et al. Capacity and optimal resource allocation for IRS-assisted multi-user communication systems[J]. arXiv, 2020.

[62] GAO J, ZHONG C, CHEN X, et al. Unsupervised Learning for Passive Beamforming[J]. IEEE Communications Letters, 2020, 24(5):1052-1056.

[63] SONG H, ZHANG M, GAO J, et al. Unsupervised Learning-Based Joint Active and Passive

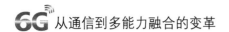

Beamforming Design for Reconfigurable Intelligent Surfaces Aided Wireless Networks[J]. IEEE Communications Letters, 2021, 25(3): 892-896.

[64] HU C, DAI L, HAN S, et al. Two-Timescale Channel Estimation for Reconfigurable Intelligent Surface Aided Wireless Communications[J].IEEE Transactions on Communications, 2021, 69(11): 7736-7747.

[65] SHEN D, DAI L. Dimension Reduced Channel Feedback for Reconfigurable Intelligent Surface Aided Wireless Communications[J]. IEEE Transactions on Communications, 2021, 69(11): 7748-7760.

[66] WEI X, SHEN D, DAI L. Channel Estimation for RIS Assisted Wireless Communications—Part II: An Improved Solution Based on Double-Structured Sparsity[J]. IEEE Communications Letters, 2021, 25(5): 1403-1407.

[67] SHI X, WANG J, SONG J. Triple-Structured Sparsity-Based Channel Feedback for RIS-Assisted MU-MIMO System[J]. IEEE Communications Letters, 2022, 26(5): 1141-1145.

[68] HE J, WYMEERSCH H, JUNTTI M. Channel Estimation for RIS-Aided mmWave MIMO Systems via Atomic Norm Minimization[J]. IEEE Transactions on Wireless Communications, 2021, 20(9): 5786-5797.

[69] SINGH C, SINGH K, LIU K H. Fast Beam Training for RIS-Assisted Uplink Communication[J]. arXiv preprint arXiv:2107.14138, 2021.

[70] HE J, WYMEERSCH H, SANGUANPUAK T, et al. Adaptive Beamforming Design for mmWave RIS-Aided Joint Localization and Communication[C]. 2020 IEEE Wireless Communications and Networking Conference Workshops (WCNCW), 2020: 1-6.

[71] CHEN W, WEN C K, LI X, et al. Adaptive Bit Partitioning for Reconfigurable Intelligent Surface Assisted FDD Systems With Limited Feedback[J]. IEEE Transactions on Wireless Communications, 2022, 21(4): 2488-2505.

[72] TAHA A, ALRABEIAH M, ALKHATEEB A. Enabling Large Intelligent Surfaces With Compressive Sensing and Deep Learning[J]. IEEE Access, 2021, 9: 44304-44321.

[73] JIN Y, ZHANG J, ZHANG X, et al. Channel Estimation for Semi-Passive Reconfigurable Intelligent Surfaces With Enhanced Deep Residual Networks[J]. IEEE Transactions on Vehicular Technology, 2021, 70(10): 11083-11088.

[74] SCHROEDER R, HE J, JUNTTI M. Passive RIS vs. Hybrid RIS: A Comparative Study on Channel Estimation[C]. 2021 IEEE 93rd Vehicular Technology Conference (VTC2021-Spring), 2021: 1-7.

[75] ARDAH K, GHEREKHLOO S, ALMEIDA A L F. D. TRICE: A Channel Estimation Framework for RIS-Aided Millimeter-Wave MIMO Systems[J]. IEEE Signal Processing Letters, 2021, 28: 513-517.

[76] LIU H, YUAN X, ZHANG Y J A. Matrix-Calibration-Based Cascaded Channel Estimation for Reconfigurable Intelligent Surface Assisted Multiuser MIMO[J]. IEEE Journal on Selected Areas in Communications, 2020, 38(11): 2621-2636.

[77] LIU H, ZHANG J, WU Q, et al. ADMM Based Channel Estimation for RISs Aided Millimeter Wave Communications[J]. IEEE Communications Letters, 2021, 25(9): 2894-2898.

[78] MA S, SHEN W, AN J, et al. Wideband Channel Estimation for IRS-Aided Systems in the Face of Beam Squint[J]. IEEE Transactions on Wireless Communications, 2021, 20(10): 6240-6253.

[79] LIU Y, ZHANG S, GAO F, et al. Cascaded Channel Estimation for RIS Assisted mmWave MIMO Transmissions[J]. IEEE Wireless Communications Letters, 2021, 10(9): 2065-2069.

[80] ZEGRAR S E, AFEEF L, ARSLAN H, Reconfigurable intelligent surface (RIS): Eigenvalue Decomposition-Based Separate Channel Estimation[C]. 2021 IEEE 32nd Annual International

Symposium on Personal, Indoor and Mobile Radio Communications (PIMRC), 2021: 1-6.

[81] ZHOU Z, GE N, WANG Z, et al. Joint Transmit Precoding and Reconfigurable Intelligent Surface Phase Adjustment: A Decomposition-Aided Channel Estimation Approach[J]. IEEE Transactions on Communications, 2021, 69(2): 1228-1243.

[82] ARAÚJO G T D, ALMEIDA A L F D, BOYER R. Channel Estimation for Intelligent Reflecting Surface Assisted MIMO Systems: A Tensor Modeling Approach[J]. IEEE Journal of Selected Topics in Signal Processing, 2021, 15(3): 789-802.

[83] MAO Z, PENG M, LIU X. Channel estimation for reconfigurable intelligent surface assisted wireless communication systems in mobility scenarios[J]. China Communications, 2021, 18(3): 29-38.

[84] XU M, ZHANG S, MA J, et al. Deep Learning-Based Time-Varying Channel Estimation for RIS Assisted Communication[J]. IEEE Communications Letters, 2022, 26(1): 94-98.

[85] SUN S, YAN H. Channel Estimation for Reconfigurable Intelligent Surface-Assisted Wireless Communications Considering Doppler Effect[J]. IEEE Wireless Communications Letters, 2021, 10(4): 790-794.

[86] HE J, WYMEERSCH H, JUNTTI M. Leveraging Location Information for RIS-Aided mmWave MIMO Communications[J]. IEEE Wireless Communications Letters, 2021, 10(7): 1380-1384.

[87] KEYKHOSRAVI K, KESKIN M F, GRANADOS G S, et al. SISO RIS-Enabled Joint 3D Downlink Localization and Synchronization[C]. 2021 IEEE International Conference on Communications, 2021: 1-6.

[88] HU X, ZHONG C, ZHANG Y, et al. Location Information Aided Multiple Intelligent Reflecting Surface Systems[J]. IEEE Transactions on Communications, 2020. 68(12): 7948-7962.

[89] KUNDU N K, MCKAY M R. Channel Estimation for Reconfigurable Intelligent Surface Aided MISO Communications: From LMMSE to Deep Learning Solutions[J]. IEEE Open Journal of the Communications Society, 2021, 2:471-487.

[90] SHTAIWI E, ZHANG H, ABDELHADI A, et al. RIS-Assisted mmWave Channel Estimation Using Convolutional Neural Networks[J]. 2021 IEEE Wireless Communications and Networking Conference Workshops (WCNCW), 2021:1-6.

[91] ZHANG S, LI M, JIAN M, et al. AIRIS: Artificial intelligence enhanced signal processing in reconfigurable intelligent surface communications[J]. China Communications, 2021, 18(7):158-171.

[92] LIN S, ZHENG B, ALEXANDROPOULOS G C, et al. Progressive Channel Estimation and Passive Beamforming for RIS-Assisted OFDM Systems[C]. 2020 IEEE Global Communications Conference, 2020: 01-06.

[93] LIU Y, LIU E, WANG R, et al. Channel Estimation and Power Scaling of Reconfigurable Intelligent Surface with Non-Ideal Hardware[C]. 2021 IEEE Wireless Communications and Networking Conference (WCNC), 2021:1-6.

[94] PAPAZAFEIROPOULOS A, PAN C, KOURTESSIS P, et al.Intelligent Reflecting Surface-Assisted MU-MISO Systems With Imperfect Hardware: Channel Estimation and Beamforming Design[J]. IEEE Transactions on Wireless Communications, 2022, 21(3): 2077-2092.

[95] ZHOU G, PAN C, REN H, et al. A Framework of Robust Transmission Design for IRS-Aided MISO Communications With Imperfect Cascaded Channels[J]. IEEE Transactions on Signal Processing, 2020, l(68):5092-5106.

[96] JUNG M, SAAD W, JANG Y et al. Performance Analysis of Large Intelligent Surfaces (LISs): Asymptotic Data Rate and Channel Hardening Effects[J]. IEEE Transactions on Wireless

Communications, 2020, 19(3): 2052-2065.

[97] ZHAO Y, LV, X. Reconfigurable Intelligent Surfaces for 6G: Applications, Challenges and Solutions[C]. Preprints 2022.

[98] 赵亚军，菅梦楠. 6G 智能超表面技术应用与挑战[J].无线电通信技术，2021, 47(06): 679-691.

[99] ZHAO Y J, LV X. Network Coexistence Analysis of RIS-Assisted Wireless Communications[J]. IEEE Access, 2022, 10: 63442-63454.

[100] ZHANG J Y, LIU H, WU Q Q, et al. RIS-aided next-generation high-speed train communications-challenges, solutions, and future directions [J]. IEEE Wireless Communications , 2021, 28(6): 145-151.

[101] 赵亚军，章嘉懿，艾渤. 智能超表面技术在智能高铁通信场景的应用探讨[J]. 中兴通讯技术，2021, 27(04): 36-43.

[102] 崔铁军，金石，章嘉懿，等. 智能超表面技术研究报告[R]，IMT-2030（6G）推进组, 2021.

[103] 马红兵，张平，杨帆，等. 智能超表面技术展望与思考[J]. 中兴通讯技术，2022, 28(03): 70-77.

第 8 章　AI 使能空口技术

近些年来，随着深度学习算法突飞猛进的发展、数据量和获取渠道爆炸式的增长，以及硬件算力的不断提升，人工智能（Artificial Intelligence，AI）技术快速发展，并在自然语言处理、语音识别、图像识别等诸多领域取得了突破性进展。与此同时，AI 的发展和应用不仅局限在计算机领域，其在金融、医疗、交通、教育、工业制造等诸多行业和领域也有了广泛的应用，并产生了革命性的变化，促进着这些行业的不断升级和发展。

在无线通信的研究中，尽管很多学术研究都应用了神经网络，如在移动性管理、无线资源分配的算法设计中使用神经网络，但将 AI 应用在 4G 或更早期的商用无线通信系统中的情况并不常见。随着 5G 及其演进版本的引入、各种潜在 6G 技术的迅速发展，可以预见，物理层相关技术无疑将变得越来越复杂，而为应对新需求而产生的复杂硬件系统也要求物理层算法能够适应这些变化。值得注意的是，随着近些年 AI 的潜力被不断挖掘，尤其是随着基于机器学习（Machine Learning）、深度学习（Deep Learning）、强化学习（Reinforcement Learning）的 AI 技术在解决复杂度高、难以建模与求解问题上的巨大优势被广泛认可，学术界和工业界在利用 AI 解决未来无线通信物理层复杂问题上达成了越来越明显的共识，AI 也被越来越多地尝试应用于各种空口技术的研究和开发过程中。

本章将重点介绍一些典型的应用 AI 使能空口技术，以及最新的研究进展。

8.1　AI 使能空口技术和标准化研究

传统的空口物理层设计，往往通过将功能拆分成模块分别加以优化，从而保证每个模块在特定条件下最优。这样的设计没有考虑复杂条件下的最优，更无法保证整体系统的最优，而人工智能则带给了我们一种空口物理层技术的全新设计思路。

8.1.1　AI 使能的物理层技术

基于近些年的研究，我们可以看到 AI 和物理层空口技术的结合可以体现在不同的级别上。首先，将 AI 应用于某个物理层功能模块的优化甚至直接替代某些功能模块，可以被认为是第一层级比较基本的 AI 使能空口技术。例如，在干扰检测、上下行信道互异性、信道预测等方面，由于问题的非线性等原因无法精确建模，使得利用深度网络实现或替代某一功能模块成为可能。第二个层级的 AI 使能空口技术，将 AI 用于物理层多个模块的联合优化，如传统空口中分别设计的编码、调制及波形（Waveform）由于复杂度过高无法在接收机联合处理，而利用 AI 对三个模块联合实现，免去了各个模块的独立优化，从而数据驱动通过机器学习达到联合优化的效果。AI 使能空口的最高层级是将 AI 用于端到端系统的设计中。这种端到端系统设计甚至可以在信道模型未知的情况下，通过使用真实梯度和近似梯度迭代去训练和实现发射机和接收机。这样的端到端设计通过利用同一个硬件架构和加速器实现所有物理层功能，从而实现效率上的优势并方便未来的扩展和部署。

具体到各个空口技术领域的 AI 使能研究中，往往需要研究人员首先找到需要且适合利用 AI 解决的具体问题，确定采用深度学习的方法是否比传统算法能够取得性能的优势，进一步地确定在哪些场景和条件下取得该优势。在确定了 AI 确实能够带来性能优势后，还需要确定得到该优势的代价，包括数据的可获取性、AI 实现的复杂度（包括训练复杂度、推理复杂度）、AI 在硬件上实现的难度等，在考虑性能和代价均衡的基础上，进行 AI 使能空口技术的设计和实现。在本章后续内容中，我们将基于性能和代价的均衡，给出在 AI 使能的信道估计、AI 使能的信道状态信息反馈以及 AI 使能的毫米波波束管理这三个典型领域中的研究进展和成果。

8.1.2 AI 使能空口技术的标准化演进

值得注意的是，迄今为止，绝大部分的 AI 使能空口技术研究依然考虑的是基于实现的优化，即通过 UE 或基站侧采用基于 AI 的算法设计实现，达到性能的优化、能耗的节约等效果。进一步地讲，为了更好地利用 AI 使能空口技术，相应的无线通信标准化研究工作也逐步获得业内的重视。在国际标准化组织 3GPP 的 5G 标准化过程中，3GPP SA2 工作组在 Rel-15 中引入了新的网络功能——网络数据分析功能（Network Data Analytics Function，NWDAF），用于分析和处理网络数据，从而用于相关的智能应用，并且在后续版本中持续增强。在接入网一侧，3GPP RAN3 工作组在 Rel-16 和 Rel-17 中研究了改进数据收集的相关内容，通过对智能无线接入网络的相关用例和功能架构的分析，研究了引入相应的 AI 后对当前 NG-RAN 网络节点和接口的影响[1-2]。而针对引入 AI 对空口物理层的改进，3GPP 的工作则始于 2022 年开始的 Rel-18 的研究课题[3]。

具体地讲，3GPP Rel-18 的基于 AI 或机器学习（Machine Learning，ML）的 NR 空口的研究课题旨在通过与传统的典型算法进行对比，研究基于 AI 或 ML 的空口物理层算法，取得性能的改善、复杂度或开销的降低。通过反复讨论，以下三个典型的 AI 使能空口技术作为用例将被最先加以研究。

（1）信道状态信息（CSI）反馈的增强，例如，开销降低、增强准确性和 CSI 的预测。

（2）波束管理（Beam Management）[4]，例如，为降低开销和时延，在时域与空域上进行波束预测，增强波束选择准确性。

（3）特定场景的定位准确度增强，其中特定场景包括具有大量非视距（Non Line Of Sight，NLOS）的场景。

通过对以上典型用例的研究，3GPP 旨在确认一个未来能够广泛应用的 AI/ML 研究框架，在该框架中需要能够对不同阶段下的 AI/ML 模型进行分析，如 AI/ML 模型生成阶段（包括模型训练、验证和测试），AI/ML 模型的推理阶段下的网络结构、实施细节（输入/输出、前后处理流程等）和相应复杂度的分析等。UE 和 gNB 的 AI 合作等级也成为该研究框架的一项重要内容，通过某项 AI 使能空口技术所需要的节点间 AI 合作的分析，确认相应的 AI 合作等级。另外，AI/ML 模型的生命周期管理（包括模型产生和训练、模型部署、模型预测、模型监督和模型更新）、大数据集、相应的术语和符号的统一，都将为未来 B5G 和 6G 中应用更多的 AI 使能空口技术打下基础。

8.2 AI 使能的信道估计

在基于 AI 的通信物理层技术研究中，信道估计（Channel Estimation）是最早的被学术界广泛研究的方向之一。在通信系统中，解调参考信号（Demodulation，DM-RS References Signal）是用在上行或下行传输中对数据信道、控制信道或广播信道信息解调之前，用于接收机信道信息估计的参考信号。在 NR 通信系统中，发射机会以导频的形式在预先约定的无线时频资源上发射导频符号，以供接收机信道估计之用。通常，发射机会将这些 DM-RS 导频信号调制在整个无线时频资源中少数的资源单元（Resource Element，RE）上，用以计算整个时频资源上的无线信道，即该无线信道的冲激响应。整个过程被称作无线通信系统中的信道估计问题，这也是无线通信系统中最基本的问题之一。

8.2.1 传统信道估计

NR 无线通信系统中经典的信道估计算法是通过收发端已知的 DM-RS 导频进行的非盲信道估计。在无线通信系统实际通信过程中，典型的 DM-RS 在无线资源块（Resource Block）上的配置如图 8-1（a）所示，其中灰色的资源单元上承载着 DM-RS 导频信号（NR 系统导频点在无线资源块中的位置由 3GPP 标准化，包含多种配置模式，控制在时域和频域上的导频密度，可参考文献[5]）。接收机在对接收数据解调之前，需要先根据收到的少数位置上的 DM-RS 对整个无线资源块上的信道进行估计，即通过接收的 DM-RS 估计出整个无线资源上的信道，如图 8-1（b）所示。

对发射信号 X 来说，接收端接收信号矢量 y，一般有

$$y = Xh + z \tag{8-1}$$

式中，h 是我们需要估计的无线信道；z 是接收机收到信号的加性高斯白噪声矢量，其元素服从复高斯分布 $CN(0, \sigma_z^2)$。

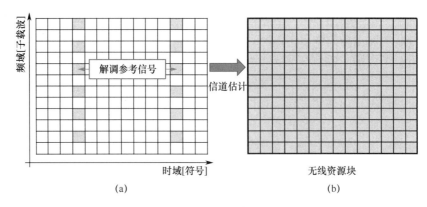

图 8-1　NR 系统中基于导频的信道估计

对于传统的无线通信算法，信道估计大体上分为两步。

第一步是先根据导频上的接收信号估计出 DM-RS 所在位置的信道。该步骤可以采用的方法通常有两种，即基于最小二乘（LS）的估计以及基于最小均方误差（MMSE）的估计[6]。最小二乘法的准则是使得估计出的信道 $\hat{\boldsymbol{h}}$ 有 $\|\boldsymbol{y} - \boldsymbol{X}\hat{\boldsymbol{h}}\|^2$ 最小，由此可以得到 LS 信道估计的解为

$$\hat{\boldsymbol{h}}_{\mathrm{LS}} = (\boldsymbol{X}^{\mathrm{H}}\boldsymbol{X})^{-1}\boldsymbol{y}\boldsymbol{X}^{\mathrm{H}} \tag{8-2}$$

LS 算法的最大优势是根据接收信号和已知的发射信号可以直接进行估计，计算简单，无须额外信息。而另一种更为准确的基于最小均方误差（MMSE）的估计的准则为使得 $E\{\|\boldsymbol{h} - \hat{\boldsymbol{h}}\|^2\}$ 最小，可以得到 MMSE 信道估计的解为

$$\hat{\boldsymbol{h}}_{\mathrm{MMSE}} = \boldsymbol{R}_h(\boldsymbol{X}^{\mathrm{H}}\boldsymbol{X}\boldsymbol{R}_h + \sigma_z^2)^{-1}\boldsymbol{X}^{\mathrm{H}}\boldsymbol{y} \tag{8-3}$$

式中，$\boldsymbol{R}_h = E\{\boldsymbol{h}\boldsymbol{h}^{\mathrm{H}}\}$ 为真实信道的统计特性。实际上这一过程是在尽可能减小随机噪声对信道估计的影响，因此也可以被看作去噪过程。尽管可以证明 MMSE 信道估计的误差总小于 LS 信道估计的误差，但是由于 MMSE 估计方法需要已知准确的信道统计信息、噪声的功率大小以及复杂的矩阵求逆运算，LS 估计经常被实际使用在接收机中。与之相对应，信道估计的准确率也较低。

另有一种介于 LS 和 MMSE 之间的信道估计 LMMSE 算法，是对 MMSE 高复杂度求逆运算过程的相对简化[7]。LMMSE 算法使用发射符号的统计特性 $E(\boldsymbol{X}^{\mathrm{H}}\boldsymbol{X})$ 来代替需要求导的矩阵中 $\boldsymbol{X}^{\mathrm{H}}\boldsymbol{X}$，从而将信道估计的结果简化为

$$\hat{\boldsymbol{h}}_{\mathrm{LMMSE}} = \boldsymbol{R}_h\left(\boldsymbol{R}_h + \frac{\beta}{\mathrm{SNR}}\boldsymbol{I}\right)^{-1}\hat{\boldsymbol{h}}_{\mathrm{LS}} \tag{8-4}$$

式中，β 是一个只与发射符号调制方法相关的常数（如 $\beta_{\mathrm{QPSK}} = 1$，$\beta_{16\mathrm{QAM}} = 1.8889$，$\beta_{64\mathrm{QAM}} = 2.6857$）。尽管如此，实际中依旧很难获知准确的信道统计特性和信噪比。

第二步是通过在 DM-RS 点位上估计得到的信道信息，来推演整个无线资源块上的信道，通常会根据具体情况使用不同方式的插值算法来恢复整个无线信道的信道信息，因此这一阶段也可以被看作插值过程。插值的算法有很多，具体的算法经常需要先估计接收信噪比；同时，如果考虑到接收信号的时频偏移，在插值的过程中还需要时偏补偿、频偏补偿、平滑，以及反补偿等一系列操作才能完成整个接收机的信道估计流程，不同的接收算法不尽相同，在此不再赘述。综上，整体上蜂窝无线通信系统中的信道估计过程分为去噪和插值两大部分，如图 8-2 所示。

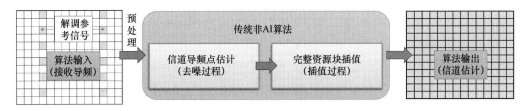

图 8-2　无线通信系统中的信道估计流程

8.2.2　算法框架

基于深度神经网络的机器学习算法兴起之后，大量深度学习模型和算法被应用于图像处理上，包括图像的去噪、生成、恢复等一系列任务。由于基于卷积神经网络（CNN）结构的深度学习模型有关注局部特征并共享权重等特点，经常被用来处理类图像的序列化数据。

超分辨率问题是一个在图像界被长期广泛研究的问题，其希望通过算法将低分辨率的图像恢复成拥有更高分辨率的图像[8]。此类问题与无线信道估计有很大相似之处，都需要根据信息量较少的先验知识去恢复或生成更多信息，而信号处理过程不会增加信息量，因此机器学习算法是非常合适的办法之一。另外，基于监督的机器学习算法易于设计为端到端的结构来实现特定任务，可以进一步减少多步骤级联的传统算法在每个环节上产生的累积误差。

使用监督学习算法时，需要确定该算法的输入信息、输出信息以及相应的模型，并经历训练和预测两个阶段。输入信息通常是已知数据以及该数据的特征；输出数据取决于所需执行的任务，同时需要有真实的输出数据作为模型训练的标签。对于信道估计这一任务，基于人工深度神经网络的机器学习模型可以被用来设计成一个端到端的监督学习算法，通过导频点的信号估计整个无线资源上的信道（信道冲激响应）。

基于上述分析，首先描述该任务输入信息、输出信息以及相应的模型。尽管是基于机器学习的算法设计，已知的信息和传统的算法并无差别。因此，机器学习算法的输入信息是已知的在 DM-RS 位置上接收机的接收信号 y，以及发射机发射的导频信号 X。对于某一个确定的导频点上的接收符号和发射符号，信道估计的输入信号（输入特征）可以为每个导频点上基于 LS 准则的信道估计值 $\hat{H}(f_0, t_0) = y(f_0, t_0) / x(f_0, t_0)$，即接收与发射信号矢量在 DM-RS 点 (f_0, t_0) 上的比值，其中 f_0 和 t_0 分别代表所需估计的整个时频资源时域和频域的指示，一般其单位分别为子载波序号和 OFDM 符号（Symbol）序号。以 LS 估计结果作为输入信息，可以忽略发射不同导频所带来的差异性。实际上，输入的信息包含了该点上实际信道模型的信息及噪声的信息。

对于信道估计算法，其目标为恢复整个无线资源上的信道，则模型输出应为整个时频无线资源上的信道估计结果 $\hat{H}(f, t)$。鉴于解调等任务要求的时效性，时间域上进行估计的尺度不会太长，通常为一个时隙（Slot）；而在频率域上的估计主要取决于信道的带宽。

在机器学习算法训练阶段，为了使机器学习模型可以更加准确地恢复出完整的信道，模型的目标输出即为完整的、真实的信道冲激响应。因此，训练时的标签数据应为在输入信道导频点估计的情况下，完整资源块上真实信道的冲激响应。这可以被看作机器学习问题中一个经典的监督学习回归任务，根据输入数据去拟合输出数据，使得拟合的数据和真实数据差距最小。一组典型的输入和输出的示例数据可视化图像如图 8-3 所示，估计 96 个子载波以及 14 个 OFDM 符号组成的无线资源块，其中第 4 个和第 12 个符号的每两个子载波上配置一个导频符号。

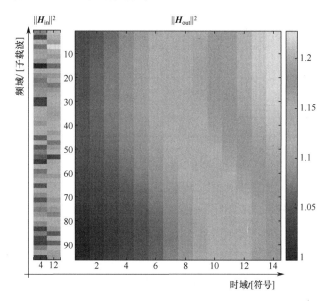

图 8-3 输入 H_{in} 和输出 H_{out} 的可视化图像

对于回归任务，衡量输出与理想输出之间的差异是算法设计的重要一环。通常，最小化归一化均方误差（NMSE）准则是比较两个不同信道冲激响应差异的重要标准，在信道估计问题上，也可以采用该方法来决定信道估计的精度。

$$\text{NMSE} = E\left\{ \frac{\| \hat{H} - H \|_2^2}{\| H \|_2^2} \right\} = E\left\{ \frac{\text{MSE}(\hat{H}, H)}{\| H \|_2^2} \right\} \tag{8-5}$$

如果以图 8-3 为例，具体地讲，NMSE 可以写为（以分贝 dB 为单位衡量 NMSE 差异）：

$$\text{NMSE} = 10\lg\left(\frac{\displaystyle\sum_{t=0}^{N_{\text{symb}}^{\text{slot}}-1}\sum_{f=0}^{N_{\text{RB}}\cdot N_{\text{subc}}^{\text{RB}}-1}\left\|\boldsymbol{H}_{\text{out}}(f,t)-\boldsymbol{H}_{\text{ideal}}(f,t)\right\|^2}{\displaystyle\sum_{t=0}^{N_{\text{symb}}^{\text{slot}}-1}\sum_{f=0}^{N_{\text{RB}}\cdot N_{\text{subc}}^{\text{RB}}-1}\left\|\boldsymbol{H}_{\text{ideal}}(f,t)\right\|^2}\right) \tag{8-6}$$

式中，$N_{\text{symb}}^{\text{slot}}$ 代表时域上的 14 个符号；$N_{\text{RB}}\cdot N_{\text{subc}}^{\text{RB}}$ 代表频域上的 96 个子载波（8 个 RB 中每个 RB 包含 12 个子载波）；$\boldsymbol{H}_{\text{out}}$ 为输出的信道估计；$\boldsymbol{H}_{\text{ideal}}$ 为真实的信道。

确定机器学习算法的输入和输出后，可以选择合适的机器学习模型来完成此任务。尽管非常多的学习模型都在回归任务的监督学习问题上有良好的表现，但基于深度神经网络的模型无疑是其中表现最优秀的。

8.2.3　模型选择

由于信道估计问题与图像中的超分辨率等问题有着诸多相似之处，自该问题的深度学习解决方案被广泛研究以来，与处理图像问题类似的深度学习网络模型也经常被用于解决信道估计中。例如，在文献[9]中，作者利用经典的基于 CNN 的图像超分辨率网络 SRCNN 以及图像恢复网络 DnCNN 进行级联，来进行基于导频的无线信道估计，如图 8-4 所示，两个不同的 CNN 网络负责的功能可以等价看作插值和去噪的过程。

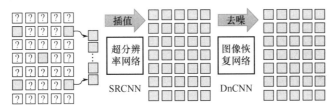

图 8-4　经典 CNN 网络结构进行信道估计

尽管图像数据和时频域信道数据特征有很多相似之处，但仍有区别。自然图像通常具有局部的高相关性，而信道响应的特征是行或列之间的元数据高度相关，且行和列之间的相关性相互独立。实际上，这种相关性取决于信道的时间相关性（多普勒扩展特性）以及频率相关性（时延扩展特性），因此，它与图像的局部相关性并不相同。基于此特性，使用基于大量全连接层组成的神经网络在合理的排布下，更适用于对时频域信道相应的特征提取。

参考谷歌在 2021 年提出的 Mixer 网络[10]，基于全连接层的信道估计深度学习算法可以获得更好的 NMSE 指标。Mixer 网络结构是通过堆叠全连接层 （堆叠的全连接层又称多层感知机，MLP）以及对数据的尺度、维度变换操作而形成的神经网络结构，在处理图像任务时可以达到和 CNN 相当的性能，但是受益于全连接层的运算规模小，可以直接通过矩阵乘法实现，因而同性能下有着更高的网络训练和执行效率。

Mixer 网络的结构特点使其非常适合于图像这种三维度（高、宽、通道）的序列化数据输入，会分别对行和列维度进行全连接层的运算（即相关运算）。对图像的 Mixer 层操作在本质上和 CNN 一样，也是一种局部的连接方式，只不过 CNN 的连接特征是局部性和空间不变性，而 Mixer 层操作是对某一个维度的数据分别进行局部连接：先对某一个维度上的数据进行全连接操作（内积操作），再进行尺度和维度的变换（行列变换），如图 8-5 所示。

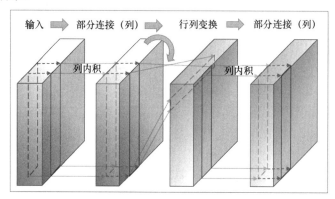

图 8-5　Mixer 层操作中的神经元连接方式

因此，Mixer 网络可以理解为对单一维度的数据进行相关运算而实现数据特征的提取，而不直接提取不同维度之间的相关性，这样的连接方式更适合行列直接相关性相对较低的信道数据。

8.2.4　算法设计

下面以基于 Mixer 网络结构以及前述分析，完整描述一个典型的深度学习信道估计算法设计。

信道估计任务深度学习模型的输入数据是在 96 个子载波上和 14 个 OFDM 符号组成的无线时频资源块上，在一共 48×2 个导频 DM-RS 符号上，基于 LS 准则的基带信道估计值，组成 $48 \times 2 \times 2$ 的输入数据矩阵，其中最后一个维度分别为信道估计值的实部和虚部，即共 192 个实数。模型的输出为完整的 $96 \times 14 \times 2$ 的数据矩阵，代表完整的信道估计结果。训练时，使用的数据训练标签为真实的完整信道矩阵数据，维度同样为 $96 \times 14 \times 2$。训练时的损失函数使用前述的 NMSE 函数，比较估计信道与真实信道之间的差异。使用的网络结构为前述 Mixer 层操作堆叠而成的深度神经网络，网络结构如图 8-6 所示。

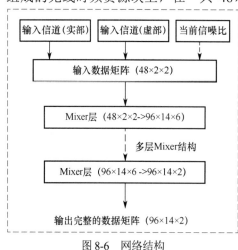

图 8-6　网络结构

该网络通过使用 Mixer 网络结构，将到频点上的输入数据的尺度逐渐扩大到整个时频资源上。其中，在前述的基础上，还可以对整体深度学习算法模型做出一些简化和改进。在有些情况下，输入数据时可以获得当前收到信号的信噪比，因此信噪比也可以作为额外的数据特征输入到网络中，该方法可以带来一些性能提升，但信噪比并不是必需的输入特征。另外，信噪比作为一个先验知识，也可以加入损失函数中对算法进行进一步的优化。同时，Mixer 层操作也可以进行简化，进一步降低运算复杂度，降低运算次数，简化的 Mixer 层操作示意图如图 8-7 所示。

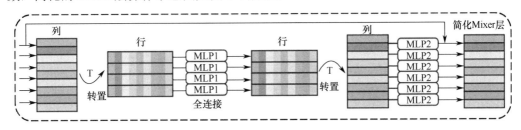

图 8-7 简化的 Mixer 层操作示意图

除此之外，在网络结构设计和训练过程中还可以根据问题特征进行更多优化，在此不做详细论述。

8.2.5 性能分析和讨论

仿真评估的数据集是基于表 8-1 中的仿真配置参数经过链路级仿真得到的公开数据集，该数据集曾被用于第二次国际无线 AI 大赛的信道估计赛道[11]。

表 8-1 仿真配置参数

参　数	取　值	参　数	取　值
信道模型	混合的 CDL 模型（TS38.901 CDL-A/B/C/D/E）	移动速度	0～60 km/h
天线配置	32 发 1 收	时延扩展	0～300 ns
载波频率	3.5 GHz（子载波间隔 15 kHz）	信号带宽	96 子载波
信噪比	0～20 dB（1 dB 间隔）	数据集大小	21 万（1 万/信噪比等级）

经过训练得到的 Mixer 深度神经网络模型在未参与训练的数据上得了显著优于其他算法的信道估计性能。图 8-8 所示是不同信道估计算法在相同导频开销情况下的性能对比。其中，基于 CNN 的神经网络可参考文献[9]中提出的 ChannelNet 进行估计；基于理想 LMMSE 的算法使用理想的信道和噪声的统计特性进行估计，可参考 8.2.1 节对 LMMSE 信道估计的描述。

从实验结果中可以看出，整体上，信噪比提升会影响信道估计的性能，这是由于在导频点估计时去除了噪声的影响，或者可以解释为噪声估计的误差对整体信道估计结果的影响减弱了；但是，信道估计整体的 NMSE 偏差主要取决于占绝大多数的非导频点

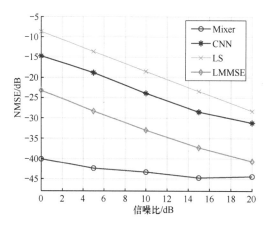

图 8-8　不同信道估计算法在相同导频开销
情况下的性能对比

的内插算法的好坏。从图 8-8 中可以看出，在低信噪比（0 dB）的条件下，基于 Mixer 深度神经网络算法显著优于其他传统算法以及基于 CNN 的深度学习算法，这证明了其去噪性能的显著优势；而在高信噪比（20 dB）的条件下，噪声的影响减小使得理想 LMMSE 算法的去噪性能大幅度接近 Mixer 深度神经网络算法，但仍有一定的性能差距。

随着信噪比的不断增加，LS 和理想 LMMSE 曲线的斜率变化很小，而 Mixer 曲线的斜率逐渐平缓，甚至在 15～20 dB 时的性能几乎无差别，这也证明在了在信噪比达到 15 dB 左右时，基于 Mixer 深度神经网络的信道估计结果已经几乎不受限于噪声影响，说明信噪比在 15 dB 或者更高的情况下，算法已经发挥其全部的去噪性能，提高信噪比也无法再提高信道估计的结果。实际上，传统的线性算法性能曲线的斜率都非常接近于−1，这也就意味着去噪性能完全正比于信道估计时信号的信噪比，而内插造成的信道估计性能损失则相对恒定，受信噪比的影响较小。但基于神经网络的算法却同时考虑内插和去噪的问题，相当于联合优化了二者对信道估计的影响，在信道估计的问题上获得全局最优解，而不是两个独立的最优解，从而获得了显著性能提升。

尽管深度学习算法的运算量大是一个被广泛诟病的缺点，但其超高运算量的结论主要是基于主流的图像处理深度网络得来的，这些网络使用多层 CNN 堆叠以至于运算量显著高于传统算法。而由于输入数据尺寸有限且数据特征明显，一般的信道估计网络的运算量比常见的图像深度学习网络运算量普遍低 2 到 3 个数量级[12]，且基于 Mixer 网络结构在运算量上也比 CNN 等网络结构的卷积运算有明显运算量低的优势。因此，无论是在现有的网络设备还是移动终端设备上，信道估计神经网络运算的实时性是可以得到保证的。

深度学习算法的健壮性在很大程度上取决于训练样本的覆盖范围。本节讨论的网络算法性能都是在某一种 DM-RS 导频配置的前提下进行的，而实际网络导频配置的位置和密度有多种可能性，因此可能需要有多个神经网络来应对不同的导频配置，或者用更多的输入信息训练统一的网络适配不同导频配置下的信道估计。

本节描述的信道估计问题是蜂窝无线通信系统接收机必须解决的最基本的问题之一。基于深度神经网络的 AI 信道估计算法，通过端到端的设计结合了传统信道估计算法的去噪和插值两个步骤，获得了显著优于传统基于 LS 等算法的信道估计性能。 其中，基于 Mixer 网络结构的神经网络通过在信道时域和频域上分别提取特征，获得了显著优于其他网络结构和算法的效果。深度学习的信道估计算法通常使用导频点上的 LS

估计作为网络模型的输入，以整个时频域信道的估计结果作为输出，训练时以获得的整个时频域真实信道响应作为训练时的标签。本节使用第二次国际无线 AI 大赛中信道估计赛道的公开数据集，对比多种不同算法，仿真结果显示，基于 Mixer 的深度学习算法在信道估计的 NMSE 性能显著优于其他算法。因此，基于深度学习的信道估计算法在未来的接收机信道估计中有非常大的应用潜力，但在实际使用中依然要继续研究其可能存在的时效性和健壮性等问题。

8.3　AI 使能的信道状态信息反馈

在 MIMO 系统中，获取准确的信道状态信息（Channel State Information，CSI）是十分关键的。目前 3GPP 定义的 CSI 包含秩指示（RI）、信道质量指示（CQI）和预编码矩阵指示（PMI）。随着天线数量的增加，CSI 反馈的开销也随之增加，特别是代表信道矩阵信息的 PMI。如何利用 AI 技术高效地反馈 CSI 是一个重要的研究课题。

8.3.1　终端信道状态信息反馈

1．传统的 CSI 反馈

传统的 CSI 反馈基于码本，即预先定义的候选预编码矩阵的集合。UE 根据信道估计的结果进行评估，选出能带来最高性能的预编码矩阵，将其在码本中的索引反馈给BS。这种反馈机制的核心是信息抽取、码本设计。3GPP 目前标准化了 Type 1 和 Type 2码本，其设计基于信号入射角、离开角的均匀分布假设[13]。但在实际环境中，入射角、离开角的统计规律并不是均匀分布且对每个 BS 来说是不同的。这就存在优化空间，如在某些高概率的角度范围内，码本应该设计得更密集，反之则应更稀疏。此外，

Type 1/2 码本有不同的性能和使用范围，Type 1 码本较为简单，但精度低，针对单用户传输设计；Type 2 码本精度高，能用于多用户传输，但开销太大。

2．基于 AI 的 CSI 压缩反馈

基于 AI 的 CSI 反馈架构如图 8-9 所示。不同于传统反馈机制，基于 AI 的 CSI反馈是 UE 在信道估计后将信道矩阵用 AI模型对输入 h 进行特征提取和压缩，映射到浮点特征向量 z，UE 将 z 量化后的比特流 $\hat{z}$ 反馈给 BS。同样，BS 首先将 $\hat{z}$ 解量

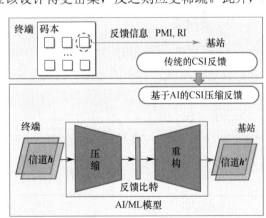

图 8-9　基于 AI 的 CSI 反馈架构

化成浮点向量 z'，然后利用 AI 模型来尽可能地从 z' 中还原 UE 压缩的信道，得到信道

矩阵 h'。我们将 UE 侧的处理统称为编码器（Encoder），BS 侧称为解码器（Decoder），这一架构在深度学习领域中对应自编码器（Autoencoder）模型框架，训练的优化目标是使 h 和 h' 尽可能接近。

引入 AI 技术能针对某个基站或者某种信道环境进行专门优化，在复杂的实际场景中，BS 能获得更加完整的信道信息，设计更合适的预编码进行传输，而且可以根据不同的场景和需求训练不同的 AI 模型，来实现任意反馈比特数、任意精度要求的信道矩阵反馈。

8.3.2　评价指标

对于 CSI 反馈，整体的期望包括：反馈开销越小越好，BS 能得到的信息越多越准越好，复杂度越低越好。因此，基于 AI 的 CSI 反馈有以下评价指标。

1．压缩比率

可直接通过空口反馈 CSI 的比特数直接评估。

2．反馈性能

这部分有两个层面的评估。

（1）CSI 重构准确度：对 AI 模型本身的性能进行评估，在测试集上，衡量 h 和 h' 的差异。可选指标包括 MSE、NMSE，如使用发射预编码反馈压缩，可以使用余弦相似度等进行衡量。

（2）系统增益：在通信系统中对使用基于 AI 的 CSI 反馈方案所带来的性能差异进行评估。目前的做法是将 AI 模型部署到仿真平台上，通过链路级或系统级仿真相应指标，如误块率（BLER）、吞吐量等，和传统 CSI 反馈方法进行对比。

3．复杂度

AI 模型将一般通过浮点运算量（Floating Point Operations，FLOPs）和模型大小来评估复杂度。由于 CSI 的反馈和使用对实时性有很高的要求，所以 AI 模型的复杂度需要限制在可行范围之内。芯片的算力一般通过每秒浮点运算次数（Floating Point Opcrations Per Second，FLOPS）来表示，可以设定一个参考算力来估算处理时延。特别是 UE 侧的算力，将直接限制 Encoder 部分的网络规模。

8.3.3　用于反馈的信道信息

在无线通信系统中，反馈 CSI 数据包括多种形式和类别的反馈。基于 AI 的 CSI 反馈也可以有多种情况，其中包括完整时频域信道的反馈、反馈 MIMO 的发射预编码等方式。

针对 AI 的 CSI 反馈的方法，目前有两类典型的数据用于 CSI 反馈[14-15]。

1）全信道信息反馈数据

全信道信息通常以信道在不同天线对上的功率时延谱的方式进行反馈，包括完整的来自若干子载波/簇、发射天线集合、接收天线集合上所各自对应的功率时延信息，其保留了完整的信道数据信息量。

2）信道特征信息反馈数据

信道特征信息是从完整的全信道信息通过奇异值分解（Singular Value Decomposition，SVD）得到的信道特征信息，可以用作发送端的预编码，相比全信道信息，分解后得到的特征信息主要是为 MIMO 信道中基站发送端预编码提供参考，反馈时对该信息进行压缩、反馈，以及接收、重构。反馈发射预编码的维度一般为不同子频带上的信道分解后对每个发射天线的预编码。

例如，终端在接收到参考信号后，通过信道估计得到全信道信息，再通过 SVD 得到信道特征信息，通过基于码本的方式或基于 AI 压缩的方式向 BS 反馈信道特征信息。所以，基于信道特征信息的压缩和反馈，更符合当前的 3GPP 标准，更能直接地和 3GPP 标准化的 Type 1 及 Type 2 反馈机制进行性能对比。

用于 AI 模型训练的 CSI 信道数据可以来自仿真或者外场采集。目前业界的相关研究主要基于 3GPP 38.901 中的信道模型仿真生成大量的信道数据用以训练[16]。

3）链路级信道

典型信道包括 CDL-A、CDL-B、CDL-C、CDL-D、CDL-E 等，分别在 LOS/NLOS、发射/到达角、多径、时延扩展等影响因素上有各自信道特征。

依托链路级信道可初步验证 CSI 反馈问题的模型设计方案，并做相应的增益对比分析，由于链路级信道所对应的信道场景较为单一，其在模型泛化分析上存在一定短板，可采用多信道联合构建训练集的方法加以混合处理。

4）系统级信道

典型信道包括常见场景城市宏蜂窝（Urban Macro，UMa）、城市微小区（Urban Micro，UMi）、室内热点（Indoor Hotspot，InH）和农村宏站（Rural Macro，RMa）中的多类信道。与链路级信道相比，这些系统级信道考虑了更多的信道影响因素和场景特征，能够更为准确地描述实际无线信道的多样性特征，可生成进一步验证模型性能与泛化能力的数据集。

8.3.4　算法设计

综上所述，基于 AI 的 CSI 反馈是由终端对 CSI 通过机器学习模型压缩，然后量化为信息量较小的比特流，通过空口反馈给基站，基站再使用机器学习模型对 CSI 进行恢复，最后得到重构的 CSI 数据用作发送端的信道信息。在整个算法过程中，信道信息会经过预处理、压缩、量化，最后解压，而其中压缩和解压的部分通常使用基于深度神经网络的自编码器实现。下面对算法中各部分进行详细说明并对可以优化的方向进行论述。

1. 数据预处理

待压缩的信道数据会首先根据数据特征做预处理，不同的 CSI 数据可能会有不同的处理方法。

1）基于稀疏特性的数据裁剪

全信道信息反馈时，如果信道数据为天线–时延域的功率时延谱，如图 8-10 所示，信道信息的整体能量分布在少数时延径上，即信道的主要信息也集中在这些径上，那么在进行信道信息压缩时，可以忽略能量极低的时延径，只选择那些高能量径进行压缩。同时，高能量径的分布是变化的，压缩信道的同时也需要有效地压缩和反馈这些径的位置，才能在接收端正确地恢复反馈信息。

图 8-10　天线–时延域的功率时延谱

2）输入数据变换

信道除了在天线–时延域上呈现稀疏特性外，通过离散傅里叶变换（Discrete Fourier Transform，DFT）将天线域转换为角度域，也可能在一些信道条件下使得信道数据呈现一定稀疏特性，即能量集中在某些波束方向上。此外，将时延域转换到频域也会展现一些信道的隐含特性，可以根据实际训练的数据集特征做相应处理。

另外，基带 MIMO 信道通常为复数矩阵，可以处理成由实部和虚部构成的两张特征图。而在无线通信中，幅度–相位的复数形式更为常见，并且有其对应的物理意义。所以，可以将实部–虚部特征图转换为幅度–相位特征图，或者直接增加后面两个维度的特征图，同时作为编码器的输入，如图 8-11 所示。

3）数据增强

在计算机视觉领域，可以通过对样本图像进行空间和颜色上的处理，如翻转、调整亮度等，来实现数据增强，增加训练样本，提高模型的泛化能力，防止过拟合。但是对信道信息来说，并没有类似图像颜色这样的属性。如果将反馈信息视作图像，则空间上的处理办法可以在训练时用在训练数据上，提高算法性能。

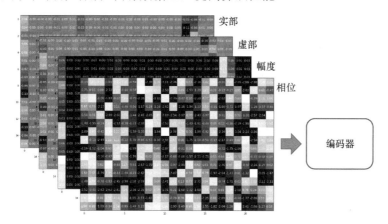

图 8-11　增加输入信道数据的维度

针对 CSI 压缩反馈的问题，另一个数据增强的思路是利用已知小规模信道数据集，通过基于 AI 的数据生成方案，构建大规模训练数据集。文献[17]、[18]研究表明，在训练样本规模受限的情况下，基于 AI 的数据生成构建的大规模样本，能显著提高 CSI 压缩反馈模型的性能，如图 8-12 所示。而基于真实环境采集构建的数据集，其样本规模往往受限于采集难度。通过 AI 生成来实现数据增强的方案在这种情况下尤为适用。

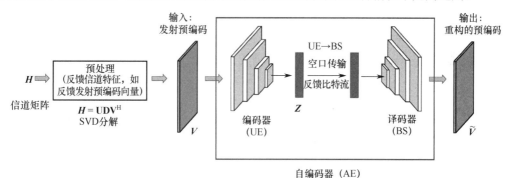

图 8-12　基于 AI 自编码器的发射预编码压缩反馈和重构

2．网络模型

数据的特性在很大程度上决定了选用何种 AI 网络模型。信道数据既有类似图像中的空间特性，也有类似自然语言中的时序特性。而在计算机视觉和自然语言处理领域方面，深度学习取得了巨大的成功，有很多经典、成熟的模型可以借鉴。

1）CNN

很多研究都采用 CNN 作为 CSI 压缩反馈的基础网络模型[19-20]，将信道信息以类似图像的形式输入到自编码器中，用卷积核来提取信道特性。相应地，在译码器中进行上采样，并用卷积进行特征恢复。合适的卷积核大小和图像尺寸能让 CNN 捕捉到更多的空间相关性。例如，对一个径上的不同天线对之间的信息来说，(N_t, N_r) 形式的矩阵比 $(N_t \times N_r, 1)$ 形式的向量，CNN 能更好地提取数据之间的相关性。

随着 CNN 层数的增多，网络可以进行更加复杂的特征提取，但与此同时，也会有深度网络难以训练和过拟合的问题。所以，ResNet[21]残差结构也会是设计网络时的常用要素，即通过层与层之间的短路连接实现残差学习。

2）Transformer 模型

不同于以 CNN 为基础的网络模型，以 Transformer[22]为基础的网络模型将每一条径，或者每一个天线对的信道数据，处理成类似自然语言处理中的时序信息输入，如图 8-13 所示。

使用 Transformer 模型对 CSI 压缩反馈有三个优势：一是 Transformer 模型结构的网络适合自编码器结构，因为其起源于解决不同语种间的翻译问题，这和 CSI 反馈压缩的整体架构相似，非常适合分别部署在 UE 和 BS 上；二是信道数据视作时序输入，在无线通信领域中有一定的物理意义，辅以相关的领域知识优化网络，更有利于提取出信道的特性；三是 Transformer 模型包含自注意力模块，对应在 CSI 压缩反馈问题中，该模块能更好地提取不同径或不同天线对之间的相关信息。

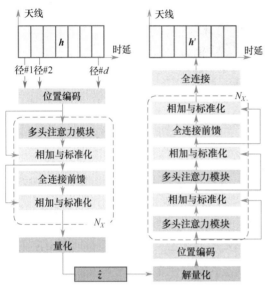

图 8-13　基于 Transformer 的 CSI 压缩反馈模型

3. 量化

UE 需要以比特流的形式将信道信息反馈给 BS，所以编码器末端会包含一个量化层来实现浮点特征向量到比特流的转换。在译码器中，首先会经历一个解量化层。量化必然会引入一定的误差，而不同的量化策略对 CSI 压缩反馈的性能有显著影响。常见的量化方式有以下几种。

1）均匀量化和非均匀量化

最简单的方式是均匀量化，即将浮点数值的分布区间等分成若干等间隔的区间，量化层用若干比特表示每个浮点数值的所属区间。解量化层则选择该区间的中心位置的浮点值作为解量化后输出。因为压缩后的信道信息，其浮点数值的分布并非均匀的，所以非均匀量化通过设置非等间隔的量化区间可以达到更好的效果，但各量化区间和对应的解量化很难直接给出。我们可以在固定网络的其他参数后，对压缩后浮点数据的分布进行分析，通过迭代尝试使量化误差收敛。

　　2）矢量量化

　　在 CSI 压缩反馈中常用的方式是矢量量化。矢量量化的种类非常多，经过证实，比较成熟的矢量量化方法参考 VQ-VAE 神经网络模型中的矢量量化对压缩后的特征向量进行量化。其中，中心向量构成的量化码本可以用一个嵌入层来映射，并在编码器和译码器之间共享。量化后的比特流实际上是量化码本中的索引。码本的大小和结构也影响反馈所需要的比特数量。训练码本的矢量量化如图 8-14 所示。

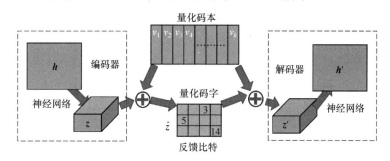

图 8-14　训练码本的矢量量化

　　除了以上两种基本方法，还一些量化的优化技巧，如可以根据径的重要程度，将每一条径所对应的信道信息量化成不同数量的比特，能量越高的径越重要，对应的量化比特数也越多，即其量化粒度会更精细。此外，解量化后可以根据数据的整体特征修正量化所带来的误差[23]，再进行信息矩阵的复原。

8.3.5　性能结果

　　不同 CSI 反馈算法下的吞吐量对比如图 8-15 所示，该图通过仿真比较了在使用不同的 CSI 反馈算法的情况下，系统使用相应的发射预编码时，频谱效率的变化。可以看到，在 CSI 反馈的重建精度 NMSE >0.85 时，AI CSI 全信道信息反馈的结果显著优于目前标准中基于码本的 Type 1 和 Type 2 预编码。

　　IMT-2020 5G 与 AI 融合研究任务组组织了两次无线 AI 大赛，分别基于全信道信息数据[15]和信道特征信息数据[16]，进行基于 AI 的 CSI 压缩反馈方案的比赛，通过比赛结果可以得到更权威的基于 AI 的 CSI 压缩反馈算法性能。

　　在首次竞赛中，基于全信道信息数据的 CSI 压缩反馈赛题，要求重构 CSI 在准确度达到 NMSE<0.1 的基础上，尽可能缩小反馈比特开销。结果显示，大小为 768 个浮点实数的天线−时延域 CSI 信道样本能在满足重构准确度的条件下，使用深度学习算法，被压缩到 286～384 bit。

　　在第二次竞赛中，基于信道特征信息数据的 CSI 反馈赛题，要求在反馈比特数固定的情况下，尽可能提高 CSI 重构的准确度。结果显示，在反馈开销固定为 48 bit 的测试集上，重构后余弦相似度平方能达到 0.84～0.87；在反馈开销固定为 128 bit 的测试集上，重构后余弦相似度平方能达到 0.92～0.94。与 3GPP 标准中效果最好的 eType 2 码本相比，使用同样的反馈比特数，基于 AI 的方案可以带来 10%～20%重构准确度的提升；对于同样的重构准确度，可以节省 50%～60%的反馈开销。

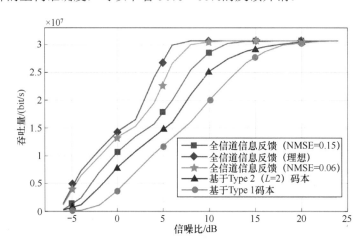

图 8-15   不同 CSI 反馈算法下的吞吐量对比

8.4　AI 使能的毫米波波束管理

在新一代无线通信系统中，为了解决日益增长的业务需求，具有丰富带宽资源的毫米波频段被认作一种不可或缺的关键技术。然而，更高频率范围的毫米波频段会产生更大的路径损耗，从而导致信号的快速衰减。为了克服毫米波频段信道的快速衰减，人们利用多天线阵列形成高增益的波束赋形技术来弥补高额的路径损耗。但由于波束具有高增益、高方向性、带宽偏窄的特点，使得每个波束在三维空间中的覆盖范围比较小，因此发射机和接收机两端都需要设计多个波束来尽可能地覆盖整个三维空间，以保证在每个方向上都有合适的波束来产生较大的信号增益，并采用一定的方法来选择合适的波束进行发送或接收。如何选择和管理这些波束，是本节的主要研究内容。

一方面，由于环境的变化，如用户终端（UE）的移动、旋转、被遮挡等，UE 侧的信号到达方向会随时发生变化，因此，UE 需要不断地进行接收波束扫描，测量参考信号的接收功率（Reference Signal Received Power，RSRP），从而查找最优的接收波束，完成 UE 激活波束的更新。

另一方面，由于 UE 的移动，基站（BS）侧的信号发送方向也需要及时调整，基站通过 UE 上报的多个参考信号（由基站发送给 UE，分别代表多个发送方向）的测量结果，确定最优的发送波束，完成基站激活波束的更新。

本节将引入 AI 技术，用于辅助解决终端侧和基站侧的波束选择和波束管理（Beam Management，BM）问题。本节将从终端侧和基站侧两方面，分别介绍各自的 AI 使能毫米波波束管理技术，并通过硬件平台，验证终端侧 AI 波束管理算法的性能。

8.4.1 终端侧 AI 波束管理

1. 背景介绍

在第五代移动通信系统及未来的第六代移动通信系统（5G 和 6G）中，基站和终端都会采用多天线 MIMO 技术，使用含有多个天线单元的天线面板形成指定方向的波束，通过控制每个天线单元的相位可以形成不同波束方向[25]。

现有标准给出了波束赋形权重公式模型，用于表述形成某个波束 i 时每个天线单元 (n,m) 的权重因子，见式（8-7）[26-27]。

$$w = \frac{1}{\sqrt{N_H N_V}} \exp\left(i \cdot 2\pi \cdot \left(n \cdot \frac{d_V}{\lambda} \cdot \sin(\theta_{i,\text{etilt}}) - m \cdot \frac{d_H}{\lambda} \cdot \cos(\theta_{i,\text{etilt}}) \cdot \sin(\varphi_{i,\text{escan}}) \right) \right) \quad （8-7）$$

式中，n 和 m 为垂直方向和水平方向上的天线单元编号，$n = 0,1,\cdots,N_V - 1$，$m = 0, 1,\cdots, N_H - 1$；N_V 和 N_H 为垂直方向和水平方向上的天线单元数目；d_V 和 d_H 为垂直方向和水平方向上相邻天线单元之间的距离；$\theta_{i,\text{etilt}}$ 和 $\varphi_{i,\text{escan}}$ 为第 i 个波束的垂直方向角和水平方向角；λ 为波长。

波束管理的目标是，通过相关参考信号的测量，找到合适的波束对，使得发送波束方向和接收波束方向彼此匹配，如图 8-16 所示。

图 8-16 波束管理：收发端最优波束对匹配

一方面，基站周期性地发送参考信号突发，一个参考信号突发中含有多个参考信号，每个参考信号通过不同的发送波束进行发送，从而完成发送波束的扫描（Transmit Beam Sweeping）；另一方面，UE 在不同的时刻产生不同的接收波束去测量基站发送的多个参考信号，得到各个参考信号的接收质量，并将测量到的 RSRP 最强的参考信号上报给基站，同时 UE 也会将最强 RSRP 对应的接收波束编号进行记录，以便后续基站采用某个发送波束进行发送时 UE 能够使用对应的接收波束进行接收。以上即为朴素的接收波束扫描方法，该方法会周期性地触发接收波束扫描，即依次遍历每一个接收波束，去测量发送波束上发出的参考信号功率大小，然后将测量得到的接收功率最大的接收波束作为后续数据传输的波束。

由于参考信号的发送是周期性的，如典型情况为 20 ms 周期，即基站每隔 20 ms 会产生一个参考信号突发，而 UE 在一个参考信号突发内只能使用一个接收波束去测量某个参考信号，因此 UE 需要在多个参考信号周期内逐个使用不同的接收波束去完成 RSRP 的测量。由此可见，UE 需要花费较长的时间周期才能完成一轮 RSRP 的测量，从而导致较大的波束选择时延；而且，这个波束选择时延会造成波束扫描完成后最优波束已经发生变化，即扫描过程中的最优波束已不再是当前时刻的最优波束，最终导致波束选择的正确率偏低、波束传输性能偏差的问题。

针对朴素接收波束扫描方法存在的缺点和问题，本节设计了一种基于 AI 使能的波束选择和波束管理方案，及时有效地选择合适的接收波束进行波束赋形，从而提升波束传输性能。

2. AI 的引入

在终端接收波束选择的过程中，UE 接收的参考信号可以用于识别最优波束，但是最优波束的预测信息并不能直接从 UE 测量得到的 RSRP 值中获得。我们的目标是要在所有的候选接收波束中及时地选出最优波束作为终端接收波束，进行数据信号的接收。当 UE 正处于移动或旋转时，很难使用人为设定的规则去快速而精确地捕获最优接收波束。在这种情况下，机器学习将是一种 UE 波束管理中能够有效捕获所需特性的利器。基于 Q 学习网络框架（Q-learning Network）的波束管理（BM）方案可以实现智能的 UE 波束管理。接下来，我们将对该方案（下称 BMQN 方案）做进一步介绍。

3. BMQN 方案

图 8-17 所示为 AI 使能的 UE 波束管理方案。在该方案中，UE 仅使用当前的激活波束以及覆盖范围更广的宽波束测量参考信号，并按照一定的顺序进行测量，然后通过深度神经网络，提前预测下一时刻的最优接收波束，从而及时地进行接收波束的切换。

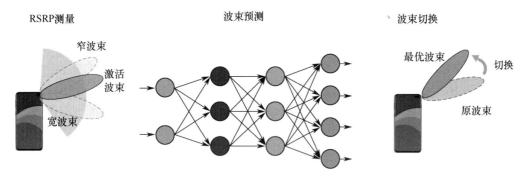

图 8-17 AI 使能的 UE 波束管理方案

在波束预测之前，需要通过精心设计的强化学习（Reinforcement Learning，RL）框架对机器学习模型进行训练，其中的训练数据既有来自 5G NR 系统仿真，也有来自毫米波通信硬件平台的测量数据。

4．RSRP 数据格式

在 BMQN 方案中，UE 通过当前激活波束和对应的宽波束轮流测量 RSRP 值，以滑动窗的形式生成机器学习模型的输入数据，其格式如图 8-18 所示。

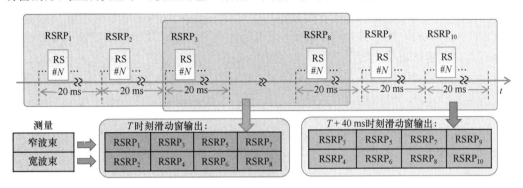

图 8-18　机器学习模型的输入数据格式

滑动窗每一步滑动两个 RSRP 值，即一个使用当前激活波束测量得到的 RSRP 值以及一个使用对应宽波束测量得到的 RSRP 值，一共 M（如 $M=4$）次测量 RSRP 对组成一个 $2 \times M$ 维度的数据表格，其中两行分别为 UE 使用当前激活波束测得的 RSRP 值以及使用对应宽波束测得的 RSRP 值。

在输入 ML 模型之前，由滑动窗产生的 $2 \times M$ 维度的数据表格重组成 $M \times 2$ 维度的数据表格，并进一步扩展为 $M \times (N+1)$ 维度的数据表格，其中 N 为 UE 所有的窄波束数目（如 $N=16$）。每一行中含有 $(N+1)$ 个数据，分别代表 N 个窄波束的 RSRP 值以及一个宽波束 RSRP 值，其中 N 个窄波束 RSRP 值中只有当前激活波束的 RSRP 值是真实测量得到的，其他 $(N-1)$ 个 RSRP 值为设置的默认值。RSRP 值放置在数据表格中对应的位置，将会携带该 RSRP 值是由哪个接收波束测得的隐含信息，该信息有助于对神经网络模型进行训练和预测。

另外，为了便于模型的训练，输入的 RSRP 数据表格需要做进一步的数据预处理。我们将原 RSRP 值做线性缩放并增加一定的偏置，使得处理后的数据基本均匀分布在 0 值附近，处理公式为 $E = \dfrac{1}{g}(\text{RSRP} + b)$，其中 RSRP 为预处理前的 RSRP 值，$E$ 为预处理后的 RSRP 值，g 为缩放因子，b 为偏置。

5．Q-learning 算法设计

在 BMQN 方案中，Q-learning 算法是 AI 算法的核心部分。Q-learning 算法是强化学习算法中基于价值的算法，Q 的含义是 $Q(s,a)$，就是在某一时刻的状态 s 下（$s \in S$），采取 a（$a \in A$）动作能够获得收益的期望，环境会根据代理的动作反馈相应的奖励 r，并得到下一时刻的状态 s'，所以算法的主要思想就是将状态与动作构建成一张 Q-table 来存储 Q-value，然后根据 Q-value 选取能够获得最大收益的动作。

对于 UE 侧的波束管理，UE 充当代理的角色，状态 s 是 UE 测量得到的 RSRP 值经过预处理后的 RSRP 数据表格，最优波束的选择便对应于动作 a，同时这个动作会改变后续 RSRP 值的变化，并且得到相应的奖励 r。

在基本的 Q-learning 算法中，Q-value 是用一张 Q-table 来存储的，但是 Q-table 的维度大小跟状态的可能数目一致，在我们的方案中，状态是 UE 测量得到的 RSRP 数据表格，其可能的数目是无穷多个，所以无法用传统的 Q-table 的方式来存储 Q-value，需要用 Q-function 来代替 Q-table，为了能够更好地从历史 RSRP 值的时间序列中提取出有用的信息，深度神经网络模型被用来实现这个 Q-function。

为了选择最优的波束（动作，Action），Q-learning 算法的目标是最大化长期的奖励 Q-value，表述为如下公式

$$Q^*(s,a) = \max_\pi E(r_t + \gamma r_{t+1} + \cdots | s_t = s, a_t = a, \pi) \tag{8-8}$$

式中，r_t、r_{t+1} 等分别为 t 时刻、$t+1$ 时刻等的瞬时奖励；γ 是权重因子；π 是从状态 s 到动作 a 的映射策略，即 $a = \pi(s)$ [28]。

基于 Q-value，UE 会选择一个动作 a_t 使得在 t 时刻的 $Q(s_t, a_t; \theta)$ 值最大化，其中 s_t 代表 t 时刻的环境状态，θ 是 Q-function 的参数（包括权重和偏置）。动作 a 从集合 A 中选择，即包含所有 UE 接收波束的候选集合。因此，UE 波束管理问题的目标就是选择出 t 时刻的最优动作 a_t^*：

$$a_t^* = \arg\max_{a_t \in A} Q(s_t, a_t; \theta) \tag{8-9}$$

概括来说，基于神经网络的 Q-function 通过输入当前状态（时间连续的 RSRP 值）得到输出的针对各个动作（候选波束）的 Q-value，然后比较各个动作的 Q-value，选择出最优的接收波束，如图 8-19 所示。

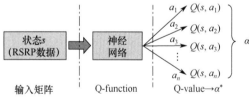

输入矩阵　　　Q-function　　　Q-value→α^*

图 8-19　Q-learning 算法的最优动作选择

在该 Q-learning 算法中，Q-function 计算 Q-value，好的神经网络结构设计不仅需要有较高的预测准确性，还需要具备较好的可解释性。在我们的输入数据中，历史的 RSRP 信息是一系列时间相关的数据，而循环神经网络（Recurrent Neural Network，RNN）善于处理时间相关的序列并提取出关键的特征信息，因此我们采用 RNN 模型作为数据分析和优化的工具，从而实现 Q-function 的功能。

具体地说，我们使用一种改进的 RNN 模型，即长短时记忆模型（Long Short Term Memory，LSTM）[29]，来实现 Q-function 的功能，用于从历史的 RSRP 信息中提取出与波束管理有关的特征信息，如 UE 移动信息、无线环境变化情况、实际的波束分布图案等。图 8-20 所示的网络为一个三层的 LSTM 模型示意图，其输入为 $N+1$ 个 RSRP 数

据，经过三个 LSTM 隐藏层后输出为 N 个 Q-value 值，用于做出相应的动作，从而选择出对应的最优波束。

在本方案中，具体的模型参数设置如下：时间步长 M=4，即使用 4 次激活波束测量值和 4 次宽波束测量值作为输入；接收波束数目 N=16；隐藏层数目 L=3；每一层的神经元数目 P=156；输出层的输出结果为 16 个 Q-value，对应 16 个接收波束。

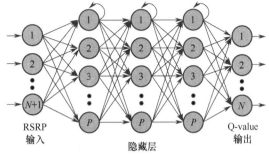

图 8-20　Q-function：基于 LSTM 模型深度神经网络

6. 训练框架

在使用 BMQN 方案进行波束预测之前，首先需要利用大量的训练数据对设计的神经网络模型进行训练。我们的训练数据有来自 5G NR 系统级仿真的数据，也有来自波束管理 PoC 硬件原型机实际测量得到的数据。下面主要讲述基于系统级仿真得到的数据设计的 BMQN 训练框架，8.4.3 节会专门讲述基于 PoC 硬件原型机的毫米波波束管理方案的验证。

首先，介绍原始数据的收集。系统级仿真所采用的信道是基于 3GPP TR 38.901 的 3D 信道模型搭建而成的；基站采用 16×16 的天线阵列，一个扇区形成 64 个波束；UE 设置两个天线面板，单个面板采用 2×2 的天线配置，形成 8 个波束，因此一个 UE 的两个面板共形成 16 个波束。

对于 UE 状态，我们设置了 3 种 UE 运动状态，分别为静止不动、随机方向移动，以及旋转方向但位置固定不动。

收集数据时，每隔 20 ms 会记录一次数据，在每个记录时间点，会有一个最优的波束对，即最优的发送波束和最优的接收波束（仿真中可以得到理想的最优波束对），针对最优发送波束，记录 UE 的所有 16 个接收窄波束及两个面板对应的两个宽波束测量得到的 RSRP 值。

通过在不同的 UE 运动状态记录下大量的 RSRP 测量数据，即可得到神经网络模型的训练原始数据，从而形成数据集。

对于常规的强化学习训练，由于在当前状态下，只能得到选择某个特定动作之后的情况，无法获知所有动作下的情况，因此无法记录每一种情况的数据。而我们的仿真原始数据，可以同时记录所有 N 个接收波束以及两个宽波束的 RSRP 测量数据，因此对于任意状态 s，我们都可以得到所有可能的动作情况以及相应的下一个状态 s′，也就是说，我们可以通过仿真原始数据得到一个完整的训练数据集。然而，在我们的 BMQN 方案的训练和预测过程中，同一时刻只能得到一个 RSRP 值，即在输入数据时，16 个接收波束中只能有 1 个波束的 RSRP 值是实际测量值，其他 15 个值都是无法获得而必须使用默认值，而且窄波束 RSRP 和宽波束 RSRP 的测量也必须在不同的测量周期内交替进行。

对于 Q-learning 算法，训练时的输入数据为一个四元组，记为 $\{s,a,r,s'\}$，从全集中随机选择一个当前状态 s 以及随机选择一个动作 a，可以得到下一时刻状态 s'，并计算相应的奖励 r。

对于强化学习的训练过程，当使用非线性函数（如神经网络）来表示 Q-value 时，会出现不稳定或发散的情况。这种不稳定性主要来自观测序列之间的相关性。事实上，对 Q-value 的微小更新也可能会引起策略的显著变化，以及 Q-value 和目标值之间的相关性。因此，我们使用双网络，其中两个单独的映射函数（主网络和目标网络）以相互对称的方式使用单独的经验进行训练，使得训练变得更容易、更稳定。

在训练过程中，动态生成批量训练数据，通过反向传播（BP）算法对模型进行训练，以最小化双网络之间的差异，并更新两个模型的参数 θ 和 θ'，直到两个网络之间收敛（见图 8-21），从而优化损失函数：

$$L(\theta) = E_{(s,a,r,s')\sim U(D)}(r_t + \gamma \max_{a'} Q(s',a';\theta') - Q(s,a;\theta))^2 \qquad (8\text{-}10)$$

最终的优化目标是：

$$Q^*(s,a;\theta) \leftarrow E_{s'}[r + \gamma \cdot \max_{a'} Q^*(s',a';\theta) \mid s,a] \qquad (8\text{-}11)$$

对损失函数关于 θ 做微分，可以得到下面的梯度公式：

$$\nabla_\theta L(\theta) = E_{(s,a,r,s')}[(r_t + \gamma \max_{a'} Q(s',a';\theta') - Q(s,a;\theta))\nabla_\theta Q(s,a;\theta)] \qquad (8\text{-}12)$$

通过使用随机梯度下降（SGD）优化器[30]，上述梯度通过 LSTM 模型反向传播，模型最终达到稳定状态。

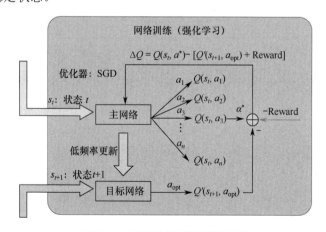

图 8-21 双网络的网络训练过程

网络训练性能的关键在于奖励的设计。良好的奖励设计有助于提高网络的预测精度，这也是强化学习训练的关键。最直接的奖励设计取决于所选动作所产生的结果，因此，首先设计的奖励计算方法如下：

$$r_t = \mathrm{RSRP}_{t+1} - \mathrm{RSRP}_{max} + C \tag{8-13}$$

式中，r_t 为 t 时刻的奖励值；RSRP_{t+1} 为 $t+1$ 时刻的 UE 测量的 RSRP 值；RSRP_{max} 为所有接收波束测量得到的最大 RSRP 值；C 为设置的常数，用于平衡正奖励和负奖励的比例。

然而，考虑到实际情况，UE 并不能同时测得所有接收波束的 RSRP 值，因此上述的奖励计算方法中的 RSRP_{max} 是不可获得的。因此，我们采用另一种奖励计算方法，即考虑当前窄波束测量得到的 RSRP 值和宽波束测量得到的 RSRP 值之间的差，计算公式如下：

$$r_t = \mathrm{RSRP}_s - \mathrm{RSRP}_w + C \tag{8-14}$$

式中，RSRP_s 为当前窄波束测量得到的 RSRP 值；RSRP_w 为宽波束测量得到的 RSRP 值。用这种奖励计算方式代替上述理想的奖励计算方式，就可以实现在线的网络训练过程（即在使用的过程中训练，无须额外的信息收集）。根据测试结果，这种奖励的计算方式也能实现网络几乎相同的性能。

8.4.2　基站侧 AI 波束管理

1. 背景介绍

前面已经提到过，基站和 UE 都可以采用 MIMO 技术，利用多天线阵列形成高增益、高方向性的窄波束。但天线阵列排布需要占据一定的空间，且具有一定的实现复杂度，因而基站侧比终端侧更容易实现 MIMO 技术。当终端发生移动时，基站需要及时地更新发送波束，调整发射信号的方向，完成相应的波束赋形。

用于解决基站侧波束选择的传统方案主要有两种。

一种是，朴素的全发送波束扫描的方案，即基站为每个发送窄波束都配置相应的参考信号（如 SSB）资源，并触发终端对所有配置的参考信号资源进行测量并上报，然后基站根据终端上报的 RSRP 值最大的参考信号对应的窄波束当作最优波束，作为下一时刻数据传输的波束。

另一种是，基于分层结构的发送波束扫描，即采用基于 SSB 资源的宽波束和基于 CSI-RS 资源的窄波束相结合的分层结构。基于分层结构的发送波束扫描的基本流程为，基站先触发终端进行 SSB 资源上的宽波束 RSRP 测量；然后在得知最优宽波束的情况下，将该最优宽波束覆盖下的所有窄波束配置相应的 CSI-RS 资源，触发终端进行窄波束 RSRP 测量；最后根据反馈的窄波束 RSRP 值选出最优的窄波束，作为下一时刻数据传输的波束。

然而，上述两种传统方案都存在一定的问题。基站需要占用大量的 SSB 资源或 CSI-RS 资源用作 RSRP 的测量，导致资源浪费；另外，终端需要在短时间内对大量的 SSB 资源或 CSI-RS 资源进行 RSRP 测量，会给终端造成很大的测量负担，从而会消耗较多的电池电量。

特别地，对于分层结构的发送波束扫描方案，基站只能在最优宽波束覆盖下的窄波束中选择最优窄波束。如果终端移动速度较快，在终端测量和上报的这段时间内终端已经移动到最优宽波束的覆盖之外，基站就无法准确判断当前的最优波束，从而导致信号传输质量下降，甚至链路中断的问题。

针对传统方案存在的问题，我们设计了一种基站分层波束结构下，AI 使能的波束选择和波束管理方案，能够使基站及时有效地选择合适的发送波束进行波束赋形，提升波束传输性能。

2. 方案流程

图 8-22 所示为基站采用分层结构下，AI 使能的基站波束选择流程，左侧框内为确定新波束前，基站与 UE 通过当前的激活窄波束进行数据传输。当需要进行波束选择时，基站首先触发 UE 进行基于 SSB 的宽波束的 RSRP 测量，基于各宽波束的 RSRP 值选取出 RSRP 值最大的两个宽波束，并从这两个宽波束所覆盖的窄波束中选出少量窄波束作为待测窄波束，触发 UE 对这些待测窄波束进行 RSRP 测量。然后再利用 AI 预测模型对目标时刻的最优波束进行预测，同时可以使用多个 AI 预测模型对多个目标时刻进行波束预测。最后，当时间达到目标时刻时，基站将进行目标窄波束的切换，即从当前使用的窄波束切换至预测得到的目标窄波束，如图 8-22 右侧框内所示。

3. AI 模型和输入数据

和终端侧的 AI 使能的波束管理方案类似，用于基站侧波束预测的 AI 模型框架也采用基于强化学习的 Q-learning 算法，其中用于实现 Q-function 的神经网络模型为 3 层双向长短期记忆网络模型（Bi-LSTM）。

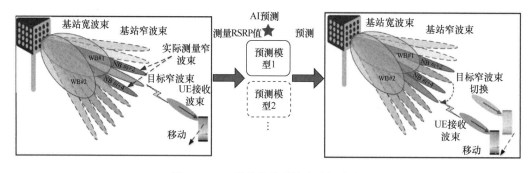

图 8-22　AI 使能的基站波束选择流程

基站侧的 AI 模型输入数据格式如图 8-23 所示，表示在时间步 i 时刻，LSTM 的输

入包括当前时间步 i 内获得的 $M=4$ 个宽波束 RSRP（以基站配置 4 个宽波束为例）和 N_2 个窄波束 RSRP（假设基站需要在 RSRP 值最大的两个宽波束覆盖下选择 N_2 个窄波束进行 RSRP 测量）：$WRSRP_{1,i}$，$WRSRP_{2,i}$，$WRSRP_{3,i}$，$WRSRP_{4,i}$，$NRSRP_{1,i}$，$NRSRP_{2,i}$，$NRSRP_{3,i}$，$\cdots$，$NRSRP_{N_2,i}$，以及上一个时间步 $i-1$ 内获得的 4 个宽波束 RSRP 和 N_2 个窄波束 RSRP（为历史信息，即保存的上一次收到的 RSRP 信息）：$WRSRP_{1,i-1}$，$WRSRP_{2,i-1}$，$WRSRP_{3,i-1}$，$WRSRP_{4,i-1}$，$NRSRP_{1,i-1}$，$NRSRP_{2,i-1}$，$NRSRP_{3,i-1}$，$\cdots$，$NRSRP_{N_2,i-1}$。将这些 RSRP 数据一起组成一个二维矩阵，大小为 2 列×（$M+N_2$）行，作为 AI 模型的输入数据格式。

$WRSRP_{1,i-1}$	$WRSRP_{1,i}$
$WRSRP_{2,i-1}$	$WRSRP_{2,i}$
$WRSRP_{3,i-1}$	$WRSRP_{3,i}$
$WRSRP_{4,i-1}$	$WRSRP_{4,i}$
$NRSRP_{1,i-1}$	$NRSRP_{1,i}$
$NRSRP_{2,i-1}$	$NRSRP_{2,i}$
$NRSRP_{3,i-1}$	$NRSRP_{3,i}$
$\cdots$	$\cdots$
$NRSRP_{N_2,i-1}$	$NRSRP_{N_2,i}$

图 8-23　基站侧的 AI 模型输入数据格式

4. 性能结果

对于本方案算法的性能，我们采用仿真验证的方法。为此，我们开发了相应的系统级仿真平台以及 AI 模型算法平台，系统级仿真平台用于收集大量的 RSRP 测量数据，生成相关的训练数据和测试数据，AI 模型算法平台用于 AI 算法的设计、AI 模型的训练及波束选择的预测。

我们采用基于分层结构的发送波束扫描传统算法作为基准算法，将我们的 AI 使能的波束选择算法与基准算法做对比。两种算法的性能对比如表 8-2 所示。

表 8-2　两种算法的性能对比

算　　法	Top1	Top1～2	Top1～3	Top1～4	Top1～5	与理论 RSRP 差异	CSI-RS 资源数目
基准算法	54.30%	74.16%	83.26%	87.06%	89.11%	3.623 dB	16
AI 使能的波束选择算法	56.68%	76.88%	85.46%	88.64%	90.32%	3.216 dB	8

从上述的性能对比可以看出，与基准算法相比，AI 使能的波束选择算法占用更少的 CSI-RS 资源数目，UE 每次进行窄波束的 RSRP 测量时，测量的数目也会减半；另外，AI 使能的波束选择算法在波束选择准确率上也略优于基准算法，与理论 RSRP 上限的差异也比基准算法小约 0.4 dB，这说明 AI 使能的波束选择算法更容易选到实际最优的发送波束。

8.4.3　硬件平台终端波束管理方案验证

为了更好地验证 BMQN 方案的优势，该算法被应用于一套硬件平台上，实施毫米波波束管理。图 8-24 所示为毫米波波束管理硬件平台的结构，表示从基站到 UE 的下行数据传输过程。

图 8-24 中的 mmPSA 为毫米波收发天线阵列，工作频率为 28 GHz 毫米波频段，天线单元配置为 1×8，采用 6 bit 移相器生成 16 个水平方向上的波束，每个波束的覆盖范

围为 8°～16°，用于覆盖空间域上的半个球面；同时，宽波束由其中的一个天线单元形成，其 3 dB 波束宽度约为 120°。

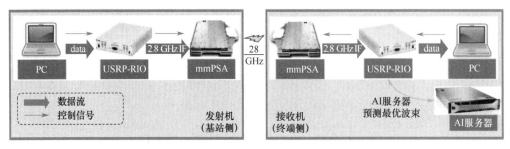

图 8-24　毫米波波束管理硬件平台的结构

在上变频到毫米波之前，信号需要先经过 USRP-RIO 进行基带信号处理。USRP 是一种用于基带处理的通用软件无线电外设，其中实现了 NR 帧结构和 RSRP 测量等基带功能。USRP 由一台笔记本电脑连接，作为 USRP 的控制器。在接收端，同时还有一台 AI 服务器连接到 USRP，用于实时运行 BMQN 方案完成最优接收波束的预测并将结果告知接收端。

为了在硬件平台上验证算法性能，首先需要为模型训练收集实际数据。在实际数据收集过程中，我们将天线面板（移相器）放在一个遥控机器人底盘上，用来模拟 UE 在不同运动状态下的数据收集。

硬件场景布置如图 8-25 所示。当机器人底盘沿着预定方式移动和转动时，AI 服务器每隔 40 ms 自动记录所有 16 个窄波束和一个宽波束的 RSRP 值。通过对机器人底盘设置不同的移动速度和转向角速度，可以收集到更多的测量数据。

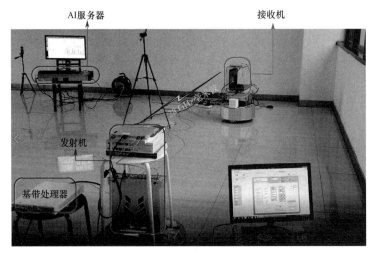

图 8-25　硬件场景布置

收集完整的数据集后，按照前述的 Q-learning 算法对模型进行离线训练。经过实际数据训练的模型将被实施于 AI 服务器，UE 通过该服务器的实时预测结果进行接收波束的管理。为了更好地对比 BMQN 方案性能，这里还设计了几种基于规则的参考算法，下面列出了四种传统算法。

（1）朴素扫描方法（Naive Sweeping，NaS）：连续扫描所有接收波束，并选择 RSRP 值最大的波束。

（2）二分搜索（Binary Search，BS）：分级测量，不断对波束分组、比较，对较优的一组进行进一步分组。

（3）抽样扫描（Sampling Sweeping，SS）：选择有代表性的波束进行测量，并选择 RSRP 值最大的波束。

（4）邻近搜索（Neighbor Search，NeS）：仅对当前激活波束以及相邻波束进行测量，并选择 RSRP 值最大的波束。

衡量算法性能的直接指标是波束预测精度，其对比如图 8-26 所示。其中以累积分布函数（CDF）的形式展示了 BMQN 方案和四种传统算法的 top-N 个排名的波束选择准确性。

可以看出，BMQN 方案的 top-1 波束选择精度在 0.85 以上，top-2 波束选择精度接近于 0.99，远优于其他四种基于规则的传统算法。同时，在硬件平台上的完整预测过程

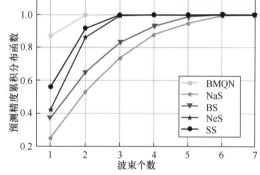

图 8-26　波束预测精度对比

为 3～5 ms，完全满足波束选择的实时性要求。考虑实际终端设备的计算力以及使用 GPU 的计算，计算过程的时延可以进一步大幅度缩减。同时，链路中断后恢复波束追踪的场景也被验证，其波束恢复至最优选择的时间也远小于基于规则的传统算法。

8.5　本章小结

近几年来 AI 使能空口技术的发展越来越被产业界和学术界所重视，与此同时，也应看到在成熟的空口物理层应用 AI 技术时仍然存在着诸多挑战。例如，大数据的采集和获取、AI 算法的泛化性能、不同阶段下 AI 算法的复杂度控制、AI 使能空口的标准化等。在 6G 研究中，需要考虑引入现有的能够取得更好性能的 AI 使能空口技术，以及 5G 和 B5G 阶段的相关标准化经验，并在 6G 研究的初期加以考虑。本章针对 AI 使能空口技术演进和标准化研究进行了介绍，并基于三个重要的 AI 使能空口技术（信道估计、信道状态信息反馈和毫米波波束管理）的研究，展现了 AI 使能空口技术的潜力和研究成果。

本章参考文献

[1] 3GPP. Study on RAN-centric Data Collection and Utilization for NR: RP-181456[S]. 3GPP work item description, 2018.

[2] 3GPP. Study on further enhancement for data collection: RP-201304[S]. 3GPP work item description, 2020.

[3] 3GPP. Study on Artificial Intelligence (AI)/Machine Learning (ML) for NR Air Interface: TR 38.843[S]. 3GPP work item description, 2022.

[4] ZHANG J, HUANG Y, WANG J, et al. Intelligent beam training for millimeter-wave communications via deep reinforcement learning[C]//in Proceedings GLOBECOM'19, Waikoloa, HI, USA, 2019: 1-7.

[5] 3GPP. NR; Physical channels and modulation: TS 38.211[S]. 3GPP. v17.0.0, 2022.

[6] COLERI S, ERGEN M, PURI A, et. al. Channel estimation techniques based on pilot arrangement in OFDM systems[J]. IEEE Transactions Broadcast, 2002, 48: 223-229.

[7] SAVAUX V, LOUËT Y . LMMSE channel estimation in OFDM context: a review[J]. IET Signal Process, 2017, 11: 123-134.

[8] DONG C, CHEN C L, HE K, et. al. Image Super-Resolution Using Deep Convolutional Networks[J]. IEEE Transactions on Pattern Analysis and Machine Intelligence, 2016, 38: 295-307.

[9] SOLTANI M, MIRZAEI A, POURAHMADI V, et. al. Deep learning-based channel estimation[J]. IEEE Communications Letters, 2019.

[10] TOLSTIKHIN I, HOULSBY N, KOLESNIKOV A , et. al. Mlp-mixer: An all-mlp architecture for vision[J]. Advances in Neural Information Processing Systems, 2021, 34.

[11] IMT-2020(5G), CAICT, VIVO. AI-based Channel Estimation 赛道，第二届无线 AI 竞赛(2nd WAIC)，[OL]. [2022-12-08]. DataFountain 网站.

[12] VIVO, 3GPP RAN 技术标准工作组. Study on AI/ML based Air Interface Enhancement in Rel-18: RP-210170[S]. 2021.

[13] IMT-2020(5G)推进组. 基于 AI 的 MIMO 技术研究报告[R].2021.

[14] DataFountain. 2nd wireless communication AI competition (2nd WAIC) [OL]. [2022-12-08]. DataFountain 网站.

[15] IMT-2020(5G)推进组. 5G 与 AI 融合基础理论及数据集研究报告[R].2021.

[16] DataFountain. 1st wireless communication AI competition (1st WAIC) [OL]. [2022-12-08]. DataFountain 网站.

[17] IMT-2020(5G)推进组, OPPO. Discussion on R18 study on AIML-based 5G enhancements[R]. 2021.

[18] XIAO H, TIAN W, LIU W, et al. ChannelGAN: Deep Learning-Based Channel Modeling and Generating[J]. IEEE Wireless Communications Letters, 2022, 11: 650-654.

[19] XIAO H, WANG Z, TIAN W, et al. AI enlightens wireless communication: Analyses, solutions and opportunities on CSI feedback[J]. China Communications ,2021,18: 104-116.

[20] LIU W, TIAN W, XIAO H, et al. EVCsiNet: Eigenvector-Based CSI Feedback Under 3GPP Link-Level Channels[J]. IEEE Wireless Communications Letters, 2021, 10: 2688-2692.

[21] HE K, ZHANG X, REN S, et al. Deep Residual Learning for Image Recognition[J]. 2016 IEEE Conference on Computer Vision and Pattern Recognition (CVPR), 2016: 770-778.

[22] VASWANI A, SHAZEER N, PARMAR N, et al. Attention is All you Need[J] . ArXiv, 2017.

[23] CHEN T, GUO J, JIN S , et al. A Novel Quantization Method for Deep Learning-Based Massive MIMO CSI

Feedback[J]. 2019 IEEE Global Conference on Signal and Information Processing (GlobalSIP) , 2019: 1-5.

[24] LU Z, WANG J, SONG J.Multi-resolution CSI Feedback with Deep Learning in Massive MIMO System[J]. 2020 IEEE International Conference on Communications (ICC), 2020: 1-6.

[25] ZHANG Y, REN P, DU Q ,et al. Antenna tilt assignment for three-dimensional beamforming in multiuser systems[J]. 2015 IEEE Global Communications Conference,2015: 1-6.

[26] 3GPP. Study on channel model for frequencies from 0.5 to 100 GHz: TR38.901 V14.2.0[S]. 2017.

[27] 3GPP. Study on new radio access technology: Radio Frequency (RF) and co-existence aspects: TS38.803 V14.1.0[S]. 2017.

[28] MNIH V, KAVUKCUOGLU K, SILVER D, et al. Human-level control through deep reinforcement learning[J] Nature, 2015, 518(7540): 529-533.

[29] HOCHREITER S, SCHMIDHUBER J. Long short-term memory[J]. Neural computation, 1997, 9:1735-1780.

[30] BOTTOU L, BOUSQUET O. The tradeoffs of large scale learning[J]. Advances in Neural Information Processing Systems, 2008: 161-168.

第 9 章　新型双工技术

本章从驱动因素阐述新型双工（Advanced Duplex）技术研究的必要性，并对关键问题、主要挑战和适用场景进行说明。针对未来蜂窝高功率全双工基站，本章讨论联合自干扰删除设计的准则并针对各域的自干扰删除技术，概述组网交叉干扰及候选机制，针对干扰删除方案从工程实践角度提供一些参考观点。

9.1　驱动因素和趋势

当前 3GPP 已经发布了 5G NR（New Radio）Rel-17 标准技术规范，与 4G LTE 相比，5G NR 的特征之一是支持更高载波频率和更大的带宽，而全球大部分新分配的 5G 频谱都是比 4G 更高的非配对的时分双工（Time-Division Duplex，TDD）制式，如 3.3~3.8 GHz、28 GHz 和 39 GHz 频段，初始部署 5G NR 系统会面临覆盖受限，因为更大的路损是不可避免的问题。相比频分双工（Frequency Division Duplex，FDD），TDD 因为频段分配和时隙资源受限使得重复传输资源受限从而会导致覆盖能力明显下降，5G 覆盖对比如图 9-1 所示，给部署带来共站和建设成本等方面的挑战。为了解决 TDD 覆盖的这个短板，业界进行了一些研究[1]，其中一项被 3GPP 采用的技术是辅组上行（Supplementary Uplink，SUL），它提供调度的灵活度，可以将在 5G 高频段载波覆盖不好的终端调度到低频段的上行载波，以额外的辅组频谱资源和收发机实现代价在一定程度上改善 5G NR 的覆盖，但在本质上并未解决 TDD 覆盖的根本问题，只是在覆盖出现问题时避免使用 5G 新频谱资源；另一项方案就是增加 5G 基站的部署密度，这需要寻址更多的站点，从移动运营商角度来看，这并不具有吸引力。

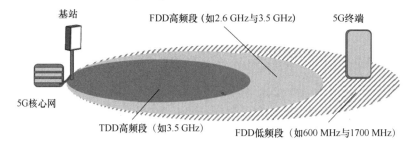

图 9-1　5G 覆盖对比

另外，因新兴业务逐渐普及，如超高清视频、AR/VR/XR、全息和数字孪生等业务，全球移动业务量将持续爆炸性增长，预计到 2030 年（6G 时代），比 2020 年（5G 时代）将出现超 80 倍增长（约 5000 EB/m）[2]，而频谱总是有限的，低频段具有良好传播特性的可用频谱已近枯竭，5G 率先开启了向 6 GHz 以上频段的开发，包括毫米波频段，可见频谱的稀缺是移动通信亟待解决的焦点问题之一。为了满足业务量和数据率增长的需求，一方面需要探索性研究具有丰富带宽资源的更高频段（如太赫兹、可见光等）用于 6G 移动通信的可行性，另一方面需要加强对现有频谱使用效率的提升。

此外，虽然 TDD 比 FDD 在有效支持非对称业务方面和信道互易等方面具备一定的优势，但 TDD 帧结构上下行时隙时分配置和相应的混合自动重传请求（HARQ）反馈时序就导致了 TDD 系统空口时延的硬性限制，而超低时延业务的兴起促使移动通信从 5G NR 开始就制定空口时延小于 10 ms 的方案，未来 6G 在时延方面还需要进一步降低。

基于以上覆盖增强、频谱效率提升和时延降低的需求驱动，双工方式演进从 5G 早期开始逐渐被讨论，不少研究致力于实现能结合 TDD 和 FDD 双重优势的新型双工技术，即全双工（Full Duplex）技术。目前，3GPP Rel-18 立项了新型双工的研究项目，探索从 5G-Advanced 引用双工技术演进的可行性，不过该研究项目目前的范围仅限于子带非重叠全双工（Sub-band Non-overlapped Full Duplex）、子带重叠全双工（Sub-band Overlapped Full Duplex）和全带全双工（Full-band Full Duplex，一些文献中也称 In-band Full Duplex 或 co-time co-frequency Full Duplex）。

子带非重叠全双工的概念为一个载波带宽内允许在不重叠的频率子带资源上同时进行上行和下行的收发或发收；而子带重叠全双工的概念为一个载波带宽内在某相同的频率子带资源同时进行上行和下行的收发或发收。全带全双工的概念则为在同一个载波的整带宽资源上都允许同时同频进行上行和下行的收发或发收。可以看出，前两者可以看作是后者的一种特例，但它们面临的技术挑战会有差异，适用于不同的应用场景。三种新型双工方式与传统 TDD/FDD 的差别如图 9-2 所示。

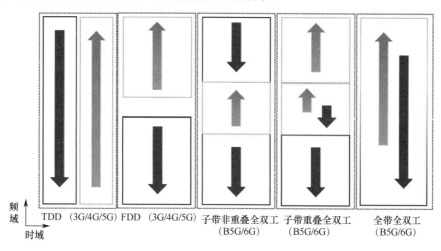

图 9-2　三种新型双工方式与传统 TDD/FDD 的差别

从理论上说，全带全双工具备频谱效率翻倍、同 FDD 一样的时延和上行覆盖增强的潜力，子带全双工在时延和覆盖增强上的潜力与全带全双工类似，但是相对全带全双工未能最大化频谱使用效率。这里的覆盖增强能力是指全双工能提供更多的连续资源可用，处于小区边缘的用户可以在这些连续的资源上进行重传合并从而提高覆盖。此外，子带非重叠全双工实现技术难度稍低，子带重叠全双工次之，而全带全双工面临的挑战最大，所以子带非重叠全双工率先被 3GPP 5G NR 双工演进研究立项，当前 3GPP 各公司的普遍观点是优先在基站侧考虑非重叠子带全双工，研究其在 5G-Advanced 使用的可行性，它未来的成功将作为后两者研究的基石。

9.2　主要技术问题、挑战和适用场景

全双工技术早在 20 世纪 90 年代就已经被提出[3]，近 10 年来，学术界和产业界对双工演进不断探索，在一些关键问题上取得了很好的进展或者突破[4-10]，但时至今日，也难以得出移动通信标准。之前很长的一段时间，业界的普遍信条是实际移动通信中同频同时传输不可行，因为移动基站的高功率导致众所周知的一系列严重干扰问题。在移动蜂窝系统中要想应用全双工，就必须研究出有效的且实现成本可承受的方案来解决如下两种干扰问题。

（1）本地自干扰（Self-Interference，SI）：包含收发天线近场耦合导致的自干扰以及附近反射物反射回的电磁波被接收天线接收的自干扰。全双工自干扰示意图如图 9-3 所示，描述为包含天线直接耦合和多条强反射径的多径信道。考虑移动蜂窝网基站的辐射功率等级，这个自干扰会非常强，如果不能有效去除自干扰，则期望接收的有用信号将无法成功接收。发射功率越高，天线耦合自干扰越大；频段越低，发射自干扰越大，且自干扰信道越复杂。

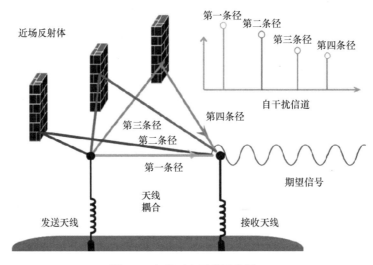

图 9-3　全双工自干扰示意图

① 子带非重叠全双工采用运营频段内不同子带用于上下行，理论上来看应该是上下行正交，但实际系统中因为器件的非理想因素，包括主要的功率放大器（Power Amplifier，PA）非线性和/或频偏，子带之间不正交，会有邻道泄露导致的自干扰，不同双工类型的自干扰情况如图 9-4 所示。

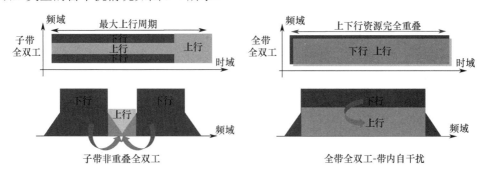

图 9-4　不同双工类型的自干扰情况

② 同频全双工（含子带重叠全双工和全带全双工）的自干扰比子带非重叠全双工更加严重，重叠频带内的自干扰比邻道泄露自干扰要强很多，包含线性干扰和器件非理想因素导致的带内非线性干扰。

（2）组网交叉干扰：类似于 TDD 系统，如果全双工在移动蜂窝网应用，则会导致基站下行发射对邻近基站上行接收的交叉干扰或终端发射对邻近终端下行接收的交叉干扰（Cross Link Interference，CLI）[6-7]。这样的交叉干扰在同一运营商和邻频部署的运营商之间都会带来较严重的网络性能问题，叠加网络部署本身的同频邻区组网干扰。全双工组网干扰如图 9-5 所示，干扰情况比现在的 TDD 系统更加复杂，除了传统的小区间同频同向干扰（Inter-Cell Interference，ICI），还增加了扇区间的自干扰和交叉干扰。

① 子带非重叠全双工或子带重叠全双工通过分配上行资源的频带位置，在一定程度上可以减轻邻频运营商的网络交叉干扰，如果两运营商都把上行频带放在载波频段的中间，那么最接近的邻道都为下行，这样的邻道干扰跟现有运营商之间的频道干扰的情况基本类似，不需要额外处理。这也是在全带全双工之处，考虑子带全双工的主要动机。在当前的移动蜂窝网频谱分配中，同一区域某运营商的频谱与另一运营商相邻的情况还是较为普遍的，如 3GPP band n78 中 3.42～3.5 GHz、3.5～3.6 GHz 及 3.6～3.7 GHz 这三段频谱相邻且为同一国家全国性 5G 组网覆盖，假设在第二段频谱的运营商进行全带全双工部署，那么给邻频的其他两家运营商网络因为带外泄露带来的邻道交叉干扰极其难处理，限制了全带全双工的使用，从而让子带全双工更具吸引力，因为同 TDD 组网类似三家运营商进行上下行分配协商，子带全双工的上行子带位置也可以进行协商，从而避免运营商之间严重的交叉干扰。

② 子带非重叠全双工比子带重叠全双工组网的交叉干扰程度稍小一些，同现在 3GPP 支持的动态 TDD 功能的干扰情况较为类似。但这些都是相对于全带全双工，牺

牲全双工理论上的两倍频率使用效率来获得的。

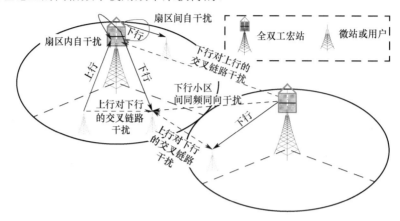

图 9-5 全双工组网干扰

通过对以上自干扰和交叉干扰情况的描述不难看出，全带全双工难以在交叉干扰不可控的场景使用，如城区密集部署接入网，而比较适合回传链路或孤岛部署等，而子带全双工在有运营商邻频部署的情况下有一定的优势。表 9-1 简要对比了几种双工类型。

表 9-1 几种双工类型的对比

对 比 项	双 工 类 型				
	FDD	TDD	子带非重叠全双工	子带重叠全双工	全带全双工
频率利用率期望	低	低	中	中	最高
时延	低	高	低	低	低
上行覆盖期望	最好	差	好	好	好
SI	低，可忽略	无	中	高	最高
CLI	无	可控	高于 TDD	高	最高、最复杂
邻频运营商干扰协商	不需要	需要，上下行分配协商	需要，邻道上下行分配协商	需要，邻道上下行分配协商	难
适用场景	灵活，所有场景	灵活，所有场景	次灵活，基本所有场景	一般灵活，比全带全双工限制略小	受限，CLI 可控场景：如回传链路（特别地，3GPP IAB 场景）、孤岛、室内小功率独立部署、毫米波小区

9.3 自干扰删除关键技术

针对全双工工作模式导致的本地自干扰，目前一系列研究表明自干扰抑制/删除（Self-Interference Cancellation，SIC）是实际可行的[5-15]。自干扰删除设计可以联合多个域进行，一般分为天线域自干扰删除、射频域自干扰删除和数字域自干扰删除。特别需要说明的是，针对移动蜂窝网基站高辐射功率的情况，仅单独依靠某个域达成期望的自干扰性能是不太现实的。如果天线域和/或射频域自干扰删除没有足够的删除能力，那么接收机很可能饱和，导致的信号畸变就使得数字域自干扰删除根本无法实施。

文献[14]也指出数字域自干扰删除的能力最多也就是到接收机的动态范围。接收机的动态范围受制于接收机有源射频模块，主要为低噪声放大器（Lower Noise Amplifier，LNA）和模数转换器（Analog to Digital Converter，ADC），不同于数字器件的摩尔定律，这些模拟器件过去 20 年的工业发展趋势表明，商用器件的改善是缓慢且有限的[16]。那么我们难以通过更换硬件的方式来极大提升接收机的动态范围，也就难以依靠高效高质的数字域自干扰删除把自干扰删除到接收机底噪以下。

联合多个域进行自干扰删除对高发射功率全双工基站的实现来说是必然的，如图 9-6 所示，全双工自干扰删除接收机要保障进入 LNA 和 ADC 之前自干扰已经删除到动态范围内，从而数字域自干扰删除可以进一步有效删除自干扰，这就需要天线域或者射频域有一定的自干扰删除能力。数字域自干扰删除后残留的干扰期望能降低到接收机的底噪以下，避免接收机因为残留自干扰失敏，从而确保对有用信号的解调性能与当前的 TDD 可比，特别是保障高阶调制性能，否则期望的全双工增益就大打折扣了。

自干扰删除需求可简单地由发射功率和接收机底噪来估测，期望原则是删除到底噪，避免相对于无自干扰的 TDD/FDD 接收机不会过于失敏。图 9-6 所示为一个 100 MHz 带宽的高功率蜂窝基站的自干扰能力设计需求示例。5G 基站等效全向辐射功率（Equivalent Isotropically Radiated Power，EIRP）可为 54 dBm，假设多天线阵列增益是 22 dBi，功放总输出功率 TRP 即为 32 dBm，噪声因子假设为 7 dB，那么 100 MHz 底噪就为 −87 dBm。如果要把残留自干扰删除到底噪，那么基于 EIRP 计算需要删除 141 dB，基于 TRP 计算需要删除 119 dB，两者等效，只是观测点不同。假设空域和天线耦合隔离可以做到 70 dB（按照 EIRP 计算为 92 dB），那么全双工接收机通道上自干扰消除能力需要达到 49 dB 自干扰，接收机通过高质量器件还可以避免发生饱和，如果前级隔离还不到 70 dB，那么必须采取措施保证接收机不饱和，初始设计时需要考虑整体删除能力和各环节删除能力的合理分配。

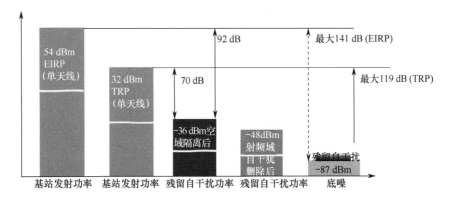

图 9-6　自干扰删除需求及示例

9.3.1 全双工收发机框架

为了实现底噪以下的自干扰删除能力，高功率全双工基站的收发机设计面临很大的挑战，从工程实现角度看，一种联合天线域、射频域和数字域的自干扰删除收发机设计框架是比较实际的[15]，如图 9-7 所示。框架设计准则如下。

（1）在可接收的天线尺寸和辐射图案这两个限制因素下，最大化天线域自干扰删除能力，最大限度地把收发天线间直接耦合的自干扰降低到避免接收机饱和，从而减少射频域自干扰删除的负担。增加天线域自干扰删除的能力也可以很好地把非确定性的发送端噪声在第一环节就消除。

（2）射频域自干扰删除的目的是仅在有较强反射自干扰的情况下，匹配最强的几条径做干扰删除，以较低的代价避免近场反射使接收机饱和，某些情况下可以不需要射频域自干扰删除，最小化射频域自干扰删除的期望能力。

（3）在前两级自干扰删除保障接收机不饱和，以及移除发送端噪声到可忽略的条件下，利用高效的数字信号处理，在数字域进一步把残留自干扰最小化，其中，为实现自干扰删除到接收机底噪以下，有效处理非线性残留自干扰和精确的信道估计是至关重要的。非线性自干扰处理可以通过非线性建模或辅助射频反馈链路来实现。

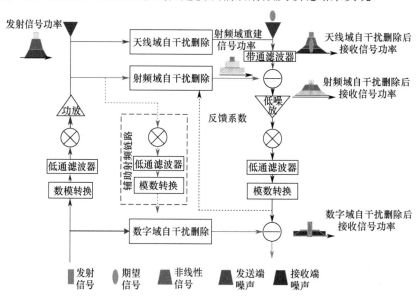

图 9-7 联合多域的自干扰删除收发机设计框架

基于以上框架设计，后续内容先简单描述自干扰信号模型，然后分别阐述这三个域实现自干扰删除的方案。

9.3.2 自干扰信号模型

如图 9-7 所示，在全双工收发机中，发射的自干扰信号 $s(t)$ 是已知的，经过有源射频器件，因为器件的非理想性，特别是功放，输出的是附带发射噪声和各器件级联非线性影响后的自干扰信号。基于 Polynomial Hammerstein 模型[18]，功放输出的发射信号 $s_{\mathrm{PA}}(t)$ 可以表示为

$$s_{\mathrm{PA}}(t) = \sum_{p}^{P} f_{\mathrm{PA},t} \otimes s(t)\big|s(t)\big|^{p-1} + n_{\mathrm{TX}}(t) \tag{9-1}$$

式中，P 是奇数的最大非线性阶数；p 表示第 p 奇数阶分量；$f_{\mathrm{PA},t}$ 表示非线性响应；$\otimes$ 为卷积运算符；$n_{\mathrm{TX}}(t)$ 为发送端噪声。

上述非线性信号通过图 9-3 所示的复杂自干扰信道后，用 $h_{\mathrm{SI}}(t)$ 表示从发射到接收的自干扰信号所经过的等效信道响应（即从 PA 到 LNA 所过路径的耦合响应，包含非线性响应、近场天线耦合和空口反射），自干扰信号到达接收端可以表示为

$$s_{\mathrm{RX,SI}}(t) = h_{\mathrm{SI}}(t) \otimes s_{\mathrm{PA}}(t)) = \sum_{p}^{P} \underbrace{h_{p,t} \otimes f_{\mathrm{PA},t}}_{h_{\mathrm{SI},p,t}} \otimes s(t)\big|s(t)\big|^{p-1} + n'_{\mathrm{TX}}(t) \tag{9-2}$$

这里 $h_{\mathrm{SI},p,t}$ 是未知的第 p 项分量的等效信道响应。那么全双工接收到的信号为

$$r(t) = s_{\mathrm{RX,SI}}(t) + y_{\mathrm{wanted}}(t) + n_{\mathrm{RX}}(t) \tag{9-3}$$

式中，$y_{\mathrm{wanted}}(t)$ 为期望接收的有用信号；$n_{\mathrm{RX}}(t)$ 为接收机噪声。

可以看出，从 $r(t)$ 中删除 $s_{\mathrm{RX,SI}}(t)$，其实就是用估计出的等效自干扰信道响应 $\hat{h}_{\mathrm{SI},p,t}$ 来重建接收的自干扰信号 $\hat{s}_{\mathrm{RX,SI}}(t)$，即

$$\hat{s}_{\mathrm{RX,SI}}(t) = \sum_{p}^{P} \hat{h}_{\mathrm{SI},p,t} \otimes s(t)\big|s(t)\big|^{p-1} \tag{9-4}$$

信道估计越准，$\hat{s}_{\mathrm{RX,SI}}(t)$ 越趋近 $s_{\mathrm{RX,SI}}(t)$，残留自干扰越小，从而干扰删除后的接收信号 $r_{\mathrm{SIC}}(t)$ 中有用信号的接收信号干扰噪声比（Single to Interference Noise Ratio，SINR）越大，趋近于非全双工模式的接收信噪比。

$$r_{\mathrm{SIC}}(t) = \underbrace{(s_{\mathrm{RX,SI}}(t) - \hat{s}_{\mathrm{RX,SI}}(t))}_{\text{Residual SI}} + y_{\mathrm{wanted}}(t) + n_{\mathrm{RX}}(t) \tag{9-5}$$

9.3.3　天线域自干扰删除

天线域自干扰删除也称为空域抑制，处于整体自干扰删除的第一环节，期望接收机天线收到的自干扰功率最小化，最大限度地避免接收机饱和，它大体有两大类方式：天线物理隔离技术[4,15,20]或天线干涉对消[21-23]。后者在实际工程中实现成本较高、难度大且性能难以保障，其主要是利用辅助天线或辅助移相网络来特定构造相位差为 180°的接收信号，从而干涉对消。这种方法的原理就是利用天线距离和/或移相，即电磁波耦合路径，实现 180°相差进行电磁波对消，然而，大带宽系统实际根本无法实现对所有

频率信号的精准 180°相差，因为路径构造只能根据某频点波长确定一个路径差，该 180°相差仅仅对该频点分量有效，而且这种方法会产生潜在的接收信号零区。鉴于后者实际可行性存在较大争议，本小节主要讨论第一类天线物理隔离技术，并介绍一种较为实用的天线域自干扰删除方法。天线物理隔离技术做自干扰删除，从信号模型角度看就是对式（9-2）中的 $s_{\mathrm{RX,SI}}(t)$ 信号进行线衰减，即天线隔离后的信号等效为 $\beta s_{\mathrm{RX,SI}}(t)$，自干扰信号功率根据隔离度 β^2 衰减，从式（9-2）中可以看出，发射噪声也同时被抑制，避免了对后续数字域处理的影响。

收发天线之间耦合的近场自干扰可以大体归结为表面电流导致的表面波耦合和近场辐射的电磁波空域耦合两部分。极化、环形器、屏蔽腔、缺陷接地结构、电磁带隙结构以及吸波材料等都能实现一定的收发隔离度，但在移动蜂窝基站的发射功率量级的情况下，没有一种能单独实现期望的自干扰删除能力从而避免接收机饱和（如大于 60 dB 以上的自干扰收发隔离度）且有些会对天线辐射图造成较大影响。另外，实际系统中双极化端口都会被使用，用极化端口作为全双工自干扰隔离不太现实，并且极化隔离度在天线罩里近场表现并不能按照远场那样期望隔离度好，这在一些全双工天线域自干扰删除测试中可以看出端倪[15]。对于移动蜂窝大功率基站，采用环形器来做收发共天线目前看来还不太现实，本小节仅讨论收发分离天线下的自干扰抑制。

移动基站通常采用多天线，天线域自干扰删除设计从工程角度，最好对各种数目的天线普适。采用收发天线物理分离的同时增加扼流结构是比较实用的方式，工程实现难度小，干扰抑制效果比较好。

早期的扼流研究[28-30]从电磁波传输线理论证明了 $\lambda/4$（λ 为波长）高度的波纹表面的阻抗无穷大，表面波传输被完美抑制（或理解为表面电流不传导），从而收发天线之间没有耦合干扰。当然这个证明仅针对理论上的单频率信号，实际系统中电磁波信号是具有一定带宽的信号，所以电磁波中心频率设计的 $\lambda/4$ 高度的波纹表面并不能完美抑制表面波。但这个扼流原理对全双工天线域自干扰删除设计提供了很好的理论支撑。

基于上述波纹表面理论，可以设计针对大带宽信号的自干扰抑制天线，考虑天线尺寸和辐射图案的限制，需要对波纹表面的参数进行特定设计，从而最大化干扰抑制的效果[4,15]。基于高阻抗波纹表面结构的自干扰抑制天线如图 9-8 所示，采用上述原理的 2 发 2 收双极化全双工天线的设计。多块扼流板可构造级联的扼流槽，这样的波纹表面比单槽的扼流效果要好，因为大带宽系统不同频率其理论波纹表面扼流板高度是不同的，采用多块板可以更好地抑制不同频率段的电磁表面波。波纹表面扼流板的高度 h、厚度 t 和间距 d 都要在一定的边界条件内选取，根据带宽、频段、尺寸等因素设计，以达到最好的抑制自干扰的能力。

从表面阻抗的角度看，可以证明高度 h 在范围 $\lambda/4 < h < \lambda/2$ 时，λ 为电磁波中心频率的波长，波纹表面对表面波的抑制效果会比较好。此外，根据文献[28]，为了使波纹

表面扼流槽中仅呈现无阻尼波（Nonevanescent Mode，即横向电场表面波），以方便抑制表面波耦合，扼流板厚度和间距需要满足 $t \ll d + t < \lambda/2$。

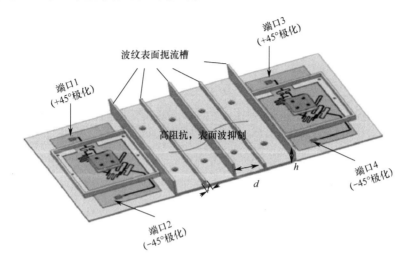

图 9-8　基于高阻抗波纹表面结构的自干扰抑制天线

基于波纹表面的全双工自干扰抑制天线方案设计理念可以扩展到大规模天线阵，只需要在收发天线阵之间采用合适的扼流方案，就可以有效抑制近场耦合自干扰。当然，具体的设计形态根据实际情况会有所不同，但理念相通，这种方式成本较低，也容易与其他天线耦合抑制技术结合使用，如电磁带隙结构，适合一体化的全双工天线实现。

9.3.4　射频域自干扰删除

大体上，射频域自干扰删除可以看成一个模拟滤波过程，滤波系数包含时延、幅度和相位来匹配自干扰信道。一般根据几条强径重建模拟自干扰信号来删除即可避免后续接收机饱和。

为了更好地适配多径自干扰信道，射频域自干扰删除可以采用多抽头可调滤波网络进行自干扰重建，各抽头由时延器和调幅调相器组成，如图 9-9 所示。时延、幅度和相位支持一定数值范围可调，从而近似自干扰信道中的 N 条强径进行删除。

重建自干扰过程通常是一个匹配自干扰信道的搜索过程，基于从发送端通过耦合器获取的已知模拟信号，调整滤波网络的时延、幅度和相位参数来尽可能近似自干扰信道，从而获取式（9-4）的重建信号，再与接收自干扰进行删除操作即可。具体地说，滤波参数优化问题可由式（9-6）给出

$$\min_{(\omega_1,\cdots,\omega_N,v_1,\cdots,v_N)} \left(r(t) - \sum_{i=1}^{N} \mathrm{Re}\{\omega_i \mathrm{e}^{\mathrm{j}2\pi f_0 t} s(t - v_i)\}\right)^2 \tag{9-6}$$

式中，$\omega_1,\cdots,\omega_N$、$v_1,\cdots,v_N$ 分别为各抽头的复系数（幅度和相位）和抽头时延；$r(t)$ 是

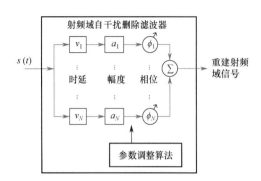

图 9-9　射频域多抽头可调滤波网络自干扰重建

接收信号；$s(t)$ 是已知的发送信号。虽然梯度下降算法[31]被建议用于求解式（9-6），但射频电路非理想因素可能导致式（9-6）非凸，该算法不能保证全局最优。

以下改进的搜索算法更加有效，值得在工程实践中考虑，具体描述如下。

首先，初始搜索点基于残留自干扰功率 P_{res} 计算获取。

$$\frac{P_{res}}{B} = R + \boldsymbol{P}^{H}\boldsymbol{W} + \boldsymbol{W}^{H}\boldsymbol{P} + \boldsymbol{W}^{H}\boldsymbol{Q}\boldsymbol{W} \tag{9-7}$$

式中，B 是带宽；$\boldsymbol{W} = [\omega_1, \cdots, \omega_N]^T$ 是自干扰删除增益复矢量。

$$R = \sum_{k=1}^{K}\sum_{m=1}^{K} a_k^* a_m \mathrm{sinc}[B(\tau_m - \tau_k)]\exp\{-j2\pi F_c(\tau_m - \tau_k)\}$$

$$\boldsymbol{Q} = \begin{bmatrix} \dfrac{\mathrm{sinc}\left[B(\nu_1 - \nu_1)\right]}{e^{j2\pi F_c(\nu_1 - \nu_1)}} & \cdots & \dfrac{\mathrm{sinc}\left[B(\nu_1 - \nu_N)\right]}{e^{j2\pi F_c(\nu_1 - \nu_N)}} \\ \vdots & & \vdots \\ \dfrac{\mathrm{sinc}\left[B(\nu_N - \nu_1)\right]}{e^{j2\pi F_c(\nu_N - \nu_1)}} & \cdots & \dfrac{\mathrm{sinc}\left[B(\nu_N - \nu_N)\right]}{e^{j2\pi F_c(\nu_N - \nu_N)}} \end{bmatrix}$$

$$\boldsymbol{P} = \begin{bmatrix} \sum_{k=1}^{K} a_k \mathrm{sinc}\left[B(\tau_k - \nu_1)\right]e^{-j2\pi F_c(\tau_k - \nu_1)} \\ \vdots \\ \sum_{k=1}^{K} a_k \mathrm{sinc}\left[B(\tau_k - \nu_N)\right]e^{-j2\pi F_c(\tau_k - \nu_N)} \end{bmatrix}$$

F_c 为载频频率。K 为实际自干扰信道多径条数，k 为多径索引。N 为滤波网络的抽头数，对应射频域自干扰删除的自干扰信道多径数，由前述"时延、幅度和相位支持一定数值范围可调，从而近似自干扰信道中的 N 条强径进行删除"可知，N 为实际自干扰信道 K 条多径中的强径条数。上式的含义为实际自干扰信道自相关函数，因此式中 k 应遍历实际自干扰信道多径条数 K，而与 N 没有直接关联。a_k、τ_k 是实际信道第 k 径的复系数和时延，ω_k、ν_k 是射频自干扰删除滤波网络的第 k 抽头的复系数和时延。最小化残留自干扰的最优 $\boldsymbol{W}$ 取值可由式（9-8）得出。

$$\boldsymbol{W}_{opt} = -\boldsymbol{Q}^{-1}\boldsymbol{P} \tag{9-8}$$

这里 $\boldsymbol{Q}$ 是一个根据射频自干扰删除电路时延可知的矩阵，$\boldsymbol{P}$ 通过如下步骤获取。

（1）随机产生一个新的自干扰增益矢量。

（2）基于步骤（1）中的矢量，执行射频域自干扰删除。

（3）计算残留自干扰。

（4）得到一次新的自干扰删除观察矢量。

重复上面的步骤 $2N+1$ 次，获得式（9-9）。

$$XY = G \tag{9-9}$$

$$X = \begin{bmatrix} \omega_{1,\mathrm{re}}^{(1)} & \omega_{1,\mathrm{im}}^{(1)} & \cdots & \omega_{N,\mathrm{re}}^{(1)} & \omega_{N,\mathrm{im}}^{(1)} & 1 \\ \vdots & \vdots & & \vdots & \vdots & \vdots \\ \omega_{1,\mathrm{re}}^{(2N+1)} & \omega_{1,\mathrm{im}}^{(2N+1)} & \cdots & \omega_{N,\mathrm{re}}^{(2N+1)} & \omega_{N,\mathrm{im}}^{(2N+1)} & 1 \end{bmatrix}$$

$$Y = \begin{bmatrix} p_{1,\mathrm{re}} & p_{1,\mathrm{im}} & \cdots & p_{N,\mathrm{re}} & p_{N,\mathrm{im}} & \dfrac{R}{2} \end{bmatrix}$$

X 为含 $2N+1$ 增益矢量的方阵，$\omega_{k,\mathrm{re}}^{(i)}$、$\omega_{k,\mathrm{im}}^{(i)}$ 为第 k 抽头第 i 次系数的实部、虚部。$p_{i,\mathrm{re}}$ 和 $p_{i,\mathrm{im}}$ 是 P 第 i 元素的实部、虚部，G 为自干扰删除的观察矩阵。相应地，通过 $Y = X^{-1}G$ 获得的 Y 可以得到用于式（9-8）中计算 W_{opt} 所需要的 P。

得到优选的 W_{opt} 后，把它看作第二搜索阶段的初始搜索点，从而第二搜索阶段采用传统的梯度下降算法可快速得到局部最优系数用于射频自干扰删除。

此外，如图 9-7 所示，数字自干扰信道估计辅助反馈也可以用来优化射频自干扰删除电路的系数，一般是初始射频自干扰对消到一定程度使得导频接收不饱和，从而可以用数字域信道估计来进一步辅助调整射频域自干扰重建所需的多抽头滤波网络系数。假设通过某种方式使得导频接收不饱和，数字域信道估计成立，那么式（9-6）的信号删除优化问题就简化为式（9-10）的自干扰信道匹配优化问题

$$\min_{(\omega_1,\cdots,\omega_N,v_1,\cdots,v_N)} \sum_i^N | h_{\mathrm{SI},\tau_i} - \underbrace{\omega_i\delta(t-v_i)}_{\hat{h}_{\mathrm{SI},\tau_i}} |^2 \tag{9-10}$$

这样可以避免使用搜索算法，把射频多抽头滤波网络的跟踪复杂度保持与传统数字域信道估计一致。h_{SI,τ_i} 是自干扰信道第 i 条径的等效信道响应，在数字域进行该信道估计，根据优化公式可以辅助射频多抽头滤波网络 ω_i 和 v_i 的参数设置，即数字辅助射频重建的 $\hat{h}_{\mathrm{SI},\tau_i}$ 信道与自干扰信道 h_{SI,τ_i} 进行优化匹配，从而最小化自干扰。这种方式在实际使用中的难处就是如何设计导频接收不饱和，采用额外的低功率导频设计是一种考虑，但是会降低估计精度且增加系统开销，从而减少全双工的增益，另一种方式就是对高功率导频通过预先设置的射频抽头系数进行初始直接耦合路径的射频自干扰删除，以达到避免饱和的目的，但是在复杂环境中存在强反射径的情况无法保障达到该目的。所以，数字自干扰信道估计辅助射频干扰对消在实际使用中存在较大的限制，结合搜索算法可能是更好的选择。

射频域自干扰删除可以理解为增加多抽头滤波网络等效于增加电磁波空间路径，只不过电磁波从多抽头滤波网络有线传播而不是空口，正是利用这个增加的自由度来进行自干扰对消，与前面提到的天线干涉对消原理类似，只不过实现代价变成了增加耦合器、时延器和调幅调相器组成的射频电路，而不是物理天线。自干扰信道空间路径越

多，需要的自由度越多，那么滤波网络抽头数越多，所以实际大带宽多天线系统要实现一定性能的射频域自干扰删除的难度相当大。例如，64 发 64 收天线的 5G 基站，在仅考虑一条径的情况下，要最优化射频域自干扰删除性能，就需要 4096 个抽头来重建 4096 条收发天线直接耦合径，再考虑 100 MHz 带宽系统在真实环境的多径数，抽头数还要成倍增加，这样的硬件复杂度使得最优化射频域自干扰删除设计考虑是不现实的。这也就是为什么 9.3.1 节提出的设计准则之一是最小化射频域自干扰删除期望。从工程实现可承受的复杂度出发，我们可以通过降维设计，只实现有限的抽头数进行射频域自干扰删除来保障接收机不饱和即可，剩余的可以交给高效的数字域处理。

9.3.5　数字域自干扰删除

通过前两级自干扰删除，只要接收机不饱和，数字域就能进行高效的数字信号处理，对残留的自干扰进行数字重建，能有效删除残留自干扰，并且能有效处理复杂的多天线、多反射径自干扰信道。数字域自干扰删除的目标是把残留自干扰进一步删除到接收机底噪以下，使有用信号的 SINR 与 FDD/TDD SNR 可比，是全双工趋近理论最大增益的关键指标。

针对子带非重叠全双工，如前所述，虽然理论上发射和接收是正交的，但非线性导致的带外泄露或频偏导致的不正交，可产生不可忽略的非线性自干扰。另外，全带全双工和子带重叠全双工也会有非线性导致的带内非线性自干扰。主动改善发送端非线性可以从源头降低非线性自干扰，从而减轻接收端数字域、射频域自干扰删除的负担。对于具备数字预失真（Digital Pre-Distortion，DPD）功能的基站，发送端产生的非线性自干扰可以首先通过 DPD 进行降低。发送端通道的非线性等效建模为如图 9-10 所示的系统，功放输出的带非线性的信号 x_{nPA} 通过耦合器和辅助射频反馈链路的 ADC 后获得参考样本 $\tilde{x}_{nPA}$，基于参考样本，采用最小二乘间接学习结构（Indirect Learning Architecture with Least-Square，ILA-LS）方法[19]训练相对于非线性响应的逆参数，从而对发射信号 x 进行预失真得到信号 $\tilde{x}$，$\tilde{x}$ 通过发送端有源器件 $f_{PA,t}$ 响应后，最大化发射信号 x 的线性度，因为预失真是相对于发送端非线性响应 $f_{PA,t}$ 的一个逆操作。

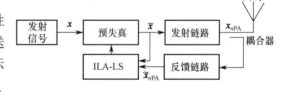

图 9-10　发送端 DPD 改善非线性自干扰系统

采用 DPD 可以在一定程度上减轻非线性自干扰，但实际情况中受制于实现复杂度，例如，小数倍时延精度对齐，非线性自干扰难以在发送端主动删除到可忽略的情况，此外有些实现中并没有支持或难以实现 DPD 功能。无论哪种形式的全双工，高功率移动蜂窝网都需要实现数字域自干扰删除功能，不仅处理残留自干扰，还要处理非线性自干扰（如前级自干扰删除未把非线性抑制到底噪以下）。

数字域自干扰删除的核心部分还是自干扰信道的估计，然后基于估计的信道进行自干扰重建，最后删除。发射信号的导频或数据都可以用于自干扰信道估计，保障无污染的导频是必要的，为了提升数字域自干扰删除的能力，有条件的可以对导频进行功率增强。对自干扰重建需要考虑非线性，具体内容如前所述，可以采用图 9-7 所示的辅助射频链路引入含非线性的发射信号副本进行重建，这样非线性处理变成了简单的线性处理，复杂度较低，硬件成本对具备 DPD 功能的基站来说基本没有，因为 DPD 辅助射频反馈链路前直接重用。对不具备该反馈链路的设备，只能采用不含非线性的基带发射信号进行自干扰重建，就需要采用上述与 DPD 类似的建模方式，在接收端根据非线性重新建模，比 DPD 更困难的地方就是重建还需要估计非线性分量的空口信道。

数字域自干扰删除原理比较容易被理解，具体参考 9.3.2 节的信号模型，采用传统的信道估计算法估计自干扰信道后，按照式（9-4）进行自干扰重建后删除操作即可，导频的信号质量和自干扰信道的估计精度需要重点关注。值得说明的是，在实际工程中，还需要考虑晶振相位噪声、频偏、量化误差等给数字域干扰删除带来的影响，需要进行必要的链路优化，保证重建自干扰信号的精度。采用辅助射频反馈链路设计的全双工系统工程在实践上具有最优的性能，因为上述不利的误差影响在工程上都可以通过链路优化完全删除。

9.4　组网交叉干扰管理机制

针对动态 TDD 系统，3GPP 标准协议支持组网交叉干扰管理机制（CLI Management），因为全双工的组网交叉干扰与动态 TDD 有一些类似性，这套机制可以沿用或者增强。早在 3GPP LTE-Advanced Rel-12，就标准化了干扰管理和业务自适应的增强功能（enhanced Interference Mitigation and Traffic Adaptation，eIMTA），以支持不同小区和不同运营商在某些场景下使用不同的上下行配比。在 3GPP 5G NR 标准化阶段，先在 Rel-15 研究了增强的方案以支持双工灵活性和 LTE-NR 共存，然后进一步在 Rel-16 针对 CLI 做了评估和研究[32,33]并后续标准化了必要的测量、汇报和信息交互机制。

对全双工组网来说，除了自干扰，如本书 9.2 节所述，类似于动态 TDD 组网，还存在交叉干扰，包括基站下行发射到邻近基站上行接收干扰（DL-to-UL CLI）和终端上行发射到邻近终端下行接收干扰（UL-to-DL CLI），特别是 DL-to-UL CLI 是组网的关键。

DL-to-UL CLI 发生在邻近基站在相同的时频资源段上使用了不同的传输方向，因为蜂窝基站通常有较高的等效辐射功率（EIRP），很容易造成某基站的下行传输到达邻近基站时将该基站的上行信号淹没，造成接收机阻塞或者失敏，从而造成上行无法正常接收，特别是在宏站架高部署时。DL-to-UL CLI 进一步又分为共道交叉干扰（Co-channel CLI）和邻道交叉干扰（Adjacent Channel CLI），前者为同一运营商的同频 CLI，后者发生在采用邻频载波不同运营商之间时。

通常，运营商之间进行基站间协作来进行下行发射到上行接收的邻道交叉干扰（DL-to-UL Adjacent Channel CLI）管理是不可能的，利用邻道泄露抑制或隔离措施是比较直接的手段。子带全双工能提供灵活度以隔离邻道交叉干扰，运营商间邻道交叉干扰规避机制如图 9-11 所示，通过把上行子带远离邻近运营商的下行频带来隔离邻道泄露。

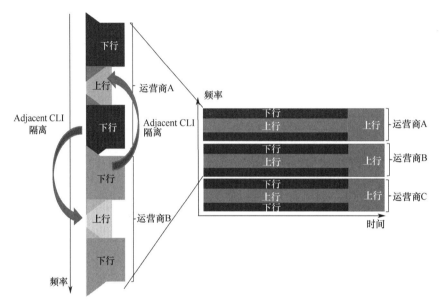

图 9-11　运营商间邻道交叉干扰规避机制

对于 DL-to-UL Co-channel CLI，因为发生在同一运营商网络内，所以有基站协作的基础，下行的精准的波束赋型，协作调度、协作波束管理和功控等都是控制该类 CLI 的有效方式。特别是对于一些特定部署场景，通过调整合适的天线架高和倾角、利用波束对准和波束调零技术等[34]能较容易地把全双工导致的 DL-to-UL CLI 控制在较低水平，从而 CLI 不会阻挠全双工获取客观的吞吐量增益。例如，全双工用于接入与回传一体化（Integrated Access and Backhaul，IAB）网络中，因为回传链路较为固定，所以可以做较好的天线部署规划，并采用大规模天线阵做点到点传输，使用极窄波束精准对齐波束方向降低设备间干扰，再者就是对可能导致较大问题的干扰方向也有自由度做一定的旁瓣抑制进行调零，从而 CLI 可控。

UL-to-DL CLI 发生在相邻终端在相同的时频资源段上使用的不同传输，可能是同小区的终端，也可能是邻小区终端。因为终端发射功率比较有限，最大额定功率一般低于 26 dBm，所以干扰量级比 DL-to-UL CLI 要小得多，通常不会造成下行无法正常接收，但会对下行性能造成较大影响。3GPP 已研究的 UL-to-DL CLI 管理机制[33]包括协作调度、协作波束赋形、终端功控和链路自适应调整等都可以作为有效的机制沿用到全双工网络中管理 UL-to-DL CLI。基于 CLI 测量、报告机制和必要信息交互，可以给网络决策提供协作参考，从而可以有效管理这类 CLI。

在文献[3]中，3GPP 对 CLI 处理的候选方案做了一个总结和评估，这些方案在未来全双工组网设计 CLI 处理方案能提供很好的借鉴。

9.5　概念验证

文献[24]总结了部分早先的全带全双工自干扰删除的验证结果，从中可以得出，针对适用于移动通信系统的高功率全双工系统实现充分的自干扰删除能力具有挑战性，仅仅实现 100～110 dB [25-26]的自干扰删除能力是远远不够的，因为基站的功率一般大于 1 W（30 dBm），全带全双工至少需要 120 dB 以上的自干扰删除能力才能避免接收机失敏。

令人鼓舞的是，工业界巨头陆续公开了近年来其全双工原型验证系统和评估结果，其在一定程度上验证了全带全双工用于移动蜂窝基站的可行性。文献[27]中采用联合天线、射频和数字域干扰删除，重点提升了射频域自干扰删除性能，在低频段实现了 119.4 dB 的整体自干扰删除能力，在实际有反射的环境下初步验证了大于 1 W 基站实现全双工的可能性。文献[15]同样采用联合天线、射频和数字域干扰删除，特别地，使用了本书 9.3 节讨论的波纹表面扼流技术、多抽头滤波网络射频域自干扰删除技术以及辅助射频反馈链路的数字域自干扰删除技术，在室内有强反射的不利环境下进一步提升整体自干扰删除能力到了 122.5 dB（图 9-12 所示为 2.4 GHz 原型机自干扰删除实测结果），表明了在 32 dBm 基站功放输出功率的情况下通过自干扰删除收发机全双工链路可以实现无差错同频同时双向传输。

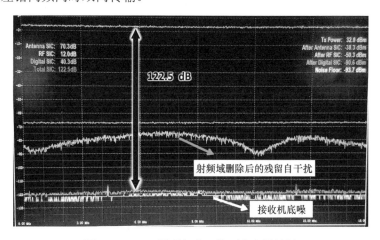

图 9-12　2.4G 原型机自干扰删除实测结果

文献[4]公开了全球第一个子带非重叠全双工的概念验证测试台（2.4 GHz，100 MHz 带宽），该测试台采用了发送端 DPD 非线性自干扰抑制、天线域隔离和接收端非线性自干扰删除这三级自干扰删除设计，证明了多级自干扰删除收发机在功放输出 30 dBm 的情况下，可以把子带泄露的非线性自干扰删除到接收机底噪以下。测试结果统计了信号质量，星座图可计算误差矢量幅度（Error Vector Magnitude，EVM），等效就是 SINR。

测试结果表明，相比 TDD 无自干扰的信号质量，子带非重叠全双工自干扰删除后残留自干扰仅让信号的质量恶化了 1 dB，这就允许了子带全双工通过 5 倍于传统 TDD 的上行时隙资源重传合并，在给定调制阶数下有潜力提升上行覆盖 1 倍。子带非重叠全双工测试台和自干扰删除测试如图 9-13 所示。

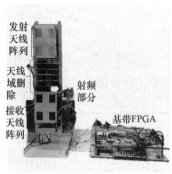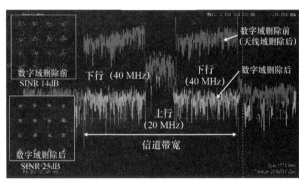

图 9-13　子带非重叠全双工测试台和自干扰删除测试

为了进一步验证全带全双工用于接入与回传一体化（IAB）网络的可行性，文献[17]基于开发的毫米波全双工基站实际测量了自干扰量级，包括同扇区和同站扇区之间的自干扰，基于测试结果进行系统级评估分析。它采用了 3GPP 的 IAB 拓扑结构和评估方法并考虑所有的组网干扰，证明了在毫米波窄带波束精准控制的情况下，组网干扰可控，全带全双工相对于在多小区组网情况下可以获得客观的增益。文献对比了半双工和全带全双工的 SINR，分析了全双工自干扰和 CLI 导致的 SINR 损失率，表明 IAB 场景下组网干扰可控。自干扰删除后 SINR 分布和损失率如图 9-14 所示，根据 SINR 分布，计算全双工因为自干扰和 CLI 相对于半双工无干扰的 SINR 损失，损失率定义为 TDD 和全双工在解调 64 QAM 和 256 QAM 最高码率所需门限 SINR 处的累积分布函数（Cumulative Distribution Function，CDF）差异，这个损失率理解为因为全双工干扰导致的不能使用最高等级调制编码方案的比例。根据对比结果，我们可以认为在有效自干扰删除后全双工干扰导致的 SINR 损失并不会明显导致全双工难以运作，同时通过对比有无自干扰删除时自干扰对 SINR 损失的贡献度，也可以证明毫米波窄波束情况下 CLI 可控，对 SINR 的影响比较有限。

文献[17]进一步对比了全双工和半双工 IAB 组网下的小区吞吐量，在有效自干扰删除后，与半双工相比，全双工能够提升 70%的吞吐量，这再次表明了组网干扰可控。

文献[17]没有给出开发的毫米波全双工概念测试台的链路性能测试结果，但是在 2022 年 IEEE CCNC（Consumer Communications & Network Conference）会议上发表的主题演讲中，展示了毫米波全双工测试台在室外场景 100 m 的测试演示，在 64 QAM 调制下，全双工实现了 2 倍吞吐量。这在一定程度上证明了全双工在高功率大天线阵列面板的情况下，实现高性能自干扰删除的可行性，增强了未来采用全双工的信心。

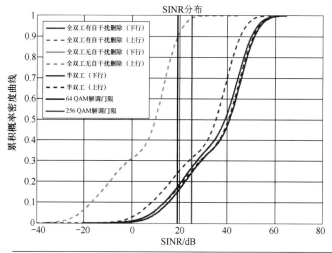

	下行	上行
平均SINR损失	1.6 dB	5.2 dB
损失率（最高64 QAM）	2.3%	7.3%
损失率（最高256 QAM）	1.9%	5.0%

图 9-14　自干扰删除后 SINR 分布和损失率

业界的概念验证远远不止这些，验证重心也已经从早先的低功率单天线系统，走向了更实际的大规模天线阵高功率系统。希望在不久的将来，我们能看到更大的突破，更多方便工程实现的自干扰删除方案、CLI 管理方案以及真实环境的验证结果。全双工与半双工小区平均吞吐量对比如图 9-15 所示。

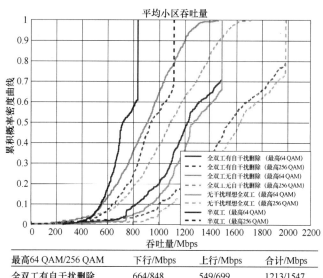

最高64 QAM/256 QAM	下行/Mbps	上行/Mbps	合计/Mbps
全双工有自干扰删除	664/848	549/699	1213/1547
全双工无自干扰删除	652/834	239/248	891/1082
理想全双工	686/872	579/739	1265/1611
半双工	384/445	372/478	756/923

图 9-15　全双工与半双工小区平均吞吐量对比

9.6　本章小结

新型双工技术从 5G 早期开始倡议研究，经过近 10 年来的技术探索和实践测试，具备了一定的技术成熟度，并进行了一些演变以提供组网规避干扰的灵活度。子带非重叠全双工已经率先进行了 3GPP 立项研究，全带全双工作为 6G 的候选使能技术之一，也需要加速实践探索，争取在 6G 舞台上发挥重要的作用。

本章从驱动因素阐述了新型双工研究的必要性，并对关键问题、主要挑战和适用场景进行了说明。针对未来蜂窝高功率全双工基站，讨论了联合自干扰删除设计的准则并针对各域的自干扰删除技术，概述了组网交叉干扰及候选机制，针对干扰删除方案从工程实践角度提供了一些参考观点。

本章最后甄选了部分具有代表性的概念验证结果，在一定程度上反映了当前的研究进展和技术实现的成熟度。新型双工有望走向现实，但还需要业界协力，关键技术的工程化还有一段路要走。

本章参考文献

[1] 3GPP. Study on NR Coverage Enhancements (Release 17), V17.0.0, document TR 38.830[S]. 2020.

[2] ITU. IMT Traffic Estimates for 2020 to 2030: R M.2370[S]. 2015.

[3] CHEN S, BEACH M A, MCGEEHAN J P. Division-free duplex for wireless applications[J]. IEEE Electronics Letters, 1998, 34(2): 147-148

[4] JI H, KIM Y, MUHAMMAD K, et al, Extending 5G TDD Coverage with XDD: Cross Division Duplex[J]. IEEE Access, 2021, 9: 51380-51392.

[5] HUA Y, LIANG P, MA Y, et al. A method for broadband full-duplex mimo radio[J]. IEEE Signal Processing Letters, 2012, 19:793-796.

[6] KIM D, LEE H, HONG D. A Survey of In-Band Full-Duplex Transmission: From the Perspective of PHY and MAC Layer[J]. IEEE Communications Surveys & Tutorials, 2015, 17(4): 2017-2046.

[7] AHMED E, ELTAWIL A M. All-digital self-interference cancellation technique for full-duplex systems[J]. IEEE Transactions on Wireless Communications, 2015, 14(7): 3519-3532.

[8] XIA X, XU K, WANG Y, et al. A 5G-enabling technology: Benefits, feasibility, and limitations of in-band full-duplex mMIMO[J]. IEEE Vehicular Technology Magazine, 2018, 13(3): 81-90.

[9] CIRIK A C, BISWAS S, TAGHIZADEH O, et al. Robust transceiver design in full-duplex MIMO cognitive radios[J]. IEEE Transactions on Vehicular Technology, 2018, 67(2): 1313-1330.

[10] SINGH U, BISWAS S, SINGH K, et al. Kanaujia and C. -P. Li, Beamforming Design for In-Band Full-Duplex Multi-Cell Multi-User MIMO LSA Cellular Networks[J] IEEE Access, 2020, 8: 222355-222370.

[11] ALVES H, RIIHONEN T, SURAWEERA H A. Full-Duplex Communications for Future Wireless Networks[M]. Springer, 2020.

[12] SADJINA S, MOTZ C, PAIREDER T, et al. A Survey of Self-Interference in LTE-Advanced and 5G New Radio Wireless Transceivers[J]. IEEE Transactions on Microwave Theory and Techniques, 2020, 68(3): 1118-1131.

[13] MOTZ C, PAIREDER T, PRETL H, et al. A Survey on Self Interference Cancellation in Mobile LTE-A/5G FDD Transceivers[J]. IEEE Transactions on Circuits and Systems II: Express Briefs, 2021.

[14] SABHARWAL A, SCHNITER P, GUO D, et al. In-band full-duplex wireless: challenges and opportunities[J]. IEEE Journal Selected Areas in Communications, 2014.

[15] YU B, QIAN C, PENG L, et al. Full Duplex Communication with Practical Self-Interference Cancellation Implementation[J]. IEEE ICC, 2022: 1100-1105.

[16] CORCORAN J, POULTON K. Analog-to-digital converters – 20 years of progress in "Agilent" oscilloscope[J]. Agilent Measurement Journal, 2007(1): 34-40.

[17] KIM S, LEE K, YU B, et al. Measurement and System-level Evaluation of Inter-Sector Self-Interference on Full Duplex in mmWave Band[J]. IEEE ICC 2022, 2022: 21991146.

[18] KIAYANI A, ANTTILA L, VALKAMA M. Modeling and dynamic cancellation of TX-RX leakage in FDD transceivers[J]. 2013 IEEE 56th International Midwest Symposium on Circuits and Systems (MWSCAS), 2013.

[19] HUSSEIN M A, BOHARA V A, VENARD O. On the system level convergence of ILA and DLA for digital predistortion[J]. Proceedings International Symposium on Wireless Communication Systems (ISWCS), 2012: 870-874.

[20] HANEDA K, KAHRA E, WYNE S, et al. Measurement of loop-back interference channels for outdoor-to-indoor full-duplex radio relays[J]. Proceedings of the Fourth European Conference on Antennas and Propagation (EuCAP), 2010.

[21] KNOX M E. Single antenna full duplex communications using a common carrier[J]. IEEE Wireless Microwave Technology Conference, 2012.

[22] NIKOLAOU S, BAIRAVASUBRAMANIAN R, LUGO C, et al. Pattern and frequency reconfigurable annular slot antenna using PIN diodes[J]. IEEE Transactions on Antennas and Propagation, 2006.

[23] Choi J, JAIN M, SRINIVASAN K, et al. Achieving single channel, full duplex wireless communication [C]//ACM Mobicom, 2010.

[24] KOLODZIEJ K E. In-band Full-Duplex Wireless Systems Overview[J]. IEEE ICC 2021, 2021: 1-6.

[25] SARRET M G, BERARDINELLI G, MAHMOOD N H, et al. Analyzing the potential of full duplex in 5G ultra-dense small cell networks[J]. EURASIP Journal on Wireless Communications and Networking, 2016, 284: 1-16.

[26] BHARADIA D, MCMILIN E, KATTI S. Full duplex radios[J]. ACM SIGCOMM, 2013: 375-386.

[27] CHEN F, LEE H H, MORAWSKI R, et al. RF/Analog Self-Interference Canceller for 2x2 MIMO Full-Duplex Transceiver[J]. IEEE ICC 2017, 2017:1-6.

[28] OLVER A D, XIANG J. Wide angle corrugated horns analysed using spherical modal--matching[J]. Proceedings of the IEEE, 1988, 135(1).

[29] KINDAL P. Artificially soft and hard surfaces in electromagnetics[J]. IEEE Transactions on Antenna and Propagation, 1990, 38(10).

[30] HANNIEN I, NIKOSKINEN K. Implementation of method of moments for numerical analysis of corrugated surfaces with impedance boundary condition[J]. IEEE Transactions on Antenna and Propagation, 2008, 56(1).

[31] WANG J, ZHAO Z, TANG Y. A RF adaptive least mean square algorithm for self-interference cancellation in co-frequency co-time full duplex systems[J]. IEEE ICC 2014, Sydney, 2014: 5622-5627.

[32] 3GPP. Cross Link Interference (CLI) handling and Remote Interference Management (RIM) for NR: Tech. Rep. 38.828, v. 16.1.0[S]. 2019.

[33] 3GPP. Study on New Radio Access Technology Physical Layer Aspects: Tech. Rep. 38.802, v. 14.2.0 [S]. 2018.

[34] CHOI Y, SHIRANI M H. Simultaneous Transmission and Reception: Algorithm, Design and System Level Performance[J]. IEEE Trans. Wireless Commun.2013, 12(12): 5992–6010.

第 10 章　正交时频空间调制

正交频分复用（Orthogonal Frequency Division Multiplexing，OFDM）调制已被广泛应用在 4G LTE 和 5G NR 中。OFDM 通信系统具有抗多径衰落性能佳、信道估计和信道均衡简单、接收机硬件易于实现、与 MIMO 技术紧耦合等突出优点。同时，OFDM 的一些固有缺陷，如相邻信道泄露比（Adjacent Channel Leakage Ratio，ACLR）高、抗载波间干扰（Inter Carrier Interference，ICI）性能弱、峰值平均功率比（Peak to Average Power Ratio，PAPR）高等，也可以用一些工程方法进行改善，使之得以沿用于两代协议中。然而这也带来了一些问题和代价，如低频谱利用率、严苛的同步需求、过高的反馈开销等。在面对 6G 愈加严苛的技术指标需求，传统的 OFDM 波形显得力不从心。为此有必要开展 6G 新波形的探索，以期能够找到一种高灵活性、高频谱利用率、上下行统一的新波形，来更好地满足未来的超高速率、大规模连接、高速移动场景的需求。

10.1　背景

伴随着高速铁路、高速智慧公路、无人机等技术的快速发展，高速移动场景即将成为 6G 中的重要场景之一。高移动性通信时的多普勒效应，使 OFDM 系统子载波间的正交性被破坏，造成接收机侧时域信号的畸变和模糊，严重影响符号检测性能。现有的应对策略是以开销换可靠性，牺牲一部分资源配置参考信号，用以进行基于测量–反馈机制的频偏估计和补偿。这里的悖论在于，越是高速场景，信道的相干时间越短，需要频繁地利用参考信号，并触发测量–反馈机制，由此引入的大量资源和反馈开销反而降低了通信系统的效率。因此，OFDM 在高速移动场景下的性能受到了极大的制约。

从无线信道的角度来看，高移动性场景下的传输信号在时域和频域是双重色散的。首先，由于多径传播，接收机侧的多路信号非相干叠加引起了信号幅度的急剧变化，即衰落效应。其次，随着用户移动性增加或载波频率的提高，信道冲激响应由于多普勒效应而引起频移，从而产生传输信号的频谱模糊版本，即频率色散。在传统的时频域信道分析中，信道的时延和多普勒特性被建模为对时域波形的破坏。在工程实践中只能通过有限的参考信号对信道进行粗略估计，无法获取采样点粒度的精确信道信息。由于 OFDM 技术将符号调制在时间频率域（以下简称为时频域）中，其符号的解调依赖于对时频域中快速时变信道的精确估计，因此性能天然受限。

值得注意的是，时频域中的快速时变信道在时延多普勒域中却体现出了平稳的特性。时延多普勒域信道模型直接刻画了高速移动环境中的信号传播特性，即直接体现了物理散射环境中各条径的时延、多普勒频移，以及幅度和相位变化。由于物理信道中的散射体数量有限，且收发节点和各散射体间的相对位置变化较慢，因此时延多普勒域信道体现出了稀疏性和稳定性。时频域信道的连贯区域和时延多普勒域信道的平稳区域如图 10-1 所示，通常我们用连贯性（Coherent）表示时频域信道的变化特性，在一个连贯区域内，信道的复增益保持近似不变。而对时延多普勒域信道，我们可以定义平稳性（Stationary）来表示时延多普勒域信道的变化特性，在一个平稳区域内，信道的时延和多普勒保持近似不变。由于时延多普勒域信道的平稳性取决于缓慢变化的参数，即物理信道拓扑和相对速度，而时频域信道的连贯性则受到快速变化的参数，即信号相位变化的影响，因而平稳区域的持续时间比连贯区域的持续时间要长很多。

图 10-1　时频域信道的连贯区域和时延多普勒域信道的平稳区域

正交时频空间（Orthogonal Time Frequency Space，OTFS）调制技术利用了时延多普勒域信道的上述特点，将符号调制在时延多普勒域上，从而将一个在时频域相对于原信号具有衰落和频移的接收信号，转化为在时延多普勒域的各条路径的冲激响应的叠加。利用不同路径的分量信号具有不同时延和多普勒的特点，实现多径信号的完全分离，进而对每条径的时延多普勒域信道响应进行精确估计。OTFS 技术利用时延多普勒域信道的稳定性，有效降低信道估计的导频和反馈开销。同时，映射在时延多普勒域的调制符号变换到时频域后传输时，通过二维变换增加了信号的时域和频域分集，从而降低了信道衰落对解调性能的影响。

10.1.1　应用场景

1. 高移动性场景

6G 通信系统涵盖了更为丰富的服务和需求，其对应的网络具有高度的异构性。其中高速移动场景伴随着高速交通工具的飞速发展逐渐成为移动通信系统中不可忽视的场景。无论是高铁与轨道侧基站的通信，还是高速公路上车辆与路侧单元的通信，其收发机之间的相对运动均会产生显著的多普勒效应，为可靠通信带来极大挑战。特别是在车辆到万物（V2X）恶劣的信道条件下，基于安全性的考虑，我们需要超可靠和低时延的通信。因此，我们需要研究新的波形和编码技术方案。文献[1]对目前的集中主流波形结合先进信道编码的方案进行了评估，发现在各种衰落信道条件下，OTFS 在频谱效率和误码率两个指标下的性能均优于其他波形，具有优异的抗多径干扰和抗多普勒性能，是 6G 高移动性场景下的有力候选波形之一。在文献[2]中，作者利用高铁场景下的OTFS 信道建模，设计了一种利用 RIS 改善距离窗户较远的用户信道质量的方法，其中OTFS 波形的可靠信道估计和多普勒耐受性使得 RIS 状态调整所需的开销大大减小，其波形本身也体现了高速通信下的优异性能。

2．毫米波频段

毫米波频段已被多种通信协议列为可选频段，6G 对大带宽的需求将进一步地催生对毫米波频段的频谱需求。然而，毫米波频段的高载波频率引起的高多普勒频移，以及硬件局限带来的相位噪声问题对波形的设计提出了挑战。文献[3]在毫米波信道模型下对比了 OTFS 和 OFDM 两种技术的性能，结果显示，无论在信道估计准确性还是误码率上，OTFS 都显示出了相对 OFDM 的明显增益。文献[4]研究了毫米波通信中振荡器的相位噪声对 OTFS 调制性能的影响，在文中所采用的等效信道模型中，振荡器相位噪声和信道的多普勒频移给发射信号带来了显著的频率色散。该文献使用改进的消息传递（Message Passing，MP）算法进行了仿真验证，结论是 OTFS 对振荡器相位噪声的耐受性比 OFDM 强，在所评估 28 GHz 系统中，OTFS 的 BER 性能优于 OFDM 两到三倍。

3．卫星通信

包括低轨（Low-Earth-Orbit，LEO）卫星在内的卫星通信系统是实现 6G 全域覆盖无缝连接的潜在使能技术之一。卫星通信的信道具有三大特征：（1）信号的路径损失大，以 LOS 径为主导；（2）星地间的相对速度较大，信道呈现出高多普勒频移的特点；（3）传播距离远，传播时延较大。由于高移动性带来的高多普勒扩展，星地链路间的信道在时频域的变化剧烈，较大的传播时延不利于使用传统的测量–反馈机制进行多普勒补偿。因此，OTFS 调制技术的天然抗多普勒特性，有利于其在卫星通信中的应用。在基于卫星通信的广域覆盖大规模 IoT 网络中，文献[5]利用上述特点，设计了一种基于 OTFS 调制的免调度的上行非正交多址接入（Non-Orthogonal Multiple Access，NOMA）传输机制，实现了较低复杂度的设备的活动性检测和信道估计。

4．水声通信

水声通信系统利用声波在水下进行通信，由于声波的低速，其多径传播时延可达数百毫秒。同时，由于传播介质的不断振动，又给信号带来了严重的多普勒扩散和频移影响。这导致了水声信道比传统无线信道具有更快的时变特性。文献[6]利用 OTFS 调制技术将快速时变的水声信道转化到相对稳态的时延多普勒域分析，有利于更精确的信道估计和补偿，更好地对抗子载波间干扰，获得更好的误码率、频谱效率和 PAPR 性能表现。

5．通感一体化场景

未来的通信感知（通感）一体化（Integrated Sensing And Communications，ISAC）设备将集成通信和感知的双重功能，在通信和感知信号之间实现硬件共用、频谱共享、协议互通。其中通信和感知信号间的统一波形设计是提升性能的重点。ISAC 统一波形设计的关键在于尽量减小通信信号与感知信号间的干扰，满足通信、感知功能需求，在保证系统性能的前提下提高频谱效率。传统的多载波一体化波形主要基于 OFDM 波形，其优势主要在于简单的随机信号生成，全数字化处理，极高的时频处理增益[7]。然而，每个 OFDM 符号前的 CP 在感知检测中是无用的开销。同时，OFDM 波形对高多普勒场景适应性较差，只能检测最多达 10%子载波间隔的多普勒频移，在快速移动物体的追踪上具有性能局限性。

OTFS 波形作为感知波形则克服了前述 OFDM 波形的这两个缺陷。首先，对于同一块资源来说，假设 M 对应子载波数，N 对应符号数。转换到时频域后，OTFS 信号只需要在 N 个 OFDM 符号前面加一个 CP 避免时隙间干扰即可；而传统的 OFDM 信号需要在每个符号前面都加一个 CP 以避免符号间干扰，共需要 N 个 CP。因此 OTFS 的开销显著降低，这意味着其可将更多的能量用于感知信号本身，从而提升目标的检测和跟踪能力。其次，由于 OTFS 信号对高多普勒的天然耐受性，使得 OTFS 雷达对于高速场景的高多普勒频移具有良好的检测能力，其表现大大优于 OFDM 雷达。

10.1.2 业界研究现状

美国德州大学的数学教授 Ronny Hadani 于 2017 年首次提出一种在时延多普勒域中设计的新型调制技术，称为正交时频空间调制[8]。其文章详细介绍了 OTFS 调制和解调信号处理流程，指出了 OTFS 作为一种全新的波形，在信道估计、分集增益和预编码等方面具有独特的优势。

在 5G NR 的研究项目（Study Item，SI）阶段，OTFS 曾经作为 5G NR 的候选波形进入讨论，在 3GPP TSG RA WG1（3GPP Technique Study Group Radio Access Work Group one）会议的#84～#87 间进行了一系列推动。以凝聚技术公司为主导，要求将 OTFS 调制技术，以及相应的参考信号多路复用方案纳入 5G 系统空口的评估和后续的工作项目（Work Item，WI）研究中。

在文献[9]中，作者指出 OTFS 调制技术在高阶 MIMO 和高多普勒场景中，参考信号效率及信道估计和预测中具有重要的频谱效率优势，提出所有参考信号和数据都映射在时延多普勒域上，在所设计的传输时隙内经历相同的时延多普勒域信道响应，同时通过二维变换获得了时间和频率上的分集增益。

随后在文献[10]中，作者在 3GPP EVA（Extended Vehicular A）信道环境下评估了 OTFS 与 OFDM 在高移动性（如高铁）场景中的性能。结果显示出 OTFS 比 OFDM 具有更好的性能。由于 OTFS 技术先天的抗多普勒特性，可以在无须增加子载波间隔，无须增大 CP 开销的情况下，实现高移动性通信系统的高吞吐。在文献[11]中，作者评估了在 TDL-C 信道下，OTFS 分别在 SISO 和 MIMO 场景中的性能，并且与 OFDM 进行了对比，结果均体现出了 OTFS 的优势。

在文献[12]中，作者考察了 OTFS 在高速移动场景下不同子载波间隔下的性能，仿真结果指出 OTFS 在所有子载波间隔情况下均优于 OFDM。利用文中所提的时延多普勒域导频叠加方案，结合非线性迭代 Turbo 接收机，实现了无须增加子载波间隔就能实现载波干扰消除的信道估计迭代算法。可以看出，所提的导频叠加方案与理想信道估计性能有一定的差距，但由于实际中无法得到完美的信道状态信息，所提的信道估计方法具有一定的有效性，并且将导频开销减少到了可以忽略的程度。

10.2　OTFS 技术概述

OTFS 技术把一个大小为 $M \times N$ 的数据包中的信息，如正交振幅调制（Quadrature Amplitude Modulation，QAM）符号，在逻辑上映射到二维时延多普勒域平面上的一个 $M \times N$ 格点中，即每个格点内的脉冲调制了数据包中的一个 QAM 符号。进而通过设计一组正交二维基函数，将 $M \times N$ 的时延多普勒域平面上的数据集变换到 $N \times M$ 的时频域平面上，这种变换在数学上被称为逆辛有限傅里叶变换（Inverse Sympletic Finite Fourier Transform，ISFFT）。与之对应，时频域到时延多普勒域的变换被称为辛有限傅里叶变换（Sympletic Finite Fourier Transform，SFFT）。时延多普勒分析和时频域分析可以通过所述的 ISSFT 和 SSFT 相互转换得到。上述的转换关系如图 10-2 所示。

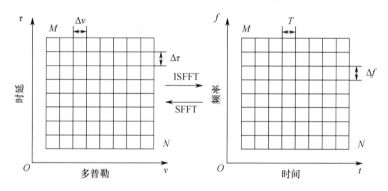

图 10-2　时延多普勒域平面和时频域平面的相互转换

时延多普勒域信道模型直接体现了无线链路中由于收发机之间的反射体相对位置的几何特性造成的信道时延多普勒响应特性，即每条可分离路径上的时延、多普勒和信道增益，如式（10-1）所示。

$$h(\tau, v) = \sum_{i=1}^{P} h_i \delta(\tau - \tau_i) \delta(v - v_i) \tag{10-1}$$

上述时延多普勒域信道具有如下特点。

（1）信道耦合状态的不变性。由于信号的时延和多普勒反映了物理信道中反射体的直接作用，只取决于反射体的相对速度和位置，因此在无线帧的时间尺度上，信号的时延和多普勒相应可以看作是不变的。

（2）信道耦合状态的可分离性。在时延多普勒域信道频率响应中，所有的分集路径均体现为一个单独的冲激响应，完全可分离。而 QAM 符号遍历所有的分级路径。

（3）信道耦合状态的正交性。由于时延多普勒域信道冲激响应限定在一个时延多普勒域的资源元素上，如果能够找到一种满足双正交假设的波形，则在接收侧不会产生时延间干扰（Inter-Delay Interference，IDeI）和多普勒间干扰（Inter-Doppler Interference，IDoI）。

由于上述特点，时延多普勒域分析消除了传统时频域分析跟踪时变衰落特性的难点，转而通过分析时不变的时延多普勒域信道，抽取出时频域信道的所有分集特性，进而通过时延多普勒域和时域的转换关系计算出时频域信道。在实际系统中，信道的时延径和多普勒频移的数量远远小于信道的时域和频域响应数量，用时延多普勒域表征的信道较为简洁。所以利用 OTFS 技术在时延多普勒域进行分析，可以使参考信号的封装更加紧密和灵活，尤其有利于支持大规模 MIMO 系统中的大型天线阵列。

10.2.1　原理及实现

1. 信道间的变换关系

OTFS 调制的将安置在时延多普勒域上的 QAM 符号，变换到时频域进行发射，经历信道后，接收侧仍需回到时延多普勒域进行符号判决。因而可以引入时延多普勒域上的无线信道响应分析方法。信号通过线性时变信道时，其信道间的变换关系如图 10-3 所示。

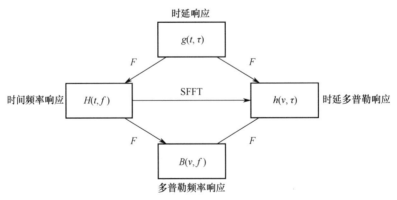

图 10-3　信道间的变换关系

在图 10-3 中，SFFT 变换公式为

$$h(\tau,v)=\iint H(t,f)\mathrm{e}^{-\mathrm{j}2\pi(vt-f\tau)}\mathrm{d}\tau\mathrm{d}v \tag{10-2}$$

与之对应，ISFFT 的变换公式为

$$H(t,f)=\iint h(\tau,v)\mathrm{e}^{\mathrm{j}2\pi(vt-f\tau)}\mathrm{d}\tau\mathrm{d}v \tag{10-3}$$

信号通过线性时变信道时，令时域接收信号为 $r(t)$，其对应的频域接收信号为

$R(f)$ ，且有 $r(t) = \mathcal{F}^{-1}\{R(f)\}$ 。 $r(t)$ 可以表示为如下形式

$$r(t) = s(t) * h(t) = \int g(t,\tau)s(t-\tau)\mathrm{d}\tau \tag{10-4}$$

由图 10-3 所示关系可知

$$g(t,\tau) = \int h(\nu,\tau)\mathrm{e}^{\mathrm{j}2\pi\nu t}\mathrm{d}\nu \tag{10-5}$$

把式（10-5）代入式（10-4）可得

$$r(t) = \iint h(\nu,\tau)s(t-\tau)\mathrm{e}^{\mathrm{j}2\pi\nu t}\mathrm{d}\tau\mathrm{d}\nu \tag{10-6}$$

由图 10-3 所示关系，经典傅里叶变换理论，以及式（10-6）可知

$$\begin{aligned}
r(t) &= \iint h(\nu,\tau)(\int S(f)\mathrm{e}^{\mathrm{j}2\pi f(t-\tau)}\mathrm{d}f)\mathrm{e}^{\mathrm{j}2\pi\nu t}\mathrm{d}\tau\mathrm{d}\nu \\
&= \int(\iint h(\nu,\tau)\mathrm{e}^{\mathrm{j}2\pi(\nu t-f\tau)}\mathrm{d}\tau\mathrm{d}\nu)S(f)\mathrm{e}^{\mathrm{j}2\pi ft}\mathrm{d}f \\
&= \int H(t,f)S(f)\mathrm{e}^{\mathrm{j}2\pi ft}\mathrm{d}f \\
&= \mathcal{F}^{-1}\{R(f)\}
\end{aligned} \tag{10-7}$$

式（10-7）暗示，在 OTFS 系统进行时延多普勒域的分析，可以依托现有的建立在时频域上的通信框架，在收发端加上额外的信号处理过程来实现。并且，所述额外的信号处理仅由傅里叶变换组成，可以完全通过现有的硬件实现，无须新增模块。这种与现有硬件体系的良好兼容性大大方便了 OTFS 系统的应用。在实际系统中，OTFS 技术可以用一个滤波 OFDM 系统的前置和后置处理模块实现，因此与现有的 NR 技术架构下的多载波系统有着很好的兼容性。

2. OTFS 与多载波系统结合

OTFS 与现有的 OFDM 多载波系统结合时，可以视为其在数字域的一个预编码处理。首先将 QAM 符号安置在时延多普勒域的资源格上，经过一个二维的逆辛有限傅里叶变换（ISFFT），转换为时频域符号上的变换符号集，再经过海森堡（Heisenberg）变换，变成时域采样点发射出去。与传统的 OFDM 不同的是，每个 OFDM 符号的时域样点前并不需要加 CP，而只需要在整段时域样点前加一个 CP 即可。图 10-4 展示了一个的 $N=128$、$M=2048$ 的 OTSF 系统的发射侧信号处理流程。

OTFS 系统的接收端大致是一个发送端的逆过程。时域采样点经接收机接收后，经过魏格纳（Wigner）变换得到时频域的接收符号集，然后经过二维辛有限傅里叶变换（SFFT），转换为时延多普勒域上的接收符号集，然后对其进行处理，包括信道估计和均衡，解调和译码等。上述 OTFS 系统的收发端处理流程可以参考图 10-5。

在图 10-5 中，各个模块的输入和输出数据描述如下。首先将时延多普勒域的符号 $x[k,l]$ 经过 ISFFT 变换到时频域，如式（10-8）所示。

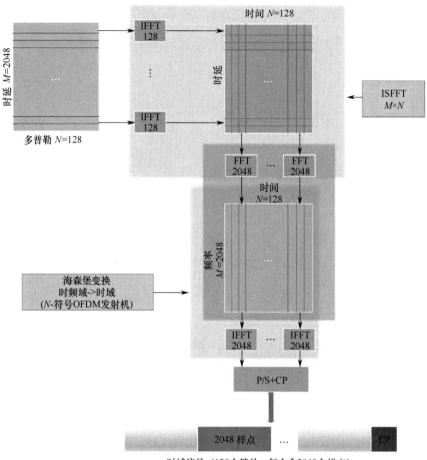

图 10-4　OTFS 系统的发射侧信号处理流程

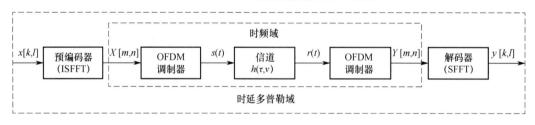

图 10-5　OTFS 系统的收发端处理流程

$$X[n,m] = \frac{1}{\sqrt{NM}} \sum_{k=0}^{N-1} \sum_{l=0}^{M-1} x[k,l] \mathrm{e}^{\mathrm{j}2\pi\left(\frac{nk}{N} - \frac{ml}{M}\right)} \tag{10-8}$$

然后，时频域信号 $X[n,m]$ 经过海森堡变换为连续的时域信号 $s(t)$，如式（10-9）所示。

$$s(t) = \sum_{n=0}^{N-1} \sum_{m=0}^{M-1} X[n,m] g_{\mathrm{tx}}(t - nT) \mathrm{e}^{\mathrm{j}2\pi m\Delta f(t - nT)} \tag{10-9}$$

式中，$g_{tx}(t)$ 表示发射脉冲。连续的时域信号 $s(t)$ 经历一个时变信道到达接收端。时域接收信号 $r(t)$ 为

$$r(t) = \iint h(v,\tau)s(t-\tau)e^{j2\pi v(t-\tau)}d\tau dv \qquad (10\text{-}10)$$

在接收端，使用匹配滤波器计算交叉模糊函数（Cross Ambiguity Function，CAF），如式（10-11）所示。

$$Y(t,f) = A_{gx,r}(t,f) \triangleq \int g_{rx}^*(t'-t)r(t')e^{-j2\pi f(t'-t)}dt' \qquad (10\text{-}11)$$

通过对 $Y(t,f)$ 采样，得到匹配滤波器的输出为

$$Y[m,n] = Y(t,f)|_{t=nT, f=m\Delta f} \qquad (10\text{-}12)$$

式（10-11）和式（10-12）合并称为魏格纳变换。对 $Y[n,m]$ 进行 SFFT 到时延多普勒域，如式（10-13）所示。

$$y[k,l] = \frac{1}{\sqrt{NM}} \sum_{k=0}^{N-1} \sum_{l=0}^{M-1} Y[m,n]e^{-j2\pi\left(\frac{nk}{N} - \frac{ml}{M}\right)} \qquad (10\text{-}13)$$

经过以上过程，最终接收侧的时延多普勒域的信号输入-输出关系为

$$y[k,l] = \sum_{i=1}^{P} h_i x[[k-k_{v_i}]_N, [l-l_{\tau_i}]_M] = h[k,l] \circledast x[k,l] \qquad (10\text{-}14)$$

式中，$\circledast$ 为圆周卷积符号。

10.2.2　波形设计

OTFS 采用了在时延多普勒域进行符号的复用，导致在时延多普勒域的输入-输出关系在双正交波形的使用下是二维卷积。由于双正交波形是实际中不可实现的，实际 OTFS 系统通常使用易于实现的矩形脉冲作为成形波形。使用矩形脉冲的 OTFS 具有最大的分集增益，但是带外（Out-Of-Band，OOB）泄露严重，不利于多用户场景的使用。为了在 OOB、PAPR 和解调性能方面取得最佳平衡，其他的成形脉冲，如扁长球状波形，圆形脉冲成形，以及用于改善成形后信号特性的加窗函数和滤波操作等方法相继被提出。

在文献[13]中，推导了在任意波形下的时延多普勒域的向量化输入-输出关系，可以表示为

$$\boldsymbol{y} = (\boldsymbol{F}_N \otimes \boldsymbol{G}_{rx})\boldsymbol{H}(\boldsymbol{F}_N^H \otimes \boldsymbol{G}_{tx})x + (\boldsymbol{F}_N \otimes \boldsymbol{G}_{rx})w = \boldsymbol{H}_{eff}x + \tilde{\boldsymbol{w}} \qquad (10\text{-}15)$$

式中，$\otimes$ 代表克罗内克（Kronecker）乘积。任意波形下的等效信道矩阵可以表示为

$$\boldsymbol{H}_{eff} = (\boldsymbol{F}_N \otimes \boldsymbol{G}_{rx})\boldsymbol{H}(\boldsymbol{F}_N^H \otimes \boldsymbol{G}_{tx}) \qquad (10\text{-}16)$$

式中，$\boldsymbol{H}$ 为时域信道矩阵，即

$$H = \sum_{i=1}^{P} h_i \boldsymbol{\Pi}^{l_i} \boldsymbol{\varDelta}^{k_i}, \tau_i = \frac{l_i}{M\Delta f}, v_i = \frac{k_i}{NT} \tag{10-17}$$

式中，Δf 为子载波间隔；$\boldsymbol{\Pi}^{l_i}$ 和 $\boldsymbol{\varDelta}^{k_i}$ 分别对应第 i 条路径的时延和多普勒参数矩阵，其构造方式见文献[18]。特别地，当使用矩形波时，等效信道矩阵为

$$\boldsymbol{H}_{\text{eff}}^{\text{rect}} = (\boldsymbol{F}_N \otimes \boldsymbol{I}_M) \boldsymbol{H} (\boldsymbol{F}_N^{\text{H}} \otimes \boldsymbol{I}_M) \tag{10-18}$$

可以利用式（10-18）得到任意波形下的等效信道矩阵，即

$$\begin{aligned}
\boldsymbol{H}_{\text{eff}} &= (\boldsymbol{I}_N \otimes \boldsymbol{G}_{\text{rx}})(\boldsymbol{F}_N \otimes \boldsymbol{I}_M) \boldsymbol{H} (\boldsymbol{F}_N^{\text{H}} \otimes \boldsymbol{I}_M)(\boldsymbol{I}_N \otimes \boldsymbol{G}_{\text{tx}}) \\
&= (\boldsymbol{I}_N \otimes \boldsymbol{G}_{\text{rx}}) \boldsymbol{H}_{\text{eff}}^{\text{rect}} (\boldsymbol{I}_N \otimes \boldsymbol{G}_{\text{tx}})
\end{aligned} \tag{10-19}$$

由于信道的稀疏性仅由 $\boldsymbol{H}_{\text{eff}}^{\text{rect}}$ 决定，因此无论是矩形脉冲波形还是其他波形，等效信道矩阵的稀疏性不受影响，进而均可以采用复杂度较低的 MP 算法进行检测。

1. 减少 OOB 的 OTFS 波形设计

在文献[14]中，作者提出了一种加窗重构 OTFS 技术（Windowing and Restructuring Orthogonal Time Frequency Space，WR-OTFS），以减少 OOB 功率发射。所提出的 WR-OTFS 在发射机处使用时域加窗来有效地减少 OOB 功率发射，在接收机处利用 CP 部分的冗余样点进行信号重建，以保证符号检测性能，信号的加窗和重构如图 10-6 所示。

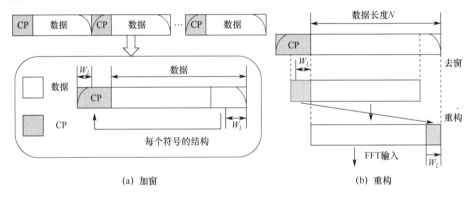

(a) 加窗 (b) 重构

图 10-6 信号的加窗和重构

评估表明，所用窗长度越长，OOB 改善越明显。在 BER 为 10^{-3} 时，所提出的 WR-OTFS 可以将 OOB 功率降低 66 dB，同时比 OFDM 获得 10 dB 的增益。但是其代价是需要在每个 OFDM 符号前都增加 CP，并且 CP 需要大于窗长度的 2 倍，这就造成了 OOB 改善的同时降低了频谱效率。

在文献[15]中，作者提出了用于 OTFS 的圆形脉冲成形框架减少 OOB。圆形脉冲成形的表达式为

$$g_{(n,m)}(t) = g(t - nT)_{T_f} \mathrm{e}^{\mathrm{j}2\pi m\Delta f(t - nT)} \tag{10-20}$$

经圆形脉冲成形后的时域发射信号的表达式为

$$s(t) = \sum_{n=0}^{N-1}\sum_{m=0}^{M-1} X[n,m]g((t-nT)\bmod T_f)e^{j2\pi m\Delta f(t-nT)} \tag{10-21}$$

作者为该系统设计了一种低复杂度发射机，利用频域循环狄利克雷脉冲进行脉冲成形。经仿真验证，与传统的 OTFS 系统相比，频域循环狄利克雷脉冲的使用可以显著降低 OOB 泄露（大约 50 dB），所提脉冲成形的 OTFS 具有更低的峰均功率比，而且不会造成 BER 泄露。

2. 减少 PAPR 的 OTFS 波形设计

多载波系统如 OFDM、OTFS 均存在峰均比高的问题，不同调制系统下 PAPR 的情况以及如何设置波形去降低 PAPR 是一个热点问题。

在文献[16]中，作者分析了 OTFS 波形的峰均功率比，并推导了 OTFS 信号利用矩形脉冲成形时的 PAPR 的上限及其互补累积分布函数。结论是 OTFS 系统中的最大 PAPR 随着 N 变化而变化，即对应 OFDM 中的符号数量线性增长，而不是随着 M，即对应如 OFDM 中的子载波数量线性增长。该文献仿真了 OTFS 的 PAPR 的 CCDF（互补累积分布函数），并将其与 OFDM 及 GFDM（广义频分复用）进行比较。结果表明，与 OFDM 和 GFDM 相比，OTFS 可以具有更好的 PAPR。

在实际系统中，为进行信道估计而在 OTFS 数据帧中插入的高功率导频脉冲，会恶化 OTFS 的 PAPR 性能。此时，我们可以通过在时域加扰来降低 PAPR，在 $N=16$、$M=256$ 时，插入 PSR=17 dB 的单点脉冲导频后，加扰前后的时域序列 PAPR 对比如图 10-7 所示。

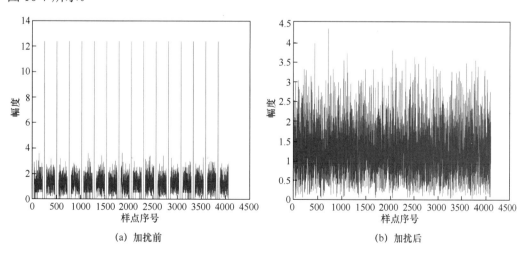

(a) 加扰前　　　　　　　　　　　　　(b) 加扰后

图 10-7　加扰前后的时域序列 PAPR 对比

时域加扰后的 OTFS 系统框图如图 10-8 所示。

此外，还可以通过改变参考信号设计来规避这个问题，例如，采用 DD 域的导频序列取代单点脉冲导频进行信道估计，具体技术及优缺点分析将在后面呈现。

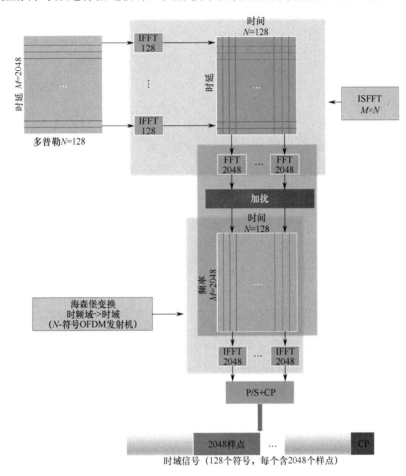

图 10-8　时域加扰的 OTFS 系统框图

10.2.3　导频设计

由于实际物理信道中的电磁波传播路径仅由有限数量的反射物体决定，因此时延多普勒域信道中由反射物体确定的时延和多普勒状态数，远小于时频域中由信号相位变化引起的时间和频率状态数。换言之，时延多普勒域的信道矩阵具有稀疏性的特点，这将有利于我们针对性地设计导频映射及对应的信道估计方案。

在发送端，利用 OTFS 调制，把收发机之间的时频域中的快变衰落信道转化为时延多普勒域中缓变平稳信号。因而可以近似认为，一个时隙中发射的一组信息符号中的每个符号都经历相同的静态信道响应。

在接收端，利用独特的导频脉冲设计，OTFS 接收机可以通过时延多普勒图像解析出物理信道中的可分辨路径及其信道响应，并用接收均衡器对来自不同反射路径的能量进行相干合并，这实际上是提供了一个无衰落的静态信道响应。

具体地讲，OTFS 系统中的信道估计可以采用如下方法。发射机将导频脉冲映射在时延多普勒域上，接收机利用对导频的时延多普勒图像分析，估计出时延多普勒域信道响应 $h(\tau,v)$，进而可以根据图 10-3 所示关系得到时频域的信道响应表达式，方便应用时频域的已有技术进行信号分析和处理。文献[17]指出，与传统的映射在时频域的参考信号序列相比，在时延多普勒域的导频脉冲具有以下优点：能够以最佳方式支持同时估计具有不同时延和/或多普勒扩展的信道；导频映射具有更大的灵活性，因为导频可以放置在连续时延多普勒平面中的任何位置，而不是时频平面中有限的选择，这种灵活性更利于系统设计中对导频的优化。

1. OTFS 的导频映射

时延多普勒信道的导频映射可以采取如图 10-9 所示的方式。

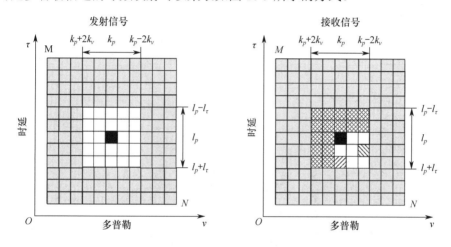

图 10-9　时延多普勒信道的导频映射

在图 10-9 中，发射信号由位于 (l_p,k_p) 的单点导频（图中黑色栅格），环绕在其周围的面积为 $(2l_\tau+1)(4k_v+1)-1$ 的保护符号（图中白色栅格），以及 $MN-(2l_\tau+1)(4k_v+1)$ 的数据部分（图中灰色栅格）组成。而在接收端，在时延多普勒域格点的保护带中出现了两个偏移峰（图中左斜线栅格和右斜线栅格），意味着信道除了主径外存在两个具有不同时延多普勒的次要路径。对所有的次要路径的幅度、时延和多普勒参数进行测量，就得到了信道的时延多普勒域表达式，即 $h(v,\tau)$。特别地，为了防止接收信号格点上数据对导频符号的污染，导致不准确的信道估计，保护符号的面积应该满足如下条件：

$$l_\tau \geqslant \tau_{\max} M \Delta f, k_v \geqslant v_{\max} N \Delta T \qquad (10\text{-}22)$$

式中，$\tau_{\max}$ 和 $v_{\max}$ 分别是信道所有路径的最大时延和最大多普勒频移。

接收机侧的导频位置检测如图 10-10 所示，接收机把接收到的时频域采样点，经过 OFDM 解调和 OTFS 变换（图中的 SFFT）的过程，转化为时延多普勒域的 QAM 符号，再利用基于阈值的信号功率检测判断导频脉冲所在的位置。值得注意的是，因为导频的发射通常会进行功率提升，所以接收机侧导频脉冲的功率要远大于数据功率，利用功率检测很容易判断出导频位置。

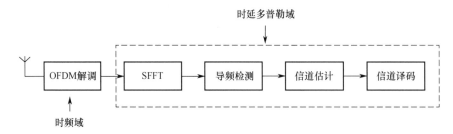

图 10-10　接收机侧的导频位置检测

图 10-9 所示的实例，对应于单端口的场景，即只有一组参考信号需要发射。在现代多天线系统中，我们往往利用多个天线端口同时发射多流数据，从而充分利用天线的空间自由度，达成获取空间分集增益或者提升系统吞吐量的目的。当多个天线端口存在时，多个导频需要映射在时延多普勒平面中，因此会导致如图 10-11 所示的映射示意图。

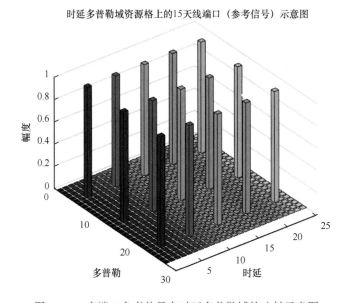

图 10-11　多端口参考信号在时延多普勒域的映射示意图

在图 10-11 中，15 个天线端口对应了 15 个导频信号。其中每个导频信号采用图 10-9 所示的方式，即中心点冲激信号加两侧保护符号。其中单点导频占用的时延多普勒域 RE（资源元素）个数为 $(2l_\tau+1)(4k_\nu+1)$。如果有 P 个天线端口，考虑到相邻天线端口的保护带可以复用，假设导频放置采用在时延维度为 P_1，在多普勒维度为 P_2，且满足 $P=P_1P_2$，则导频的总资源开销为 $[P_1(l_\tau+1)+l_\tau][P_2(2k_\nu+1)+2k_\nu]$。

由此可见，尽管当单端口传输时，具有资源占用少、检测算法简单的优势，然而，对于具有多个天线端口的通信系统，由于单点导频加保护带的方案无法进行资源复用，因而会造成开销的线性增加。因此，针对多天线系统，可以有效降低导频开销的导频映射方案被提了出来，时延多普勒域的导频资源复用如图 10-12 所示。

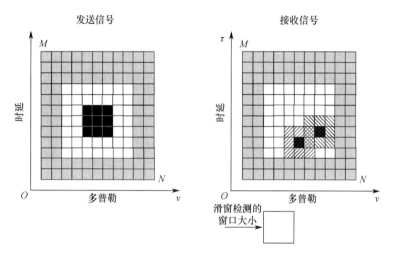

图 10-12　时延多普勒域的导频资源复用

在图 10-12 中，导频并非以单点脉冲的形式存在，而是一个基于由特定方式生成的伪随机噪声（Pseudo Noise，PN）序列构造出的导频序列，并按照特定规则映射在时延多普勒平面上的二维资源格上，即图 10-12 中左侧图中间的黑色填充部分。在下文中，我们将黑色填充部分（即导频序列所占据的资源位置）称为导频资源块。导频资源块旁边的白色部分为导频保护带，由未发射任何信号/数据的空白资源元素组成。类似于图 10-9 中的单点导频，我们在导频资源块的四周也设有保护带，以避免与数据的相互干扰。保护带宽度的计算方法与图 10-9 单点导频映射中的方法基本相同。区别在于，在导频序列所映射的资源部分，不同端口的导频序列可以选取低相关度的导频，在同一块资源上叠加映射，然后在接收机端通过特定算法进行导频序列的检测，从而区分出不同天线端口对应的导频。由于在发送端进行了完全的资源复用，多天线端口系统下的导频开销可以大大减轻。

类似图 10-9 中的场景，在接收端，由于信道的两条路径的不同时延和多普勒频移，接收的导频信号块在时延多普勒整体偏移到了图 10-12 中右侧图的左斜线和右斜线的栅格位置。此时在接收端利用已知发射导频（图 10-12 中左侧图的黑色栅格部分）作为滑动窗大小，在右侧图的时延多普勒域进行滑窗检测。已知滑窗检测的结果 $M(R,S)[\delta,\omega]$ 在 $N_p \to +\infty$ 时，具有如下性质（以下公式成立的概率趋近于1）：

$$
\begin{aligned}
M(R,S)[\delta,\omega] &= 1 + \varepsilon'_{N_p}, \text{if } (\delta,\omega) = (\delta_0,\omega_0) \\
&= \varepsilon_{N_p}, \text{if } (\delta,\omega) \neq (\delta_0,\omega_0)
\end{aligned}
\tag{10-23}
$$

式中，$\left|\varepsilon_{N_p}\right| \leqslant \dfrac{1}{\sqrt{N_p}}, \left|\varepsilon_{N_p}\right| \leqslant \dfrac{C+1}{\sqrt{N_p}}, C > 0$ 为某个常数，且随信号 SINR 增大而减小；

(δ,ω) 和 (δ_0,ω_0) 分别为滑窗当前（中心点）所在位置和接收信号中导频信号块（中心点）偏移到的位置。可以看出，只有当 $(\delta,\omega)=(\delta_0,\omega_0)$ 时，我们才能得到一个位于 1 附近的值，反之，滑窗检测的结果是一个较小的值。因此，当滑窗正好与偏移的导频信号块（右侧图中左斜线栅格或右斜线栅格）重合时，检测机会运算出一个能量峰值，呈现在时延多普勒平面的 (δ,ω) 位置，即右侧图中的左斜线灰色背景栅格和右斜线灰色背景栅格的位置。利用这种方法，只要保证具有足够的长度，接收机就可以根据 $M(R,S)$ 的值获取正确的导频位置，即获取信道的时延和多普勒信息。同时，信道的幅度由检测运算得到的 $1+\varepsilon'_{N_p}$ 值给出。

图 10-12 的导频序列方案和图 10-11 的导频脉冲方案各有优劣，如表 10-1 所示。

表 10-1   各导频方案比较

优劣势	时延多普勒域		时 频 域
	导频脉冲	导频序列	DM-RS
优势	接收端使用能量检测，方法简单	多端口/用户复用可以复用时延多普勒域资源，减少开销	实现简单
	可以利用导频位置盲检测携带信息	可以利用导频位置和序列盲检测携带信息	可以利用导频序列盲检测携带信息
	检测精度高，在时延多普勒二维平面的格点总数足够大的情况下精确重构信道信息	序列检测精度高，且准确性可以利用序列长度灵活调整	导频检测精度和资源开销可以灵活地通过信令配置权衡
	通过功率增强可以灵活调整检测性能	节省保护符号开销，即使开销不足也能获取粗略结果	导频的资源映射可以进行符号/子载波级别的调整，灵活性强
劣势	多端口导频脉冲的保护间隔开销较大	序列相关/匹配检测复杂度较高	检测精度依赖于时频域插值，精度较低
	时域信号的 PAPR 较高	准确性受序列长度制约	高多普勒场景下，抗 ICI 的能力差，抗相噪的能力差

在某些场景下，导频保护间隔的开销受限，不足以完全覆盖信道可能的时延和多普勒偏移，此时导频序列方案仍表现出了可接受的性能，而导频脉冲方案则性能损失很大。两种导频设计方案在不同导频开销条件下的性能比较如图 10-13 所示，图中标记菱形和圆圈的曲线是导频序列方案基于不同检测算法的性能曲线，而标记方形的曲线是导频脉冲方案的性能曲线。可见在图示的特殊场景中（信道的时延和多普勒偏移较大），即使导频开销达到了 60%，导频脉冲方案的表现仍然远逊于导频序列方案的表现。

2. OTFS 的信道估计算法

在实际的通信系统中，完美的信道信息是未知的，尽可能准确的信道估计通信系统是研究的热点问题。由于信道在时延多普勒域中呈现缓慢变化的特征，有利于 OTFS 系统利用时延多普勒域中的先进信道估计算法获取优于传统时频域信道估计算法的性能。

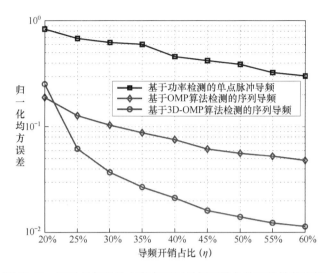

图 10-13　两种导频设计方案在不同导频开销条件下的性能比较

在文献[18]、[19]中，提出了用于 OTFS 的嵌入式导频辅助信道估计方案。在每个 OTFS 帧中，在时延多普勒平面中安排导频、保护和数据符号，以适当避免接收机处导频和数据符号之间的干扰。考虑在整数和分数多普勒频移的多径信道上为 OTFS 开发了这样的符号排列。在接收机处，基于阈值方法执行信道估计，并且所估计的信道信息通过 MP 算法用于数据检测。由于采用了特定的嵌入式符号排列，因此可以在同一 OTFS 帧内以最小的开销执行信道估计和数据检测。

整数多普勒频移下的导频设计和符号检测如图 10-14 所示。

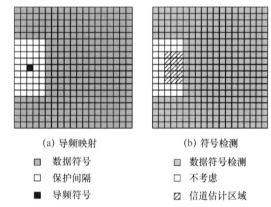

(a) 导频映射　　　　　　(b) 符号检测

- ▦ 数据符号　　　　　▦ 数据符号检测
- ☐ 保护间隔　　　　　☐ 不考虑
- ■ 导频符号　　　　　▨ 信道估计区域

图 10-14　整数多普勒频移下的导频设计和符号检测

最后，通过仿真比较使用建议的信道估计和具有理想已知信道信息 OTFS 的错误性能，整数和小数多普勒频移的信道估计性能如图 10-15 所示。可以看出，在高导频信噪比下，只有边际性能损失，证明了所提信道估计方法的可靠性。

在文献[20]中，针对由于多普勒频移的影响，需要更高的导频开销和导频功率来估计信道状态信息的问题。根据时延多普勒域中信道的稀疏性，提出了一种基于导频模式和稀疏贝叶斯学习的信道估计算法。导频模式中没有保护导频。

在新的导频模式下，接收导频信号在时延多普勒域会受到数据的干扰，因此需要用更复杂的方法进行径的分离和增益估计。本方法首先将信道估计问题转换为稀疏信号恢复问题。然后，引入一个稀疏贝叶斯学习框架，并构造一个稀疏信号先验模型作为分层的拉普拉斯（Laplace）先验模型。最后，期望最大值算法用于更新先前模型中的参数。

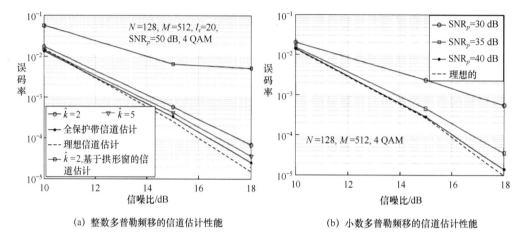

（a）整数多普勒频移的信道估计性能　　　　　　（b）小数多普勒频移的信道估计性能

图 10-15　整数和小数多普勒频移的信道估计性能

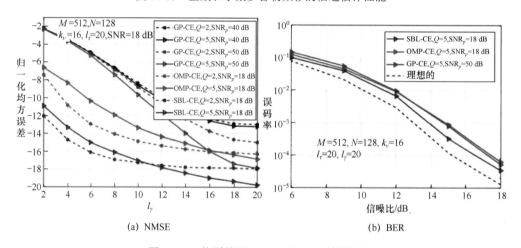

（a）NMSE　　　　　　　　　　　　（b）BER

图 10-16　信道估计 NMSE 及 BER 性能对比

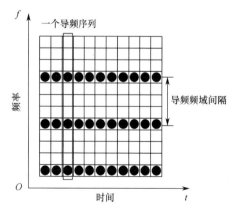

图 10-17　时频域导频图案

数值仿真验证了该算法在导频开销、导频功耗和抗噪声干扰方面的优势，信道估计 NMSE 及 BER 性能对比如图 10-16 所示。

3. OTFS 的信道估计性能评估

我们通过仿真对比了在 TDL-A 及 CDL-A 信道下时延多普勒域、时频域信道估计的性能，其中时延多普勒域信道估计采取了文献[19]中的算法，而时频域信道估计采用了梳状导频及 MMSE 算法，其导频图案如图 10-17 所示。

在 TDL-A 信道下时频域信道估计与时延多普勒域信道估计相关仿真参数如下：$N=128$，$M=1024$，载频 $f_c=4\ \text{GHz}$，速度 v 分别为 3 km/h、120 km/h、240 km/h、500 km/h；时延

多普勒域信道估计对应的导频信噪比$\mathrm{SNR}_p = 45\ \mathrm{dB}$，时频域信道估计的导频间隔是 8 个子载波。时频域与时延多普勒域信道估计性能对比如图 10-18 所示。v=500 km/h 改变均方根时延扩展下的信道估计性能如图 10-19 所示。

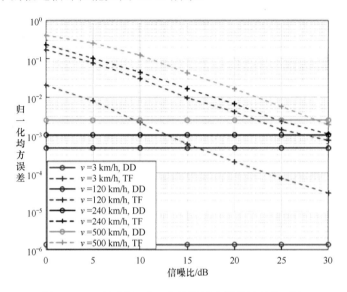

图 10-18　时频域与时延多普勒域信道估计性能对比

在 CDL-A 信道下进行时频域与时延多普勒域信道估计，时频域的信道估计导频间隔是两个子载波，时延多普勒域导频信噪比$\mathrm{SNR}_p = 45\ \mathrm{dB}$，性能对比如图 10-20 所示。

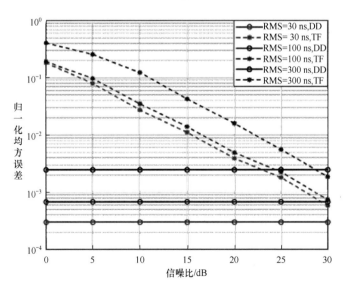

图 10-19　v=500 km/h 改变均方根时延扩展下的信道估计性能

可以看出，四种速度在 CDL-A 信道模型下，时延多普勒域信道估计性能明显优于在时频域信道估计的性能。下面仿真固定符号信噪比SNR_p=20 dB，对齐时频域和时延多普勒域的导频功率后的性能，其等效导频功率数据如表 10-2 所示。

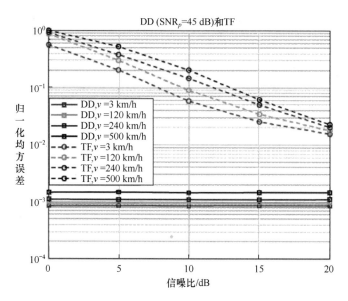

图 10-20　CDL-A 信道不同速度下的信道估计性能对比

表 10-2　时频域导频间隔对应时延多普勒域的等效导频功率

TF 域导频间隔	2	4	8	16	12
DD 域导频功率/dB	51.1751	48.1648	45.1545	42.1442	39.1339

不同导频功率下的信道估计性能对比如图 10-21 所示。

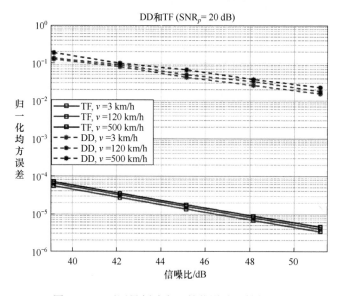

图 10-21　不同导频功率下的信道估计性能对比

可以看出，导频功率相同时，时延多普勒域的信道估计性能更优，或者说，在相同的信道估计性能水平下，时延多普勒域信道估计开销更低。综合上述，在 TDL-A 及 CDL-A 信道模型下的信道估计结果，我们可以认为在时延多普勒域信道估计性能更优且开销更低。

10.2.4　接收机算法

OTFS 系统在时延多普勒域的二维卷积输入输出关系，给符号检测带来了极大的挑战。为了降低 OTFS 检测的复杂度，低复杂度线性和非线性 OTFS 接收机策略相继提出。OTFS 系统中线性接收机的设计主要从均衡矩阵的结构出发，包括时延多普勒域中矩阵的双循环结构、时域矩阵的稀疏带状结构等，具有简单实现的特征。OTFS 系统的非线性接收机具有迭代结构，可提供优秀的检测性能，包括基于消息传递的 MP 符号检测以及相关改进算法；进行相关填零后的迭代 Rake 接收机；基于并行干扰消除的检测算法；基于马尔科夫链–蒙特卡罗近似最大后验解的算法等。

1. 低复杂度线性均衡

文献[21]提出了低复杂度 OTFS 线性均衡器，该均衡器利用了 OTFS 中时延多普勒域的有效信道矩阵的结构。对于 $N \times M$ 的 OTFS 系统，所提方法的时间复杂度为 $O(MN\lg(MN))$，其中 N 和 M 分别是多普勒和时延维度格点的数目，即可给出精确的最小均方误差（Minimum Mean Square Error，MMSE）和迫零（Zero-Forcing，ZF）解。而使用传统矩阵求逆方法的 MMSE 和 ZF 解决方案则需要 $O(M^3N^3)$ 的时间复杂度。对于不满足块循环矩阵结构的信道矩阵，所提方法可以为本地搜索技术提供低复杂度的初始解，以实现增强的误码率性能。其相关仿真结果如图 10-22 所示，可以看出所提出的低复杂度 MMSE 和 ZF 均衡器能够得到准确的 ZF 和 MMSE 最优解，且在不满足快循环矩阵的结构时，采用所提方法作为似然梯度搜寻（Likelihood Ascent Search，LAS）的初始解能够取得比消息传递（Message Passing，MP）检测算法更优的性能。

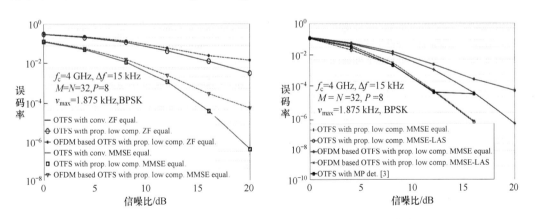

图 10-22　所提低复杂度 MMSE 和 ZF 均衡器的误码率性能

文献[22]研究了一种低复杂度的线性最小均方误差接收器，文中首先在 OTFS 的系统中推导出线性最小均方误差接收器的解，$\hat{\boldsymbol{d}} = (\boldsymbol{HA})^{\dagger}\left[(\boldsymbol{HA})(\boldsymbol{HA})^{\dagger} + \dfrac{\sigma_n^2}{\sigma_d^2}\boldsymbol{I}\right]^{-1}\boldsymbol{r}$。然后对

该接收器利用了解调过程中涉及的矩阵 $\boldsymbol{\Psi}$ 的稀疏性和准带状结构进行相应的 LU 分解得到 $\boldsymbol{\Psi} = \left[\boldsymbol{HH}^{\dagger} + \dfrac{\sigma_n^2}{\sigma_d^2} \boldsymbol{I} \right]$，如图 10-23 所示。

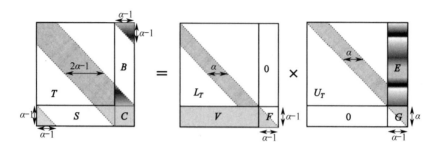

图 10-23　矩阵 $\boldsymbol{\Psi}$ 的结构及其 LU 分解

最终经分析其复杂度为对数线性阶，且仿真发现误差率性能不会降低。

2. 低复杂度非线性均衡

非线性均衡比线性均衡检测性能好但均衡复杂度相对较高。针对时延多普勒域的二维卷积带来的均衡复杂度高的问题，在 OTFS 的数据检测中，有大量线性计算复杂度的均衡算法被提出。

1）MP 及其改进算法

在文献[23]、[24]中，首先导出描述 OTFS 调制和解调的显式输入–输出关系。分析满足双正交条件的理想脉冲整形波形，以及不满足双正交性条件的矩形波。结果表明，在前一种情况下仅存在多普勒间干扰（Inter-Doppler Interference，IDI），而在后一种情况下会发生额外的载波间干扰（ICI）和符号间干扰（Inter Symbol Interference，ISI）。接下来，对干扰进行表征，并开发一种复杂度低且高效的消息传递（Message Passing，MP）算法，以实现联合干扰消除（IC）和符号检测，如图 10-24 所示。尽管通过适当的相移消除了 ICI 和 ISI，但可以通过调整 MP 算法以仅考虑最大的干扰项来减轻 IDI。MP 算法可以有效补偿各种信道多普勒扩展。仿真结果表明，使用矩形波的 OTFS 可以达到使用理想但无法实现的脉冲整形波形 OTFS 的性能。最后，仿真结果证明了在各种信道条件下，所提出的未编码 OTFS 的性能优于 OFDM 的性能。

从该文献的仿真结果中可以看出，经过采用矩形波的消息传递算法与采用理想波形的性能几乎一致，故采用 MP 算法能够有效地降低 ICI 的影响，进而使得在实际应用中采用矩形波。

在文献[25]中，提出了一种基于多普勒补偿预编码器和改进的停止准则的低复杂度 MP 算法，用于 OTFS 中的数据检测。此外，利用主成分分析（PCA）的优势，提出了一种基于协方差处理的改进的近似消息传递算法，其复杂度与传统的 AMP 算法几乎相同，但具有更好的误码率（BER）性能。

2）迭代 Rake 接收机

在 OTFS 系统中，文献[26]、[27]提出了一种线性复杂度迭代 Rake 接收机。其基本思想是使用最大比合并（Maximal Ratio Combining，MRC）提取并相干合并时延多普勒网格中已发射符号的接收多径分量，以改善合并信号的 SNR。通过将保护符号放置在时延多普勒网格中，并利用信道矩阵块的循环特性，以向量形式重新构

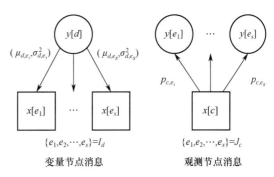

图 10-24　MP 算法中观测（因子）节点和变量节点的消息传递过程

造了 OTFS 输入−输出关系，添加空符号后的时延多普勒域信道矩阵 H 仅包含阴影块，如图 10-25 所示。

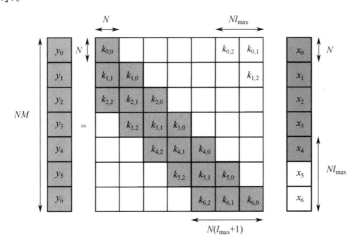

图 10-25　添加空符号后的时延多普勒域信道矩阵 H 仅包含阴影块

利用新的向量输入−输出关系，文献[26]、[27]提出了一种基于 MRC 的低复杂度迭代判决反馈均衡器（Decision Feedback Equalizer，DFE）。所提出的均衡器的性能和复杂度可与现有的 MP 算法相媲美。在此基础上，该文献还提出了基于高斯−塞德尔的过松弛参数 Rake 接收机，以提高迭代检测的性能和收敛速度。此外，在所提出的时延多普勒域的最大比合并策略基础上，进一步提出了等价的低复杂度时延−时域符号检测算法，可以进一步降低检测复杂度。为了提高所提算法的可靠性，该文献进一步考虑 Turbo 信道编码，提出迭代 Rake Turbo 接收机，如图 10-26 所示。

图 10-27 展现了未编码的 MRC、MPA 和 MMSE-OFDM 的误码率对比，可以看出 OTFS 在有良好的初始值时所提算法的性能对其他的 MPA 记忆 MMSE-OFDM（最上边的线）来说是最优的。

图 10-28 展现了 Turbo 信道编码下的 MRC 与比特交织编码（Bit Interleaved Coded，BIC）MMSE-OFDM（OFDM-BICM）的误帧率（FER）对比。可以看出采用了连续过松

弛（Successive Over Relaxed，SOR）Turbo Rake 接收机在三次迭代后达到最优性能。

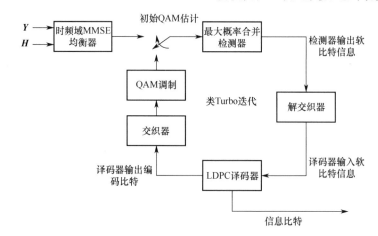

图 10-26　迭代 Rake Turbo 接收机

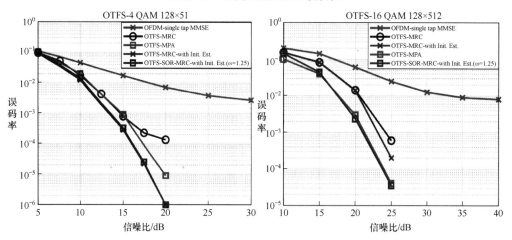

图 10-27　未编码的 MRC、MPA 和 MMSE-OFDM 的误码率对比

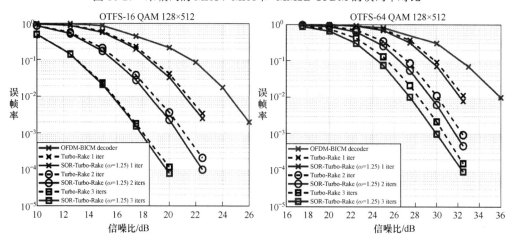

图 10-28　Turbo 信道编码下的 MRC 与 OFDM-BICM 的误帧率对比

3）LMMSE-PIC

在文献[28]中，研究了编码 OTFS 系统的低复杂度迭代均衡器设计。为了共同对抗时频二维干扰，采用基于线性最小均方误差的并行干扰消除（Linear Minimum Mean Squared Error based Parallel Interference Cancellation，LMMSE-PIC）作为 OTFS 的均衡器。一阶 Neumann 级数用于近似 OTFS 的 LMMSE-PIC 中涉及的矩阵求逆，它将均衡器的复杂度降低为准线性，从而减少了所传输符号的总数。文献[28]所提的 LMMSE-PIC 均衡器框架如图 10-29 所示。

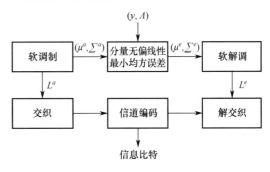

图 10-29　LMMSE-PIC 均衡器框架

外部信息传输图和编码误码率仿真结果表明，所提出的 LMMSE-PIC 均衡器优于最近提出的 OTFS PIC 方法，并且与正交频分复用（OFDM）相比，还获得了可观的增益，如图 10-30 所示。

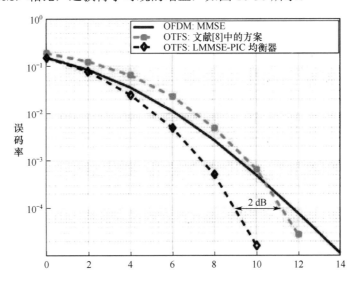

图 10-30　LMMSE-PIC 与 OFDM 的误码率对比

4）MCMC

在文献[29]中，从信号检测和信道估计的角度研究了 OTFS，并提出了一种基于马尔科夫链蒙特卡罗（Markov Chain Monte Carlo，MCMC）采样的检测方案。基于时延多普勒域的输入−输出关系，假设发射符号等概率，对接收信号在时延多普勒域进行最大似然（Maximum Likehood，ML）检测，可得到如下解，即

$$\hat{\boldsymbol{x}}_{\mathrm{ML}} = \underset{\boldsymbol{x}\in \mathbb{A}^{NM}}{\arg\min} \parallel \boldsymbol{y} - \boldsymbol{Hx} \parallel^2$$

由于该检测复杂度是时延多普勒二维平面的格点总数 NM 的指数阶，故采用 MCMC 进行随机 Gibbs 采样去近似 ML 算法的最优解。通过仿真验证了所提符号检测算法的可靠性，如图 10-31 所示。

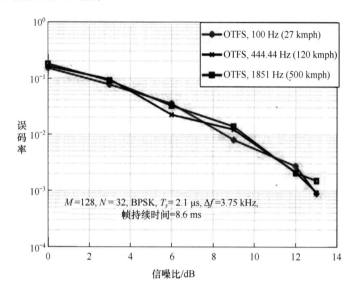

图 10-31　随机 Gibbs 采样检测在三种多普勒频移下的性能

10.3　MIMO–OTFS 系统设计

基于 OTFS 的通信系统设计，需要考虑后向兼容性以及与 MIMO 系统的融合。OTFS 与 MIMO 结合可成倍地提升高速移动场景无线信号传输速率。然而，来自空间、时延和多普勒三个维度的干扰，将对 MIMO-OTFS 符号检测提出严峻的挑战。为了在 MIMO-OTFS 系统中实现稳定的数据传输，高效的预编码机制是非常重要的。根据对信道信息的需求，MIMO 预编码可以分为开环 MIMO 预编码和闭环 MIMO 预编码，下面分别进行介绍。

10.3.1　开环 MIMO 预编码

开环 MIMO 预编码是一种不依赖于信道反馈信息的预编码方案。文献[30]在假设连续两帧的时延多普勒域信道保持不变的前提下，提出了一种开环分集编码方案。

假设数据层数为 N_v，发射天线端口数为 N_t，接收天线端口数为 N_r 的 MIMO-OTFS 系统，发射时以时隙为单位，每个时隙发射的符号数为 N，数据符号占据的子载波数为 M。考虑一个 $N_v=N_t=2$，$N_r=1$ 在 2×1 的 MIMO-OTFS 系统中，开环分集编码方案如表 10-3 所示。

表 10-3　开环分集编码方案

类　　型	第 1 个帧	第 2 个帧
天线 1	x_1	$-(Px_2)^*$
天线 2	x_2	$(Px_1)^*$

其中，P 为置换矩阵，由下式确定：

$$P = P_N \otimes P_M \tag{10-24}$$

式中，$\otimes$ 代表克罗内克（Kronecker）乘积；$P_M \in \mathbb{R}^{M \times M}$ 和 $P_N \in \mathbb{R}^{N \times N}$ 分别表示 M 阶和 N 阶的移位矩阵。一个 L 阶的移位矩阵表示为

$$P_L = \begin{bmatrix} 1 & 0 & \cdots & 0 \\ 0 & 0 & \cdots & 1 \\ 0 & 0 & \cdots & 0 \\ \vdots & \vdots & & \vdots \\ 0 & 1 & \cdots & 0 \end{bmatrix}_{L \times L} \tag{10-25}$$

引入置换矩阵 P 的目的是为了使码字正交，从而得到空时码的编码增益和分集增益。因此，在上述开环分集编码方案中，发射第 1 个帧时，天线 1 的时延多普勒域向量化的数据为 x_1，天线 1 的时延多普勒域向量化的数据为 x_2；发射第 2 个帧时，天线 1 的时延多普勒域向量化的数据为 $-(Px_2)^*$，天线 1 的时延多普勒域向量化的数据为 $(Px_1)^*$。与之对应的 $M \times N$ 维的矩阵数据可反推得到。接收端的两个帧上的接收信号分别表示为

$$y_1 = H_1 x_1 + H_2 x_2 + v_1 \tag{10-26}$$

$$y_2 = -H_1 (Px_2)^* + H_2 (Px_1)^* + v_2 \tag{10-27}$$

式中，v_1 和 v_2 分别代表第 1 个帧和第 2 个帧的加性高斯白噪声。在接收端，对 y_2 左乘置换矩阵 P，再取复共轭，可变换成如下形式

$$
\begin{aligned}
\begin{bmatrix} y_1 \\ (Py_2)^* \end{bmatrix} &= \begin{bmatrix} H_1 & H_2 \\ (PH_2)^* P & -(PH_1)^* P \end{bmatrix} \begin{bmatrix} x_1 \\ x_2 \end{bmatrix} + \begin{bmatrix} v_1 \\ (Pv_2)^* \end{bmatrix} \\
&= \begin{bmatrix} H_1 & H_2 \\ H_2^{\mathrm{H}} & -H_1^{\mathrm{H}} \end{bmatrix} \begin{bmatrix} x_1 \\ x_2 \end{bmatrix} + \begin{bmatrix} v_1 \\ (Pv_2)^* \end{bmatrix}
\end{aligned} \tag{10-28}
$$

令 $\bar{y} = \begin{bmatrix} y_1 \\ (Py_2)^* \end{bmatrix}$、$\bar{H} = \begin{bmatrix} H_1 & H_2 \\ H_2^{\mathrm{H}} & -H_1^{\mathrm{H}} \end{bmatrix}$ 和 $\bar{v} = \begin{bmatrix} v_1 \\ (Pv_2)^* \end{bmatrix}$，则可表示为

$$\bar{y} = \bar{H} \begin{bmatrix} x_1 \\ x_2 \end{bmatrix} + \bar{v} \tag{10-29}$$

因此，可以直接使用 MMSE 或 MP 均衡，将 $\bar{H}$ 的影响消除，解出发射符号 x_1 和 x_2。需要注意的是，由于 $\bar{H}$ 的维度是 $2MN \times 2MN$，均衡的复杂度会增加。

文献[30]中的开环分集编码方案要求两个帧的信道保持不变。而当收发端之间的相对速度较大或一个帧的维度（M 和 N）较大时，两个帧之间的信道可能会存在一定的偏差。对此，文献[31]提出了一种在一个帧内实现的开环分集编码方案，如图 10-32 所示。首先，将每个天线上的时延多普勒域帧沿多普勒方向等分为两个半帧，在这两个半帧上分别映射两个层的数据。此时，需要解决两个问题：第一个问题是保障同一个天线的两个半帧之间互不干扰；第二个问题是保障同一个天线的两个半帧的数据经历相同的等效信道。第一个问题可以通过在两个半帧之间设置保护间隔来实现。而第二个问题需要分情况讨论：对于理想波的系统，两个半帧经历的等效信道本身就是一样的，所以无须再做额外处理；但是对于基于矩形波的系统，由于双正交假设不成立，导致时间频率域上的子载波间干扰和符号间干扰，对应到时延多普勒域时表现为相位偏移，即两个半帧经历的信道之间会有一定的相位偏移。通过进一步研究发现，两个半帧中只有沿时延方向的尾部的数据会经历不同的信道。由于时延多普勒域等效信道的循环特性，两个半帧中其他对应位置的数据仍然会经历相同的信道。因此，在基于矩形波的系统中，可以在时延方向的尾部设置合适的保护间隔，保障两个半帧的数据经历同样的信道。

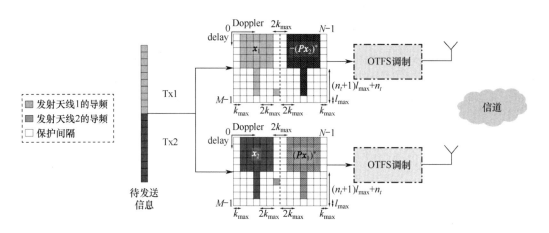

图 10-32　一个帧内实现的开环分集编码方案

发送端的编码方案如图 10-32 所示，置换矩阵 $\boldsymbol{P} = \tilde{\boldsymbol{P}}_{\frac{N}{2}} \otimes \tilde{\boldsymbol{P}}_M$，其中：

$$\tilde{\boldsymbol{P}}_{\frac{N}{2}} = \begin{bmatrix} \boldsymbol{I}_{k_{\max}} & \boldsymbol{0} & \boldsymbol{0} \\ \boldsymbol{0} & \boldsymbol{P}_{\frac{N}{2}-2k_{\max}} & \boldsymbol{0} \\ \boldsymbol{0} & \boldsymbol{0} & \boldsymbol{I}_{k_{\max}} \end{bmatrix}_{\frac{N}{2} \times \frac{N}{2}} \tag{10-30}$$

$$\tilde{\boldsymbol{P}}_M = \begin{bmatrix} \boldsymbol{P}_{M-l_{\max}} & \boldsymbol{0} \\ \boldsymbol{0} & \boldsymbol{I}_{l_{\max}} \end{bmatrix}_{M \times M} \tag{10-31}$$

上述改变一方面是完成一帧到半帧的适配，另一方面是为了避免置换矩阵造成导频位置错乱。

接收端以半帧的粒度，对第二个半帧的接收信号左乘置换矩阵 $\boldsymbol{P}$，再取复共轭后即可进行 MMSE 或 MP 均衡。此时，用于均衡的等效信道维度是 $MN \times MN$，均衡的复杂度比文献[30]的方案要低。

除进行开环分集编码外，也可在时延多普勒域进行循环移位获得分集增益。具体地讲，不同的天线上对于同一个数据沿时延方向进行不同的循环移位或沿多普勒方向进行不同的循环移位，实现多天线的分集。

沿时延方向进行循环移位，即在第 l 根天线（$l = 1, 2, \cdots, L$）上，可以将 $\boldsymbol{X}$ 沿时延方向的最后 d_l 位放置在头部的 d_l 位上，剩余的 $M - d_l$ 位依次向后移动 d_l 位；也可以将 $\boldsymbol{X}$ 沿时延方向的前 d_l 位放置在尾部的 d_l 位上，剩余的 $M - d_l$ 位依次向前移动 d_l 位，循环移位后的发射格点表示为 $\boldsymbol{X}_l$，如图 10-33 所示。

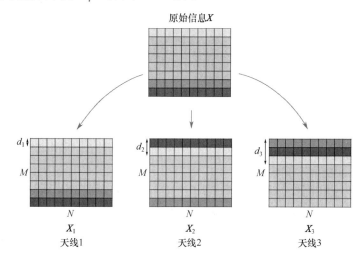

图 10-33　沿时延方向循环移位

沿多普勒方向进行循环移位，即在第 l 根天线（$l = 1, 2, \cdots, L$）上，可以将 $\boldsymbol{X}$ 沿多普勒方向的最后 p_l 位放置在头部的 p_l 位上，剩余的 $N - p_l$ 位依次向后移动 p_l 位；也可以将 $\boldsymbol{X}$ 沿多普勒方向的前 p_l 位放置在尾部的 p_l 位上，剩余的 $N - p_l$ 位依次向前移动 p_l 位，循环移位后的发射格点表示为 $\boldsymbol{X}_l$，如图 10-34 所示。

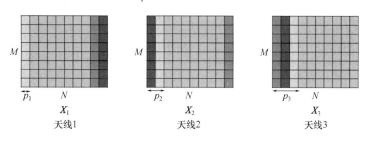

图 10-34　沿多普勒方向循环移位

10.3.2 闭环 MIMO 预编码

发送端利用用户反馈的信道状态信息进行 MIMO 预编码，这种方式称为闭环 MIMO 预编码。闭环 MIMO 预编码又可以分为线性 MIMO 预编码和非线性 MIMO 预编码。

1. 线性 MIMO 预编码

线性 MIMO 预编码是一种广泛使用的预编码技术。在多用户大规模 MIMO-OTFS 系统中，文献[32]提出了一种最大比合并预编码器。发射机通过乘以等效信道的厄米特值对符号进行预编码。尽管文献[33]中预编码的计算复杂度较低，但用户之间的干扰并未完全消除，这降低了 OTFS 的检测性能。

由于在高速场景下，基站与用户之间散射体数量较少，发射的波束角度扩展很小，使得经过散射体的多径信号只占据角度域信道很小的一部分，因此，MIMO-OTFS 系统的角度域信道具有稀疏特性。图 10-35 描述了一个用户的时延多普勒角度域稀疏性，可见其在时延（delay）、多普勒（Doppler）、角度（angle）三个维度上都局限在较小的范围内[33]。

时延多普勒角度域信道是对多天线时延多普勒信道（或称为时延多普勒空域信道，是三维信道）沿天线方向做 DFT 变换得到的。文献[33]首先对多天线时延多普勒信道（或称为时延多普勒空域信道，是三维信道）进行 DFT 变换得到时延多普勒角度域信道，并分析得该信道在时延、多普勒、角度三个方向均具备稀疏性。因此，可以根据不同用户在角度域的稀疏性进行波束赋形，区分不同用户的信号。首先，通过调度，保障同时传输信号的用户在角度域不产生重叠。其次，基于上行导频估计出每个用户的信道信息（包括时延、多普勒、角度三个维度的信息），并在不同的角度上检测不同用户的信号。最后，基于估计出来的每个用户的角度方向，形成各自的波束赋形向量，在下行时避免多用户间干扰。由于波束赋形只能实现一定角度范围内的对准，因此有时会产生一个角度范围内存在多个用户的径。在这种情况下，可以根据不同用户的角度集合的不同特性（或不完全重叠特性），设计时延多普勒域的资源分配或设计 NOMA 方案实现干扰消除。

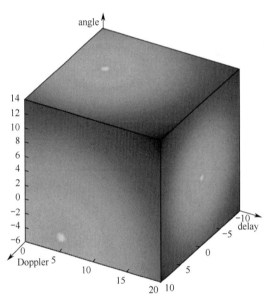

图 10-35　时延多普勒角度域稀疏性

该方案结合了用户调度和多用户角度域的稀疏性，并利用多天线的空域 DFT 变换和波束赋形分别解决了上行和下行的多用户干扰问题。然而，在该方案下，仍然无法实现单用户的多流传输。

文献[34]提出基于时延多普勒域等效 MIMO 矩阵进行线性预编码，如进行时延多普勒域 ZF 或 MMSE 预编码。然而，时延多普勒域等效 MIMO 矩阵 H 的维度是 $N_rMN \times N_tMN$（N_r 表示接收端天线数，N_t 表示发送端天线数，M 表示时延域维度，N 表示多普勒域维度），对如此大维度的矩阵进行取逆运算（ZF 或 MMSE 预编码必需的运算）在实际系统中并不可行。对此，文献[34]针对 2 发 2 收的 MIMO 系统的时延多普勒域等效 MIMO 矩阵的特殊性，提出了低复杂度的方案，可以降低 ZF 和 MMSE 中大维度矩阵取逆运算的复杂度。然而该低复杂度方案无法扩展到其他天线配置，因此其使用范围有一定的限制。

文献[35]在理想波的前提下，提出一种低复杂度的 ZF MIMO-OTFS 方案。在理想波时等效 MIMO 矩阵 H 具有块循环特性。此时，首先，对等效 MIMO 矩阵 H 进行特征值分解，将对矩阵 H 取逆为对特征值矩阵取逆。再对特征值矩阵进行分块（迭代进行，每次分出一个 $MN \times MN$ 的块），以子块的逆矩阵构造特征值矩阵的逆矩阵。

文献[36]提出用纽曼序列展开（Neumann Series Expansion）的方式逼近大维矩阵的取逆运算，进而用规则矩阵的逆来构造目标信道矩阵的逆，从而降低复杂度。但这类方法对信道矩阵的特性有一定的要求，并不普适用于任意信道矩阵。

2. 非线性 MIMO 预编码

与线性 MIMO 预编码相比，非线性 MIMO 预编码的复杂度较高，但可以更好地消除干扰。由于 OTFS 信号的传输特性，时延多普勒域的接收信号是时延多普勒域发射信号和信道响应的循环卷积，并非后两者的直接乘积。因此，收发端信号之间的关系呈现一定的非线性特征。对此，OTFS 领域的先驱——Cohere 公司的 Hadani 认为非线性 MIMO 预编码更适配 OTFS 技术。

Tomlinson-Harashima 预编码（Tomlinson-Harashima Precoding，THP）是一种众所周知的非线性预编码方案，也可用于闭环 MIMO-OTFS 系统中。实际上，做 THP 相当于在发送端进行预均衡，消除信道的影响。而对于 MIMO-OTFS 系统，接收端需要在时延多普勒域进行 THP，以获得时频二维分集增益。而时延多普勒域的信道与时延多普勒域发射符号做二维卷积才能得到时延多普勒域接收符号[37]，因此时延多普勒域的信道不能拆分到每个时延或每个多普勒进行 THP 过程。在 MIMO-OTFS 系统中，一般对时延多普勒域的等效信道矩阵进行分解，直接消除不同层上的符号间干扰。

可以考虑将 ZF/MMSE-QR-THP 用于 MIMO-OTFS 系统，如图 10-36 所示。对于这两种准则下的 QR-THP，矩阵的设计和 THP 的收发流程都是一致的，其区别仅在于 QR 分解的矩阵不同。

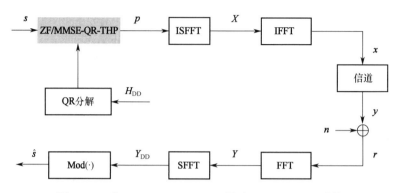

图 10-36 将 ZF/MMSE-QR-THP 用于 MIMO-OTFS 系统

考虑一个数据层数为 N_v，发射天线端口数为 N_t 的 MIMO-OTFS 系统。发射时以时隙为单位，每个时隙发射的符号数为 N，数据符号占据的子载波数为 M。考虑理想信道估计的情况，即发送端已知时延多普勒域的等效信道矩阵 $\boldsymbol{H}_{DD} \in \mathbb{C}^{N_t MN \times N_t MN}$，根据 $\boldsymbol{H}_{DD}$ 设计反馈矩阵和预编码矩阵，在时延多普勒域做 ZF/MMSE-QR-THP 的具体过程如图 10-37 所示。

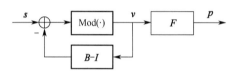

图 10-37 做 ZF/MMSE-QR-THP 的具体过程

其中，$\boldsymbol{s} \in \mathbb{C}^{N_v MN \times 1}$ 代表时延多普勒域上所有层的数据，$\boldsymbol{s} = [\boldsymbol{s}_1^T, \boldsymbol{s}_2^T, \cdots, \boldsymbol{s}_{N_v}^T]^T$，$\boldsymbol{p} \in \mathbb{C}^{N_t MN \times 1}$ 代表时延多普勒域上所有发射天线端口的数据，$\boldsymbol{p} = [\boldsymbol{p}_1^T, \boldsymbol{p}_2^T, \cdots, \boldsymbol{p}_{N_t}^T]^T$。反馈矩阵 $\boldsymbol{B} \in \mathbb{C}^{N_v MN \times N_v MN}$，预编码矩阵 $\boldsymbol{F} \in \mathbb{C}^{N_t MN \times N_v MN}$。

根据 ZF 准则

$$\boldsymbol{H}_{DD}^{H} = \boldsymbol{QR} \tag{10-32}$$

由于需要令反馈矩阵 $\boldsymbol{B}$ 的对角线元素为 1，则

$$\boldsymbol{G} = \mathrm{diag}\{r_{11}, r_{22}, \cdots, r_{ll}\}^{-1} \tag{10-33}$$

式中，$r_{11}, r_{22}, \cdots, r_{ll}$ 为矩阵 $\boldsymbol{R}^H$ 的所有对角元素。由此可设计出反馈矩阵 $\boldsymbol{B}$ 和预编码矩阵 $\boldsymbol{F}$

$$\boldsymbol{F} = \boldsymbol{QG} \tag{10-34}$$

$$\boldsymbol{B} = \boldsymbol{R}^H \boldsymbol{G} \tag{10-35}$$

在时延多普勒域，若不考虑噪声的影响，相当于在发送端的时延多普勒域上预均衡，将时延多普勒域信道的影响消除

$$\boldsymbol{H}_{DD} \boldsymbol{F} \boldsymbol{B}^{-1} = \boldsymbol{I} \tag{10-36}$$

由于基于 ZF 准则设计的 THP 会出现放大噪声的问题，所以还可以考虑噪声的影响，根据最小均方误差（Minimize Mean Square Error，MMSE）准则设计 THP 矩阵。根据

MMSE 准则获得 $\boldsymbol{Q}$ 矩阵和 $\boldsymbol{R}$ 矩阵

$$\boldsymbol{H}_{DD}^{-1}\left(\boldsymbol{H}_{DD}\boldsymbol{H}_{DD}^{H}+\frac{\sigma_n^2}{\sigma_v^2}\boldsymbol{I}\right)=\boldsymbol{Q}\boldsymbol{R} \tag{10-37}$$

其他矩阵的设计同式（10-34）、式（10-35）和式（10-36）。

在 MIMO-OTFS 系统中使用 THP，基本原理与在 MIMO-OFDM 中的类似。但由于时延多普勒域信道矩阵的特殊性，只能考虑所有子载波一起进行预均衡，因此在运算过程中，矩阵的维度较大，计算复杂度较高。但是由于获得了时频域二维分集增益，在高速下性能相较于 MIMO-OFDM 系统有较大提升。

3. 时频域与时延多普勒域 MIMO 预编码等效关系

在 MIMO-OFDM 系统中，基于码本的预编码实际上是将时频域的数据流通过某种方式映射到空间域的不同天线端口上。因此在 MIMO-OTFS 系统中，也可以考虑在时频域进行预编码，实际操作与 MIMO-OFDM 系统中基于码本的预编码过程完全一样。但在时延多普勒域进行预编码，接收端可以在时延多普勒域均衡。由于时延多普勒域信道变化较慢，在时延多普勒域估计的信道会更准确。因此，可以考虑将时频域预编码的过程等效到时延多普勒域中进行。下面给出时频域与时延多普勒域 MIMO 预编码等效关系的证明。

为了便于推导，考虑一个发送端天线端口数 $N_t=2$，接收端天线端口数 $N_r=2$，数据流数 $N_v=2$ 的下行 MIMO-OTFS 系统，每次发射的数据流的子载波数为 M，符号数为 N。$\boldsymbol{D}_1\in\mathbb{C}^{M\times N}$，$\boldsymbol{D}_2\in\mathbb{C}^{M\times N}$ 为时延多普勒域的发射符号。经过 ISFFT 将时延多普勒域符号转换到时频域：

$$\boldsymbol{T}_1=\boldsymbol{F}_M\boldsymbol{D}_1\boldsymbol{F}_N^{H} \tag{10-38}$$

$$\boldsymbol{T}_2=\boldsymbol{F}_M\boldsymbol{D}_2\boldsymbol{F}_N^{H} \tag{10-39}$$

根据矩阵向量化的性质：

$$\text{vec}(\boldsymbol{ABC})=(\boldsymbol{C}^T\otimes\boldsymbol{A})\text{vec}(\boldsymbol{B}) \tag{10-40}$$

式中，$\boldsymbol{A}$、$\boldsymbol{B}$、$\boldsymbol{C}$ 为任意维度的矩阵；$\otimes$ 表示克罗内克积。根据式（10-40），$\boldsymbol{T}_1$、$\boldsymbol{T}_2$ 的向量形式可表示为

$$\text{vec}(\boldsymbol{T}_1)=(\boldsymbol{F}_N^{*}\otimes\boldsymbol{F}_M)\text{vec}(\boldsymbol{D}_1) \tag{10-41}$$

$$\text{vec}(\boldsymbol{T}_2)=(\boldsymbol{F}_N^{*}\otimes\boldsymbol{F}_M)\text{vec}(\boldsymbol{D}_2) \tag{10-42}$$

令

$$\boldsymbol{T}=\left[\text{vec}(\boldsymbol{T}_1),\text{vec}(\boldsymbol{T}_2)\right]^T \tag{10-43}$$

$$\boldsymbol{D}=\left[\text{vec}(\boldsymbol{D}_1),\text{vec}(\boldsymbol{D}_2)\right]^T \tag{10-44}$$

$$\text{vec}(\boldsymbol{X}^{\mathrm{T}}) = [\boldsymbol{t}_1^1, \boldsymbol{t}_1^2, \boldsymbol{t}_2^1, \boldsymbol{t}_2^2, \cdots, \boldsymbol{t}_{MN}^1, \boldsymbol{t}_{MN}^2] \qquad (10\text{-}45)$$

式中，$\boldsymbol{T} \in \mathbb{C}^{2 \times MN}$，$\boldsymbol{X} \in \mathbb{C}^{MN \times 2}$，$\boldsymbol{D} \in \mathbb{C}^{2 \times MN}$ 分别代表预编码前、后的时频域符号，预编码前的时延多普勒域符号；$\boldsymbol{t}_i^j$ 代表预编码之后，时频域上第 j 根天线、第 i 个子载波上的符号。

考虑每个子载波上的预编码矩阵都不同，时频域的预编码矩阵可以表示为

$$\boldsymbol{W}_{\mathrm{TF}} = \begin{pmatrix} \boldsymbol{W}_1 & 0 & \cdots & 0 \\ 0 & \boldsymbol{W}_2 & \cdots & 0 \\ \vdots & \vdots & & \vdots \\ 0 & 0 & \cdots & \boldsymbol{W}_{MN} \end{pmatrix} \qquad (10\text{-}46)$$

式中，$\boldsymbol{W}_{\mathrm{TF}} \in \mathbb{C}^{2MN \times 2MN}$；$\boldsymbol{W}_i \in \mathbb{C}^{2 \times 2}, i = 1, 2, \cdots, MN$，代表每个子载波上的预编码矩阵。由此可以得到预编码后的时频域符号

$$\text{vec}(\boldsymbol{X}^{\mathrm{T}}) = \boldsymbol{W}_{\mathrm{TF}} \text{vec}(\boldsymbol{T}) \qquad (10\text{-}47)$$

$$= \boldsymbol{W}_{\mathrm{TF}} \text{vec}\{[(\boldsymbol{F}_N^* \otimes \boldsymbol{F}_M)\boldsymbol{D}^{\mathrm{T}}]^{\mathrm{T}}\} \qquad (10\text{-}48)$$

$$= \boldsymbol{W}_{\mathrm{TF}} \text{vec}[\boldsymbol{D}(\boldsymbol{F}_N^{\mathrm{H}} \otimes \boldsymbol{F}_M^{\mathrm{T}})] \qquad (10\text{-}49)$$

$$= \boldsymbol{W}_{\mathrm{TF}}[(\boldsymbol{F}_N^* \otimes \boldsymbol{F}_M) \otimes \boldsymbol{I}_2] \text{vec}(\boldsymbol{D}) \qquad (10\text{-}50)$$

假设将时频域预编码等效到时延多普勒域中进行，将时延多普勒域的预编码过程表示为

$$\text{vec}(\tilde{\boldsymbol{D}}) = \boldsymbol{W}_{\mathrm{DD}} \text{vec}(\boldsymbol{D}) \qquad (10\text{-}51)$$

式中，$\tilde{\boldsymbol{D}} \in \mathbb{C}^{2 \times MN}$ 代表等效时延多普勒域预编码后的时延多普勒域符号，$\boldsymbol{W}_{\mathrm{DD}} \in \mathbb{C}^{2MN \times 2MN}$ 表示时频域预编码等效到时延多普勒域后的预编码矩阵。对等效时延多普勒域预编码后的时延多普勒域符号做 ISFFT，转换到时频域，可表示为

$$\tilde{\boldsymbol{T}}_1 = \boldsymbol{F}_M \tilde{\boldsymbol{D}}_1 \boldsymbol{F}_N^{\mathrm{H}} \qquad (10\text{-}52)$$

$$\tilde{\boldsymbol{T}}_2 = \boldsymbol{F}_M \tilde{\boldsymbol{D}}_2 \boldsymbol{F}_N^{\mathrm{H}} \qquad (10\text{-}53)$$

类似地

$$\text{vec}(\tilde{\boldsymbol{T}}_1) = (\boldsymbol{F}_N^* \otimes \boldsymbol{F}_M) \text{vec}(\tilde{\boldsymbol{D}}_1) \qquad (10\text{-}54)$$

$$\text{vec}(\tilde{\boldsymbol{T}}_2) = (\boldsymbol{F}_N^* \otimes \boldsymbol{F}_M) \text{vec}(\tilde{\boldsymbol{D}}_2) \qquad (10\text{-}55)$$

$$\tilde{\boldsymbol{T}} = [\text{vec}(\tilde{\boldsymbol{T}}_1), \text{vec}(\tilde{\boldsymbol{T}}_2)]^{\mathrm{T}} \qquad (10\text{-}56)$$

$$\tilde{\boldsymbol{D}} = [\text{vec}(\tilde{\boldsymbol{D}}_1), \text{vec}(\tilde{\boldsymbol{D}}_2)]^{\mathrm{T}} \qquad (10\text{-}57)$$

所以

$$\text{vec}(\boldsymbol{X}^{\mathrm{T}}) = \tilde{\boldsymbol{T}} = [(\boldsymbol{F}_N^* \otimes \boldsymbol{F}_M) \otimes \boldsymbol{I}_2] \text{vec}(\tilde{\boldsymbol{D}}) \qquad (10\text{-}58)$$

则根据式（10-28）和式（10-36），有

$$[(\boldsymbol{F}_N^* \otimes \boldsymbol{F}_M) \otimes \boldsymbol{I}_2] \text{vec}(\tilde{\boldsymbol{D}}) = \boldsymbol{W}_{\text{TF}}[(\boldsymbol{F}_N^* \otimes \boldsymbol{F}_M) \otimes \boldsymbol{I}_2]\text{vec}(\boldsymbol{D}) \tag{10-59}$$

$$\text{vec}(\tilde{\boldsymbol{D}}) = [(\boldsymbol{F}_N^* \otimes \boldsymbol{F}_M) \otimes \boldsymbol{I}_2]^{-1} \boldsymbol{W}_{\text{TF}}[(\boldsymbol{F}_N^* \otimes \boldsymbol{F}_M) \otimes \boldsymbol{I}_2]\text{vec}(\boldsymbol{D}) \tag{10-60}$$

则根据式（10-29），有

$$\boldsymbol{W}_{\text{DD}} = [(\boldsymbol{F}_N^* \otimes \boldsymbol{F}_M) \otimes \boldsymbol{I}_2]^{-1} \boldsymbol{W}_{\text{TF}}[(\boldsymbol{F}_N^* \otimes \boldsymbol{F}_M) \otimes \boldsymbol{I}_2] \tag{10-61}$$

若推广到任意收发天线端口数和数据层数，则式（10-61）变为

$$\boldsymbol{W}_{\text{DD}} = [(\boldsymbol{F}_N^* \otimes \boldsymbol{F}_M) \otimes \boldsymbol{I}_{N_t}]^{-1} \boldsymbol{W}_{\text{TF}}[(\boldsymbol{F}_N^* \otimes \boldsymbol{F}_M) \otimes \boldsymbol{I}_{N_v}] \tag{10-62}$$

由此可以发现，时频域预编码和时延多普勒域预编码之间可以进行等效变换，实现相同的效果。而时延多普勒域的信道估计精度比时频域的更高，所以可以直接基于时延多普勒域的信道估计在时延多普勒域完成 MIMO 预编码，不必将信道估计结果变换到时频域再做时频域 MIMO 预编码。

10.4　OTFS 的优势与挑战

10.4.1　优势

OTFS 作为一种极富竞争力的新波形候选技术，其优势主要体现在以下几个方面。

（1）OTFS 通过时延多普勒图像解析出物理信道中的反射体，并用接收均衡器对来自不同反射路径的能量进行相干合并，这实际上提供了一个无衰落的静态信道响应。利用上述静态信道特性，OTFS 无须像 OFDM 一样引入闭环信道自适应来应对快变的信道，因而提升了系统健壮性并降低了系统设计的复杂度。

（2）由于时延多普勒域中的时延-多普勒的状态数量远小于时频域的时间-频率状态数量，所以 OTFS 中的信道可以表达为非常紧凑的形式，从而使 OTFS 的信道估计开销更小，更加精确。

（3）OTFS 的优势还体现在对极致多普勒信道上。通过适当信号处理参数对时延多普勒图像的分析，信道的多普勒特性会被完整呈现，因而有利于多普勒敏感场景（如高速移动和毫米波）下的信号分析和处理。

10.4.2　挑战

当前对 OTFS 技术的研究，通常假设 OTFS 的调制波形满足双正交假设。在对数字信号进行处理时，OTFS 可以看成是 OFDM 系统的一个预编码器，发射星座符号经过 ISFFT 后被映射在时频域资源上，再利用传统的 OFDM 调制方式转化为时域信号发射。基于这种架构的 OTFS 系统，在时延多普勒域的输入-输出关系上具有简洁的二维卷积形式，信道估计准确，解调性能优异。由于满足双正交假设的理想波形不可实现，

因此在实际系统中，通常利用矩形波、根升余弦波等作为成形脉冲。在非理想波形的作用下，时延多普勒域上的简洁输入-输出关系被破坏，符号间被引入了多普勒间干扰和时延间干扰，这些干扰破坏了时延多普勒域接收符号间的正交性，导致信道估计出现偏差。目前，对小数时延和多普勒的抑制，主要有两种途径：一种是通过增大时延和多普勒分辨率以通过更小的粒度进行信道估计；另一种是在发射机侧对时频域信号进行滤波或加窗函数处理，使得修饰后的信号可以抵消部分信道带来的小数时延和多普勒影响。这两种途径的缺点也是显著的：前者会显著增加处理时延和复杂度，不利于系统实现；后者并不能完全去除小数时延和多普勒的影响，并且会带来的信号畸变，影响接收机的性能，在某些情况下产生误码平台（Error Floor）。因此，如何从系统实现的层面，通过发射波形的优化来落实 OTFS 在理论上的优异性能，是未来通信系统中亟待解决的问题。如果能找到一种适用于 OTFS 的波形，既接近于理想波形的双正交假设，又在工程上易于实现，那么 OTFS 将更有可能在 6G 通信系统中大放异彩。

OTFS 的另一优势是创造性地在通信系统中引入了时延多普勒域的信号分析，利用独特的导频脉冲设计，使我们可以在更加精细的分辨率上进行信道估计，避免了时频域信道估计的插值误差。然而，时延多普勒域的接收信号是发射信号和信道相应的二维卷积的结果，不可避免地引入临近资源格点上信号的干扰，造成低复杂度的线性均衡，难以取得较好的效果。实际的 OTFS 通常采用消息传递算法进行迭代解调，其复杂度高，且性能受信道稀疏性影响非常大。当前的一些低复杂度接收机算法，通常是利用冗余资源（如增加 CP/ZP）来换取解调性能的提升，牺牲了频谱效率，丧失了针对 OFDM 系统的部分优势。如何能够找到一种在实现复杂度和性能之间获得更好权衡的时延多普勒域接收机算法，以及挖掘跨域的联合均衡和检测算法的潜在优势，都是进一步推动 OTFS 落地的重要技术挑战。

OTFS 与多天线系统的结合仍然是一个尚未完全探索的领域。基于 MIMO-OTFS 的线性预编码传输已经被证明与 MIMO-OTFS 的线性预编码传输的可达容量界相同。而基于 MIMO-OTFS 的非线性预编码，则有望实现比基于 MIMO-OTFS 下同样预编码方法的更高可达容量界。其原因在于，非线性预编码本质上是在发送端对信道的一种预均衡，其效果严重依赖于信道 CSI 的准确性。由于在实际系统中，我们只能利用前一时隙的信道 CSI 测量结果来确定当前时隙预编码矩阵的设计，因此对于高移动性场景下的时间频率域快速时变信道，所得到的预编码矩阵可能不会很好地匹配当前时隙的信道。而时延多普勒域信道具有时间上的平稳性，因此在信道的估计和预测上具有先天优势，有助于更好地释放非线性预编码的性能。但是目前的非线性预编码技术过于复杂，如何设计一种兼顾性能和实现复杂度的 MIMO-OTFS 非线性预编码技术是一个亟待解决的问题。

此外，在基于 MIMO-OTFS 的 ISAC 系统中，物理信道的几何位置信息及通信节点的运动状态可以被感知信号测量。由于时延多普勒域信道建模直接反映了物理信道中各节点的几何位置关系，因此有利于感知辅助通信的实现。例如，通过感知测距测速来预测物理信道的几何拓扑的变化，再挖掘物理信道几何拓扑和无线信道之间的关系，来辅助预测无线信道响应的变化，设计响应的预均衡算法，减少信道测量和反馈的开销。与上述问题相关的算法开发和流程设计也是拓展 OTFS 波形应用领域的挑战之一。

本章参考文献

[1] ANWAR W, KRAUSE A, KUMAR A, et al. Performance analysis of various waveforms and coding schemes in V2X communication scenarios[C]//2020 IEEE Wireless Communications and Networking Conference (WCNC). IEEE, 2020: 1-8.

[2] LIN J, WANG G, XU R, et al. Channel and phase shift estimation for TM-aided OTFS railway communications[C]//2021 IEEE/CIC International Conference on Communications in China (ICCC Workshops). IEEE, 2021: 444-448.

[3] HADANI R, RAKIB S, MOLISCH A F, et al. Orthogonal time frequency space (OTFS) modulation for millimeter-wave communications systems[C]//2017 IEEE MTT-S International Microwave Symposium (IMS). IEEE, 2017: 681-683.

[4] SURABHI G D, RAMACHANDRAN M K, CHOCKALINGAM A. OTFS modulation with phase noise in mmWave communications[C]//2019 IEEE 89th Vehicular Technology Conference (VTC2019-Spring). IEEE, 2019: 1-5.

[5] ZHOU X, GAO Z. Joint active user detection and channel estimation for grant-free NOMA-OTFS in LEO constellation Internet-of-Things[C]//2021 IEEE/CIC International Conference on Communications in China (ICCC). IEEE, 2021: 735-740.

[6] FENG X, ESMAIEL H, WANG J, et al. Underwater acoustic communications based on OTFS[C]//2020 15th IEEE International Conference on Signal Processing (ICSP). IEEE, 2020, 1: 439-444.

[7] RAVITEJA P, PHAN K T, HONG Y, et al. Orthogonal time frequency space (OTFS) modulation based radar system[C]//2019 IEEE Radar Conference (RadarConf). IEEE, 2019: 1-6.

[8] HADANI R, RAKIB S, TSATSANIS M, et al. Orthogonal time frequency space modulation[C]//2017 IEEE Wireless Communications and Networking Conference (WCNC). IEEE, 2017: 1-6.

[9] 3GPP TSG RA WG1. Overview of OTFS waveform for next generation RAT. Meeting #84-bis R1 162929 [R]. 2016.

[10] 3GPP TSG RA WG1. Performance Results for OTFS Modulation. Meeting #85 R1 165053 [R]. 2016.

[11] 3GPP TSG RA WG1. Performance evaluation of OTFS waveform in single user scenarios. Meeting #86 R1 167593 [R]. 2016.

[12] 3GPP TSG RA WG1. OTFS-Performance-in-High-Doppler-with-Varying-Subcarrier Spacing. Meeting #86bis R1 1609825 [R]. 2016.

[13] RAVITEJA P, HONG Y, VITERBO E, et al. Practical pulse-shaping waveforms for reduced-cyclic-prefix OTFS[J]. IEEE Transactions on Vehicular Technology, 2018, 68(1): 957-961.

[14] HOSSAIN M N, SUGIURA Y, SHIMAMURA T, et al. Waveform design of low complexity WR-OTFS system for the OOB power reduction[C]//2020 IEEE Wireless Communications and Networking Conference Workshops (WCNCW). IEEE, 2020: 1-5.

[15] TIWARI S, DAS S S. Circularly pulse-shaped orthogonal time frequency space modulation[J].

Electronics Letters, 2020, 56(3): 157-160.

[16] SURABHI G D, AUGUSTINE R M, CHOCKALINGAM A. Peak-to-average power ratio of OTFS modulation[J]. IEEE Communications Letters, 2019, 23(6): 999-1002.

[17] 3GPP TSG RA WG1. On UL RS for CSI Estimation. Meeting #87 R1 1612632 [R]. 2016.

[18] RAVITEJA P, PHAN K T, HONG Y. Embedded pilot-aided channel estimation for OTFS in delay–Doppler channels[J]. IEEE Transactions on Vehicular Technology, 2019, 68(5): 4906-4917.

[19] RAVITEJA P, PHAN K T, HONG Y, et al. Embedded delay-Doppler channel estimation for orthogonal time frequency space modulation[C]//2018 IEEE 88th Vehicular Technology Conference (VTC-Fall). IEEE, 2018: 1-5.

[20] ZHAO L, GAO W J, GUO W. Sparse Bayesian learning of delay-Doppler channel for OTFS system[J]. IEEE Communications Letters, 2020, 24(12): 2766-2769.

[21] SURABHI G D, CHOCKALINGAM A. Low-complexity linear equalization for OTFS modulation[J]. IEEE Communications Letters, 2019, 24(2): 330-334.

[22] TIWARI S, DAS S S, RANGAMGARI V. Low complexity LMMSE receiver for OTFS[J]. IEEE Communications Letters, 2019, 23(12): 2205-2209.

[23] RAVITEJA P, PHAN K T, JIN Q, et al. Low-complexity iterative detection for orthogonal time frequency space modulation [C] //2018 IEEE Wireless Communications and Networking Conference (WCNC). IEEE, 2018: 1-6.

[24] RAVITEJA P, PHAN K T, HONG Y, et al. Low-complexity iterative detection for orthogonal time frequency space modulation [C]//IEEE Transactions on Wireless Communications. IEEE, 2018, 17(10): 6501-6515.

[25] LI L, LIANG Y, FAN P, et al. Low complexity detection algorithms for OTFS under rapidly time-varying channel[C]//2019 IEEE 89th Vehicular Technology Conference (VTC2019-Spring). IEEE, 2019: 1-5.

[26] THAJ T, VITERBO E. Low complexity iterative rake detector for orthogonal time frequency space modulation[C]//2020 IEEE Wireless Communications and Networking Conference (WCNC). IEEE, 2020: 1-6.

[27] ZEMEN T, HOFER M, LOESCHENBRAND D, et al. Iterative Detection For Orthogonal Precoding In Doubly Selective Channels[C]// IEEE International Symposium on Personal, Indoor and Mobile Radio Communications (PIMRC). IEEE, 2017.

[28] LONG F, NIU K, DONG C, et al. Low complexity iterative LMMSE-PIC equalizer for OTFS[C]// 2019 IEEE International Conference on Communications (ICC). IEEE, 2019: 1-6.

[29] MURALI K R, CHOCKALINGAM A. On OTFS modulation for high-Doppler fading channels[C]//2018 Information Theory and Applications Workshop (ITA). IEEE, 2018: 1-10.

[30] AUGUSTINE R M, SURABHI G D, CHOCKALINGAM A. Space-Time Coded OTFS Modulation in High-Doppler Channels[C]//IEEE Vehicular Technology Conference. IEEE, 2019.

[31] WANG D, SUN B L, WANG F G, et al. Transmit diversity scheme design for rectangular pulse shaping based OTFS[J]. China Communications, 2022, 19(3): 116-128.

[32] PANDEY B C, MOHAMMED S K, RAVITEJA P, et al. Low complexity precoding and detection in multi-user massive MIMO OTFS downlink [J]. IEEE Transactions on Vehicular Technology, 2021, 70(5): 4389–4405.

[33] LI M Y, ZHANG S, GAO F F, et al. A new path division multiple access for the massive MIMO-OTFS networks [J]. IEEE Journal on Selected Areas in Communications, 2021, 39(4): 903-918.

[34] SURABHI G D, CHOCKALINGAM A. Low-complexity linear equalization for 2×2 MIMO-OTFS signals [C]//IEEE 21st International Workshop on Signal Processing Advances in Wireless Communications. IEEE, 2020: 1-5.

[35] SINGH P, MISHRA H B, BUDHIRAJA R. Low-Complexity Linear MIMO-OTFS Receivers[C]// 2021 IEEE International Conference on Communications Workshops (ICC Workshops). IEEE, 2021.

[36] FENG J, NGO H Q, FLANAGAN M F, et al. Performance Analysis of OTFS-based Uplink Massive MIMO with ZF Receivers[C]// 2021 IEEE International Conference on Communications Workshops (ICC Workshops). IEEE, 2021.

[37] RAVITEJA P, PHAN K T, HONG Y, et al. Interference cancellation and iterative detection for orthogonal time frequency space modulation [J]. IEEE Transactions on Wireless Communications, 2018, 17(10): 6501-6515.

第 11 章　通信感知一体化

11.1　通信感知一体化背景

随着信息技术的发展和通信网络功能的扩展，泛在智能化、人机互动、沉浸式 XR、数字孪生等新的业务不断涌现，未来的 6G 系统除了具备通信能力外，还需要具备对物理世界的感知能力，通过对目标物体、事件或环境的感知提供更加丰富的服务和应用。

从实现方式上可以将感知分为射频感知和非射频感知，雷达作为典型的射频感知方式已经得到了广泛的应用，其主要的工作模式是通过发射无线电波并接收目标反射回波的方式发现目标并测定目标距离。随着雷达技术的发展，雷达探测目标不仅是测量目标的距离，还包括测量目标的速度、方位角、俯仰角，以及从以上信息中提取更多有关目标的信息，包括目标的尺寸和形状等。雷达技术最初用于军事领域，用来探测飞机、导弹、车辆、舰艇等目标。随着雷达技术的发展和社会的演进，其越来越多地用于民用场景，典型应用是气象雷达通过测量云雨等气象目标的回波来测定关于云雨的位置、强度等信息从而进行天气预报。随着电子信息产业、物联网、通信技术等的蓬勃发展，雷达技术开始进入到人们的日常生活应用中，大大提高了工作和生活的便利性、安全性等。例如，汽车雷达通过测量车辆之间、车辆与周边环境物之间、车辆与行人之间的距离和相对速度对车辆的驾驶提供预警信息，极大地提高了道路交通的安全水平。在终端应用方面，谷歌（Google）Pixel 4 采用微型运动感应 Soli 雷达芯片，实现了对手势动作的检测，方便用户进行隔空操作[1]。

非射频感知即利用各式各样的传感器采集环境信息从而得到感知结果，典型的方式包括基于摄像头采集的图像或视频信息，或者通过其他特定传感器获取的特定感知信息，如温度传感器、气压计、加速度计、陀螺仪、计步器等。随着图像识别技术的发展，基于视觉的感知已经广泛应用在交通、公共安全等领域，但基于摄像头的感知系统存在一定局限性，包括依赖于光线条件和视距（Line Of Sight，LOS）条件，覆盖距离短，对室外场景受恶劣天气影响严重，存在隐私安全问题等。其他特定传感器往往需要专门部署和维护，或者随身携带，且存在节点供电问题，在便利性和成本方面不具备优势。相较之下，基于射频的无线感知利用已有无线基础设施，无须专用感知设备，便利性高且成本低，不受天气和光线条件影响，有效克服了非射频感知在这些方面的不足，可以与之互为补充，提供更加优质的感知服务，此外，利用分布广泛的无线通信设施实现感知，极大提升了感知的覆盖范围和泛在性。

事实上，无线信号在传播过程中受到周围环境的影响，会引起信号幅度、相位等特征的变化，即环境信息对其产生了调制效果，接收端通过对无线信号的分析，不仅能够得到所承载的发送端信息，还能够提取反映传播环境特征的信息。也就是说，电磁波具有与生俱来的感知能力，目前，学术界针对 Wi-Fi 系统的感知能力已经进行了大量的探索和验证，涉及生命体征监测（如呼吸和心跳）、入侵检测、轨迹追踪、手势或动作识别等多种应用，IEEE 802.11 也在 2020 年 9 月设立了 IEEE 802.11bf 工作组，面向室内定位、自动化控制、安全、健康等领域，发掘无线局域网感知的潜力，推进相关无线感知应用落地。同样，利用蜂窝通信系统（包括 LTE 和 5G NR）实现感知功能也已经有了大量的研究，除了与 Wi-Fi 感知相似的各种室内应用，还可以利用蜂窝通信系统实现天气或空气质量监测等室外应用。定位作为典型的 3GPP 感知服务，在 LTE 阶段便已启动定位标准研究，NR 无线技术具有独特的优势，可在增强定位能力方面提供额外的价值，定位技术的标准化工作在 NR Rel-16 中已经有所体现，通过终端和/或基站感知信道的时延、角度和能量信息，获得计算终端位置所需的测量结果，Rel-17 对定位技术进行了进一步增强，以满足更高精度、更低时延和更高终端/网络效率的定位需求。

在过去，通信与感知由于研究对象与关注重点不同而被严格地区分，大部分场景下通信系统和感知系统被分开研究。事实上，通信和射频感知同样作为信息发射、获取、处理和交换的典型方式，不论工作原理还是系统架构以及频段上都存在着不少相似之处：通信系统与感知系统均基于电磁波理论，利用电磁波的发射和接收来完成信息的获取和传递；通信系统与感知系统均具备天线、发送端、接收端、信号处理器等硬件结构，在硬件资源上有很大重叠；随着技术的发展，两者在工作频段上也有越来越多的重合；在信号调制与接收检测、波形设计等关键技术上存在相似性。以雷达为例，民用雷达与通信系统长期以来向小型化、更高频段不断演进，而 6G 面向高频段的频谱扩展将促进通信技术与成像、传感等其他应用的融合，短波长与大带宽的特性不仅能提升数据速率，也将提高成像及雷达应用中的角度分辨率与测距精度[2]。除了频谱资源方面的考虑，现有雷达与通信系统的硬件架构、信道特性以及信号处理方法具有很高的相似性，因此，面向通信感知两种功能的一体化设计已成为趋势，通信与感知系统融合能够带来许多优势，如节约成本、减小尺寸、降低功耗、提升频谱效率、减小互干扰等，从而提升系统整体性能。从通信和感知系统的交互及影响的角度分析，可以分为以下几个不同程度的融合级别[3]。

（1）共存：通信系统和感知系统共享空–时–频资源，但不进行信息共享与互干扰消除，不考虑物理集成设计和优化，在达不到完美隔离的情况下，两系统相互之间会产生干扰，导致各自的性能下降。

（2）合作：通信系统和感知系统通过共享部分信息，达到减小彼此之间干扰的目的，进一步地讲，利用彼此的信息交互实现更加丰富的功能或者增强系统本身的通信性能及感知性能。

（3）联合设计和优化：在系统设计时将通信和感知联合考虑，从硬件架构、波形设计、协议设计、接收信号处理等各个角度实现通信和感知功能的深度融合，提升频谱使用效率，优化系统整体性能。

综合学术界和产业界的研究成果来看，通信感知（通感）一体化研究的技术路线可分为三种：以通信为主的技术路线、以感知为主的技术路线，以及兼顾通信和感知的技术路线[4]。在研究初期，主要从通信系统或感知系统中的一方出发开展技术研究，以通信为主的技术路线要求从通信系统出发进行通感一体化设计，系统性能衡量指标以频谱效率、信道容量、信噪比以及误码率性能等通信性能指标为主，在保证通信性能最大化的前提下支持感知功能，如基于现有的移动蜂窝网络架构引入感知，可以采用上行感知或下行感知。对于上行感知，主要的方式为基站利用用户设备（User Equipment，UE）的上行信号实现感知功能，当前通信系统架构无须改变即可实现；对于下行感知，通常为 UE 接收基站的下行信号进行感知或者基站接收自身发射的下行通信信号的回波实现感知功能。对于后者，为保证通信效率采用连续波形而非脉冲体制波形，需要收发信机同时工作，波形选择上优先使用高传输效率的通信波形，如正交频分复用（Orthogonal Frequency Division Multiplexing，OFDM）波形。感知信号主要复用通信系统已有参考信号、同步信号或数据符号，为了保证感知性能，可以在不影响通信性能或对通信性能影响较小的前提下对其进行一定的改进，如增加带宽、持续时间、采样频率等。以感知为主的技术路线是从感知系统出发进行通感一体化设计，以少量改动实现通信功能。系统性能衡量指标以感知指标为主，重点考虑目标的测距、测速、测角、定位精度、检测或识别概率等感知性能。研究重点是在最小化对感知性能影响的前提下实现通信功能，波形选择上以感知系统常用波形为主，如调频连续波（Frequency Modulated Continuous Wave，FMCW）等雷达常用波形，通信信息的嵌入可以采用如索引调制的方式，适用于物联网应用等低通信速率、低硬件成本、高感知精度要求的场景。通感一体化的一个重要技术路线为通信和感知融合的研究与设计路线，这就要求通感一体化研究要着眼于以深层次联合设计优化为目标。通信和感知两大功能在技术演进路线上要为未来深入融合提前布局，体现融合设计的前瞻性。目前，学术界已出现了不少通信感知融合的初步研究，包括通感一体化波形与信号处理研究、通感一体化联合性能界研究以及性能评价指标设计、通感一体化硬件平台设计等，但整体上还处于一个初级阶段，在理论研究和硬件设计上仍需要持续开展。

11.2 通信感知一体化典型应用场景与需求

感知是 6G 能够提供的基础服务，更准确地讲，面向 6G 系统以外的其他对象，6G 系统能提供感知的基础服务。实际上，感知的服务对象也可以是 6G 系统自身。以服务对象的范畴来区分，感知可以分为对外服务（服务对象是 6G 系统以外的其他对象，即 network for sensing）和对内服务（服务对象是 6G 系统本身，即 sensing for network）两种。

感知的对外服务包括以智慧城市、智慧交通、工业自动化、环境监测、智慧生活、智能制造和智能家居等为代表的多种新型垂直应用场景，感知的对内服务包括利用感知信息提升通信系统的性能。

11.2.1 感知的对外服务

按照感知的覆盖范围，可以将典型的感知功能和应用场景进行分类，如表 11-1 所示。

表 11-1 典型的感知功能与应用场景

通信感知类别	感 知 功 能	应 用 场 景
宏观感知类	天气情况、空气质量	气象、农业、生活服务
	车流人流检测、数量统计、入侵检测	智慧交通、商业服务、安防监控
	目标定位与跟踪、测距、测速、测角	传统雷达的诸多应用场景
	环境重构	智能驾驶和导航（汽车/无人机）、智慧城市（环境地图）、网规网优
微观感知类	动作/手势/面部识别	智能交互、游戏、智能家居
	心跳/呼吸等生命体征监测	健康、医护
	成像、材料探测、成分分析	安检、工业、生物医药等

可见无线感知相关用例种类繁多，通信与感知的深度融合有望支持更多的新应用，为社会发展和产业升级创造更多价值，下面对其中的典型场景进行分析。

（1）智慧交通：随着自动驾驶、车联网等系统的进一步普及，需要对车辆位置、速度、车车间距进行感知，对道路环境进行探测，以及对突发事件进行识别。车辆作为通信节点与感知节点，与路边部署的通感一体化基站协同工作，感知环境的同时进行通信任务，达到实时避开障碍物、选择路线、检测危险和遵守交通法规的目的。在智慧交通场景中，除了车辆测距、测速以及定位和跟踪等基本感知功能，还需要基于无线信号进行同步定位与地图构建（Simultaneous Localization And Mapping，SLAM）。SLAM 技术已被广泛应用于无人机、无人潜艇、行星探测车、家政机器人、虚拟现实（Virtual Reality，VR）、增强现实（Augmented Reality，AR）以及生活辅助（行为监控、跌倒检测、实时帮助）等方面[5]。基于立体摄像机和集成传感器的 SLAM 无法做到自动扫描环境，灵活性差且开销巨大，利用无线信号的 SLAM 能够解决上述问题，为车辆导航、路线规划提供有力支持。另外，为了对道路突发事件进行响应和决策，需要借助人工智能（Artificial Intelligence，AI）技术，从而对周围交通环境进行实时识别和判断。

（2）工业自动化：随着工厂数字化、网络化和智能化的发展，越来越多具备感知与执行能力的设备被引入工业系统，信息获取、传递、处理和控制等功能相互作用，通信与感知技术高度融合，形成自治的工业系统，达到生产流程效率最大化的目的。与车联网应用相似，工业制造场景中也需要测距、测速与位置识别等基本感知功能，以完成对机器或设备部件的感知以及对操作人员的感知，对流水线生产作业进行智能规划，对产品进行跟踪计数，同时，结合对动作及事件的识别，实现自动化控制、异常报警、应急处理等功能。

（3）环境监测：雨雪雾等天气变化、湿度、温度及空气质量等环境条件的监测对天气预报、气候模型、农业、水利工程设计等有重要意义，这也关系到个人日常出行与健康防护。以降雨监测为例，传统降雨监测主要有雨量计、气象雷达和卫星等。利用通信链路监测降雨量具有传感器数量多、空间分布广、时间分辨率高等优势，还能有效提升成本效益。降雨监测可以依靠接收信号强度（Received Signal Strength，RSS），无雨/小雨/中雨/大雨时 RSS 的概率密度函数（Probability Density Function，PDF）具有不同的均值和方差特征[6]，利用 RSS 瞬时值、均值和方差进行降雨水平的分类，需要无雨时的 RSS 参考值对所有数据进行归一化，以排除其他衰减因素的影响，对于降雨量分类可以采用 AI 的方法。

（4）智慧生活：智慧生活应用范围广泛，利用通感一体化技术，将为人们的日常生活提供更多个性化、便捷化服务，典型的应用案例包括呼吸/心跳监测、手势/姿态识别、入侵检测、室内定位和移动追踪等，呼吸/心跳频率作为重要的生命体征，能够有效反映当前身体健康状况，利用无线信号进行人体呼吸监测可以应用于医疗领域的病床监护，也可以应用于日常家庭睡眠情况监测，与传统使用佩戴式传感设备相比，它具有无接触、低成本的优点。人员的入侵检测、室内定位和移动跟踪，对个人家庭安全、公共区域安全以及独居老人或儿童看护等具有重要意义，基于视觉监控的方式存在隐私问题与受光线等环境条件影响的问题，利用无线通信链路监控区域内人员的存在和移动，不仅减少了安装时间和成本，还具有全天候、覆盖广等优点。无接触手势/动作识别是人机交互常采用的方式之一，智能家居、智能穿戴设备、智能汽车以及 VR/AR 等领域都增加了手势识别控制功能，还可以与前面提到的室内定位和移动跟踪技术结合，是通感一体化技术应用于智慧生活场景的重要方面。

感知引入到移动通信网络后极大丰富了通信系统的功能，扩展了在不同场景下的应用，同时也对原有系统的关键性能指标提出了新的要求，过去通信系统通常以提高吞吐量和传输可靠性为优化目标，关注的性能指标一般是频谱效率、信道容量、信噪比（Signal-to-Noise Ratio，SNR）/信号干扰噪声比（Signal to Interference Noise Ratio，SINR）、误码率（Bit Error Rate，BER）/误块率（Block Error Rate，BLER）等，而通感一体化系统则需要考虑感知性能甚至通感联合性能，并且在不同的感知应用场景下，通感一体化的评估准则和性能要求可能会不同。根据前面提到的通感一体化典型场景，需要在已有通信性能指标要求的基础上增加对感知性能指标的要求，感知服务体验相关能力的含义如表 11-2 所示。

表 11-2　感知服务体验相关能力的含义

参　　数	含　　义
感知精度	感知精度反映在某一置信度情况下真实结果和实际感知结果之间的偏差程度，可通过感知误差（如均方根误差）来表征，感知误差越小，感知精度越高，如距离精度、速度精度、角度精度、降雨量精度、呼吸速率精度等
感知分辨率	感知分辨率是指从不同维度区分多个感知目标的能力，如距离分辨率（包括水平方向和垂直方向）、速度分辨率、角度分辨率、湿度分辨率、成像分辨率等
感知范围	感知范围是指在满足一定感知指标前提下的感知范围，如感知距离范围、感知速度范围、感知角度范围等；其中感知距离范围可以是感知目标距离感知信号接收节点的距离范围
感知更新频率	相邻两次感知结果时间间隔的倒数
检测概率	判断感知目标有无或者感知事件发生与否的能力，通常为假设目标存在的情况下判决为有的概率
虚警概率	判断感知目标有无或者感知事件发生与否的能力，通常为假设目标不存在的情况下判决为有的概率
感知时延	感知时延用于定量描述感知业务的实时性要求，如感知功能节点接收到感知服务请求到响应该请求的最大时延

为支持上述丰富的感知业务，感知信号的接收节点首先需要接收感知信号，然后根据接收信号或信道响应得到基本测量量，基本测量量包括时延、多普勒、角度、强度及其多维组合表示；感知信号的接收节点或者感知计算节点根据基本测量量确定感知目标的基本属性/状态，包括基本属性/状态距离、速度、朝向、空间位置、加速度等；感知信号的接收节点或者感知计算节点根据感知目标的基本属性/状态，确定感知目标的进阶属性/状态，感知目标的进阶属性/状态，包括目标是否存在、轨迹、动作、表情、生命体征、数量、成像结果、天气、空气质量、形状、材质、成分等。值得注意的是，感知信号的接收节点或者感知计算节点也可以直接根据基本测量量确定感知目标的进阶属性/状态。表 11-3 给出了不同层次的感知信息。

表 11-3　不同层次的感知信息

不同层次的感知信息	解　　释
接收信号/原始信道信息	接收信号/信道响应的复数结果，幅度/相位，I 路/Q 路及其相关运算结果
基本测量量	时延、多普勒、角度、强度及其多维组合表示
感知目标的基本属性/状态	距离、速度、朝向、空间位置、加速度等
感知目标的进阶属性/状态	目标是否存在、轨迹、动作、表情、生命体征、数量、成像结果、天气、空气质量、形状、材质、成分等

11.2.2　感知的对内服务

感知的对内服务即感知辅助通信：通过对周围环境的感知获取信道信息，可以用于通信系统，提升通信系统的性能，包括终端定位、避免遮挡、非视距检测、信道估计等方面[7]。对于毫米波通信系统，在码本集合很大的情况下，波束训练过程非常耗时，通过感知技术获取终端位置，能够减小波束训练的开销，实现移动场景下快速波束赋形与跟踪，进一步对通信目标进行定位和跟踪，并且对信道环境中潜在的障碍物进行预测，从而进行波束切换可以避免因阻挡导致的通信链路故障。除此之外，通过对周围环境不同目标的感知有助于区分视距和非视距信道，弥补基于信道特征进行分析时误识别率高的问题，并且感知获取的信道参数同样可以用于提升通信信道估计的准确性。

11.3 通信感知一体化空口关键技术

11.3.1 波形与信号设计

波形设计是通感一体化技术研究的重点，设计思路可以是复用已有通信波形或感知波形，采取时分、频分、空分的方式实现通信和感知波形的分集发射，这种方式资源利用效率较低，也可以通过对已有波形的改造或新波形设计将通信和感知功能集成到一种波形，实现一体化设计。波形设计的关键在于尽量减小通信信号与感知信号间的干扰，满足通信、感知功能需求，在保证系统性能的前提下提高频谱效率，需要考虑的是以通信功能为主还是以感知功能为主，或者两者兼具，寻找性能上的平衡点，下面对几种常见的可用于通感一体化设计的波形进行分析。

（1）单载波波形：通常与扩频技术结合用于通感一体化设计，如基于直接序列扩频（Direct Sequence Spread Spectrum，DSSS）、时跳扩频（Time Hopping Spread Spectrum，THSS）、啁啾扩频（Chirp Spread Spectrum，CSS）的单载波通感一体化波形[8]，扩频技术已经被广泛应用于通信系统中以获得更高的安全性和健壮性，提供更强的抗干扰、抗截获能力，根据扩频序列的选择不同还可以实现多用户接入，为保证感知性能，需要采用自相关与互相关特性良好的扩频序列以及扩频因子以适应不同的感知精度及动态范围。此外，也可以利用单载波通信系统中的导频等训练序列进行感知，如对于采用单载波频域均衡（Single Carrier Frequency Domain Equalization，SC-FDE）波形的 IEEE 802.11ad，帧结构中的短训练字段（Short Training Field，STF）与信道估计字段（Channel Estimation Field，CEF）由互补格雷序列组成，用来进行通信系统帧同步、频偏估计、信道估计，同时可用来完成雷达系统的目标检测以及测距、测速功能[9]。

（2）以 OFDM 为代表的多载波波形：OFDM 波形广泛应用于 4G/5G 移动通信系统，具有较高的频谱效率，可以进行灵活带宽资源分配，能够满足高速数据传输需求。同时，OFDM 波形由于其在感知方面的固有优势也被引入到雷达系统中，利用 OFDM 波形进行参数估计无距离–多普勒耦合效应，接收端基于傅里叶变换的检测算法简单高效，并且基于 OFDM 波形的雷达和通信系统的发射机制高度相似，便于实现通感一体化设计。OFDM 波形同样存在峰值平均功率比高、对多普勒和相位噪声敏感等问题，需要有针对性地采取优化措施，例如，采用恒包络 OFDM（Constant Envelope Orthogonal Frequency Division Multiplexing，CE-OFDM）设计以改善传统 OFDM 峰值平均功率比高，导致高功率放大器出现非线性失真等问题[10]。另外，考虑利用滤波器组多载波

（Filter Bank-based Multi-Carrier，FBMC）替代 OFDM 作为通信感知融合波形[11]，通过滤波的方式减小子载波间的重叠，具有频谱集中的特性，旁瓣抑制能力佳，时域无须插入循环前缀（Cyclic Prefix，CP），能够避免 CP 带来的冗余问题以及对感知精度的影响。正交时频空间（Orthogonal Time Frequency Space，OTFS）波形作为潜在的 6G 新波形，应用于感知系统，能够通过将传输符号扩散到整个时频域获得感知信号处理的全分集增益，从而在距离、多普勒估计与跟踪速率等方面表现较好，已有研究和仿真表明，其在雷达估计特性方面的性能与 OFDM 波形相当，并且由于没有 CP 冗余，OTFS 以更高的复杂性为代价产生了更大的频谱效率[12]。

（3）雷达常用波形：例如，简单脉冲波形或 FMCW 波形，早在 20 世纪 60 年代就已经出现了基于脉冲组携带通信信息实现雷达通信一体化的理念，利用组内脉冲相对于参考脉冲的不同位置实现通信数据调制[13]，也可以利用不同的脉冲重复频率携带通信信息[14]，简单脉冲波形雷达在每个脉冲周期由占空比给出的时间范围内发射简单脉冲信号，在脉冲周期的剩余时间中接收回波信号，并处理回波信号以进行感知；该波形不要求系统具备全双工能力，实现相对简单，但存在近距离盲区；并且，由于受到占空比的影响，在脉冲发射时需要较大的峰值发射功率，同时由于其信号在时间上的不连续性，资源利用效率低；简单脉冲波形通常用于远距离的感知应用，例如，军事上对飞行物入侵的监测应用。FMCW 雷达通过发射频率线性变化的啁啾（Chirp）信号串同时接收回波信号，并处理回波信号以进行感知；该波形具有大时宽–带宽积、恒包络、自相关特性好、收发机架构和信号处理流程简单等优点，也可以通过将通信调制数据加载到 FMCW 波形使其携带通信信息实现通感一体化；但是该波形要求雷达系统具有全双工能力[8]，对收发信号隔离的要求较高，适合于小发射信号功率的近距离感知应用，如自动驾驶应用中的汽车雷达。超宽带（Ultra-Wide Band，UWB）波形是指绝对带宽大于 500 MHz 或相对带宽大于 0.2 的信号波形，通常为纳秒级或亚纳秒级的极窄脉冲波形，通过测量极窄脉冲的飞行时间获得目标的距离信息；该波形系统结构和实现简单、成本和功耗低，同时由于信号功率较低，通常适用于近距离探测，如生命体征检测、手势识别等[15]。此外，基于雷达常用波形进行通感一体化设计还可以考虑与空间调制或广义空间调制结合的方式，如通过不同的发射天线选择承载通信信息，即采用空间调制或广义空间调制的方式，可以避免对感知信号自身特性的改变，尽量减小对感知性能的影响，包括与多输入多输出（Multiple Input Multiple Output，MIMO）雷达的思想结合，发送端天线间正交特性更有利于对所承载通信信息的解调。

对于 MIMO 雷达，为了让 MIMO 通感一体化系统接收机正确分离发射机各天线信号，各天线信号需要满足正交性，这种正交性可通过时分复用（Time Division Multiplexing，TDM）、频分复用（Frequency Division Multiplexing，FDM）、多普勒频分复用（Doppler Division Multiplexing，DDM）、码分复用（Code Division Multiplexing，CDM）实现[16]。根据雷达发射波形回波分离的域将 MIMO 雷达正交信号分为快时间正交信号和慢时间正交信号。快时间正交信号在快时间域或快时间频域分离各发射天线信号，如快时间 FDM 信号和 CDM 信号；慢时间正交信号在慢时间域或多普勒域分离各发射天线信号，如慢时间 TDM 信号和 DDM 信号。TDM 信号通过在不同的慢时间发射波形，从而实现慢时间域的正交性。DDM 信号可以看作是慢时间 CDM 信号或慢时间 FDM 信号的特殊情况，其通过对不同发射阵元上的信号进行不同线性相位调制，在多普勒域对信号进行不同频率的搬移，实现发射波形在多普勒域的正交[17]。对于 MIMO 雷达每个发射天线，通常以 FMCW 作为基本波形。

11.3.2 感知信号检测理论

感知信号检测是感知信号处理中的一个重要环节，目的是在噪声、干扰和杂波等因素的影响下判断感知目标是否存在。本小节从假设检验和奈曼–皮尔逊准则等基础理论入手，重点介绍在实际工程中广泛应用的恒虚警率（Constant False Alarm Rate，CFAR）检测，以及恒虚警率检测的几种具体实现方法。

1. 假设检验

感知信号检测是一个二元假设检验问题。在任何时刻，以下两个假设中有一个成立[18]。

假设一（记为 H_0）：仅存在噪声、干扰和杂波。

假设二（记为 H_1）：存在噪声、干扰和杂波，以及目标信号。

在感知信号处理中，通常以分辨单元为单位进行信号检测，例如，将距离测量范围划分成若干个距离分辨单元，将速度测量范围划分成若干个速度分辨单元，将角度测量范围划分成若干个角度分辨单元。在给定的分辨单元内，如果判定为 H_0，则认为该分辨单元内无目标；如果判定为 H_1，则认为该分辨单元内有目标。

检测概率和虚警概率是用来衡量上述目标检测性能的重要指标。

（1）检测概率：在检测的分辨单元内有目标存在时，正确判定为有目标的概率，通常表示为 $P(H_1 | H_1)$。

（2）虚警概率：在检测的分辨单元内没有目标存在时，错误判定为有目标的概率，通常表示为 $P(H_1 | H_0)$。

设 $P(x|H_0)$ 和 $P(x|H_1)$ 分别无目标和有目标存在时的检测单元回波信号功率的概率密度函数，则检测概率和虚警概率分别表示为

$$P_{\mathrm{d}} = P(H_1 | H_1) = P(x > x_0 | H_1) = \int_{x_0}^{\infty} P(x | H_1)\, \mathrm{d}x$$

$$P_{\mathrm{f}} = P(H_1 | H_0) = P(x > x_0 | H_0) = \int_{x_0}^{\infty} P(x | H_0)\, \mathrm{d}x$$

式中，x_0 表示检测门限。

2．奈曼-皮尔逊准则

理论上，信号检测的目标是使得检测概率 P_d 尽可能地大、虚警概率 P_f 尽可能地小；然而实际上这两者无法同时满足。在工程上，通常采用奈曼-皮尔逊准则以使得检测性能在一定程度上达到最佳状态[19]。奈曼-皮尔逊准则描述的是：在对虚警概率 P_f 加以一定的约束条件，使得检测概率 P_d 最大。这一准则一方面限制了虚假目标进入系统影响系统工作效率，另一方面使得真实目标以尽可能大的概率被检测出来。

奈曼-皮尔逊准则的数学描述是：在 P_f 为常数的约束下，使得下式中的 F 达到极小值：

$$F = 1 - P_d + \eta(P_f - \alpha)$$
$$= \eta(1 - \alpha) + \int_{x < x_0} [p(x \mid H_1) - \eta p(x \mid H_0)] \mathrm{d}x$$

式中，η 为拉格朗日因子。显然，使得 F 取极小值要求上式中的积分项为 0，从而得到满足奈曼-皮尔逊准则的门限检测为

$$\frac{p(x \mid H_1)}{p(x \mid H_0)} \mathop{\gtrless}_{H_0}^{H_1} \eta$$

等价地，用检测单元回波信号功率的表述方式为

$$x \mathop{\gtrless}_{H_0}^{H_1} x_0$$

式中，x_0 由 $P(x \mid H_0)$、$P(x \mid H_1)$ 和 η 决定。

3．CFAR 检测

奈曼-皮尔逊准则给出的是在 $P(x \mid H_0)$ 和 $P(x \mid H_1)$ 已知情况下的一种理想的 CFAR 概率检测方法。在实际的工程应用环境中，$P(x \mid H_0)$ 和 $P(x \mid H_1)$ 未知且复杂多变，CFAR 检测的工程实现是参考奈曼-皮尔逊准则的思想进行检测门限的自适应，以使得信号检测结果的虚警概率维持在一定的水平[20]。

固定门限与自适应门限对比如图 11-1 所示，在变化的背景（包括噪声、干扰和杂波）环境下，使用固定门限检测会造成虚警概率或检测概率在很大的范围内变化，如图 11-1（a）中固定门限 1 具有较大的虚警概率、固定门限 2 具有较小的检测概率、固定门限 3 同时具有较大的虚警概率和较小的检测概率。而根据背景环境的变化，参考奈曼-皮尔逊准则进行 CFAR 检测，即使用自适应门限检测时能维持较为稳定的虚警概率和检测概率，如图 11-1（b）所示。

CFAR 检测的基本思想是通过在距离维或速度维或角度维上，对待检测单元或待检测单元附近若干检测单元的信号电平进行估计作为待检测单元处的背景环境电平，用来

设置待检测单元的检测门限。CFAR 检测基本原理如图 11-2 所示，D 为待检测单元；$(x_1, x_2, \cdots, x_n)$ 和 $(x_{n+1}, x_{n+2}, \cdots, x_{2n})$ 分别表示前沿参考半窗和后沿参考半窗，用来进行待检测单元处的背景环境电平估计；为了防止待检测单元处目标的影响，在待检测单元和参考半窗之间设置了保护窗；CFAR 检测的核心是利用参考半窗内的信号序列估计出待检测单元处的背景环境电平 Z；最后背景环境电平 Z 与阈值因子 T 的乘积 S 作为待检测单元的检测门限。

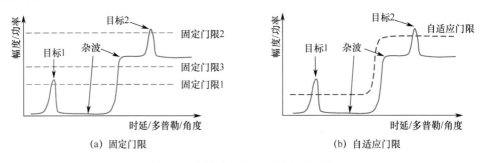

(a) 固定门限　　　　　　　　　　　　　　(b) 自适应门限

图 11-1　固定门限与自适应门限对比

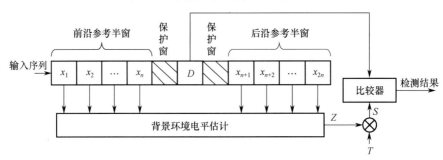

图 11-2　CFAR 检测基本原理

根据背景环境电平 Z 的估计方法的不同，常用的 CFAR 检测方法主要分为均值类 CFAR、有序统计量类 CFAR、自适应 CFAR 和杂波图 CFAR 四个类别，下面分别介绍。

1）均值类 CFAR

在均值类 CFAR 方法的背景环境电平估计过程中，首先分别对前沿参考半窗和后沿参考半窗的信号序列求均值得到

$$\overline{x} = \sum_{i=1}^{n} x_i \Big/ n$$

$$\overline{y} = \sum_{i=n+1}^{2n} x_i \Big/ n$$

均值类 CFAR 的三种典型方法如下。

（1）单元平均恒虚警率（Cell Average-CFAR，CA-CFAR）：对前沿参考半窗和后沿参考半窗的均值 $\overline{x}$ 和 $\overline{y}$ 求均值，作为待检测单元处的背景环境电平，即 $Z = (\overline{x} + \overline{y})/2$。

（2）选大恒虚警率（Greatest Of-CFAR，GO-CFAR）：在前沿参考半窗和后沿参考半窗的均值 $\overline{x}$ 和 $\overline{y}$ 中选择较大的值，作为待检测单元处的背景环境电平，即 $Z = \max\{\overline{x}, \overline{y}\}$。

（3）选小恒虚警率（Smallest Of-CFAR，SO-CFAR）：在前沿参考半窗和后沿参考半窗的均值 $\overline{x}$ 和 $\overline{y}$ 中选择较小的值，作为待检测单元处的背景环境电平，即 $Z = \min\{\overline{x}, \overline{y}\}$。

2）有序统计量类 CFAR

在有序统计量类 CFAR 方法的背景环境电平估计过程中，首先对前沿参考半窗和后沿参考半窗中的所有采样值按照从大到小的顺序进行排序得到 $X = [x(1), x(2), \cdots, x(2n)]$，然后根据排序结果进行背景环境电平估计。下面介绍两种典型方法。

（1）有序统计恒虚警率（Ordered Statistics-CFAR，OS-CFAR）：选取第 k 个采样值作为待检测单元处的背景环境电平，即 $Z = X(k)$。

（2）单元平均电平检测器恒虚警率（Censored Mean Level Detector-CFAR，CMLD-CFAR）[21]：删除最大的 r 个采样值，以剩下的 $2n-r$ 个采样值的均值作为待检测单元处的背景环境电平，即 $Z = \sum_{i=r+1}^{2n} x(i)/(2n-r)$。

3）自适应 CFAR

上述的均值类 CFAR 方法和有序统计量类 CFAR 方法的背景环境电平的获取方法是固定的，在背景环境变化剧烈时通常性能较差。自适应 CFAR 方法通过对实时采样值的分析选择采用均值类 CFAR 方法或有序统计量类 CFAR 方法进行背景环境电平的估计。典型的方法是变化指数恒虚警率（Variable Index-CFAR，VI-CFAR）[22]。

VI-CFAR 方法中对前沿参考半窗和后沿参考半窗进行运算得到二阶统计量变化指数 VI 和均值比 MR

$$\text{VI} = 1 + \frac{\hat{\sigma}^2}{\hat{\mu}^2} = 1 + \frac{1}{n-1}\sum_{i=1}^{n}\frac{(x_i - \overline{x})^2}{(\overline{x})^2} = n\frac{\sum_{i=1}^{n}(x_i)^2}{\left(\sum_{i=1}^{n}x_i\right)^2}$$

$$\text{MR} = \frac{\overline{x}_A}{\overline{x}_B} = \frac{\sum_{i \in A}x_A}{\sum_{i \in B}x_B}$$

然后根据 VI 和 MR 进行如下判断

$$\begin{cases} \text{VI} \leqslant K_{\text{VI}} \Rightarrow 非均匀背景环境 \\ \text{VI} > K_{\text{VI}} \Rightarrow 均匀背景环境 \end{cases}$$

$$\begin{cases} K_{\text{MR}}^{-1} \leqslant \text{MR} \leqslant K_{\text{MR}} \Rightarrow 两侧参考窗均值一致 \\ \text{MR} \leqslant K_{\text{MR}}^{-1} \text{ 或 } \text{MR} > K_{\text{MR}} \Rightarrow 两侧参考窗均值不一致 \end{cases}$$

式中，K_{VI} 和 K_{MR} 为预定的判决门限。

根据上述判断按照表 11-4 所示的方法进行 CFAR 方法的选择。

表 11-4　CFAR 方法的选择

是否为均匀背景环境		前后沿参考半窗均值是否相同	CFAR 方法
前沿参考半窗	后沿参考半窗		
是	是	是	CA-CFAR
是	是	否	GO-CFAR
是	否	—	CA-CFAR
否	是	—	CA-CFAR
否	否	—	SO-CFAR

4）杂波图 CFAR

把检测单元经若干次扫描的回波更新迭代处理来估计杂波的强度并存储下来称为杂波图，杂波图中存储的是每个杂波单元（包含 1 个及以上的分辨单元）处杂波功率的估计值，然后根据待检测单元对应的杂波单元的杂波功率设置检测门限[20]。根据杂波建立方法可以分为点杂波图技术和面杂波图技术。

（1）点杂波图技术：用杂波单元本身在各次扫描中的回波信号建立杂波图，点杂波图只是在时域上迭代估计杂波功率，即以 $1,2,3,\cdots,t-1$ 时刻扫描的回波信号通过循环迭代来对 t 时刻的杂波功率进行估计，从而根据估计的杂波功率进行门限判决。如果 t 时刻的判决结果为无目标，则将 t 时刻的回波信号功率加入杂波功率估计的迭代循环中；如果 t 时刻的判决结果为有目标，则不更新该杂波单元的杂波功率数据。

（2）面杂波图技术：用杂波单元邻近若干单元在各次扫描中的回波信号建立杂波图，面杂波图将时域和空域相结合迭代估计杂波功率，如图 11-3 所示，在 $1,2,3,\cdots,t$ 时刻，以待检测单元 D 邻近的 $MN-mn$ 个杂波单元（去除保护单元）估计得到待检测单元 D 处的杂波功率。在建立杂波图的过程中，对各邻近采样值可以通过选大/选小/平均/有序统计量等方法来选择输入迭代过程的采样值。

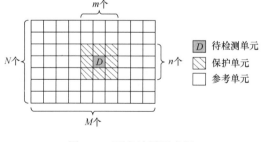

图 11-3　面杂波图示意图

在 t 时刻，输入杂波图迭代过程的采样值为 q_t，则经过迭代的杂波单元中存储的杂波功率为

$$\hat{p}_t(k) = (1-w)\hat{p}_{t-1}(k) + wq_t(k)$$

$$= w\sum_{i=0}^{t}(1-w)^i q_{t-i}(k)$$

式中，w 为遗忘因子，在 0~1 中取值，w 越大，杂波图收敛越迅速，w 的取值不应过大。在点杂波图技术中，q_t 即为当前杂波单元在 t 时刻的回波信号功率；在面杂波图技术中，q_t 为在图 11-3 的参考单元中通过选大/选小/平均/有序统计量等方法确定的数值。

11.3.3　感知参数估计算法

通感一体化场景下的感知任务包括对感知目标/对象进行检测，或者动力学参数估计，如测距、测角、测速。同时也包括感知目标/对象的模式识别，如目标特征或行为的检测、识别、分类等。感知相关的参数估计是一个非线性问题，因此大多数经典的线性估计器难以适用。常用的参数估计方法包括：周期图（Periodogram）方法，如二维或者三维快速傅里叶变换（Fast Fourier Transform，FFT）；空域波束赋形器，如巴特利特波束赋形器以及最小方差无失真响应（Minimum Variance Distortionless Response，MVDR）波束赋形器；基于子空间的频谱分析技术，如多信号分类（MUltiple SIgnal Classification，MUSIC）；旋转不变信号参数估计技术（Estimating Signal Parameters via Rotational Invariance Techniques，ESPRIT）；最大似然（Maximum Likelihood，ML）方法；压缩感知（Compressed Sensing，CS）技术；张量分解（Tensor Decomposition）技术等[23]。这些技术具有不同的估计性能和算法复杂度，已广泛应用于通信、雷达以及图像处理领域。

以常见的 FMCW 多天线雷达为例说明三维 FFT 参数估计技术。单目标 FMCW 雷达信号模型为[24]

$$r(l,n,p) = \alpha \exp\left\{ \mathrm{j}2\pi\left[\left(\frac{2\mu R}{c} + f_{\mathrm{d}} \right)\frac{n}{f_{\mathrm{s}}} + \frac{ld\sin\theta}{\lambda} + f_{\mathrm{d}}pT_0 + \frac{2R}{\lambda} \right] \right\} + \omega(l,n,p) \quad (11\text{-}1)$$

式中，r 为雷达回波信号；l、n 和 p 分别为天线、chirp 信号快时间和慢时间的索引；α 为回波信号幅度；μ 为 chirp 信号斜率；R 为目标与雷达之间的距离；c 为光速；f_{d} 为多普勒频率；f_{s} 为回波信号采样频率；d 为接收天线阵元间距；θ 为目标回波到达角；λ 为信号波长；T_0 为单个 chirp 时长加上回波时延的总时间；ω 表示噪声。若固定参数 l、n、p 其中的 2 项，有

$$r(l_0,n,p_0) = \alpha \exp\left\{ \mathrm{j}2\pi\left[\frac{l_0 d\sin\theta}{\lambda} + f_{\mathrm{d}}p_0T_0 + \frac{2R}{\lambda} \right] \right\} \exp\left[2\pi\left(\frac{2\mu R}{c} \right)\frac{n}{f_{\mathrm{s}}} \right] + \omega \quad (11\text{-}2)$$

$$r(l_0,n_0,p) = \alpha \exp\left\{ \mathrm{j}2\pi\left[\frac{l_0 d\sin\theta}{\lambda} + \left(\frac{2\mu R}{c} \right)\frac{n_0}{f_{\mathrm{s}}} + \frac{2R}{\lambda} \right] \right\} \exp(2\pi f_{\mathrm{d}}T_0 p) + \omega \quad (11\text{-}3)$$

$$r(l,n_0,p_0) = \alpha \exp\left\{ \mathrm{j}2\pi\left[\left(\frac{2\mu R}{c} + f_{\mathrm{d}} \right)\frac{n_0}{f_{\mathrm{s}}} + f_{\mathrm{d}}p_0T_0 + \frac{2R}{\lambda} \right] \right\} \exp\left(2\pi\frac{ld\sin\theta}{\lambda} \right) + \omega \quad (11\text{-}4)$$

整理得

$$r(l_0, n, p_0) = s_{lp} \exp\left[2\pi \left(\frac{2\mu R}{cf_s} \right) n \right] + \omega \tag{11-5}$$

$$r(l_0, n_0, p) = s_{ln} \exp[2\pi(f_d T_0)p] + \omega \tag{11-6}$$

$$r(l, n_0, p_0) = s_{np} \exp\left[2\pi \left(\frac{d\sin\theta}{\lambda} \right) l \right] + \omega \tag{11-7}$$

由 FMCW 雷达的信号模型可知，待估计参数（距离、多普勒、角度）包含在对应维度的角频率分量中，因此可以使用二维 FFT 或三维 FFT 直接求取。

在阵列信号处理中，一个基本问题是空间信号到达方向（Direction Of Arrival，DOA）的估计问题，也是雷达、声呐等许多领域的重要任务之一。最早试图通过阵列进行角度估计的方法为"波束赋形器（Beamformer）"方法，代表性算法有巴特利特波束赋形器以及 MVDR（又称 Capon）波束赋形器[25]。对于巴特利特波束赋形器，其基本思想为，将阵列"导向"某个方向（接收信号线性合并）并测量该方向的阵列增益，增益最大方向为估计得到的来波方向。阵列接收信号 $\boldsymbol{x}(t)$ 的合并总功率为

$$P(\boldsymbol{w}) = \frac{1}{N} \sum_{t=1}^{N} |y(t)|^2 = \frac{1}{N} \sum_{t=1}^{N} \boldsymbol{w}^{\mathrm{H}} \boldsymbol{x}(t) \boldsymbol{x}^{\mathrm{H}}(t) \boldsymbol{w} = \boldsymbol{w}^{\mathrm{H}} \hat{\boldsymbol{R}} \boldsymbol{w} \tag{11-8}$$

式中，$\boldsymbol{w}$ 为巴特利特波束赋形器的滤波系数，$\hat{\boldsymbol{R}} = \dfrac{1}{N} \sum\limits_{t=1}^{N} \boldsymbol{x}(t) \boldsymbol{x}^{\mathrm{H}}(t)$ 为测量信号的相关矩阵。巴特利特波束赋形器的优化目标为

$$\begin{aligned} \max_{\boldsymbol{w}} E\{\boldsymbol{w}^{\mathrm{H}} \boldsymbol{x}(t) \boldsymbol{x}^{\mathrm{H}}(t) \boldsymbol{w}\} &= \max_{\boldsymbol{w}} \boldsymbol{w}^{\mathrm{H}} E\{\boldsymbol{x}(t) \boldsymbol{x}^{\mathrm{H}}(t)\} \boldsymbol{w} \\ &= \max_{\boldsymbol{w}} \{E|s(t)|^2 |\boldsymbol{w}^{\mathrm{H}} \boldsymbol{a}(\theta)|^2 + \sigma^2 |\boldsymbol{w}|^2\}, \quad \text{s.t.} \ |\boldsymbol{w}| = 1 \end{aligned} \tag{11-9}$$

式中，$\boldsymbol{a}(\theta)$ 为 θ 方向的阵列导向矢量。上式求解得到空间谱及最优波束赋形器系数为

$$P_{\mathrm{BBF}}(\theta) = \frac{\boldsymbol{a}^{\mathrm{H}}(\theta) \hat{\boldsymbol{R}} \boldsymbol{a}(\theta)}{\boldsymbol{a}^{\mathrm{H}}(\theta) \boldsymbol{a}(\theta)}, \quad \boldsymbol{w}_{\mathrm{BF}} = \frac{\boldsymbol{a}(\theta)}{\sqrt{\boldsymbol{a}^{\mathrm{H}}(\theta) \boldsymbol{a}(\theta)}} \tag{11-10}$$

角度功率谱的峰值位置对应信号的到达角方向。由于巴特利特波束赋形器是寻找合并功率最大的方向，实际接收信号包含了干扰以及噪声成分，因此波瓣宽度大，分辨率较低。MVDR 波束赋形器考虑了干扰和噪声的影响，其核心思想是保持观测方向上功率不变的同时使噪声和非该方向上的干扰功率最小。因此，它可以看作一种尖锐的空间带通滤波器，其优化目标为

$$\min_{\boldsymbol{w}} P(\boldsymbol{w}), \quad \text{s.t.} \ \boldsymbol{w}^{\mathrm{H}} \boldsymbol{a}(\theta) = 1 \tag{11-11}$$

其中，通过拉格朗日乘子法求解得到空间谱以及最优波束赋形器系数为

$$P_{\text{CAP}}(\theta) = \frac{1}{\boldsymbol{a}^{\text{H}}(\theta)\boldsymbol{R}^{-1}\boldsymbol{a}(\theta)}, \quad \boldsymbol{w}_{\text{CAP}} = \frac{\boldsymbol{R}^{-1}\boldsymbol{a}(\theta)}{\boldsymbol{a}^{\text{H}}(\theta)\boldsymbol{R}^{-1}\boldsymbol{a}(\theta)} \tag{11-12}$$

基于周期图的经典谱估计方法以及空域波束赋形器方法存在分辨率较低的缺点。而基于子空间的谱估计（如 MUSIC[26]、ESPRIT[27]）、空间交替广义期望最大（Space-Alternating Generalized Expectation-maximization，SAGE）[28]、压缩感知[29]以及张量分解[30]，往往能够获得更高的参数估计精度和分辨率。需要指出，上述几种代表性参数估计方法也存在各自的一些局限性。例如，MUSIC 和 ESPRIT 需要一定数量的测量样本以保证信号子空间与噪声子空间能够准确分离；SAGE 通过子空间交替思想虽然能够在很大程度上降低期望最大化过程的计算复杂度，但在多参数估计情况下时间效率较低；压缩感知虽然不要求信号等间隔测量，但需要满足信号稀疏条件，对于取值连续的参数估计问题性能会显著下降；张量分解往往需要与前述的 ESPRIT、CS 等方法结合，因此也具备上述方法对应的一些局限性。由于篇幅有限，在此就不再对上述几类参数估计方法进行一一阐述了。

感知参数的估计算法性能与通感一体化系统性能紧密相关，直接关系到感知服务的质量好坏。由于 6G 感知场景繁多，无线信道环境复杂，通感一体化场景的信号处理将面临巨大的挑战。低复杂度参数估计、实时高精度参数估计、基于不连续数据信号的参数估计、多感知节点协作参数估计等都是通感一体化参数估计技术的潜在研究方向。

11.3.4　MIMO 通感一体化技术

感知的一个典型用例是对感知目标进行方位角测量和定位，这自然与雷达联系紧密。20 世纪 50 年代后期，美国麻省理工林肯实验室针对相控阵雷达（Phased-Array Radar）进行了一系列研究，包括理论分析、应用研究、硬件设计、器件制造和系统测试[31]。早期的具备多个雷达阵元的雷达主要为相控阵雷达，通过调整雷达阵列各个天线阵元的发射信号相位，实现雷达波束赋形，以及波束灵活、快速转向。2003 年前后，随着信号处理技术的进一步发展，出现了 MIMO 雷达。普遍认为 MIMO 概念先用在了无线通信领域（1990 年前后），随后被借鉴到了雷达领域。MIMO 雷达特征是，阵列各天线发射相互正交的信号（可通过时分复用、频分复用、多普勒频分复用、码分复用，以及上述组合方式）。研究表明，MIMO 雷达利用波形分集（Waveform Diversity）以及虚拟阵列（Virtual Array）特性，能够获得相对于相控阵更高的探测/估计分辨率，更高的最大可识别目标数，以及更好的杂波抑制能力[32]。MIMO 雷达根据天线部署位置，又可以分为集中式 MIMO 雷达（Co-located MIMO Radar）[33]，以及分布式 MIMO 雷达（Distributed MIMO Radar）[32]。分布式 MIMO 雷达中天线间距较大，一般远远大

于发射信号半波长，这种雷达的信号模型常需要考虑近场假设（到达接收阵列的信号为球面波）。相对于集中式 MIMO 雷达，分布式 MIMO 雷达还可以更好地利用目标的雷达散射截面（Radar Cross Section，RCS）分集，提高目标检测性能[32]。集中式 MIMO 雷达在阵列侧能够实现目标角度估计（远场假设），而分布式 MIMO 雷达一般直接估计目标的方位坐标，估计精度也很高。从实现来看，分布式 MIMO 雷达天线间的精确同步是个挑战。后来，又出现了相控 MIMO 雷达[34]、波束域 MIMO 雷达[35]等新型雷达体制，提供了更加灵活的雷达信号、天线配置方案，使得雷达能够同时兼顾相控阵雷达和 MIMO 雷达的优势，具备优良检测和参数估计性能。

未来的 MIMO 通感一体化系统很可能同时具备 MIMO 通信及 MIMO 雷达功能，系统感知精度的提升利用了 MIMO 雷达中的虚拟阵列的概念，下面进行简单介绍。考虑 MIMO 雷达发射阵列天线总数为 M，各发射天线位置坐标为 $\boldsymbol{x}_{\mathrm{T},m}, m = 0,1,\cdots,M-1$，接收阵列天线总数为 N，各接收天线坐标为 $\boldsymbol{x}_{\mathrm{R},n}, n = 0,1,\cdots,N-1$。假设各发射天线发射信号正交，则

$$\int \phi_m(t)\phi_k^*(t)\mathrm{d}t = \delta_{mk} \qquad (11\text{-}13)$$

此时接收机每个接收天线使用 M 个匹配滤波器分离发射信号，因此接收机总共得到 NM 个接收信号。考虑 1 个远场点目标，则第 n 个接收天线的第 m 个匹配滤波器得到的目标响应可以表示为

$$y_{n,m}^{(t)} = \alpha^{(t)} \exp\left[\mathrm{j}\frac{2\pi}{\lambda}\boldsymbol{u}_t^{\mathrm{T}}(\boldsymbol{x}_{\mathrm{T},m} + \boldsymbol{x}_{\mathrm{R},n}) \right] \qquad (11\text{-}14)$$

式中，$\boldsymbol{u}_t$ 为一个从雷达发射机指向点目标的单位向量；$\alpha^{(t)}$ 为点目标的反射系数。可以看到，反射信号的相位由发射天线和接收天线共同确定。等效地，式（11-14）的目标响应与一个天线数为 NM 的阵列得到的目标响应完全相同，该等效阵列天线位置坐标为

$$\{\boldsymbol{x}_{\mathrm{T},m} + \boldsymbol{x}_{\mathrm{R},n} \mid m = 0,1,\cdots,M-1; n = 0,1,\cdots,N-1\} \qquad (11\text{-}15)$$

称该天线数为 NM 的阵列为虚拟阵列（Virtual Array，VA）。

图 11-4 给出了一个 $M=3$ 和 $N=4$ 的 MIMO 雷达天线配置以及对应的虚拟阵列示意图。MIMO 雷达实际部署时，通过合理设置发射天线阵元、接收天线阵元的位置，仅仅通过 $N+M$ 个物理天线，就能构造出包含 NM 个互不重叠的虚拟天线的阵列。由于虚拟阵列往往能够形成更大的阵列孔径，因此能够获得更高的角度分辨率。

基于相控阵雷达的感知技术，目前具有成熟的硬件实现方案和信号处理方法。相控阵雷达使用整个阵列进行波束赋形，能够形成高增益、高指向性窄波束，利于提高感知 SNR。然而，相控阵雷达的波束宽度决定了角度分辨率，感知区域较大时需要进行波束扫描，多目标彼此距离小于波束宽度则无法区分，且同时最大可探测目标数量受限；MIMO 雷达不同天线发射信号彼此独立（准正交或正交），通过合理部署天线位置，能

够在同样数量天线的情况下，形成大孔径虚拟阵列，进而大幅提升角度分辨率。此外，MIMO 雷达具有较强的杂波抑制能力。但由于各发射天线波形正交，导致波束较宽、波束增益有限。

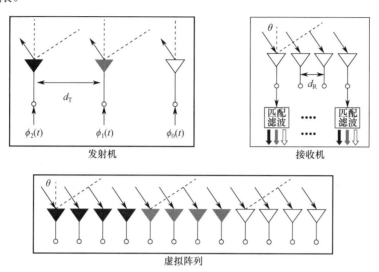

图 11-4　MIMO 雷达天线配置以及对应虚拟阵列示意图

值得一提的是，随着毫米波（millimeter Wave，mmWave）以及大规模 MIMO 技术的发展，混合架构的大规模 MIMO 正成为发展趋势[36]。这种混合架构包括全连接（Fully-Connected，FC）结构、部分连接（Partially-Connected，PC）结构，以及上述两者的折中连接结构。一个或多个天线阵元与一个模拟移相器连接，实现模拟相位调控；一组与多个模拟移相器连接的天线构成一个子阵列（Subarray）。一个子阵列与一个模数转换器（Analog to Digital Converter，ADC）/数模转换器（Digital to Analog Converter，DAC）连接，实现数字幅相调控。这种混合架构大幅度减少了降低了射频链路数目的需求，节约了实现成本。目前，学术界针对这种结构的混合波束赋形进行了广泛研究[37]，但针对这种架构下的通感一体化研究还处在探索阶段[38]。

在未来通感一体化场景中，基于雷达技术的感知，如行人、机动车、无人机等的定位和轨迹追踪等，往往需要对某个区域一个或多个目标或事件进行感知，在此之前也可能需要对角度覆盖范围较大的区域先进行检测，识别目标所在大致区域。不同于传统雷达场景，在通感一体化场景下，业务覆盖距离一般为几十至几百米，周围环境和物体容易形成显著杂波，对感知性能造成严重影响。在通感一体化场景下，信号多径传播对通信来说能够提升容量，但对感知来说情况更复杂，一部分会成为杂波，另一部分也可能有助于提升感知性能[39]。可以预见，混合架构的大规模 MIMO 仍然是未来大容量高可靠通信的一项关键技术，而该结构有望实现可变的天线/天线子阵列拓扑，以及发射信号的灵活配置，这为实现通感一体化提供了坚实基础。利用数量可观的天线阵元，能够实现感知波束的精细调控，提升感知性能。

11.4 通信感知一体化网络架构关键技术

11.4.1 不同的感知方式

根据感知信号发射节点和接收节点的不同，分为 6 种基本感知方式，如图 11-5 所示。值得注意的是，图 11-5 中每种感知方式都以一个感知信号发射节点和一个感知信号接收节点作为例子，在实际系统中，根据不同的感知需求可以选择不同的感知方式，每种感知方式的发射节点和接收节点可以有一个或多个，且实际感知系统可以包括多种不同的感知方式。图 11-5 中的感知对象以人和车作为例子，实际系统的感知对象将更加丰富。6 种基本感知方式如下。

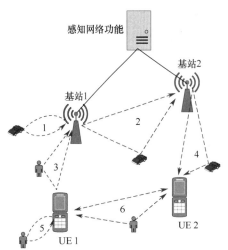

图 11-5 6 种基本感知方式

（1）基站回波感知。这种方式下基站 1 发射感知信号，并通过接收该感知信号的回波来获得感知结果。

（2）基站间空口感知。此时，基站 2 接收基站 1 发射的感知信号，获得感知结果。

（3）上行空口感知。此时，基站 1 接收 UE 1 发射的感知信号，获得感知结果。

（4）下行空口感知。此时，UE 2 接收基站 2 发射的感知信号，获得感知结果。

（5）终端回波感知。此时，UE 1 发射感知信号，并通过接收该感知信号的回波来获得感知结果。

（6）终端间旁链路（Sidelink）感知。此时，UE 2 接收 UE 1 发射的感知信号，获得感知结果。

11.4.2 无线感知功能与网络架构

1. 端到端功能阐述

通感一体化网络架构是从端到端架构角度支持无线通信和无线感知的功能和服务的系统架构。无线感知服务是指移动网络面向应用场景接收感知服务请求，选择合适的感知功能节点和触发感知业务，并且接收所选择的感知功能节点的感知结果，响应感知服务请求。进一步从无线感知功能来看，潜在的功能如下。

（1）前述所选择的感知功能节点接收感知服务请求，根据感知服务请求确定所需的感知测量量。相应地，接收感知测量结果（即感知测量量的值），产生感知结果，响应感知服务请求。

（2）感知服务质量（Quality of Service，QoS）的控制，即面向感知服务质量要求，对感知相关节点进行控制，从而满足感知 QoS 要求。

（3）确定感知信号发射或接收节点，移动通信系统中的感知信号发射或接收节点包括网络设备（如基站）和用户设备（UE，如手机）。

（4）确定感知链路或感知方式，其中感知链路包括 Uu 链路（基站发/UE 收或基站收/UE 发）、Sidelink（UE 间收发）、回波链路（基站自发自收，UE 自发自收）、基站间收发链路（基站间收发）；感知方式包括基站发 UE 收，UE 发基站收，基站自发自收，UE 间收发，基站间收发，UE 自发自收。

（5）确定感知信号，潜在的感知信号包括参考信号和数据信号，其中参考信号可以是通信参考信号或感知专用参考信号。

（6）确定感知所使用的时频资源，潜在的感知资源包括通信中未使用的时频资源（如保护带），共用通信中已使用的时频资源（如参考信号或数据信号），感知专用的时频资源。进一步还需确定感知信号的配置，潜在的配置包括感知信号的时频和空域资源信息。如果确定感知时频资源的节点不是感知信号的发射节点，那么向感知信号发射节点发射感知信号配置。

（7）确定感知测量量的配置，潜在的配置包括需测量的感知信号指示、需测量的感知信号数量或时间、测量结果的上报指示等。如果确定感知测量量配置的节点不是感知信号的接收和测量节点，那么向感知信号接收节点发射感知测量量配置。

（8）确定和配置感知测量结果上报的传输通道，包括建立、修改或释放传输通道等。

（9）感知信号发射节点发射感知信号，感知信号接收节点接收感知信号和进行测量，以及上报感知测量结果。

在上述无线感知服务和感知功能的基础上，感知能力注册和交互、感知安全隐私、感知计费和感知策略等也是通感一体化流程的重要组成部分。感知能力注册和交互可以提供感知功能节点、感知信号发射节点或感知信号接收节点的感知能力信息，从而支撑感知功能节点选择、感知信号发射节点选择、感知信号接收节点选择、感知链路或感知方式选择等。感知安全隐私既需保证无线感知所获得的环境或感知目标的隐私信息在其所有者的授权范围内使用，又需保障无线感知服务端到端流程的安全和认证，避免攻击或篡改等。感知计费是通感一体化商业的重要组成部分，潜在的内容包括计费对象、计费标准和计费方案，其中计费对象既需要包括对感知服务需求方的收费，也需要考虑对作为感知信息发射或接收节点 UE 的付费。感知策略可以提供感知功能节点、感知信号发射/接收节点的选择和感知测量结果传输通道等相关的策略。

从标准制定的角度思考通感一体化网络架构，还需进一步研讨网络功能的定义、网络功能间的接口和流程设计。网络功能定义是指将前述功能进行划分或组合形成核心网、无线接入网或 UE 的网络功能。核心网或无线接入网的感知网络功能是否需要控制（C）/用户（U）分离定义，感知控制或数据协议栈由哪些协议层组成，核心网、无线接入网或 UE 的哪些网络功能可产生感知结果等问题仍需业界进一步研讨。根据典型应用场景分析，感知服务的需求方既可能是应用功能等网络外部功能，也可能是 UE、基站等网络内部功能。那么在感知对外服务和感知对内服务两种情况下，哪些网络功能、网络功能间的接口和流程可以统一设计或复用也需业界进一步研讨。

2. 感知 QoS

高 QoS 保障的服务是移动通信网络的重要特征之一，因此无线感知 QoS 机制是通感一体化架构的重要内容之一。现有通信面向不同业务的用户面数据传输质量要求，采用资源类型（Resource Type）、优先级水平（Priority Level）、分组时延预算（Packet Delay Budget）、误包率（Packet Error Rate，PER）等特征参数进行通信 QoS 定义。从无线感知服务质量要求维度分析，无线感知 QoS 可以从感知精度、感知分辨率、感知范围、感知更新频率、感知时延等特征参数进行定义。

如果是智慧交通中高速公路对车速和车流量进行检测的场景，那么上述感知 QoS 特征参数主要涉及感知精度、感知分辨率、感知范围和感知更新频率。其中，感知精度主要是感知距离精度、感知速度精度和感知角度精度，感知分辨率主要是感知距离分辨率、感知速度分辨率和感知角度分辨率，感知范围则是感知距离范围和感知速度范围。如果是智慧生活中的呼吸监测场景，那么上述感知 QoS 特征参数主要涉及感知精度、感知分辨率、感知范围、感知时延和感知更新频率。其中，感知精度为呼吸速率精确度，感知分辨率为呼吸速率分辨率，感知范围为距离感知信号接收节点的距离范围，感知时延是每产出一次呼吸监测结果所需的最大时延。因此，上述感知 QoS 更适合表征感知服务层面的质量需求，不同应用场景需使用的感知 QoS 特征参数的数量和部分特征参数的具体含义有所不同。进一步考虑提升感知 QoS 特征参数对不同感知业务的兼容性，以及易于移动通信网络中感知相关网络功能（如感知功能节点、感知信号发射节点、感知信号接收节点等）解析、交互和保障所需的感知 QoS，感知 QoS 特征参数也可以从对感知信号的质量要求、对感知测量量的质量要求或对感知测量结果的传输质量要求等维度进行感知 QoS 定义。从感知信号质量、感知测量量质量和感知测量结果的传输质量等感知网络功能维度定义感知 QoS 特征参数有助于与具体感知业务解耦和网络功能协同效率提升。例如，根据感知距离分辨率与信号带宽的关系，以及最大不模糊速度与感知信号重复周期的关系等，从感知信号的质量要求维度感知 QoS 可以通过感知信号最小带宽、感知信号最大重复周期、感知信号最小时域长度等参数进行定义；根据感知更新频率和感知测量结果上报的关系，以及感知精度和感知测量结果质量的关系等，从感知测量量的质量维度感知 QoS 可以通过需测量的最小感知信号数量或最短时间，最小感知测量时间（如接收感知信号与可上报测量结果之间的时间间隔），最大感知测量结果上报的时间等参数进行定义；根据感知测量结果的传输质量要求和传输方式（如复用通信用户面传输通道，新的感知传输通道），如果感知测量结果复用现有通信用户面通道进行传输，那么从感知测量结果传输质量要求维度感知 QoS 可以考虑基于现有通信 QoS 特征参数结合感知数据传输需求来综合定义。因此，为了更好地保障无线感知服务质量，感知 QoS 特征参数定义和交互机制需兼顾感知服务和感知网络功能两个层面的需求和效率。

3. 无线感知功能与架构示例

为了便于大家更好地理解通感一体化架构和流程，并且考虑 6G 网络架构和协议尚在持续研讨中，下面基于 5G 协议进行举例说明。目前潜在的感知配置信息和感知测量结果等的交互方式仍然存在多种选项，下述流程仅以对外提供无线感知服务，以及采用基站发射感知信号和 UE 接收感知信号的感知方式为例来进行简要说明。

（1）应用功能（Application Function，AF）向网络开放功能（Network Exposure Function，NEF）发射感知服务请求，该请求信息可包括感知目标或感知目标区域，感知业务信息（如测速、呼吸监测等）、感知服务 QoS 要求（如包含感知精度、感知分辨率等感知服务的 QoS 特征参数）等信息。

（2）NEF 根据感知服务请求和感知功能（Sensing Function，SF）的信息，选择合适的感知功能节点，并发射感知服务请求给 SF。

（3）SF 接收感知服务请求，根据感知服务请求信息确定所需的感知测量量。如果采用前述提升感知业务兼容性和网络功能解析性的感知 QoS 特征参数定义，并且感知服务请求仅包括了感知服务的 QoS 特征参数，那么 SF 可以对感知服务 QoS 特征参数进行转换，产生通过感知信号 QoS 特征参数、感知测量量 QoS 特征参数或感知测量结果传输 QoS 特征参数，转换的 QoS 特征参数用于移动通信网络内各感知相关功能之间的感知 QoS 控制。

（4）假设由 SF 确定感知信号发射或接收节点，以及感知链路或感知方式。SF 根据感知服务请求信息和各节点的感知能力信息选择一组或多组合适的感知信号发射或接收节点，以及对应的感知链路或感知方式。其中，当所接收到的感知服务请求面向较大的地理位置区域时，SF 可能需要根据感知发射或接收节点的感知范围来划分为多个小地理位置区域的感知服务请求，故所接收到的感知服务请求需对应于多组感知信号发射或接收节点。

（5）假设由基站确定感知信号、感知所使用的时频资源和配置、感知测量量的配置。基站根据所接收到的感知 QoS 信息（如感知信号、感知测量量和感知测量结果传输的 QoS 特征参数）确定上述感知配置信息。如果该基站不是感知信号的发射节点或感知信号的接收节点，那么向感知信号的发射节点发射感知信号配置，向感知信号接收节点发射感知测量量配置。

（6）如前所述，本例子假设 UE 是感知信号的接收节点，以及采用现有用户面通道传输感知测量结果。因此，当 SF 选择该 UE 作为感知接收节点后，还需触发协议数据单元（Protocol Data Unit，PDU）会话建立或修改流程，以便作为感知信号接收节点的

UE 通过该 PDU 会话进行感知测量结果传输。

（7）感知信号发射节点（如基站）发射感知信号，感知信号接收节点 UE 接收感知信号并进行测量，以及通过上述 PDU 会话上报感知测量结果。

（8）SF 接收感知测量结果（即感知测量量的值），产生感知结果并发射给 NEF。

（9）NEF 响应 AF 的感知服务请求。

通感一体化的网络架构如图 11-6 所示。

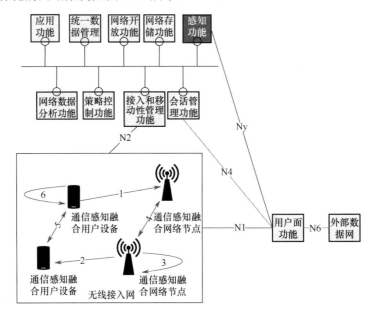

图 11-6　通感一体化的网络架构

11.5　未来研究方向与挑战

为了实现通感一体化技术的落地应用，除了需要对前面章节中空口以及网络架构方面的关键技术进行研究外，通感一体化波形设计与性能评价指标、通感信道建模、硬件非理想因素的影响等方面仍然存在一些挑战需要解决。此外，感知与其他前沿技术的结合作为未来通感一体化技术的研究方向同样需要进一步探索和研究。

11.5.1　一体化波形与性能指标

为实现通信感知系统的深度融合，高效利用有限的频谱资源，需要根据通信功能与感知功能性能衡量指标，从对波形参数的需求出发进行权衡，实现高度一体化的波形设计。前面章节已经提出一些一体化波形研究，主要是基于已有通信或感知常用波形进行改造，从而同时具备通信和感知的功能，但是目前波形设计尚缺少规范的理论指导，为量化通信速率与感知精度之间的权衡，有研究将等效均方误差、估计–信息速率等作为通信感知统一的性能衡量指标，或者将基于速率失真理论的容量失真函数的概念引入通感一体化系统，以及通过最大化通信和感知的互信息加权和为准则进行波形设计[40-43]。通常，通信与感知系统关注的性能指标侧重点不同，信号处理方式和目的不同，能否找到衡量通感一体化性能的统一标准，对指导一体化波形设计具有重要意义。此外，考虑到通信和感知两者间的制约关系，相互之间的干扰等因素，在通信感知性能无法同时达到最优的情况下，在波形设计时需要根据应用场景的不同进行折中。

11.5.2　感知与反向散射技术结合

通感一体化能够催生出一系列 6G 新应用，例如，基于低功耗通信设备的通感一体化也将成为 6G 的一个重要应用场景。基于射频识别（Radio Frequency Identification，RFID）以及反向散射通信（Backscatter Communications）技术的无线感知，与设备解耦（Device-free）的无线感知相比，在实现基本的感知功能的同时，还能够获取额外的感知目标信息，从而有望进一步增强感知或通感一体化性能。由于 RFID 和反向散射（Backscatter）具有低成本、低功耗、利于大规模部署的优势，基于 RFID/Backscatter 的感知以及通感一体化有望在 6G 中获得广泛应用。例如，在车联网中具有感知功能的路边单元（Roadside Unit，RSU）可通过自发自收通感一体化信号，与道路行驶车辆通信，同时完成车辆定位、测速、轨迹追踪。当车辆上安装了 RFID 或 Backscatter 标签（Tag）时，Tag 能够额外提供车辆身份标识、车辆当前状态等辅助信息。RSU 通过接收 Tag 的反射信号，在实现高精度的车辆定位[44]、测速、轨迹追踪的同时，还能够精确识别、区分道路上的不同车辆，拓展了感知能力。

目前，已经出现了许多基于 RFID 的无线感知研究。例如，通过在医院打点滴场所对点滴盒添加 Tag，能够实现同时对多个病人的点滴速度实时监测[45]。利用在感知目标周围部署多个 Tag，能够实现目标朝向识别[46]、目标材料识别以及 2D 截面成像[47]等。Backscatter 与目前广泛商用的 RFID 相比，能够提供更快的通信速率和更大的通信距离[48]，因此未来基于 Backscatter 的无线感知有望成为通感一体化的一种重要实现方式。其中相应的关键技术，如基于 Tag 的通感一体化波形设计、帧结构设计、感知方案与算法设计都是需要未来研究和解决的问题。

Tag 设备可以安装在感知目标上或部署在感知目标附近，接收端可以对 Tag 信号进行检测从而完成感知。基于 Tag 的感知具备以下优势。

（1）给不同的感知目标分别安装不同的 Tag，可以根据不同 Tag 反射信号的不同特征，分辨不同的感知目标。

（2）在一定程度上，Tag 设备对信号的反射特性（通过 Backscatter 方式）比感知目标（如一个物体）对信号的反射特性要更稳定，因此 Tag 的反射信号强度更高，覆盖性能和抗干扰能力更强，可提高感知性能。

（3）Tag 成本低、功耗低、体积小，在环境中如在感知目标附近部署多个 Tag 设备，对多个不同位置的 Tag 设备的信号进行联合感知处理，可以增大感知范围（增大感知物理距离、物理角度范围、感知网络密度），提高感知性能（提高感知信噪比，提高感知分辨率，降低感知误差）。

11.5.3 感知与可重构智能表面结合

无线感知业务对无线信道的要求与传统无线数据业务的要求是不同的。对于传统无线数据业务，无线网络利用无线信道的多径特性来支持多用户多流的数据传输，从而最大化频率利用率；无线感知业务（如无线定位）需要利用感知节点与感知目标之间的直射径来准确估计感知目标的位置信息。无线信道的多径特性对无线感知业务的检测性能造成负面影响。无线信道中的非直射径与直射径混杂在一起导致直射径检测性能下降；在复杂的无线环境中，经常出现直射径被遮挡的情况，这对传统的基于直射径的信道检测算法提出了新的挑战。因此，通感融合的无线网络在组网部署时需要同时考虑通信和感知的需求，兼顾多用户通信的频谱效率和无线感知性能。

未来的无线感知业务需要探索非直射径信号环境中的感知方案。利用多径信道中的非直射径感知的前提是识别多径信道中的有用路径或者重构多径传播环境，使得感知节点能够提取感知目标的路径信息。6G 网络可以利用可重构智能表面（Reconfigurable Intelligence Surface，RIS）辅助的感知网络来增强无线感知性能。RIS 部署在多径传播环境中保证 RIS 与感知节点、RIS 与感知目标存在直射路径；通过调整 RIS 的反射波束，最大化感知节点–RIS–感知目标的传输路径的信号质量，可以进一步提升无线感知性能。在已知感知节点和 RIS 位置信息的前提下，无线网络可以根据感知节点–RIS–感知目标的信道信息和 RIS 的转发波束来获得感知目标信息。RIS 辅助的感知网络可以协助感知节点克服非直射径信号环境的影响；同时，在直射径传播环境中，感知节点–RIS–感知目标的传输路径可以作为直射径感知的辅助信息，进一步提升感知业务的性能。

RIS 辅助的感知网络在部署中也会存在一些新的挑战。面向感知业务的 RIS 波束赋形是使能 RIS 辅助感知的核心问题。RIS 作为一种低成本无源设备，可以大规模部署于环境中。在未知感知目标信息的前提下确定 RIS 的转发波束是极具挑战性的问题。对于有源感知目标，感知目标可以通过基于 RIS 的模拟波束训练来确定最优的 RIS 转发波束[49]。对于无源感知目标，感知网络可以考虑利用机器学习获取不同 RIS 转发波束和感知目标对无线信道变化的相关性来推测感知目标的信息[50]。大规模部署的 RIS 带来基于近场假设的感知场景。传统感知算法通常基于远场假设对信号处理进行近似。传统的信道建模和信号处理算法需要进行修正来匹配近场假设的 RIS 辅助感知。

11.5.4 通感信道建模

6G 信道建模理论的研究以及 6G 信道模型的建立，能够支撑 6G 发展早期的技术研发、标准化工作，为候选技术的研判和标准化推动提供可靠的理论和实测依据。此外，它还能应用于通信系统的设计与性能优化，对减少实际系统部署的测试选型和网络规划成本具有源头性和基础性的意义。

通感一体化研究涉及通感一体化波形设计、感知算法设计、通信与感知综合性能评估等方面，这些都离不开一个能够真实反映实际系统所经历无线传播环境的信道模型的支撑。对于通感一体化场景下的信道建模，需要研究如何构建通信和感知（回波）的联合表征模型。传统通信信道（如蜂窝、V2X 等）和传统的雷达信道存在一些比较明显的区别。无线通信信道环境复杂、多径丰富，环境中的反散射体导致的反射信号为多径/多径簇（Cluster），对于 MIMO 系统的空分复用以及空间分集是有利因素；而传统的雷达信道往往认为是稀疏信道，多径少甚至不考虑多径，除了目标以外环境中的其他反散射体导致的反射信号称为杂波（Clutter），被认为是有害的。此外，蜂窝通信距离相对于雷达探测距离普遍更短，通信发射功率也比雷达发射功率低很多。再者，通信信道中同时考虑视距和非视距（Non Line Of Sight，NLOS）传播，而传统的雷达信道主要考虑雷达与目标之间信号的 LOS 传播。以感知移动网络为例，不同的感知方式下信道模型需要考虑的情况也有所不同。基站自发自收感知信号或者通感一体化信号实现感知，感知目标的反射、散射特征需要在信道模型中考虑。对于回波信号所经历的信道，它比通信信道具有两倍的路径损耗以及额外的反射损耗（与感知物体 RCS 有关）；对于多目标感知和通信，所有通信目标的信道，以及所有感知目标的回波信道都需要准确联合建模，即所有感知目标的反射、散射特征均需要体现在信道模型中。

目前，5G 主流的信道模型主要包括随机性模型（Stochastic Model）、确定性模型（Deterministic Model）以及半确定性模型（Quasi-deterministic Model）[51]。随机性模型大部分基于实际信道测量，并进行了合理简化，兼顾了复杂度和可信度。此外，其信道特征由一组关键信道参数控制，不同参数组对应不同场景，配置灵活。目前，3GPP TR 38.901[52]所标准化的信道模型就属于随机性模型，后期扩展较为方便。确定性模型包括全波分析模型、射线追踪（Ray-Tracing，RT）模型，以及两者的混合模型。全波分析模型基于麦克斯韦方程组时域有限差分（Finite Difference Time Domain，FDTD），直接模拟电场或磁场分布，精度较高，计算复杂度高；射线追踪模型基于电磁理论、几何光学理论和几何绕射理论，用射线来描述从发射机到接收机的所有路径，精确、易编程；射线追踪与 FDTD 混合模型使用射线追踪模型对室内外大部分区域的电磁波传播进行预测，FDTD 用于室内一些复杂结构范围内的电磁波传播特性预测。确定性模型优势在于，模型的物理基础较为牢固，能够基于环境细节对电磁波传播进行精确的预测，对确定点电磁波传播进行确定性分析，可适用于大量复杂环境。在文献[53]中，作者基于 RT 信道模型，验证了基于 OFDM 信号的车载雷达算法的测速测距性能。半确定性模型则结合了随机性模型和确定性模型的特点，即部分参数使用了随机性建模方法生成，同时某些参数借鉴了确定性建模方法，目前比较有代表性的半确定性模型有回程和接入的毫米波演进（Millimetre-Wave Evolution for Backhaul and Access，MiWEBA）[54]、IEEE

802.11ay[55]、准确定性无线信道产生器（Quasi-Deterministic Radio Channel Generator，QuaDRiGa）[56]模型等。在文献[57]中，作者基于 QuaDRiGa 模型以及 3GPP 模型，使用压缩感知验证了 5G 网络下通感一体化的可行性。目前，通感一体化场景下是否具有一些新的电磁波传播机制、模型具体采用哪种建模方法、属于哪种类型的信道模型、是否存在更准确与更高效的信道建模方法等，都是亟须深入研究和解决的问题。

11.5.5 非理想因素对感知性能的影响

在通感一体化中，获取精确的测量信息尤为重要，而器件和硬件电路的非理想因素会显著影响测量精度。在基站和终端之间发射和接收的感知方式中，提取信道状态信息（Channel State Information，CSI）进行感知，是通感一体化的主要实现方式。因此，获取质量较好的感知信道尤为重要，而一些非理想因素导致的 CSI 测量误差，会显著影响感知的精度。

文献[58]总结了接收端非理想因素对 CSI 的影响，内容如下。

（1）功放不确定性（Power Amplifier Uncertainty，PAU）。由于低噪声放大器（Low Noise Amplifier，LNA）、可编程增益放大器（Programmable Gain Amplifier，PGA）等器件精度的限制，CSI 测量幅度与发射功率间存在偏移。

（2）IQ 路不平衡。基带信号的正交性被破坏，造成 CSI 恶化。

（3）频率偏差，包括载波频率偏移（Carrier Frequency Offset，CFO）和载波相位偏移（Carrier Frequency Offset，CPO）。残留的频率偏差导致采样点间随时间变化的 CSI 相位偏移，影响多普勒测量精度。

（4）定时偏差，包括采样时间偏移（Sampling Time Offset，STO）和采样频率偏移（Sampling Frequency Offset，SFO）。定时偏差会影响时延估计的准确定，从而影响测距精度。

在文献[59]中，作者归纳了共用参考时钟、单站中多天线互相关、多站联合消除定时误差等方法，并阐述了可以通过改善全球定位系统（Global Positioning System，GPS）时钟、放宽单节点感知需求、多节点测量与目标关联等方式应对时钟偏差对感知的影响。文献[60]总结了发送端处理对 CSI 的影响，主要包括加窗、预编码、波束赋形等对接收端不可知的处理导致接收端无法获取真实的信道信息。

本章参考文献

[1] DIETER BOHN. Google Pixel 4 and 4 XL hands-on: this time, it's not about the camera[EB/OL]. The Verge, 2019.

[2] JUNTTI M, KANTOLA R, KYSTI P, et al. Key Drivers and Research Challenges for 6G Ubiquitous

Wireless Intelligence[R]. 2019.

[3] PAUL B, CHIRIYATH A R, BLISS D W. Survey of RF Communications and Sensing Convergence Research[J]. IEEE Access, 2016, 5: 252-270.

[4] IMT-2030(6G)推进组通信感知一体化任务组. 通信感知一体化技术研究报告[R]. 2021.

[5] WITRISAL K, MEISSNER P, LEITINGER E, et al. High-Accuracy Localization for Assisted Living: 5G systems will turn multipath channels from foe to friend[J]. IEEE Signal Processing Magazine, 2016, 33(2):59-70.

[6] BERITELLI F , CAPIZZI G , LO S G, et al. Rainfall Estimation Based on the Intensity of the Received Signal in a LTE/4G Mobile Terminal by using a Probabilistic Neural Network[J]. IEEE Access, 2018: 1-1.

[7] ALI A, GONZALEZ-PRELCIC N, HEATH R W, et al. Leveraging Sensing at the Infrastructure for mmWave Communication[J]. IEEE Communications Magazine, 2020, 58(7): 84-89.

[8] HAN L, WU K. Joint wireless communication and radar sensing systems-state of the art and future prospects[J]. IET Microwaves, Antennas & Propagation, 2013, 7(11): 876-885.

[9] PREETI, KUMARI, JUNIL, et al. IEEE 802.11ad-Based Radar: An Approach to Joint Vehicular Communication-Radar System[J]. IEEE Transactions on Vehicular Technology, 2017.

[10] HUANG Y X, HU S, MA S Y, et al. Constant envelope OFDM Rad-Com fusion system[J]. EURASIP Journal on Wireless Communications and Networking, 2018, 2018 (1): 1-15.

[11] KOSLOWSKI S, BRAUN M, JONDRAL F K. Using filter bank multicarrier signals for radar imaging[C]//2014 IEEE/ION Position, Location and Navigation Symposium-PLANS 2014. IEEE, 2014: 152-157.

[12] GAUDIO L, KOBAYASHI M, BISSINGER B, et al. Performance analysis of joint radar and communication using OFDM and OTFS[C]//2019 IEEE International Conference on Communications Workshops (ICC Workshops). IEEE, 2019: 1-6.

[13] MEALEY R M. A Method for Calculating Error Probabilities in a Radar Communication System [J]. IEEE Transactions on Space Electronics and Telemetry, 1963: 37-42.

[14] ILLIAN H. Fiden, Donald Walter Czubiak. Radar-Compatible Data Link System: 7298313 B1[P]. 2007-11-20.

[15] KHAN F, SEONG K L, SUNG H C. Hand-based gesture recognition for vehicular applications using IR-UWB radar[J]. Sensors, 2017, 17(4): 833.

[16] SUN H, BRIGUI F, LESTURGIE M. Analysis and comparison of MIMO radar waveforms[C]//2014 International Radar Conference. IEEE, 2014: 1-6.

[17]RABIDEAU D J. Doppler-offset waveforms for MIMO radar[C]//2011 IEEE RadarCon (RADAR). IEEE, 2011: 965-970.

[18] 邢孟道，王彤. 雷达信号处理基础[M]. 北京：电子工业出版社, 2008.

[19] 托马斯 舍恩霍夫，阿瑟 乔达诺. 信号检测与估计——理论与应用[M]. 关欣，杨爱萍，白煜，等 译. 北京：电子工业出版社, 2012.

[20] 何友，关键，孟祥伟，等, 雷达目标检测与恒虚警处理[M]. 北京：清华大学出版社，2011.

[21] RITCEY J A. Performance analysis of the censored mean-level detector[J]. IEEE Transactions on Aerospace and Electronic Systems, 1986 (4): 443-454.

[22] SMITH M E, VARSHNEY P K. VI-CFAR: A novel CFAR algorithm based on data variability[C]//Proceedings of the 1997 IEEE National Radar Conference. IEEE, 1997: 263-268.

[23] ZHANG J A, RAHMAN M L, WU K, et al. Enabling joint communication and radar sensing in mobile

networks—A survey[J]. IEEE Communications Surveys & Tutorials, 2021, 24(1): 306-345.

[24] PATOLE S M, TORLAK M, WANG D, et al. Automotive radars: A review of signal processing techniques[J]. IEEE Signal Processing Magazine, 2017, 34(2): 22-35.

[25] VEEN B V , BUCKLEY K M. Beamforming: a versatile approach to spatial filtering[J]. IEEE Assp Magazine, 2002, 5(2):4-24.

[26] SCHMIDT R. Multiple emitter location and signal parameter estimation[J]. IEEE Transactions on Antennas and Propagation, 1986, 34(3): 276-280.

[27] ROY R, KAILATH T. ESPRIT-estimation of signal parameters via rotational invariance techniques[J]. IEEE Transactions on acoustics, speech, and signal processing, 1989, 37(7): 984-995.

[28] FESSLER J A, HERO A O. Space-alternating generalized expectation-maximization algorithm[J]. IEEE Transactions on Signal Processing, 1994, 42(10): 2664-2677.

[29] HADI M A, ALSHEBEILI S, JAMIL K, et al. Compressive sensing applied to radar systems: an overview[J]. Signal, Image and Video Processing, 2015, 9: 25-39.

[30] CHEN H, AHMAD F, VOROBYOV S, et al. Tensor decompositions in wireless communications and MIMO radar[J]. IEEE Journal of Selected Topics in Signal Processing, 2021, 15(3): 438-453.

[31] FENN A J, TEMME D H, DELANEY W P, et al. The development of phased-array radar technology[J]. Lincoln laboratory journal, 2000, 12(2): 321-340.

[32] HAIMOVICH A M, BLUM R S, CIMINI L J. MIMO radar with widely separated antennas[J]. IEEE Signal Processing Magazine, 2007, 25(1): 116-129.

[33] LI J, STOICA P. MIMO radar with colocated antennas[J]. IEEE Signal Processing Magazine, 2007, 24(5): 106-114.

[34] HASSANIEN A, VOROBYOV S A. Phased-MIMO radar: A tradeoff between phased-array and MIMO radars[J]. IEEE Transactions on Signal Processing, 2010, 58(6): 3137-3151.

[35] KHABBAZIBASMENJ A, HASSANIEN A, VOROBYOV S A, et al. Efficient transmit beamspace design for search-free based DOA estimation in MIMO radar[J]. IEEE Transactions on Signal Processing, 2014, 62(6): 1490-1500.

[36] ALKHATEEB A, MO J, GONZALEZ-PRELCIC N, et al. MIMO precoding and combining solutions for millimeter-wave systems[J]. IEEE Communications Magazine, 2014, 52(12): 122-131.

[37] MOLISCH A F, RATNAM V V, HAN S, et al. Hybrid beamforming for massive MIMO: A survey[J]. IEEE Communications Magazine, 2017, 55(9): 134-141.

[38] LIU F, MASOUROS C, PETROPULU A P, et al. Joint radar and communication design: Applications, state-of-the-art, and the road ahead[J]. IEEE Transactions on Communications, 2020, 68(6): 3834-3862.

[39] XU Z, FAN C, HUANG X. MIMO radar waveform design for multipath exploitation[J]. IEEE Transactions on Signal Processing, 2021, 69: 5359-5371.

[40] KUMARI P, NGUYEN D H N, HEATH R W. Performance trade-off in an adaptive IEEE 802.11 ad waveform design for a joint automotive radar and communication system[C]//2017 IEEE International Conference on Acoustics, Speech and Signal Processing (ICASSP). IEEE, 2017: 4281-4285.

[41] CHIRIYATH A R, PAUL B, JACYNA G M, et al. Inner bounds on performance of radar and communications co-existence[J]. IEEE Transactions on Signal Processing, 2015, 64(2): 464-474.

[42] KOBAYASHI M, CAIRE G, KRAMER G. Joint state sensing and communication: Optimal tradeoff for a memoryless case[C]//2018 IEEE International Symposium on Information Theory (ISIT). IEEE, 2018: 111-115.

[43] YUAN X, FENG Z, NI W, et al. Waveform optimization for MIMO joint communication and radio

sensing systems with imperfect channel feedbacks[C]//2020 IEEE International Conference on Communications Workshops (ICC Workshops). IEEE, 2020: 1-6.

[44] 韩凯峰，刘铁志. 基于反向散射通信的车辆精准定位技术[J]. 电信科学，36(7): 107-117.

[45] LIN Y, XIE L, WANG C, et al. Dropmonitor: Millimeter-level sensing for RFID-based infusion drip rate monitoring[J]. Proceedings of the ACM on Interactive, Mobile, Wearable and Ubiquitous Technologies, 2021, 5(2): 1-22.

[46] WEI T, ZHANG X. Gyro in the air: tracking 3d orientation of batteryless internet-of-things[C]// Proceedings of the 22nd Annual International Conference on Mobile Computing and Networking. 2016: 55-68.

[47] WANG J, XIONG J, CHEN X, et al. TagScan: Simultaneous target imaging and material identification with commodity RFID devices[C]//Proceedings of the 23rd Annual International Conference on Mobile Computing and Networking. 2017: 288-300.

[48] DASKALAKIS S, GEORGIADIS A, KIMIONIS J, et al. A printed millimeter-wave modulator and antenna array for low-complexity Gigabit-datarate backscatter communications[J]. Nature Electronics, 2021(4): 439-446.

[49] SHAO X, YOU C, MA W, et al. Target sensing with intelligent reflecting surface: Architecture and performance[J]. IEEE Journal on Selected Areas in Communications, 2022, 40(7): 2070-2084.

[50] LI L, SHUANG Y, MA Q, et al. Intelligent metasurface imager and recognizer[J]. Light: science & applications, 2019, 8(1): 97.

[51] WANG C X, BIAN J, SUN J, et al. A survey of 5G channel measurements and models[J]. IEEE Communications Surveys & Tutorials, 2018, 20(4): 3142-3168.

[52] 3GPP. TR 38.901, V16.1.0-2019 Study on channel model for frequencies from 0.5 to 100 GHz(Release 16) [S]. 3rd Generation Partnership Project (3GPP), 2019.

[53] SIT Y L, STURM C, REICHARDT L, et al. Verification of an ofdm-based range and doppler estimation algorithm with ray-tracing[C]//2011 IEEE-APS Topical Conference on Antennas and Propagation in Wireless Communications. IEEE, 2011: 808-811.

[54] MALTSEV A, PUDEYEV A, BOLOTIN I, et al. Channel Modeling and Characterization, V1.0, document FP7-ICT-608637/D5.1[R].2014.

[55] MALTSEV A, PUDEYEV A, GAGIEV Y, et al. Channel Models for IEEE 802.11ay, Document IEEE 802.11-15/1150r9 [R]. 2017.

[56] JAECKEL S, RASCHKOWSKI L, BÖRNER K, et al. QuaDRiGa: A 3-D multi-cell channel model with time evolution for enabling virtual field trials[J]. IEEE Transactions on Antennas and Propagation, 2014, 62(6): 3242-3256.

[57] RAHMAN M L, ZHANG J A, HUANG X, et al. Joint communication and radar sensing in 5G mobile network by compressive sensing[J]. IET Communications, 2020, 14(22): 3977-3988.

[58] ZHUO Y, ZHU H, XUE H, et al. Perceiving accurate CSI phases with commodity WiFi devices[C]//IEEE INFOCOM 2017-IEEE Conference on Computer Communications. IEEE, 2017: 1-9.

[59] ZHANG J A, WU K, HUANG X, et al. Integration of radar sensing into communications with asynchronous transceivers[J]. IEEE Communications Magazine, 2022, 60(11): 106-112.

[60] TADAYON N, RAHMAN M T, HAN S, et al. Decimeter ranging with channel state information[J]. IEEE Transactions on Wireless Communications, 2019, 18(7): 3453-3468.

第 12 章 反向散射通信

随着社会信息化和数字化的发展，物联网成为移动通信行业未来发展的重要方向，为此业界制定了众多的物联网技术标准，如增强型机器类通信（enhanced Machine-Type Communication，eMTC）、窄带物联网（Narrow Band Internet of Things，NB-IoT）、降低空口能力（Reduced Capability New Radio，RedCap）的 5G 新空口、射频识别（Radio Frequency Identification，RFID）等，可以在一定程度上满足低成本、低功耗的物联网需求。面向"数字孪生、智慧泛在"的 6G 愿景以及"双碳"目标，超低功耗，甚至零功耗物联网解决方案成为 6G 研究的重要内容。本章将介绍面向零功耗物联网通信的反向散射通信技术的应用场景、基本原理及关键技术。

12.1 背景

根据 IoT Analytics 在 2021 年 9 月发布的物联网市场预测报告[1]，即使受到全球新型冠状病毒疫情和全球芯片短缺的影响，到 2025 年全球也会有超过 271 亿的物联网设备连接规模数。未来海量的物联网设备对成本和功耗都提出了更高的要求。与现在的 NB-IoT/eMTC 设备相比，未来的物联网设备部署成本要求更低，单模组成本低于 0.1 美分，功耗将进一步降低，如百微瓦级别甚至零功耗，功能将进一步增强，除了支持传统通信功能，还将支持感知和定位的功能，从而使能泛在的物理世界和数字世界的互联互通与深度融合。

面向 2030 年，6G 将支持千亿级广域物联的连接需求，包括不同速率、不同带宽、不同能力需求的物联网应用。未来物联网应用朝着两个不同的方向发展：一个是为从窄带物联走向宽带物联，以支持如车载视频监控、教育直播、园区物流监控等对上行有广域覆盖、大连接和大带宽传输需求的场景；另一个是从有源物联走向无源物联，以支持一些超低温、超高温、高湿、高压、高辐射等要求无电池供电的极端工业环境，或是要求医疗设备微型化的植入式健康医疗领域，或是对物联网设备的市场成本竞争力有明确需求的物流仓储的特殊场景需求。面向低成本、低功耗、广覆盖、大连接的无源物联网，基于现在的 RFID 系统，在保证低成本和低功耗的同时，能够实现大连接和广覆盖的蜂窝化演进，将是未来 6G 发展的重要方向。

反向散射通信（也称背向散射通信）是实现无源物联最具代表性的技术之一。近年来，业界出现了双基地反向散射、环境反向散射、全双工反向散射、跨技术反向散射等新型反向散射通信技术，在有效保证低成本灵活部署、超低功耗甚至零功耗的同时提供中低速率的通信，成为 6G 网络设计和"绿色"物联网关注的重点技术，是实现"万物

智联"的重要手段。此外，反向散射通信还为无线信道环境提供了额外的多径，促成
"共生通信"技术的出现。具体地，基于特殊的信号调制方法，反向散射通信设备不但
可以使用环境中的射频信号传输自己的信息，还能为环境信号提供增益，从而实现互惠
的效果[2]。正是由于反向散射通信的技术优势与广阔的市场前景，已经引起学术界和产
业界的广泛关注。

目前学术界大多聚焦于反向散射通信的应用场景、物理层关键技术的研究，包括调
制技术、多址技术、干扰消除技术等。全球知名的 6G 项目和各大公司都在研究面向零
功耗通信的反向散射通信。2021 年，佐治亚理工和贝尔实验室研制出一种用于反向散
射通信的印刷毫米波调制器和天线阵列[3]，并实现了 Gbps 的数据速率传输；2021 年 12
月，OPPO 公司牵头在未来移动通信论坛完成《零功耗通信》[4]白皮书，同年 OPPO 公
司发布《零功耗通信》[5]白皮书。标准化方面，2008 年 IEEE 标准组成立了 IEEE
802.15 RFID 研究小组，研究包括有源/半无源/无源 RFID 或传感器的物理层和数据链路
层/层技术、组网技术、抗干扰技术、定位和典型应用等。2021 年 2 月，我国向 ITU-R
WP5D 会议提交提案，建议将反向散射通信纳入 ITU-R 的未来技术趋势报告[6]。2022 年
2 月，3GPP TSG-SA1#97e 会议通过了环境能量供能物联网（Ambient power-enabled
IoT）的立项[7]，该项目重点讨论无源物联网的场景和需求。2022 年 9 月，在 3GPP
TSG-RAN#97 会议上通过了 Ambient IoT 的 SID 立项[8]，承接 SA1 的场景研究，并重点
讨论了无源物联网在无线接入相关的技术[8]。

12.2　典型应用场景

由于反向散射通信有低成本部署、超低功耗、支持大连接和广覆盖的技术优势，因
而除了传统的物联网应用场景和物流仓储等货物盘点场景，未来在其他领域也有着广泛
的应用。总体来说，反向散射通信的典型应用场景可以分为两大类（见图 12-1）：一类
是广域覆盖场景，具体包括物流仓储、环境监测、智慧农业、工业物联网、铁路运营维
护、无人机巡检等；另一类是局域覆盖场景，具体包括智能家居、人体健康监测、智能
可穿戴、植入式医疗等。

图 12-1　反向散射通信的典型应用场景

1. 工业物联网

工业物联网是指将具有感知、监控能力的多种传感器和移动通信技术、大数据分析等智能分析技术融入工业生产的各个环节，达到提高生产质量、效率，降低生产成本和资源消耗的目的。通过各种物联传感设备收集和分析各类数据，制造商能够改善控制，提升供应链效率，助力技术人员确定设备损坏程度及设备维修，监控工业运营中的基础设施及资产跟踪等。由于工业物联网应用于工业制造、石油、化工、钢铁等行业，其部署的物联传感设备通常需要在极端恶劣环境下工作，而一旦出现系统故障和设备失控可能导致高风险甚至危及财产和生命。例如，在一些高温、超低温、高湿、高速、高辐射的极端环境中，传统基于锂电池供电的物联网设备在这些极端环境中将无法工作[5]。另外，使用电池供电的物联网设备维护成本也是较高的，如在极限环境下对海量的物联设备更换电池就是一项耗费大量人力和成本的工作。基于环境能量采集供能的反向散射通信设备，在不需要电池供电的情况下可以实现大连接和广覆盖通信，较好地解决了极端环境下物联设备的适用性和后期维护成本的问题，从而扩展了工业物联网的应用场景，降低了部署成本和维护成本。反向散射通信在工业物联网中的应用示例如图 12-2 所示。

图 12-2　反向散射通信在工业物联网中的应用示例

2. 物流仓储

近年来随着电商的蓬勃发展，物流仓储的需求也呈现井喷式增长。企业通过对物流和仓储的有效管理，可以实现对物流运输、仓储、包装、装卸搬运、流通加工、配送、信息环节等实现管理和及时处理，以降低行业运输成本、提高运输效率。传统物流仓储通过使用印刷式二维码来标记货物信息，并且通过人工进行货物扫描及数据录取，工作效率低下；同时仓储货位有时划分不清晰，堆放混乱，极易发生货物失踪或货物丢失的情况。将物联网技术应用于传统物流仓储中，形成智能仓储管理系统，能提高货物进出效率、减少人工的劳动力强度以及人工成本，且能实时显示、监控货物进出情况，提高交货准确率。

由于物流仓储市场体量规模巨大，因此部署的物联网设备成本必须具有极强的市场竞争力。现有的 NB-IoT 单模组成本一般为 30～60 元，RedCap 模组成本更是高达 100～200 元，无法满足物流仓储等场景的成本需求。传统的 RFID 标签虽然价格很低，但其扫描不能受遮挡，否则识别正确率和识别速率会大大降低；同时读写器的扫描范围有限，只有 3 m 左右，因此需要部署大量的读写器来满足大范围的批量货物盘点，部署成本又很高。而基于环境能量供能的反向散射通信设备，由于其不需要复杂的射频器件，因而成本可以极低，对应的模组成本能够小于 1 元；其广覆盖大连接的技术优点可以实现快速的批量读取和大范围读写，从而极大地提高物流和仓储管理的效率，降低运营成本。另外，基于反向散射通信的定位技术，还可以实现对货物的快速定位，大大提高货物的分拣效率和资产跟踪。智慧物流和智慧仓储中的反向散射通信标签如图 12-3 所示。

图 12-3　智慧物流和智慧仓储中的反向散射通信标签

3. 智能可穿戴

智能可穿戴场景以消费者为中心，通过物联网技术将消费者所穿戴的各种设备进行无线连接，在多个领域中（如健康监测、活动识别、辅助生活、移动感知、智能服装、室内定位等）均得到了应用。目前，主流的产品形态有以手腕为支撑的手表类（包括手表和腕带等产品），以脚为支撑的鞋子类（包括鞋、袜子或者将来腿上佩戴的其他产品），以头部为支撑的眼镜类（包括眼镜、头盔、头带等）。此外，还有智能服装、书包、拐杖、配饰等各类非主流产品形态。

由电池驱动的智能可穿戴设备，续航时间往往比较短，如果开启更多功能，耗电量会进一步增加，使用者往往需要频繁充电才能保证设备的正常使用，严重影响用户的使用体验。反向散射通信物联网终端具有极低成本、极小体积、极低功耗（免电池）、柔性可折叠、可水洗等优良的特性，特别适合智能可穿戴场景，易于被消费者相关行业（如幼儿园，服装厂等）所接受。一方面，反向散射通信设备通过能量采集的方式获取能量，不需要电池，这将从根本上解决了智能可穿戴设备需要频繁充电的问题；另一方面，反向散射通信设备成本低、体积小，并且材质柔软，可水洗可折叠，有效地提升了佩戴的舒适度和用户体验。反向散射通信在可穿戴领域中的应用如图 12-4 所示。

(a) 健康监测　　　　　(b) 定位、追踪　　　　　(c) 便携支付

图 12-4　反向散射通信在可穿戴领域中的应用

智能可穿戴场景的典型应用包括以下几类。

（1）健康监测：反向散射通信设备与传感器集成，镶嵌在腕带或者鞋子、袜子等佩戴产品上，进行健康监测，及时反馈人的身体状况，对睡眠状况、体重信息、心率、血压等数据进行监测和收集。

（2）定位、追踪：反向散射通信设备可以与定位结合，用于老人、儿童或者医院病人的监护，当发生走失时进行定位和追踪。更舒适的材质可以优化佩戴体验，同时无源超低功耗的特征能够极大地延长使用时间。

（3）便携支付：与个人信息绑定，能够用于进行乘坐公交、地铁、购物等的便携支付。

4．植入式医疗

随着医疗器械的微型化，可以通过在人体内植入大量的微型器械或设备以进行指标检测或功能维持，如心脏起搏器、胰岛素泵、各种芯片、导管支架、介入器件等。在这些植入性设备中，以人工器官、辅助装置、微型机器人等内涵的电子元件最多，以实现远程数据的交换和控制，后台能够及时或定期获得设备的运行情况及人体健康的相关数据等。

虽然这些植入式医疗设备对提高人类的生存质量起到很大的积极作用，但其存在的问题也不容忽视。首先是设备的供电问题，目前大部分功能性植入设备还是需要为电池预留空间的，这势必也会增加设备的体积，从而影响植入的难度；人体为了自我保护，往往会出现排异反应，植入的设备体积越大，其有可能产生的排异问题也就越多，如肌肉红肿、坏死等。另外，由于电池电量有限，即使电池能够工作十年也终会耗尽，届时就需要通过二次植入手术将设备取出后再重新植入新的设备，这无疑会增加患者的痛苦。基于环境射频供能的反向散射通信技术可以减少这些医疗器械因为通信而对电池的消耗，从而延长设备的工作年限。工作时只需要体外进行环境射频供能和发射控制命令，就可以将植入设备存储的数据回传到控制器，从而实现对人体健康数据的监测。另外，由于反向散射通信设备无射频器件，硬件电路简单，可以做到足够微型化，也可以进一步降低人体排异反应的风险。反向散射通信技术在医疗健康领域中的应用如图12-5所示。

(a) 植入式镜片   (b) 植入式胶囊内镜

图 12-5　反向散射通信技术在医疗健康领域中的应用

5. 智能家居

智能家居以住宅为平台，通过物联网将家中的各种设备连接到一起，构建高效的宜居系统，智能家居利用家电的自动控制、照明控制、温度控制、防盗和报警控制等多种功能和手段，使家居环境更加安全、便利、舒适。智能家居中的传感器和小型设备可以基于反向散射技术[5]来进行通信。

反向散射通信可以实现免电池，不需要充电，能够极大增加智能家居中相应设备的使用时间，降低维护成本。同时，由于其超低成本、极小体积、可清洗、灵活/折叠的外形因素等特点，可以在智能家居中非常灵活地进行部署，如嵌在墙壁、天花板和家具中，或者贴在钥匙、护照、衣服、鞋子上。基于上述优点，反向散射通信能够扩展智能家居场景的应用，对智能家居领域有着极大的吸引力。反向散射通信在智能家居中的应用如图 12-6 所示。

图 12-6　反向散射通信在智能家居中的应用

智能家居的典型应用场景包括以下几类。

（1）物品寻找：极小体积、可清洗、灵活可折叠的反向散射通信设备，可以贴在一些容易丢失的物品上，如钥匙、护照、银行卡、钱包等。当需要寻找这些物品时，可以快速定位、找到丢失的物品。

（2）环境监测、告警：反向散射通信设备与传感器集成，用于监测房屋的温度、湿度等，也可以用于紧急情况如燃气泄漏时的告警。反向散射通信设备的免电池特性，可以极大增加设备的使用时间，实现免维护。

（3）智能控制：反向散射通信设备与传感器集成，可以实现家庭设备的智能控制，如控制洗衣机、空调、电视、窗帘等的开关，也可以通过嵌在/贴在门和家具上的标签，为家庭机器人进行导航，提供更加精细的控制[6]。

12.3 反向散射通信的技术原理

12.3.1 反向散射通信系统架构

一般来说，反向散射通信系统包括反向散射通信发送端和反向散射通信接收端。通常反向散射通信发送端称为反向散射通信设备，即将待传输信息调制在其他设备发射的射频载波上进行反向散射传输的设备，是一种无源或半无源的设备。因此，从广义来说，只要利用其他设备发射的载波进行信号调制即为反向散射通信，而不管其供能方式是否来自能量采集电路或电池供能。

图 12-7（a）为反向散射通信发送端，下面介绍其基本构成模块及主要功能。

（1）天线单元：用于接收射频信号、控制命令，同时用于发射调制的反向散射信号。

（2）能量采集或供能模块：能量采集模块为反向散射通信设备进行射频能量采集，或者其他能量采集，包括但不限于太阳能、动能、机械能、热能等。另外，除了能量采集模块，也可能包括电池供能模块，此时反向散射通信设备为半无源设备。能量采集模块或供能模块给设备中的其他所有模块供电。

（3）微控制器（Microcontroller，MCU）：包括控制基带信号处理、储能或数据调度状态、开关切换、系统同步等。

（4）信号接收模块：用于解调反向散射通信接收端或其他网络节点发送的控制命令或数据等。

（5）编码和调制模块：在控制器的控制下进行信道编码和信号调制，并通过开关切换选择不同的负载阻抗来实现调制。

（6）存储器或传感模块：用于存储设备的身份标识号（Identity Document，ID）信息、位置信息或传感数据等。

除了上述典型的构成模块外，未来的反向散射通信发送端甚至可以集成反射放大器模块、低噪声放大器模块等，用于提升发送端的接收灵敏度和发射功率。

图 12-7（b）为反向散射通信接收端，传统的 RFID 系统中的反向散射通信接收端即为阅读器（Reader），下面介绍其基本构成模块及主要功能。

（1）天线单元：用于发射射频信号或接收调制的反向散射信号。

（2）解调模块：包括包络检波和阈值比较，即用于对发送端发射的反向散射信号进行检波，包括幅度键控（Amplitude Shift Keying，ASK）检波、相移键控（Phase Shift Keying，PSK）检波、频移键控（Frequency Shift Keying，FSK）检波或正交振幅调制（Quadrature Amplitude Modulation，QAM）检波等。检波完成后，通过均值电路和比较器构成的阈值比较模块输出解调信息。

（3）解码模块：对解调信息进行解码，以恢复出原始数据。

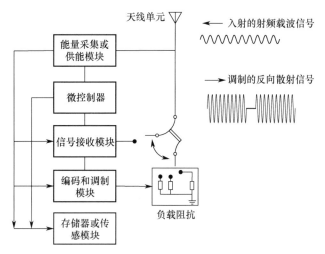

(a) 反向散射通信发送端

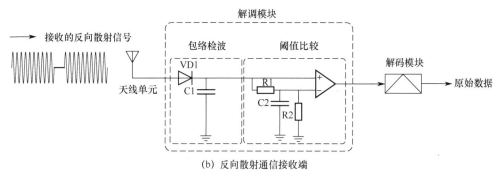

(b) 反向散射通信接收端

图 12-7 反向散射通信系统架构

12.3.2 反向散射通信的上行调制技术

反向散射通信的目的在于反向散射通信设备和其他网络节点之间的信令传输和数据传输，其中网络节点到反向散射通信设备的链路称为下行链路或者前向链路，网络节点可通过下行链路为反向散射通信设备提供目标载波、射频能量或下行数据传输；反向散射通信设备到网络节点的链路称为上行链路或者反向链路，基于上行链路，反向散射通信利用目标载波调制自己的信息进行反向散射传输。本小节主要介绍反向散射通信的上行调制技术，即上行链路的调制技术。

调制方式是反向散射通信区别于传统无线通信最关键的特点之一。调制的目的是把传输的模拟信号或数字信号，变成适合于信道传输的信息。数字基带信号往往具有丰富的低频能量，因此必须用数字基带信号对载波进行调制，而不是直接传送数字基带信号，以使得传输信号与无线信道的特性匹配。在反向散射通信中，调制方式除了匹配反

391

向散射前向信道或后向信道，还需要考虑反向散射通信设备中基于负载阻抗切换的调制特性、解调能力、储能方式、时钟同步能力等。因此，设计适用于反向散射通信系统前向链路和反向链路的调制方式既需要考虑抗干扰特性、频谱效率、解调增益等，也需要考虑提供时钟同步的能力、提供能量的能力等，这是与其他无线通信系统不同的地方。

从反向散射通信发送端到反向散射通信接收端的后向链路或上行链路中，考虑到反向散射通信设备的成本和能耗限制，反向散射信号通常以低阶 ASK、PSK 或 FSK 等方式进行调制，其调制原理主要是通过切换阻抗元件，改变反射系数的幅度、相位或反射信号的频率来实现的。图 12-8 给出了 ASK、PSK 和 FSK 调制原理[9]。对于 ASK 调制，至少需要两个负载阻抗，接下来，以 2ASK 调制即开关键控（On-Off Keying，OOK）调制的工作原理为例进行说明。

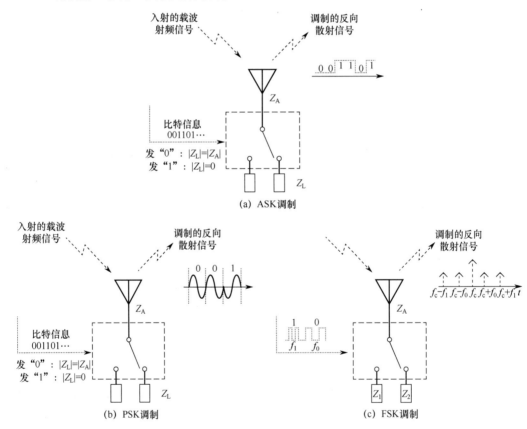

图 12-8　ASK、PSK 和 FSK 调制原理

假设天线阻抗为 Z_A，负载阻抗为 Z_L，且天线阻抗与负载阻抗的相位相等，均为 θ_A，则

$$Z_A = |Z_A| e^{j\theta_A} \tag{12-1}$$

$$Z_L = |Z_L| e^{j\theta_L} = |Z_L| e^{j\theta_A} \tag{12-2}$$

进一步假设反射系数为 Γ，可给出反射系数幅度 $|\Gamma|$ 和相位 θ 的表达式

$$|\Gamma| = \left|\frac{Z_L - Z_A}{Z_L + Z_A}\right| = \frac{|Z_L|^2 + |Z_A|^2 - 2|Z_A||Z_L|\cos(\theta_A - \theta_L)}{|Z_L|^2 + |Z_A|^2 + 2|Z_A||Z_L|\cos(\theta_A - \theta_L)} = \frac{|Z_L|^2 + |Z_A|^2 - 2|Z_A||Z_L|}{|Z_L|^2 + |Z_A|^2 + 2|Z_A||Z_L|} \quad （12\text{-}3）$$

$$\theta = \arctan\left(\frac{2|Z_A||Z_L|\sin(\theta_A - \theta_L)}{|Z_A|^2 - |Z_L|^2}\right) = \arctan[\alpha\sin(\theta_A - \theta_L)] = 0 \quad （12\text{-}4）$$

式中，α 表示确定的常数。

从式（12-4）中可以看出，为了使反射系数的相位为 0，需假设负载阻抗的相位等于天线阻抗的相位。若反向散射通信设备发射比特"1"，则天线应与阻抗值为 0 的负载阻抗连接，使反射系数为 1，反向散射通信设备反射调制的信号；若反向散射通信设备发射比特为"0"，则天线应与阻抗值等于天线阻抗值的负载阻抗连接，使反射系数为 0，反向散射通信设备吸收入射的载波射频信号。

PSK 调制原理与 ASK 调制原理类似，可通过选择不同的负载阻抗实现 PSK 调制。以 BPSK 调制为例，为保证反射系数的幅度不影响 BPSK 的调制性能，需保证负载阻抗的相位应与天线阻抗的相位相差 90°，使反射系数的幅度常为 1，保证反向散射信号的功率最大化。

对于 FSK 调制，其调制原理与 ASK 和 PSK 的实现方式不一样。以 2FSK 调制为例，若反向散射通信设备要实现 2FSK 调制，则需通过 MCU 产生比特"1"和比特"0"的不同频率方波信号，控制与负载阻抗相关联的射频开关的通断频率。2FSK 可以由单负载阻抗实现，也可以通过两个负载阻抗实现。若两个负载阻抗的阻抗值位于史密斯圆图的开路点和短路点，即两个负载阻抗的阻抗值为无穷大和 0，则能使反射系数的绝对值总为 1，保证反向散射信号的功率最大化[9]。假设 Z_1 的阻抗值为无穷大，Z_2 的阻抗值为 0，Δf 表示频差，则反射系数可表示为

$$\Gamma(t) = \begin{cases} 1, & Z_1 = \infty, \ t \in \left[\dfrac{n}{\Delta f}, \dfrac{2n+1}{2\Delta f}\right), \ n\text{为整数} \\[3mm] -1, & Z_2 = 0, \ t \in \left[\dfrac{2n+1}{2\Delta f}, \dfrac{n+1}{\Delta f}\right), \ n\text{为整数} \end{cases} \quad （12\text{-}5）$$

假设入射信号为 $S_{in} = \mathrm{Re}(e^{j2\pi f_c t})$，经过 2FSK 调制后，反向散射信号 S_{bs} 可以表示为

$$S_{bs} = \Gamma(t) S_{in} \quad （12\text{-}6）$$

由于方波函数是一个周期函数，可通过傅里叶级数表示。取方波函数的第一谐波分量，式（12-6）可转换为

$$\begin{aligned} S'_{bs} &= \frac{4}{\pi}\sin(2\pi f_c t)\sin(2\pi\Delta f t) \\ &= \frac{2}{\pi}\{\cos[2\pi(f_c - \Delta f)t] - \sin[2\pi(f_c + \Delta f)t]\} \end{aligned} \quad （12\text{-}7）$$

从式（12-7）中可以看出，反向散射信号变成了双边带信号，频偏为 Δf。此外，若

射频载波源为远距离无线电（Long Range Radio，LoRa）信号，则可通过开关频率的线性变化实现啁啾扩频（Chirp Spread Spectrum，CSS）调制，其中，开关频率的线性变化可通过 MCU 控制，也可通过受数字模拟转换器（Digital to Analog Converter，DAC）控制的压控振荡器实现。从承载信息的方式来看，CSS 属于 FSK 调制的扩展。

ASK 提供了连续的发射功率，且反向散射信号解调比较容易实现。但是，采用 ASK 时，反向散射信号很容易受到干扰和噪声的影响。因此，有相关文献提出差分调制技术克服干扰和噪声的影响，但差分调制具有误码率高的缺点[10]。FSK 对干扰和噪声也具有较强的适应能力，但 FSK 的频谱利用率只有 ASK 的二分之一。

12.3.3 反向散射通信的下行调制技术

从其他网络节点到反向散射通信设备的前向链路或下行链路中，考虑信道编码联合调制来实现反向散射通信设备低复杂度的同步和解调。其中，对于编码的要求可以按照如下原则设计[11]。

（1）编码调制后的信号要尽可能长时间存在，且不能中断对反向散射通信设备的能量供应。这就要求基带编码在每两个相邻数据位元间具有跳变的特性，这种相邻数据间有跳变的码，不仅可以保证在连续出现 0 时对反向散射通信设备能量的供应，而且便于反向散射通信设备从接收到的码中提取时钟信息，因此需要选择码型变化丰富的编码方式。

（2）为了保证前向链路的可靠性，必须在编码中提供一定的检错或校验保护，以便反向散射通信设备可以根据码型的变化来判断是否发生误码或发生反向散射通信设备冲突。

（3）由于反向散射通信设备是采用低成本且稳定性差的晶振进行同步的，从而希望从网络节点发射的码流中提取时钟，因此需要编码调制后的信号应该能够方便反向散射通信设备提取时钟信息。

（4）综合编码调制时能够提供一个合理的信噪比，并且经过调制之后，能够实现频谱效率与能量效率的均衡。

考虑上述编码调制原则，前向链路的编码方式可以采用脉冲宽度编码（Pulse Interval Encoding，PIE）或曼彻斯特（Manchester）编码，调制方式采用 ASK 调制。接下来，以 ISO/IEC 18000-6C 为例，介绍相应的编码调制方式，如表 12-1 所示。

表 12-1　ISO/IEC 18000-6C 标准中三种前向链路的编码调制方式

技 术 特 征	Type A	Type B	Type C
工作频段	860～960 MHz	860～960 MHz	860～960 MHz
调制方式	ASK	ASK	DSB-ASK SSB-ASK PR-ASK
编码方式	PIE	Manchester 编码	PIE

调制方式包括 ASK 和由此派生的双边带幅度键控（Double Sideband Amplitude Shift Keying，DSB-ASK）、单边带幅度键控（Single Sideband Amplitude Shift Keying，SSB-ASK）和相位反转幅度键控（Phase Reversal Amplitude Shift Keying，PR-ASK）。ASK 调制方式的频谱效率较低，对于给定的数据传输码率，其占用带宽相对较大。与 SSB-ASK 和 PR-ASK 相比，DSB-ASK 的带宽效率最低，仅为 0.2 bit/Hz。在相同的误码率及 100%调制深度情况下，DSB-ASK 与 SSB-ASK 两种调制方式所需的载噪比最小，但能提供给反向散射通信设备的射频能量也最小。PR-ASK 可以在一个窄带范围内，最大限度地降低载噪比，能提供给反向散射通信设备的射频能量也相应增加，更适用于窄带和远距离传输。图 12-9 给出上述三种调制方式的调制原理[12]，从图中可以看出，DSB-ASK 调制方式是三种调制方式中最简单的，只需要通过基带信号控制载波通断，或者同相正交（In-Phase Quadrature，IQ）两路基带信号只需要使用其中的一路，一个 DAC 即可驱动调制器。SSB-ASK 调制模型中 IQ 两路通过希尔波特（Hilbert）变换器加以区分，使得 IQ 两路的相位差为 90°，输出的是一个本振抑制的单边带射频信号，但是 Hilbert 变换器增加了数字处理器的功耗。相比 SSB-ASK，PR-ASK 的两路 IQ 信号没有相差，不需要 Hilbert 变换器，实现起来相对容易。综上所述，PR-ASK 更适用于实现远距离前向传输。

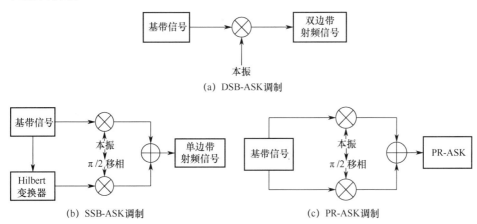

图 12-9　DSB-ASK、SSB-ASK 和 PR-ASK 调制原理

编码方式上主要有曼彻斯特（Manchester）编码和脉冲宽度编码（Pulse Interval Encoding，PIE）等，其原理如图 12-10 所示。曼彻斯特编码效率只有 50%，用电压跳变的相位来区分"0"和"1"，其中从高到低的负跳变表示"1"，从低到高的正跳变表示"0"。曼彻斯特编码的特点在于：由于每次跳变都发生在一个码元的中间，因此反向散射通信设备可以很方便地利用曼彻斯特编码作为位同步时钟；曼彻斯特编码的码元分成两个子码元，其中第二个子码元可以视为校验位，从而可以提供校验的功能。脉冲宽度编码是一种"0"和"1"具有不同时间间隔的编码方式，其基于一个持续的固定间隔为 Tari 的脉冲，脉冲的重复周期根据"0"和"1"而不同。通过定义脉冲下降沿之间的不同时间宽度表示 4 种符号：0、1、帧起始符（Start of Frame，SOF）和帧结束符

（End Of Frame，EOF），其对应的编码持续时间分别为 Tari 和 2Tari，Tari 后跟 3Tari、4Tari。其中，Tari 表示脉冲之间的时间间隔，表示符号"0"的两个相邻脉冲之间的宽度。脉冲宽度编码的特点为：（1）脉冲宽度编码的位时间可以灵活改变；（2）因为编码信号有大量的脉冲信号，因此二进制码数据的错误可以很容易检测到；（3）当没有任何信息时，在时隙内有大量的可用空闲时间用于供能和计算。由于脉冲宽度编码比其他编码有更多的时隙用于供能，能够为反向散射通信设备提供较高的能量转化电平，因此能够支持较远距离的传输覆盖。

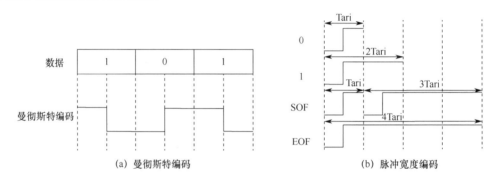

(a) 曼彻斯特编码　　　　　　　(b) 脉冲宽度编码

图 12-10　曼彻斯特编码和脉冲宽度编码原理

12.3.4　环境能量采集

反向散射通信设备的优势之一是可以摆脱传统设备对电池或电源的依赖。反向散射通信设备中包含 MCU、开关芯片、调制电路等器件，需要几百毫伏甚至几伏的启动电压，可以通过采集环境能量为反向散射通信设备电路供电。环境中的电磁波能量、太阳能、光能、振动能、热能等都可以作为反向散射通信设备的能量来源，本小节以环境射频信号中的电磁波能量为例，对反向散射通信设备的环境能量采集技术进行介绍。

基于电磁波传输原理，反向散射通信设备通过能量采集电路对环境射频信号进行电磁波能量采集，其原理如图 12-11 所示。能量采集模块主要包括整流天线、升压稳压模块，其中，整流天线包括接收天线、匹配网络和整流电路。首先，接收天线从环境中收集电磁波能量，并转化为交流信号；匹配网络用于天线阻抗与整流电路阻抗的匹配，确保能量最大化被整流电路吸收，提升整流电路的能量采集效率；整流电路用于接收来自天线的高频交流信号，并将交流信号转换成直流信号；由于整流器仅输出微弱的正向电压，远达不到控制器的启动电压，因此需要升压模块将输入电压提升一定的数量级，达到反向散通信设备工作的启动电压；稳压模块主要是解决由于输入信号的不稳定影响反向散射通信设备电路工作状态的问题。其中，整流天线包含的接收天线、匹配网络和整流电路是能量采集电路的核心，决定了反向散射通信设备采集能量的效率。

为了减少接收天线数量对反向散射通信设备能耗、硬件复杂度和成本的制约，提升能量采集效率，同时满足多个通信场景的能量采集需求，小型化、高集成度、宽频和多频天线得到了迅速发展。接收天线的带宽越宽且频段数量越多，可收集能量的带宽范围就越大。然而，带宽与天线增益往往是不可兼得的，且天线的工作频段需要与匹配网络及整流电路一致，因此，接收天线的带宽扩展需要从多方面考虑。衡量天线带宽的电参数主要是回波损耗，与天线的输入阻抗和传输线的特性阻抗有关。此外，由于环境中的射频信号的极化方向不确定，即射频信号可能是水平极化或垂直极化的线极化信号，因此，天线的极化方式也是影响能量采集效率的因素之一。相比线极化天线，圆极化天线用于能量采集具有更好的接收灵敏度，可以接收任意线极化的来波信号。

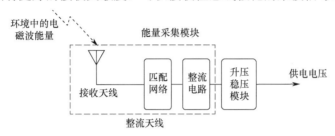

图 12-11　反向散射通信设备的能量采集原理

在能量采集时，要求整流电路阻抗与接收天线的阻抗相匹配，确保能量的最大化吸收。另外，若在功率分配中使用匹配网络，还能降低电流幅度和相位的误差[13]。匹配网络由电感和电容组成，数量可以是一个或者多个，其形式包括基本形 Γ 形、扩展形 T 形和 Π 形，如图 12-12 所示，其中 Z_A 表示天线的阻抗，Z_L 表示负载阻抗，L 表示电感，C 表示电容。结合整流电路的特点和反向散射通信设备的硬件能力，选择适合的匹配网络能提升能量采集效率，也能获得稳定的性能。在设计匹配网络时，可以结合史密斯圆图分析匹配网络的电感和电容特性，通过改变电容值或电感值而改变匹配网络的响应频率。

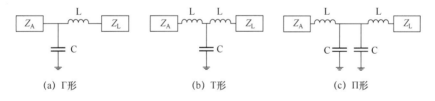

图 12-12　匹配网络的几种形式

由于整流电路中包含非线性器件，环境射频信号经过整流器时会产生大量谐波信号，导致整流电路出现能量损耗，影响能量转换效率。整流电路的整流效率受限于电路拓扑结构、输入射频信号的频率和幅度以及输出负载等因素[14]。反向散射通信设备的整流效率和射频信号功率之间存在根本性的折中，当射频信号功率低于-10 dBm 时，整流效率随着射频信号功率的下降而下降，且当功率小于-30 dBm 时，整流效率基本小于10%[15]。设计整流电路时，需要考虑的设计指标包括转换效率、稳定时间、带宽和灵敏度等，其中转换效率决定了整流电路将环境射频信号的电磁波能量转换为直流电平的能力，而稳定时间指的是整流电路输出电压维持在一个相对稳定水平的持续时间。整流电路中将常规二极管替换为自旋二极管、异质结反向隧道二极管及肖特基二极管，可有效提升整流效率[15]。但是，由于反向散射通信设备可能处在低输入功率的状态，即使使用上述高整流效率的二极管，其整流效率提升依然存在明显的限制。近几年，研究人员采用互补金属氧化物半导体（Complementary Metal Oxide Semiconductor，CMOS）工艺设计整流电路，可在射频信号功率为−20 dBm 时达到 40% 的整流效率[16]。

12.4 反向散射通信空口技术

传统的反向散射通信的传输距离受限，基于蜂窝的反向散射通信有助于将反向散射通信从传统的近距离通信扩展到广域蜂窝无线网络应用，为客户提供方便和标准化的蜂窝网络功能，并激发新的应用和市场方向。为了实现反向散射通信与蜂窝网络结合，其速率、覆盖、连接以及同步等空口技术都需要增强，对应的物理层关键技术包括信道建模与容量分析、信道编解码、速率提升、覆盖增强、同步技术、多址接入技术、信道检测与估计、干扰消除技术以及多输入多输出（Multi-Input Multi-Output，MIMO）技术等。

12.4.1 速率提升技术

由于反向散射通信设备受到储能能力以及调制电路的硬件限制，一般采用低阶调制。此外，反向散射通信设备还受到晶振稳定性带来的同步和干扰的影响，导致其通信速率较低。因此，如何进一步提高通信速率，实现 kbps 甚至 Mbps 的传输速率，是反向散射通信走向实用的关键挑战之一。

高阶调制是提升频谱效率的有效方式之一，近年来，包括高阶调制中的 QAM 调制技术已成功应用于反向散射通信中[17]，如文献[18]采用晶体管和功分器的组合结构在反向散射通信设备中实现了 16 QAM 调制。由于使用正本征负（Positive Intrinsic Negative，PIN）二极管实现 QAM 调制时的功耗较大，将受电流控制的 PIN 二极管换成受电压控制的晶体管可以有效解决 QAM 调制的功耗问题。为了最大限度地降低高阶 QAM 调制导致的较高归一化功耗，研究者提出将 QAM 与不等差错保护结合的一种不等差错保护的编码调制方案[19]。

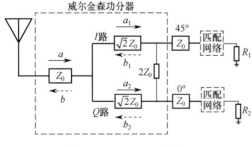

图 12-13 QAM 调制原理

通过功分器实现 QAM 调制，QAM 调制原理如图 12-13 所示，采用功率等分的 3 dB 威尔金森功分器将射频信号分为两路，分别对应图中的 I 路和 Q 路，两个支路呈 45° 相位差，使每个支路的反射波相位与另一个支路的反射波相位相差 90°[9]。

图 12-13 中反射波 b 是 I 路和 Q 路两个支路的反射波之和。结合威尔金森功分器的性质，反射波 b 可表示为

$$b = \frac{b_1}{\sqrt{2}} + \frac{b_2}{\sqrt{2}} = \frac{a_1 \Gamma_1 e^{j\frac{\pi}{2}}}{\sqrt{2}} + \frac{a_2 \Gamma_2}{\sqrt{2}} \tag{12-8}$$

式中，Γ_1 和 Γ_2 分别代表 I 路和 Q 路的反射系数，对应的负载阻抗分别为 Z_1 和 Z_2，具体可以表示为

$$\Gamma_i = \frac{Z_i - Z_0}{Z_i + Z_0}, \quad i = 1, 2 \tag{12-9}$$

因此，反向散射通信设备的反射系数可以表示为

$$\Gamma = \frac{b}{a} = \frac{\Gamma_1 \frac{1}{\sqrt{2}}}{\sqrt{2}} e^{j\frac{\pi}{2}} + \frac{\Gamma_2 \frac{1}{\sqrt{2}}}{\sqrt{2}} = \frac{\Gamma_2}{2} + j\frac{\Gamma_1}{2} \tag{12-10}$$

从式（12-10）中可以看出，若想要在反向散射通信设备中实现 4 QAM 调制，则需要在功分器后端接两个不同的负载阻抗，以便生成 4 个不同的反射系数。

除了高阶调制技术，毫米波通信、全双工、MIMO 等技术近期也应用于反向散射通信用来提升传输速率。近期，佐治亚理工大学、赫瑞瓦特大学和贝尔实验室的研究人员研制了一种用于反向散射通信的印刷毫米波天线阵列，如图 12-14 所示，在每比特只消耗 0.17 pJ 的情况下实现了 2 Gbps 的数据传输速率[3]。该系统的射频前端由一个微带贴片天线阵列和单个支持高阶调制的高频单晶体管组成，减少了传统毫米波设备中需要配置多个堆叠晶体管的体积和成本问题。通过使用单晶体管进行模拟调制，在毫米波收发器中无须增加额外的混合器的情况下，实现了将前端复杂性压缩在单个单晶体管内，从而大大降低了所需的晶体管数量。全双工也是提高通信传输速率的有效方式[20]，研究人员设计出全双工反向散射通信系统[21]，并通过调扩频等方式很好地解决了其中的带内全双工自干扰问题。

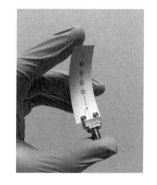

图 12-14　用于反向散射通信的印刷毫米波天线阵列[3]

12.4.2　覆盖增强技术

受限于网络节点的发送功率、双程链路衰减、储能电路的储能效率与储能容量、反向散射通信设备的接收灵敏度、收发天线增益以及信号干扰的影响，反向散射通信的前向和反向链路覆盖都面临较大的技术挑战。具体地讲，对于从网络节点到反向散射通信设备的前向链路，由于驱动的功耗需要几微瓦到几十微瓦，反向散射通信设备接收射频供能信号的信号强度或灵敏度大约为−20 dBm，而传统终端设备的接收机灵敏度为 −100 dBm。如果反向散射通信设备具备储能功能的话，则其接收供能信号的信号强度可以放松至−30 dBm。另外，受限于能量采集电路的性能，在输入的射频信号功率低于 −23 dBm 的情况下，能量采集电路很难有效地采集并整流成可用的直流电压，并且输入信号的功率越低能量转化效率也会越低。在从反向散射通信设备到网络节点的反向链路中，由于部分信号能量需要用于电路供能，因此反向散射的信号强度比入射供能的信号

强度低 3~5 dB。另外，低硬件成本反向散射通信设备的天线增益一般也不会太大，为 0~2 dBi。

表 12-2 给出了不同工作频段、天线发射功率、网络节点设备天线增益、零功耗终端设备天线增益、反向散射传输损耗以及使用低噪声放大器（Low Noise Amplifier，LNA）下的链路预算[5]，从该表中可以得出如下结论。

（1）受限于反向散射通信设备的接收机灵敏度和反向散射传输损耗，无论是前向链路还是反向链路，在某些场景中都存在信号弱覆盖的问题，其中前向链路成为网络覆盖的瓶颈。

（2）提升反向散射通信设备的接收灵敏度可以有效地改善前向链路覆盖，但是会降低反向链路的通信距离。

（3）集成 LNA 可以有效提升反向散射通信设备的接收机灵敏度，也可有效提升反向链路的通信距离。

（4）受限于非授权频段最大传输功率法规的限制，授权频段允许的传输功率比非授权频段提高至少 10 dB，因此授权频段更有助于构建反向散射通信蜂窝化网络。

表 12-2 反向散射通信链路预算[5]

系 统 参 数	参数设置 1	参数设置 2	参数设置 3	参数设置 4	参数设置 5	参数设置 6	参数设置 7
工作频段/GHz	2.4	0.7	0.7	0.7	0.7	0.7	0.7
网络节点							
天线发射功率/dBm	36	36	36	36	36	36	36
天线增益/dBi	8	8	8	8	8	8	8
接收机灵敏度/dBm	−100	−100	−100	−100	−100	−100	−100
最大后向链路通信距离/m	176.89	606.48	191.78	1917.84	606.48	60.65	606.48
零功耗终端							
天线增益/dBi	2	2	2	12	12	2	2
接收机灵敏度/dBm	−20	−20	−30	−20	−30	−40	−40
最大前向链路通信距离/m	19.85	68.05	215.19	215.19	680.48	680.48	680.48
反向散射传输损耗/dB	5	5	5	5	5	5	5
低噪声放大系数/dB	0	0	0	0	0	0	20

注：表中的最大后向链路通信距离是考虑反向散射通信设备刚好工作在接收机灵敏度阈值时的情况，此时接收到的信号功率刚好能够驱使能量采集电路工作。

采用双基地分离式架构是提升反向散射通信覆盖最有效的方式之一。双基地分离式反向散射通信如图 12-15 所示，双基地分离式架构中射频载波源或载波发生器与反向散射通信接收端是物理分离的，从而可以有效地避免单基地反向散射通信中的双程信号衰减的问题。通过合理放置射频载波源和反向散射通信接收端的位置，甚至部署专门用于射频供能的射频载波源，可以有效提升反向散射通信的传输覆盖[22]。

通过使用 MIMO 波束赋形技术使得射频供能信号的能量更集中，结合高效率的能量采集电路，也可以有效改善覆盖受限的问题[23]。在满足反向散射通信设备能量收集最大化的条件下，结合射频载波源混合波束赋形及反向散射通信设备中被动式波束赋形可构成联合波束赋形方案，可有效增强前向覆盖[24]。受限于反向散射通信设备的硬件复杂度、功耗等因素，通过 MIMO 预编码来增强反向链路的覆盖挑战更大。由于反向散射通信设备

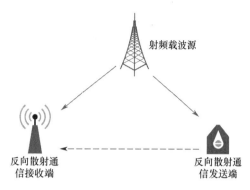

图 12-15　双基地分离式反向散射通信

的负载阻抗切换方式可改变信号的幅度和相位，这为反向散射通信设备通过配置多天线实现预编码技术提供了可能。反向散射通信设备的每根天线需根据波束赋形的目标方向选择对应的负载阻抗连接，为了提升波束赋形的精度，阻抗数量越多越好，但是过多的负载阻抗会增加反向散射通信设备的硬件复杂度和功耗。

除了基于分离式架构和波束赋形来提升前向传输覆盖，基于新型的反向散射通信设备的硬件架构来提升反向传输覆盖也同样重要。近些年，研究者尝试在反向散射通信设备中集成隧道二极管来放大反向散射信号的信号功率。如图 12-16 所示为乔治亚理工学院研制出的集成在反向散射通信中的隧道二极管及电路原理图[25]，基于这样的硬件架构设计，在仅需要额外的 29 μW 偏置功率的情况下就可以实现 40 dB 的信号增益。另外，研究人员通过设计高增益的反向散射通信设备的天线[26]以及在系统中集成 LNA[27]，可以进一步提高反向散射通信的传输覆盖。

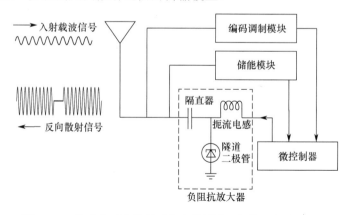

图 12-16　集成在反向散射通信中的隧道二极管及电路原理图

原理上，由于存在天线与负载阻抗之间的传输线损耗、开关的插入损耗及其他损耗，当通过开关选择不同的负载阻抗实现对应的调制方式时，阻抗匹配程度不能达到理论分析所要求的结果，从而影响反向散射信号的调制深度。调制深度会影响反向散射信号的强度，进一步影响反向散射信号的传输速率和检测性能。解决调制深度的方法主要

是提升硬件设计精度，优化阻抗匹配网络。文献[28]表明，采用负阻抗可以放大入射信号。然而，信号放大器件需要额外的偏置源实现负阻抗，如隧道二极管、互补金属氧化物半导体（Complementary Metal Oxide Semiconductor，CMOS）。假设负阻抗表示为 $Z_L = -R_L + jX_L$，$R_L > 0$，其中，R_L 表示负阻抗的电阻，X_L 表示负阻抗的电抗；类似地，定义天线阻抗表示为 $Z_A = R_A + jX_A$，$R_A > 0$，其中 R_A 表示天线的电阻，X_A 表示天线的电抗。根据反射系数的定义可得

$$|\Gamma_i|^2 = \frac{(R_L + R_A)^2 + (X_L + X_A)^2}{(R_L - R_A)^2 + (X_L + X_A)^2} > 1 \qquad (12\text{-}11)$$

从式（12-11）中可以看出，反射系数总是大于 1 的，具有放大入射信号的作用，进一步可补偿由于调制深度和匹配程度不够导致强度降低的反向散射信号。

12.4.3　可靠性传输技术

由于反向散射通信中的双程链路衰减，受强直接链路干扰或自干扰等影响，不可避免地存在可靠性传输的问题。在传统的 RFID 系统中，只支持四种速率选择，因而链路自适应的能力有限；此外其采用的双相间空号编码（Bi-Phase Space Coding，FM0）、变形双相码（Miller 码，也称米勒码）、曼彻斯特编码等只有检错机制而没有纠错的能力，因而导致性能较差。

在恶劣或是动态的信道环境中，使用信道编码可以有效提升通信可靠性、改善服务质量。由于反向散射通信设备是对功耗、成本和实现复杂度要求都很高的设备，因此需要对已有的信道编码方案进行革新，针对反向散射业务特性、信道条件和使用场景设计最佳码结构和信道编码方案。表 12-3 给出了几种典型应用场景与性能要求[7]，从表中可知，一般反向散射通信中的包大小通常为几十字节，甚至小于 100 bit。而现有的信道编码方案大多是针对长码进行设计的，而针对短码（少于 200 bit）的设计较少。当前 5G 数据面所使用的信道编码方案虽不难实现，但实际译码器与有限长极限性能之间仍然存在 1～2 dB 的差距。因此，面向 6G 反向散射通信的编译码技术需要进一步缩小性能差距，并且需要考虑硬件能力约束，进一步简化编译码复杂度，提高编译码能效。为了减小与有限长编码的理论纠错极限间的 1 dB 性能差异，可以考虑使用极化码（Polar Codes）和短代数码，如 RM 码（Reed-Muller Codes，RM Codes）、循环码（Bose–Chaudhuri–Hocquenghem Codes，BCH Codes）和里所码（Reed-Solomon Codes，RS Codes）[29]。其中，Polar 码通过 SCL 译码器译码，在短码场景下通过列表译码器优化码结构、修改极化核函数来提高极化率、外码级联的码结构等，可以在性能和复杂度之间取得最佳平衡。另外，代数码经过优化后，也可以适配于反向散射通信，设计原则包括：研究如何高效、系统地构造短信道码以保持良好的最小码距特性；研究高性能短码的速率和长度自适应方法，以适配不同的数据包大小；设计新的译码算法，实现低复杂度译码。

表 12-3　几种典型应用场景与性能要求

场　　景	最大允许端到端时延	用户体验速率	消　息　大　小	设备密度	通　信　距　离
医疗器械盘点管理	数百 ms	2 kbps	176 bit	1000/km²	室内 50 m 室外 200 m
汽车制造	>100 ms	<1 kbps	96 bit	1.5×10⁶/km²	室内 30 m
自动化仓储	1 s	100/128 bps	96/128 bit	—	室内 30 m
智慧农业	>1 s	<1 kbps	<1000 bit	1/m²	30～100 m
智慧家庭传感	20 s	—	8～96 bit	—	室内 10～30 m

FM0、Miller 码和曼彻斯特码是典型的信道编码与波形联合设计的信道编码，以实现设备的低成本和低功耗。反向散射通信中可以延续编码调制联合设计的思想，通过联合设计编码效率更高的信道编码和信号波形，来保证硬件的低成本和低功耗。近期，研究者提出一种基于 FM0 的平衡分组码[30]，通过优化码字结构，在保证低实现复杂度的同时获得比 FM0 高 50%的编码效率。针对双基地反向散射通信，有研究者提出了一种称作短分组长循环信道编码的方式[31]，通过简单的移位寄存器就可以实现信道编码，并实现长距离传输。另外，有学者提出一种低功耗的 uCode 编码技术[32]，来提高反向散射通信的传输距离和并行传输。不同于传统编码采用伪随机序列来表示信息比特，uCode 使用周期信号来表征信息比特，接收端在不需要相位和载波同步的情况下实现信号解调和解码。

空时分组码（Space Time Block Code，STBC）是一种可有效提高可靠性的传输技术，通过在空间和时间域引入信号冗余，合理地构造分组编码传输矩阵，在不增加带宽的情况下来获得分集增益[33]。具体地说，空时分组码又分为正交空时分组码（Orthogonal Space Time Block Code，O-STBC）[34]和准正交空时分组码（Quasi-Orthogonal Space Time Block Code，Q-O-STBC）[35]，其中 Alamouti 空时分组码就是一种典型的正交空时分组码。传统的空时分组码都是针对有源射频通信系统设计的，没有考虑类似于反向散射通信设备的负载调制特性和实现复杂度。由于反向散射通信通过改变负载阻抗来控制信号的幅度或相位，所以考虑调制电路非理想因素，输出信号的幅度或相位都会存在误差。但只要这些信号误差在可分辨的范围之内，对于信号解调就没有什么影响了。因此，每根天线上需要改变的负载阻抗越少，可容忍的误差就越大，错误检测概率也就越小。针对上述问题，有学者结合阻抗匹配实现调制的特性，设计出一种新的空时分组码结构[36]，即 Hsinchin 空时分组码，它保证分集增益的同时降低了每根天线上阻抗匹配的种类数，从而降低了调制电路的实现复杂度。表 12-4 和表 12-5 对比了两天线下两种空时分组码需要的负载阻抗种类数。从两表中可知，基于 Alamouti 空时分组码，天线 1 和天线 2 都需要四种负载阻抗$|\Gamma|e^{j\theta}$、$|\Gamma|e^{j(\theta+\pi)}$、$|\Gamma|e^{-j\theta}$ 和 $|\Gamma|e^{-j(\theta+\pi)}$。基于 Hsinchin 空时分组码，天线 1 只需要两种负载阻抗$|\Gamma|e^{j\theta}$ 和$|\Gamma|e^{j(\theta+\pi)}$；天线 2 也只需要两种负载阻抗$|\Gamma|e^{-j\theta}$ 和$|\Gamma|e^{-j(\theta+\pi)}$。

表 12-4　Alamouti 空时分组码两天线发射分集编码表（BPSK 调制）

00	天线 1	天线 2	01	天线 1	天线 2
t	$\|\Gamma\|e^{j\theta}$	$\|\Gamma\|e^{j\theta}$	t	$\|\Gamma\|e^{j\theta}$	$\|\Gamma\|e^{j(\theta+\pi)}$
$t+T$	$\|\Gamma\|e^{-j(\theta+\pi)}$	$\|\Gamma\|e^{-j\theta}$	$t+T$	$\|\Gamma\|e^{-j\theta}$	$\|\Gamma\|e^{-j\theta}$
10	**天线 1**	**天线 2**	**11**	**天线 1**	**天线 2**
t	$\|\Gamma\|e^{j(\theta+\pi)}$	$\|\Gamma\|e^{j\theta}$	t	$\|\Gamma\|e^{j(\theta+\pi)}$	$\|\Gamma\|e^{j(\theta+\pi)}$
$t+T$	$\|\Gamma\|e^{-j(\theta+\pi)}$	$\|\Gamma\|e^{-j(\theta+\pi)}$	$t+T$	$\|\Gamma\|e^{-j\theta}$	$\|\Gamma\|e^{-j(\theta+\pi)}$

表 12-5　Hsinchin 空时分组码两天线发射分集编码表（BPSK 调制）[36]

00	天线 1	天线 2	01	天线 1	天线 2
t	$\|\Gamma\|e^{j\theta}$	$\|\Gamma\|e^{-j\theta}$	t	$\|\Gamma\|e^{j\theta}$	$\|\Gamma\|e^{-j(\theta+\pi)}$
$t+T$	$\|\Gamma\|e^{j\theta}$	$\|\Gamma\|e^{-j(\theta+\pi)}$	$t+T$	$\|\Gamma\|e^{j(\theta+\pi)}$	$\|\Gamma\|e^{-j(\theta+\pi)}$
10	**天线 1**	**天线 2**	**11**	**天线 1**	**天线 2**
t	$\|\Gamma\|e^{j(\theta+\pi)}$	$\|\Gamma\|e^{-j\theta}$	t	$\|\Gamma\|e^{j(\theta+\pi)}$	$\|\Gamma\|e^{-j(\theta+\pi)}$
$t+T$	$\|\Gamma\|e^{j\theta}$	$\|\Gamma\|e^{-j\theta}$	$t+T$	$\|\Gamma\|e^{j(\theta+\pi)}$	$\|\Gamma\|e^{-j\theta}$

　　传统的空时分组码是采用相干检测来进行解码的，因此接收端需要知道发射天线到接收天线的信道状态信息。受限于反向散射通信中的功耗和通信资源，发射导频进行信道估计的代价很大，而接收端在无导频情况下估计信道状态信息（Channel State Information，CSI）的代价更高。差分空时分组码是一种发送端和接收端都不需要知道 CSI 信息，编译码简单并能够获得分集增益的方案[37-38]。另外，如果能够结合差分空时分组码和 Hsinchin 空时分组码结构，甚至可以在无导频的情况下，在保证分集增益的同时能够减少每根天线上的负载阻抗种类数。另外，传统的差分空时分组码只适用于多进制数字相位调制（Multiple Phase Shift Keying，MPSK）等恒模调制，对于幅度相移键控（Amplitude Phase Shift Keying，APSK）、QAM 等非恒模调制，因为各星座符号的能量不同因而无法直接采用传统的差分空时分组码的编解码方法。但考虑到非恒模调制比恒模调制所带来的星座成形增益，以及基于阻抗匹配调制电路的调幅能力和调相能力的差异，研究者将差分空时分组码扩展到非恒模调制[39]，从而进一步提升系统的性能。

12.4.4　超大规模连接技术

　　未来的 6G 网络需要支持海量以反向散射设备为代表的无源物联设备接入网络，其连接密度比 5G 提升了 10～100 倍。传统基于冲突避让和基于调度的正交多址方式很难适用于大规模无源物联设备接入，因此需要设计新的多址接入技术来保证海量反向散射通信设备的连接需求。

　　正交多址接入通过正交的资源分配和使用方式避免产生干扰，有效降低了接收端的解码译码复杂度，但也限制了系统能够同时承载的连接数。考虑到反向散射通信系统面向的 mMTC 业务场景具有超大规模的连接需求，资源非正交使用的非正交多址接入

（Non-Orthogonal Multiple Access，NOMA）具有更大的应用潜力。通过使用 NOMA，多个连接可以在时、频、码等域上复用相同资源并叠加发射信号，而接收端使用串行干扰消除器（Successive Interference Canceller，SIC）等对叠加信号进行解译码。NOMA 在信息论上也早已被证明了能够获得比正交多址接入（Orthogonal Multiple Access，OMA）更高的频谱效率[40]。

功率域非正交多址接入（Power Domain Non-Orthogonal Multiple Access，PD-NOMA）是一种适用于反向散射通信的 NOMA 技术，其基本思想是利用不同反向散射通信设备到接收端的功率差异实现叠加传输[41]。图 12-17 以单载波和两反向散射通信设备的简单场景为例展示了其工作原理。考虑反向散射通信设备 1 和反向散射通信设备 2 均采用恒包络相位调制，即调制信号使用的阻抗具有相同的反射系数但相位不同，其反射系数分别表示为 ξ_1 和 ξ_2。此外，两反向散射通信设备与射频载波源和接收端的距离也不同，分别用 h_1 和 h_2 表示反向散射通信设备 1 和反向散射通信设备 2 到接收端的信道增益，而 P_1^{in} 和 P_2^{in} 分别表示它们的入射信号能量。若分别用 $s_1(t)$ 和 $s_2(t)$ 表示反向散射通信设备 1 和反向散射通信设备 2 的调制信号，那么接收端将接收到叠加信号

$$y(t) = \xi_1 h_1 \sqrt{P_1^{\text{in}}}\, s_1(t) + \xi_2 h_2 \sqrt{P_2^{\text{in}}}\, s_2(t) + w(t) \tag{12-12}$$

式中，$w(t)$ 是加性高斯白噪声（AWGN）。

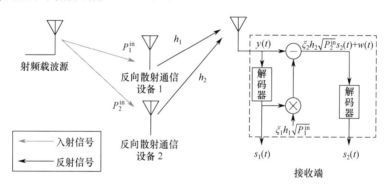

图 12-17 PD-NOMA 工作原理

为了从叠加信号中恢复两设备发射的原始信号，接收端需要基于 SIC 进行解码：接收端首先对两路信号的信号干扰噪声比（Single to Interference Noise Radio，SINR）进行排序；然后解码高 SINR 的信号，此时低 SINR 的信号将被看作噪声；接着从接收信号中消除该路信号产生的干扰；最后解码低 SINR 的信号。为了保证两路信号的 SINR 均能达到最低阈值 $\varGamma$，可以通过求解以下不等式组来调整反射系数

$$\begin{cases} \dfrac{(\xi_1 h_1)^2 P_1^{\text{in}}}{(\xi_2 h_2)^2 P_2^{\text{in}} + \sigma^2} > \varGamma \\[4mm] \dfrac{(\xi_2 h_2)^2 P_2^{\text{in}}}{\sigma^2} > \varGamma \end{cases} \tag{12-13}$$

此处假设 $h_1\sqrt{P_1^{\text{in}}} > h_2\sqrt{P_2^{\text{in}}}$ ，反之亦然。

将两反向散射通信设备的 PD-NOMA 拓展到任意多反向散射通信设备时，某些反向散射通信设备可能在反射系数的调整范围内均无法获得足够高的 SINR。此时，这部分无法使用 PD-NOMA 的反向散射通信设备可以通过时分多址（Time Division Multiple Access，TDMA）接入[41]。此外，PD-NOMA 也可以与空分多址（Space Division Multiple Access，SDMA）接入结合，以获得更高的频谱效率[42]。具体地讲，首先将所有设备根据位置分成多个设备组，然后利用配备多天线的接收端通过波束赋形对准各个设备组实现方向性接收。换言之，组间设备使用 SDMA 来降低相互干扰，而组内设备采用 PD-NOMA。

除了超大规模的连接数外，反向散射通信业务的另一个重要特征是数据包长度短、发射频率低、零星自发，这是与当前以网络授权为基础的用户接入方式难以匹配的。一方面，用户在发射数据之前需要通过随机接入流程与网络交互一系列的控制信令，获得接入授权以及相关资源配置，所造成的信令开销甚至远高于实际需要发射的数据载荷。另一方面，虽然半持续调度（Semi-Persistent Scheduling，SPS）和预配置授权（Configured Grant，CG）可以针对周期性业务优化并降低信令开销，但是难以完全匹配反向散射通信的业务特征。更重要的是，反向散射通信设备的成本和功耗极低，难以实现基于网络授权的用户接入所需要的复杂协议和信令流程。因此，发展无须网络授权就能够随时发射数据的免授权随机接入技术对反向散射通信系统具有重要的意义和价值。

然而，无须授权也意味着用户可以复用相同的资源发射信息，因此，允许资源非正交使用的 NOMA 技术是免授权随机接入技术的演进基础。与 NOMA 技术相比，免授权随机接入还需要解决活跃用户盲检测以及用户识别等问题。其中一种解决方法是设计一个包含较多低相关度序列的码本供用户选择作为扩展序列，而接收端根据序列的盲检结果来确定用户并解码数据，如文献[43]、[44]的基于免授权随机接入的多用户共享多址接入。此外，也有研究提出利用活跃用户的稀疏特征来设计基于压缩感知算法，直接求得活跃用户数、信道估计及发射信号[45]。目前，作为一项新兴的接入技术，免授权随机接入技术仍处于起步阶段，而适用于反向散射通信系统的技术更值得进一步探索和发展。

12.4.5 同步技术

同步是通信系统实现随机接入、信令传输、数据调度、多址接入的基本前提。受限于反向散射通信设备的成本，调制电路中内置的晶振存在采样时间不准且随时间漂移的特性，极大影响反向散射通信的性能和网络容量。目前主流的晶振主要分为无源晶振和有源晶振两种。无源晶振是通过芯片内置的振荡器来工作的，频率一般为 1 Hz～1 MHz，晶振的信号质量和精度较差，且需要精确匹配电感、电容和电阻等外围电路才能保持较好的晶振稳定性。有源晶振则不需要通过芯片内部的振荡器，通过晶体振荡器提供几十兆赫至几百兆赫的标称频率并且可以提供高精度的频率基准，但带来的功耗、成本和体积也会增加。目前的反向散射通信设备出于成本和功耗考虑，大多采用无源晶振。因此，如何在不增加反向散射通信设备成本和功耗的情况下，解决晶振稳定性差带来的同步问题是反向散射通信走向实用化亟须解决的问题。

现在的长期演进技术（Long Term Evolution，LTE）和新空口（New Radio，NR）系统是通过周期性发射同步信号来实现网络设备与终端设备同步的，并且同步信号的发射周期和信号格式是固定的。在利用 LTE 信号作为射频信号的反向散射通信系统中，研究者利用 LTE 信号的主同步信号（Primary Synchronization Signal，PSS）的发射周期和信号格式固定的特性，通过设计专门的低功耗电路来检测 LTE 信号并进行同步[46]。用于与 LTE 信号同步的低功耗同步电路如图 12-18 所示，该同步电路中的阻抗匹配网络用于最大化入射信号功率，电阻-电容（Resistor-Capacitance，RC）滤波器用于包络检波，信号平均电路对射频滤波信号进行平均，而电压比较器用来判决 PSS 信号是否到来。通过在设备中额外增加低功耗的同步电路，反向散射通信中的定时误差以 90%的概率小于 40 μs，基本满足百 kbps 传输速率需求。

除了增加额外的专用同步电路外，通过设计用于前向和反向链路同步的前导序列，在保证低同步复杂度的同时也可以实现较高精度的同步性能。另外，对于成本、体积和功耗都受限的反向散射通信设备，也可以通过异步传输机制来降低设备对同步精度的敏感度。利用设备在网络中的时空泊松模型，设计合理的去中心化和非同步传输方法，以及优化传输时隙长度与储能时间，可以实现多个设备的异步传输[47]。

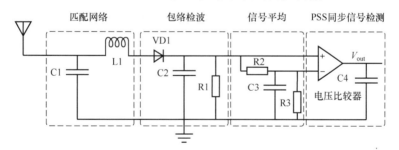

图 12-18　用于与 LTE 信号同步的低功耗同步电路

12.4.6　干扰消除技术

在单基地和双基地反向散射通信系统中，接收信号是有用的反向散射信号和泄露的自干扰信号或直接链路干扰信号的叠加，并且自干扰信号和直接链路干扰信号的强度可能远大于反向散射信号的强度。因此，强直接链路干扰消除和自干扰消除是反向散射通信中实现速率、覆盖、可靠性传输和大规模连接提升的技术前提。反向散射通信中的强信号干扰示意图如图 12-19 所示。

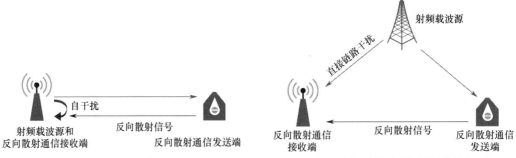

图 12-19　反向散射通信中的强信号干扰示意图

在单基地反向散射通信中，由于射频载波源和反向散射通信接收端一方面向外发射射频载波为反向散射通信设备提供能量和目标载波，另一方面还要接收反向散射通信设备反向散射传输的有用信号，这种半双工工作机制导致接收机前端的载波泄露。射频载波源和反向散射通信接收端（读写器）工作时，两信号将同时出现在天线上且两信号的频率相同，读写器发射的信号强度远远大于接收到的有用反向散射信号。具体地说，产生载波泄露的自干扰信号的原因有三个：（1）收发之间有限的隔离度使得发送端载波泄露到接收前端；（2）读写器天线的失配造成载波信号反射到接收前端；（3）环境对载波信号的反射再次进入接收天线。为了减少载波泄露带来的信号自干扰，可以在读写器结构中将读写器收发通道隔离，如采用收发天线隔离的双天线结构，采用多端口的环形器，或者采用定向耦合器等[48]。

采用收发天线隔离是隔离方式中效果最好的一种，通过接收机和发射机天线之间存在的 25～30 dB 的隔离度来减小载波泄露，如图 12-20（a）所示，假设读写器射频信号功率为 36 dBm，接收天线接收到的有用反向散射信号强度为-55 dBm，收发天线之前的隔离度为 28 dB，天线的输入反射系数为-15 dB，则通过带通滤波器后接收机接收到的信号包括 8 dBm 载波泄露产生的自干扰信号和-55 dBm 的有用反向散射信号。双天线的优点在于隔离度较好，但缺点在于系统需要两个天线，成本和实现复杂度都提高了。

环形器是一种多端口器件，利用铁氧体在恒定电场中对电磁各方向表现出不同磁导率选择导通端口实现发射和接收通道的隔离。如图 12-20（b）所示，假设读写器的射频信号功率为 36 dBm，接收天线接收到的有用反向散射信号强度为-55 dBm。此时发射机的 36 dBm 输出信号经过环形器 1 dB 衰减之后达到天线辐射功率为 35 dBm，假设天线输入反射系数为-15 dB，则天线反射的载波泄露信号强度为 20 dBm，该信号再次经过环形器 1 dB 衰减后到达接收机，则天线反射的载波泄露信号强度为 19 dBm。此外，发射机的信号还可以通过环形器的隔离端口到达接收机，隔离泄露信号强度为 16 dBm，由于隔离泄露的信号强度小于天线失配引起的载波泄露强度，因此接收机的载波泄露的自干扰信号强度为 19 dBm。同时，接收天线接收到的-55 dBm 的反向散射信号经过环形器 1 dB 衰减之后到达接收机的信号强度为-56 dBm。采用环形器作为隔离器的好处在于收发天线只需要采用单天线即可，但缺点在于尺寸较大且成本较高。

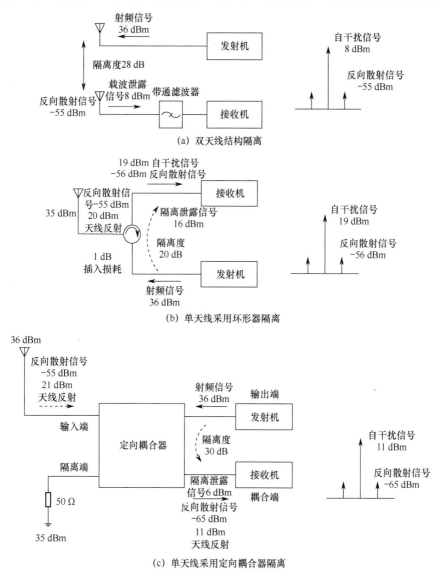

图 12-20　读写器中的收发通道隔离方式

定向耦合器也是一种经常使用的隔离元件，通过具有方向性的功率耦合或分配元件来实现不同端口之间的直通、耦合或隔离。如图 12-20（c）所示，假设读写器的射频信号功率为 36 dBm，接收天线接收到的有用反向散射信号强度为-55 dBm，天线的输入反射系数为−15 dB。假设该定向耦合器的输出端到输入端损耗为 0 dB，输出端到耦合端的隔离度为 30 dB，输入端到耦合端的耦合度为 10 dB，则此时天线的载波信号强度为 30 dBm，天线反射的载波泄露信号强度为 21 dBm，耦合到接收机的载波泄露信号强度为 11 dBm，与此同时，发射机的载波也直接耦合到接收机的信号强度为 6 dBm。由于隔离泄露信号强度小于天线反射的耦合泄露，因此接收机的载波泄露的自干扰信号强度为 11 dBm，有用的反向散射信号强度为−65 dBm。耦合器的隔离效果与环形器差不多，但尺寸小且成本较低。

对于已经泄露的载波，可以进一步采用载波消除技术或自干扰消除技术进行载波泄露消除，从而提高接收机的灵敏度。按照电路结构，主流的载波泄露消除可以分为三大类[48]：接收双路消除法、负反馈环路法和死区放大器抵消法。接收双路消除法进行载波泄露消除的原理为：在接收前端设置两条射频路径，其中一条为线性射频路径，另一条为非线性限幅射频路径，两条路径上的信号相减，保留有用的反向散射信号且抵消泄露的自干扰信号。负反馈环路法进行载波泄露消除是市场化最成功的一种方法，典型的负反馈环路电路中一般由载波消除参考源、相位及幅度调整、检测电路和控制单元四个电路模块组成，如图 12-21 所示。工作时，载波消除参考源一般从发射机输出经定向耦合器等方式获得；检测电路则用来检测残留的载波泄露信号；控制单元则根据检测电路的输出调节载波消除参考信号的幅度和相位，使其与载波泄露信号幅度相同且相位相反，并通过矢量相加来消除载波泄露信号。根据相位和幅度电路实现方式的不同，负反馈环路法又可以进一步细分为 I/Q 正交抵消负反馈环路法、放大和相移抵消负反馈环路法。死区放大器抵消法则是利用死区放大器特性，通过衰减位于死区内的载波泄露信号，放大位于包络中的有用信号，从而达到抑制载波泄露信号而放大有用反向散射信号的目的。

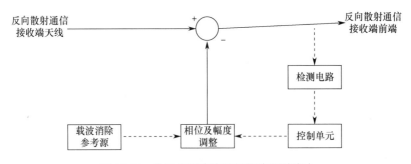

图 12-21　负反馈环路法进行载波泄露消除

不同于单基地反向散射通信中存在的自干扰信号，双基地反向散射通信中存在的是射频载波源到反向散射通信接收端的直接链路干扰。由于该直接链路干扰可能是经过调制的信号，并且反向散射通信接收端一般不知道直接链路信号的调制特性，因而进行直接链路干扰消除的挑战更大。为了有效地消除来自射频载波源的强直接链路干扰，研究人员基于射频载波信号的时域结构和频域结构特性并联合反向散射基带信号设计，接收端能够有效地消除强直接链路干扰。考虑用于射频载波信号是 LTE 和 NR 系统中广泛使用的正交频分复用（Orthogonal Frequency Division Multiplexing，OFDM）信号波形场景，研究者根据 OFDM 信号中存在循环前缀（Cyclic Prefix，CP）时域重复结构的特性，通过联合设计反向散射通信设备中的差分类基带调制信号，在信道时延不超过 CP 长度的情况下能够有效地消除强直接链路干扰[49]。除了利用 OFDM 时域上的重复结构，还可以利用 OFDM 频域上的保护带来进行干扰消除[50]，通过基带信号等效频率搬移到不同的保护带来进行信号调制。相同的设计思想也可以扩展到未调制的单正弦波射频信号[51]和差分混沌调制信号[52]。

12.5　反向散射通信协议栈设计与网络架构

反向散射通信在通信过程中，受限于设备对射频供能的依赖以及内存和射频等硬件能力的限制，因此需要设计轻量化的极简协议栈以减少协议栈处理过程中的能量消耗、信令开销以及对计算复杂度的要求。另外，虽然反向散射通信设备的软硬件能力受限，但可信的接入和安全数据传输依然十分重要，因此需要研究与反向散射通信设备能力相匹配的低成本安全可信接入方案与安全传输机制。另外，由于反向散射支持单基地架构、双基地架构和环境反向散射通信架构，需要进行灵活的网络部署以满足不同的反向散射通信需求。

12.5.1　轻量化协议栈设计

反向散射设备接入蜂窝网络，蜂窝网络可以为反向散射设备提供安全的数据读取和数据传输功能。蜂窝网络可以根据反向散射设备的不同业务，为它们选择不同的数据传输通道，合理利用蜂窝网络的资源，满足反向散射设备的业务需求。例如，对于小包传输的数据业务，可以利用控制面优化的数据传输方式，节约用户面资源。

反向散射设备接入蜂窝网络的核心网，可以在核心网中存储该反向散射设备的上下文，以此对反向散射设备进行移动性管理，实现位置实时追踪。

考虑反向散射设备的成本较低，需要为其设计复杂度较低的协议栈。可以为反向散射设备与普通终端设备之间设计新空口协议栈（IoT AP）。反向散射设备与核心网之间不设单独的协议栈，而是使用普通终端设备作为代理，帮助反向散射设备与核心网进行信令交互。

图 12-22 给出了一种终端设备代理反向散射设备接入核心网的协议栈。终端设备通过 IoT AP 读取反向散射设备的标识后，通过非接入层（Non-Access Stratum，NAS）协议栈将反向散射设备注册到核心网中。

图 12-23 显示了终端设备代理反向散射设备传输数据的协议栈。终端设备通过 IoT

AP 读取反向散射设备的数据后，通过终端设备的会话通道进行传输。针对小包物联网数据，终端设备可以建立控制面优化的会话通道，即通过 NAS 消息携带反向散射设备的数据到核心网。

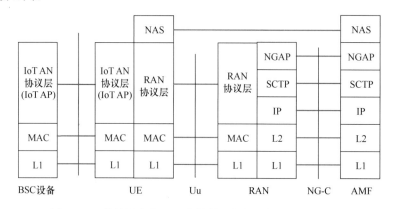

图 12-22　终端设备代理反向散射设备接入核心网的协议栈

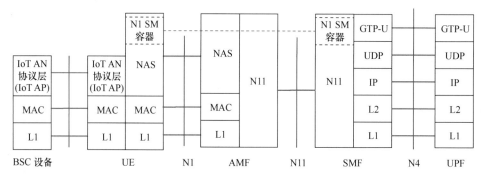

图 12-23　终端设备代理反向散射设备传输数据的协议栈

12.5.2　至简网络架构

　　基于蜂窝的反向散射通信有助于将反向散射通信从传统的短距离应用扩展到广域蜂窝无线网络应用，为客户提供方便和标准化的蜂窝网络功能，并激发新的应用和市场方向。根据反向散射通信设备的上行链路/反向链路与下行链路/前向链路的不同，反向散射通信与蜂窝通信共存或融合的模式包括如图 12-24 所示的三种[53]。模式 1 为基站直连模式，即基站和反向散射设备直接连接，完成上下行信息的收发。这种部署架构对基站和反向散射设备的接收灵敏度要求都很高，但网络部署简单。模式 2 为终端/中继辅助模式，即反向散射设备的上行链路与下行链路的至少一条链路需要终端或中继参与。模式 3 是终端/中继直连模式，即终端或中继和反向散射设备直接连接，完成上下行信息的收发，这类部署场景主要是针对无基站覆盖场景，或者对数据隐私安全有本地存储和处理需求的场景。表 12-6 汇总了不同子模式设备的自干扰消除能力要求和下行接收灵敏度要求。

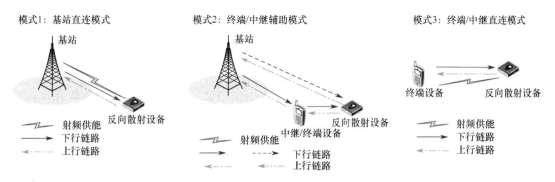

图 12-24　反向散射通信与蜂窝通信共存或融合的三种模式

表 12-6　不同子模式设备的自干扰消除能力要求和下行接收灵敏度要求

模式	下 行 链 路	上 行 链 路	供能方	自干扰消除能力要求	下行接收灵敏度要求
1-1	基站→反向散射设备	反向散射设备→基站	基站	低	高
2-1	基站→反向散射设备	反向散射设备→UE→基站	基站	低	高
2-2	基站→反向散射设备	反向散射设备→UE→基站	终端	高	高
2-3	基站→终端→反向散射设备	反向散射设备→基站	基站	低	低
2-4	基站→终端→反向散射设备	反向散射设备→基站	终端	低	低
2-5	基站→终端→反向散射设备	反向散射设备→UE→基站	终端	高	低
2-6	基站→终端→反向散射设备	反向散射设备→UE→基站	基站	低	低
3-1	终端→反向散射设备	反向散射设备→UE	终端	高	低

在实际部署中，反向散射设备的供能设备、控制设备、提供目标载波或者激励信号的设备和数据收发设备可以是相同的设备，也可以是不同的设备。图 12-24 所示的三种模式，又可以进一步分为 6 个子模式，以实现灵活的网络部署。值得注意的是，表 12-6 中假设为反向散射设备提供能量的设备与提供载波信号源的设备是同一个设备。该设备可以是基站、终端或中继，也可以是其他独立网元或网络节点。进一步讲，反向散射设备还可以从多个不同种类的设备中获取能量，从而提高能量收集效率。同样，接收反向散射信号的设备除了是基站、终端或中继，还可以是其他独立网元或节点。反向散射信号可以由多个设备进行联合接收。

反向散射通信与蜂窝网络相结合有以下三种可能的网络架构，其中的物联网设备即为反向散射设备。

架构 1：对移动网络运营商透明的架构，如图 12-25 所示。在该架构下，终端设备代理传输物联网设备的数据传输，物联网设备与终端设备之间使用非授权频谱交互。移动网络无须将终端设备作为接收端进行授权，按现有计费方式对终端设备进行计费。终端用户、物联网设备制造商、物联网服务提供商共同组成商业生态系统。

图 12-25　架构 1：对移动网络运营商透明的架构

架构 2：移动运营商提供接收端，物联网设备不接入核心网，如图 12-26 所示。在该架构下，移动运营商提供终端设备或接入网设备作为接收端，并代理传输物联网设备的数据传输。其中，物联网设备与终端设备之间使用授权频谱交互，物联网设备与接入网设备之间使用授权频谱或非授权频谱交互。移动网络需要授权终端设备或配置接入网使用授权频谱，以及支持接收端功能。移动运营商向物联网服务提供商进行计费，计费方式可以按照对物联网设备的读写次数或者包月计费。

图 12-26 架构 2：移动运营商提供接收端，物联网设备不接入核心网

架构 3：移动运营商提供接收端，代理物联网设备接入移动核心网，如图 12-27 所示。该架构继承架构 2 的功能，例如，移动网络对授权频谱的使用，以及接收端功能的授权等。在此基础上，移动网络还可以提供对物联网设备的位置追踪，其他终端设备对物联网设备的远程访问，根据物联网设备的业务需求，提供服务质量（Quality of Service，QoS）差分服务、物联网设备的识别和管理等。

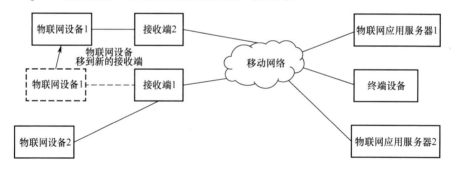

图 12-27 架构 3：移动运营商提供接收端，代理物联网设备接入移动核心网

虽然灵活的网络部署可以适配不同的反向散射通信需求，但复杂的网络架构也会给反向散射通信设备的运营、功耗和成本带来新的挑战，因此需要设计适合于反向散射通信设备的简化网络架构。具体来说，可以从以下几个方面进行设计。

（1）移动性管理：对于静态、半静态的反向散射通信设备，如用于仓储盘点、传感器、监测器等类型的反向散射设备，网络无须实时获取或跟踪其位置；而对于移动的反向散射设备，如用于实时监控类物联网设备（位置跟踪），网络有实时掌握其位置的需求。网络可以根据反向散射设备的使用场景，确定合适的移动性管理机制。简化对反向散射设备的状态管理，如不再区分注册状态和连接状态。

（2）安全：反向散射设备与移动网络之间双向鉴权，保障读写器安全地获得反向散射设备的标识信息和数据，避免向非法读写器传输数据的风险。

（3）会话管理：接收端获取网络控制的会话通道建立参数，并根据该参数为反向散射通信设备代理建立会话通道。会话通道参数包括：会话通道粒度，如表示建立反向散射设备粒度或群组粒度的会话通道；会话对应的数据网络名称及切片；会话通道类型，如建立控制面优化的会话通道。

（4）物联网设备管理能力开放：移动网络向物联网设备应用服务器提供相应的API，支持物联网设备应用服务器对物联网设备的管理、控制和信息获取的能力。

（5）针对物联网设备的定位服务：根据物联网设备的使用场景、应用服务器的请求、物联网设备的能力等设计针对物联网设备的定位服务。

（6）计费：根据物联网设备的使用场景设计不同的计费策略，如基于物联网设备组的计费，根据移动网络服务的物联网设备数量、物联网设备通信次数的计费。

12.6　本章小结

未来低成本、低功耗的物联网设备将无处不在，为智慧城市和家庭、智慧医疗、环境监测和其他应用提供支持，成为"数字孪生世界"中的物理世界和数字世界至简的桥梁和纽带。本章详细介绍了反向散射通信中的无线能量采集、硬件架构、物理层空口技术、至简协议栈和安全机制等技术，在保证低成本、低功耗甚至零功耗的同时，反向散射通信有望实现百米传输百 kbps 速率的能力，真正使能 6G 广域万物互联与更多比特更少瓦特的愿景。未来的传感器将具备更精确、更可靠、更强大的传感能力，将环境能量采集技术与传感器集成后可以实现传感器的无源化，借助于其低成本与海量部署的特性实现泛在感知，从而在增强反向散射通信设备功能的同时满足 6G 中的通感一体化需求。

本章参考文献

[1]　IOT ANALYTICS. Cellular IoT & LPWA Market Tracker (Q3 2021)[R]. 2021.

[2]　LONR R, LIANG Y, GUO H, et al. Symbiotic radio: A new communication paradigm for passive Internet of Things[J]. IEEE Internet of Things Journal, 2019, 7(2): 1350-1363.

[3]　KIMIONIS J, GEORGIADIS A, DASKALAKIS S, et al. A printed millimetre-wave modulator and antenna array for backscatter communications at gigabit data rates[J]. Nature Electronics, 2021, 4(6): 439-446.

[4]　未来移动通信论坛. 零功耗通信[R]. 2022.

[5]　OPPO. 零功耗通信[R]. 2022.

[6]　RADIO SECTOR OF ITU. Future Technology trends of terrestrial IMT systems towards 2030 and beyond[R]. 2022.

[7]   3GPP. TR22.840: Study on Ambient power-enabled Internet of Things[R]. 2022.

[8]   3GPP. RP-222664: New SID Study on Ambient IoT[R]. 2022.

[9]   ABBASI Q, ABBAS H, ALOMAINY A, et al. Backscattering and RF Sensing for Future Wireless Communication[M], John Wiley & Sons, 2021.

[10]   QIAN J, GAO F, WANG G. Signal detection of ambient backscatter system with differential modulation[C]//2016 IEEE International Conference on Acoustics, Speech and Signal Processing (ICASSP). Piscataway: IEEE, 2016: 3831-3835.

[11]   黄玉兰. 物联网：射频识别（RFID）核心技术详解[M]. 北京：人民邮电出版社，2016.

[12]   高如云，陆曼茹，张企民，等. 通信电子线路[M]. 4 版. 西安：西安电子科技大学，2016.

[13]   曾兴雯. 高频电路原理与分析[M]. 西安：西安电子科技大学出版社，2006.

[14]   VULLERS R, SCHAIJK R V, VISSER H J, et al. Energy harvesting for autonomous wireless sensor networks[J]. IEEE Solid-State Circuits Magazine, 2010, 2(2): 29-38.

[15]   GU X, GUO L, HEMOUR S, et al. Optimum temperatures for enhanced power conversion efficiency (PCE) of zero-bias diode-based rectifiers[J]. IEEE Transactions on Microwave Theory and Techniques, 2020, 68(9): 4040-4053.

[16]   CUI Q, ZHANG C, GUO Y, et al. A 1.8 V Output RF Energy Harvester at Input Available Power of− 20 dBm[C]//2018 IEEE 3rd International Conference on Integrated Circuits and Microsystems (ICICM). Piscataway: IEEE, 2018: 33-37.

[17]   THOMAS S, REYNOLDS M S. QAM backscatter for passive UHF RFID tags[C]//2010 IEEE International Conference on RFID (IEEE RFID 2010). Piscataway: IEEE, 2010: 210-214.

[18]   CORREIA R, BOAVENTURA A, Carvalho N B. Quadrature amplitude backscatter modulator for passive wireless sensors in IoT applications[J]. IEEE Transactions on Microwave Theory and Techniques, 2017, 65(4): 1103-1110.

[19]   BOYER C, ROY S. Coded QAM backscatter modulation for RFID[J]. IEEE Transactions on Communications, 2012, 60(7): 1925-1934.

[20]   SABHARWAL A, SCHNITER P, GUO D, et al. In-band full-duplex wireless: Challenges and opportunities[J]. IEEE Journal on Selected Areas in Communications, 2014, 32(9): 1637-1652.

[21]   LIU W, HUANG K, ZHOU X, et al. Full-duplex backscatter interference networks based on time-hopping spread spectrum[J]. IEEE Transactions on Wireless Communications, 2017, 16(7): 4361-4377.

[22]   VAN H N, HOANG D T, LU X, et al. Ambient backscatter communications: A contemporary survey[J]. IEEE Communications Surveys & Tutorials, 2018, 20(4): 2889-2922.

[23]   HE C, WANG Z, LEUNG C. Unitary Query for the M × L × N MIMO Backscatter RFID Channel[J]. IEEE Transactions on Wireless Communications, 2015, 14(5): 2613-2625.

[24]   YANG G, WEI T, LIANG Y. Joint hybrid and passive beamforming for millimeter wave symbiotic radio systems[J]. IEEE Wireless Communications Letters, 2021, 10(10): 2294-2298.

[25]   AMATO F, PETERSON C W, AKBAR M B, et al. Long range and low powered RFID tags with tunnel diode[C]//2015 IEEE International Conference on RFID Technology and Applications (RFID-TA). Piscataway: IEEE, 2015: 182-187.

[26]   CORREIA R, CARVALHO N B, KAWASAKI S. Continuously power delivering for passive backscatter wireless sensor networks[J]. IEEE Transactions on Microwave Theory and Techniques, 2016, 64(11): 3723-3731.

[27]   SONG C, DING Y, EID A, et al. Advances in wirelessly powered backscatter communications: From

antenna/RF circuitry design to printed flexible electronics[J]. Proceedings of the IEEE, 2021, 110(1): 171-192.

[28] AMATO F, PETERSON C W, DEGNAN B P, et al. Tunneling RFID tags for long-range and low-power microwave applications[J]. IEEE Journal of Radio Frequency Identification, 2018, 2(2): 93-103.

[29] 童文，朱佩英. 6G 无线通信新征程跨越人联、物联，迈向万物智联[M]. 北京：机械工业出版社，2021.

[30] DURGIN G D, DEGNAN B P. Improved channel coding for next-generation RFID[J]. IEEE Journal of Radio Frequency Identification, 2017, 1(1): 68-74.

[31] FASARAKIS-HILLIARD N, ALEVIZOS P N, BLETSAS A. Coherent detection and channel coding for bistatic scatter radio sensor networking[J]. IEEE Transactions on Communications, 2015, 63(5): 1798-1810.

[32] PARKS A N, LIU A, GOLLAKOTA S, et al. Turbocharging ambient backscatter communication[J]. ACM SIGCOMM Computer Communication Review, 2014, 44(4): 619-630.

[33] ALAMOUTI S M. A simple transmit diversity technique for wireless communications[J]. IEEE Journal on Selected Areas in Communications, 1998, 16(8): 1451-1458.

[34] TAROKH V, JAFARKHANI H, CALDERBANK A R. Space-time block codes from orthogonal designs[J]. IEEE Transactions on Information Theory, 1999, 45(5): 1456-1467.

[35] JAFARKHANI H. A quasi-orthogonal space-time block code[J]. IEEE Transactions on Communications, 2001, 49(1): 1-4.

[36] LIU H, LIN W, LIN M, et al. Passive UHF RFID tag with backscatter diversity[J]. IEEE Antennas and Wireless Propagation Letters, 2011, 10: 415-418.

[37] TAROKH V, JAFARKHANI H. A differential detection scheme for transmit diversity[J]. IEEE Journal on Selected Areas in Communications, 2000, 18(7): 1169-1174.

[38] LIU W, SHEN S, TSANG D H K, et al. Enhancing ambient backscatter communication utilizing coherent and non-coherent space-time codes[J]. IEEE Transactions on Wireless Communications, 2021, 20(10): 6884-6897.

[39] HWANG C S, NAM S H, CHUNG J, et al. Differential space time block codes using nonconstant modulus constellations[J]. IEEE Transactions on Signal Processing, 2003, 51(11): 2955-2964.

[40] TSE D, VISWANATH P. Fundamentals of wireless communication[M]. Cambridge: Cambridge University Press, 2005.

[41] GUO J, ZHOU X, DURRANI S, et al. Design of non-orthogonal multiple access enhanced backscatter communication[J]. IEEE Transactions on Wireless Communications, 2018, 17(10): 6837-6852.

[42] LI L, HUANG X, FANG Y. Hierarchical Multiple Access for Spectrum-Energy Opportunistic Ambient Backscatter Wireless Networks[J]. IEEE Transactions on Mobile Computing, 2022.

[43] YUAN Z, YAN C, YUAN Y, et al. Blind multiple user detection for grant-free MUSA without reference signal[C]//2017 IEEE 86th Vehicular Technology Conference (VTC-Fall). Piscataway: IEEE, 2017: 1-5.

[44] YUAN Z, HU Y, LI W, et al. Blind multi-user detection for autonomous grant-free high-overloading multiple-access without reference signal[C]//2018 IEEE 87th Vehicular Technology Conference (VTC Spring). Piscataway: IEEE, 2018: 1-7.

[45] JIANG S, YUAN X, WANG X, et al. Joint user identification, channel estimation, and signal detection for grant-free NOMA[J]. IEEE Transactions on Wireless Communications, 2020, 19(10): 6960-6976.

[46] CHI Z, LIU X, WANG W, et al. Leveraging ambient LTE traffic for ubiquitous passive communication[C]//Proceedings of the Annual conference of the ACM Special Interest Group on Data Communication on the applications, technologies, architectures, and protocols for computer

communication. New York: ACM Press, 2020: 172-185.

[47] YANG Q, WANG H, ZHENG T, et al. Wireless powered asynchronous backscatter networks with sporadic short packets: Performance analysis and optimization[J]. IEEE Internet of Things Journal, 2018, 5(2): 984-997.

[48] 甘泉. 物联网 UHF RFID 技术、产品和应用[M]. 北京：清华大学出版社，2021.

[49] YANG G, LIANG Y, ZHANG R, et al. Modulation in the air: Backscatter communication over ambient OFDM carrier[J]. IEEE Transactions on Communications, 2017, 66(3): 1219-1233.

[50] ELMOSSALLAMY M A, PAN M, JÄNTTI R, et al. Noncoherent backscatter communications over ambient OFDM signals[J]. IEEE Transactions on Communications, 2019, 67(5): 3597-3611.

[51] TAO Q, LI Y, ZHONG C, et al. A novel interference cancellation scheme for bistatic backscatter communication systems[J]. IEEE Communications Letters, 2021, 25(6): 2014-2018.

[52] LUO R, YANG H, SHI H, et al. Ambient Backscatter Communication Design over DCSK Signals[J]. International Journal of Bifurcation and Chaos, 2021, 31(13): 1-12.

[53] 未来移动通信论坛. 终端友好 6G 技术白皮书[R]. 2022.

第 13 章 6G 星地融合网络技术

面向 2030 年以后的社会发展需求，移动通信网络需要提供更加全面的立体多维覆盖，卫星网络将发挥更重要的作用，所以 6G 将是卫星网络与地面网络深度融合的一体化网络，提供更加泛在、智能、安全、可信的公共移动信息基础服务能力[1-3]。相比地面移动通信系统，卫星通信系统具有覆盖范围广、通信容量大、地形影响小、灵活性高和能适应多种业务等的优点。本章在对星地融合网络发展现状进行概述的基础上，展望星地融合网络发展路径，并就面向 6G 的星地融合网络采用的多个关键技术进行分析。

13.1 星地融合网络发展现状

5G 技术虽然已开启全球商用，为用户提供高比特率、低时延、高容量、多新业务和垂直应用的通信服务[4-6]，但受限于地理环境和商业模式，导致其无法保障远洋与陆地边远地区的网络覆盖。为突破地域限制，将卫星网络与地面网络融合构建为全球无缝覆盖的星地融合网络，已经成为当前学术界和产业界研究的热点。星地融合网络是以地面网络为基础、以卫星网络为延伸，覆盖太空、天空、陆地、海洋等自然空间，为天基、空基、陆基、海基等各类用户的活动提供信息保障的基础设施[7-8]。星地融合网络的建设是一个逐步推进、持续完善的长期过程，科学合理的体系架构和网络模型设计是研究的基础和出发点[9-10]。

3GPP 和 ITU 等国际组织成立了相应的工作组开展星地融合网络的标准化研究，中国通信标准化协会（CCSA）也于 2019 年成立了航天通信技术工作委员会（TC12）开展星地一体化的研究工作。其中 3GPP 立项的非地面网络（Non-Terrestrial Networks，NTN）致力于将卫星通信与 5G 融合，解决新空口（New Radio，NR）技术支持 NTN 的关键问题[11]。随着 5G 标准化持续演进，面向 6G 的关键技术攻关也已开展，ITU 6G 标准规划初步成型。这些工作为面向 6G 的星地融合网络研究奠定了技术基础。

13.1.1 卫星通信的崛起

地面网络只能在有限的地区铺设基站，一些自然条件恶劣、经济成本高的地区（如荒漠、海洋）很难铺设基站。因此，受制于经济成本和技术因素，现有地面蜂窝通信网络仅仅覆盖了地球表面陆地约 20%的地区，覆盖面积小于地球表面积的 6%，覆盖人口约占总人口的 70%。卫星网络因广阔的覆盖面积、大容量高速率的数据传输以及不受地理因素影响等优点可以很好地填补地面网络的不足。

经历了 21 世纪初十多年的发展低潮，卫星通信系统随着移动互联网的快速发展也取得了一定的进步。如今以宽带互联为主要特征的新一代卫星通信系统已经逐渐发展起来并有加速趋势。新一代卫星移动通信系统具有如下特点。

（1）由窄带语音向宽带语音数据传输发展，从管道服务向移动互联网和移动物联网演进，从行业应用向普遍服务转变。

（2）以低轨卫星为代表，数千颗至数万颗卫星组成的巨型星座进入规划和建设阶段。

（3）通过卫星链路互联，形成全球覆盖的互联互通的空间网络。

（4）批量化、工厂化的低成本卫星、终端以及火箭发射技术，使得卫星网络部署成本大幅度降低。

各科技大国都开始着手自己的卫星发射计划，目前国外已公布的星座规划有 14 项，其中美国 9 项、俄罗斯、加拿大、印度、韩国、荷兰各 1 项。如表 13-1 所示，现有的国际典型低轨卫星计划有美国的 OneWeb、Starlink 和 Kuiper、法国的 LeoSat、加拿大的 Telesat。中国也紧跟步伐，自 2018 年开始建设鸿雁星座和虹云工程并发射了部分主干网卫星。鸿雁星座预计部署完成后向用户提供窄带通信、物联网和宽带互联网等业务，虹云工程预计部署完成后提供全球无缝覆盖的宽带移动通信服务，以及为各类用户构建"通导遥"一体化的综合信息平台[12]。2021 年，中国卫星通信网络集团（简称"星网"）正式成立，从国家层面统筹卫星互联网的发展。

表 13-1　现有的国际典型低轨卫星计划

星 座 规 划	OneWeb（美国）	Starlink（美国）	LeoSat（法国）	Telesat（加拿大）	Kuiper（美国）
卫星数量	588	4425～42000	108	117	3236
用户频段	Ku、Ka	Ku、Ka、V	Ka	Ka	Ka、V
星间链路	无	有	有	有	有
波束覆盖特性	固定多波束	电扫点波束	机械点波束	电扫点波束	未知
建设阶段	试验星在轨	试验星在轨	—	试验星在轨	—

13.1.2　卫星通信系统的体制标准

现有卫星通信系统体制技术协议标准化程度低，协议标准滞后于通信系统的发展建设，导致卫星通信系统应用范围小。其中，窄带卫星通信系统体制标准借鉴地面通信系统标准，如表 13-2 所示；宽带卫星通信系统体制标准以原有宽带多媒体标准协议进行修改，如表 13-3 所示，主要应用于卫星互联网业务。目前，宽带卫星通信系统存在以下几点不足。

（1）现有协议无法支持多种不同业务共存，卫星通信系统协议容易发展成"烟囱"式协议，产业规模小，设备价格高。

（2）已有的协议虽然实现了空口基本传输的底层协议标准化，但是系统上层协议标准、系统构建、测试等方面都极少涉及，也缺乏支持网络切换、灵活传输架构、星间接口、网络安全等组网必要的能力。

（3）现有协议的空口设计资源调度灵活性不足，资源调度效率和可靠性低，业务质量控制较弱，如 QoS 得不到保障，无法支持复杂业务传输。

表 13-2　窄带卫星通信系统体制标准

卫星系统	初次发射时间	频　　段	技术标准
北美卫星移动通信系统（MAST）	1995 年	L 频段	AMPS
亚洲蜂窝卫星系统（ACeS）	2000 年	L 频段	类 GSM
舒拉亚（Thuraya）卫星系统	2000 年	L 频段	GMR-3G（类 3G）
铱卫星（Iridium）	1996 年	L 和 Ka 频段	类 GSM
全球星卫星（GlobalStar）	1998 年	L 和 S 频段	类 IS-95
地网星卫星（TerreStar）	2009 年	S 频段	WCDMA（3G）
天通一号	2016 年	S 频段	工程标准（类 3G）

表 13-3　宽带卫星通信系统体制标准

标　　准	数字视频广播——卫星返回信道技术传输标准（DVB-RCS）	卫星互联网协议（IPoS）	有线传输数据业务接口规范-卫星（DOCSIS-S）
背景	欧洲电信标准化协会（ETSI），卫星广播标准改进	美国电信行业协会（TIA），互联网协议改进	美国有线电视实验室，有线传输规范改进
协议标准	物理层、MAC 层	物理层，MAC 层，RLC 层	物理层、MAC 层
组网能力	否	否	否
前向传输	DVB-S/DVB-S2，>100 Mbps	DVB-S/DVB-S2，>100 Mbps	DVB-S/DVB-S2，72 Mbps 和 52 Mbps
反向传输	MF-TDMA，<6 Mbps	MF-TDMA，<2.5 Mbps	MF-TDMA，<10 Mbps
标准化程度	高	中	低
应用规模	广	一般	一般

注：IPoS 英文全称为 Internet Protocol over Satellite，即卫星互联网协议。

13.1.3　星地融合发展新趋势

低轨卫星因其低成本、低时延、高速率、大容量等优势，在构建卫星互联网中起到了重要的作用。低轨卫星网络作为对地面 5G/6G 网络的补充有着巨大优势，是业内对卫星通信产业 5G/6G 时代的主流展望。以低轨卫星为主要卫星的星地融合网络的展望可以概括为以下几点。

（1）低轨卫星运行在 500～1500 km 的低空轨道中，质量轻、体积小、制造成本低。传统的高轨卫星造价约每颗 10.4 亿元，而低轨卫星仅仅是它的百分之一。同时，低轨卫星进行星座组网可以实现全球无缝覆盖。低轨卫星能够以较低的发射成本和较高的使用价值投入到商业使用中。

（2）卫星以其广阔的覆盖面积对地面网络进行补充，即人口稠密区域用基站覆盖，发挥容量优势，满足多用户的连接。基站无法覆盖的偏远地区采用卫星覆盖，可以发挥卫星的覆盖优势，节省基站建设成本。

（3）在 5G、6G 时代，业界期望通过大容量、高带宽卫星与地面互补，支撑起三大应用场景中的增强型移动宽带（eMBB）和海量机器类型通信（mMTC）相关应用。

（4）以星地融合方式扩展无线覆盖路径，卫星部署高增益的天线，地面部署移动通信系统兼容的基站处理装置，可以在中低频段内实现地面终端直接与低轨卫星进行通信[13]。

13.1.4 星地融合网络标准进展及趋势

卫星将成为 5G 系统中一个重要组成部分并发挥重要的作用，已得到业界广泛认可。ITU 开展了 NGAT SAT 立项，在 ITU-R M.2083 中提出了"下一代移动通信网应满足用户能随时随地访问服务的需求"。在 ITU-R M.2460 中分析了卫星系统整合到下一代接入技术中的关键因素，并提出了卫星网络典型应用场景：中继宽带传输业务，数据回传与分发业务，宽带移动通信业务，混合多媒体业务。

2017 年 6 月，欧洲成立 SaT5G 联盟，探索将卫星集成到 5G 网络中的可行性方案，主要工作包括：

（1）在卫星/5G 网络中实施 NFV 和 SDN 技术；

（2）研究卫星/5G 多链路和异构传输技术；

（3）融合卫星网络和 5G 网络的控制面与数据面；

（4）卫星/5G 网络一体化的管理与运维技术。

3GPP 从 Rel-14 开始对卫星通信进行研究，旨在通过卫星网络与地面网络的优势互补实现更广阔的覆盖以满足用户接入服务需求。在 2016 年 1 月开始的 TR 38.913 "下一代接入技术的场景和需求"中，3GPP 把卫星接入技术纳为 5G 网络的基本接入技术之一。从 2018 年开始的 TR22.822 "卫星接入 5G 的研究"中给出了 5G 使用卫星接入的一些研究结果。3GPP 于 2017 年 3 月启动了新计划，该计划研究卫星在 5G 中的作用，并且已经完成了两个研究项目（SI）。经过两年的研究，3GPP 已批准非地面网络（NTN）成为 5G 新的关键特性，并且工作项目（WI）已从 2020 年 1 月开始运行[14]。同时，3GPP 定义了 NTN-5G 系统的三个主要服务类别是服务连续性、服务普遍性和服务可扩展性[15]。

（1）服务连续性：服务连续性旨在通过为 5G 用户（如汽车、火车、机载平台、海上船舶）提供持续访问 5G 系统授予的服务来提高 5G 服务可靠性。虽然地面网络可以给城市地区提供可靠的覆盖，但在某些高山、沙漠、海洋等特殊地理区域则无法满足覆盖需求，此时通过卫星接入来保障用户全球范围内的服务连续性。

（2）服务普遍性：此类服务旨在通过卫星接入网络，在没有服务或服务不足的地区给用户提供 5G 服务。例如，某些农村和偏远地区可能无法提供地面覆盖，或者地面网络服务可能会被自然灾害暂时中断甚至完全破坏。

（3）服务可扩展性：此类服务将有效利用卫星网络的数据多播和广播功能，如超高清电视内容的分发来支持 5G 网络可扩展性。

Rel-15 NTN SI 中研究了 NTN 部署场景和信道模型，分析了 5G 空口影响因素，发布了 TR 38.811。Rel-16 NTN SI 提出了基于 5G 空口支持 NTN 网络的技术解决方案，开展链路与系统级性能评估。Rel-17 NTN 开展了 3 个标准化制定项目，包括 NR over NTN、IoT over NTN、5G ARCH_SAT，并在 Rel-17 完成了第一个基于 5G 的卫星弯管透明转发技术标准。目前的 Rel-18 阶段，3GPP 针对 NTN 在持续开展用户面功能（User Plane Function，UPF）上卫星、空口传输链路增强等特性研究。5G 标准仍在持续演进中，目前已经开始 5G Pro 的标准化工作。随着更高规划（Release）版本标准的发布，5G 在继续提升现有性能特性的同时，也引入了一些新的特性。同时，6G 空口技术需满足 6G 的能力需求，6G 需要提升其在空口接入和立体覆盖上的能力。目前，面向 6G 的星地融合网络正关注于卫星与地面网络空口设计方案的融合统一，面向 6G 的关键技术攻关已经开展，ITU 6G 的技术标准也已初步成型[16]。

13.2　星地融合网络发展路径

星地融合网络具有多层立体、动态时变的特点，其拓扑结构的动态性、复杂性和可扩展性，空间节点的高速移动性和有限的存储及处理能力，使得现有空间信息传输技术不能很好地满足新型空间网络架构下的通信需求。下面将从业务融合、体制融合和系统融合三个阶段的技术发展路径分析星地融合网络。

13.2.1　过去：业务融合

传统的地面网络技术成熟、资源丰富，但受地理环境影响较大。卫星网络中的卫星中继节点分布于太空，有更高的灵活性和更大的覆盖范围。因此，人们很早就开始尝试卫星与地面网络进行优势互补，即初步融合：星地融合网络通过中间网关实现互联互通，使得业务相互增强，但卫星网络与地面网络各自独立。

业务量和多样化需求的增加给传统移动网络带来了问题。首先，移动业务量的激增和新一代无线接入技术的发展，使移动网络的瓶颈从无线电接口转向了回传和核心网络[17-19]。其次，网络间相互独立，技术体制不兼容。再次，通过网关实现卫星与地面网络业务互联互通，卫星网络业务类型单一。最后，资源无法统一协调，网络效率低。

13.2.2 现在（5G）：体制融合

由于卫星通信与地面无线通信在部署环境、覆盖范围、信道传输特征等方面存在很多差异，实现两者的深度融合面临着一些挑战。第二阶段是体制融合，卫星通信系统采用与地面相同或相似的通信体制，频谱资源与地面系统协同复用[20]。

随着星地网络的融合与改造，目前关于星地融合网络的架构是星地互补网络和星地混合网络。在星地互补网络架构下，地面系统和卫星系统共用网管中心，但各自的接入网、核心网和所用频段保持独立性。在星地混合网络架构下，空口部分尽量统一，在传输与技术融合设计方面，两个网络采用相同或近似的体制与关键技术，充分利用地面网络丰富的产业链基础提升研发效率。在复杂的 5G 场景中，各参与者（地面和卫星运营商、5G 垂直行业和基础设施提供商）都参与到一个由多种资源（地面无线电系统、卫星、云/边缘计算和传输）组成的生态系统中，空中接口统一体制变得更加重要[21-22]，这也是体制融合的关键。

目前，从卫星网络的业务构成来看，与地面网络互通仍然占据主要份额，并且卫星与 5G 架构的研究实际仍只是通过网关实现卫星与地面网络业务的互联互通，卫星网络业务类型单一，资源无法统一协调和管理，没有实现频率共享共用和协调管理，使得网络效率低。

13.2.3 未来（6G）：系统融合

根据我国当前空间信息网络的规划以及国外相关领域的发展趋势，未来面向 6G 的星地融合网络一体化如图 13-1 所示，从卫星网络走向空间信息网络，从天地一体化走向空天地海一体化的空间信息网络，以多种空间平台（同步卫星、中低轨卫星、平流层浮空器以及飞机、无人机等）为载体，使星地构成一个整体，整个系统的接入点、频率、接入网、核心网完全统一规划和设计，提供用户无感知的一致服务，采用协同的资源调度、一致的服务质量、星地无缝的漫游。与过去和现在（5G）的星地融合网络相比，未来面向 6G 的系统融合过程将划分为 7 个层次。

（1）体制融合：统一空口体制，在空中接口分层结构上，采用相同的设计方案，采用相同的传输和交换技术。

（2）网络融合：全网统一的网络架构，统一的 TCP/IP 协议使各种基于 IP 的业务都能互通，如数据网络、电话网络、视频网络都可融合在一起。

（3）管理融合：统一资源调度与管理。

（4）频谱融合：频率共享共用，协调管理。

（5）业务融合：统一业务支持和调度。

（6）平台融合：网络平台采用一体化设计。

（7）终端融合：统一终端标识与接入方式，用户终端、关口站或者卫星载荷可大量采用地面网络技术成果。

卫星与地面网络融合将扩大网络覆盖、提升网络频率资源利用率以及实现星地频率共享共用；同时通过星地协作传输来提升业务支持能力和传输效率，构建绿色高效节能的网络通信环境。

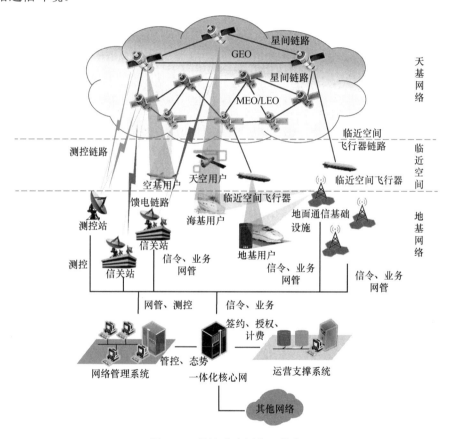

图 13-1　星地融合网络一体化

13.3　星地融合网络一体化

未来面向 6G 的星地融合网络是天基多层子网（高轨卫星、中低轨卫星及监控设备）和地面蜂窝多层子网（宏蜂窝、微蜂窝和皮蜂窝）等多个异构网络的一体化融合[23]，大时空尺度跨域异构的 6G 星地融合网络如图 13-2 所示。然而，多层复杂跨域组网会导致网络架构设计困难，大尺度空间传播环境会导致传输效率低，以及卫星的高速运动会导致网络拓扑高动态变化，进而导致业务质量难以保障，这些都是 6G 星地融合网络所面临的巨大挑战。要解决这些问题，需要从星地融合的网络架构、星地融合的空口传输、星地融合的组网方式以及星地融合的频率管理这四个方面来实现关键技术突破[24-25]。

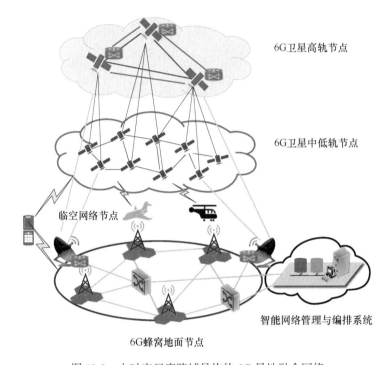

图 13-2　大时空尺度跨域异构的 6G 星地融合网络

13.3.1　星地融合的网络架构

在网络架构方面，研究卫星与地面蜂窝通信架构的统一设计。设计弹性可重构的灵活网络架构和高效的多域多维度网络管理架构，分别实现星地网络节点间网络功能的柔性分割和提高星地融合网络中的资源管理效率[26-29]。

1. 星地融合网络架构面临的挑战

传统的天基卫星移动网络与陆地蜂窝网络各自独立发展，孤立组网，系统间互通性差，难以满足信息融合和综合利用的需求，无法实现 6G 星地融合网络发展目标。需要通过天基网络与移动蜂窝网深度融合、统一体制，形成统一高效的智能网络，实现多网融合，提升网络传输效率与性能，降低建网与维护成本，提高网络的部署灵活性与业务传输质量。

相对于原有的卫星网络或地面网络，由于网络结构（由平面发展到立体大时空跨度）和节点能力（传输、移动、路由、覆盖能力等）都发生了根本性变化，星地融合网络面临着网络架构、业务连续性、网络能力适配和服务保障等方面的挑战。

1）网络架构挑战

面向 6G 的星地融合网络包括由高轨卫星和中低轨卫星组成的卫星网络，为应对临时需求的由升空气球、飞艇和无人机组成的临空网络以及陆地蜂窝网络，其网络节点具有立体多层次分布、高速运动、各节点功能及组网特性不均等特点。因此，星地融合网络面临着网络组成结构差异大，网络资源难以统一整合，无法形成高效服务保障；通信协议差别明显，信息传输时的协议转换开销大；网络管理和控制功能分散，网络管理效率低、复杂度高；用户和业务分布不均匀，网络拓扑和架构动态变化。如何将异构网络进行高效组织，构建包含统一空口协议和组网协议、功能模块化、智能化、以用户为中心的服务化网络架构，能够满足不同部署场景和多样化的业务需求成为实现星地融合网络面临的挑战。

2）业务连续性挑战

星地融合网络面临着天基和空基网络节点高速移动导致的网络拓扑高动态性，不同层网络传输时延差异大，网络通信链路性能变化大，以及星地、星间、空基链路健壮性差等多尺度异构网络组网难题。同时，由于低轨卫星的快速移动，针对固定区域，将频繁出现服务卫星变化的现象。当区域内用户较多时，将出现群组用户的星间切换问题。星地融合网络针对多类型、大容量、分布不均衡的业务，卫星之间存在着复杂、高效、可靠、安全的路由转发等难题，网络路由建立、维护等面临巨大挑战。为了保障 6G 业务连续性服务质量，形成无缝覆盖的可靠连接，如何突破异构网络之间移动性管理的封闭性，保障星地协作高效业务的连续性将是星地融合网络面临的挑战。

3）网络能力适配和服务保障挑战

星地融合网络将提供全场景服务，网络则应能够根据不同的业务需求提供匹配的网络服务能力，如在某些业务场景中终端需要同时接入多种卫星接入网络和/或地面接入网络。同时星地融合网络面临着链路时延抖动大、用户和馈电链路切换频繁、星间/星地网络拓扑动态变化等一系列不利于服务质量保障的因素，因此如何感知业务需求并提供相应的网络服务，以及如何实现面向星地融合网络的服务质量保障，是星地融合网络在业务支撑方面所面临的挑战。

2．星地融合网络架构需求

6G 网络架构将继续延续云化演进路线，使得网络更加简洁和高效，网络功能可以基于云原生快速和频繁地构建、发布及部署。在网络架构演进过程中，应遵从控制和转发分离、按需无状态等服务化网络架构的基本要求。服务化网络架构将不仅包括核心网控制面，也包括核心网用户面和基站。对不同应用场景，网络功能将进一步解耦、简化和定制，以适应未来多种多样的业务需求。

由于卫星网络的特点，如快速动态拓扑变化、发射功率受限、信息处理能力受限、传输时延要远大于地面网络等特点，使得星地一体化组网复杂，简单的业务互通和体制融合不能满足 6G 网络的智能、极简和按需定制的要求，因此面向 6G 的星地融合网络将是系统融合的网络，将卫星网络和地面网络在网络架构、网络功能和空中接口传输，以及无线资源管理和调度等方面进行深度融合，通过统一的用户管理和安全机制实现全网统一网络管理[29]。

星地融合网络应该具有简洁、敏捷、韧性和集约等特点。

（1）简洁：星地融合网络的层级、种类、数量和接口应尽量少，以降低运营和维护的复杂性和成本，利用分布式人工智能、SDN、NFV 等技术建立可按需调整、可弹性伸缩、具有自组织、自演进能力的分布式网络。

（2）敏捷：星地融合网络应具备可编程能力，网络资源具备弹性的可伸缩能力，实现网络的灵活可控、融合可演进，以及弹性可定制的特征，便于网络和业务的快速部署和保障，让网络更加智能和灵活，具有更高的适应性和灵活弹性。

（3）韧性：星地融合网络通过内生弹性可伸缩架构，通过软件定义网络、虚拟化等技术，构建随需取用、灵活高效的网络能力资源池，实现网络能力的按需定制、动态部署和弹性伸缩，满足星地融合网络的可靠性和健壮性需求。

（4）集约：星地融合网络应具备在统一网络架构下按需部署网络功能或服务的能力、动态编排和按需资源调度的能力。网络资源应能够统一规划、部署，改变分散、分域情况下高成本、低效率的状况。

3．弹性可重构的网络架构

面向 6G 的星地融合网络将以业务/用户为中心，服务多种通信场景。为了在不同场景下提供高效的网络服务和较好的用户体验，星地融合网络架构应具备灵活适变能力，能够根据不同的场景和业务需求多尺度构建服务网络。星地融合网络通过网络功能重构可以增强网络活力，降低运营成本，促进网络开放与业务创新，采用模块化功能设计模式，并通过"功能组件"的组合，构建满足不同应用场景需求的网络。星地融合网络架构如图 13-3 所示。

面向 6G 的星地融合网络是由高轨卫星、中低轨卫星、地面通信系统共同组成的大时空尺度多层异构网络。

1）地面通信系统

地面通信系统将由地面网络和智能网络管理和控制系统构成，是星地融合网络的核心。星地融合网络通过构建网络全局视图，统一管理地面通信系统和卫星通信系统。为了统一协调卫星和地面的网络资源以及按需构建星地融合网络，地面通信系统中的智能化网络管控平台，用于管理和控制卫星网络和地面网络间的网络拓扑结构。

2）中低轨卫星

中低轨卫星不仅支持普通接入网功能，还可以根据业务需求部署定制的核心网功能，如可以部署移动性管理、会话管理和用户面等网络功能。通过部署网络功能，每颗卫星既可以构成独立的服务网络/服务终端，也可以作为接入网节点连接其他卫星/地面核心网。当单颗卫星自成系统时，卫星之间的链路将只承载业务数据，这样既可以避免在控制面使用到地面信关站的馈电链路，减少控制平面的时延，又可以减少对星间接口协议的影响，使得星间链路可以采用统一的接口，提供星间路由的灵活性。

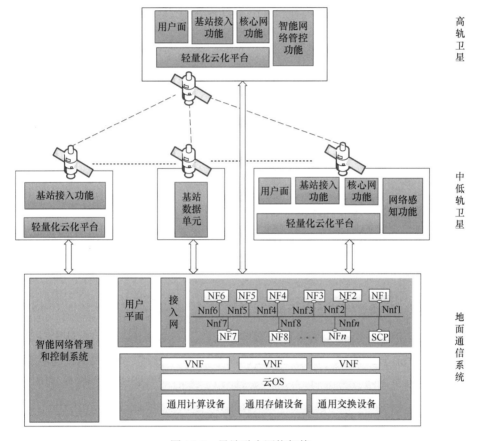

图 13-3　星地融合网络架构

3）高轨卫星

高轨卫星作为天基网络的骨干节点，可以负责其管理区域内的中低轨卫星的星间网络拓扑并构成卫星网络中的单个自治域，因此高轨卫星除了支持中低轨卫星的核心网功能，还支持域内管理和控制功能。高轨卫星上的域内管理和控制平台主要负责接收其自治域内卫星节点或链路的异常状态通知，从而根据业务特性、网络拓扑、网络负载等动态调整网络结构。当发生紧急情况时，也可以根据地面控制中心的指令以及域内卫星网络节点的可用性、安全性、负载等进行网络重构。

星地融合网络架构根据功能可以划分为管理平面、控制平面和数据转发平面，如图 13-4 所示。数据转发平面包括高轨卫星节点、中低轨卫星节点和地面通信系统的数据面，主要用来进行数据转发。控制平面包括网络路由控制和网络功能控制两部分。网络路由控制主要通过可编程的卫星网络分布式架构来实现星地融合网络的路由动态规划和负载均衡。网络路由控制功能主要负责节点状态、网络拓扑及状态的实时采集，实时采集网络链路流量情况；基于全局网络和流量视图，面向关键业务进行端到端路径的集中计算和实时部署；实现控制器在故障情况下的快速恢复、关键功能的在线部署、升级；实现地面网络管理和控制平台与卫星网络管理及控制平台之间的状态数据同步性，保证相关配置数据、策略数据在设备以外冷启动后的快速恢复。网络功能控制主要是通过在虚拟化平台上实现移动通信的网络功能，实现接入控制、移动性管理、会话管理等核心网功能和接入网功能。智能网络管理和控制系统属于星地融合网络的管理平面，主要负责根据业务需求和网络资源情况进行网络路由的动态规划和网络功能的动态重构。例如，智能网络管理和控制系统可以根据组网形态、业务需求和网络资源情况，在卫星节点部署不同的网元功能，实现网络功能的定制和按需重构。通过智能网络管理和控制系统在天基和地基之间，不同卫星子网之间，同层网络不同卫星节点之间实现网元功能的柔性分割。例如，地面网络具有更强处理能力，可以实现完整的网络功能；天基网络根据网络部署和业务需求，实现轻量化、可裁剪的网元功能，对于处理能力强的卫星节点，如高轨或部分低轨卫星，可以通过部署控制网元功能使其成为网络控制节点；而对于部分处理能力弱的卫星节点，只部署具有数据转发平面功能进行数据处理和发射。

4．智能网络管理和控制系统架构

为了满足星地融合网络架构弹性可重构的需求，星地融合网络的智能网络管理和控制系统将基于人工智能技术，根据用户需求数据、网络运行数据、网络拓扑数据、星历数据等，智能分析出与业务需求匹配的网络能力。智能网络管理和控制系统可以根据业务需求，按需、自动化地对网络资源进行管理和调度，结合星地融合网络中增强的网络控制、分析和采集能力，形成动态跨域资源的实时自治闭环系统，实现网络的智能分析、编排，避免网络资源的浪费，快速调整网络服务能力，保障重点用户的业务需求。同时智能网络和控制系统还应具备端到端的网络策略管理能力，结合用户的业务需求、网络状态和资源现状，进行智能决策与策略下发。

智能网络管理和控制系统架构如图 13-5 所示。智能网络管理和控制系统包括智能网络管控引擎、网络资源协同与编排系统。智能网络管理和控制系统可以是部署在地面的智能网络管理和控制平台，也可以是部署在卫星上的域内网络管理和控制平台。智能网络管理和控制系统通过网络资源协同与编排系统进行星地融合网络的资源协调和调度，完成端到端网络和业务的管理。

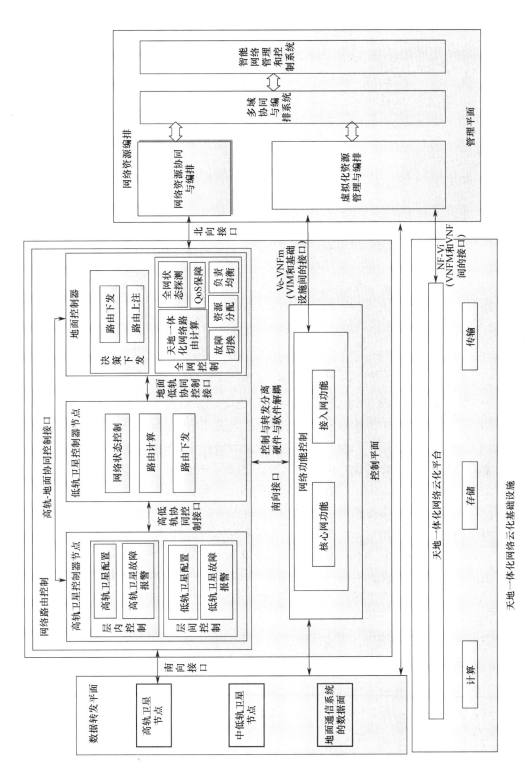

图 13-4　星地融合网络架构功能

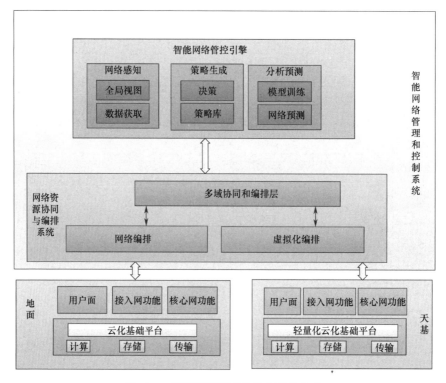

图 13-5　智能网络管理和控制系统架构

　　智能网络管理和控制系统通过多维智能感知数据模型和多方协商/共享机制，支持计算、数据、算法与网络的深度融合；通过分布式人工智能算法，实现对天基和地面网络态势分析，建立包括天基和地面网络在内的全局网络视图；通过智能化管理和控制，实现零接触组网，根据网络状态、业务需求等动态选择不同层次的网络，自动配置网络资源，智能生成网络组网策略，如针对优先级的用户，可以为其业务配置高 QoS 等级的网络连接，当低轨卫星连接拥塞时，通过自动化配置，为其配置网络资源，优先保证该用户的网络连接。一些对时延不敏感的业务或者低优先级的用户，可以选择通过高轨卫星进行传输。智能网络管理和控制系统可以跨越物理和虚拟两网，支持真正端到端的业务管理，有助于现有烟囱式网络和网管系统向 6G 智能管理和数字孪生系统的平滑演进。通过智能网络管理和控制系统可以实现网络架构的自动化管理，节省运营成本，减少业务开通时间。智能网络管理和控制系统支持灵活的信息模型，可以利用对产品、服务、资源的抽象化屏蔽网络的复杂性，快速实现数据源整合、业务虚拟化、业务保障和分析、业务流程管理等功能。

　　为了实现不同场景和业务网络资源的智能管理和编排，需要解决星地融合网络的异构网络资源管理和调度问题。网络资源协同与编排系统通过多域协同编排实现了天基网络和地面网络的跨域网络资源统一编排，可以根据网络情况和业务需求在低轨卫星和高轨卫星配置不同的网元功能，同时根据智能网络管理和控制系统的网络资源部署策略和业务策略实现天基和地基网络的计算资源、安全策略、应用管理、业务管理等方面的协同，完成按需端到端网络资源配置和编排，实现异构网络资源的高效利用。

5．星地融合网络虚拟化技术

6G 网络架构将继续朝着云化方向发展，基于云原生的软件设计，网络功能可以快速和频繁地构建、发布及部署。服务化的网络架构将不仅包括核心网控制面，也包括核心网用户面和基站。对不同应用场景，网络功能将进一步解耦、简化和定制，以适应未来多种多样的业务需求。星地融合网络云化基础平台架构如图 13-6 所示。

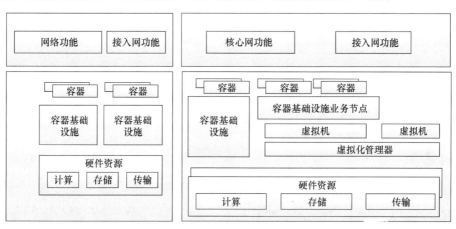

图 13-6　星地融合网络云化基础平台架构

星地一体化的多样化应用将传输海量的数据，需要强大的计算、存储、传输等处理能力支撑，而这些能力必须以尽可能低的载荷和功耗来实现。此外，天基网络除了适应太空恶劣环境这一基本要求外，天基设备难以维修、难以实施软硬件更替，所以要求即使部分设备发生异常、故障或损毁，仍需保证正常提供信息处理服务能力。因此，天基网络中轻量级、高可靠和高故障隔离度的虚拟化技术是星地融合网络朝着云化发展的关键技术。

容器是一种操作系统级别的虚拟化技术，通过操作系统隔离技术将不同的进程隔离。与 NFV 相比，容器更轻，更方便管理。同时容器作为一种应用打包的技术，定义了标准化的应用发布格式，极大方便了应用的开发、部署和移植。容器可以通过分层镜像、集中式镜像仓库等技术，促进网元的微服务化改造，可加快软件开发部署。

因此，星地融合网络的虚拟化技术以容器为基础，通过云原生技术构建和运行可弹性扩展的网络功能，采用容器化封装形成虚拟化组件重用，简化虚拟化平台的维护。在容器中运行相应的网元功能，并作为独立部署的单元实现高水平资源隔离，并通过集中式的编排调度系统来动态管理和调度虚拟化资源。

基于云原生的虚拟网络功能（VNF）可以采用高度可扩展的架构，支持分布式状态和异步消息处理，利用高效的轻量级容器，在需要时提供按需容量和故障切换。与高度自动化的智能网络编排系统协同工作提高了整体服务的敏捷性。

在天基网络中使用微服务构建并部署在容器环境中的基于云原生的虚拟网络功能，可以实现网络功能快速启动，并且当网络功能的一部分出现故障时，实现高故障隔离度。此外，还可以根据需要添加微服务来处理增加的容量或备份需求，实现网络的灵活部署和高可靠性。

星地融合网络的网元需要实现微服务解耦，先做垂直解耦也就是控制面和数据面剥离，实现无状态化，再做水平解耦将单体结构拆分为分布式松耦合的多个微服务，微服务间可以独立开发，独立升级，有利于业务快速迭代。

13.3.2 星地融合的空口传输

在空口传输方面[30-31]，需要研究卫星与地面蜂窝通信的统一空口设计方案，支持多种业务传输，使得终端接入到最合适的星地融合网络节点。

1．星地统一空口设计思路

星地统一空口设计基于业务驱动、网络感知、可变参数集配置等关键环节，主要设计思路如图 13-7 所示[32]。

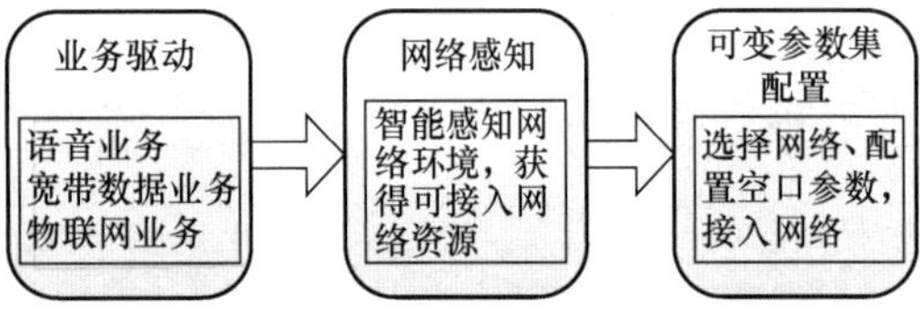

图 13-7　星地统一空口设计思路

星地统一空口设计以业务需求为驱动，通过智能感知网络环境判断当前可选择接入的网络资源，然后基于业务和网络资源的约束条件在参数集中选择可配置的参数。这些约束条件包括：当前业务需要的带宽、时延等 QoS 约束，以及当前可用网络所能提供的接入资源等。对终端而言，无须区分卫星网络和地面网络，仅需判断当前可接入的网络资源是否能满足终端的业务需求，然后选择匹配的空口参数进行配置，接入网络。

基于可变参数集配置技术是统一空口设计的核心，可根据用户的使用场景、业务类型等需求为用户自适应匹配空口体制，选择合适的网络接入。对于卫星空口和地面空口，可采用相同的设计方案，配置不同的参数。例如，对于卫星空口可以配置大带宽、大子载波间隔、更多 HARQ（混合自动重传请求）进程等。对用户而言，不需要区分卫星网络或地面网络，通过动态配置不同的空口参数接入网络，统一的网络资源配置和网络管理，做到无缝切换和漫游，实现真正的无感知星地网络融合。

2．可变参数集

在星地统一空口体制中，可变参数集的设计是核心与关键。可变参数集是指将空口的主要技术参数构建一个集合，该集合内的技术参数适用于卫星通信和地面蜂窝通信，针对星地不同使用场景，该集合内参数的取值不同，通过灵活配置空口参数，以适应不同应用场景的需要，实现星地间随遇、按需接入。

统一空口可变参数集的主要参数可包括：传输带宽、调制方式、编码方式、传输波形、子载波间隔、导频格式、HARQ 配置、正交接入方式、随机接入方式、控制信道格式等。

表 13-4 给出了空口可变参数集主要参数列表，星地统一空口可变参数集包括但不局限于该表参数。

表 13-4　空口可变参数集主要参数列表

主 要 参 数	参 考 范 围	备 注
传输带宽	180 kHz～1 GHz	适应物联网、语音到宽带数据等各类业务需求
调制波形	DFT-S-OFDM 或 CP-OFDM	对卫星可选用单载波波形，对地面网络可选 OFDM
调制方式	π/2-BPSK、BPSK、QPSK、8 PSK、16 QAM、16 APSK、32 APSK、64 APSK、64 QAM、128 APSK、256 APSK、256 QAM 等	适应目前地面和卫星通信的大多数调制方式
编码方式	卷积码、Turbo 码、Polar 码和 LDPC 等	可扩展支持其他类型编码
子载波间隔	15 kHz、30 kHz、60 kHz、120 kHz 和 240 kHz	提供多种子载波间隔
导频格式	支持连续导频、梳状导频	可扩展支持其他类型导频
HARQ 配置	≤16 进程、32 进程、64 进程或 128 进程，或关闭 HARQ	支持不同时延范围的应用场景
多址接入方式	OFDMA、PDMA 等	提供正交或非正交的接入方式，可根据不同场景选取
时频同步方式	基于位置和星历的预补偿时频同步机制	TA 和多普勒的精确补偿，低信噪比下的信号检测等
多波束协同传输	支持星地 MIMO、单星 MIMO、多星 MIMO 等多场景的波束联合传输等	发挥多波束联合的分集增益，提高系统容量
控制信道格式	专属控制信道或动态控制信道	可根据不同场景灵活选取或配置
随机接入方式	随遇接入、极简接入	根据业务需求、网络状态选择接入
切换方式	极度智能（极智）切换	支持基于位置、基于终端需求、AI 辅助的切换方式等

3. 波形与调制方式选择

低轨卫星的快速运动特性，造成严重的多普勒效应，影响子载波间隔的选择。由于卫星功率受限，因此一般需要尽量提高卫星功率利用率，选择合适的波形可减小信号 PAPR（峰值平均功率比）对卫星功放的影响。地面通信中的高阶调制以 QAM（正交振幅调制）为主，为了降低 PAPR 影响卫星通信常用 PSK（相移键控）调制方式，因此也需根据具体需求选择合适的高阶调制方式。针对卫星场景的大时延、大多普勒特性，需要选择合适的子带带宽、子载波间隔和循环前缀等，如卫星场景下建议使用 120 kHz、240 kHz 子载波间隔对抗较强的多普勒。为了降低波形 PAPR 对卫星功放的影响，调制波形对卫星空口可选用单载波形式，如 DFT-S-OFDM，或者采用削峰等技术对 CP-OFDM 信号进行预处理，以降低 PAPR 影响。下面给出 DFT-S-OFDM 和 CP-OFDM 信号的 PAPR 统计特性，如图 13-8 所示。

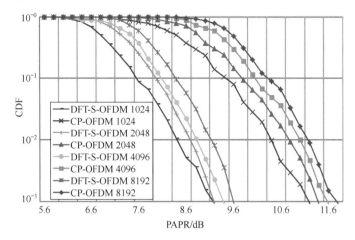

图 13-8　DFT-S-OFDM 和 CP-OFDM 信号的 PAPR 统计特性

另外，针对调制方式问题，目前 5G 系统采用 π/2-BPSK、QPSK、16 QAM、64 QAM 和 256 QAM 调制方式，卫星通信 DVB-S2X 的调制方式包括 π/2-BPSK、QPSK、8 PSK、16 APSK、32 APSK 等。建议在低阶调制方面沿用 π/2-BPSK、QPSK，在高阶调制方面采用 8 PSK 和高阶 APSK 调制以降低 PAPR 对卫星功放的影响。

4．时频同步技术

由于卫星的距离远、速度快（低轨卫星）、功率受限，因此在星地统一空口设计方面需要考虑低信噪比、大多普勒频偏、大时延等因素对时频同步的影响。对 600 km 轨道高度的 LEO 卫星而言，载频 20 GHz 时，运动带来的最大多普勒频偏为 ±480 kHz，最大多普勒变化率为 ±5.44 kHz/s，严重的多普勒频偏给频率同步带来影响。另外，单程星地时延变化范围从几毫秒到几十毫秒，给星地时间同步带来影响。星地传输距离远，信号衰落大，低信噪比也给信号检测增加了难度。

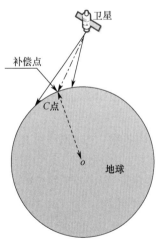

图 13-9　时频预补偿示意图

针对低轨卫星带来的大多普勒频偏效应和大时延的特点，可以采用基于终端 GNSS 辅助的上下行时频同步预补偿机制。用户终端利用 GNSS 获取自身的位置信息，同时获取卫星广播的星历信息。终端根据星历信息可以对卫星的位置和速度进行估计，然后即可计算用户到卫星的时延和频偏，并进行预补偿。

时频预补偿示意图如图 13-9 所示。对于频偏，卫星可以在下行信号发射和上行信号接收时，对公共频偏进行补偿，使 C 点的用户终端感受到的频偏为 0。而对于时偏，卫星可以广播一个公共时偏用于计算整个传输时延，而用户终端在发射上行信号时的 TA 值仅由相对于参考点的时偏差值决定，在补偿过程中也可以加上公共时延的补偿，网络不需要再处理。这样每个用户终端所需要处理的频偏范围便大大缩小，降低了下行同步中参考信号搜索所需的运算量及上行同步中处理时频偏的难度。

针对卫星上下行信号强度低等特点，可以采用重复传输、多符号合并检测技术，提高信号检测的成功率。下面以下行 PBCH 为例，评估不同信噪比下多次符号合并对定时和频率同步的影响，其结果如图 13-10 所示。

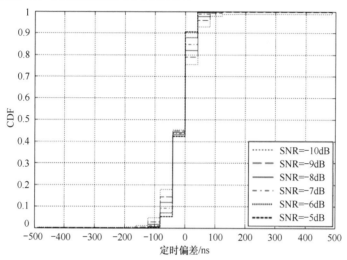

图 13-10　定时和频率同步仿真结果

频率同步仿真结果如图 13-11 所示，通过 8 次 PBCH 合并检测，在信噪比为-10 dB 情况下，下行定时同步范围小于±100 ns 的概率大于 95%。从仿真结果可知，通过多次合并能显著提高频率同步精度，在 120 kHz 子载波配置下，残留频偏仅几千赫兹。该仿真结果说明了解决方案的可行性。

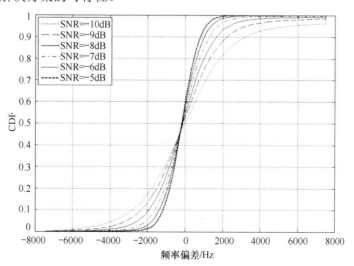

图 13-11　频率同步仿真结果

5．接入和移动性管理技术

由于卫星传输时延长，导致传统的 4 步接入方式时延较长，因此需要简化设计接入方案。另外，由于低轨卫星的快速运动，导致终端将频繁地实施星间切换，同时，传统基于信号 RRM 测量的切换判决方式，在信噪比分布较为平均的卫星小区难以满足需求。

针对接入问题，需要对接入流程进行优化设计，减少接入流程环节、提高成功率，便于实现"极简"接入，建议采用两步接入方式，流程如图 13-12 所示。

图 13-12　两步接入方式流程

针对切换问题，设计引入基于终端位置、卫星星历以及 RRM 测量结果的联合切换判决方式，主要流程为：终端根据 GNSS 定位和星历信息计算当前所处的覆盖位置，如果进入重叠覆盖区域，则终端上报当前位置及 RRM 测量结果（可选）；网络侧收到终端上报信息后，综合处理，判断是否需要进行切换；如果需要实施切换，则网络侧发起切换请求、RRC 重配置过程等；终端按照切换流程实施切换。图 13-13 以 Xn 接口为例给出基于终端位置和星历联合判决的星间切换流程[33]。

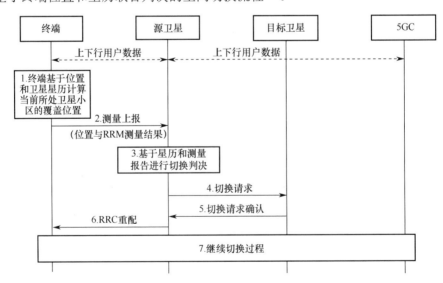

图 13-13　基于终端位置和星历联合判决的星间切换流程（Xn 接口）

此外，还可以设计终端自主切换方案，从终端侧发起切换判决，以实现快速"极智"切换等。

6. 多波束协同传输技术

传统的卫星通信一般采用单星单波束服务一个用户，这在一定程度上限制了用户的数据传输速率，卫星资源的使用效率也未能充分利用[34]。为了进一步利用卫星的空间传输特性，可以让一个终端同时连接在编队的多颗卫星上。这些卫星通过协作实现联合数据传输，从而获得发射分集增益或者复用增益。

多星多波束协同传输技术作为提升卫星传输速率的一种候选技术，多星多波束或者单星多个极化波束在相同频谱资源中为同一个用户传输数据。多星多波束协同传输技术对系统要求较高，其主要的研究内容与技术挑战如下。

（1）研究基于视距多输入多输出（MIMO）的多星多波束协同传输理论与模型。

（2）研究多星多波束协同传输方案、同步技术与码本设计。

（3）支持星上处理和透明转发的分布与集中式协同信号处理。

图 13-14 给出多星多波束协同传输示意及仿真结果。从仿真结果中可以看到，通过 4 星多波束协同传输，可实现单用户 150%以上传输速率的提升。

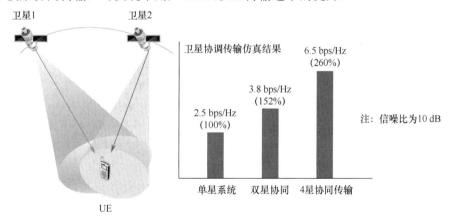

图 13-14　多星多波束协同传输示意及仿真结果

13.3.3　星地融合的组网方式

在组网方式方面，主要研究小区间频率规划、多层网络间自适应路由和无缝切换、星地一体多级边缘计算任务迁移等。

1. 星地异构跨域高效资源统一管理

利用星地异构网络环境中的多元业务时空特性，研究跨域多维度资源统一表征技术；在整体业务行为驱动的多级边缘智能控制框架下，研究多边缘控制群组网及智能协作机理。利用星地异构跨域网络特性以及系统信息容量理论，提出星地融合网络虚拟化资源服务功能链灵活部署及动态映射方法。

1）星地异构跨域高效资源统一表征及资源关联图谱构建

星地异构网络中各类资源缺乏系统层面表征，难以对全网资源进行统一管理和调度，需要构建系统资源通用化统一表征方法。通过区分网络资源类型及其在异构跨域网络中的分布，针对不同传输资源（包括接入资源、频谱资源、链路资源和处理转发资源）进行统一标识和表征，定性定量记录其属性参数和状态参数。根据多维资源之间的相关性，创建并维护资源关联图谱，定义内部属性关联度参数反映资源相互制约程度，合理分配资源组合提供有保证的端到端服务，为资源协同管理奠定基础。

2）星地融合网络多级边缘计算智能协作机理

面向地面与卫星网络融合互联需求，将融合网络构建为跨域多级边缘计算智能协作网络。研究多元资源协同中各元素协同效应，提出多级边缘计算智能协作策略，实现边缘网络通信-计算-存储-用户感知能力的协同优化。探索用户行为驱动的资源受限多级边缘计算网络协作方法，为网络资源配置、传输机制策略等提供指导性方法，实现星地网络协同感知，为资源高效配置方法奠定理论基础。

3）星地异构跨域网络服务功能链资源联合协同与部署机制

这里需要研究面向星地融合网络的服务功能链映射机制，设计相应的服务功能链定义、虚拟网络功能部署以及服务功能链映射。针对星地融合网络中的业务需求、网络环境等特征，设计星地融合网络下的服务功能链映射方法，对功能链数目、功能链功能、功能链实体节点的选择等进行动态部署，优化信令交互方式和功能链动态配置控制方法，提升服务功能链动态配置和优化服务能力。

2. 弹性高效动态路由与移动性管理

星地融合通信网络中移动性管理面临大时空尺度、高时变拓扑、极频繁切换、跨域多路径等技术挑战。研究星地协作的位置管理、弹性高效的动态路由、大规模用户无感知切换等方法，突破弹性高效动态路由与移动性管理关键技术。

1）星地融合网络的低复杂度动态自适应路由

星地融合网络具有异构多维立体性，网络拓扑动态性强，节点间邻居关系复杂且频繁变化，路由收敛速度慢、适应性差。研究基于 SDN 的低开销动态自适应切换路由，提出动态自适应路由和快速收敛方法，实现低开销高可靠的路由；研究多维信息融合的网络实时拓扑分析方法，提出能力聚合的主动协作路由方法，适配不同网络传输能力与业务 QoS 保障，实现按需路由；基于网络智能化的差异化可靠路由，构建星地间多跳传输链路的可靠性态势评估模型，实现满足时空约束、任务适变、资源优化的多层次路由。

2）星地融合网络的异构低时延高效移动性管理

卫星网络中移动性管理面临切换频率高、切换类型多样（水平切换/垂直切换等），导致在接入点选择、切换测量和判决、路径重定向等方面实现难度大，信令过程复杂。研究基于智能移动预测的低时延条件切换；基于动态图的融合覆盖模型，提出星地协作的多粒度位置注册和寻呼；构建用户公平性和资源约束下的接入点选择随机优化模型，支持用户无感知的无缝切换决策机制。研究用户终端和业务应用的群组特征和确定性属性（时延敏感等），提出星地协作的低时延群切换方法，实现按需高效的群组切换。

3. 高动态拓扑环境下的按需确定性服务

卫星网络环境与地面网络环境差别极大，卫星网络的高误码、长时延特性以及高动态特性，使得传统地面网络服务机制无法满足卫星网络的服务需求，如低时延、高带宽、高稳定性等。研究新的按需确定性服务策略，提出高确定流量控制方法。

1）高确定性按需服务分层架构

为了实现高动态环境的确定性服务，需实现对各类业务的全面感知、对网络状况的实时监控、对流量的精细管理，因此设计高确定性按需服务分层架构至关重要。高动态拓扑环境分层架构如图 13-15 所示，基于 SDN 架构将系统分为应用层、控制层、数据层，设计协同服务机制为高动态拓扑环境下实现业务流的集中化、实时化、精确化管理，实施确定性服务提供支撑。

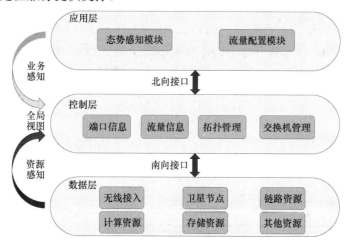

图 13-15 高动态拓扑环境分层架构

2）基于队列调度的高确定流量控制方法

卫星网络资源受限导致尽力而为的路由方法无法满足业务 QoS 需求，并且卫星网络物理环境复杂突发性强，拓扑高动态性，对当前业务流的最佳资源分配方案，在后续将无法获得满意的服务效果。研究基于队列调度的高确定流量控制方法，通过对应用层业务需求感知及网络实时状况收集，实现多维 QoS 指标优化的路由优化及队列配置，实施细粒度、高确定配置队列，实现按需确定性服务。

3）SDN 控制流保护机制

卫星网络的高动态环境造成通信链路规律性通断及经常性发生突发状况，容易导致 SDN 网络中控制链路失败，交换机无法处理未知流量导致丢包，控制器无法获取数据面的实时状态导致性能变差。研究 SDN 控制流保护机制[35-37]，在拓扑发生故障时实现控制流的恢复和重路由，保证数据面与控制面弹性连接，支持 QoS 的确定性保障。

13.3.4 星地融合的频率管理

随着用户业务需求的增长，频谱资源变得越来越匮乏。6G 面向空天地全场景覆盖，预期其用频需求会明显超过 5G，星地融合网络中如果使用传统的频率硬性分割会导致传输效率下降，而灵活频谱共享能够让 6G 进行频谱精细化管理，在频域、时域、空域等多个维度实现频谱资源共享。

针对卫星通信和地面通信都看好的中高频段，灵活频谱共享能够让卫星通信和地面通信从频率竞争关系转向频率协同关系，极大地提升 6G 星地一体融合系统的频谱利用率。针对天基和地基在无线传输链路上存在空间分布的差异，空间复用和干扰规避成为星地灵活频谱共享的重要手段。通过 AI 辅助，终端依据信号方向能够更好地区分卫星通信信号和地面通信信号，实现空间复用和干扰规避。为了提高频率资源的利用效率，需要研究空间多层网络的信号传输特点，利用波束和覆盖的差异性，探索星地通信的软频率复用方法；通过干扰预测和资源协调，研究频率动态共享复用的技术和方法，以降低小区边缘干扰，同时提升小区边缘传输效率；通过引入机器学习，研究基于机器学习的频率态势预测方法，提出星地异构系统动态频率共享策略[38-40]。中低频段卫星与地面频谱协调与共享原理如图 13-16 所示，高频段卫星与地面干扰避免与共享原理如图 13-17 所示。

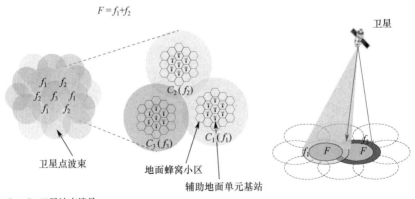

$C_1 \sim C_3$: 卫星波束编号
$f_1 \sim f_3$: 分配给点波束的子频段

图 13-16 中低频段卫星与地面频谱协调与共享原理

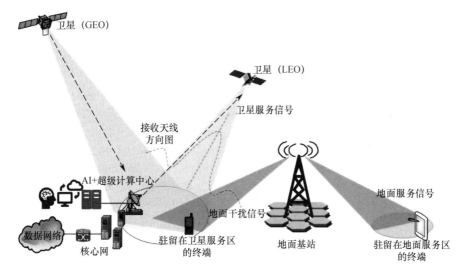

图 13-17　高频段卫星与地面干扰避免与共享原理

以 6G 的潜在频段毫米波为例，新兴巨型星座都在争相使用 Ku、Ka 频段来提升单星容量，而地面通信自 5G 开始也进行了基于毫米波的标准化和产业推进，星地之间的灵活频谱共享使得卫星通信和地面通信均能使用毫米波频段，两者从频率竞争关系转为频率协同关系。因为卫星通信链路和地面通信链路在传播方向上存在较大差异，所以终端能够依据信号方向来区分卫星通信信号和地面通信信号，从而进行星地之间的干扰规避。

13.4　本章小结

卫星网和地面网络技术在各自领域快速发展，卫星与地面的深度融合已成为未来 6G 网络技术发展的方向，得到业界广泛认可。卫星网络与地面网络间通过优势互补、紧密融合，将扩大网络覆盖范围，提升网络整体效率，实现全球立体无缝覆盖网络。星地网络融合将遵循业务、体制和系统融合三阶段技术发展路径的业界共识，在频率使用、网络架构、资源管理、空口体制与业务支持方面进行融合，最终形成星地一体无感知服务的统一网络。

本章参考文献

[1] JIANG W, HAN B, HABIBI M A, et al. The road towards 6G: a comprehensive survey[J]. IEEE Open Journal of the Communications Society, 2021, 2: 334-366.

[2] LIU G Y, HUANG Y H, LI N, et al. Vision, requirements and network architecture of 6G mobile network beyond 2030[J]. IEEE China Communications, 2020, 17(09): 92-104.

[3] ZHU J K, ZHAO M, ZHANG S H, et al. Exploring the road to 6G: ABC—foundation for intelligent

mobile networks[J]. IEEE China Communications, 2020, 17(06): 51-67.

[4] CHEN S Z, SUN S H, KANG S L. System integration of terrestrial mobile communication and satellite communication —the trends, challenges and key technologies in B5G and 6G[J]. IEEE China Communications, 2020, 17(12): 156-171.

[5] CHEN S Z, SUN S H, WANG Y M, et al. A comprehensive survey of TDD-based mobile communication systems from TD-SCDMA 3G to TD-LTE(A) 4G and 5G directions[J]. IEEE China Communications, 2015, 12(02): 40-60.

[6] QIAO X Q, REN P, NAN G S, et al. Mobile web augmented reality in 5G and beyond: challenges, opportunities, and future directions[J]. IEEE China Communications, 2019, 9(16): 141-154.

[7] LIU J, DU X Q, CUI J H, et al. Task-Oriented intelligent networking architecture for the Space–Air–Ground–Aqua integrated network[J]. IEEE Internet of Things Journal, 2020, 7(06): 5345-5358.

[8] XU K, QU Y, YANG K. A tutorial on the internet of things: from a heterogeneous network integration perspective[J]. IEEE Network, 2016, 30(02): 102-108.

[9] KODHELI O, LAGUNAS E, MATURO N, et al. Satellite communications in the new space era: a survey and future challenges[J]. IEEE Communications Surveys & Tutorials, 2021, 23(01): 70-109.

[10] GABER A, EIBAHAAY M A, MOHAMED A M, et al. 5G and satellite network convergence: survey for opportunities, challenges and enabler technologies[C]// Novel Intelligent and Leading Emerging Sciences Conference (NILES). Giza: IEEE, 2020: 366-373.

[11] 3GPP. 3GPP TR 38.811: Study on new radio (NR) to support non-terrestrial networks V15.0.0 (Release 15) [R]. 2018.06.

[12] 徐小涛，庞江成，李超. 星座卫星移动通信系统最新发展及启示[J]. 国防科技，2021, 42(01): 100-105.

[13] XU X T, PANG J C, LI C. Recent developments in satellite constellation networks and lessons learned[J]. Defense Technology, 2021, 42(01): 100-105.

[14] GUIDOTTI A, VANELLI-CORALLI A, CAUS M, et al. Satellite-enabled LTE systems in LEO constellations[C]// International Conference on Communications Workshops (ICC Workshops). Paris: IEEE, 2017: 876-881.

[15] 3GPP. 3GPP TR 38.821: Solutions for NR to support non-terrestrial networks (NTN) V1.0.0 (Release 16) [R]. 2019.12.

[16] NIEPHAUS C, KRETSCHMER M, GHINEA G. QoS provisioning in converged satellite and terrestrial networks: a survey of the State-of-the-Art[J]. IEEE Communications Surveys & Tutorials, 2016, 18(04): 2415-2441.

[17] CHEN S Z, LIANG Y C, SUN S H, et al. Vision, requirements, and technology trend of 6G: how to tackle the challenges of system coverage, capacity, user data-rate and movement speed[J]. IEEE Wireless Communications, 2020, 27(02): 218-228.

[18] MA L, WEN X M, WANG L H, et al. An SDN/NFV based framework for management and deployment of service based 5G core network[J]. IEEE China Communications, 2018, 15(10): 86-98.

[19] JIN X N, ZHANG P Y, YAO H P. A communication framework between backbone satellites and ground stations[C]//International Symposium on Communications and Information Technologies (ISCIT). Qingdao: IEEE, 2016, 479-482.

[20] KODHELI O, GUIDOTTI A, VANELLI-CORALLI A. Integration of satellites in 5G through LEO constellations[C]// Global Communications Conference (GLOBECOM). Singapore: IEEE, 2017, 1-6.

[21] BI Y G, HAN G J, XU S, et al. Software defined Space-Terrestrial integrated networks: architecture,

challenges, and solutions[J]. IEEE Network, 2019, 33(01): 22-28.

[22] KHALILI H, KHODASHENAS P S, SIDDIQUI S. On the orchestration of integrated satellite components in 5G networks and beyond[C]// International Conference on Transparent Optical Networks (ICTON). Bari: IEEE, 2020: 1-4.

[23] ZHAO B K, FEI C J, MAO X L, et al. Networking in space terrestrial integrated networks[C]// International Conference on Optical Communications and Networks (ICOCN). Huangshan: IEEE, 2019: 1-3.

[24] 陈山枝. 关于低轨卫星通信的分析及我国的发展建议[J]. 电信科学，2020(6).

[25] 孙韶辉，戴翠琴，徐晖，等. 面向 6G 的星地融合一体化组网研究[N]. 重庆邮电学院学报，2021(12).

[26] 徐晖，缪德山，康绍莉，等. 面向天地融合的卫星网络架构和传输关键技术[J]. 天地一体化信息网络，2020, 1(02): 2-10.

[27] 王胡成，徐晖，孙韶辉. 融合卫星通信的 5G 网络技术研究[J]. 无线电通信技术，2021.

[28] ABDULGHAFFAR A, MAHMOUD A, ABU-AMARA M, et al. Modeling and evaluation of software defined networking based 5G core network architecture[J]. IEEE Access, 2021, 9(01): 10179-10198.

[29] 徐晖，孙韶辉. 面向 6G 的天地一体化网络架构研究[J]. 天地一体化信息网络，2021, 2(4):2-9.

[30] 徐常志，靳一，李立，等. 面向 6G 的星地融合无线传输技术[J]. 电子与信息学报，2021, 43(01): 28-36.

[31] XU C Z, JIN Y, LI L, et al. Wireless transmission technology of satellite-terrestrial integration for 6G mobile communication[J]. Journal of Electronics & Information Technology, 2021, 43(01): 28-36.

[32] 侯利明，韩波，缪德山，等. 基于 5G 及演进的星地融合空口传输技术[J]. 信息通信技术与政策，2021(9).

[33] SUN S HUI, HOU L M, MIAO D S. Beam Switching Solutions for Beam-Hopping Based LEO System[J]. IEEE VTC Workshop, 2021.

[34] GOTO D, YAMASHITA F, SUGIYAMA T, et al. Broadband Multi-Satellite/Multi-Beam system with single frequency reuse[C]// IEEE Vehicular Technology Conference (VTC Spring). Glasgow: IEEE, 2015, 1-5.

[35] PENG F, SHOU G C, HU Y H, et al. Lightweight edge computing network architecture and network performance evaluation[C]// Asia Communications and Photonics Conference (ACP). Hangzhou: IEEE, 2018: 1-3.

[36] DONG P, GAO M, TANG F L, et al. Multi-Layer and heterogeneous resource management in SDN-Based Space-Terrestrial integrated networks[C]//International Conference on High Performance Computing and Communications; International Conference on Smart City; International Conference on Data Science and Systems (HPCC/SmartCity/DSS). Yanuca Island: IEEE, 2020: 377-384.

[37] MENESES F, CORUJO D, NETO A, et al. SDN-based End-to-End flow control in mobile slice environments[C]// Network Function Virtualization and Software Defined Networks (NFV-SDN). Verona: IEEE, 2018: 1-5.

[38] PARK J M, OH D S, PARK D C. Coexistence of mobile-satellite service system with mobile service system in shared frequency bands[J]. IEEE Transactions on Consumer Electronics, 2009, 55(3): 1051-1055.

[39] MATINMIKKO-BLUE M, YRJÖLÄ S, AHOKANGAS P. Spectrum management in the 6G era: the role of regulation and spectrum sharing[C]// Wireless Summit (6G SUMMIT). Levi: IEEE, 2020: 1-5.

[40] YAN S, CAO X Y, LIU Z L, et al. Interference management in 6G space and terrestrial integrated networks: challenges and approaches[J]. IEEE Intelligent and Converged Networks, 2020, 1(03): 271-280.

第 14 章　6G 网络架构

从 2G 时代的语音服务，到 3G、4G 时代的数据服务，再到 5G 时代的行业数字化，移动通信网络架构发生了革命性的变化。面向 6G，移动通信网络的架构应当何去何从？移动通信网络可以看作是一种提供普惠服务的基础平台，我们需要围绕提供的普惠服务进行原生的网络架构设计。本章详细介绍 6G 网络的整体架构设计。

14.1　移动通信网络的演进伴随着架构的迭代

14.1.1　移动通信网络的演进历史

移动通信网络的发展经历了从 2G 到 5G 的逐次演进。

（1）2G 时代，移动通信网络以提供语音和短消息服务为主。2.5G 基于电路交换（Circuit Switch，CS）架构叠加了数据业务的支持，以较小的代价来支持移动数据业务，这时的终端是一种"半智能"的形态，可以说已经具备了一定的数据业务能力。

（2）3G 开启了真正的移动互联网时代，用户可以使用移动终端随时随地进行网络冲浪。但是，由于手机终端的限制，最初的网络使用体验并不好。而以 iPhone 为代表的智能终端的出现彻底解决了终端的瓶颈，随之而来的应用和内容也获得了爆炸性的发展。渐渐地，3G 网络所提供的无线带宽已不能满足移动应用的使用需求，网络逐渐成为瓶颈，在这种情况下 4G 应运而生。

（3）4G 是完全为数据业务设计的，提供的移动宽带（MBB）连接服务解决了网络的瓶颈问题，使得移动互联网蓬勃发展，成为人们生活中不可缺少的一部分，移动通信网络也越来越成为如水、电、煤一样不可或缺的基础设施。

（4）5G 主要是面向行业数字化的历史大机遇出发而设计的，基于 4G 网络的部署方式，通过部署单一的网络已经无法满足不同行业的差异化网络需求。2G 至 4G 的网络都是使用专属硬件设备构建网络的，如果每个垂直行业都部署一整套专属移动通信网络，则所需要耗费的成本巨大。此外，控制面与用户面合一部署不利于数据包的低时延可靠传输。受益于 NFV 技术的发展，核心网网元可以通过 IT 软件化灵活部署在通用的服务器上，即服务化架构。基于服务化网络功能的控制面实现方式，可以在逻辑上将移动网络切割成任意网络（网络切片技术），满足不同行业用户的通信需求。而用户面与控制面的完全分离，也为 5G 带来了前所未有的低时延高可靠传输特性。5G 不仅带来了通信技术的革命，也推动了数字化行业的革命。

回顾 2G 至 5G 的网络发展，移动网络的空口技术和网络架构都在不断演进，架构对业务的原生设计是实现普惠服务的关键。2G 网络架构是为语音服务原生设计的，并开始引入叠加的数据服务；数据服务在 3G 做了很多优化设计，但从架构角度看还依然算不上完全的原生数据服务设计；4G 是真正围绕数据服务来原生设计的[1]，此时语音服务变为了数据服务上的一个子系统，也可以说是一个应用。而 5G 面向行业数字化的灵活定制要求，在架构层面引入了切片和服务化架构（Service-Based Architecture，SBA）[2-3]，也可以说在一定程度上进行了原生设计。

尽管架构的原生设计并不是新特性的唯一实现方式（实际上更多的特性是通过对基础架构的修补和叠加实现的），但显然，架构的原生设计可以更好、更高效、更彻底地实现新的特性。

14.1.2　架构是系统的根基

我们知道，架构对系统的功能属性和质量属性都有重大的影响，是整个系统的根基。良好的架构，可以使得逻辑功能和服务更高效地运行，带来高内聚、低耦合、易扩展、敏捷演进、开发友好等特点。但是在架构层面做原生设计，通常代价是较高的，需要有足够大的驱动力。6G 时代，从 2C 到 2B，从空口到网络，从 KPI 到商业模式，都存在着巨大的变革驱动力，也就是架构革新的重要契机。

另外，对原有架构进行延长线上的修补，往往在增加特性的同时，都会显性或者隐性地引入额外的复杂度，积累到一定临界点后，容易产生系统性的问题，影响功能层面和质量属性，也会影响新特性的实现和整体系统的健壮性等关键属性。

一个最典型的是例子就是波音 737-MAX 的悲剧：在原本 737 小短腿架构的设计下，考虑到新的节能和远航程等需求，航空发动机直径越来越大，而原有 737 架构的机翼与地面的距离容不下新的发动机。波音最终采用的方式是通过各种修补措施来调整发动机位置和外形，而不是如空中巴士一样设计全新的机体架构来原生支持新的发动机。由此无论是波音 737-NG 上造型怪异的压扁的发动机，还是贯穿整个波音 737 历史的发动机不断前移，在进一步前移抬高后，飞机在大攻角飞行状态下会自动向上抬头，波音又不得不引入新的机制来修订这样的抬头，最终整体系统复杂度过高，而飞行员又没有来得及进行全面的培训来应对这样的异常状况，导致出现了多起飞机失速坠毁的灾难性后果。假如波音 737-MAX 问世之前，能够迎来一次架构的变革，相信会有完全不一样的结局。波音飞机的设计变迁如图 14-1 所示。

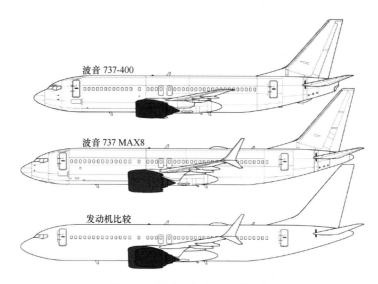

图 14-1　波音飞机的设计变迁①

14.1.3　6G 网络的"智能普惠"需要架构的原生设计

从移动通信网络架构的演进历程来看，如图 14-2 所示，2G 到 5G 分别提供了不同类型普惠性质的基础服务，其背后都离不开架构的原生设计。

（1）2G 的普惠性质基础服务是语音服务，与此匹配的 2G 端到端网络架构就是为语音原生设计的。

（2）到了 3G 和 4G，普惠性质的基础服务是数据服务，但 3G 架构还不能完全算是原生的数据架构，更多的是将数据服务叠加在传统网络基础上；4G 架构则是完全基于数据服务来原生设计的，语音等传统业务都要基于基础数据服务来提供（Voice Over LTE，VoLTE）。

（3）5G 提供的基础服务是万物互联[2]，从 MEC 到切片（uRLLC、mMTC 和 eMBB），再到非公共网络（None Public Network，NPN）等，5G 设计了很多架构能力来更好地为行业服务，目前依然在演进的路上。

目前业界对 6G 的普遍共识是 6G 的核心愿景是实现"智能普惠"。在智能化领域，依赖 5G 架构的 NWDAF 进行功能叠加或是单独提供云 AI（Cloud AI）的外挂方式，都会面临诸多挑战，如数据获取困难、数据质量难以保证、AI 模型的泛化性不足，以及应用效果缺乏有效的验证和保障手段等，这些因素导致了人工智能的性能和效率低于预期。

此外，如何面向 2B 提供更便捷的服务能力，如何释放空口和网络的全新价值，如何提供更安全可信的网络服务环境等，这些影响网络使用体验的关键问题，都需要在架构层面进行原生设计。

---

① ROSER C. How Managers Drove Boeing into the Ground[OL].(2022-03-22)[2023-02-22]. allaboutlean 网站.

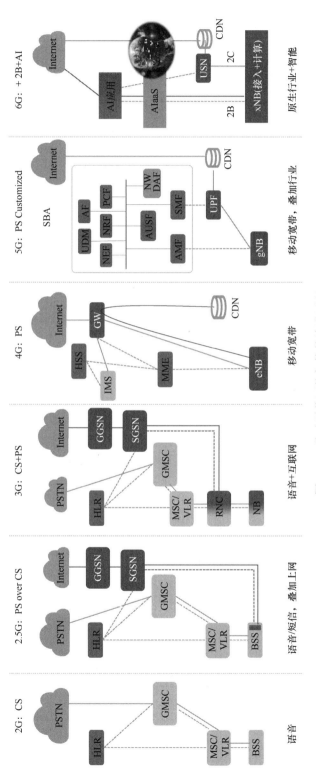

图 14-2 移动通信网络架构的演进历程

14.2 6G 网络架构变革的驱动力

14.2.1 现有 2C 商业模式到达瓶颈

5G 网络已经广泛支持高速率、大带宽应用，拉动了移动互联网进一步快速发展，实现移动流量每年高速增长。在 6G 时代，更多的创新应用将会涌现，如扩展现实（Extended Reality，XR）、触觉互联网、全息通信等都有可能成为主流应用，这也刺激了对网络容量的需求。但是从商业驱动力角度看，6G 网络单纯依靠提供更多的流量，在商业模式上已很难为运营商带来大幅的收入增长，同时未来新应用对网络的需求也不仅仅停留在低时延高带宽的连接诉求上，特别是在计算能力、数据处理能力等方面有了新诉求，因此 6G 网络有必要进一步探索新的服务能力，如 AI 的普惠环境、数据及增强的行业能力等。

这些新的服务能力，将超出运营商的传统业务范围，涉及各行各业。6G 网络架构需要将各种新能力，以 XaaS 的方式对外提供，这构成了 6G 网络架构变革的商业驱动力。

14.2.2 2B 业务场景的全面到来

从 5G 开始，移动网络已经开始考虑为 2B 场景提供技术支撑，为其提供可定制化的高可靠通信服务[2]：

（1）网络边缘部署（MEC）；

（2）网络切片；

（3）非公共网络（Non-Public Network，NPN）。

无论上述何种技术，尽管它们可以提供一定的就近部署和隔离演进的能力，但本质上依然是受控于网络服务提供商的。对 2B 用户而言，网络的控制管理范围相当有限，无法做到实时的网络管控。

随着 2B 场景的全面到来，6G 网络需要更多 2B 友好的能力，例如：

（1）柔性和全面可定制的网络空间；

（2）超越连接的多元化用户能力（连接+数据+计算）；

（3）用户/租户/集成商的网络可操作权益；

（4）集成度和成本优势。

通过这些能力的构建，使得各个参与者付出较低的成本即可拥有一个真正属于自己的网络空间，并通过直接、高效的操作影响网络空间，为自身服务，从而生长出面向千行百业的更繁荣的生态。

14.2.3　全新的业务场景——元宇宙

随着应用的不断演进，移动网络也将迎来越来越多的全新业务场景，其中就包括近几年火热的元宇宙场景。元宇宙作为一种影响全产业链的新兴概念，正越来越多地影响着所有相关方的技术发展和商业决策。一个成熟的元宇宙生态，既包含上层的体验、发现、创作者经济，也包含下层的空间计算、去中心化、人机交互，以及对应的基础设施层。移动网络由于其特殊的能力属性，可以在下层构建能力，成为元宇宙的底座，下面介绍具体原因。

1．移动网络关联数字人

移动网络能够感知到人和业务，并且基于用户的身份和会话的类型提供差异化的服务，这本身就是一种数字人的雏形。在现实世界中，手机号、SIM 卡正在不断捆绑到大量的数字化应用和社会服务中，并且不断衍生，成为一种信任的基石。这说明了采用移动网络的身份作为数字人身份的基础，是广泛存在的，可以成为元宇宙之路的一种自然的选择。

2．移动网络关联自然人

自然人必须通过终端与数字人产生关联，而终端和对应的无线接入，正是移动网络关注的核心。随着元宇宙应用的日益临近，数字人对自然人的"感知"会愈发复杂而真实，从位置到成像，从单一感官到全息感知，大量的自然人的代理——传感器将会遍布和受控于移动网络。

3．移动网络泛在接入

移动网络的核心优势是无处不在的接入。不管用户身处何地，如地面、海洋、天空甚至宇宙，6G 网络都可以为其提供网络接入服务，使用户时刻保持与应用服务器之间的连接。同时，无线的属性也摆脱了线缆给用户带来的束缚。

综上所述，全新的业务场景对移动网络提出更高的要求，反过来，6G 网络也将利用自身的有利条件，为新业务的生长提供土壤。

14.2.4　新空口能力的价值释放

实现"极致连接"是 6G 的愿景之一[4-5]，越来越多的接入技术将应用到 6G 接入网中，其中包括了太赫兹接入以及可见光通信。流量增长通常需要更多的无线频谱，而蜂窝网络基础设施倾向于使用低频频谱来实现无处不在的覆盖。经历了几代无线网络的演进，越来越多的频谱资源已经用于网络升级。6G 不仅将部署在毫米波频段，还将首次应用于太赫兹甚至可见光。这意味着为了实现极致连接，任何可用频段都有可能得到应用。

为了合理应用多种接入技术，需要创新的无线信号覆盖方案来满足 6G 组网和容量的要求。超低轨卫星能够加强地空通信覆盖，高空平台站也可以作为临时方案部署，两者都是对无线信号覆盖基础设施的有益补充。如此一来，6G 可以提供近乎无限的容量，使 6G 无线连接达到前所未有的速度。

另外，除了作为通信网络，6G 网络还将成为传感网络。基于通感一体化的设计，无线网络可以提供新的感知业务，并增强无线通信能力。传统的感知是一个独立功能，包含一整套专用设备，如普通雷达、激光雷达、计算机断层扫描、磁共振成像等。随着手机终端的定位技术发展，移动通信系统中的手机定位也成为一种基本的类感知能力。手机终端借助空口信号与终端内部的测量技术来实现精确定位。不过，利用带宽更大、波长更小的毫米波和太赫兹频段，感知功能可以集成到与这两个频段强相关的 6G 网络中。

无论是 6G 的极致连接，还是新的感知能力，都需要通过架构层面的原生设计来提供新的量纲和运营模式，从而真正释放 6G 新空口的能力和价值。

14.2.5　网络管道能力的突破

自从进入到移动互联网时代，移动网络本身一直聚焦于把管道做好。运营商通过构建差异化的连接管道来支持各类丰富多彩的移动互联网应用。这样的分工有助于移动互联网的蓬勃发展，实实在在地改变了人们生活的方方面面。

但是到了 6G 智能普惠的时代，移动网络的演进是否依然局限于连接管道呢？从目前业界研究的共识看，答案是否定的。例如，AI 本质上由数据、算力、算法三个基本要素共同支撑，缺一不可。而这些基本要素可能普遍存在于网络、终端和应用中，无法单独割裂，通信、计算、数据、控制等必须紧密融合。

换个角度看，在未来网络中，信息技术、通信技术、数据技术[Information Technology（IT），Communication Technology（CT），Data Technology（DT），ICDT]的深度融合是业界的普遍共识。如果依然延续端管云割裂的界限划分，很难在整个 ICDT 系统中灵活统一地调度数据、算力、算法，在技术和生态上将遇到巨大挑战。

无线网络的定位演进如图 14-3 所示，从无线网络的演进历史看，无线管道必然要走向内生智能。从 2G 到 4G 演进过程中，伴随着端管云各自衍生出独立的生态，实现相对独立的演进。这是从语音转向移动互联网的一个必然结果。其背后是固定互联网领先发展了十多年的时间，移动互联网的模式被固定互联网整合，连接很薄（漏斗，IP细腰）。到了 5G，因为行业数字化趋势，移动网络扩充了管道能力，但端管云模型并没有重新思考，5G 在行业应用中也遇到问题。行业真正需要的是一套完整的连接+计算+智能的融合方案，这可能到 6G 才会真正解决。6G 不再是一个纯"管道"，而将突破原有边界，成为一个无处不在、分布式、内生智能的创新网络。

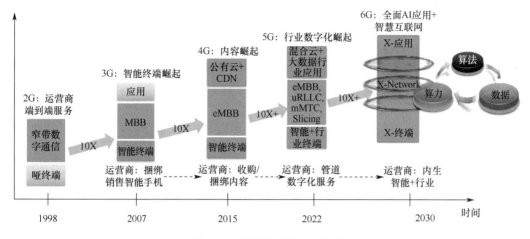

图 14-3　无线网络的定位演进

14.2.6　网络 KPI 的全面提升

不同的服务会对网络提出不同的服务需求。6G 的设计目标，不仅会体现在新空口关键性能指标（Key Performance Indicator，KPI）上，也会在网络架构中出现新的指标维度。传统的传输服务追求高带宽、低时延、高可靠、海量接入等性能指标，而未来的 6G 网络将会在更多的维度中追求卓越网络性能，包括在计算能力、数据处理能力、感知能力、网络部署灵活度、安全性等方面进行 KPI 设计。

例如，计算服务需要满足计算时间、计算资源等需求；数据服务需要满足数据容量、数据处理速度等需求；感知服务需要满足感知精度、感知范围等需求；可信方面需要满足可信等级分类需求；智能化方面需要满足自动化服务等级分类、算法能力等需求。此外，网络的易部署性、可定制化程度也是未来网络是否可以柔性灵活满足用户需求的 KPI。这些 KPI 的合理定制是 6G 网络未来可以满足不同应用的必要条件。6G 网络架构的 KPI 如图 14-4 所示。

未来的 6G 网络需要运营商、设备商、应用提供商和用户共同设计，为了构建一个普惠高效的 6G 网络[4]，其新 KPI 的产业共识对未来 6G 标准化将起到至关重要的作用。

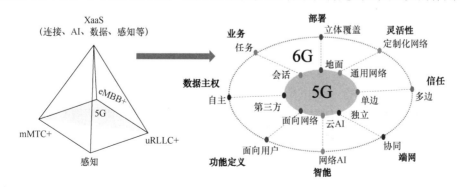

图 14-4　6G 网络架构的 KPI

从历史经验来看，通过补丁式的技术增强，如 4G 后期的控制面和用户面分离方案、5G 后期的分布式 AI 等改良技术，网络可以获得 KPI 的小幅增益。但是突破性的 KPI 提升必须在网络架构定义初期就开始考虑，每个代际的制定初期就应该对网络架构进行革命性的改动，如 5G SBA 架构通过软件化的网络功能设计大大增加了网络部署的灵活性。

14.3 6G 网络架构技术需求

基于 6G 网络架构面临的商业和技术趋势的驱动，可以从以下几个方面提取对网络架构的需求。

14.3.1 内生 AI，智能普惠

近年来，互联网、大数据、云计算、人工智能、区块链等技术创新，新业态、新场景和新模式的不断涌现，加速了数字经济的发展，推动了海量数据产生，使各行各业对通信和计算提出了更为迫切的需求。通信和计算已成为全社会数智化转型的基石，直接决定社会智能的发展高度。而移动网络作为连接用户和传输数据的管道，可以感知计算，用于支撑多样性的分布式计算资源的高效使用，如部署于移动网络内的边缘计算来降低端到端时延和提升业务体验等。

作为当前学术界讨论的热点，现阶段围绕 AI 讨论最多的是如何用 AI 来优化空口链路和网络性能，提升网络运维自动化及用户体验等，这些可能只是网络内生 AI[5]的应用之一。

未来 6G 网络要做到智能普惠，就应该不局限在利用 AI 解决网络自身的问题，对于行业数字化等第三方 AI 应用也应该提供更好的架构支持。因此，在未来架构层面如何定义内生 AI，去原生支撑各种类型的 AI 应用是我们要考虑的。

架构级内生 AI 的本质是在 6G 网络中提供完整的 AI 环境，包括 AI 基础设施、AI 工作流逻辑、数据和模型服务等，以统一的框架来同时支持 6G 的各类型 AI 场景，我们称之为网络 AI（Network AI）[6-7]，下面介绍具体支持的应用场景。

（1）AI 为网络服务（AI for Network，AI4NET）：通过 AI 提升移动网络自身的性能、效率和用户服务体验。AI4NET 主要研究包括利用 AI 优化传统算法（如空口信道编码、调制）、优化移动网络功能（如移动性优化、会话管理优化）、优化移动网络运维管理（如资源管理优化、规划管理优化）等。

（2）网络为 AI 服务（Network for AI，NET4AI）：通过移动网络为 AI 提供多种支撑能力，使得 AI 训练/推理可以实现得更有效率、更实时，或者提升数据安全隐私保护

等。NET4AI 将传统网络范围从连接服务，扩展到算力、数据、算法等层面。

（3）AI 即服务（AI as a Service，AIaaS）：在移动网络基础设施中构建 AI 应用的服务能力，AI 应用包括网络自用的 AI 或者 AI 新业务，部署 AI 应用可以是运营商或第三方。

网络 AI 与现有的云 AI 是共存、互补的关系，但同时网络 AI 也可以独立于云演进和发展。

14.3.2　网络灵活，用户友好

在以往的移动网络中，用户（含终端用户、租户等）往往仅作为一个消费者使用运营商提供的网络服务，无法直接影响网络的设计与运营。对用户来说，网络既不灵活，也不友好。尽管 5G 引入了切片的概念，使得切片租户可以通过管理面对网络切片进行定制与管理，但网络切片还是存在诸多问题的，如无法支持租户部署独立的数据处理与存储、无法高效地实现安全隔离、不支持企业按照他们想要的方式灵活定制网络、无法在企业组织内设计和控制安全策略等，更重要的是在商业模式上缺少灵活性，如很难借助专业的行业集成商为企业提供更好的服务。

因此，从用户维度出发，在 6G 网络中，移动网络需要为用户提供灵活的网络定制方式，满足用户对于网络的可管可控的需求，具体可以包括以下几点。

（1）灵活定制的用户空间。6G 网络可以为用户提供网络空间的服务，除了基于切片逻辑的连接服务，用户空间还可以为用户提供用户数据处理与存储能力。用户空间之间可以相互独立，基于用户的需求采用独立的安全机制。此外，用户空间还可以基于用户的需求，提供如 AI、数据治理或感知等网络服务。

（2）用户自主的资产治理。用户对用户空间具有自主的管理能力，用户空间中的网络资产（如用户空间中存储或计算产生的数据，用户空间具备的连接或计算能力服务等）由用户自主管理，可以选择开放给运营商或者其他用户使用。例如，网络可以赋予用户为其他用户或设备接入用户所属的网络空间的能力，运营商需要通过用户的授权才可以使用用户空间的能力服务或数据等。

（3）高效的用户操控方式。在当前网络中，当用户（租户）需要对网络进行调整时，往往需要与运营商协商，后者通过管理面对网络进行操作，这种控制方式非常低效且操作复杂。6G 网络的用户可以通过更加直接和多样化的方式（如控制面和用户面指示等），对用户空间的资产进行操作，以此赋能专业的行业集成商为企业提供服务。

14.3.3　安全可靠，多方信任

6G 显然面临量子计算机威胁，传统基于计算复杂度的密码学安全，存在极大隐患。另外，AI、区块链（Block Chain，BC）等新技术广泛应用本身也是双刃剑，使

用这些新技术来使能 6G 网络的一些特性，但也可能会给网络带来更多的安全隐患，可以预见，6G 面临的安全攻击也会更加多样性和智能化。因此，对于 6G 网络的安全，需要考虑如何在架构和标准维度形成共识，定义架构级的内生可信安全机制（不仅仅是鉴权认证加密），避免把安全可信归结到制造商产品实现上的工程可信。

可信功能独立承载安全可信能力。可信功能与 5G 及 5G 之前的安全能力的区别主要在于以下四个特征。

（1）安全向可信演进。随着安全技术的发展，安全能力将不局限在机密性、完整性和可用性（Confidentiality, Integrity and Availability, CIA）的范畴，而是进一步向可信能力演进，安全引入物理层安全技术、区块链、人工智能等技术，将进一步增强 6G 的可信能力。借助物理层安全技术，可以增强空口的安全性。借助区块链技术，可以构建新型的基于共识的去中心化信任模式，与传统的集中式信任和背书式信任相辅相成。基于人工智能技术，可以实现安全策略的智能学习与决策。

（2）可信能力独立演进。从 3GPP 标准化角度看，移动网络安全能力一直与其他网络能力强耦合，安全消息嵌入在控制面消息中，如终端侧安全能力上报嵌入在终端能力上报集合中，私网认证嵌入在私网接入流程中等。安全与通信能力的强耦合保证了对网络资源的节省利用，通信的建立和安全的建立并举，需要有一种方法解决安全技术既要深度服务于移动网络，又要独立于移动网络持续演进的矛盾。我们可以考虑采用安全能力与网络能力独立演进，解决上述矛盾。

（3）可信对等。安全移动网络中心化的架构在运营方和使用方之间确立了主导方、被动方的网络消息流动模式。其中，控制面的安全相关消息由网络侧发起，如接入网鉴权、安全上下文携带转移等；安全能力完全由网络侧来定义和决策，如加密算法优先级、鉴权时机和会话密钥更新周期等。提升用户侧在可信能力定制化方面的话语权，提升接入网在可信能力执行时的建议权和执行能力，降低核心网对通信两端用户可信关系建立的决策权，使得 6G 用户对自己需要的可信能力做出主动需求、主动选择和决策成为可能；使得接入网可以为用户端提供特色可信服务，降低安全上下文传输和请求决策周期成为可能。

（4）可信即服务。可信功能作为 6G 网络架构的一部分，与管理面、计算功能、数据功能提供可信即服务的能力，区块链是可信内生使能技术的一部分。6G 区块链区别于传统区块链，是一种基于 6G 端到端网络基础设施动态构建的，服务于 6G 业务需求，通过执行 6G 统一的协议栈和通信协议，依据 6G 网络特征灵活部署，利用密码学算法建立的分布式账本，支持多种链结构、块结构和共识算法，是 6G 可信即服务的能力之一。区块链使能模块执行交易共识、链接通信以及智能合约，并具有能力开放特征，供定制方通过调用使能模块组建面向具体业务逻辑的业务区块链，如去中心化公钥基础设施（Decentralized Public Key Infrastructure，DPKI）链、标识管理（Identity Management，

IDM）链、网络行为记录链等。

14.3.4　数据协同，监管合规

数据在移动网络中产生、流动并消费，对经济和社会的运行发挥着重大作用，被认为是数据驱动型社会的"新石油"。6G 网络将成为各类关键基础设施的基础设施，随着网络规模、新技术、应用等的发展，网络中的数据越来越多，越来越重要。对数据的高效使用需要完整的服务架构，贯穿从数据产生、收集、存储、传输、处理、分析、交换与共享等的整个生命周期。数据服务是基于数据采集、预处理、分发、发布及分析等的框架，满足数据法律法规的要求，兼顾数据共享和安全，将数据作为一种服务产品提供。

从数据的价值发现、监管要求、技术发展趋势及商业变现模式等不同方面分析，6G 时代对数据服务的需求将更加迫切，且与传统的单体数据服务架构不同，需要统一的数据服务架构来满足。下面介绍具体需求。

（1）海量数据收集与挖掘。网规网优、故障预警，以及用户体验提升，需要运营商持续地监控网络，从而产生大量不间断的网络状态和行为数据，并进行深度分析，以实现故障预警、网络优化、运营增值等。网络是一个复杂的系统，需要从架构层面统一协调，从海量实时数据中挖掘背后隐含的关联关系。

（2）满足法律法规对数据的监管要求。随着 ICT 的广泛及深度应用，数据安全和隐私泄露事件的不断披露，人们越来越意识到隐私和数据所有权的重要性。各主要国家和组织纷纷出台相关法律法规来规范数据的使用，如我国的个人信息保护法（Personal Information Protection Law，PIPL）、欧盟的通用数据保护条例（General Data Protection Regulation，GDPR）等，明确用户对个人数据的控制权。数据主体应能够自主决定是否将个人数据变现、共享或提供给 AI 模型进行训练。因此，在 6G 时代，能否提供可信的数据服务，将成为数据价值变现的重要前提条件。而对数据的处理，从数据采集到最终的结果反馈，需要全程的合规检测，这就需要端到端的数据服务，实现闭环控制，满足数据处理的端到端监管要求。

（3）以数据为中心的分布式异构处理。现有网络中多是根据具体的某类应用，设计数据服务架构，提供以应用为中心的服务，应用扩展能力受限。网络中正日益产生和消费海量数据，而 6G 时代，扩展现实（Extended Reality，XR）、通感一体化（Integrated Sensing And Communications，ISAC）、数字孪生网络（Digital Twin Network，DTN）和 AI 等新终端、新业务、新功能更是在 6G 环境中产生大量数据，并可能处理第三方的行业数据。以数据为中心需要基于数据的分布式特性、数据服务的需求设计架构。同时数据的产生和消费跨不同的端、无线接入网（Radio Access Network，RAN）、传输网（Transport Network，TN）、核心网（Core Network，CN）等域，呈现出多源和异构的特点，需要统一跨域的数据服务，从全局的视角进行数据管理，充分高效地挖掘 6G 网络

中海量数据的价值。

（4）数据共享/交换、变现的需求。数据作为第五大生产要素，是新型生产力，肩负繁荣新兴市场的使命。而数据的类型、质量、属性等差别很大，使得数据的产生和消费之间存在巨大的需求差异，难以直接进行共享和交换，也无法支撑数据变现。因此，需要统领全局的数据服务，通过全局的数据协作，消除数据生产和消费之间的差异。

14.3.5　开放合作，做大生态

在 6G 网络的技术需求中，无论是 AI、数据，还是安全可信，都存在生态协同的问题。

1．网络共营生态

在网络的网络规划、建设和使用过程中，经常会涉及网络基础设施多方共建，网络资源多方维护，网络服务多方共营的问题。而网络的建设方、运维方和运营方可能不是一个单位，甚至每一部分都可能由多个领域的单位共同负责，这就需要在运维层面，使能更加丰富的生态。

2．数据分享与交易生态

数据的真正价值体现依赖于其流动性和机密性。数据的开放共享是实现数据流动并体现其价值的重要机制；数据的拥有者或提供者必须把数据以一种服务的形式提供给数据消费者使用才能实现价值变现。从某种意义上讲，网络本身需要支持一个具有数据安全和隐私保护的数据市场。

3．行业专网生态

在 2B 场景下，网络的功能参与到行业的生产环境中，部分网络信息需要与行业知识（如 AI 算法及模型、应用策略等）产生交互，这些行业知识往往只能来源于专门的行业组织，这就需要一个开放的生态来联系网络与行业。

4．集成商生态

运营商在发卡放号之外，将面向用户/租户/集成商的网络批发给集成商，由集成商根据各自的行业领域进行二次加工（如数据的适配、网络能力的调整、策略的应用等），再由大量集成商将网络带给千行百业。这种方式吸取了数字化技术落地传统行业的成功经验，通过商业模式和控制模式的转变，引入新的角色，从而真正激活 2B 市场。

5．开发者生态

6G 网络具备内生的连接、数据和计算能力，但是如何将复杂的网络能力与最终用户（行业终端/应用，Application，App）关联起来，依靠设备商和运营商自身是不够的，往往还需要开发者生态。在 6G 网络架构中，需要允许开发者对网络的能力进行编排组装，

按需定义和部署网络能力，灵活加载应用和数据，以此贴近行业，繁荣网络应用。

14.4　6G 网络功能架构

14.4.1　总体功能架构

为了满足前述技术需求，以架构原生的方式更好地满足 6G 网络发展的要求，需要定义一套完备的功能视图来表达网络的逻辑功能。

6G 网络的总体架构如图 14-5 所示，完整的总体架构主要包括任务编排调度与控制、连接功能（控制面）、连接功能（用户面）、计算功能、数据功能和可信功能，在后续内容中将一一介绍。

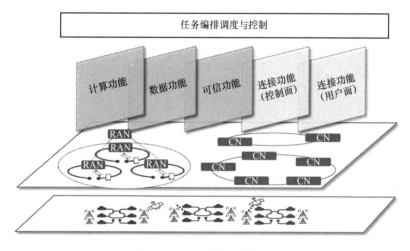

图 14-5　6G 网络的总体架构

从满足技术需求的角度看，"内生 AI，智能普惠"主要体现在计算功能和数据功能；"网络灵活，用户友好"主要体现在用户（租户）如何便捷地获取和访问连接功能，以及计算功能与数据功能提供的服务；"安全可靠，多方信任"主要体现在可信功能；"数据协同，监管合规"主要体现在数据功能；"开放合作，做大生态"则对所有的功能都会产生影响。

上述架构中涉及大量不同性质的功能集合，它们既可以作为增强的网络能力运行在现有的网络功能之上，也可以作为独立网络功能存在；特别地，我们也探讨将其视为一种独立的"面"，通过面封装了跨多个实体的服务功能，并在内部具有分层（协议）结构，如连接面、计算面、数据面、可信面等。

要成为网络架构中的"面"，需要满足以下条件。

（1）对外提供一类基础功能服务，如会话控制、数据传输服务等。

（2）拥有独立的协议栈，如连接协议（如 NAS 和 RRC）、计算协议等。

（3）提供的服务涉及的资源和功能是多个实体，如用户面的基站和 UPF 等。

14.4.2 任务编排调度与控制

6G 网络超越管道连接服务，提供 XaaS，需要引入业务编排和管理系统。基于前面的论述，6G 实现智能普惠的愿景，更多的 XaaS 业务本质上也可以认为是一种智能服务，即在 6G 网络基础设施里提供内生人工智能的能力和服务。因此需要引入全新的任务编排调度与控制架构，完成业务开放、执行调度和资源统管的功能。XaaS 的服务体系如图 14-6 所示。

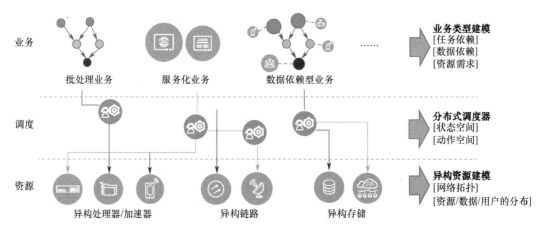

图 14-6 XaaS 的服务体系

任务编排调度与控制架构主要有三层，如图 14-7 所示。

（1）接口层：主要面向开发者以及网络运营部署者。开发者通过输入程序代码，智能模型或逻辑镜像，提交智能业务需求，可以在 6G 网络的云边端上进行灵活高效的计算。网络运营部署者，通过描述推理服务、训练服务，或者一般的图计算服务，可以在 6G 网络的云边端上灵活高效地提供智能服务。

（2）调度层：主要提供镜像、模型、数据以及任务的分配管理功能。管理包括存储、转发、分配、编排、调度、性能监控。接收由接口层获取的计算任务需求，协调计算存储资源，完成计算任务到算力的映射，对象到存储的映射。同时，为了提升网络资源效率或者用户体验，管理层会内生一些智能计算任务。调度算法可以外部注入，也可以在线训练产生并刷新。如果是外部注入，就需要提供相关的算法注入更新回滚接口。

（3）执行层：主要负责执行，包括计算与数据传输，以及网络资源的监控统计报告。执行体获得调度分配的计算任务以后，按照计算任务的标准描述形式（可以是代码片段或镜像或中间表示 IR）以及本地实际的资源情况（包括处理器类型、内存层级、资源忙闲状态等）进行高效执行。同时，监控报告资源的增减变化，计算任务的完成情况，及时上报给调度层，使得调度层可以依据更新的状态信息进行更高效的策略映射。

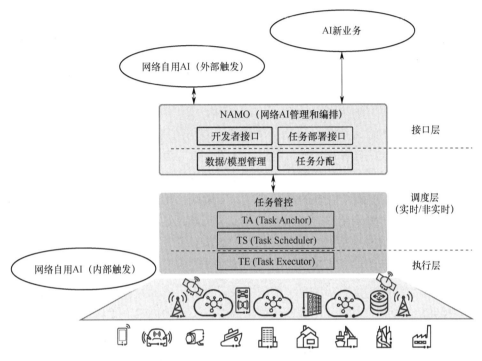

图 14-7　任务编排调度与控制架构

其中涉及的逻辑功能如下。

（1）网络人工智能（AI）管理和编排（Network AI Management Orchestration，NAMO）功能负责接口层的对开发者接口、对外部应用的任务部署接口，编排层的数据/模型管理及非实时的任务分配功能。NAMO 功能可运行于管理面，实现任务编排调度与控制架构和外部系统及人的交互。

（2）任务锚点（Task Anchor，TA）功能负责调度层的任务执行生命周期管理，基于任务 QoS 需求完成任务部署、启动、删除、修改、监控等，包括调控四要素资源来进行任务的 QoS 保障。TA 功能可运行于控制面，作为管理面和控制面的交互实体。

（3）任务调度（Task Scheduler，TS）功能负责调度层的任务的实时控制，在任务实例的部署过程中，TS 会建立并维护任务相关的上下文信息，从而对任务进行控制。TS 功能可运行于控制面，保障调度的实时性。

（4）任务执行（Task Executor，TE）功能负责执行层的具体任务执行，并进行业务逻辑上的交互和执行状态的反馈。同一个服务的工作流可能被实例化为多个任务，部署在多个 TE 间执行，因此 TE 间存在业务交互。

14.4.3　连接功能

从 2G 的语音业务到 5G 的万物互联，连接面所提供的连接服务一直是移动网络最基础的服务之一。连接面包括传输信令的控制面（Control Plane，CP）以及业务数据的用户面（User Plane，UP）。基于网络部署需求和提供更好的业务体验，控制面与用户面从最初的合一部署到现在的分离部署。未来的 6G 网络连接面需要应对新业务对网络的需求以及提供泛在连接服务，下面具体介绍。

1．支持新业务需求

为了支持不同的连接业务，移动网络设计了专门的 QoS 保障和网络接入功能。随着新业务的诞生，6G 网络的连接面需要为新的热点业务提供连接服务支持。例如，多视角直播，通过在现场的多机位高清视频采集处理为用户提供了不同机位自主观看，屏幕远近伸缩观看，360°随意观看的观影享受。云游戏，游戏画面完全在服务器中完成渲染，并且通过网络传输到用户端，极大地降低了用户终端的数据处理能力门槛。XR 的实时交互式服务，通过 AR/VR 设备所提供的高清画面与极低时延的交互反馈，在游戏和社交等领域为用户提供身临其境的沉浸式感官体验。

新业务对网络的连接服务提出了新的需求。例如，新的应用场景存在大带宽低时延接入服务的临时需求，应对这种突发的连接服务，分布式网络应支持业务对通信连接的超低时延与高带宽的特殊需求。为了减少数据在网络中的传输与处理时延，移动边缘计算服务需要移动网络将数据连接至网络边缘，即更靠近用户的位置。6G 网络应支持分布式 MEC 与应用处理平台，以满足不同连接业务的通信需求支持。

2．提供无处不在的连接服务

未来移动网络的发展趋势意在面向多接入场景，提供无处不在的接入服务，如图 14-8 所示。随着移动网络的发展，移动网络的接入已经不限于地面蜂窝网络接入，还包括固移网络融合接入、中继接入、无人机接入、卫星接入等多种接入方式。6G 网络需要能够为空天地多种接入方式提供接入连接服务，以满足未来网络广覆盖的布网需求。此外，6G 核心网可能需要提供一个统一的接口，以便灵活应对不同的接入方式。

3．控制面/用户面功能灵活部署

为了支撑上述网络服务，6G 网络中的连接面需要支持更灵活的部署，如针对不同的通信场景，控制面与用户面可分可合，充分发挥不同部署模式的优势。控制面/用户面合设简化了网络形态，使得控制面与用户面网络功能可以就近部署，减少了不必要的信令交互。而控制面/用户面分离可以满足单用户接入多个网络切片的需求，有利于简化未来的运维，控制面集中运维，策略分散到用户面。6G 连接面在部署时若考虑功能架构，则优先按照合设方式描述，同时保留分设的可能性，以应对各种复杂场景。

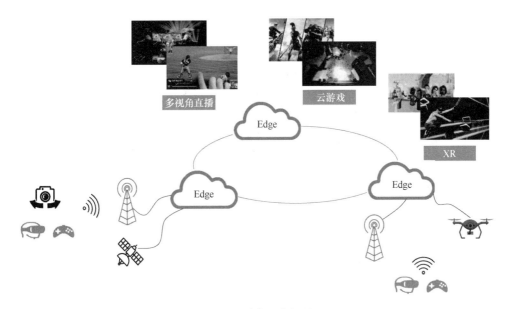

图 14-8　连接服务场景

4．网络功能重定义

现有的控制面网络功能包括接入与移动管理功能、会话管理功能、策略控制功能等，而用户面网络功能比较单一。未来 6G 网络中的网络功能需要结合网络架构的设计重新定义或逻辑功能的重新划分。例如，连接面需要结合计算功能与数据功能的服务，可能需要定义新的网络功能与其他功能进行交互。此外，出于简化网络的考虑，连接面的控制面功能可能会进行进一步的功能内聚，简化整个网络的信令流程。例如，控制面功能可以划分为面向用户信令处理的网络功能和面向网络服务的网络功能。连接面逻辑架构如图 14-9 所示。

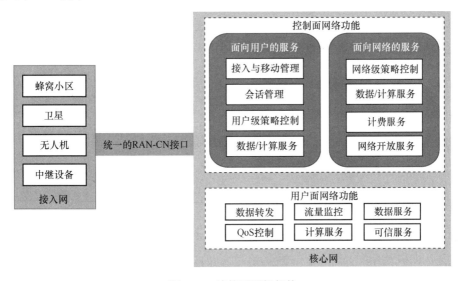

图 14-9　连接面逻辑架构

14.4.4　计算功能

在 6G 网络中，计算资源将遍布于包括中心云、边缘云、网络设备甚至终端设备在内的各种基础设施。6G 计算即服务（Computing as a Service，CaaS）是基于网络的各类分布式计算资源为用户按需提供内生计算服务，特别是对计算资源或电量受限的终端、极致性能要求或高数据安全隐私要求的智能业务提供高性能的计算服务。6G CaaS 将使能 6G 各类分布式计算资源按需"流动"，突破单点计算性能限制，提升计算类应用的综合效能。

要实现 6G CaaS，更好地为用户提供普惠计算服务，6G 网络架构需要原生支持通算融合，实现对网络泛在计算资源的智能调度，并与连接资源深度协同，使能 6G 网络成为连接和计算的双基础设施。下面介绍通算融合包括的技术内涵。

（1）通算融合网络架构。网元和计算节点组成可调度的计算和通信节点集群，其计算能力与通信能力相互融合，包括如下特征：算力内生、分布式、算力异构和多层次。算力内生特征具体是指，网元兼具通信和计算能力，计算网元和计算节点产生的算力称为算力内生；分布式特征具体是指，计算服务部署到多个节点，使得通信、计算和存储资源得到更充分的利用；算力异构特征具体是指，节点的计算能力、存储能力、算力类型不同；多层次特征具体是指，算网融合网络架构是包括云层、雾层、边缘层和终端层的多层次网络（端、边、核心网云），层与层之间相互连接、相互配合，共同为用户提供服务。

（2）异构算力的建模、感知、发现、注册。算力感知具体是指，6G 内生 AI 网络需要感知到算力资源信息，如算力类型、算力资源的数量、算力资源的使用状态等。算力发现具体是指，网络在运行过程中，6G 内生 AI 网络感知到新的算力资源，可以是新的具有算力资源节点发现，也可以是存在节点的新的算力资源发现。算力注册具体是指，在网络发现新的算力资源后，会与该算力资源的节点进行信息交互，并将新的算力资源接入到网络的过程中。

（3）计算、连接的融合控制。融合控制功能具体包括分布式异构算力资源、连接资源的调度与控制。在资源调度时，融合控制功能会综合考虑空口状态信息、时延、算力分布、算力异构情况等信息，从而在保证计算服务 QoS 前提下达到性能的最优化或资源的最小化。

计算功能的逻辑架构如图 14-10 所示。计算功能的逻辑架构包括计算控制部分、计算执行部分和计算数据的传输部分（计算传输部分）。其中，计算控制部分包括计算执行控制和计算连接控制；计算执行部分是指节点的计算执行功能利用计算控制分配的计算资源去执行计算任务的过程；计算传输部分是指不同节点的计算执行功能之间利用计算连接交互计算数据，从而实现不同节点协作完成计算任务。

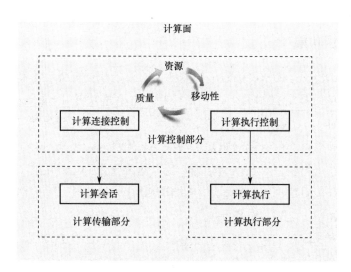

图 14-10　计算功能的逻辑架构

　　计算功能的部署架构如图 14-11 所示。其中，计算执行功能可以部署在终端、下一代基站（xNB）或核心网（xCN）中；计算控制功能可以部署在核心网，也可以部署在基站。因此，计算会话可以包括计算无线承载、计算承载。其中，计算无线承载是指终端与基站的计算执行功能之间的计算数据传输通道；计算承载是指不同基站计算执行功能之间、一个基站不同部分的计算执行功能之间，或者基站与核心网的计算执行功能之间的计算数据传输通道。部署在 xCN 的计算控制（融合计算执行控制、计算连接控制）融合锚点（communication-computing Converged Anchor，CA）提供如下功能：计算控制锚点，算力、地址管理；计算会话管理；计算服务的接入控制等。部署在 xNB（多个 xNB 构成 xRAN）的计算控制（融合计算执行控制、计算连接控制）、CS（融合调度）提供如下功能：算力（计算资源）状态感知与感知结果上报；终端算力资源的建立/修改/挂起/恢复/释放；多算力资源聚合时的算力管理，包括算力资源的添加/修改/释放；计算承载建立的触发。

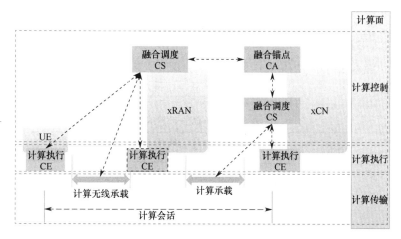

图 14-11　计算功能的部署架构

14.4.5 数据功能

6G 网络新技术、新业务、新需求等对数据的管控和处理提出了新的需求。现有基于云化 AI 架构的数据管控和处理，包括网络数据分析功能（Network Data Analytics Function，NWDAF），对数据的处理都是先汇聚到云，再进行预处理、存储、分析等操作，最后返回分析结果。由于通信感知和网络 AI 的引入，未来 6G 网络流量模型将发生变化，有 70%的流量将终结在网络边缘，现有这种集中到云端的方式就不再适用了。我们需要把在云端集中数据处理的方式打散到网络中，数据在其数据管道的各节点转发的同时，进行预处理、汇聚、分析等操作，这种由于分布式算力和数据带来的边处理边转发的数据承载模式，我们称之为数据承载，数据流量边缘化驱动了数据处理分布化，从而有效支撑网络 AI、通感一体化等。

云原生趋势，对数据采集提出了新的挑战。在云原生环境下，网络功能可以随时实例化，传统的硬采集要硬件绑定网元，制定特定的采集方案，对云原生环境，硬采集方案力不从心；同时网络架构服务化，使得接口也服务化，进行了加密处理，传统硬采集通过抽头从接口采集数据的方式，将拿到的都是加密的数据，无法使用。在云原生趋势下，导致硬采集成本急剧上升，这样在网络功能中内置软采集的方式将成为必然。

现有网络的控制面和用户面是为面向会话的通信连接服务的。尽管它们在某些特定数据驱动的应用，如自组织网络（Self-Organized Network，SON）、最小化路测（Minimization of Drive Test，MDT）或物联网（Internet of Things，IoT）应用中承担了数据承载的角色，但控制面承载数据显然违背控制面设计初衷，用户面承载数据的承载终结点只有 UPF（PDU 会话的角度）或基站（无线承载的角度），无法满足 6G 应用中分布式数据管道的场景。为应对 6G 网络可预见的数据类型和流量模型的变化，需要在 6G 网络架构中增加独立数据功能。数据功能的构建是为 6G 网络中其他功能，如计算功能、可信功能及各类智能应用提供可信数据服务的。其他功能既是数据功能的生产者，也是数据功能的消费者。数据功能从其他功能采集或收集数据，进行相应的处理再输出给其他功能或应用，实现数据即服务（DaaS）。通过对众多的应用场景及需求分析，将数据面能提供的数据服务归纳为八大类，如表 14-1 所示。

表 14-1 数据服务分类

提供的数据服务	服 务 描 述
原始数据	将采集或收集的原始数据，输入给如 AI 等应用
数据预处理	数据清洗、过滤、汇聚、融合等预处理服务
数据存储	可在 DA/DSF/DLT 上提供集中或分布式存储服务
数据隐私和安全保护	提供端到端数据隐私和安全保护技术
数据共享/交易	可信数据共享及交易

（续表）

提供的数据服务	服务描述
数据溯源	技术上满足 GDPR/PIPL 等法规需求，可溯源/审计服务，公钥、去中心化身份（Decentralized Identity，DID）等分发服务
数据分析	基于 AI、机器学习（Machine Learning，ML）、大数据等进行分析、挖掘，提供智能服务
数据字典	无线网络特征数据集 6G 网络知识图谱

6G 网络中的数据源多样，数据种类繁多，对不同类型数据的处理流程大不相同。数据服务需要支持不同数据类型的处理。从数据类型、数据源、数据消费者等尽量正交的多个维度进行考量，将数据分为四大类，即用户数据、网络 AI 数据、网络数据及 IoT 数据。四大类数据涵盖了网络中所有的数据，如表 14-2 所示。

表 14-2　数据类型

数据类型	数据源	数据消费者	备注
用户数据 （文本）	用户的签约数据	网络功能，业务运营支撑系统（Business Operation Support System，BOSS），第三方应用	PIPL/GDPR 合规，隐私保护
网络 AI 数据 （动态）	AI 模型以及参数，AI 元数据（层数、权重等），训练/测试数据集	AI/ML 算法	数据安全和隐私保护
网络数据 （时间序列/流式）	UE、网络功能（Network Function，NF），位置服务器，IT 系统；数字孪生网络；ISAC 中的 RAN 节点；网络元数据（类型、类别、源、质量指标、关联性、位置等）	网络分析，感知算法	数据安全和隐私保护
IoT 数据 （时间序列/流式）	传感器，IIoT 中的机器，车联网中的网联设备或设施	IoT 分析； 自动驾驶或智能交通系统	合规要求，隐私保护

为实现可编程的数据功能，独立数据功能中需要引入数据编排（Data Orchestration，DO）、数据代理（DA）、可信锚点代理（Trust Anchor Agent，TAA）和数据存储功能（DSF）等。数据编排实现对数据服务需求的转译，即把数据消费者的服务需求转变为网络需求，进而对数据代理进行编排组成数据处理的管道和工作流。数据代理是数据处理的实施者，通过部署在各个网元及终端上的数据代理，提供数据的采集、预处理、存储、分析等功能；通过数据安全及隐私保护技术库提供数据安全保护、数据隐私保护等技术。可信锚点代理实现用户对数据的自主可控，实现数据可信、可审计、可追溯，满足 PIPL/GDPR 等合规要求；通过数据编排，根据应用的请求，基于对数据代理的编排和管理，实现可信数据服务。数据面逻辑架构如图 14-12 所示。

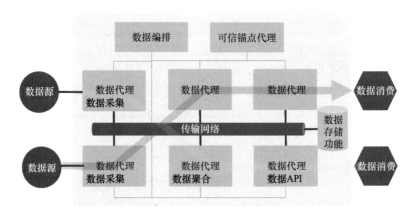

图 14-12　数据面逻辑架构

14.4.6　可信功能

6G 网络的可信需要结合新趋势、新场景、新技术等多方面的驱动力，构建统一的安全理念和安全框架，形成 6G 内生安全体系。所谓"内生安全"，一方面表现在通过整个网络针对安全属性的内置一体化安全能力，另一方面表现在 6G 网络内在的安全能力可持续演进，动态满足网络业务的诉求。6G 内生安全通过特有的框架、组件和关键技术，从根本上保障网络和业务的安全性、健壮性和连续性。

下面介绍 6G 可信功能架构的主要特点。

1．从安全到可信

传统意义上的网络安全主要是指机密性、完整性和可用性（CIA）。但是随着网络价值资产的多样化、攻击手段的不断提升，以及人们对数据权益的要求，6G 网络的可信功能，从平衡的安全、持久的隐私保护和智能的韧性几方面进行了延展，体现了从安全到可信的跨越。

1）平衡的安全

6G 原生可信的基本标准之一是，网络能够在网络和业务的质量/用户体验、安全能力之间进行平衡，实现平衡和适度的安全性，根据具体应用及使用场景动态权衡。

2）持久的隐私保护

用户身份、用户行为和用户产生的数据是通信网络隐私保护的三类数据。只有获得用户授权才能够对暴露的用户相关信息进行解读。其中，6G 的用户身份和用户行为具有独特性，其与身份的统一定义和信令消息的流转构成密切相关；用户产生的数据在移动网络中不进行存储，在数据处理和运营过程中多采用密码、安全管理等技术手段进行保护。

3）智能的韧性

韧性聚焦于网络中的风险分析。风险管理分为几个阶段。网络需要能够识别风险，基于大数据分析风险和威胁，以及采取适当的措施规避风险，消减攻击带来的影响。如果风险无法规避，则需要进行风险转移以快速恢复网络，并将风险影响管控在最低水平。如果上述措施无法达成，则需确保仅接受给网络带来非致命损害的风险。

2. 多模信任

信任是网络各方进行信息交互的前提。建立信任不仅需要网络各方能够相互识别，还需要网络具备强大的安全和隐私保护能力，对整网信令和数据流进行充分保护。基于可信功能可以构建多模信任模型。

典型的信任模型包括"桥""背书""共识"三种模式。在"桥"模式下，由集中授权机构对通信实体 A 和 B 进行点对点认证和授权，从而在 A 和 B 之间传递信任关系，最终在 A 和 B 之间建立起直接信任关系。"背书"模式依靠第三方机构对实体进行可信性判断。在这种模式下，第三方对其中一方 A 进行检测评估后，向另一方 B 提交结果，向 B 递交 A 的可信性判断结论。"共识"模式采用了分布式架构，交易在实体间分布进行，参与共识模式的实体可以是网络上的某个网元、供应链上的某个主体，也可以是产业生态系统中的某个组织，在这种模式下，交易是可验证的，责任由多方共担。

不同的信任模式适合不同的场景。随着计算、数据、感知等新业务的开展，以及空天地立体异构网络部署形态的出现，6G 网络需要协同不同的信任模式，共同组成 6G 多模信任模型，如图 14-13 所示。

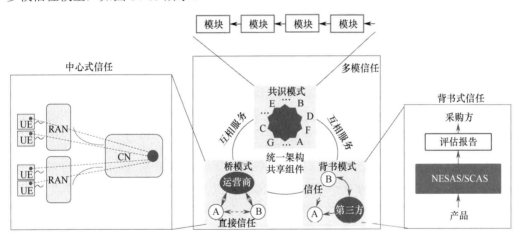

图 14-13 6G 多模信任模型

3. 集中式/分布式相结合的架构

6G 可信功能相对于现有的安全技术，极大拓展了安全的边界，也引入了新的信任模型，由此产生了一种全新的可信功能架构。该可信功能架构包含两个大的逻辑功能：可信使能单元和可信引擎。

可信使能单元是部署在不同通信网实体（如核心网、RAN 甚至 UE 和 AF）上的可信功能使能模块，提供各种可信功能的实现能力。每个通信实体可以根据业务要求，具备不同的可信功能集，如密码学能力、区块链能力、远程证明能力等。可信使能单元接收来自可信引擎的策略和配置。

可信引擎是网络可信能力的中央决策和管理调度单元，通常位于核心网，属于概念上集中式、部署上分布式的管理中心。可信引擎对各个可信使能单元进行管理、配置、维护等，同时也提供安全态势感知等策略分析闭环类的事务。

如图 14-14 所示为可信使能单元和可信引擎的一种部署模式。可信使能单元和可信引擎相协同，为 6G 网络本身和网络上的业务提供安全保障。

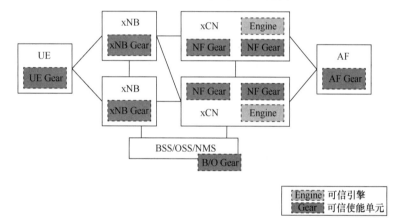

图 14-14　可信使能单元和可信引擎的一种部署模式

14.4.7　承载网

6G 网络的发展，不仅影响到业务层面的功能架构，也给底层传输网带来了大量的变化。这些变化来自 6G 网络的方方面面，影响到网络中的流量模型，而流量模型的整体变迁也将从不同的角度影响未来承载网的架构选型。流量模型变迁主要体现在以下 3 个方面。

（1）带宽需求的整体提升：6G 引入了毫米波/太赫兹/可见光通信，传输带宽进一步放量。此外，从业务需求上看，无论是 VR/AR/MR、全息通信，还是感知业务，网络中传递的数据量也不断激增。这些激增不仅存在于骨干网、数据中心网络，更关键的是，还存在于接入网，它既影响用户的下行流量，也影响上行流量。这就带来了中传/回传网络中的超大带宽要求。

（2）流量分布的边缘化：在传统的移动网络中，骨干的流量由末梢的流量逐级汇聚，主要的压力存在于骨干网之中。随着时延、安全性要求的提升以及 2B 驻场业务诉求的涌现，各类应用的边缘化趋势已成为现实。这就要求承载网架构除了解决骨干网的大跨度数据传输，还要额外关注边缘网络中局部的流量激增。

（3）流量起始的动态广泛分布：现有移动网络业务的实质是为终端用户搭建一条通

往应用网络的数据隧道，但是这种单一和静态的传输模式将在 6G 被打破。6G 引入的数据类、计算类、感知类业务等，都将核心网功能、RAN 节点甚至 UE 视为协同参与方，业务流量将广泛分布于这些对象之间，并且随着业务需求的变化、用户位置的变化、网络负载的变化发生动态的重分配。因此需要一种能够适应这种动态性和广泛性的传输网架构。

综上所述，6G 承载网可能需要适应 6G 流量模型的变化，与接入网、核心网充分跨层协同，形成一套新型的功能架构和组网方式，满足不同业务场景要求下的数据通信需求。6G 承载网架构如图 14-15 所示。

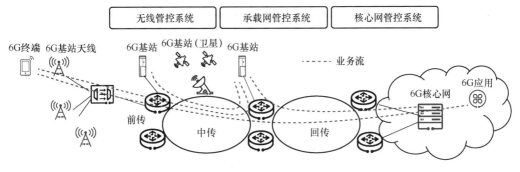

图 14-15　6G 承载网架构

根据 6G 承载网架构，需要重点考虑如下几个关键技术特征。

（1）广泛分布：6G 承载网面向空天地等多维部署场景，为移动网络提供统一的、无处不在的底层传输能力。

（2）灵活可编程：6G 承载网提供业务流量模型驱动的路由转发模式，支持中心部署、边缘部署以及多层次复杂部署场景下的互联能力。

（3）业务感知：应用的差异化需求，需要通过移动网络，传递到 6G 承载网，通过一致化的业务感知能力，实现端到端的 QoS 保障。

14.5　6G 网络关键技术

14.5.1　以任务为中心的设计范式

在 6G 不仅仅是无线连接的价值定位下，无论是提供 XaaS 类业务，还是从 6G 智能普惠愿景出发，在网络内提供完整的 AI 环境和服务化 AI 服务，传统以会话为中心的设计思路需要演进到 6G 网络的面向以任务为中心的设计机制，支持 XaaS，如 AIaaS 业务所需的连接、计算、数据和算法（四要素）的深度融合，即支持以四要素深度融合为单位的实时管控，即任务粒度的管控，并支持任务 QoS 保障机制。相应的 6G 网络架构在设计范式上，需要实现如下关键转变，为了更好地描述，下面以 6G 网络内生 AI 类业务举例说明。

- 变化 1：无线网络系统中的管控对象从"会话"转变为"任务"

相对于传统的"会话"，"任务"有两个本质不同：一是技术目标不同；二是技术手段不同。首先，从技术目标看，传统通信系统提供会话类业务，典型应用场景是为特定终端间或终端与应用服务器间提供会话服务，最终目的还是传输用户数据（包括语音）。而网络 AI 的目标与会话不同，如上述的网元智能和网络智能是为网络提供智能服务、以提升通信网络效率为目标，业务智能则是以为第三方提供 App 层面的智能服务为目标。总之，提供会话和 AI 的目标是不同的。其次，从技术手段看，传统通信业务为了传输用户数据，需要维护用户粒度的连接管道（如 UE 到基站、基站到核心网的端到端隧道），以及针对连接管道的生命周期管理和 QoS 保障机制，从而提供 QoS 可保障的数据传输服务。而 AI 属于数据和计算密集型业务，与会话相比具有如下差异化特征：一方面，AI 引入了新的资源维度，包括算力（如 CPU、GPU 和 NPU）、数据（如 AI 使用的和 AI 生成的），以及算法（如神经网络模型、强化学习）等，因此 6G 网络需引入新资源的管理机制；另一方面，单点计算瓶颈、数据隐私保护、超大模型存储瓶颈等多种因素导致单节点难以高效实现 AI 业务，只能通过多节点间的算力、算法和数据协同来完成，因此 6G 网络需引入节点间的新协同机制。基于上述两点差异，可以看出"会话"系统无法支持原生 AI，因此需要设计新的"任务"系统来支持上述新机制（新资源的管理机制和节点间的新协同机制）。

- 变化 2：管控资源从连接资源转变为连接、计算、数据和算法的四要素资源

"会话"系统是为用户进行数据传输建立通道及分配相应的连接和空口资源，而"任务"系统是为完成 AI 任务调配四要素资源。以 AI 推理任务为例，执行体需要先获取计算、数据和算法等资源信息，进而执行相关任务。例如，计算信息为某个任务对应的计算资源时隙或占比，数据信息为执行体实时采集的数据或外部输入的数据，算法信息包括可能的图形神经网络（Graph Neural Network，GNN）、卷积神经网络（Convolutional Neural Networks，CNN）等 AI 模型，或者强化学习（Reinforcement Learning，RL）等 AI 算法。以联邦学习任务为例，多个执行体间相互协作共同训练 AI 模型，在训练过程中需利用分配的连接资源传递梯度信息。综上所述，由于任务的引入，管控资源从连接转变为连接、计算、数据和算法的四要素资源。

- 变化 3：从"会话控制"转变为"任务控制"

与传统的会话管控的功能不同，网络 AI 中的任务管控系统主要有如下功能：（1）从对外服务到对内任务的分解/映射；（2）从服务 QoS 到任务 QoS 的分解/映射；（3）提供四要素协同和多节点协同的机制，对基础设施层多节点的四要素资源进行编排和实时控制，最终实现任务粒度的分布式串行/并行处理及其实时的 QoS 保障。其中，针对简单服务请求，一个服务可以对应/映射为一个任务；而对于复杂服务（如多业务流的集成或仅有一个业务流的超大计算量的服务请求），可以映射为多个节点来系统执行。

- 变化 4：从"会话 QoS"转变为"任务 QoS"

6G 网络将不再只是服务于传统通信业务的管道，不同的智能应用场景对 AI 服务的质量将有着不同的需求，需要一套指标体系通过量化或分级的方式传达用户的需求及网络编排控制 AI 各要素（包括连接、计算、数据和算法等）的综合效果。传统通信网络的 QoS 主要考虑通信业务的时延、吞吐率、传输速率等与连接相关的性能指标，6G 网络除了传统通信资源，还将引入算力、算法和数据等新的资源维度，需扩充相应的评价指标。同时，随着"碳中和"和"碳达峰"政策的实施、全球智能应用行业对数据安全性和隐私性关注程度的普遍加强，以及用户对网络自治能力需求的提升，未来性能相关指标将不再是用户关注的唯一指标，开销、安全、隐私和自治方面的需求将逐渐深化，从而成为评估服务质量的新维度。

在以任务为中心的网络（见图 14-16）中，新引入了网络 AI 的编排功能、任务控制功能及任务资源层。其中，任务控制功能就是以控制层面信令的方式对资源层中的多节点（UE、基站、核心网网元等）和四要素资源进行实时控制。基于以任务为中心的网络架构，AI 任务在网络中的高效执行和 QoS 保障成为可能。

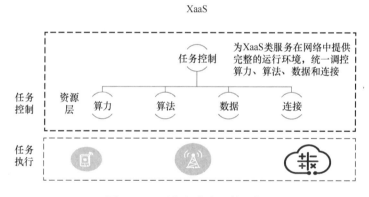

图 14-16　以任务为中心的网络

14.5.2　新非接入层协议

从 6G 网络的需求来看，用户在享受网络提供商所提供的新服务外，用户也可以作为能力服务的提供者参与到网络中。用户所持终端本身可以为网络中的其他节点提供能力服务，如感知服务、计算服务等，用户在网络中的资源也可以作为一个重要的资产，为用户所控，开放给网络中的其他节点或用户使用。

因此，UE 与 CN 之间的控制面通道不再是单一的基于连接需求将 UE 与核心网连接在一起，即用户向网络提连接需求，网络为用户下达配置参数与指令。未来的网络需要赋予用户对自身资产的控制能力，为用户提供内涵更丰富的交互通道，具体包括：

（1）网络调用用户的数据或能力服务时需要获得用户的授权；

（2）用户对网络中的用户资产可管可控。

此外，对于控制面的信令传输，现有的 5G 采用集中式的（由 AMF 统一转发）NAS（非接入层）传输方式，如图 14-17 所示。在现有的 NAS 传输方式中，在 NAS 消息中增加新服务的 NAS 容器，即可实现 UE 与新服务功能网元（XX-NF）的信令交互。而在 6G 网络架构的设计过程中，NAS 消息的传输方式也可能有不同的演进方向，如分布式 NAS（见图 14-18）、NAS over IP 等。通过 RAN 与 CN 之间的协议层（如 NGAP 层），使得 RAN 可以与核心网的 NF（XX-NF）进行直接通信。不同的 NAS 消息传输方取决于未来网络架构的设计以及具体的部署方式。

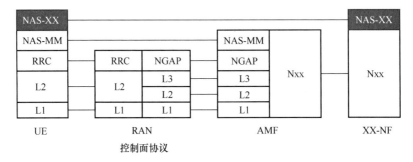

图 14-17　集中式的 NAS 传输方式

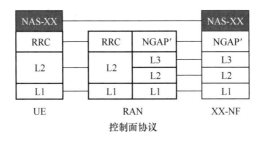

图 14-18　分布式的 NAS 传输方式

14.5.3　计算无线承载

为了实现 6G 网络的通算融合，需要通过新的计算协议来完成计算执行与计算连接的相互感知、相互协同，实时准确的计算资源发现、灵活动态计算资源及计算质量的调度，提供无处不在的计算服务和连接服务。

计算功能包含一组新的网络逻辑功能，以及这些逻辑功能与终端、App 之间的协议接口，对网络架构和网络协议会产生一定的影响。计算功能的控制包括计算执行控制与计算连接控制。

以 RAN 架构为例，如果将计算功能引入 RAN 架构（计算协议栈见图 14-19），则空口计算连接控制可以基于 RRC 现有协议机制来实现，即通过修改 RRC 协议或通过调用 RRC 协议的基本功能以支持计算连接的控制；计算执行控制由 CRC（计算资源控制）实现，CRC 可以与 RRC 独立，也可以与 RRC 融合成 xRC。CRC 用于控制计算执行功能占用的计算资源、计算操作量、计算质量等。基站间（Xn 接口）的计算连接控制、计算执行控制可以基于现有 Xn-AP 机制来实现（调用或修改）。

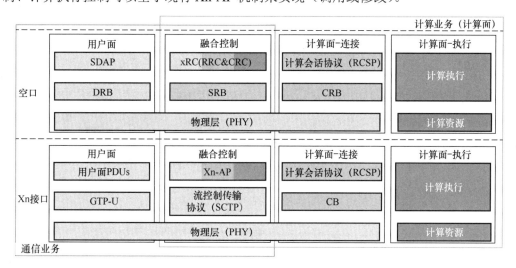

图 14-19　计算协议栈

传统通信的用户面连接用户与数据网络（Data Network，DN），计算功能的传输部分用于无线网络系统内的不同节点的计算执行功能之间传输计算数据，即计算的数据不传输到 DN，因此，计算传输机制的设计需要与传统通信用户面有所区分。一种可能的计算传输方式是承载层面引入新的承载方式，如空口部分的计算无线承载（Computing Radio Bearer，CRB）、Xn 接口部分的计算承载（Computing Bearer，CB），并在会话层面引入新的无线计算会话协议（Radio Computing Session Protocol，RCSP），此时计算会话又可以称为 RCSP 会话。

RCSP 是一种无线网络内计算资源的高效数据通信协议，支持终端、基站或核心网功能的计算执行功能之间交互计算数据，从而支持不同节点间的计算协作，共同完成一个计算任务。计算任务的 QoS 由计算会话的 QoS 与计算执行的 QoS 共同确定。其中，计算执行的 QoS 受分配的计算资源、计算量和计算流程影响，基本的指标包括计算耗时和计算精度。计算会话的端点位置由计算执行功能所在的节点位置确定。例如，图 14-20（a）所示的 RCSP 会话包括 CRB，即终端与基站之间交互计算数据；图 14-20（b）所示的 RCSP 会话包括计算承载（CB），即不同基站之间、基站与核心网之间或分布式单元（Distributed Unit，DU）与中央单元（Central Unit，CU）之间交互计算数据；图 14-20（c）所示的 RCSP 会话包括 CRB 与 CB，即终端与核心网之间交互计算数据。

xNB 负责维护 CRB 与 RCSP 会话的对应关系，其作用是使得终端在发射上行计算数据到无线网络内部计算资源的节点时，可以通过选择对应的 CRB，来实现最终的数据传送；而无线网络内部计算资源的节点在传送下行计算数据到终端时，也可以通过选择 RCSP 会话对应的 CRB，来实现最终的数据传送。xNB 在中间通过 CRB 与 RCSP 会话的映射，实现了数据在终端和部署在基站中的计算执行功能之间、基于 RCSP 的数据交互。

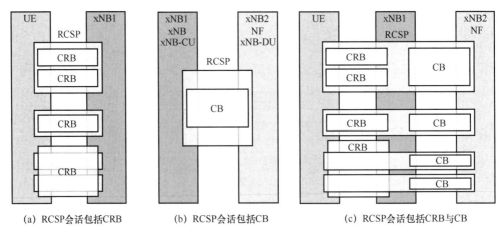

图 14-20　RCSP 会话与 CRB、CB 的关系

14.5.4　数据承载与转发

5G 网络是基于会话构建的，其用户面用于承载会话数据。在移动网络内部，用户面终结于 UPF，而数据潜在的数据终结点可位于 UE、无线接入网、核心网等。由于无法满足 6G 数据承载所需要的"随路计算"和"任意拓扑"支持，5G 用户面无法承载 6G 网络新的数据类型和业务需求。表 14-3 从功能、数据承载的起始点和终结点、数据转发设备的行为、数据转发原则、拓扑结构等角度对比了 5G 用户面传输和 6G 数据传输之间的差异。5G 用户面的会话连接实现两个通信设备之间的信息交互，具体是由协议数据单元（Protocol Data Unit，PDU）会话提供用户终端设备和网络之间端到端的用户面连接。

表 14-3　5G 用户面传输与 6G 数据传输对比

项　　目	5G 用户面传输	6G 数据传输
功能	PDU 会话提供用户设备和网络之间端到端的用户面连接	由数据采集、预处理、转发、存储、分析等功能组成分布式数据管道
数据承载的起始点和终结点	UE 和 UPF	任何网元和终端设备
数据转发设备的行为	转发设备仅转发数据包	需要实现随路计算：在数据管道中，数据在被转发的同时被转换和优化，以达到可以分析和应用的状态
数据转发原则	数据包基于目标地址进行转发	数据包基于数据服务和数据管道身份进行转发
拓扑结构	点到点连接	任意拓扑

6G 数据传输则由数据采集、预处理、转发、存储和分析等功能组成。用户面传输是针对人与人或人与机器之间的通信连接，而数据处理的数据是由机器/算法生产和消费的。5G 用户面会话只实现数据包传输，而 6G 数据传输则需要实现随路计算，在数据管道中，数据被转换和优化以达到数据分析和智能应用所需状态。在数据转发行为上，会话的数据包基于目标地址进行转发；而在数据管道中，数据包则基于数据服务和数据管

道标识进行转发。基于 5G 用户面会话的数据转发属于 TCP/IP 层，而数据转发则属于应用层。此外，基于会话的拓扑是点对点的连接，而 6G 数据处理则需要支持任意拓扑结构（如数据分发和数据聚合需要的树形结构）。

数据承载用于传输 6G 数据，在 QoS 保障、调度优先级等方面都不同于现有的信令面承载和用户面承载。为了支持 6G 数据处理的实现，需要新的数据协议来完成，为此引入数据转发控制协议层（DFCP 层）。数据控制协议栈和数据业务协议栈如图 14-21 所示。

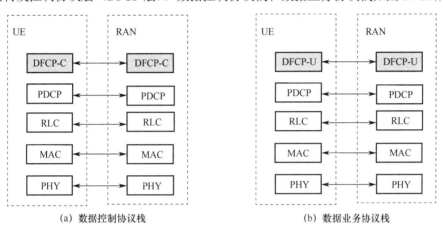

图 14-21　数据控制协议栈和数据业务协议栈

DFCP 层位于 PDCP 层之上，主要完成数据服务到数据承载的映射，业务数据的路由与转发、数据包头的解析与重组、数据的采集分析处理等。MAC 层增加数据承载与逻辑信道的映射，PDCP 层增加安全隐私保护功能，以支持数据承载。

6G 数据功能需要构建新的面向数据的转发机制。根据数据报文和数据转发实体（DA）的有无状态，6G 网络需要考虑不同的数据转发技术方案，如图 14-22 所示。需要注意的是，数据管道是有方向的，一个数据服务可以包含多个数据管道。

当报文无状态、DA 有状态时：数据转发控制实体（DO）根据数据业务需求，按 DA 的功能编排组成数据管道及其拓扑，并将数据转发表项写入相应 DA 的数据转发表。DA 根据表项转发数据到下一跳，直至转发表项结束。同时 DA 统计转发的数据报文数和字节数，按需上报给 DO。数据服务执行结束后删除数据管道，DA 删除数据转发表项。

当报文有状态、DA 无状态时：DO 根据业务需求，按 DA 的能力/功能编排组成数据管道及其拓扑，并将数据转发表项发射给入口 DA。入口 DA 将转发信息作为数据报文头部信息转发至下一跳。转发路径中的 DA 根据数据报文头部携带的转发信息进行转发，并删除涉及本 DA 的转发信息。出口 DA 将报文头部的地址/标识信息删除后递交给上层应用。DA 统计转发的数据报文数和字节数，并按需上报给 DO。边缘 DA 在数据服务结束后删除给定数据服务的数据转发表项。

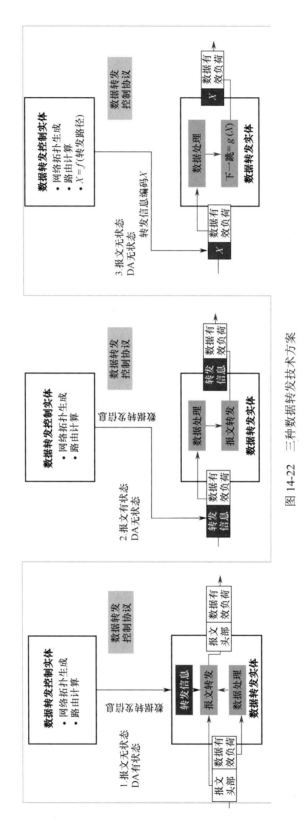

图 14-22　三种数据转发技术方案

当报文和 DA 都是无状态时：DO 根据业务需求，按 DA 的能力/功能编排组成数据管道及其拓扑。DO 将数据服务对应的数据转发路径进行编码，并将编码发射给入口 DA。入口 DA 通过解码操作计算出数据报文的下一跳，在完成数据处理后转发至下一节点。出口 DA 将报文递交给上层应用。DA 根据报文中携带的统计数据按需上报给 DO。边缘 DA 在数据服务结束后删除数据管道。

根据不同的业务需求场景，DO 可以选择使用不同的数据路由方案。

14.5.5   可信的分布式网络技术

分布式网络技术在一定程度上突破了中心化的限制，驱动了互联网业务的飞速发展。当前研究的主流分布式技术主要有在网络成员之间共享、复制和同步数据库的分布式账本技术（Distributed Ledger Technology，DLT），实现分布式数据存储的去中心化点对点传输的星际文件系统（Inter Planetary File System，IPFS），实现网络功能的分布式并快速查找及访问等的分布式哈希表（Distributed Hash Table，DHT），以及组合多种分布式技术的区块链等技术。

其中，区块链技术凭借其多元融合架构赋予的去中心化、不可篡改等技术特性，为解决传统中心化服务架构中的信任问题和安全问题提供了一种在不完全可信网络中进行信息与价值传递交换的可信机制。因此，在资源共享、网间协作、网络安全等方面引入区块链技术思维，可以增强网络扩展能力、网间协作能力、安全和隐私保护能力。此外，区块链技术还能够提供高性能且稳定可靠的数据存证服务，保证数据的安全可信和透明可追溯。

借鉴这些分布式网络技术的思想，融合应用于未来 6G 网络架构的设计，将能够为构建网络分布式的自治，去中心化的信任锚点，实现分布式的认证、鉴权、访问控制，以及为用户签约数据的自主可控，符合数据保护等法规提供技术支撑，降低单点失效和 DDoS 攻击的风险。在分布式网络中，大量多元化的节点（如宏基站、小基站、终端等）高度自治，且具有差异化的通信特征、缓存能力、计算能力及负载状况等，从而需要协同不同的节点，实现分布式网络资源互补和按需组网。但是，由于分布式网络资源可能属于不同的企业、运营商、个人或第三方等，需要建立去中心化网络安全可信协作机制。因此，基于区块链技术和思想，实现资源安全可信共享、数据安全流通及隐私保护，将成为未来 6G 网络提供信任服务的新方向。

单个分布式技术存在不同的短板，通过有机技术结合，可以实现技术互补，如通过 DHT 结合 DLT 的方式来实现以用户为中心的网络架构，满足用户定制化的网络功能，细粒度的个性化服务，并提供去中心化的信任即服务（Trust as a Service，TaaS）功能。可信的分布式网络技术如图 14-23 所示。用户的签约数据等由 DHT 实现链下存储，避免区块链膨胀等问题，并结合需授权的区块链保护用户的隐私，实现分布式技术与无线通信的深度融合，打破"人–机–物–网"之间的信任壁垒，提升无线网络的效率与安全性。

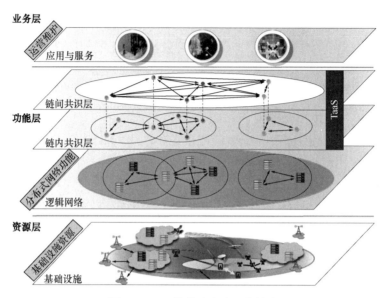

图 14-23　可信的分布式网络技术

14.5.6　6G 区块链

6G 网络架构的去中心化趋势促使其需要构建一个更加包容的多模态信任模型。新增的分布式信任模型，参与共识模式的实体可以是网络上的某个网元、某个主体，或者产业生态的某个组织。区块链是一种典型的去中心化技术，6G 与区块链的融合赋予 6G 网络安全新的内涵。

6G 能力内生与 6G BaaS。6G 区块链是在 6G 场景下对区块链的重新定义，具有鲜明的 6G 特色，它既不同于传统比特币、以太坊的公链，又不同于基于云的各种 BaaS 平台与服务。6G 区块链能力通过可信使能单元内生于网络中：传统的公链基于互联网平台，任何一个节点都可以通过互联网接入区块链；基于大型云服务供应商的云平台，区块链的使用者如政企、供应链、金融等行业通过向华为、阿里等服务提供商购买并使用区块链服务。6G 区块链鲜明的特点在于其基础设施为 6G 底层网络，以 UE、基站、核心网等移动通信网络节点作为区块链的基础设施节点，通过集中式的网络功能对区块链进行统一的调度和管理。同时，6G 区块链服务于 6G 业务，基于 6G 区块链为上层业务提供安全的互信互享平台，业务也会因为区块链的引入需要重塑业务流程。

在某些场景下，6G 区块链将具有如下的能力。

（1）支持高通量交易的区块链扩展能力。当前对区块链的扩展可通过以下三种方式进行：对互联网的体系架构开放系统互联（Open Systems Interconnection，OSI）模型的网络层和传输层进行数据传输协议优化，不改变区块链的上层架构，这是一种保留原有链生态规则的性能提升方案；对区块链数据层、网络层、共识层和激励层进行区块链基本结构、模型、算法的优化和改进，即对区块链自身体系结构进行优化完善，进而提升区块链性能，链上扩容方案可以分为区块数据相关、分片技术相关、共识协议相关和新型链式结构相关；对区块链合约层和应用层进行调整，将合约与复杂计算放到链下，目的是为了减少链上负担以提升区块链系统性能，链下扩容不改变区块链基本协议。6G区块链会具有多种特性的链，在不同的场景下，使用不同的区块链的扩展技术，提升交易的吞吐量，从而满足 6G 的交易性能需求。

（2）支持 GDPR 和监管能力的可编辑技术。可编辑技术是一种通过密码学算法实现的链上数据可以安全地修改，且修改记录可追溯的技术，用以满足链上存在个人信息数据时对 GDPR 的遵从性，以及链上出现恶意信息时的监管需求。一种典型的方案是通过使用变色龙哈希函数来完成区块内容的重写。不同于传统的哈希函数，变色龙哈希函数是一种带密钥的单向哈希函数，传统加密哈希函数很难找到哈希碰撞，而变色龙哈希函数可以人为设置下一个私钥，掌握了它就能轻松找到碰撞，也就是说，掌握了密钥信息就可以轻易地计算任意输入数据的哈希碰撞，从而可以在不改变哈希函数输出的情况下，任意地改变哈希函数的输入。密钥在多个验证者之间共享，由验证者之间的共识过程决定如何进行区块数据的修改。

14.6　6G 网络实现架构

功能架构决定逻辑的完备性，而一个好的实现架构往往带来效率、可靠性、开放性、敏捷性等收益。因此，我们不仅需要给出 6G 网络的功能架构，还应当对其实现架构进行一定的考虑和建议。

在 3GPP 标准中，核心网描述的对象是网络功能，或者也可以认为是某种形式的微服务。通过微服务的划分和交互定义来描述核心网网络特性的具体实现。

无线接入网描述的对象是节点，通过节点的功能定义和协议栈设计来描述无线接入网特性的具体实现。

14.6.1　6G 核心网实现架构

核心网的实现架构在 5G 中已经基本完成了服务化的演进，但是仍然面临着不少问题，如服务化解耦不充分、不合理，导致网络功能间存在耦合，难以实现敏捷业务上线和灰度升级等特性，服务化的优势无法充分发挥等。

全面云原生是 6G 核心网演进的共识，在已有的 SBA 路线基础上，提供进一步的云化能力，以起到简化网络和敏捷演进的目的。这里给出几种满足云原生要求的实现架构设计模式。

1. 微服务解耦模式

5G 核心网架构采用 SBA 架构，将不同的实体定义为网络功能（Network Function，

NF），各自提供不同的服务，并且通过网络仓储功能（Network Repository Function，NRF）进行服务的注册发现，从概念上看，这就是一种典型的微服务模式。

6G 网络可以继续沿用这种模式，对不同功能和处理对象的微服务进行极致的解耦，确保不同微服务间不产生相互影响。现有 NF 间存在的功能耦合也需要在演进过程中进行解耦和重分布。

1）设计原则

服务化重构，先按照纯粹的功能去描述逻辑架构，再根据功能之间的相互依赖（调用关系、数据关系等）确定 NF 的聚合逻辑，即高内聚低耦合。

2）架构

微服务解耦架构如图 14-24 所示。

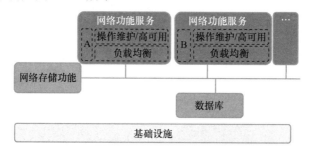

图 14-24　微服务解耦架构

3）优势推演

微服务解耦的优势推演：

（1）服务间充分解耦，网络整体体现服务化优势，敏捷；

（2）标准控制力强，有利于伙伴间的开放；

（3）与 5G 网络服务化模式最为接近，易于演进和互操作。

2. 微服务聚合模式

随着 6G 网络业务的灵活多样发展，通过标准化这种方式去定义完备的业务交互过程越来越复杂；同时，并非所有的 NF 间的耦合都适合在通信网络框架内打破，需要考虑在这个约束下如何使网络更加敏捷；此外，无论如何，过多的 NF 定义会使得网络愈发难以运营和维护，因此考虑通过微服务聚合模式对网络进行重构。

1）设计原则

服务化重构，基于现有的 NF 划分逻辑，选取合适的原则（网络归属、组网方式等）进行归并（在实现上，归并后可以形成超级 NF 或者网元，即 Network Element，NE），使得无论逻辑功能如何增多，超级 NF 的数量总是受控的，而且超级 NF 可以收敛组网、建网和运维模式，内部不受标准约束，减少标准化边界，提升集成度和性能。

2）架构

微服务聚合架构如图 14-25 所示。

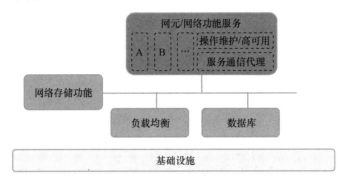

图 14-25　微服务聚合架构

3）优势推演

微服务聚合的优势推演：

（1）不依赖 NF 间彻底解耦，依赖 NE 内的厂商实现提供敏捷优势；

（2）NE 内部免去服务化带来的性能开销，效率占优；

（3）减少建网、组网、运维对象，降低复杂度；

（4）标准控制力较弱，伙伴间只能做 NE 边界上的协同；

（5）与 5G 现有 NF 可以进行演进和互操作。

3．去微服务化模式

随着云原生技术的不断发展，更多突破性技术重新定义了微服务的实现方式。在去微服务化的工作模式下，业务的运行并不绑定到静态的执行体（虚机、容器等），而是由平台进行按需运行调度，当消息或数据触发业务执行时，再由平台调度执行逻辑到合适的执行体。同时，平台向业务提供基本支撑类服务，保证业务逻辑的简单和可扩展。

这种去微服务化模式，体现了极致的业务无状态化以及业务和平台的充分解耦。

1）设计原则

将公共能力（服务注册发现、路由、高可用、运维等）从业务中剥离，解耦为平台服务。平台服务为所有的业务提供支撑功能。其中业务逻辑受标准强控；平台逻辑是否受标准强控有不同的实现选项。

2）架构

去微服务化架构如图 14-26 所示。

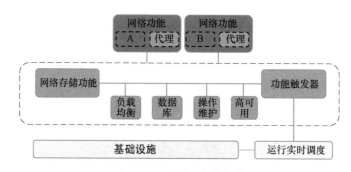

图 14-26 去微服务化架构

3）优势推演

去微服务化的优势推演：

（1）业务平台解耦充分，平台能力公共构建简化，业务开发复杂度大幅降低；

（2）最接近 IT 化的敏捷。

14.6.2 6G 无线接入网实现架构

基于前面 6G 网络愿景、技术需求、网络功能设计，6G 移动通信系统除了提供基本的连接服务，还需要提供计算、数据、算法、感知等各种新服务能力，有效使能 6GXaaS。由此，6G 移动通信系统需要通过构建内生集成和融合多维异构资源的协同能力，实现新服务能力的高效提供，这将驱动 6G 无线接入网（Radio Access Network, RAN）架构的重构。这些新服务能力的本质特征需要跨多终端、多接入节点以及多维资源（计算、数据、算法、连接等）的协同。然而，5G 接入网由单一的 gNB 构成，是一种扁平化实现架构，在这种实现架构下对涉及较大范围的多节点协同效率较低，由此，从接入网实现架构来看，需要引入集中的协调网元簇节点（cluster Node, cNode）来实现区域内及区域间的高效、更大范围的协同。由此，6G RAN 节点可以分为以下两种。

（1）簇节点，提供多个业务服务节点的区域级集中协同功能，以及跨区域的簇控制节点间的协同功能；簇内，提供协同任务的锚点功能；空口上，不提供连接功能或仅提供连接的控制功能。

（2）服务节点（serving Node, sNode），提供协同任务的调度和执行功能；空口上，提供连接的控制和/或数据功能。

6G RAN 架构如图 14-27 所示。

从连接功能角度看，cNode 的实现可以考虑两种选项。

（1）CP/UP 分离：cNode 具有连接的控制面功能，sNode 具有连接的用户面功能。cNode 提供连接的控制功能，负责 CP 功能，包括 MIB、SIB、SSB、Paging（寻呼）和 RRC。sNode 提供连接的数据功能，sNode 提供数据传输功能，物理层控制信息（DCI、UCI）可以由 sNode 承载，或者由 cNode 承载，从而实现极简数据载波。控制和数据分离可以使能高频高效传输、网络节能、使能多 RAT 极致聚合等。

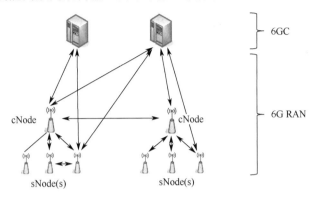

图 14-27　6G RAN 架构

从 UE 角度看，在选项（1）中，UE 与 RAN 的通信，控制面与 cNode 直接通信，用户面与 sNode 直接通信；UE 与 CN 的通信，控制面通过 cNode 与 CN 通信；用户面通过 sNode 与 CN 通信。

（2）CP/UP 不分离：cNode 无连接功能，sNode 具有连接的控制面和用户面功能；sNode 从连接功能角度等同于 5G gNB；cNode 不具备连接功能，仅负责 6G 引入的各种新服务能力。

从 UE 角度看，在选项（2）中，UE 与 RAN 的通信，控制面和用户面都与 sNode 直接通信；UE 与 CN 的通信，控制面和用户面都通过 sNode 与 CN 通信。

以上都是在基于 6G 愿景、需求提炼和思考基础上，对 6G 网络架构功能、接口划分的一种思考，供产业界和学术界思考。

本章参考文献

[1] 李正茂，干晓云，黄宇红，等.TD-LTE 技术与标准[M]. 北京：人民邮电出版社，2013.

[2] 刘光毅，方敏，关皓，等.5G 移动通信：面向全连接的世界[M]. 北京：人民邮电出版社，2019.

[3] 王晓云，刘光毅，丁海煜，等.5G 技术与标准[M]. 北京：电子工业出版社，2019.

[4] 童文，朱佩英. 6G 无线通信新征程：跨越人联、物联，迈向万物智联[M].华为翻译中心，译. 北京：机械工业出版，2021.

[5] 刘光毅，黄宇红，崔春风，等.6G 重塑世界[M]. 北京：人民邮电出版社，2021.

[6] 6GANA. 6G 网络 AI 概念术语白皮书 [R/OL]. 2022. http://www.6g-ana.com/upload/file/20220523/637889301757893555473508l.pdf.

[7] 6GANA. 6G 网络原生 AI 技术需求白皮书[R/OL]. 2022. http://www.6g-ana.com/upload/file/20220523/6378893017730497434706068.pdf.

附录A 缩略语表

缩 略 语	英 文 全 称	中 文 名 称
1G	the 1st Generation	第一代移动通信系统
2G	the 2nd Generation	第二代移动通信系统
3D	3 Dimension	三维
3G	the 3rd Generation	第三代移动通信系统
3GPP	3rd Generation Partnership Project	第三代合作伙伴计划
4G	the 4th Generation	第四代移动通信系统
5G	the 5th Generation	第五代移动通信系统
6G	the 6th Generation	第六代移动通信系统
ACLR	Adjacent Channel Leakage Ratio	相邻信道泄露比
ADC	Analog to Digital Converter	模数转换器
AF	Application Function	应用功能
AI	Artificial Intelligence	人工智能
AI4NET	Artificial Intelligence for Network	人工智能为网络服务
AIaaS	Artificial Intelligence as a Service	人工智能即服务
AMP	Approximate Message Passing	近似信息传递
AOA	Angle Of Arrival	到达角
AOA	Azimuth Of Arrival	方位角
AOD	Azimuth Of Departure	出射角
AP	Access Point	接入点
App	Application	应用
APSK	Amplitude Phase Shift Keying	幅度相移键控
AR	Augmented Reality	增强现实
ARoF	Analog Radio-over-Fiber	模拟光载无线
ASK	Amplitude Shift Keying	幅度键控
BaaS	Blockchain as a Service	区块链即服务
BCD	Block Coordinate Descent	块坐标下降法
BCH Codes	Bose-Chaudhuri-Hocquenghem Codes	循环码
BER	Bit Error Rate	误码率
BIC	Bit Interleaved Coded	比特交织编码
BLER	Block Error Rate	误块率
BM	Beam Management	波束管理
BPSK	Binary Phase Shift Keying	二进制相移键控
BS	Base Station	基站
BSC	Backscatter Communication	反向散射通信
CA	communication-computing Converged Anchor	通算融合锚点

（续表）

缩 略 语	英 文 全 称	中 文 名 称
CaaS	Computing as a Service	计算即服务
CA-CFAR	Cell Average-CFAR	单元平均恒虚警率
CB	Computing Bearer	计算承载
CB	Conjugate Beamforming	共轭波束赋形
CCDF	Complementary Cumulative Distribution Function	互补累积分布函数
CCSA	China Communications Standards Association	中国通信标准化协会
CDF	Cumulative Distribution Function	累积分布函数
CDL	Clustered Delay Line	簇时延线
CDL-A	Cluster-Delay-Line A	簇时延线 A
CDM	Code Division Multiplexing	码分复用
CDMA2000	Code Division Multiple Access IMT-2000	码分多址国际电联 2000 标准
CE	Compute Executor	计算执行
CEF	Channel Estimation Field	信道估计字段
CE-OFDM	Constant Envelope Orthogonal Frequency Division Multiplexing	采用恒包络正交频分复用
CF	Cell-Free	无蜂窝
CFAR	Constant False Alarm Rate	恒虚警率
CFO	Carrier Frequency Offset	载波频率偏移
CG	Configured Grant	预配置授权
CIR	Channel Impulse Response	信道响应
CJT	Coherent Joint Transmission	相干联合传输
CLI	Cross Link Interference	交叉干扰
CMLD-CFAR	Censored Mean Level Detector-CFAR	单元平均电平检测器恒虚警率
CMOS	Complementary Metal Oxide Semiconductor	互补金属氧化物半导体
CN	Core Network	核心网
CNN	Convolutional Neural Networks	卷积神经网络
cNode	cluster Node	簇节点
CoMP	Coordinated Multi-Point	协同多点传输
CP	Cyclic Prefix	循环前缀
CP/UP	Control Plane/User Plane	控制面/用户面
CPE	Customer Premise Equipment	客户前置设备
CP-OFDM	Cyclic Prefix Orthogonal Frequency Division Multiplexing	循环前缀-正交频分复用
CPU	Central Processing Unit	中央处理器
CQI	Channel Quality Indicator	信道质量指示
C-RAN	Cloud Radio Access Network	云无线接入网
CRB	Computing Radio Bearer	计算无线承载
CS	Chirp Scaling	调频变标
CS	communication-computing Converged Scheduler	通算融合调度
CS	Compressed Sensing	压缩感知
CSI	Channel State Information	信道状态信息

（续表）

缩　略　语	英　文　全　称	中　文　名　称
CSI-RS	Channel State Information-Reference Signal	信道状态信息参考信号
CSS	Chirp Spread Spectrum	啁啾扩频
CU	Central Unit	中央单元
CUDA	Compute Unified Device Architecture	计算设备架构
DaaS	Data as a Service	数据即服务
DAC	Digital to Analog Converter	数模转化器
DAS	Distributed Antenna System	分布式天线系统
DB	Database	数据库
DCI	Downlink Control Information	下行控制信息
DC-RF	Direct Current-Radio Frequency	直流和射频
DD	Delay-Doppler	时延-多普勒
DDM	Doppler Division Multiplexing	多普勒频分复用
DDoS	Distributed Denial of Service Attack	分布式拒绝服务攻击
DFCP	Data Forwarding Control Protocol	数据转发控制协议
DFT	Discrete Fourier Transform	离散傅里叶变换
DFT	Decision Feedback Equalizer	判决反馈均衡器
DFT-S-OFDM	Discrete Fourier Transform-Spread-Orthogonal Frequency Division Multiplexing	离散傅里叶变换-扩频正交频分复用
DHT	Distributed Hash Table	分布式哈希表
DID	Decentralized Identity	去中心化身份
DL	Downlink	下行
DLT	Distributed Ledger Technology	分布式账本技术
DM-RS	Demodulation Reference Signal	解调参考信号
DO	Data Orchestration	数据编排
DOA	Direction Of Arrival	到达方向
DOU	Dataflow Of Usage	使用数据流
DPD	Digital Pre-Distortion	数字预失真
DPKI	Decentralized Public Key Infrastructure	去中心化公钥基础设施
DSB-ASK	Double Sideband Amplitude Shift Keying	双边带幅度键控
DS-OMP	Double Structured Orthogonal Matching Pursuit	双结构正交匹配追踪
DSSS	Direct Sequence Spread Spectrum	直接序列扩频
DTN	Digital Twin Network	数字孪生网络
DU	Distributed Unit	分布式单元
EIRP	Equivalent Isotropically Radiated Power	等效全向辐射功率
eMBB	enhanced Mobile Broadband	增强型移动宽带
eMTC	enhanced Machine-Type Communication	增强型机器类通信
EOF	End Of Frame	帧结束符
ESPRIT	Estimating Signal Parameters via Rotational Invariance Techniques	旋转不变信号参数估计技术

（续表）

缩 略 语	英 文 全 称	中 文 名 称
ETSI	European Telecommunications Standards Institute	欧洲电信标准化协会
EVA	Extended Vehicular A	扩展的车辆 A
EVM	Error Vector Magnitude	误差矢量幅度
FBMC	Filter Bank-based Multi-Carrier	滤波器组多载波
FC	Fully-Connected	全连接
FDD	Frequency Division Duplex	频分双工
FDM	Frequency Division Multiplexing	频分复用
FDTD	Finite Difference Time Domain	时域有限差分
FER	Frame Error Rate	误帧率
FFT	Fast Fourier Transform	快速傅里叶变换
FLOPS	Floating Point Operations Per Second	每秒浮点运算次数
FLOPs	Floating Point Operations	浮点运算量
FMCW	Frequency Modulated Continuous Wave	调频连续波
FPGA	Field Programmable Gate Array	现场可编程门阵列
FSK	Frequency Shift Keying	频移键控
GBR	Guaranteed Bit Rate	保证速率
GBSM	Geometry Based Stochastic channel Model	基于几何的随机信道模型
GDPR	General Data Protection Regulation	通用数据保护条例
GEO	Geostationary Earth Orbit	同步地球轨道
GFDM	Generalized Frequency Domain Multiplexing	广义频分复用
GNN	Graph Neural Network	图形神经网络
GNSS	Global Navigation Satellite System	全球导航卫星系统
GO-CFAR	Greatest Of-CFAR	选大恒虚警率
GPS	Global Positioning System	全球定位系统
GPU	Graphics Processing Unit	图形处理器
GSCM	Geometry Based Stochastic Models	基于几何的统计信道模型
GSM	Global System for Mobile Communications	全球移动通信系统
GTI	Global TD-LTE Initiative	TD-LTE 全球发展倡议
HA	High Availability	高可用性
HARQ	Hybrid Automatic Repeat reQuest	混合自动重传请求
IAB	Integrated Access and Backhaul	接入与回传一体化
IB-KM	Interference-Based K-means	基于干扰的 K-means
ICDT	Information Communications and Data Technology	信息技术、通信技术和数据技术
ICI	Inter Carrier Interference	载波间干扰
ICI	Inter-Cell Interference	小区间干扰
ID	Identity Document	身份标识号
IDeI	Inter-Delay Interference	时延间干扰
IDoI	Inter-Doppler Interference	多普勒间干扰
IDM	Identity Management	标识管理

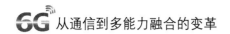

（续表）

缩 略 语	英 文 全 称	中 文 名 称
IIoT	Industrial Internet of Things	工业物联网
InH	Indoor Hotspot	室内热点
IoT	Internet of Things	物联网
IPFS	Inter Planetary File System	星际文件系统
IPoS	Internet Protocol over Satellite	卫星互联网协议
IQ	In-Phase Quadrature	同相正交
ISAC	Integrated Sensing And Communications	通信感知一体化
ISFFT	Inverse Symplectic Finite Fourier Transform	逆辛有限傅里叶变换
ISI	Inter Symbol Interference	符号间干扰
ITU	International Telecommunication Union	国际电信联盟
ITU-R	International Telecommunication Union Radio Communication Group	国际电信联盟无线电通信组
KPI	Key Performance Indicator	关键性能指标
LAS	Likelihood Ascent Search	似然梯度搜寻
LB	Load Balance	负载均衡
LCR	Low Chip Rate	低码片速率
LDPC	Low Density Parity Check Code	低密度奇偶校验码
LEO	Low-Earth-Orbit	低轨
LMMSE	Linear Minimum Mean Square Error	线性最小均方误差
LNA	Low Noise Amplifier	低噪声放大器
LoRa	Long Range Radio	远距离无线电
LOS	Line Of Sight	视距
LS	Least Square	最小二乘
LSFD	Large Scale Fading Decoding	大尺度衰落解码
LSTM	Long Short Term Memory	长短时记忆模型
LTE	Long Term Evolution	长期演进
MAC	Medium Access Control	介质访问控制
max-EE	Maximum Energy Efficiency	最大化能量效率
max-min Rate	Maximum Minimum Rate	最大化最小用户速率
max-SE	Maximum Spectral Efficiency	最大化频谱效率
MBR	Maximum Bit Rate	最大速率
MCMC	Markov Chain Monte Carlo	马尔科夫链蒙特卡罗
MCU	Microcontroller	微控制器
MDT	Minimization of Drive Test	最小化路测
MEMS	Micro Electro Mechanical System	微机电系统
MEO	Medium Earth Orbit	中轨
MHCM	Map-based Hybrid Channel Model	基于地图的混合信道模型
MIB	Master Information Block	主信息块
MIMO	Multiple Input Multiple Output	多输入多输出（简称多入多出）

缩　略　语	英　文　全　称	中　文　名　称
MISO	Multiple Input Single Output	多入单出
MiWEBA	Millimetre-Wave Evolution for Backhaul and Access	回程和接入的毫米波演进
ML	Machine Learning	机器学习
ML	Maximum Likelihood	最大似然
MLP	Multilayer Perceptron	多层感知机
MMSE	Minimum Mean Square Error	最小均方误差
mMTC	massive Machine Type Communications	海量机器类型通信
mmWave	millimeter Wave	毫米波
MP	Message Passing	消息传递
MPSK	Multiple Phase Shift Keying	多进制数字相位调制
MRC	Maximum Ratio Combining	最大比合并
MRTD	Maximum Receive Timing Difference	最大接收定时差
MSE	Mean Square Error	均方误差
MUSA	Multi User Shared Access	多用户共享多址接入
MUSIC	MUltiple SIgnal Classification	多信号分类
MVDR	Minimum Variance Distortionless Response	最小方差无失真响应
NaaS	Network as a Service	网络即服务
NAMO	Network AI Management Orchestration	网络人工智能管理和编排
NAS	Non-Access Stratum	非接入层
NB-IoT	Narrow Band Internet of Things	窄带物联网
NCJT	Non-Coherent Joint Transmission	非相干联合传输
NE	Network Entity	网络实体
NEF	Network Exposure Function	网络开放功能
NET4AI	Network for Artificial Intelligence	网络为人工智能服务
NF	Network Function	网络功能
NGMN	Next Generation Mobile Networks	下一代移动网络
NLOS	Non Line Of Sight	非视距
NMSE	Normalized Mean Square Error	归一化均方误差
NOMA	Non-Orthogonal Multiple Access	非正交多址接入
NPU	Neural Network Processing Unit	神经网络处理器
NR	New Radio	新空口
NTN	Non-Terrestrial Networks	非地面网络
NWDAF	Network Data Analytics Function	网络数据分析功能
OFDM	Orthogonal Frequency Division Multiplexing	正交频分复用
OFDMA	Orthogonal Frequency Division Multiple Access	正交频分多址接入
OM	Operation & Maintenance	操作维护
OMA	Orthogonal Multiple Access	正交多址接入
OMP	Orthogonal Matching Pursuit	正交匹配追踪
OOB	Out-Of-Band	带外

（续表）

缩　略　语	英　文　全　称	中　文　名　称
OOK	On-Off Keying	开关键控
OS-CFAR	Ordered Statistics-CFAR	有序统计恒虚警率
OSI	Open System Interconnection	开放系统互连
O-STBC	Orthogonal Space Time Block Code	正交空时分组码
OTFS	Orthogonal Time Frequency Space	正交时频空间
PA	Power Amplifier	功率放大器
PAPR	Peak to Average Power Ratio	峰值平均功率比
PAU	Power Amplifier Uncertainty	功放不确定性
PBCH	Physical Broadcast Channel	物理广播信道
PC	Partially-Connected	部分连接
PCA	Principal Component Analysis	主成分分析
PDF	Probability Density Function	概率密度函数
PDMA	Pattern Division Multiple Access	图样分割多址接入
PD-NOMA	Power Domain Non-Orthogonal Multiple Access	功率域非正交多址接入
PDU	Protocol Data Unit	协议数据单元
PER	Packet Error Rate	误包率
PIC	Parallel Interference Cancellation	平行干扰消除
PIE	Pulse Interval Encoding	脉冲宽度编码
PIN	Positive Intrinsic Negative	正本征负
PIPL	Personal Information Protection Law	个人信息保护法
PMI	Precoding Matrix Indicator	预编码矩阵指示
PN	Pseudo Noise	伪随机噪声
PON	Passive Optical Network	无源光网络
PR-ASK	Phase Reversal Amplitude Shift Keying	相位反转幅度键控
PSK	Phase Shift Keying	相移键控
PSR	Pilot-to-Signal Ratio	导频信号比
PSS	Primary Synchronization Signal	主同步信号
QAM	Quadrature Amplitude Modulation	正交振幅调制
QoS	Quality of Service	服务质量
Q-O-STBC	Quasi-Orthogonal Space Time Block Code	准正交空时分组码
QPSK	Quadrature Phase Shift Keying	正交相移键控
FBMC-QAM	Filter Bank-base Multi-Carrier-Quadrature Amplitude Modulation	滤波器组多载波正交幅度调制
QuaDRiGa	Quasi-Deterministic Radio Channel Generator	准确定性无线信道产生器
RAN	Radio Access Network	无线接入网
RAT	Radio Access Technology	无线接入技术
RB	Resource Block	资源块
RC	Resistor-Capacitance	电阻电容
RCS	Radar Cross Section	雷达散射截面
RCSP	Radio Computing Session Protocol	无线计算会话协议

缩　略　语	英　文　全　称	中　文　名　称
RE	Resource Element	资源单元
RedCap	Reduced Capability New Radio	降低空口能力
RFID	Radio Frequency Identification	射频识别
RI	Rank Indicator	秩指示
RIS	Reconfigurable Intelligence Surface	可重构智能表面，也称智能超表面
RL	Reinforcement Learning	强化学习
RLC	Radio Link Control	无线链路控制
RM	Reed-Muller	里德–马勒
RMa	Rural Macro	农村宏站
RNN	Recurrent Neural network	循环神经网络
RRC	Radio Resource Control	无线资源控制
RRM	Radio Resource Management	无线资源管理
RRU	Remote Radio Unit	射频拉远单元
RS	Reed-Solomon	里德–所罗门
RSRP	Reference Signal Received Power	参考信号接收功率
RSS	Received Signal Strength	接收信号强度
RSU	Roadside Unit	路边单元
RT	Ray-Tracing	射线追踪
SA	Standalone	独立组网
SAGE	Space-Alternating Generalized Expectation-maximization	空间交替广义期望最大
SBR	Shooting and Bouncing Ray method	入射及反弹射线法
SCA	Sequential Convex Approximation	连续凸逼近
SCDMA	Synchronous Code Division Multiple Access	同步码分多址
SC-FDE	Single Carrier Frequency Domain Equalization	单载波频域均衡
SCP	Service Control Point	业务控制点
SDMA	Space Division Multiple Access	空分多址
SDN	Software Defined Network	软件定义网络
SDR	Software Defined Radio	软件定义无线电
SF	Sensing Function	感知功能
SFFT	Symplectic Finite Fourier Transform	辛有限傅里叶变换
SFO	Sampling Frequency Offset	采样频率偏移
SI	Self-Interference	自干扰
SI	Study Item	研究项目
SIB	System Information Block	系统信息块
SIC	Self-Interference Cancellation	自干扰删除
SIMO	Single Input Multiple Output	单入多出
SINR	Single to Interference Noise Ratio	信号干扰噪声比
SISO	Single Input Single Output	单入单出
SLAM	Simultaneous Localization And Mapping	同步定位与地图构建

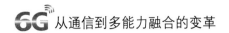

缩 略 语	英 文 全 称	中 文 名 称
sNode	serving Node	服务节点
SNR	Signal-to-Noise Ratio	信噪比
SO-CFAR	Smallest Of-CFAR	选小恒虚警率
SOF	Start Of Frame	帧起始符
SON	Self-Organizing Network	自组织网络
SOR	Successive Over Relaxed	连续过松弛
SPS	Semi-Persistent Scheduling	半持续调度
SR	Smart Repeater	智能中继器
SSB	Synchronization Signal Block	同步信号块
SSB-ASK	Single Sideband Amplitude Shift Keying	单边带幅度键控
STBC	Space Time Block Code	空时分组码
STF	Short Training Field	短训练字段
STO	Sampling Time Offset	采样时间偏移
SUL	Supplementary Uplink	辅组上行
SVD	Singular Value Decomposition	奇异值分解
TA	Task Anchor	任务锚点
TA	Time Advance	定时提前
TAA	Trust Anchor Agent	可信锚点代理
TaaS	Trust as a Service	信任即服务
TAE	Time Alignment Error	时间对准误差
TCP/IP	Transmission Control Protocol/Internet Protocol	传输控制协议/互联网协议
TD-CDMA	Time Division-Code Division Multiple Access	时分码分多址
TDD	Time-Division Duplex	时分双工
TDL-A	Time-Delay-Line A	时延线 A
TDL-C	Time-Delay-Line C	时延线 C
TD-LTE	Time Division Long Term Evolution	分时长期演进
TDM	Time Division Multiplexing	时分复用
TDMA	Time Division Multiple Access	时分多址
TD-SCDMA	Time Division-Synchronous Code Division Multiple Access	时分同步码分多址
TE	Task Executor	任务执行
TF	Time-Frequency	时频
THP	Tomlinson-Harashima Precoding	Tomlinson-Harashima 预编码
THSS	Time Hopping Spread Spectrum	时跳扩频
THz	Tera Hertz	太赫兹
TN	Transport Network	传输网
TS	Task Scheduler	任务调度
TSG	Technical Specification Groups	技术规格组
TS-OMP	Two-Stage Orthogonal Matching Pursuit	双阶段正交匹配追踪
UC^3	Ubiquitous Communication, Computing and Control	泛在的通信、计算和控制

缩 略 语	英 文 全 称	中 文 名 称
UCI	Uplink Control Information	上行控制信息
UE	User Equipment	用户设备/终端
UL	Uplink	上行
UMa	Urban Macro	宏蜂窝
UMB	Ultra Mobile Broadband	超移动宽带
UMi	Urban Micro	城市微小区
UPF	User Plane Function	用户面功能
uRLLC	ultra-Reliable Low-Latency Communication	超可靠低时延通信
USRP	Universal Software Radio Peripheral	通用软件无线电外设
UWB	Ultra-Wide Band	超宽带
V2X	Vehicle to Everything	车联网
VA	Virtual Array	虚拟阵列
VNF	Virtual Network Function	虚拟网络功能
VQ-VAE	Vector Quantised-Variational AutoEncoder	矢量量化变分自编码器
VR	Virtual Reality	虚拟现实
WCDMA	Wideband Code Division Multiple Access	宽带码分多址
WDM	Wavelength Division Multiplexing	波分复用
WG	Work Group	工作组
WGF	Weighted Graphic Framework	加权图形框架
Wi-Fi	Wireless Fidelity	无线保真
WiMax	World Interoperability for Microwave Access	全球微波接入互操作性
WMMSE	Weighted Minimum Mean Square Error	加权均方误差最小化
WR	Windowing and Restructuring	加窗和重构
XaaS	Anything as a Service	一切皆服务
xCN	next-generation Core Network	下一代核心网
xNB	next-generation Node Basestation	下一代基站
XR	Extended Reality	扩展现实
ZF	Zero-Forcing	迫零
ZOA	Zenith Of Arrival	天顶角
ZP	Zero Padding	零填充

反侵权盗版声明

电子工业出版社依法对本作品享有专有出版权。任何未经权利人书面许可，复制、销售或通过信息网络传播本作品的行为；歪曲、篡改、剽窃本作品的行为，均违反《中华人民共和国著作权法》，其行为人应承担相应的民事责任和行政责任，构成犯罪的，将被依法追究刑事责任。

为了维护市场秩序，保护权利人的合法权益，我社将依法查处和打击侵权盗版的单位和个人。欢迎社会各界人士积极举报侵权盗版行为，本社将奖励举报有功人员，并保证举报人的信息不被泄露。

举报电话：（010）88254396；（010）88258888

传　　真：（010）88254397

E-mail：　dbqq@phei.com.cn

通信地址：北京市万寿路 173 信箱
　　　　　电子工业出版社总编办公室

邮　　编：100036